Die

Jute und ihre Verarbeitung

auf Grund

wissenschaftlicher Untersuchungen

und

praktischer Erfahrungen

dargestellt

von

E. Pfuhl,

Professor der mechanischen Technologie am Polytechnikum zu Riga,
früherem Fabrik-Ingenieur.

Zweiter Teil:

Das Erzeugen der Gewebe, Herstellung der Säcke.

Mit 143 in den Text gedruckten Figuren und 28 Tafeln.

Springer-Verlag
Berlin Heidelberg GmbH
1891

Riga: Verlag von N. Kymmel.

Nachdruck und Uebersetzungsrecht vorbehalten.

ISBN 978-3-642-90244-4   ISBN 978-3-642-92101-8 (eBook)
DOI 10.1007/978-3-642-92101-8

Softcover reprint of the hardcover 1st edition 1891

Vorwort zu Teil II.

Das Erscheinen der letzten beiden Teile hat sich aus dem Grunde bis heute verzögert, weil deren Umfang weit über das in Aussicht genommene Mass hinaus angewachsen ist und weil behufs Gewinnung der Unterlagen für die Gewebeberechnung mühsame und zeitraubende Untersuchungen haben ausgeführt werden müssen. Wegen der letzteren sei hier auf Teil II, S. 61 und 62 verwiesen.

Was die bei der Berechnung der Gewebe (man vergl. Teil II, S. 66 bis 91) angewandte Methode anbelangt, so glaube ich derselben, gegenüber der in der Praxis gewöhnlich üblichen, nachsagen zu können, dass sie gestattet mit Leichtigkeit und Schärfe jeder Besonderheit der Fabrikation zu folgen, gleichgültig, welche Mass- oder Gewichtseinheiten zu Grunde gelegt werden.

Wenn bei den Gewebe-Untersuchungen eine deutsche Bezeichnung anstelle der schottischen versucht ist und das metrische Mass und Gewicht weitgehendste Berücksichtigung gefunden hat, so bin ich mir bewusst nicht etwa einem Bedürfnisse der Gegenwart, sondern einem sich wohl erst allmählich einstellenden Rechnung getragen zu haben.

Bei den Webstühlen ist unterschieden: die theoretische, die überhaupt mögliche und die wirkliche Leistung. Für die Berechnung der überhaupt möglichen Webstuhlleistung, d. h. also derjenigen, welche sich ergiebt, wenn von der ununterbrochen fortgesetzt gedachten Webstuhlthätigkeit die für das Auswechseln des Schützens unumgänglich erforderlichen Webstuhlstillstände in Abzug gebracht werden, ist eine Formel von allgemeiner Gültigkeit aufgestellt.

Diese dürfte besonders bei der Erzeugung grober, ein häufigeres Auswechseln des Schützens erfordernder Gewebe, wodurch die Webstuhlleistung wesentlich beeinflusst wird, mit Vorteil zu verwenden sein zur richtigen Beurteilung der Ausnutzung des Webstuhls, ausgedrückt durch das Verhältnis der wirklich erzielten Leistung zu der überhaupt möglichen (und nicht etwa zu der theoretischen, welche sich unter der Annahme der ununterbrochen fortgesetzten Kurbelwellendrehung ergiebt). — Auch zur Ermittlung der richtigen Abstufung der Verdinglöhne für verschiedene Gewebesorten leistet diese Formel gute Dienste, wie der gebildete Fachmann alsbald finden wird.

Es dürfte nun noch nötig sein, an dieser Stelle darauf hinzuweisen, dass inbetreff der Bezeichnung zweier Webstuhlteile verschiedene Gebräuche, auch in der Litteratur, üblich sind.

Man nennt nämlich den **Schaft** auch Flügel oder **Kamm** (die Schäfte in ihrer Gesamtheit, nebst zugehörender Aufhängevorrichtung, das Geschirr, Werk oder Zeug), ferner aber

Das **Blatt**, **Webeblatt** oder **Weberblatt** neben Rietblatt, Riet auch noch **Rietkamm, Webekamm, Weberkamm** oder ebenfalls nur **Kamm.**

Manche Schriftsteller wenden abwechselnd alle diese Bezeichnungen an, andere nennen den Schaft nur noch Flügel, aber nie Kamm, dagegen das Blatt auch noch Kamm. — Ich bezeichne nun, im Anschlusse an den mir in der Jute-Weberei am häufigsten aufgestossenen Gebrauch, mit dem Worte **Kamm** nur noch den **Schaft,** aber nie das **Blatt.**

Bei der Beschreibung der Maschinen habe ich mich nicht an ein bestimmtes Schema gebunden, sondern dieselbe bald in der einen, bald in der anderen Weise durchgeführt in der Hoffnung, auf diesem Wege einer Ermüdung des Lesers nach Möglichkeit vorzubeugen.

Die sämtlichen Planzeichnungen sind auch hier in bestimmten, überall angegebenen Massstäben gezeichnet.

Die Gesamteinteilung des Stoffes ist wie im Teil I, auch im übrigen haben mich dieselben Rücksichtsnahmen geleitet, welche am Schlusse des Vorwortes zu jenem Teile erwähnt sind.

Mit dem Wunsche, dass in Rücksicht auf die ganz erheblichen Schwierigkeiten, welche sich besonders der Entstehung von Teil II entgegen gestellt haben, meiner Arbeit eine nachsichtige Beurteilung und freundliche Aufnahme zuteil werden möchte, überreiche ich dieselbe nunmehr der Oeffentlichkeit.

Riga, Juni 1891.

Der Verfasser.

Inhalts-Verzeichnis.

Zweiter Teil.
Das Erzeugen der Gewebe.

D. Kennzeichnung der Gewebe.

E. Einteilung der speziellen Besprechung.

Spezieller Teil.

I. Die Jute-Gewebe und ihre Kennzeichnung

unter eingehender Berücksichtigung des metrischen Masses und Gewichtes.

A. Benennung der Jute-Gewebe.

B. Gewicht der Flächeneinheit.

C. Ketten- und Schussgarn-Nummer und Qualität.

D. Anzahl der Kettenfäden auf der Breiteneinheit und Anzahl der Schussfäden auf der Längeneinheit.

E. Die Breiteneinsenkung und die Verkürzung der Kette und des Schusses.

F. Berechnung der Gewebe.

G. Die Gewebesorten und ihre Verwendung.

2. Die Vorbereitungsarbeiten zum Weben.

A. Das Bleichen und Färben der Jute-Garne.

B. Die Vorbereitung der Schuss-Garne zum Weben.

C. Die Vorbereitung der Ketten-Garne zum Weben.

a) Das Spulen auf der Ketten-Spulmaschine.

b) Das Zetteln, d. i. das Bilden der Kette auf dem Zettelrahmen und das Aufbäumen derselben auf der Kettenbäummaschine.

c) Das Bilden der Kette und Aufwinden derselben auf den Kettenbaum mit Hülfe der Kettenschermaschine (Kettenmaschine) oder auch der Garnbäummaschine . . 159

d) Das Bilden der Kette und das Schlichten, sowie das Aufbäumen derselben auf der Schlichtemaschine . . 163

B. Die Eintragung des Schusses, Bewegung des Schützens.

C. Abstell- und Sicherheitsvorrichtungen.

4. Die Vollendungsarbeiten.

A. Das Vorbereiten zum Appretieren.

B. Das eigentliche Appretieren.

C. Das Fertigmachen der Stückware.

5. Herstellung der Säcke.

Verpackungsarbeiten.

Abfälle der Weberei und Sackfabrikation.

Metrische, Englische und Russische Masse und Gewichte in ihren gegenseitigen Beziehungen.

Verzeichnis der Textfiguren.

Verzeichnis der Tafeln.

Druckfehler-Verzeichnis.

Band I.

Seite 116, Zeile 8 von unten muss das vierte Wort „**zu**“ in Wegfall kommen.

„ 141, Zeile 6 von unten und Seite 144, Zeile 4 von oben muss es heissen: „**5⁵/₈ Zoll (142,89** mm)“ statt $5^1/_8$ Zoll (130,17 mm).

„ 210, Zeile 15 von oben muss es heissen „**Trautenau**“ statt Bäumenheim.

„ 319, Zeile 21 von oben muss es heissen „**heisses**„ statt kaltes und Zeile 21 „**heizbaren Wassertrog**„ statt Kalt-Wassertrog.

Band II.

Seite 26, Zeile 23 von oben muss es heissen „**1889,8**“ statt 1102,4.

„ 27, Zeile 5, 3, 2 von unten muss es heissen **II**a, **II**b, **II**c, statt Ia, Ib, Ic.

„ 28, Zeile 1, 4, 6 von oben muss es heissen **II**d u. e, **II** f, **II**g, statt Id u. e, If und Ig; ferner

„ 28, in der Tabelle I Rubrik h Hopfentuche muss es heissen „1ᵐ **wiegt**“ statt 1 Yard wiegt und **W** statt w, endlich: „**Gramme**„ statt unzen

„ 281, Zeile 11 von oben fehlt vor der Ueberschrift das Zeichen **d**).

„ 329, Zeile 15 von oben muss es heissen **C** statt D.

II. Teil.

Das Erzeugen der Gewebe.

Herstellung der gewöhnlichen Jute-Artikel.

Allgemeiner Teil.

A. Einleitung.

In der Einleitung zu unseren Betrachtungen lernten wir bereits die vielseitige Verwendbarkeit der Jute und Jute-Garne kennen. Wir sahen, dass die letzteren ausser zur Herstellung der gewöhnlichen Jute-Gewebe, auch zu anderen Nutz- und Luxusstoffen, wie feinen Drellen, Läufern, Teppichen, Tischdecken, Vorhängen u. s. w., allein oder in Verbindung mit Flachs-, Wollen- oder Baumwollen-Garnen Verwendung finden. Von Jahr zu Jahr hat die mit der Erzeugung auch dieser Fabrikate beschäftigte Industrie an Umfang und Bedeutung in demselben Masse gewonnen, wie die Nachfrage nach diesen schönen und verhältnismässig billigen Artikeln, von denen die meisten bestimmt sind die Behaglichkeit und Wohnlichkeit unserer Aufenthaltsräume wesentlich zu erhöhen, gestiegen ist.

Die Webereien, welche die Herstellung der letzteren Stoffe aufgenommen haben, besitzen auch, einerseits, um sich unabhängig von anderen Industriezweigen zu machen, anderseits aber, um möglichst rationell arbeiten zu können, eigene Druckereien, Bleichereien und Färbereien.

Aber auch diejenigen Fabriken, welche nur die gewöhnlichen Jute-Artikel erzeugen, sind genötigt, wenn auch in geringerem Umfange, wenigstens das Bleichen und Färben eines Teiles der Jutegarne vorzunehmen, um gezeichnete, gestreifte oder auch wohl, wenn auch seltener, karrierte Ware herzustellen, deren allgemeiner Charakter mit dem der gewöhnlichen Jute-Artikel aber übereinstimmt. — Wenn wir deshalb auch jenen Arbeiten einige Aufmerksamkeit bereits schenkten (man vergl. chem. Eigenschaften der Jute im I. Teil) und noch schenken werden: so wird anderseits nur die Herstellung der gewöhnlichen Jute-Gewebe, die man · in den mit Spinnereien verbundenen Webereien fast ausschliesslich erzeugt und die in den meisten Fällen als Verpackungsmaterial dienen, nähere Besprechung finden.

1*

Zu den gewöhnlichen Jute-Geweben aber rechnet man:

a) *Façon-Hessians or Biscuit-Baggings,*
b) *Common and fine Hessians (Tow warp Hessians [Paddings]),*
c) *Tarpawlings,*
d) *Single and double warp Baggings,*
e) *Hessian-Baggings,*
f) *Single and double warp Plain-Sackings,*
g) *Common and fine twilled Sackings; Broken twilleds (Arow-heads),*
h) *Hoppoketings,* gewöhnlich „Hopfentuch" genannt.

Es führen also, wie wir sehen, diese Gewebe noch fast durchweg schottische Benennungen, welche mehr deren Verwendung als Charakter angeben. — Ohne Rücksicht nun darauf, ob etwa die Praxis ein Bedürfnis hat, diese schottischen Bezeichnungen durch andere zu ersetzen, oder ob hierauf kein besonderes Gewicht gelegt wird, so müssen wir doch — allein schon um jene namentlich angeführten Gewebe näher bestimmen zu können — auf die Entstehung, auf die Zusammensetzung der Gewebe im allgemeinen zunächst näher eingehen, werden dann aber eine andere sich auf letztere stützende deutsche Benennung anwenden.

Wir gehen daher jetzt über zur Besprechung der

B. Entstehung der Gewebe durch das Weben

im allgemeinen.

Jeder flächenartige Stoff, den man mit „Gewebe" bezeichnet, entsteht durch zwei sich rechtwinklig nach einem bestimmten Gesetze kreuzende Fadensysteme. Wir sprachen hiervon bereits Seite 39 Teil I und sahen daselbst, dass das eine in der Längsrichtung des Gewebes liegende Fadensystem mit Kette (*warp*), das andere rechtwinklig hierzu in der Breitenrichtung die Kettenfäden kreuzende mit Schuss, Einschlag, Eintrag (*weft*) bezeichnet wird. Während das erste Fadensystem aus einzelnen parallel neben einander liegenden Fäden besteht, von denen jeder eine dem Zeuge angemessene Länge hat, bildet sich das zweite Fadensystem bei den gewöhnlichen Geweben durch einen Faden, der endlos an den äussersten Kettenfäden wiederkehrt. — Das Gewebe erhält hierdurch an den Breitseiten die Kante oder den Saum (*selvage*), welcher das seitliche Ausweichen der Kettenfäden, das Aufdrieseln des Gewebes verhütet. Um dem Gewebe nun an der Kante noch mehr Halt zu geben, wendet man entlang derselben mehrere einzelne dickere oder gezwirnte Jute- oder Baumwollenfäden an.

Die Stelle nun, wo die Schuss- und Kettenfäden ihre gegenseitige Lage wechseln, nennt man eine Kreuzung oder Bindung. Je nach der Art und Weise aber, wie sich Ketten- und Schussfäden gegen-

seitig kreuzen oder binden, unterscheidet man die verschiedenen
Gewebearten. — Damit nun das Entstehungsgesetz deutlicher werde,
wollen wir zunächst zu der Betrachtung der Hauptteile eines Webestuhls
übergehen. Das Weben der Jute-Artikel mit der Hand kommt wohl,
wenn überhaupt noch, so selten und nur zur Erzeugung eines vierschäftigen Drellgewebes, Hopfentuch genannt, vor, dass dasselbe hier füglich
übergangen werden kann.

Wir betrachten deshalb die Hauptteile eines mechanischen Webestuhls, welche in der Textfigur 1 im Querschnitt in $^1/_{16}$ natürl. Grösse

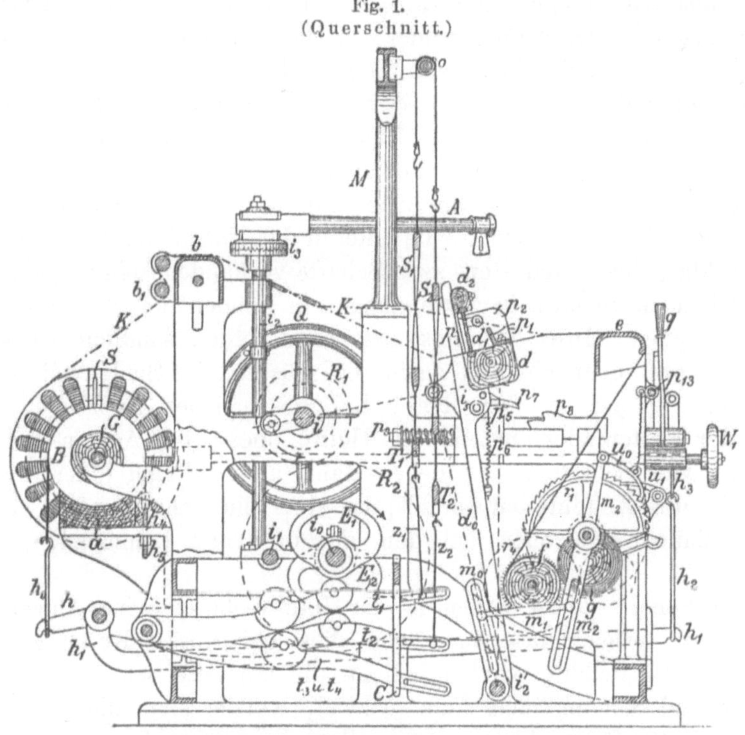

Fig. 1.
(Querschnitt.)

Der mechanische Webestuhl. $^1/_{16}$ nat. Grösse.

dargestellt worden sind. Die sämtlichen Kettenfäden, welche in der
Breitenrichtung des Zeuges vorhanden sein sollen, müssen zunächst in
etwas grösserer Länge als der des Zeuges — wegen der Verkürzung
(Einsenkung), welche sie beim Durchkreuzen der Schussfäden erleiden —
auf eine hohle eiserne oder massive hölzerne Walze, den Kettenbaum,
welcher an den Enden mit für verschiedene Zeugbreiten verstellbaren
Flanschen versehen ist, neben einander aufgewickelt werden. — Dieser
in obiger Figur mit G bezeichnete Kettenbaum ist im hinteren Gestelle
des Stuhles, in Zapfen drehbar, gelagert und mit solchen Vorrichtungen
versehen, welche einerseits ein gewisses Nachgeben der Kettenfäden,
ein Abwickeln vom Baume erlauben, anderseits aber denselben stets

eine bestimmte Spannung erteilen. — Von dem Kettenbaume aus steigen die Fäden sämtlich empor und wenden sich um den sogenannten Streichbaum *b* herum, der je nach der Gewebeart höher oder tiefer gestellt werden kann, um alsdann in einer etwas nach abwärts geneigten Ebene weiter bis zum Brustbaume *e* zu gehen, von dem aus sie sich wieder abwärts wenden. Auf dem Wege vom Streichbaume bis zum Brustbaume findet das Einführen der Schussfäden, das Einschlagen, Eintragen, Einwerfen, Einschiessen derselben statt. Die Kettenfäden werden nämlich auf diesem Wege von besonderen Organen, den Litzen — bestehend aus Litzenaugen und Litzenfäden, welche zu einem grösseren Organe, dem Schafte, vereinigt sind — gefasst und aus der gemeinsamen Ebene zum Teil nach oben, zum Teil nach unten herausgezogen. Es entsteht infolgedessen zwischen den in verschiedenen Höhen befindlichen Kettenfäden ein von den Schäften aus sich nach beiden Seiten hin zusammenziehender Raum, den man das Fach oder den Sprung (*lease, shed*), und dessen Gesamthöhe man die Sprunghöhe nennt. Die oberen Fäden bilden das Ober-, die unteren das Unterfach. — Es ist ohne weiteres klar, dass mindestens zwei Schäfte vorhanden sein müssen, dass aber auch mehr Schäfte in Anwendung sein können und dass die durch die Litzenaugen e i n e s Schaftes gezogenen Fäden sämtlich d i e s e l b e Bewegung auf- oder abwärts ausführen müssen. — Sind zwei Schäfte vorhanden, so ist in der Regel bei geschehener Fachbildung die Hälfte der Kettenfäden unten, die Hälfte oben; bei Anwendung von drei oder vier Schäften, von denen dann in der Regel jeder etwa $\frac{1}{3}$ bezieh. $\frac{1}{4}$ der Kettenfäden enthält, ist stets ein Schaft unten, die anderen befinden sich oben bei den hier in Frage kommenden Webestühlen.

Mehr Schäfte als 4 finden in der Jute-Weberei keine Anwendung. — Der Fall ferner, dass man, wie dies bei grosser Kettenfadenzahl und dichter Einstellung wohl geschieht, die doppelte Schaftzahl, also 4, bezieh. 6 und 8 nimmt und dann je zwei, welche stets dieselbe Bewegung der Kettenfäden hervorrufen sollen, zu einem Organ zusammen bindet, kommt nur bei den gewöhnlichen zweischäftigen Jute-Geweben und zwar dann vor, wenn diese 14 Fäden und mehr auf je $\frac{37}{40}$ Zoll Gewebebreite erhalten sollen.

In dem Moment nun, wo mittels 2 oder mehr Schäften die Fachbildung stattgefunden, wird das Eintragen eines Schussfadens vorgenommen, alsdann folgt der Lagenwechsel der Kettenfäden. Der oben befindliche Teil wird nach unten gezogen und ein anderer Teil nach oben, es entsteht ein neues Fach, und ein erneutes Eintragen des Schussfadens erfolgt.

Das Eintragen bezw. Einwerfen des Schussfadens geschieht mittels eines besonderen Webereigerätes, Schützen (*Shuttle*) genannt, der eine gewisse Quantität Schussgarn in einer Höhlung aufgespeichert hält. —

Dieser Schützen wird auf einer sich unterhalb der Kettenfäden befindenden ebenen Bahn der Lade d, abwechselnd von links nach rechts und von rechts nach links, zwischen den von einander abgehobenen Kettenfäden hindurch geworfen und legt dabei den durch eine kleine Oeffnung aus dem Innern austretenden Schussfaden ein. — Der Schützen wird jedesmal am Ende der Bahn in einer besonderen Kammer aufgefangen und dann aus dieser nach erfolgter Neubildung eines Faches wieder herausgeschleudert.

Damit sich aber jeder Schussfaden gehörig an die vorher gebildeten Bindestellen anlegt, ist die Lade nach oben zu auf der Rückseite der Schützenbahn mit dem sogen. Webeblatt d_1 (*reed*) versehen, das aus aufrecht stehenden metallenen, flachen, passend eingespannten und fest gehaltenen Drähten, Rieten, besteht, zwischen welche die Kettenfäden regelmässig so eingelegt sind, wie es die Breite und Gleichmässigkeit des zu bildenden Gewebes erfordert. Das Webeblatt dient ferner auch zur Führung des Schützens. — Die Lade mit dem Blatt ist nun um zwei Arme d_0 drehbar und nimmt eine hin- und hergehende Bewegung an, so dass nach jedem Schuss der eingelegte Faden bei der Vorwärtsschwingung der Lade durch die Drähte des erwähnten Blattes in gewünschter Weise angedrückt wird. — Am Ende der Laden-Rückschwingung, in welcher Zeit die Neubildung des Faches stattgefunden hat, erfolgt die neue Bethätigung des inzwischen in einer Kammer derselben befindlichen Schützens u. s. w.

Ueber den Brustbaum wird das fertige Zeug abwärts um die Aufnahme- oder Bewegungswalze f herumgeführt und schliesslich auf den Zeugbaum g in dem Masse wie es sich bildet, bezieh. wie es die gewünschte Dichte des Gewebes verlangt, aufgewunden.

Soweit hier zunächst über den Webeprozess im allgemeinen.

C. Gewebearten.

Nachdem wir das Entstehen der Gewebe im allgemeinen kennen gelernt haben, wird das Erzeugen der verschiedenen Gewebearten nunmehr leichter verständlich sein.

Wir haben in der Jute-Weberei zu unterscheiden:

a. Glatte oder schlichte Stoffe, Leinwandgewebe, zweischäftig.

b. Geköperte oder gekieperte, Zwillich, Drillich oder Drellgewebe, drei- und vierschäftig.

a. Glatte oder schlichte Stoffe

mit leinwandartiger Bindung. Bei diesen Geweben liegt die eine Hälfte der Kettenfäden über, die andere unter den Schussfäden, unter stetem Lagenwechsel der ersteren für zwei benachbarte Einschlagfäden.

1) **Glattes Gewebe mit einfacher Kette.** Das Bild eines derartigen Gewebes ist in der folgenden Figur 2ª in der Oberansicht dargestellt — in der Mitte durchschnitten gedacht —, um die Enden, den Saum, die Kante, zur Darstellung zu bringen. Die senkrecht[1]) laufenden Fäden k sind die Kettenfäden, von denen die dickeren $k_1 k_1$ die

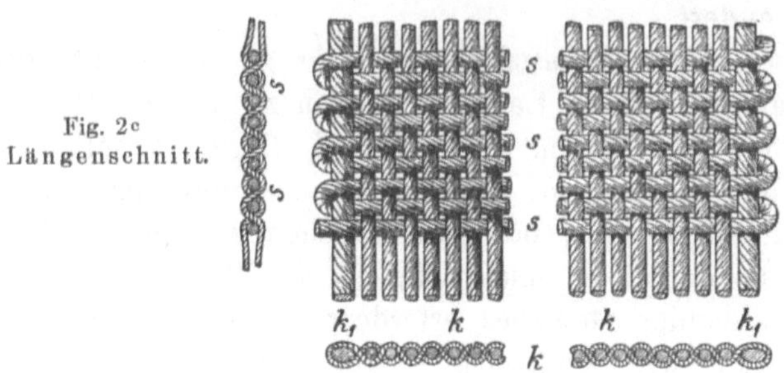

Fig. 2ª.
Oberansicht.

Fig. 2c
Längenschnitt.

Fig. 2b Querschnitt.
Das Leinwandgewebe.

Eck-, Saum- oder Kantenfäden darstellen. Der Faden, welcher an der Kante wiederkehrend die Kettenfäden rechtwinklig durchkreuzt, bildet in seiner Wiederholung die horizontal liegenden Schussfäden $s\,s$. — Fig. 2b zeigt einen Gewebequerschnitt, in welchem die schraffierten Kreise die Kettenfäden, Fig. 2c zeigt einen Gewebelängenschnitt, in welchem die schraffierten Kreise s die Schussfäden bedeuten.

Wir erkennen hier bereits, dass infolge der Durchkreuzung die Fäden eine Wellenform annehmen, sich also beim Weben selbst verkürzen müssen, — worauf wir später noch genauer zurückkommen.

Um nun das sogenannte Musterbild, die Patrone eines Gewebes zu erhalten, bedient man sich des Patronenpapiers, welches entweder mit einfachen Längs- und Querlinien oder mit fortlaufenden in kleinen Zwischenräumen von einander stehenden Quadraten, wohl auch noch in bestimmten Entfernungen durch stärkere Längs- und Querlinien in grössere Quadrate geteilt, versehen ist.

Die Patrone, das Musterbild, findet bei der Vorbereitung der Kettenfäden in der Weberei Verwendung, wie alsbald noch weiter erörtert werden soll.

In dem Musterbilde bedeuten die von oben nach unten gehenden Linien stets die Ketten-, die rechtwinklig hierzu liegenden die Schussfäden. Das Musterbild wird nun dadurch hergestellt, dass man jeden **Kettenfaden**, welcher **über** dem **Schussfaden** liegt auf dem Linien-

---

[1]) Wir nennen Linien, welche in der Zeichnungsebene vom Beschauer aus von oben nach unten parallel den Seiten gehen, vertikale oder senkrechte; rechtwinklig hierzu stehende, in der Zeichnungsebene von links nach rechts laufende, horizontale oder wagerechte Linien.

papiere schraffiert, punktiert oder schwärzt, während jeder **unter** dem **Schussfaden** liegende **Kettenfaden** an der **Kreuzungsstelle** weiss bleibt.

Hiernach würde man also folgendes Musterbild Fig. 3 des glatten oben vorgeführten Gewebes erhalten:

Fig. 3.

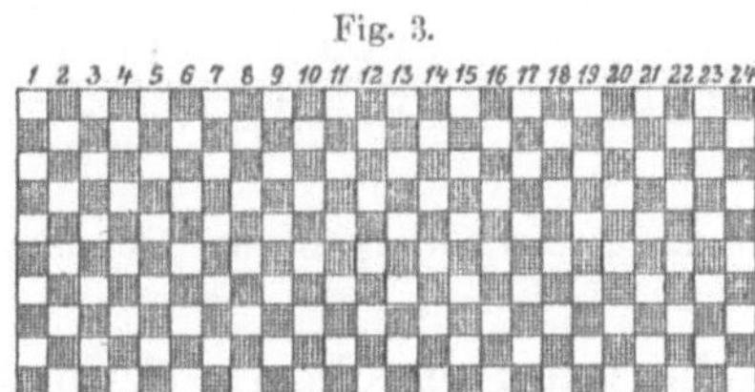

Musterbild des Leinwandgewebes.

Wir erkennen aus diesem Bilde, dass die Kettenfäden 1, 3, 5, 7 u. s. w. die gleiche und 2, 4, 6, 8, 10 u. s. w. ebenfalls eine gleiche Lage haben, weshalb also 2 Kettenfädensysteme vorhanden und zu deren Bewegung im Webstuhle auch 2 Schäfte erforderlich sind.

Der Einzug der Fäden in die Schäfte ist also ein stetig wechselnder und lässt sich bildlich folgendermassen darstellen:

In der folgenden Figur 4ª bedeuten die starken Horizontallinien die Schäfte I u. II im Grundriss. Die Zahlen rechts neben den Schäften sollen, was insbesondere bei den mehrschäftigen Geweben von Wichtigkeit ist, die Reihenfolge, in welcher der betreffende Schaft nach unten gezogen wird, während der oder die anderen sich im Oberfach befinden, angeben, da von dieser Reihenfolge der Einzug selbst abhängt.

Fig. 4ª.

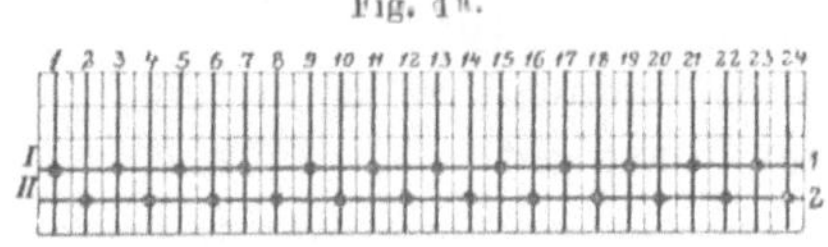

Einzug für das Leinwandgewebe.

Die vertikalen stärkeren Linien bedeuten die Kettenfäden, welche mit einem Punkt an der Stelle versehen sind, wo sie sich in der Oese des Schaftes befinden. Wir sehen aus obigem Schema, dass sich die Kettenfäden 1, 3, 5, 7 u. s. w. im Schaft I und die Kettenfäden 2, 4, 6, 8, u. s. w. im Schaft II im Einzuge befinden.

Bei der weiteren Darstellung des Einzuges sollen die Kettenfäden nur bis zu dem Schafte, in welchem sie durch das Litzenauge gehen, geführt und an dieser Stelle mit einem Punkt markiert werden.

Wir erwähnten bereits (Seite 6), dass bei feiner Einstellung, d. h. von 14 Fäden auf je $^{37}/_{40}$ Zoll Breite an, in der Regel des geringeren Reibungswiderstandes der Schäfte wegen, 4 Schäfte zur Anwendung gelangen, von denen alsdann immer je 2 zusammen gebunden werden. Der Einzug ist in diesem Falle der folgende, welcher ohne weiteres aus Fig. 4[b] verständlich sein dürfte.

Fig. 4b.

Einzug für das Leinwandgewebe bei Doppelschäften.

2) **Glattes Gewebe mit Doppelkette** (wohl auch mit Zwirnkette). Das Bildungsgesetz bei diesem Gewebe ist dasselbe wie bei dem vorigen, nur tritt jetzt an die Stelle eines Kettenfadens entweder ein Doppel- oder ein gezwirnter Faden. — Ein solches Gewebe, bei welchem immer zwei Kettenfäden wie einer abgebunden werden, ist in der nebenstehenden Gesamt-Ansicht Fig. 5 vorgeführt.

Am Saume oder der Kante befinden sich hier 4 neben einander liegende Eckfäden, die aber auch zu je 2 wie die anderen Fäden von dem Schusse abgebunden sein können. Das Muster- oder Patronenbild ist dasselbe wie in Fig. 2 angegeben, nur muss man sich merken, dass stets zwei Kettenfäden zusammen gehören und gleich zu behandeln sind. Allenfalls könnte das Muster- bild dadurch wieder gegeben werden, dass man die Streifen für die Kettenfäden in zwei teilt, wie die folgende Figur 6 angiebt.

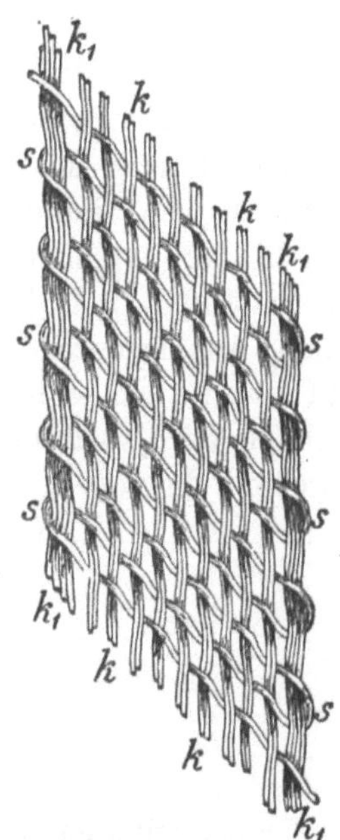

Fig. 5.
Gesamt-Ansicht.

Doppel-Kettengewebe.
(Zweischäftig).

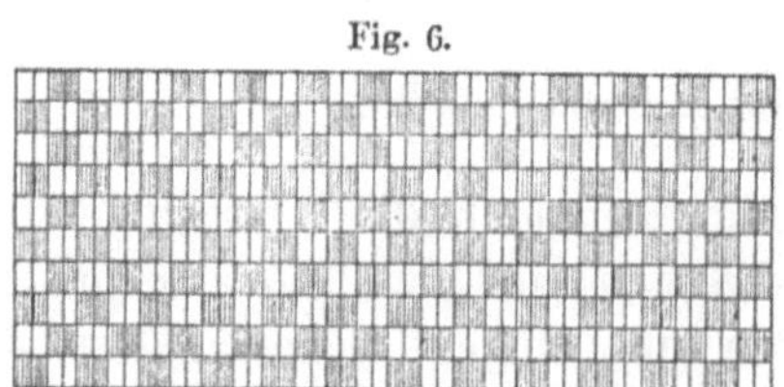

Fig. 6.

Musterbild des Doppel-Kettengewebes.

Bei diesem Gewebe haben also der 1. 3. 5. 7. u. s. w. Doppel- kettenfaden gleiche und dann der 2. 4. 6. 8. u. s. w. Doppelkettenfaden ebenfalls gleiche Lage und müssen zur selben Zeit ins Unter-, bezw. Oberfach gebracht werden. — Es sind daher auch hier 2 Schäfte er- forderlich, und gehen durch jedes Litzenauge jetzt 2 Kettenfäden, während der Wechsel gerade so stattfindet wie beim vorigen Gewebe. — Eine besondere Zeichnung für den Einzug ist also nicht erforderlich.

b. Geköperte oder gekieperte Zwillich-, Drillich- oder Drellgewebe

entstehen dadurch, dass die Fäden des einen Systems über und unter mehr als einem Faden des anderen Systems weggehen, so dass zwischen den Bindungen mehrere Fäden neben einander frei oder flott liegen. Es treten hierbei auf der einen Seite des Stoffes besonders die Ketten-, auf der anderen die Schussfäden hervor, weshalb man, je nachdem die erstere oder die letztere Seite als die rechte, die obere betrachtet wird, von Ketten- bezw. Schussköper spricht.

3) **Der normale Köper** entsteht dann, wenn die Bindung so erfolgt, dass beispielsweise der erste Schussfaden über Kettenfaden 1, unter 2 u. 3, über 4, unter 5 u. 6 u. s. w. geht; der zweite Schussfaden über Kettenfaden 2, unter 3 u. 4, über 5, unter 6 u. 7. u. s. w. und endlich der dritte Schussfaden unter Kettenfaden 1 u. 2, über 3, unter 4 u. 5, über 6 u. s. w. liegt, worauf sich diese Lage regelmässig wiederholt. Es ist ersichtlich, dass jetzt stets 3 Fäden und zwar sowohl 3 Schuss- wie 3 Kettenfäden bis zu einer Wiederholung gehören. — Man nennt diesen **Körper dreibindig, dreifädig,** auch **dreischäftig,** da jetzt immer $1/_3$ der Kettenfäden anders als die anderen bewegt werden müssen, also 3 Schäfte zur Gewebebildung erforderlich sind.

Wird der Köper in entsprechender Weise aber so gebildet, dass immer erst der vierte Faden abbindet, 3 Fäden — sowohl Ketten- wie Schussfäden — also frei oder flott liegen, so erhält man den **vierbindigen, vierfädigen** oder aus den schon erwähnten Gründen auch **vierschäftigen** Köper.

Bei diesem soeben vorgeführten Durchkreuzungsgesetz bilden sich auf der Oberfläche der Gewebe schräg verlaufende zusammenhängende Linien.

Betrachten wir nun diejenige Gewebeseite, bei welcher die Kettenfäden flott liegen — gewöhnlich ist dies bei Jute-Geweben die rechte, die obere, bei der Verwendung nach aussen hin liegende Seite — und halten wir uns an das bei dem glatten Gewebe wegen Herstellung des Musterbildes Gesagte, so würde sich also für den

3ª) **Dreibindigen normalen Kettenköper** das in Fig. 7ᵇ dargestellte Musterbild ergeben.

Die drei Querschnitte Fig. 7ª lassen deutlich erkennen, dass der erste Schussfaden s_1 unter Kettenfaden 1 u. 2, über 3, unter 4 u. 5, über 6 u. s. w. liegt; der zweite Schussfaden s_2 über Kettenfaden 1, unter 2 u. 3, über 4, unter 5 und 6, über 7 u. s. w.; der dritte Schussfaden s_3 unter 1, über 2, unter 3 u. 4, über 5, unter 6 u. 7, über 8 u. s. w.; der vierte Schussfaden wieder wie der erste u. s. w.

Die durch die freiliegenden Kettenfäden gebildeten Streifen gehen

von links nach rechts. Es ist ohne weiteres klar, durch welche Verän-
derungen man auch von rechts nach links gehende Streifen erhalten kann.

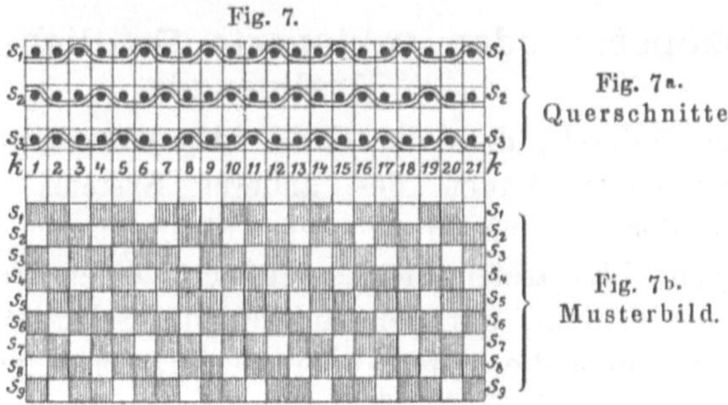

Fig. 7.

Fig. 7a.
Querschnitte.

Fig. 7b.
Musterbild.

Musterbild des dreibindigen normalen Kettenköpers.

Der Einzug für den normalen dreibindigen Köper richtet sich nach
der Reihenfolge der Bewegung der Schäfte. — Stimmt dieselbe mit der
Lage der Schäfte überein, so erhalten wir folgenden Einzug: Fig. 8a.

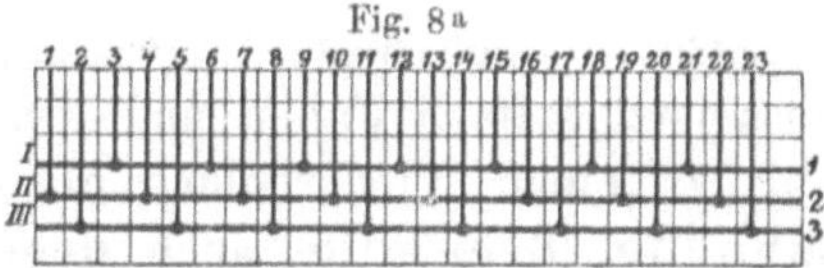

Fig. 8a

Einzug für den normalen dreibindigen Köper.

Wird also zuerst Schaft I ins Unterfach gezogen, Schaft II u. III
ins Oberfach; dann Schaft II ins Unterfach, I u. III ins Oberfach,
endlich Schaft III ins Unterfach, I u. II ins Oberfach: so muss, wie
in Fig. 8a angegeben, nach dem Musterbilde Fig. 7

> der 3. 6. 9. 12. u. s. w. Kettenfaden im Schafte I,
> der 1. 4. 7. 10. u. s. w.   „   „   II,
> der 2. 5. 8. 11. u. s. w.   „   „   III

enthalten sein.

Wie sich der Einzug ändert, wenn etwa in der Abwärtsbewegung
der Schäfte I, II, III die Reihenfolge 1, 3, 2 inne gehalten wird, ist
leicht ersichtlich und in Fig. 8b angegeben. Der bisherige Einzug des
Schaftes III kommt jetzt in Schaft II und umgekehrt.

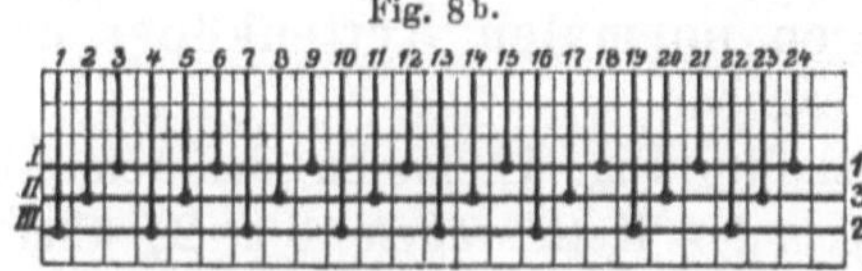

Fig. 8b.

Einzug für den normalen dreibindigen Köper.

3b) Der **dreibindige normale Schussköper,** bei welchem die
Streifenbildung durch frei liegende Schussfäden entsteht, stellt gleichsam die Rückseite des Kettenköpers dar.

Obgleich diese Köper, also Gewebe, bei welchen die Schussseite die obere ist, in der Jute-Weberei nicht benutzt werden, möge doch, um den Unterschied hervorzuheben, das Musterbild für diesen in folgender Fig. 9 Platz finden.

Fig. 9.

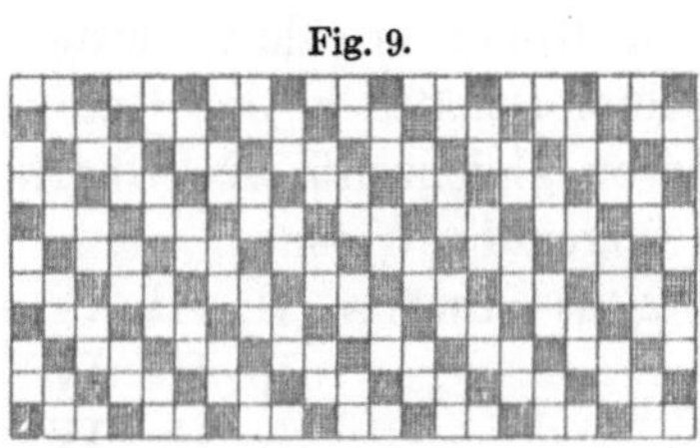

Musterbild des dreibindigen normalen Schussköpers.

Eine weitere Erklärung bedarf nach dem Vorausgegangenen dieser Köper nicht.

4ᵃ) **Der vierbindige normale Kettenköper.** Die Entstehung desselben ist bereits erläutert worden. Das Musterbild eines solchen ist in Fig. 10ᵇ angegeben. Fig. 10ᵃ zeigt die Querschnitte des Gewebes, aus welchem die Lage der Schussfäden s_1 bis s_4 unter und über den Kettenfäden deutlich hervorgeht.

Fig. 10.

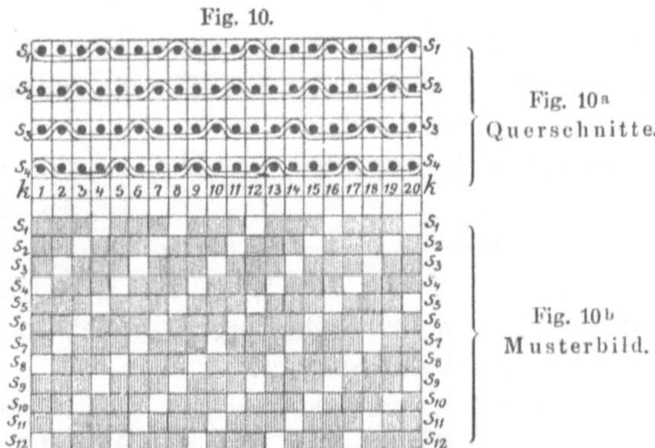

Vierbindiger normaler Kettenköper.

Der Schussfaden 1 liegt unter Kettenfaden 1, 2, 3, über 4, unter 5, 6, 7, über 8, unter 9, 10, 11 u. s. w.

Schussfaden 2 liegt unter Kettenfaden 1 u. 2, über 3, unter 4, 5 u. 6, über 7, unter 8, 9, 10 u. s. w.

Schussfaden 3 liegt unter Kettenfaden 1, über 2, unter 3, 4 u. 5, über 6, unter 7, 8, 9 u. s. w.

Schussfaden 4 liegt endlich über Kettenfaden 1, unter 2, 3, 4, über 5, unter 6, 7, 8, über 9, unter 10, 11 u. 12 u. s. w.

Der Schussfaden 5 endlich hat dieselbe Lage wie Schussfaden 1. Es zeigt dieser Köper von rechts nach links gehende Kettenstreifen.

Es ist auch hier sofort zu übersehen, in welcher Weise die Bindungen stattfinden müssen, damit umgekehrt verlaufende, also von links nach rechts gehende Streifen entstehen.

Der Einzug der Kette in die Schäfte. Derselbe hängt, wie schon beim dreischäftigen Köper erwähnt wurde, von der Reihenfolge ab, in welcher die einzelnen Schäfte in das Unterfach gebracht werden, während sich die anderen gleichzeitig im Oberfach befinden. Erfolgt die Schaftbewegung in folgender Weise:

Schaft I   geht abwärts, II, III, IV aufwärts
„   II   „   „   I, III, IV   „
„   III   „   „   I, II, IV   „
„   IV   „   „   I, II, III   „   ,

wie durch die Zahlen der folgenden Figur 11ª angegeben ist; so ergiebt sich der in derselben Figur angegebene Einzug:

Fig 11ª.

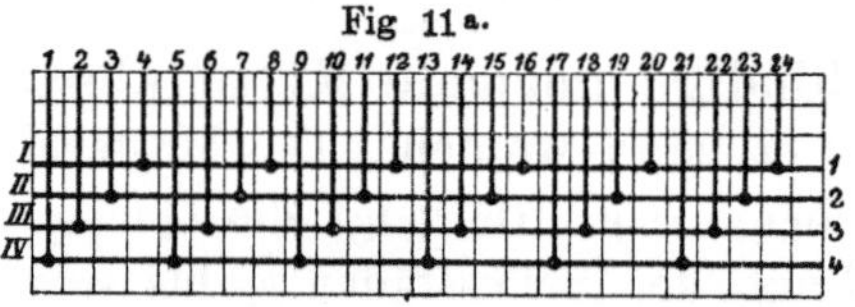

Einzug für den vierbindigen normalen Kettenköper. (Gerade durch.)

Es korrespondieren also die im Musterbilde weiss gebliebenen Quadrate mit den Einzugsstellen der Schäfte, die in Fig. 11ª durch Punkte markiert sind. Es enthält daher

Schaft I Kettenfaden 4, 8, 12, 16, 20, 24 u. s. w.
„   II   „   3, 7, 11, 15, 19, 23 u. s. w.
„   III   „   2, 6, 10, 14, 18, 22 u. s. w.
„   IV   „   1, 5, 9, 13, 17, 21 u. s. w.

Aendert sich nun die Reihenfolge der Schaftbewegung und findet dieselbe z. B. folgendermassen statt:

Schaft I   geht abwärts, II, III, IV aufwärts
„   III   „   „   I, II, III   „
„   II   „   „   I, III, IV   „
„   IV   „   „   I, II, III   „   ,

Fig. 11ᵇ.

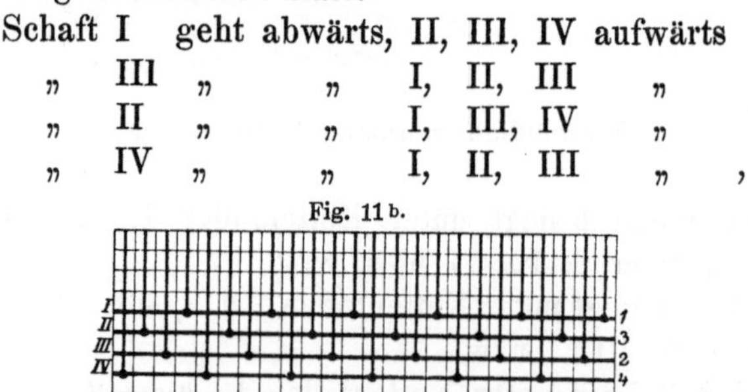

Einzug für den vierbindigen normalen Kettenköper. (Springend.)

so erhalten wir unter Vertauschung des Einzuges von Schaft II mit III und umgekehrt der vorigen Fig. 11ª den in Fig. 11ᵇ gezeichneten Einzug, welcher dasselbe Gewebe ergiebt.

Man bezeichnet diesen Einzug wohl auch mit „springend" und alsdann den vorigen mit „gerade durch." — Vorgezogen wird der in Fig. 11ᵃ dargestellte.

4ᵇ) **Der vierbindige normale Schussköper,** bei welchem also die Streifenbildung durch freiliegende Schussfäden entsteht, wird in der Juteweberei nicht benutzt. Das folgende in Fig. 12 dargestellte Musterbild eines solchen stellt zugleich die Rückseite des Kettenköpers dar.

Fig. 12.

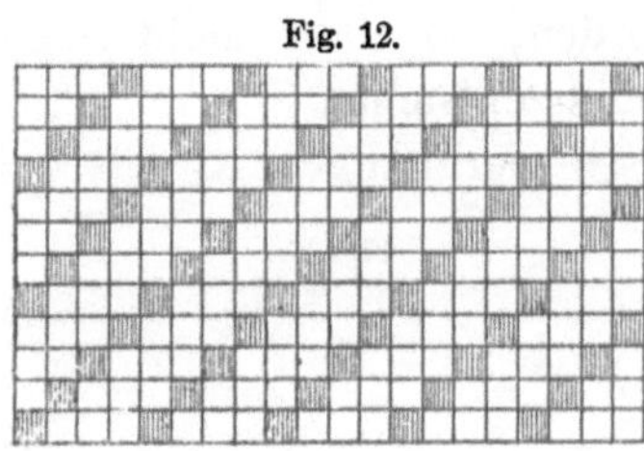

Musterbild des vierbindigen normalen Schussköpers.

5) Der **beidrechtige oder Doppelköper** mit zwei rechten, vollständig gleich aussehenden Seiten entsteht dadurch, dass auf jeder Seite ebensoviel Schuss- wie Kettenfäden flott liegen und die Bindungen nicht um einzelne, sondern um ebenso viel Fäden erfolgen, als flott liegen.

Das Bild eines solchen Doppelköpers zeigt die folgende Fig. 13, welche nach dem Vorausgegangenen ohne weiteres verständlich sein dürfte.

Fig 13.

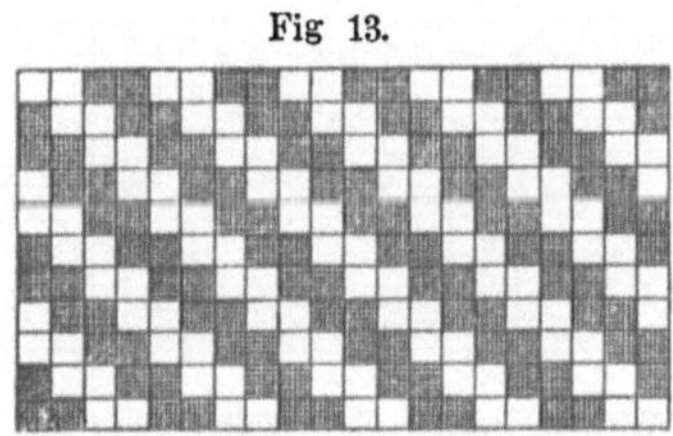

Musterbild des beidrechtigen oder Doppelköpers, vierschäftig.

Der Einzug. Wir erkennen aus dem Musterbilde, dass erst der fünfte Schussfaden wieder wie der erste liegt, weshalb zur Erzeugung des dargestellten Köpers vier Schäfte erforderlich sind. Bei diesem Gewebe ist die Schaftbewegung eine andere als bei dem normalen Kettenköper; es gehen stets zwei Schäfte abwärts und zwei aufwärts.

Ist nun die Bewegung der Schäfte folgendermassen:

Schaft I u. III gehen abwärts, II u. IV aufwärts

    „ II u. III „   „ I u. IV „

    „ II u. IV „   „ I u. III „

    „ I u. IV „   „ II u. III „ ,

so ist der Einzug springend und zwar: I, III, II, IV; I, III, II, IV u. s. w.

herzustellen, d. h. der erste Faden kommt in Schaft I, der zweite in Schaft III, der dritte in Schaft II und der vierte in Schaft IV u. s. w. Einer besonderen Zeichnung bedarf dieser Einzug kaum.

Beidrechtige Gewebe kommen in der Juteweberei selten vor.

6ᵃ) **Der normale gebrochene Ketten-Köper,** sogen. **Kreuzköper,** entsteht, wenn zwar für jeden einzelnen Faden das erwähnte Bindungsgesetz erhalten bleibt, die Bindungen selbst aber zerstreut über die Fläche verteilt werden, so dass nicht mehr zusammenhängende schräg verlaufende Streifen entstehen.

Das Musterbild dieses vierbindigen Köpers zeigt Fig. 14.

Fig. 14.

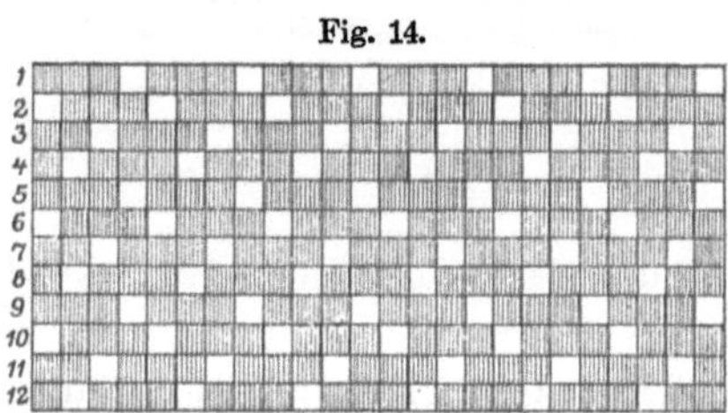

Normaler gebrochener Kettenköper, Kreuzköper (vierbindig).

6ᵇ) **Der normale gebrochene Schussköper** würde folgendes Musterbild ergeben:

Fig. 15.

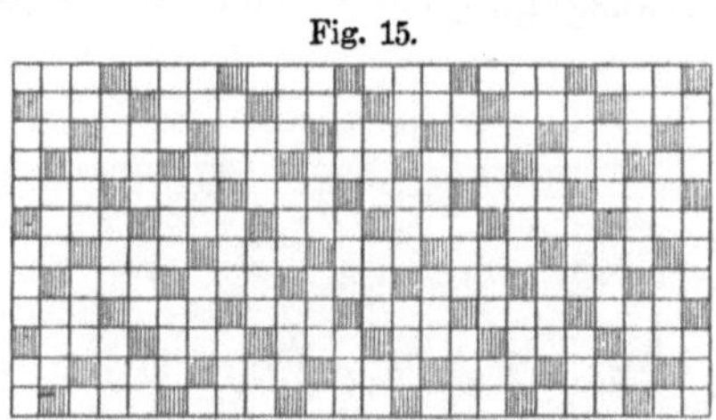

Normaler gebrochener Schussköper (vierbindig).

Derselbe stellt zugleich die Rückseite des obigen Köpers dar.

Beide Gewebearten werden bei den Jutefabrikaten nicht oder doch nur ausnahmsweise verwendet; — wohl aber eine andere Art gebrochener drei- und vierbindiger Köper, bei welchem infolge periodischen Wechselns der Bindung schräg auf- und absteigende Linien entstehen. — Da die Bildung derselben bei Jutegeweben stets durch freiliegende Kettenfäden erfolgt, so haben wir es also stets mit Kettenköpern zu thun, die wir fernerhin allein weiter betrachten wollen.

Diese in eigentümlicher Weise periodisch in der Bindung wechselnden, (unregelmässig bindenden) gebrochenen Köper führen wohl auch den Namen: **Drelle oder Fischgratköper** (*Herring bone twilled* [Schottland] oder *Arrow-head-twilled* [England]).

Es möge nun im folgenden zugleich mit der näheren Besprechung dieser Gewebe das **Zeichnen des Musterbildes** nach einem vorliegenden Gewebe erörtert werden.

Das zu untersuchende Gewebestückchen wird zunächst so hingelegt, dass diejenige Seite sich oben befindet, welche vorwiegend Kettenfäden erkennen lässt, und ferner so, dass ausserdem die Kettenfäden für den Beschauer von oben nach unten, die Schussfäden von links nach rechts gehen. Wenn der Saum an einer Gewebekante vorhanden ist, bietet die Entscheidung, welche Fäden die Schuss- und welche die Kettenfäden sind, keine Schwierigkeiten; aber auch, wenn derselbe fehlt, ist bei den Jutegeweben die Unterscheidung leicht. Die Kettenfäden sind stets reiner, heller von Farbe und in der Regel auch feiner (dünner), stets aber sind sie wesentlich schärfer gedreht als die Schussfäden. Die Besichtigung und Prüfung der Fäden auf diese Eigenschaften hin ermöglicht es auch dem Anfänger alsbald die richtige Unterscheidung zu treffen und das Gewebestück wie erwähnt hinzulegen.

Jetzt werden an der oberen horizontalen und einer der vertikalen (am bequemsten der linken) Gewebeseite die Schuss-, bezw. die Kettenfäden mit Hülfe einer Nadel oder eines Stiftes entfernt; so dass einerseits die neben einander liegenden Ketten-, anderseits die aufeinander folgenden Schussfäden etwa 1^{cm} weit aus dem eigentlichen Stoffe heraustreten. Hierauf wird der oberste, erste Schussfaden von dem Nachbarfaden mittels einer Nadel oder einem Stifte etwas abgerückt, und dann ist man imstande, die Lage der Kettenfäden über, bezw. unter diesem Schussfaden deutlich zu erkennen.

Man beginnt nun mit dem ersten Kettenfaden links, markiert auf dem Musterpapiere in einer horizontalen Linienreihe, welche den ersten Schussfaden darstellt, diejenigen Kettenfäden, welche über diesem Schussfaden liegen, z. B. mit einem Punkte, und lässt diejenigen Stellen frei, an denen einer derselben (oder mehrere) unter dem Schussfaden liegen.

Ist man mit dem ersten Schussfaden fertig, — man setzt das Markieren der Kettenfäden solange fort, bis mindestens eine Wiederholung der ersten gefundenen Lage der Kettenfäden auftritt — so zieht man diesen aus dem Gewebe heraus und verfährt mit dem zweiten ebenso, hierauf mit dem dritten u. s. w., bis man erkennt, dass sich die Lage der Schussfäden zwischen den Kettenfäden wiederholt.

Dies tritt also bei dem dreibindigen Köper beim vierten und beim vierbindigen Köper beim fünften Schussfaden ein. In dieser Weise sind nun nach vorliegenden Geweben die folgenden beiden Patronen- oder Musterbilder entworfen worden.

7) **Der dreibindige, periodisch wechselnde, gebrochene Kettenkörper,** Drell- oder **Fischgratkörper,** wie er gewöhnlich ausgeführt wird, ist in folgender Fig. 16 abweichend von der bisherigen

Manier durch Punktieren der Stellen, an denen die Kettenfäden über dem betreffenden Schussfaden liegen, dargestellt.

Wir sehen aus dem Musterbilde Fig. 16, dass der erste Schussfaden normal abbindet — immer der dritte Faden. — Beim zweiten Schussfaden sehen wir, dass Kettenfaden 1 unter, 2 über, 3 unter, 4 u. 5 über, 6 unter, 7 u. 8 über, 9 unter, 10, 11 u. 12 über, 13 unter, 14 u. 15 über,

Fig. 16.

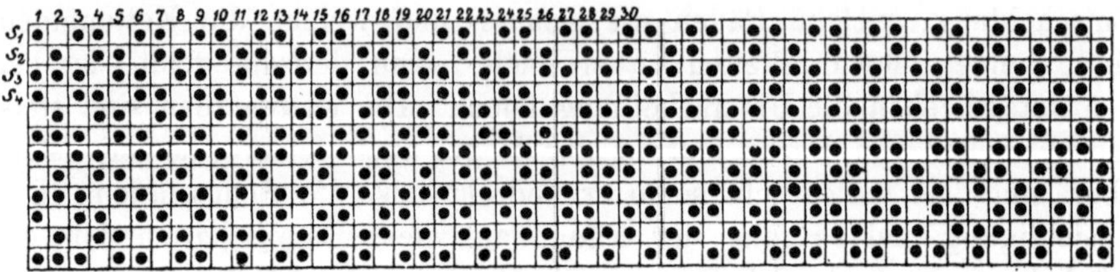

Musterbild des dreibindigen Fischgratköpers.

Fig. 17ᵃ.

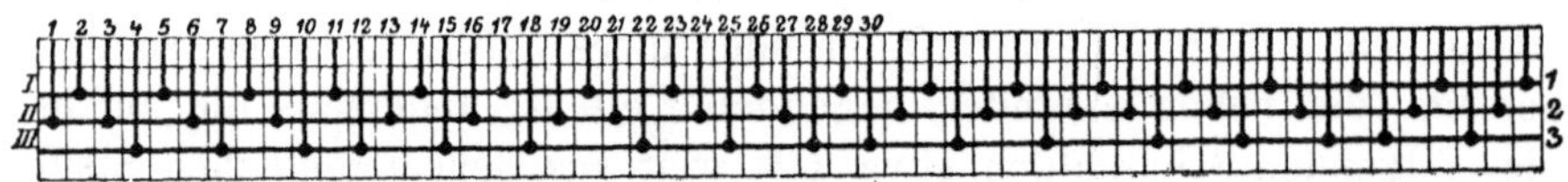

Fig. 17ᵇ.

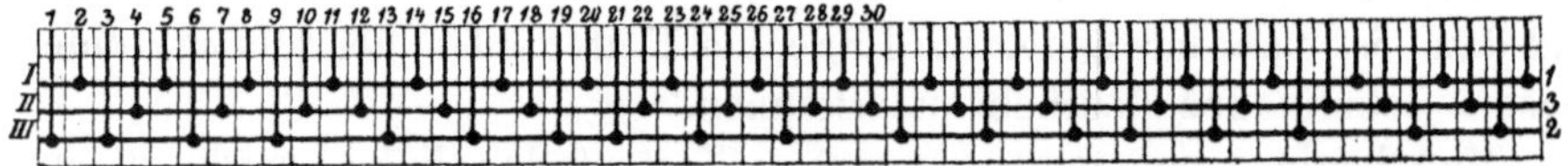

Einzug für den dreibindigen Fischgratköper.

16 unter, 17 u. 18 über, 19 unter demselben liegt und dass sich alsdann die Lage wiederholt. Beim dritten Schussfaden liegt Kettenfaden 1, 2, 3 über, 4 unter, 5, 6 über, 7 unter, 8, 9 über, 10 unter, 11 über, 12 unter, 13 u. 14 über, 15 unter, 16 u. 17 über, 18 unter und wie am Anfange 19, 20, 21 über u. s. w. — Der vierte Schussfaden liegt wie der erste, mithin sind 3 verschiedene Kettenfadensysteme vorhanden und 3 Schäfte zu deren Bewegung erforderlich.

Bei der Zergliederung der Gewebe ist darauf zu achten, ob nicht etwa 2 Kettenfäden, (ein Doppelfaden auch wohl gezwirnt,) an die Stelle von einem einfachen treten. Bei Jute-Geweben, welche nach obigem Muster ausgeführt sind, werden nämlich häufig entweder gezwirnte Kettenfäden oder 2 nur lose nebeneinander liegende, also Doppelkettenfäden, angewendet. Es ist besonders der letztere Fall beim Entwurf des Musterbildes zu berücksichtigen.

Der Einzug in die Schäfte richtet sich nun wieder nach der Reihenfolge der Bewegungen derselben.

Ist dieselbe: Schaft I abwärts, II u. III aufwärts

„ II „ I u. III „

„ III „ I u. II „ ,

wie in Fig. 17ᵃ durch die Zahlen angedeutet wurde, so erhalten wir den in derselben Figur angegebenen Einzug.

Der Einzug für die Bewegung 1, 3, 2 der Schäfte I, II, III ist in Fig. 17ᵇ dargestellt und nunmehr wohl leicht verständlich.

Es sei nun noch hier darauf hingewiesen, dass man es durch häufigeres oder weniger häufiges Wechseln der Fadenlagen (der Bindungen) in der Hand hat, die schrägen Linien steiler oder weniger steil erscheinen zu lassen. — Die Wiederholung einer Dreieckfigur nennt man den Rapport und die Gesamtzahl der zu einer solchen Figur erforderlichen Kettenfäden einen Kurs (auch *chemin*), während die Gesamtzahl der zur Bildung der Figur erforderlichen Schussfäden Marsch oder Tour genannt wird.

8) **Der vierbindige, periodisch wechselnde gebrochene Kettenköper, vierbindige Fischgratköper oder Drell.** Dieser ist ebenfalls nach einem fertigen Gewebe in dem Musterbilde Fig. 18 dargestellt.

Fig. 18.

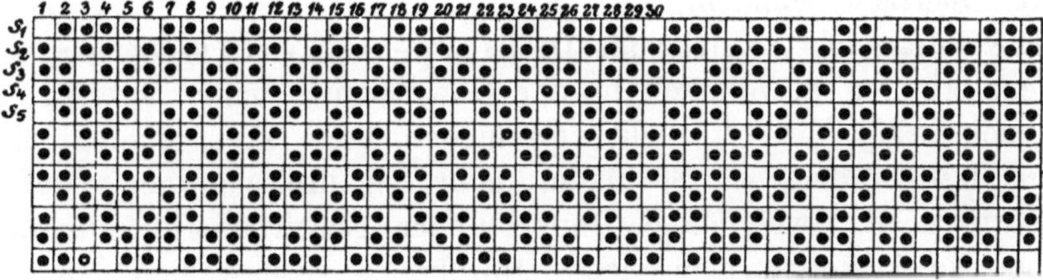

Musterbild für den vierbindigen Fischgratköper.

Fig. 19 ᵃ.

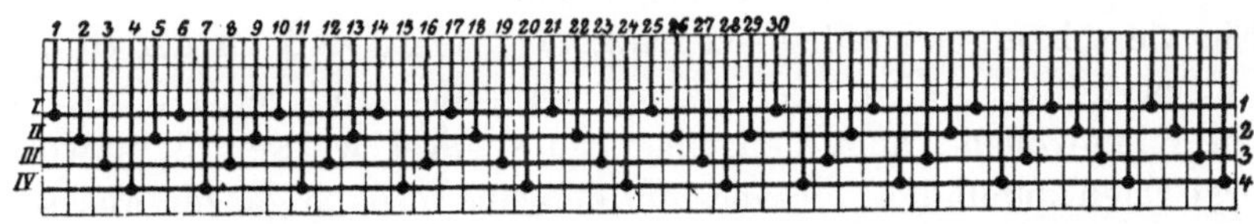

Fig. 19 ᵇ.

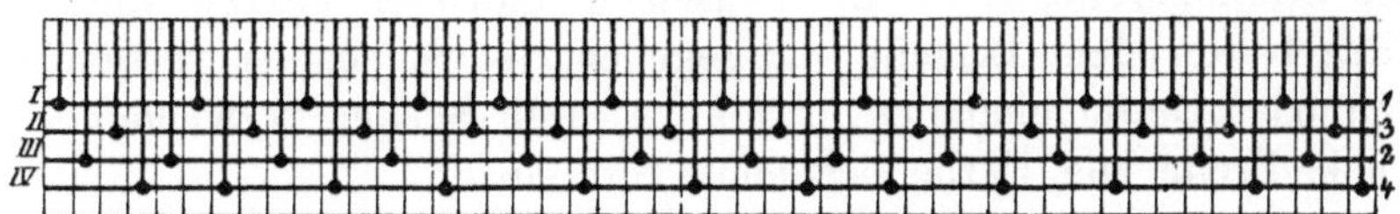

Einzug für den vierbindigen Fischgratköper.

Charakterisieren können wir diesen häufig Verwendung findenden Köper am übersichtlichsten folgendermassen: Erster Schussfaden über

2*

einem, unter vier über einem, unter drei über einem, unter drei über einem, unter zwei über einem, unter drei über einem, unter drei über einem und nun wieder unter vier Kettenfäden u. s. w.

Die anderen Schussfäden laufen gerade so, sind nur gegen den vorhergehenden entsprechend versetzt inbetreff der Bindungen.

Markiert man nur die Stück-Zahl der freiliegenden Kettenfäden und hält fest, dass zwischen jeder ein Kettenfaden abgebunden wird, also unten liegt, so erhält man beziehentlich:

Schussfaden 1: Kettenfaden   4, 3, 3, 2, 3, 3, 4, 3, 3, 2 u. s. w. Stück
    „   2:   „   (1) 2, 3, 3, 4, 3, 3, 2, 3, 3, 4   „   „
    „   3:   „   (2) 4, 3, 3, 2, 3, 3, 4, 3, 3, 2   „   „
    „   4:   „   (3) 2, 3, 3, 4, 3, 3, 2, 3, 3, 4   „   „
    „   5 wie Schussfaden 1 u. s. w.

Der Einzug der Kettenfäden in die Schäfte für diesen Köper ist entweder wiederum gerade durch oder springend, je nach der Bewegung der Schäfte, wie angegeben wurde in Fig. 19^a und 19^b, die einer weiteren Erläuterung wohl auch nicht mehr bedürfen, wenn nur festgehalten wird, dass die römischen Zahlen links die Schaftnummer und die arabischen Zahlen rechts die Reihenfolge, in welcher der betreffende Schaft nach unten gezogen wird, angeben, während die anderen alsdann sich im Oberfach befinden.

Die Jutegewebe, welche als Drells drei- oder vierschäftig ausgeführt werden, erhalten gewöhnlich in der Gewebemitte bunte Streifen, ein- oder mehrfarbig, die oft recht verschieden breit sind, erzeugt durch farbige Kettenfäden. — So findet man bei dreischäftigen Drells in der Mitte z. B. zwei blaue Doppel- oder gezwirnte Jutekettenfäden, daneben zwei weisse ebensolche, gewöhnlich Baumwollenfäden, dann sechs blaue Jutefäden, wieder zwei weisse Baumwollenfäden und schliesslich zwei blaue Jutefäden. Der ganze Streifen besteht also aus acht blauen Jute- und vier weissen Baumwollenfäden.

Ein vierschäftiger Drell (Fischgratköper) zeigte z. B. in der Gewebemitte einen Kettenstreifen, der erzeugt war aus drei roten Jute-, drei weissen Baumwollen-, acht hellgrünen Jute-, drei weissen Baumwollen- und drei roten Jutefäden. Es besteht derselbe also im ganzen aus sechs roten und acht hellgrünen Jute-, sowie aus sechs weissen Baumwollenfäden. — Die Streifenbreite, sowie die denselben bildenden Farben werden in der Regel von dem Besteller aufgegeben. — So haben verschiedene Mühlen oder Getreidehändler in den zu ihren Säcken verwendeten Geweben in Breite und Farbe bestimmte Streifen.

Soweit hierüber. Die gewöhnlichen Jutegewebe gehören zu einer dieser vorstehend angeführten Gewebesorte. Im speziellen Teile kommen wir näher hierauf zurück.

D. Kennzeichnung der Gewebe.

Gewebe bestimmter Art, bestimmter Konstruktion unterscheiden sich zunächst von einander inbezug des Gewichtes der Flächeneinheit und des Aussehens überhaupt.

Das Gewicht der Flächeneinheit hängt nun ab von der Dicke der zur Verwendnng gelangten Ketten- und Schussgarne, also deren Nummern einerseits und wie leicht ersichtlich anderseits von der Dichtheit der Fadenlagen (Zahl der Fäden auf der Längen-, bezw. Breiteneinheit) und der Verkürzung, welche die einzelnen Fäden beim Weben, beim Durchkreuzen, erleiden. Diese Verkürzung -- also der Betrag, um welchen der aus dem Gewebe herausgezogene und gerade gestreckte Faden länger ist als die Gewebelänge oder die Gewebebreite — ist stets vorhanden, und hängt ihre Größe von verschiedenen Umständen ab. Je stärker z. B. bei dem Webeprozesse die Kette gespannt erhalten bleibt, um so weniger wird sich unter sonst gleichen Verhältnissen diese verkürzen, um so grösser wird die Verkürzung der Schussfäden sein. — Die Verkürzung ist auch noch abhängig von der Einstellung, d. h. von der Dichtigkeit, nimmt im allgemeinen mit dieser zu und hängt endlich auch noch von der Gewebeart ab. So ist z. B. bei den drei- und vierschäftigen Jutegeweben die Verkürzung der Kette stets wesentlich grösser als bei den zweischäftigen Geweben.

Will man ein Gewebe bestimmter Breite herstellen, so müssen, weil durch den Webeprozess die Kettenfäden zusammengeschoben werden, diese auf eine grössere Breite im Webeblatt verteilt, es muss, wie man sagt, die Kette breiter eingestellt werden. — Der Betrag, um welchen sich die Breite beim Weben vermindert, heisst die Breiteneinsenkung, derjenige, um welchen die Kettenlänge sich vermindert, die Längeneinsenkung.

Man kann, wie bereits gesagt wurde, die Einsenkung der Kette durch straffes Anspannen derselben beim Weben vermindern. Geht man aber hierin zu weit, so wird die Dehnung, welche die Kettenfäden hierbei erleiden, eine bleibende, d. h. das Kettengarn im fertigen Gewebe ist feiner als im ursprünglichen Zustande. — Selbstverständlich vermehren sich auch bei zu starker Anspannung der Kette die Fadenbrüche, so dass alsdann die vorteilhafte Grenze für dieselhe überschritten ist. —

Wir sahen bereits, dass das Gewicht der Gewebeflächeneinheit von der Garnnummer und der Dichtheit der Fadenlagen abhängig ist. Dickere Garne bedingen geringere Fadenzahl, feinere Garne grössere Fadenzahl, um ein bestimmtes Gewicht der Flächeneinheit des Gewebes zu erfüllen. — Das Aussehen eines Gewebes (aber auch dessen Verwendbarkeit) hängt nun endlich noch ab von der Garnqualität.

Ein Gewebe beliebiger Konstruktion (zwei-, drei- oder vierschäftig) ist demnach durch folgende sieben Grössen vollständig bestimmt:

1) Gewicht der Flächeneinheit,
2) Kettengarnnummer (und Qualität),
3) Schussgarnnummer (und Qualität),
4) Anzahl der Kettenfäden auf der Breiteneinheit,
5) Anzahl der Schussfäden auf der Längeneinheit,
6) Verkürzung der Kettenfäden,
7) Verkürzung der Schussfäden.

Von diesen sieben Grössen können nur sechs beliebig von vornherein angenommen werden mit der Einschränkung, dass die Verkürzungen der Kette und des Schusses nicht etwa beliebig festgesetzt, sondern für einen bestimmten Fall auch stets gegeben, daher bekannt, bezw. durch Untersuchung fertiger Gewebe gefunden sein müssen. — Die letzte Grösse ergiebt sich dann durch Rechnung, wie wir bei der speziellen Betrachtung der Jutegewebe sehen werden.

Ist also beispielsweise gegeben: 1) das Gewicht der Flächeneinheit, 2) Kettengarnnummer (und Qualität), 3) Schussgarnnummer (und Qualität), 4) die Anzahl der Kettenfäden auf der Breiteneinheit, 6) u. 7) die Verkürzungen der Ketten- und Schussfäden, so muss dann die letzte Grösse 5), die Anzahl der Schussfäden auf der Längeneinheit, berechnet werden.

Sehr häufig stellt sich auch die Aufgabe so, dass 1), 2), 4), 5), 6) und 7) gegeben sind, und dass es sich darum handelt, die Grösse 3), also die zu verwendende Schussgarnnummer (und Qualität), zu bestimmen.

E. Einteilung der speziellen Besprechung.

Vergegenwärtigen wir uns noch einmal den auf Seite 5 erwähnten Webeprozess, so sehen wir, dass um denselben ausführen, also um die Vereinigung der Schuss- und Kettenfäden bewirken zu können, jede Fadensorte einer besonderen Vorbereitung, einer besonderen Zurichtung bedarf.

Wir haben zu dieser Vorbereitung auch das Bleichen und Färben der Fäden zu rechnen.

Nach Beendigung des Webeprozesses kann nun das fertige vom Webstuhle kommende Zeug höchst selten direkt verwendet werden. Zunächst muss dasselbe von dem Zeugbaume abgewickelt und alsdann mindestens noch geeignet verpackt werden. — In den meisten Fällen jedoch muss vor dem Verpacken ein Sortieren, ein Ausbessern der etwaigen Webefehler, alsdann aber ein Verschönern der Oberfläche, ein Glätten derselben, schliesslich ein Messen, dann ein regelrechtes Zusammenfalten oder Zusammenrollen vorgenommen werden, ehe die Verpackung erfolgen kann.

Insoweit die Gewebe zur Herstellung von Säcken benutzt werden sollen, müssen dieselben zu diesem Zwecke geeignet zubereitet und dann in gewünschter Weise verarbeitet und schliesslich verpackt werden.

Aus diesen allgemeinen Betrachtungen geht nun hervor, dass wir die spezielle Besprechung des

Erzeugens der gewöhnlichen Jute-Artikel

in folgende Hauptabschnitte einteilen können:

1) **Die Jute-Gewebe und ihre Kennzeichnung,** unter Berücksichtigung des metrischen Masses und Gewichtes.

2) **Die Vorbereitungsarbeiten zum Weben.**

3) **Die eigentliche Fabrikation, das Weben.**

4) **Die Vollendungsarbeiten.**

5) **Herstellung der Säcke.**

Die nähere Einteilung der einzelnen Abschnitte übergehen wir hier und überlassen dieselbe der folgenden speziellen Besprechung.

Spezieller Teil.

1. Die Jute-Gewebe und ihre Kennzeichnung
unter eingehender Berücksichtigung des metrischen Masses und Gewichtes.

A. Benennung der Jute-Gewebe.

Wir haben die gewöhnlichen Jutegewebe auf Seite 4 bereits namentlich angeführt. — Die Frage, ob ein Bedürfniss nach Einführung von deutschen Bezeichnungen anstelle der schottischen vorhanden, lassen wir unerörtert und bemerken nur folgendes:

Aus Schottland, wo die Jute-Industrie zuerst erblühte, (man vergl. Teil I Einleitung) stammen die Namen für die Jute-Gewebe, die zum Teil historischen Hintergrund haben; die Beibehaltung derselben würde also eine aufmerksame Rücksicht gegen jenes industriereiche Land darstellen. — Vielleicht liegt es auch im Interesse eines internationalen Handels, die in der ganzen Welt bekannten schottischen Bezeichnungen weiterhin zu benutzen. — Andere Industriezweige bieten inbetreff der Beibehaltung fremder Namen für bestimmte, aus anderen Ländern stammende Erzeugnisse ganz ähnliche Verhältnisse.

Da aber die deutsche Jute-Industrie in erster Linie für den inländischen Markt arbeitet und erst in neuerer Zeit infolge der Vergrösserung vorhandener und durch Gründung neuer Fabriken zum Export gezwungen wird, so würde sich auch die Einführung deutscher Namen für den inländischen Markt und die Beibehaltung der schottischen neben den deutschen für den ausländischen Markt rechtfertigen lassen.

Zu der folgenden **deutschen Benennung der Jutegewebe** wäre noch zu bemerken, dass es selbstverständlich ist, für „Jute“ nicht die schottische Aussprache „Dschut“, sondern die zweisilbige deutsche zu gebrauchen.

Die Namen sind teils gewählt nach der hauptsächlichsten Verwendung der Gewebe, teils nach ihrer Bindung.

So dürfte es sich vielleicht empfehlen zu nennen:

zu bezeichnen mit:

a) *Biscuit Baggings or* / *Façon Hessians* = Netztuch . . . . *N*

b) *Common Hessians* = Jute-Leinen . . . . . . *L*
Fine Hessians = Jute-Feinleinen . . . . *FL*

c) *Tarpaulings* = Jute-Doppelleinen . . *DL*

d) *Single warp Baggings* = Jute-Sackleinen . . . . *S*
Double „ „ = Jute-Doppelsackleinen *DS*

e) *Hessian Baggings* = Jute-Zuckersackleinen *Z* (od *LS*)

f) *Plain-Sackings* = Jute-Plan-Sackleinen *PS*

g) *Common twilled Sackings* = Jute-Köper . . . . . . *K*
Fine twilled Sackings = Jute-Feinköper . . . . *FK*
Broken Twilleds = Jute-Drell . . . . *D* (od. *GK*)
(*Arowheads*)

h) *Hoppoketings* bleibt wie bisher Hopfentuch . . . . *H*

Wir sehen bereits aus dieser Benennung, dass die unter a bis f angeführten Gewebe zu den leinwandartigen, den zweischäftigen, zweibindigen, die anderen unter g u. h zu den mehrbindigen und zwar die Gewebe unter g zu den dreibindigen, dreischäftigen, die unter h zu den vierbindigen oder vierschäftigen gehören.

Hiermit hat die Klassifikation der Jute-Gewebe bereits stattgefunden. — Wir müssen uns nun mit der näheren Kennzeichnung derselben beschäftigen.

Wir wissen bereits aus dem allgemeinen Teil Seite 22, dass ein Gewebe erst durch folgende sieben Grössen vollständig bestimmt ist:

1) Gewicht der Flächeneinheit, 2) Kettengarnnummer (und Qualität), 3) Schussgarnnummer (und Qualität), 4) Anzahl der Kettenfäden auf der Breiteneinheit und 5) Anzahl der Schussfäden auf der Längeneinheit, 6) Verkürzung der Kettenfäden, 7) Verkürzung der Schussfäden.

Mit diesen Grössen müssen wir uns nun näher vertraut machen.

B. Gewicht der Flächeneinheit.

Das Gewicht der Flächeneinheit wird nach schottischer Bezeichnung stets in englischen Unzen angegeben mit Ausnahme der Hopfentuche, bei denen man bereits das Gewicht in Grammen (oder Kilogr.) ausdrückt.

Die Flächeneinheit selbst, auf welche sich dieses Gewicht bezieht, ist für verschiedene Gewebe recht verschieden. Sehen wir von den Hopfentüchern ab, so haben alle anderen Gewebe das gemeinsam, dass die Länge jener Fläche stets *1 Yard* = 3 Fuss (0,9144^m) beträgt, während die Breite (*Standard*) zwischen 27″ (68,58^c) und 45″ (114,3^c)

wechselt. Bei Hopfentüchern ist 1 Meter die Länge und 48″ (121,92)
die Breite, wenn das Gewicht in Grammen ausgedrückt wird.

Im Einzelnen gelten folgende Werte für:

	Gewebe		
	Länge	Breite	Bezugsfläche
a) **Netztuch** (*Façon-Hessians or Biscuit-Baggings*) [zweischäftig] . . .	1 Yard	38 Zoll	1368 Quadratzoll,
b) **Jute - Leinen und Feinleinen** (*Common and fine Hessians*) [zweischäftig	1 „	40 „	1440 „
c) **Jute-Doppelleinen** (*Tarpawlings*) [zweischäftig]	1 „	45 „	1620 „
d) **Jute-Sack- u. Doppelsackleinen** (*Single and double warp Baggings*) [zweischäftig] . . . . e) **Jute - Zuckersackleinen** (*Hessian-Baggings*) [zweischäftig] . .	1 „	42 „	1512 „
f) **Jute - Plansackleinen** (*Plain-Sackings*) [zweischäftig]	1 „	29 „	1044 „
g) **Jute - Köper** (*Twilled Sackings*) [dreischäftig]	1 „	27 „	972 „
h) **Hopfentuche** (*Hoppoketings*) [vierschäftig]	1 Meter	48 „	1102,4 „

Es muss nun hier darauf hingewiesen werden, dass es in deutschen
Fabriken (insbesondere in den Conventions-Fabriken) üblicher ist, wenigstens für Verkaufszwecke, für die unter g genannten Köper-Gewebe
andere Bezugsbreiten als die oben angegebenen von 27″ anzuwenden.
— Man findet in den Preislisten der deutschen Conventions-Fabriken
folgende Normalbreiten angegeben: für den

gewöhnlichen Jute-Köper (*Common twilled Sacking*) 29″ und für
den Fein-Jute-Köper (*Fine twilled Sacking*) 45″.

Die oben angegebene Bezugsbreite von 27″ ist die in Dundee, aber
auch anderwärts übliche, und habe ich diese fernerhin beibehalten, da
in der Praxis die Köper-Gewebe vielfach in 27″ Breite verlangt werden.

Im übrigen sind die Reduktionen auf das metrische Mass, da die
Bezugsbreiten von 29″ und 45″ auch bei anderen Geweben vorkommen,
an der Hand der später folgenden Tabellen leicht möglich. — Ich
komme an anderer Stelle (bei Uebersicht X) nochmals auf diesen Punkt
zurück.

Man spricht also z. B. von einem 10-Unzen-*Hessian*-Gewebe oder
einem 20-Unzen-*Tarpawling*-Gewebe oder einem 22-Unzen-*Twilled-
Sacking*-Gewebe u. s. w. und meint damit, dass 1 *Yard* der angeführten
Gewebe in den Bezugsbreiten von 40″ bezw. 45″ und 27″ jene Unzen-
Zahl wiegt.

Wegen der verschiedenen Bezugsbreiten ist es nun aber nicht möglich, von vornherein eine Vergleichung der Gewebe unter einander beziehentlich ihrer Dichtigkeit vorzunehmen; man tappt vollständig im Ungewissen, wenn man nicht jedesmal eine umständliche Rechnung vornehmen will.

Deutsche und österreichische Fabriken pflegen nun zwar seit einer Reihe von Jahren den Verkauf der Gewebe nach Metern und Kilogrammen vorzunehmen, da dies die in jenen Ländern gesetzlichen Handelsgrössen sind; doch wird hierdurch die Orientierung erst recht erschwert, weil die oben erwähnten verschiedenen Bezugsbreiten beibehalten worden sind.

Bei diesem Gebrauche findet eine Umrechnung der engl. Unzen-Gewichte für 1 *Yard* in der betreffenden Bezugsbreite in Gramme für 1 Meter statt.

Bezeichnet man die Bezugsbreite (*Standard*) eines Gewebes mit C in engl. Zollen, das Gewicht von 1 *Yard* desselben in engl. Unzen mit w, so ergiebt sich sein Gewicht W in Grammen für 1 Meter in derselben Bezugsbreite zu

$$W = \frac{28,35}{0,914388} \cdot w = 31,0044 \cdot w \text{ Gramm.}$$

Das Gewicht W_1 von 1 Meter desselben Gewebes, aber bei nur 1 Zoll engl. Breite würde sein:

$$W_1 = 31,0044 \frac{w}{C}.$$

Für die üblichen Bezugsbreiten ergiebt sich nun:

Wenn $C =$	27 Zoll	29 Zoll	38 Zoll	40 Zoll	42 Zoll	45 Zoll
dann ist $\dfrac{W_1}{w} =$	1,14831	1,06911	0,81590	0,77511	0,73820	0,68898

In der folgenden tabellarischen Uebersicht Ia bis h sind die Werte von W_1 für verschiedene Unzen-Gewebegewichte ausgerechnet worden. — Der Vollständigkeit wegen wurden auch die bezüglichen Gewichte für Hopfentuche hinzugefügt, deren Ermittlung sich ohne weiteres ergiebt.

In den sich anschliessenden Tabellen II sind endlich dieselben Werte, in üblicher Weise abgerundet, für verschiedene Gewebebreiten und die Hauptgewebesorten wieder gegeben und zwar in:

Tabelle Ia für Netztuch (*Façon-Hessians or Biscuit-Baggings*) . . . . bei 38 Zoll Bezugsbreite,
Tabelle Ib für Jute-Leinen (*Hessians*) . „ 40 „ „
Tabelle Ic für Jute-Doppelleinen (*Tarpawlings*) . . . . „ 45 „ „

Tabelle I d und e für Jute-Sackleinen und
Zuckersackleinen *(Baggings and Hessian-Baggings)* . . . . bei 42 Zoll Bezugsbreite,
Tabelle I f für Jute-Plansackleinen *(Plain-Sackings)* . . . . „ 9 „ „
Tabelle I g für Jute - Köper *(Twilled-Sackings)* . . . . „ 27 „ „

Tabelle I.

Reduktion der üblichen Normalgewichte der Jute-Gewebe in ihren bezüglichen Einheiten auf Gramme für 1 Meter Gewebe bei 1 Zoll engl. Breite.

a. Netztuch *(Biscuit-Bagging)*		b. (Fortsetzung) Jute-Leinen *(Hessians)*		d. u. e. Jute-Sack- u. Zuckersackleinen *(Baggings u. Hessian-Baggings)*		f. Plan-Sackleinen *(Plain-Sackings)*		g. Jute-Köper *(Twilled-Sackings)*		h. Hopfentuche *(Hoppoketings)*	
1 Yard wiegt bei 38" Bezugsbreite w Unzen	1 Meter Gewebe wiegt alsdann bei 1 Zoll Breite W_1 Gramme	1 Yard wiegt bei 40" Bezugsbreite w Unzen	1 Meter Gewebe wiegt alsdann bei 1 Zoll Breite W_1 Gramme	1 Yard wiegt bei 42" Bezugsbreite w Unzen	1 Meter Gewebe wiegt alsdann bei 1 Zoll Breite W_1 Gramme	1 Yard wiegt bei 29" Bezugsbreite w Unzen	1 Meter Gewebe wiegt alsdann bei 1 Zoll Breite W_1 Gramme	1 Yard wiegt bei 27" Bezugsbreite w Unzen	1 Meter Gewebe wiegt alsdann bei 1 Zoll Breite W_1 Gramme	1 Yard wiegt bei 48" Bezugsbreite w Unzen	1 Meter Gewebe wiegt alsdann bei 1 Zoll Breite W_1 Gramme
3	2,4477	12½	9,6888	9	6,6438	11	11,7602	10	11,1483	800	16,6667
3½	2,8557	13	10,0764	10	7,3820	12	12,8293	11	12,6314	900	18,7500
4	3,2636	13½	10,4639	11	8,1202	13	13,8984	11½	13,2055	1000	20,8333
4½	3,6716	14	10,8515	12	8,8584	14	14,9675	12	13,7797	1100	22,9167
5	4,0795	14½	11,2390	13	9,5966	15	16,0367	13	14,9280	1200	25,0000
		15	11,6266	14	10,3348	15½	16,5712	13¾	15,7892	1300	27,0833
		15½	12,0141	15	11,0730	16	17,1058	14	16,0763	1400	29,1667
		16	12,4017	16	11,8112	17	18,1749	15	17,2246	1500	31,2500
				17	12,5494	18	19,2440	16	18,3729	1600	33,3333
				17½	12,9185	18½	19,7785	17	19,5212	1700	35,4167
				18	13,2876	19	20,3131	18	20,6695	1800	37,5000
				19	14,0258	20	21,3822	19	21,8178	1900	39,5833
				20	14,7640	21	22,4513	20	22,9661	2000	41,6667
				21	15,5022	22	23,5204	21	24,1144		
				22	16,2404	23	24,5895	22	25,2628		
				23	16,9786	24	25,6586	23	26,4111		
				24	17,7168			24	27,5594		
				25	18,4550						
				26	19,1932						

Fortsetzung der Spalte **a.** (unterer Teil):

b. Jute-Leinen *(Hessians)*

1 Yard wiegt bei 40" Bezugsbreite w Unzen	1 Meter Gewebe wiegt alsdann bei 1 Zoll Breite W_1 Gramme
5	3,8755
5½	4,2631
6	4,6506
6½	5,0382
7	5,4257
7½	5,8133
8	6,2008
8½	6,5884
9	6,9759
9½	7,3635
10	7,7510
10½	8,1386
11	8,5262
11½	8,9137
12	9,3013

c. Jute-Doppelleinen *(Tarpawlings)*

1 Yard wiegt bei 45" Bezugsbreite w Unzen	1 Meter Gewebe wiegt alsdann bei 1 Zoll Breite W_1 Gramme
14	9,6457
15	10,3347
16	11,0237
17	11,7127
18	12,4016
19	13,0906
20	13,7796
21	14,4686
22	15,1576
23	15,8465
24	16,5355

Umrechnungs-Tabelle IIa

von Unzen für 1 *Yard* in Gramme für 1 Meter für **Netztuch** (*Façon Hessians or Biscuit-Baggings*) bei 38 Zoll Bezugsbreite.

Alsdann wiegt in den Breiten

Wenn 1 Yard Gewebe wiegt bei 38 Zoll Breite — Unzen	Engl. Zolle	28	29	30	31	32	33	34	35	36	37	38	39	40	41	42	43	44	45	46	47	48	49	50
	Centimeter	71	73,5	76	78,5	81	84	86,5	89	91,5	94	96,5	99	101,5	104	106,5	109	112	114,5	117	119,5	122	124,5	127
2½	1 Yard Unzen	1,84	1,91	1,97	2,04	2,10	2,17	2,24	2,30	2,37	2,43	2,50	2,57	2,63	2,70	2,76	2,83	2,89	2,96	3,03	3,09	3,16	3,22	3,29
	1 Meter Gramm	57,1	59,1	61,2	63,2	65,3	67,3	69,3	71,4	73,4	75,5	77,5	79,5	81,6	83,6	85,7	87,7	89,7	91,8	93,8	95,9	97,9	99,9	102,0
3	1 Yard Unzen	2,21	2,29	2,37	2,45	2,53	2,60	2,68	2,76	2,84	2,92	3,00	3,08	3,16	3,24	3,32	3,40	3,47	3,55	3,63	3,71	3,79	3,87	3,95
	1 Meter Gramm	68,5	71,0	73,4	75,9	78,3	80,8	83,2	85,7	88,1	90,6	93,0	95,5	97,9	100,3	102,8	105,2	107,7	110,1	112,6	115,0	117,5	119,9	122,4
3½	1 Yard Unzen	2,58	2,67	2,76	2,85	2,95	3,04	3,13	3,22	3,32	3,41	3,50	3,59	3,68	3,78	3,87	3,96	4,05	4,14	4,24	4,33	4,42	4,51	4,60
	1 Meter Gramm	80,0	82,8	85,7	88,5	91,4	94,2	97,1	99,9	102,8	105,7	108,5	111,4	114,2	117,1	119,9	122,8	125,6	128,5	131,4	134,2	137,1	139,9	142,8
4	1 Yard Unzen	2,95	3,05	3,16	3,26	3,37	3,47	3,58	3,68	3,79	3,89	4,00	4,10	4,21	4,32	4,42	4,53	4,63	4,74	4,84	4,95	5,05	5,16	5,26
	1 Meter Gramm	91,4	94,6	97,9	101,2	104,4	107,7	111,0	114,2	117,5	120,8	124,0	127,3	130,5	133,8	137,1	140,3	143,6	146,9	150,1	153,4	156,6	159,9	163,2
4½	1 Yard Unzen	3,32	3,43	3,55	3,67	3,79	3,91	4,03	4,14	4,26	4,38	4,50	4,62	4,74	4,85	4,97	5,09	5,21	5,33	5,45	5,57	5,68	5,80	5,92
	1 Meter Gramm	102,8	106,5	110,1	113,8	117,5	121,2	124,8	128,5	132,2	135,8	139,5	143,2	146,9	150,5	154,2	157,9	161,5	165,2	168,9	172,6	176,2	179,9	183,6
5	1 Yard Unzen	3,68	3,82	3,95	4,08	4,21	4,34	4,47	4,60	4,74	4,87	5,00	5,13	5,26	5,39	5,53	5,66	5,79	5,92	6,05	6,18	6,32	6,45	6,58
	1 Meter Gramm	114,2	118,3	122,4	126,5	130,5	134,6	138,7	142,8	146,9	150,9	155,0	159,1	163,2	167,3	171,3	175,4	179,5	183,6	187,7	191,7	195,8	199,9	204,0

Wenn 1 Yard Gewebe wiegt bei 38 Zoll Breite — Unzen	Engl. Zolle	51	52	53	54	55	56	57	58	59	60	61	62	63	64	65	66	67	68	69	70	71	72
	Centimeter	129,5	132	134,5	137	140	142,5	145	147,5	150	152,5	155	157,5	160	162,5	165	167,5	170,5	173	175,5	178	180,5	183
2½	1 Yard Unzen	3,36	3,42	3,49	3,55	3,62	3,68	3,75	3,82	3,88	3,95	4,01	4,08	4,14	4,21	4,28	4,34	4,41	4,47	4,54	4,60	4,67	4,74
	1 Meter Gramm	104,0	106,1	108,1	110,1	112,2	114,2	116,3	118,3	120,3	122,4	124,4	126,5	128,5	130,5	132,6	134,6	136,7	138,7	140,7	142,8	144,8	146,9
3	1 Yard Unzen	4,03	4,10	4,18	4,26	4,34	4,42	4,50	4,58	4,66	4,74	4,82	4,89	4,97	5,05	5,13	5,21	5,29	5,37	5,45	5,53	5,60	5,68
	1 Meter Gramm	124,8	127,3	129,7	132,2	134,6	137,1	139,5	142,0	144,4	146,9	149,3	151,8	154,2	156,6	159,1	161,5	164,0	166,4	168,9	171,3	173,8	176,2
3½	1 Yard Unzen	4,70	4,79	4,88	4,97	5,07	5,16	5,25	5,34	5,43	5,53	5,62	5,71	5,80	5,89	5,99	6,08	6,17	6,26	6,35	6,45	6,54	6,63
	1 Meter Gramm	145,6	148,5	151,3	154,2	157,1	159,9	162,8	165,6	168,5	171,3	174,2	177,0	179,9	182,8	185,6	188,5	191,3	194,2	197,0	199,9	202,8	205,6
4	1 Yard Unzen	5,37	5,47	5,58	5,68	5,79	5,89	6,00	6,10	6,21	6,32	6,42	6,53	6,63	6,74	6,84	6,95	7,05	7,16	7,26	7,37	7,47	7,58
	1 Meter Gramm	166,4	169,7	173,0	176,2	179,5	182,8	186,0	189,3	192,5	195,8	199,1	202,3	205,6	208,9	212,1	215,4	218,7	221,9	225,2	228,4	231,7	235,0
4½	1 Yard Unzen	6,04	6,16	6,28	6,39	6,51	6,63	6,75	6,87	6,99	7,10	7,22	7,34	7,46	7,58	7,70	7,82	7,93	8,05	8,17	8,29	8,41	8,53
	1 Meter Gramm	187,2	190,9	194,6	198,3	201,9	205,6	209,3	212,9	216,6	220,3	224,0	227,6	231,3	235,0	238,6	242,2	246,0	249,7	253,3	257,0	260,7	264,3
5	1 Yard Unzen	6,71	6,84	6,97	7,10	7,24	7,37	7,50	7,63	7,76	7,89	8,03	8,16	8,29	8,42	8,55	8,68	8,82	8,95	9,08	9,21	9,34	9,47
	1 Meter Gramm	208,0	212,1	216,2	220,3	224,4	228,4	232,5	236,6	240,7	244,8	248,8	252,9	257,0	261,1	265,2	269,2	273,3	277,4	281,5	285,6	289,6	293,7

Umrechnungs-Tabelle IIb

von Unzen für 1 *Yard* in Gramme für 1 Meter für **Jute-Leinen** (*Hessians*) bei 40 Zoll Bezugsbreite.

Alsdann wiegt in den Breiten

Wenn 1 *Yard* Gewebe wiegt bei 40 Zoll Breite — Unzen

Unzen	Engl. Zolle	28	29	30	31	32	33	34	35	36	37	38	39	40	41	42	43	44	45	46	47	48	49	50
	Centimeter	71	73,5	76	78,5	81	84	86,5	89	91,5	94	96,5	99	101,5	104	106,5	109	112	114,5	117	119,5	122	124,5	127
5	1 *Yard* Unzen	3,5	3,6	3,8	3,9	4	4,1	4,3	4,4	4,5	4,6	4,8	4,9	5	5,1	5,3	5,4	5,5	5,6	5,8	5,9	6	6,1	6,3
	1 Meter Gramm	108	112	116	120	124	128	132	135	139	144	147	151	155	158	162	166	170	174	178	182	186	189	193
5½	1 *Yard* Unzen	3,9	4	4,1	4,3	4,4	4,5	4,7	4,8	5	5,1	5,2	5,4	5½	5,6	5,8	5,9	6,1	6,2	6,3	6,5	6,6	6,7	6,9
	1 Meter Gramm	119	123	129	132	136	140	144	149	153	157	161	166	170	174	178	183	187	191	195	200	204	208	212
6	1 *Yard* Unzen	4,2	4,4	4,5	4,7	4,8	5	5,1	5,3	5,4	5,6	5,7	5,9	6	6,2	6,3	6,5	6,6	6,8	6,9	7,1	7,2	7,4	7,5
	1 Meter Gramm	130	134	139	144	148	153	158	162	167	171	176	181	186	191	195	199	204	209	213	218	223	227	231
6½	1 *Yard* Unzen	4,6	4,7	4,9	5	5,2	5,4	5,5	5,7	5,9	6	6,2	6,3	6,5	6,7	6,8	7	7,2	7,3	7,5	7,6	7,8	8	8,1
	1 Meter Gramm	141	146	151	156	161	166	171	176	181	186	191	196	201	206	211	216	221	266	231	236	241	246	251
7	1 *Yard* Unzen	4,9	5,1	5,3	5,5	5,6	5,8	6	6,1	6,3	6,5	6,7	6,8	7	7,2	7,4	7,5	7,7	7,9	8,1	8,2	8,4	8,6	8,8
	1 Meter Gramm	151	157	162	167	173	179	184	189	195	201	206	212	217	222	227	232	238	244	249	254	259	265	271
7½	1 *Yard* Unzen	5,3	5,4	5,6	5,8	6	6,2	6,4	6,6	6,8	6,9	7,1	7,3	7,5	7,7	7,9	8,1	8,3	8,4	8,6	8,8	9	9,2	9,4
	1 Meter Gramm	162	167	174	180	186	191	197	203	209	214	220	225	231	237	243	249	255	261	266	272	278	284	290
8	1 *Yard* Unzen	5,6	5,8	6	6,2	6,4	6,6	6,8	7	7,2	7,4	7,6	7,8	8	8,2	8,4	8,6	8,8	9	9,2	9,4	9,6	9,8	10
	1 Meter Gramm	173	179	186	192	198	204	210	217	223	229	235	241	247	253	259	265	272	278	284	290	297	303	309
8½	1 *Yard* Unzen	6	6,2	6,4	6,6	6,8	7	7,2	7,4	7,7	7,9	8,1	8,3	8,5	8,7	8,9	9,1	9,4	9,6	9,8	10	10,2	10,4	10,6
	1 Meter Gramm	184	191	197	204	210	217	223	230	236	243	249	256	262	269	275	282	287	296	302	309	315	322	328
9	1 *Yard* Unzen	6,3	6,5	6,8	7	7,2	7,4	7,7	7,9	8,1	8,3	8,6	8,8	9	9,2	9,5	9,7	9,9	10,1	10,4	10,6	10,8	11	11,3
	1 Meter Gramm	195	202	209	215	223	230	236	243	250	257	264	272	278	286	292	299	306	313	320	327	334	341	348
9½	1 *Yard* Unzen	6,7	6,9	7,1	7,4	7,6	7,8	8,1	8,3	8,6	8,8	9	9,3	9,5	9,7	10	10,2	10,5	10,7	10,9	11,2	11,4	11,6	11,9
	1 Meter Gramm	206	213	220	227	235	242	249	256	264	272	279	286	294	301	308	315	323	330	337	344	351	359	366

10	1 *Yard* Unzen	7	7,3	7,5	7,8	8	8,3	8,5	8,8	9	9,3	9,5	9,8	10	10,3	10,5	10,8	11	11,3	11,5	11,8	12	12,3	12,5
	1 Meter Gramm	217	224	231	239	247	255	263	269	278	284	294	301	309	316	323	331	340	348	355	362	371	377	385
10½	1 *Yard* Unzen	7,4	7,6	7,9	8,1	8,4	8,7	8,9	9,2	9,5	9,7	9,8	10,2	10,5	10,8	11	11,3	11,6	11,8	12,1	12,3	12,6	12,9	13,1
	1 Meter Gramm	227	235	243	251	259	267	275	284	292	300	308	316	325	333	340	348	357	365	373	381	389	397	405
11	1 *Yard* Unzen	7,7	8	8,3	8,5	8,8	9,1	9,4	9,6	9,9	10,2	10,5	10,7	11	11,3	11,6	11,8	12,1	12,4	12,7	12,9	13,2	13,5	13,8
	1 Meter Gramm	238	246	255	263	272	281	289	298	306	315	323	332	340	348	357	365	374	382	391	399	408	416	425
11½	1 *Yard* Unzen	8,1	8,3	8,6	8,9	9,2	9,5	9,8	10,1	10,4	10,6	10,9	11,2	11,5	11,8	12,1	12,4	12,7	12,9	13,2	13,5	13,8	14,1	14,4
	1 Meter Gramm	249	257	266	275	284	292	302	311	320	329	337	346	355	364	373	382	391	400	409	418	427	436	445
12	1 *Yard* Unzen	8,4	8,7	9	9,3	9,6	9,9	10,2	10,5	10,8	11,1	11,4	11,7	12	12,3	12,6	12,9	13,2	13,5	13,8	14,1	14,4	14,7	15
	1 Meter Gramm	259	269	278	288	297	306	315	325	334	343	352	362	370	380	389	399	408	418	427	436	445	454	463
12½	1 *Yard* Unzen	8,8	9,1	9,4	9,7	10	10,3	10,6	10,9	11,3	11,6	11,9	12,2	12,5	12,8	13,1	13,4	13,8	14,1	14,4	14,7	15	15,3	15,6
	1 Meter Gramm	271	280	290	299	309	319	328	338	348	357	367	376	386	396	405	415	425	435	445	454	463	473	483
13	1 *Yard* Unzen	9,1	9,4	9,8	10,1	10,4	10,7	11,1	11,4	11,7	12	12,4	12,7	13	13,3	13,7	14	14,3	14,6	15	15,3	15,6	15,9	16,3
	1 Meter Gramm	281	291	301	311	321	332	342	352	362	372	382	392	402	412	422	432	442	453	463	473	483	493	503
13½	1 *Yard* Unzen	9,5	9,8	10,1	10,5	10,8	11,1	11,5	11,8	12,2	12,5	12,8	13,2	13,5	13,8	14,2	14,5	14,9	15,2	15,5	15,9	16,2	16,5	16,9
	1 Meter Gramm	291	302	313	323	334	344	354	364	374	384	394	404	415	426	436	447	457	469	479	490	501	511	522
14	1 *Yard* Unzen	9,8	10,2	10,5	10,9	11,2	11,6	11,9	12,3	12,6	13	13,3	13,7	14	14,4	14,7	15,1	15,4	15,8	16,1	16,5	16,8	17,2	17,5
	1 Meter Gramm	303	314	325	335	346	356	366	377	389	399	410	420	433	442	453	464	475	486	497	508	518	530	540
14½	1 *Yard* Unzen	10,2	10,5	10,9	11,2	11,6	12,0	12,3	12,7	13,1	13,4	13,8	14,1	14,5	14,9	15,2	15,6	16	16,3	16,7	17	17,4	17,8	18,2
	1 Meter Gramm	314	325	336	348	359	370	381	392	403	414	425	437	448	459	470	482	493	504	515	527	538	549	560
15	1 *Yard* Unzen	10,5	10,9	11,3	11,6	12	12,4	12,8	13,1	13,5	13,9	14,3	14,6	15	15,4	15,8	16,1	16,5	16,9	17,3	17,6	18	18,4	18,8
	1 Meter Gramm	325	335	347	358	371	382	393	405	417	428	440	452	463	475	487	498	510	522	534	545	557	569	580
15½	1 *Yard* Unzen	10,9	11,2	11,6	12	12,4	12,8	13,2	13,6	14,0	14,3	14,7	15,1	15,5	15,9	16,3	16,7	17,1	17,4	17,8	18,2	18,6	19	19,4
	1 Meter Gramm	334	346	358	371	382	394	406	418	430	442	454	467	479	491	503	515	527	539	551	563	575	587	599
16	1 *Yard* Unzen	11,2	11,6	12	12,4	12,8	13,2	13,6	14	14,4	14,8	15,2	15,6	16	16,4	16,8	17,2	17,6	18	18,4	18,8	19,2	19,6	20
	1 Meter Gramm	346	359	371	384	396	409	422	433	445	459	471	483	495	508	520	533	544	557	569	581	594	606	619

Umrechnungs-Tabelle IIb (Fortsetzung)

von Unzen für 1 *Yard* in Gramme für 1 Meter für **Jute-Leinen** (*Hessians*) bei 40 Zoll Bezugsbreite.

Wenn 1 *Yard* Gewebe wiegt bei 40 Zoll Breite — Unzen	Engl. Zolle	Alsdann wiegt in den Breiten																				
	51	**52**	**53**	**54**	**55**	**56**	**57**	**58**	**59**	**60**	**61**	**62**	**63**	**64**	**65**	**66**	**67**	**68**	**69**	**70**	**71**	**72**
	Centimeter	129,5	132	134,5	137	140	142,5	145	147,5	150	152,5	155	157,5	160	162,5	165	167,5	170,5	173	175,5	178	180,5	183
5	1 *Yard* Unzen	6,4	6,5	6,6	6,8	6,9	7	7,1	7,3	7,4	7,5	7,6	7,8	7,9	8	8,1	8,3	8,4	8,5	8,6	8,8	8,9	9
	1 Meter Gramm	197	201	205	209	212	217	220	224	228	231	235	239	243	247	251	255	259	262	266	270	274	278
5½	1 *Yard* Unzen	7	7,2	7,3	7,4	7,6	7,7	7,8	8	8,1	8,3	8,4	8,5	8,7	8,8	9	9,1	9,2	9,4	9,5	9,6	9,8	9,9
	1 Meter Gramm	217	221	225	229	234	238	242	246	251	255	259	264	268	272	276	280	284	288	293	297	302	306
6	1 *Yard* Unzen	7,7	7,8	8	8,1	8,3	8,4	8,6	8,7	8,9	9	9,2	9,3	9,5	9,6	9,8	9,9	10,1	10,2	10,4	10,5	10,7	10,8
	1 Meter Gramm	236	241	245	250	255	259	264	269	273	278	282	287	292	297	301	306	310	315	319	324	329	334
6½	1 *Yard* Unzen	8,3	8,5	8,6	8,8	8,9	9,1	9,3	9,4	9,6	9,8	9,9	10,1	10,2	10,4	10,6	10,7	10,9	11,1	11,2	11,4	11,5	11,7
	1 Meter Gramm	256	261	266	271	276	281	286	291	296	301	306	311	316	321	327	331	336	341	346	351	356	361
7	1 *Yard* Unzen	8,9	9,1	9,3	9,5	9,6	9,8	10	10,2	10,3	10,5	10,7	10,9	11	11,2	11,4	11,6	11,7	11,9	12,1	12,3	12,4	12,6
	1 Meter Gramm	276	281	287	292	298	303	308	314	319	325	330	335	341	346	351	356	361	367	372	377	383	389
7½	1 *Yard* Unzen	9,6	9,8	9,9	10,1	10,3	10,5	10,7	10,9	11,1	11,3	11,4	11,6	11,8	12	12,2	12,4	12,6	12,8	12,9	13,1	13,3	13,5
	1 Meter Gramm	296	302	308	313	319	325	330	336	342	348	354	359	365	371	376	382	386	392	399	405	410	415
8	1 *Yard* Unzen	10,2	10,4	10,6	10,8	11	11,2	11,4	11,6	11,8	12	12,2	12,4	12,6	12,8	13	13,2	13,4	13,6	13,8	14	14,2	14,4
	1 Meter Gramm	315	322	328	334	340	346	352	359	365	370	376	383	389	395	401	407	413	419	425	433	438	445
8½	1 *Yard* Unzen	10,8	11,1	11,3	11,5	11,7	11,9	12,1	12,3	12,5	12,8	13	13,2	13,4	13,6	13,8	14	14,2	14,5	14,7	14,9	15,1	15,3
	1 Meter Gramm	335	341	348	354	361	367	374	380	387	392	399	406	413	420	427	433	439	446	453	460	467	473
9	1 *Yard* Unzen	11,5	11,7	11,9	12,2	12,4	12,6	12,8	13,1	13,3	13,5	13,7	14	14,2	14,4	14,6	14,9	15,1	15,3	15,5	15,8	16	16,2
	1 Meter Gramm	354	362	368	375	382	389	396	404	411	418	424	431	438	445	452	459	466	473	480	487	494	501
9½	1 *Yard* Unzen	12,1	12,4	12,6	12,8	13,1	13,3	13,5	13,8	14	14,3	14,5	14,7	15	15,2	15,4	15,7	15,9	16,2	16,4	16,6	16,9	17,1
	1 Meter Gramm	374	382	389	395	402	409	416	423	431	440	447	454	462	469	476	484	491	498	506	514	521	529

Nr.																							
10	1 *Yard* Unzen	12,8	13	13,3	13,5	13,8	14	14,3	14,5	14,8	15	15,3	15,5	15,8	16	16,3	16,5	16,8	17	17,3	17,5	17,8	18
	1 Meter Gramm	392	402	410	417	424	433	440	448	456	463	470	479	487	495	502	510	518	526	533	541	549	557
10½	1 *Yard* Unzen	13,4	13,7	13,9	14,2	14,4	14,7	15	15,2	15,5	15,8	16	16,3	16,5	16,8	17,1	17,3	17,6	17,9	18,1	18,4	18,6	18,9
	1 Meter Gramm	413	421	429	438	445	454	462	470	479	487	495	503	511	519	527	535	543	551	560	568	576	584
11	1 *Yard* Unzen	14	14,3	14,6	14,9	15,1	15,4	15,7	16	16,2	16,5	16,8	17,1	17,3	17,6	17,9	18,2	18,4	18,7	19	19,3	19,5	19,8
	1 Meter Gramm	433	442	450	459	467	476	484	493	502	510	518	527	535	543	552	561	569	578	586	595	603	612
11½	1 *Yard* Unzen	14,7	15	15,3	15,5	15,8	16,1	16,4	16,7	17	17,3	17,5	17,8	18,1	18,4	18,7	19	19,3	19,6	19,8	20,1	20,4	20,7
	1 Meter Gramm	454	463	471	480	489	498	507	516	525	533	542	551	560	569	578	587	596	604	613	622	631	640
12	1 *Yard* Unzen	15,3	15,6	15,9	16,2	16,5	16,8	17,1	17,4	17,7	18	18,3	18,6	18,9	19,2	19,5	19,8	20,1	20,4	20,7	21	21,3	21,6
	1 Meter Gramm	472	481	490	501	510	519	529	538	547	557	566	575	585	594	603	613	622	631	640	649	658	660
12½	1 *Yard* Unzen	15,9	16,3	16,6	16,9	17,2	17,5	17,8	18,1	18,4	18,8	19,1	19,4	19,7	20,2	20,3	20,6	20,9	21,3	21,6	21,9	22,2	22,5
	1 Meter Gramm	493	503	512	522	531	541	551	560	570	580	590	599	609	619	628	638	648	657	667	676	686	695
13	1 *Yard* Unzen	16,6	16,9	17,2	17,6	17,9	18,2	18,5	18,9	19,2	19,5	19,8	20,2	20,5	20,8	21,1	21,5	21,8	22,1	22,4	22,8	23,1	23,4
	1 Meter Gramm	513	523	532	542	553	563	573	583	593	603	613	623	633	643	653	664	673	683	693	703	714	724
13½	1 *Yard* Unzen	17,2	17,6	17,9	18,2	18,6	18,9	19,2	19,6	19,9	20,3	20,6	20,9	21,3	21,6	21,9	22,3	22,6	23	23,3	23,6	24	24,3
	1 Meter Gramm	531	542	552	563	573	584	594	604	615	627	637	648	658	668	679	689	699	710	720	731	741	751
14	1 *Yard* Unzen	17,9	18,2	18,6	18,9	19,3	19,6	20	20,3	20,7	21	21,4	21,7	22,1	22,4	22,8	23,1	23,5	23,8	24,2	24,5	24,9	25,2
	1 Meter Gramm	551	560	573	584	595	606	616	627	638	650	661	672	682	693	704	715	725	736	747	758	768	779
14½	1 *Yard* Unzen	18,5	18,8	19,2	19,6	19,9	20,3	20,7	21	21,4	21,8	22,1	22,5	22,8	23,2	23,6	23,9	24,3	24,7	25	25,4	25,7	26,1
	1 Meter Gramm	571	583	594	605	616	627	639	650	661	672	684	695	706	721	730	740	751	762	773	784	795	808
15	1 *Yard* Unzen	19,1	19,5	19,9	20,3	20,6	21	21,4	21,8	22,1	22,5	22,9	23,3	23,6	24	24,4	24,8	25,1	25,5	26	26,3	26,6	27
	1 Meter Gramm	592	604	615	627	639	650	662	672	684	695	706	718	729	742	752	765	778	789	801	812	824	835
15½	1 *Yard* Unzen	19,7	20,2	20,5	20,9	21,3	21,7	22,1	22,5	22,9	23,3	23,6	24	24,4	24,8	25,2	25,6	26	26,4	26,7	27,1	27,5	27,9
	1 Meter Gramm	611	623	635	647	659	671	683	695	707	719	731	743	755	767	779	791	803	815	827	839	851	862
16	1 *Yard* Unzen	20,4	20,8	21,2	21,6	22	22,4	22,8	23,2	23,6	24	24,4	24,8	25,2	25,6	26	26,4	26,8	27,2	27,6	28	28,4	28,8
	1 Meter Gramm	631	643	655	667	680	692	704	716	729	742	755	767	780	792	804	816	829	841	854	866	878	890

Umrechnungs-Tabelle IIc

von Unzen für 1 *Yard* in Gramme für 1 Meter für **Jute-Doppelleinen** (*Tarpawlings*) bei 45 Zoll Bezugsbreite.

Wenn 1 *Yard* Gewebe wiegt bei 45 Zoll Breite Unzen		Alsdann wiegt in den Breiten															
	Engl. Zolle	28	29	30	31	32	33	34	35	36	37	38	39	40	41	42	43	44
	Centimeter	71	73,5	76	78,5	81	84	86,5	89	91,5	94	96,5	99	101,5	104	106,5	109	112
16	1 *Yard* Unzen	10	10,3	10,7	11	11,4	11,7	12,1	12,4	12,8	13,2	13,5	13,9	14,2	14,6	14,9	15,3	15,6
	1 Meter Gramm	308	319	330	341	352	362	373	384	395	405	417	428	439	450	461	472	483
17	1 *Yard* Unzen	10,6	11	11,3	11,7	12,1	12,5	12,8	13,2	13,6	14	14,4	14,7	15,1	15,5	15,9	16,2	16,6
	1 Meter Gramm	327	339	350	361	372	384	396	409	421	432	443	455	467	479	491	502	514
18	1 *Yard* Unzen	11,2	11,6	12	12,4	12,8	13,2	13,6	14	14,4	14,8	15,2	15,6	16	16,4	16,8	17,2	17,6
	1 Meter Gramm	346	359	371	383	395	408	421	433	445	459	471	483	495	508	520	533	544
19	1 *Yard* Unzen	11,8	12,2	12,7	13,1	13,5	13,9	14,4	14,8	15,2	15,6	16	16,5	16,9	17,3	17,7	18,2	18,6
	1 Meter Gramm	365	378	392	405	418	431	442	457	470	483	496	509	522	535	548	561	574
20	1 *Yard* Unzen	12,4	12,9	13,3	13,8	14,2	14,7	15,1	15,6	16	16,4	16,9	17,3	17,8	18,2	18,7	19,1	19,6
	1 Meter Gramm	385	398	412	427	440	453	467	481	495	509	523	536	550	564	578	592	605
21	1 *Yard* Unzen	13,1	13,6	14	14,5	14,9	15,4	15,9	16,3	16,8	17,3	17,7	18,2	18,7	19,1	19,6	20,1	20,5
	1 Meter Gramm	404	419	433	447	461	475	491	505	519	533	547	562	577	592	607	621	635
22	1 *Yard* Unzen	13,7	14,2	14,7	15,2	15,6	16,1	16,6	17,1	17,6	18,1	18,6	19,1	19,6	20	20,5	21	21,5
	1 Meter Gramm	423	438	453	468	483	498	513	528	544	559	574	589	604	619	635	650	665
23	1 *Yard* Unzen	14,3	14,8	15,3	15,8	16,4	16,9	17,4	17,9	18,4	18,9	19,4	19,9	20,4	21	21,5	22	22,5
	1 Meter Gramm	442	458	474	490	506	521	537	553	569	585	600	616	632	647	663	679	695
24	1 *Yard* Unzen	14,9	15,5	16	16,5	17,1	17,6	18,1	18,7	19,2	19,7	20,3	20,8	21,3	21,9	22,4	22,9	23,5
	1 Meter Gramm	461	478	495	511	528	544	561	577	594	610	627	643	660	676	693	709	726

Engl. Zolle	Centimeter	16		17		18		19		20		21		22		23		24	
		1 Yard Unzen	1 Meter Gramm	1 Yard Unzen	1 Meter Gramm	1 Yard Unzen	1 Meter Gramm	1 Yard Unzen	1 Meter Gramm	1 Yard Unzen	1 Meter Gramm	1 Yard Unzen	1 Meter Gramm	1 Yard Unzen	1 Meter Gramm	1 Yard Unzen	1 Meter Gramm	1 Yard Unzen	1 Meter Gramm
60	152,5	21,3	659	22,7	701	24	742	25,3	783	26,7	825	28	866	29,3	906	30,7	948	32	990
59	150	21	648	22,3	690	23,6	729	24,9	770	26,2	811	27,5	851	28,8	892	30,2	932	31,5	973
58	147,5	20,6	637	21,9	678	23,2	716	24,4	757	25,8	797	27,1	838	28,4	877	29,7	916	30,9	957
57	145	20,3	626	21,5	666	22,8	704	24,1	744	25,3	783	26,6	822	27,9	862	29,1	900	30,4	940
56	142,5	19,9	615	21,2	654	22,4	692	23,6	731	24,9	769	26,1	808	27,4	847	28,6	885	29,9	924
55	140	19,6	605	20,8	643	22	680	23,2	718	24,4	755	25,7	793	26,9	831	28,1	869	29,3	907
54	137	19,2	594	20,4	631	21,6	667	22,8	705	24	742	25,2	780	26,4	816	27,6	853	28,8	891
53	134,5	18,8	583	20	619	21,2	655	22,4	692	23,6	728	24,7	765	25,9	801	27,1	839	28,3	874
52	132	18,5	572	19,6	607	20,8	643	22	679	23,1	714	24,3	750	25,4	786	26,6	822	27,7	858
51	129,5	18,1	561	19,3	596	20,4	631	21,5	666	22,7	701	23,8	736	24,9	771	26,1	806	27,2	841
50	127	17,8	550	18,9	584	20	619	21,1	652	22,2	687	23,3	721	24,4	756	25,6	790	26,7	825
49	124,5	17,4	539	18,5	572	19,6	606	20,6	638	21,8	673	22,9	707	24	740	25	774	26,1	808
48	122	17,1	528	18,1	561	19,2	594	20,3	626	21,3	659	22,4	693	23,5	725	24,5	758	25,6	792
47	119,5	16,7	517	17,8	549	18,8	581	19,8	613	20,9	646	21,9	678	23	710	24	742	25,1	775
46	117	16,4	506	17,4	537	18,4	569	19,4	600	20,4	632	21,5	664	22,5	695	23,5	727	24,5	759
45	114,5	16	495	17	526	18	557	19	587	20	619	21	650	22	680	23	710	24	742

Umrechnungs-Tabelle IId u. e.

von Unzen für 1 *Yard* in Gramme für 1 Meter für **Jute-Sackleinen** u. **Zuckersackleinen** (*Baggings-* u. *Hessian-Baggings*) bei 42 Zoll Bezugsbreite.

Alsdann wiegt in den Breiten

Wenn 1 Yard Gewebe wiegt bei 42 Zoll Breite — Unzen	Engl. Zolle / Centimeter	28 / 71	29 / 73,5	30 / 76	31 / 78,5	32 / 81	33 / 84	34 / 86,5	35 / 89	36 / 91,5	37 / 94	38 / 96,5	39 / 99	40 / 101,5	41 / 104	42 / 106,5	43 / 109	44 / 112	45 / 114,5	46 / 117	47 / 119,5	48 / 122	49 / 124,5	50 / 127
14	1 Yard Unzen	9,3	9,7	10	10,3	10,7	11	11,3	11,7	12	12,3	12,7	13	13,3	13,7	14	14,3	14,7	15	15,3	15,7	16	16,3	16,6
	1 Meter Gramm	288	299	309	319	330	340	350	360	370	381	391	401	412	422	434	443	453	463	474	485	495	505	515
15	1 Yard Unzen	10	10,4	10,7	11,1	11,4	11,8	12,1	12,5	12,9	13,2	13,5	13,9	14,3	14,6	15	15,4	15,7	16,1	16,4	16,8	17,1	17,5	17,9
	1 Meter Gramm	309	320	331	342	353	364	375	386	397	408	419	430	442	453	464	475	486	497	508	519	530	541	552
16	1 Yard Unzen	10,7	11,1	11,4	11,8	12,2	12,6	13	13,3	13,7	14,1	14,5	14,9	15,2	15,6	16	16,4	16,8	17,1	17,5	17,9	18,3	18,7	19,1
	1 Meter Gramm	330	342	353	365	377	388	400	412	424	436	448	459	471	483	495	507	519	530	542	553	565	577	589
17	1 Yard Unzen	11,3	11,8	12,1	12,6	13	13,4	13,8	14,2	14,6	15	15,4	15,8	16,2	16,6	17	17,4	17,8	18,2	18,6	19	19,4	19,8	20,2
	1 Meter Gramm	350	363	375	388	400	413	425	438	450	463	476	488	501	514	526	538	551	563	576	588	601	613	626
18	1 Yard Unzen	12	12,4	12,9	13,3	13,7	14,2	14,6	15	15,4	15,9	16,3	16,7	17,1	17,6	18	18,4	18,9	19,3	19,7	20,1	20,6	21	21,4
	1 Meter Gramm	371	384	397	411	424	437	450	463	476	490	503	516	530	544	557	571	584	597	610	623	636	650	663
19	1 Yard Unzen	12,7	13,1	13,6	14	14,5	14,9	15,4	15,8	16,3	16,7	17,2	17,6	18,1	18,6	19	19,5	19,9	20,4	20,8	21,3	21,7	22,2	22,6
	1 Meter Gramm	392	406	420	434	447	461	475	489	503	517	531	545	559	573	587	601	615	629	643	657	671	685	699
20	1 Yard Unzen	13,3	13,8	14,3	14,8	15,2	15,7	16,2	16,7	17,1	17,6	18,1	18,6	19,1	19,5	20	20,5	21	21,4	21,9	22,4	22,9	23,3	23,8
	1 Meter Gramm	412	427	442	457	471	486	501	516	531	545	560	575	590	605	619	634	648	663	677	692	706	721	736
21	1 Yard Unzen	14	14,5	15	15,5	16	16,5	17	17,5	18	18,5	19	19,5	20	20,5	21	21,5	22	22,5	23	23,5	24	24,5	25
	1 Meter Gramm	433	448	464	479	495	510	526	541	557	572	587	603	613	634	649	665	680	696	711	727	742	758	773
22	1 Yard Unzen	14,7	15,2	15,7	16,2	16,8	17,3	17,8	18,3	18,9	19,4	19,9	20,4	21	21,5	22	22,5	23,1	23,6	24,1	24,6	25,1	25,7	26,2
	1 Meter Gramm	453	470	486	502	519	534	550	567	583	599	615	632	648	664	680	696	713	729	745	761	777	794	810
23	1 Yard Unzen	15,3	15,9	16,5	17	17,5	18,1	18,6	19,2	19,7	20,3	20,8	21,4	21,9	22,5	23	23,6	24,1	24,6	25,2	25,7	26,3	26,8	27,4
	1 Meter Gramm	474	491	508	525	542	559	576	593	610	627	643	660	677	694	711	728	745	762	779	796	813	830	847
24	1 Yard Unzen	16	16,6	17,1	17,7	18,3	18,9	19,4	20	20,6	21,1	21,7	22,3	22,9	23,4	24	24,6	25,1	25,7	26,3	26,9	27,4	28	28,6
	1 Meter Gramm	495	513	531	548	566	583	601	618	636	653	671	689	706	724	742	759	777	795	813	831	848	866	883

	Engl. Zolle	51	52	53	54	55	56	57	58	59	60	61	62	63	64	65	66	67	68	69	70	71	72
	Centimeter	129	132	134,5	137	140	142,5	145	147	150	152,5	155	157,5	160	162,5	165	167,5	170,5	173	175,5	178	180,5	183
14	1 Yard Unzen	17	17,3	17,7	18	18,3	18,7	19	19,3	19,7	20	20,3	20,7	21	21,3	21,7	22	22,3	22,7	23	23,3	23,7	24
	1 Meter Gramm	526	535	546	557	567	577	588	599	608	619	629	639	649	659	669	680	690	701	711	721	731	742
15	1 Yard Unzen	18,2	18,6	18,9	19,3	19,6	20	20,4	20,7	21,1	21,4	21,8	22,1	22,5	22,9	23,2	23,6	23,9	24,3	24,6	25	25,4	25,7
	1 Meter Gramm	563	574	585	597	608	619	629	641	652	663	674	685	696	707	718	729	740	751	762	773	784	795
16	1 Yard Unzen	19,4	19,8	20,2	20,6	21	21,3	21,7	22,1	22,5	22,9	23,2	23,6	24	24,4	24,8	25,1	25,5	25,9	26,3	26,7	27,1	27,4
	1 Meter Gramm	601	612	624	636	648	659	671	682	694	706	718	730	742	753	765	777	789	801	812	824	836	848
17	1 Yard Unzen	20,6	21,1	21,4	21,9	22,3	22,7	23,1	23,5	23,9	24,3	24,7	25,1	25,5	25,9	26,3	26,7	27,1	27,5	27,9	28,3	28,7	29,1
	1 Meter Gramm	637	651	662	676	688	701	714	726	739	751	764	776	789	801	814	826	839	851	864	876	889	901
18	1 Yard Unzen	21,9	22,3	22,7	23,1	23,6	24	24,4	24,9	25,3	25,7	26,1	26,6	27	27,4	27,9	28,3	28,7	29,1	29,6	30	30,4	30,9
	1 Meter Gramm	676	689	702	716	729	742	756	770	783	796	809	822	835	848	861	874	887	901	914	927	940	954
19	1 Yard Unzen	23,1	23,5	24	24,4	24,9	25,3	25,8	26,2	26,7	27,2	27,6	28,1	28,5	29	29,4	29,9	30,3	30,8	31,2	31,7	32,1	32,6
	1 Meter Gramm	713	727	741	756	769	783	798	811	825	839	853	867	881	895	909	923	937	951	965	979	993	1007
20	1 Yard Unzen	24,3	24,8	25,2	25,7	26,2	26,7	27,1	27,6	28,1	28,6	29,1	29,5	30	30,5	31	31,4	31,9	32,4	32,9	33,3	33,8	34,3
	1 Meter Gramm	751	766	780	795	810	824	839	854	868	883	898	912	927	942	956	972	987	1001	1016	1031	1045	1060
21	1 Yard Unzen	25,5	26	26,5	27	27,5	28	28,5	29	29,5	30	30,5	31	31,5	32	32,5	33	33,5	34	34,5	35	35,5	36
	1 Meter Gramm	788	804	819	835	850	866	881	896	911	927	942	958	973	989	1004	1019	1035	1051	1066	1082	1097	1113
22	1 Yard Unzen	26,7	27,2	27,8	28,3	28,8	29,3	29,9	30,4	30,9	31,4	32	32,5	33	33,5	34,1	34,6	35,1	35,6	36,1	36,7	37,2	37,7
	1 Meter Gramm	826	842	858	874	891	907	923	939	955	972	988	1004	1019	1037	1053	1069	1085	1101	1118	1134	1150	1166
23	1 Yard Unzen	27,9	28,5	29	29,6	30,1	30,7	31,2	31,8	32,3	32,9	33,4	34	34,5	35,1	35,6	36,1	36,7	37,2	37,8	38,3	38,9	39,4
	1 Meter Gramm	864	881	897	914	931	948	965	982	989	1006	1033	1050	1066	1083	1100	1117	1134	1151	1168	1185	1202	1219
24	1 Yard Unzen	29,1	29,7	30,3	30,9	31,4	32	32,6	33,1	33,7	34,3	34,9	35,4	36	36,6	37,1	37,7	38,3	38,9	39,4	40	40,6	41
	1 Meter Gramm	901	920	937	956	972	990	1007	1025	1042	1060	1077	1095	1113	1130	1148	1166	1184	1202	1219	1237	1255	1272

Umrechnungs-Tabelle II f

von Unzen für 1 *Yard* in Gramme für 1 Meter für **Jute-Plansackleinen** (*Plain-Sackings*) bei 29 Zoll Bezugsbreite.

Wenn 1 *Yard* Gewebe wiegt bei 29 Zoll Breite	Alsdann wiegt in den Breiten								
Engl. Zolle	24	25	26	27	28	29	30	45	48
Centimeter	61	63,5	66	68,5	71	73,5	76	114,5	122
12 1 *Yard* Unzen	9,9	10,3	10,8	11,2	11,6	12	12,4	18,6	19,9
1 Meter Gramm	306	319	334	346	359	371	383	575	615
13 1 *Yard* Unzen	10,8	11,2	11,7	12,1	12,6	13	13,5	20,2	21,5
1 Meter Gramm	334	346	362	374	390	402	417	625	665
14 1 *Yard* Unzen	11,6	12,1	12,6	13	13,5	14	14,5	21,7	23,2
1 Meter Gramm	359	374	790	402	418	434	448	671	718
15 1 *Yard* Unzen	12,4	12,9	13,5	14	14,5	15	15,5	23,3	24,8
1 Meter Gramm	384	399	418	434	448	464	479	721	767
16 1 *Yard* Unzen	13,2	13,8	14,4	14,9	15,5	16	16,6	24,8	26,5
1 Meter Gramm	408	427	445	461	479	495	513	767	821
17 1 *Yard* Unzen	14,1	14,7	15,2	15,8	16,4	17	17,6	26,4	28,1
1 Meter Gramm	436	455	471	489	507	526	544	816	869
18 1 *Yard* Unzen	14,9	15,5	16,1	16,8	17,4	18	18,6	27,9	29,8
1 Meter Gramm	461	479	498	520	538	557	575	863	922
19 1 *Yard* Unzen	15,7	16,4	17	17,7	18,4	19	19,7	29,5	31,5
1 Meter Gramm	486	507	526	547	569	588	609	912	974
20 1 *Yard* Unzen	16,6	17,2	17,9	18,6	19,3	20	20,7	31	33,1
1 Meter Gramm	513	532	554	575	597	619	641	959	1024
21 1 *Yard* Unzen	17,4	18,1	18,8	19,6	20,3	21	21,7	32,6	34,8
1 Meter Gramm	538	560	581	606	628	650	671	1008	1076
22 1 *Yard* Unzen	18,2	19	19,7	20,5	21,2	22	22,8	34,1	36,4
1 Meter Gramm	563	588	609	634	656	680	705	1055	1126
23 1 *Yard* Unzen	19	19,8	20,6	21,4	22,2	23	23,8	35,7	38,1
1 Meter Gramm	588	612	637	662	687	711	736	1104	1178
24 1 *Yard* Unzen	19,9	20,7	21,5	22,3	23,2	24	24,8	37,2	39,7
1 Meter Gramm	615	641	665	690	718	742	767	1153	1228

Mit dieser einfachen Umrechnung ist aber für den Vergleich der Gewebe noch nichts gewonnen, deshalb müssen wir uns nach einer für alle Gewebesorten gleichen Flächen- und Gewichtseinheit, der das künftige Weltmass, das „Metrische System", zu Grunde liegt, umsehen. — Offenbar eignet sich hierzu am besten ein Quadratmeter, also eine Fläche von 1 Meter Länge und 1 Meter Breite, und als Gewichtseinheit das Gramm.

Des Ueberganges wegen muss nun zunächst eine Reduktion der

Umrechnungs-Tabelle II g

von Unzen für 1 *Yard* in Gramme für 1 Meter für **Jute-Köper** (*Twilled-Sackings*)
bei 27 Zoll Bezugsbreite.

Wenn 1 Yard Gewebe wiegt bei 27 Zoll Breite / Unzen	Alsdann wiegt in den Breiten								
Engl. Zolle	24	25	26	27	28	29	30	45	48
Centimeter	61	63,5	66	68,5	71	73,5	76	114,5	122
12 — 1 *Yard* Unzen	10,7	11,1	11,6	12	12,4	12,9	13,3	20	21,3
12 — 1 Meter Gramm	331	343	359	371	384	400	411	619	659
13 — 1 *Yard* Unzen	11,6	12	12,5	13	13,4	14	14,4	21,7	23,1
13 — 1 Meter Gramm	359	371	387	402	417	433	445	671	714
14 — 1 *Yard* Unzen	12,4	13	13,5	14	14,5	15	15,6	23,3	24,9
14 — 1 Meter Gramm	384	402	417	433	448	466	482	721	770
15 — 1 *Yard* Unzeu	13,3	13,9	14,4	15	15,6	16,1	16,7	25	26,7
15 — 1 Meter Gramm	411	430	445	466	482	498	516	773	826
16 — 1 *Yard* Unzen	14,2	14,8	15,4	16	16,6	17,2	17,8	26,7	28,4
16 — 1 Meter Gramm	439	458	476	495	513	532	551	826	878
17 — 1 *Yard* Unzen	15,1	15,7	16,4	17	17,6	18,3	18,9	28,3	30,2
17 — 1 Meter Gramm	467	486	507	526	544	566	585	875	934
18 — 1 *Yard* Unzen	16	16,7	17,3	18	18,7	19,3	20	30	32
18 — 1 Meter Gramm	495	516	535	557	578	597	619	928	990
19 — 1 *Yard* Unzen	16,9	17,6	18,3	19	19,7	20,4	21,1	31,7	33,8
19 — 1 Meter Gramm	523	544	566	588	609	631	653	980	1045
20 — 1 *Yard* Unzen	17,8	18,5	19,3	20	20,7	21,5	22,2	33,3	35,6
20 — 1 Meter Gramm	551	572	597	619	641	665	687	1032	1101
21 — 1 *Yard* Unzen	18,7	19,4	20,2	21	21,8	22,6	23,3	35	37,3
21 — 1 Meter Gramm	578	600	625	650	674	699	721	1083	1154
22 — 1 *Yard* Unzen	19,6	20,4	21,2	22	22,8	23,6	24,4	36,7	39,1
22 — 1 Meter Gramm	606	631	656	680	705	730	755	1135	1209
23 — 1 *Yard* Unzen	20,4	21,3	22,2	23	23,9	24,7	25,6	38,3	40,9
23 — 1 Meter Gramm	631	659	687	711	739	764	792	1184	1266
24 — 1 *Yard* Unzen	21,3	22,2	23,1	24	24,9	25,8	26,7	40	41,7
24 — 1 Meter Gramm	659	687	714	742	770	798	826	1237	1290

schottischen Gewichte der schottischen Flächeneinheit in Gramme bezogen auf 1^{qm} vorgenommen werden.

Wir verfahren deshalb folgendermassen:

Wenn ein Gewebe von der Bezugsbreite C Zoll und 1 *Yard* = 36 Zoll Länge w Unzen engl. wiegt, so wiegt 1^{qm} desselben Gewebes:

$$W_0 = \frac{w}{C} \cdot \frac{39{,}37078^2}{36} \cdot 28{,}35 = 1220{,}670 \cdot \frac{w}{C} \text{ Gramme.}$$

Hieraus ergeben sich für die einzelnen Gewebe folgende Gewichte W_0 in Grammen für 1^{qm}:

a) **Netztuch** (*Façon-Hessians* oder *Biscuit-Baggings*) bei $C = 38''$ Bezugsbreite

$$W_0 = 32{,}1229 \cdot w \quad (\text{Grenzwerte } w = 2\tfrac{1}{2} \text{ bis } 5 \text{ Unzen}),$$

b) **Jute-Leinen** (*Hessians*) bei $C = 40''$ Bezugsbreite

$$W_0 = 30{,}5168 \cdot w \quad (\text{Grenzwerte } w = 5 \text{ bis } 17 \text{ Unzen}),$$

c) **Jute-Doppelleinen** (*Tarpawlings*) bei $C = 45''$ Bezugsbreite

$$W_0 = 27{,}1260 \cdot w \quad (\text{Grenzwerte } w = 14 \text{ bis } 26 \text{ Unzen}),$$

d) u. e) **Jute-Sackleinen** und **Zuckersackleinen** (*Baggings and Hessian-Baggings*) bei $C = 42''$ Bezugsbreite

$$W_0 = 29{,}0636 \cdot w \quad (\text{Grenzwerte } w = 9 \text{ bis } 26 \text{ Unzen}),$$

f) **Jute-Plansackleinen** (*Plain-Sackings*) bei $C = 29''$ Bezugsbreite

$$W_0 = 42{,}0921 \cdot w \quad (\text{Grenzwerte } w = 12 \text{ bis } 24 \text{ Unzen}),$$

g) **Jute-Köper** (*Twilled-Sackings*) bei $C = 27''$ Bezugsbreite

$$W_0 = 45{,}2100 \cdot w. \quad (\text{Grenzwerte } 11 \text{ bis } 24 \text{ Unzen}).$$

h) **Hopfentuche** *(Hoppoketings)*. Bei diesen Geweben ist, wie schon angedeutet, eine andere Qualitätsbezeichnung vorhanden. Dieselbe findet gewöhnlich statt nach der Zahl der Kilogramme, welche 50 oder 100 Meter Gewebe bei $48''$ Breite wiegen. Von einem Hopfentuche

No. 40 bezieh. 80 wiegt also in obiger Breite 1 Meter 800^g
„ 45 „ 90 „ „ „ „ „ 1 „ 900^g
„ 50 „ 100 „ „ „ „ „ 1 „ 1000^g

u. s. w.

Bezeichnet man nun die Gewichte für 1^m Gewebe bei $48''$ Breite in Grammen wie früher mit W, so ist das Gewicht W_0 von 1^{qm} in Grammen gegeben durch:

$$W_0 = \frac{W}{1{,}2191779} = \frac{39{,}37078}{48} \, W \quad \text{oder}$$

$$W_0 = 0{,}820225 \cdot W. \; - \; (\text{Grenzwerte für } W = 800 \text{ bis } 2000^{gr}).$$

Auf diesen Grundlagen ist die folgende Uebersicht III[a bis h] berechnet worden, also die Reduktion der sämtlichen Gewebegewichte auf 1^{qm}. — Diese Werte sind nunmehr direkt mit einander vergleichbar.

Die Grenzwerte für die Gewebe sind etwas weiter hinaus geschoben worden, als sie gewöhnlich liegen. Die Abstufungen sind in der Tabelle von $\tfrac{1}{2}$ zu $\tfrac{1}{2}$ Unzen gewählt. Bei den meisten Geweben genügen aber in der Praxis Abstufungen von 1 Unze.

An der Hand der Tabelle III lassen sich aber auch diejenigen Abstufungen für 1^{qm} feststellen, welche den schottischen am nächsten kommen. So dürfte es sich empfehlen, für die Gewebe unter a und b 10 oder 15^g, für c bis g 20 oder 30^g und für h 90 oder 100^g Abstufung zu wählen, womit ausreichende Uebereinstimmung mit den bisherigen entweder in halben oder ganzen Unzen fortschreitenden oder sonstigen Stufen (Hopfentuch) erreicht werden kann.

Tabelle III.

Die üblichen Gewichte der Jute-Gewebe für ihre Bezugsflächen, umgerechnet in Gramme für 1qm.

a. Netztuch (Façon-Hessians or Biscuit-Baggings)		b. Jute-Leinen (Hessians)		c. Jute-Doppelleinen (Tarpawlings)		d und e. Jute-Sack- und Zuckersackleinen (Baggings and Hessian-Baggings)		f. Jute-Plansackleinen (Plain-Sackings)		g. Jute-Köper (Twilled-Sackings)		h. Hopfentuche (Hoppoketings)	
Bezugs-breite 38" 1 Yard wiegt w Unzen	1qm Gewebe wiegt alsdann W_0 Gramm	Bezugs-breite 40" 1 Yard wiegt w Unzen	1qm Gewebe wiegt alsdann W_0 Gramm	Bezugs-breite 45" 1 Yard wiegt w Unzen	1qm Gewebe wiegt alsdann W_0 Gramm	Bezugs-breite 42" 1 Yard wiegt w Unzen	1qm Gewebe wiegt alsdann W_0 Gramm	Bezugs-breite 29" 1 Yard wiegt w Unzen	1qm Gewebe wiegt alsdann W_0 Gramm	Bezugs-breite 27" 1 Yard wiegt w Unzen	1qm Gewebe wiegt alsdann W_0 Gramm	Bezugs-breite 48" 1 Meter wiegt W Gramm	1qm Gewebe wiegt alsdann W_0 Gramm
2½	80,371	5	152,584	14	379,764	9	261,572	12	505,105	11	497,310	800	656,180
3	96,369	5½	167,842	14½	393,327	10	290,636	12½	526,151	11½	519,915	900	738,203
3½	112,430	6	183,101	15	406,890	11	319,700	13	547,197	12	542,520	1000	820,225
4	128,492	6½	198,359	15½	420,453	12	348,763	13½	568,243	12½	565,125	1100	902,247
4½	144,553	7	213,617	16	434,016	12½	363,295	14	589,289	13	587,730	1200	984,270
5	160,614	7½	228,876	16½	447,579	13	377,827	14½	610,335	13½	610,335	1300	1066,293
		8	244,134	17	461,142	13½	392,359	15	631,381	14	632,940	1400	1148,315
		8½	259,392	17½	474,705	14	406,890	15½	652,427	14½	655,545	1500	1230,338
		9	274,651	18	488,268	14½	421,422	16	673,474	15	678,150	1600	1312,360
		9½	289,909	18½	501,831	15	435,954	16½	694,520	15½	700,755	1700	1394,383
		10	305,168	19	515,394	15½	450,486	17	715,566	16	723,360	1800	1476,405
		10½	320,426	19½	528,957	16	465,017	17½	736,612	16½	745,965	1900	1558,428
		11	335,684	20	542,520	16½	479,549	18	757,658	17	768,571	2000	1610,450
		11½	350,943	20½	556,083	17	494,081	18½	778,704	17½	791,176		
		12	366,201	21	569,646	17½	508,613	19	799,750	18	813,781		
		12½	381,460	21½	583,209	18	523,145	19½	820,796	18½	836,386		
		13	396,718	22	596,772	18½	537,676	20	841,842	19	858,991		
		13½	411,976	22½	610,335	19	552,208	20½	862,888	19½	881,596		
		14	427,235	23	623,898	19½	566,740	21	883,934	20	904,200		
		14½	442,493	23½	637,461	20	581,272	21½	904,980	20½	926,805		
		15	457,752	24	651,024	20½	595,804	22	926,026	21	949,410		
		15½	473,010	24½	664,587	21	610,335	22½	947,072	21½	972,015		
		16	488,268	25	678,150	21½	624,867	23	968,118	22	994,620		
		16½	503,527	25½	691,714	22	639,399	23½	989,164	23	1039,830		
		17	518,785	26	705,277	22½	653,931	24	1010,210	24	1085,040		
						23	668,463						
						23½	682,994						
						24	697,526						
						25	726,590						
						26	755,653						

Um nun auf dieser Basis beurteilen zu können, in wie weit sich diese Werte den schottischen nähern, verfahren wir folgendermassen:

Wenn 1^{qm} eines Gewebes W_0 Gramm wiegt, so wiegt 1 *Yard* $= 36$ Zoll desselben Gewebes bei C Zoll (*Standard*) Bezugsbreite in Unzen

$$w = W_0 \cdot C \frac{36}{39{,}37078^2 \cdot 28{,}35} = W_0 \cdot C \cdot \frac{1}{1220{,}670} \quad \text{oder}$$

$$w = 0{,}00081922 \; W_0 \cdot C \text{ Unzen.}$$

Für die einzelnen Gewebesorten kann somit die Reduktions-Tabelle leicht ermittelt werden. Ehe wir dies aber thun, wollen wir für die in metrischem Mass und Gewicht ausgedrückten Gewebe eine neue Qualitätsbezeichnung, eine Numerierung einführen.

Die Qualität, die Gewebenummer Q soll künftig bezeichnet werden durch den 10. Teil des Grammgewichtes für 1^{qm}.

Die Gewebenummer stellt alsdann dar: einerseits die **Zahl der Gramme, welche 1^m des Gewebes bei $10^c = 1^{dc}$ Breite,** anderseits aber auch die **Zahl der Kilogramme, welche 100^m des Gewebes bei 1^m Breite wiegen.**

Gewebenummer $Q = 30$ z. B. bedeutet also:

1^{qm} des Gewebes wiegt 300^g, oder
$\quad 1^m$ „ „ wiegt bei 1^{dc} Breite 30^g, oder
100^m „ „ wiegen bei 1^m Breite 30^k;

ferner würde bedeuten Gewebenummer $Q = 32^1/_2$, dass

1^{qm} des Gewebes 325^g, oder dass
$\quad 1^m$ „ „ bei 1^{dc} Breite $32{,}5^g$, oder dass
100^m „ „ bei 1^m Breite $32{,}5^k$ wiegen.

Um nun die Wahl der Abstufungen für praktische Zwecke noch offen zu lassen, sind in der **folgenden Tabelle IV** dieselben über das Bedürfnis hinaus klein festgesetzt worden, nämlich für Juteleinen zu nur 5^g, für die anderen Gewebe zu 10^g und für Hopfentuch zu 50^g für je 1^{qm}. — Auch die oberen und unteren Grenzen sind für die einzelnen Gewebe ungewöhnlich ausgedehnt worden.

Die allgemeine zuletzt aufgestellte Formel gestaltet sich nun für die einzelnen Gewebe folgendermassen: Für

   a) **Netztuch** (*Façon - Hessians or Biscuit - Baggings*) ist bei $C = 38''$
      Bezugsbreite:
      $w = 0{,}03113036 \cdot W_0$ Unzen. Das Gewicht für 1^{qm} wurde angenommen von 80 bis 150^g, entsprechend 2,490 bis 4,670 Unzen
      für 1 *Yard* der Bezugsbreite. Für

b) **Jute-Leinen** (*Hessians*) ist bei $C = 40''$ Bezugsbreite:

$w = 0{,}0327688 \cdot W_0$ Unzen. Das Gewicht für 1^{qm} wurde angenommen von 150^{g} bis 520^{g}, entsprechend 4,915 bis 17,040 Unzen für 1 *Yard* der Bezugsbreite. Für

c) **Jute-Doppelleinen** (*Tarpawlings*) ist bei $C = 45''$ Bezugsbreite:

$w = 0{,}0368649 \cdot W_0$ Unzen. Das Gewicht für 1^{qm} wurde angenommen von 380^{g} bis 770^{g}, entsprechend 14,009 bis 28,386 Unzen für 1 *Yard* der Bezugsbreite. Für

d) und e) **Jute-Sackleinen und Zuckersackleinen** (*Baggings* und *Hessian-Baggings*) ist bei 42'' Bezugsbreite:

$w = 0{,}03440724 \cdot W_0$ Unzen. Das Gewicht für 1^{qm} wurde angenommen von 350^{g} bis 740^{g}, entsprechend 12,043 bis 25,461 Unzen für 1 *Yard* der Bezugsbreite. Für

f) **Jute-Plansackleinen** (*Plain-Sackings*) ist bei $C = 29''$ Bezugsbreite:

$w = 0{,}02375738 \cdot W_0$ Unzen. Das Gewicht für 1^{qm} wurde angenommen von 480^{g} bis 1030^{g}, entsprechend 11,404 bis 24,470 Unzen für 1 *Yard* der Bezugsbreite. Für

g) **Jute-Köper** (*Twilled-Sackings*) ist bei $C = 27''$ Bezugsbreite:

$w = 0{,}02211894 \cdot W_0$ Unzen. Das Gewicht für 1^{qm} wurde angenommen von 500^{g} bis 1130^{g}, entsprechend 11,059 bis 24,994 Unzen für 1 *Yard* der Bezugsbreite.

h) **Hopfentuch** (*Hoppoketings*). Für dieses Gewebe gelten, wie wir bereits wissen, andere Bezeichnungen. Auch hier ist W_0 das Gewicht von 1^{qm} in Grammen; ferner W das Gewicht in Grammen für ein Gewebestück von 1^{m} Länge und der Bezugsbreite von 48'' (der gewöhnlichen Hopfentuchbezeichnung), und es besteht die Beziehung:

$$W = 1{,}2191779 \cdot W_0.$$

Das Gewicht W_0 für 1^{qm} wurde hier angenommen zwischen 600 und 1700^{g}, entsprechend 731,51 bis 2072,60^{g} Gewicht für 1^{m} bei 48'' Breite.

Auf diesen Grundlagen ist nun die Tabelle IV[a bis h] berechnet worden, welche erkennen lässt, wie bequem die Anwendung des metrischen Masses und Gewichtes auch für die Qualitätsbezeichnung der Jute-Gewebe ist.

Tabelle IV. Neue Numerierung der Jute-Gewebe.

Gewichte der Jute-Gewebe für 1qm in Grammen, umgerechnet in die bisher üblichen Gewichte der bezügl. Einheiten.

Die neue Bezeichnungsnummer giebt sowohl den 10. Teil des Grammgewichtes für 1qm Gewebe, wie zugleich die Zahl der Gramme an, welche 1m bei 1dc Breite wiegt und endlich auch die Zahl der Kilogramme, welche 100m des Gewebes bei 1m Breite wiegen.

a. Netztuch (Façon-Hessians or Biscuit-Baggings)			b. (Fortsetzung) Jute-Leinen (Hessians)			c. Jute-Doppelleinen (Tarpawlings)			d und e. Jute-Sack- und Zuckersackleinen (Baggings and Hessians-Baggings)			f. Jute-Plansackleinen (Plain-Sackings)			g. Jute-Köper (Twilled-Sackings)			h. Hopfentuche (Hoppoketings)		
Neue Bezeichnung des Gewebes	1qm des Gewebes wiegt	1 Yard des Gewebes wiegt bei 38" Breite	Neue Bezeichnung des Gewebes	1qm des Gewebes wiegt	1 Yard des Gewebes wiegt bei 40" Breite	Neue Bezeichnung des Gewebes	1qm des Gewebes wiegt	1 Yard des Gewebes wiegt bei 45" Breite	Neue Bezeichnung des Gewebes	1qm des Gewebes wiegt	1 Yard des Gewebes wiegt bei 42" Breite	Neue Bezeichnung des Gewebes	1qm des Gewebes wiegt	1 Yard des Gewebes wiegt bei 29" Breite	Neue Bezeichnung des Gewebes	1qm des Gewebes wiegt	1 Yard des Gewebes wiegt bei 27" Breite	Neue Bezeichnung des Gewebes	1qm des Gewebes wiegt	1 Meter des Gewebes wiegt bei 48" Breite
Q	W_0 Gramm	w engl. Unzen	Q	W_0 Gramm	w engl. Unzen	Q	W_0 Gramm	w engl. Unzen	Q	W_0 Gramm	w engl. Unzen	Q	W_0 Gramm	w engl. Unzen	Q	W_0 Gramm	w engl. Unzen	Q	W_0 Gramm	W Gramm
8	80	2,490	27½	275	9,011	38	380	14,009	35	350	12,043	48	480	11,404	50	500	11,059	60	600	731,51
8½	85	2,646	28	280	9,175	39	390	14,377	36	360	12,387	49	490	11,641	51	510	11,281	65	650	792,47
9	90	2,802	28½	285	9,339	40	400	14,746	37	370	12,731	50	500	11,879	52	520	11,502	70	700	853,42
9½	95	2,957	29	290	9,503	41	410	15,115	38	380	13,075	51	510	12,116	53	530	11,723	75	750	914,38
10	100	3,113	29½	295	9,667	42	420	15,483	39	390	13,419	52	520	12,354	54	540	11,944	80	800	975,34
10½	105	3.269	30	300	9,831	43	430	15,852	40	400	13,763	53	530	12,591	55	550	12,165	85	850	1036,30
11	110	3,424	30½	305	9,994	44	440	16,221	41	410	14,107	54	540	12,829	56	560	12,387	90	900	1097,26
11½	115	3,580	31	310	10,158	45	450	16,589	42	420	14,451	55	550	13,067	57	570	12,608	95	950	1158,22
12	120	3,736	31½	315	10,322	46	460	16,958	43	430	14,795	56	560	13,304	58	580	12,829	100	1000	1219,18
12½	125	3,891	32	320	10,486	47	470	17,327	44	440	15,139	57	570	13,542	59	590	13,050	105	1050	1280,14
13	130	4,047	32½	325	10,650	48	480	17,695	45	450	15,483	58	580	13,779	60	600	13,271	110	1100	1341,10
13½	135	4,203	33	330	10,814	49	490	18,064	46	460	15,827	59	590	14,017	61	610	13,493	115	1150	1402,05
14	140	4,358	33½	335	10,978	50	500	18,432	47	470	16,171	60	600	14,254	62	620	13,714	120	1200	1463,01
14½	145	4,514	34	340	11,141	51	510	18,801	48	480	16,515	61	610	14,492	63	630	13,935	125	1250	1523,97
15	150	4,670	34½	345	11,305	52	520	19,170	49	490	16,860	62	620	14,730	64	640	14,156	130	1300	1584,93
			35	350	11,469	53	530	19,538	50	500	17,204	63	630	14,967	65	650	14,377	135	1350	1645,89
			35½	355	11,633	54	540	19,907	51	510	17,548	64	640	15,205	66	660	14,599	140	1400	1706,85
			36	360	11,797	55	550	20,276	52	520	17,892	65	650	15,442	67	670	14,820	145	1450	1767,81
			36½	365	11,961	56	560	20,644	53	530	18,236	66	660	15,680	68	680	15,041	150	1500	1828,77
			37	370	12,124	57	570	21,013	54	540	18,580	67	670	15,917	69	690	15,262	155	1550	1889,73
			37½	375	12,288	58	580	21,382	55	550	18,924	68	680	16,155	70	700	15,483	160	1600	1950,68
			38	380	12,452	59	590	21,750	56	560	19,268	69	690	16,393	71	710	15,704	165	1650	2011,64
			38½	385	12,616	60	600	22,119	57	570	19,612	70	700	16,630	72	720	15,926	170	1700	2072,60

b. Jute-Leinen (*Hessians*)

Neue Bezeichnung des Gewebes Q	1 qm des Gewebes wiegt W_o Gramm	1 *Yard* des Gewebes wiegt w engl. Unzen bei 40" Breite
15	150	4,915
15½	155	5,079
16	160	5,243
16½	165	5,407
17	170	5,571
17½	175	5,735
18	180	5,898
18½	185	6,062
19	190	6,226
19½	195	6,390
20	200	6,554
20½	205	6,718
21	210	6,881
21½	215	7,045
22	220	7,209
22½	225	7,373
23	230	7,537
23½	235	7,701
24	240	7,865
24½	245	8,028
25	250	8,192
25½	255	8,356
26	260	8,520
26½	265	8,684
27	270	8,848

Q	W_o Gramm	w Unzen
39	390	12,780
39½	395	12,944
40	400	13,108
40½	405	13,271
41	410	13,435
41½	415	13,599
42	420	13,763
42½	425	13,927
43	430	14,091
43½	435	14,254
44	440	14,418
44½	445	14,582
45	450	14,746
45½	455	14,910
46	460	15,074
46½	465	15,237
47	470	15,401
47½	475	15,565
48	480	15,729
48½	485	15,893
49	490	16,057
49½	495	16,221
50	500	16,384
50½	505	16,548
51	510	16,712
51½	515	16,876
52	520	17,040

Q	W_o Gramm	w Unzen
61	610	22,488
62	620	22,856
63	630	23,225
64	640	23,594
65	650	23,962
66	660	24,331
67	670	24,699
68	680	25,068
69	690	25,437
70	700	25,805
71	710	26,174
72	720	26,543
73	730	26,911
74	740	27,280
75	750	27,649
76	760	28,017
77	770	28,386

Q	W_o Gramm	w Unzen
58	580	19,956
59	590	20,300
60	600	20,644
61	610	20,988
62	620	21,332
63	630	21,677
64	640	22,021
65	650	22,365
66	660	22,709
67	670	23,053
68	680	23,397
69	690	23,741
70	700	24,085
71	710	24,429
72	720	24,773
73	730	25,117
74	740	25,461

Q	W_o Gramm	w Unzen
71	710	16,868
72	720	17,105
73	730	17,343
74	740	17,580
75	750	17,818
76	760	18,056
77	770	18,293
78	780	18,531
79	790	18,768
80	800	19,006
81	810	19,243
82	820	19,481
83	830	19,719
84	840	19,956
85	850	20,194
86	860	20,431
87	870	20,669
88	880	20,906
89	890	21,144
90	900	21,382
91	910	21,619
92	920	21,857
93	930	22,094
94	940	22,332
95	950	22,570
96	960	22,807
97	970	23,045
98	980	23,282
99	990	23,520
100	1000	23,757
101	1010	23,995
102	1020	24,233
103	1030	24,470

Q	W_o Gramm	w Unzen
73	730	16,147
74	740	16,368
75	750	16,589
76	760	16,810
77	770	17,032
78	780	17,253
79	790	17,474
80	800	17,695
81	810	17,916
82	820	18,138
83	830	18,359
84	840	18,580
85	850	18,801
86	860	19,022
87	870	19,243
88	880	19,465
89	890	19,686
90	900	19,907
91	910	20,128
92	920	20,349
93	930	20,571
94	940	20,792
95	950	21,013
96	960	21,234
97	970	21,455
98	980	21,677
99	990	21,898
100	1000	22,119
101	1010	22,340
102	1020	22,561
103	1030	22,783
104	1040	23,004
105	1050	23,225
106	1060	23,446
107	1070	23,667
108	1080	23,888
109	1090	24,110
110	1100	24,331
111	1110	24,552
112	1120	24,773
113	1130	24,994

C. Ketten- und Schussgarnnummer und Qualität.

Aus Teil I Seite 70 wissen wir bereits, dass man die Jute-Garne von $N^{lbs} = 192$ bis 9,60, d. i. $N^{lea} = {}^1/_4$ bis 5, in drei Qualitäten zu spinnen pflegt, die man absteigend z. B. bezeichnet mit *ss*, *s* und *c*, oder I., II. und III. Qualität, während Garne von $N^{lbs} = 8,72$ bis 6,00, d. i. $N^{lea} = 5^1/_2$ bis 8, in zwei Qualitäten *ss* und *s* oder I. und II. Qualität und schliesslich die von $N^{lbs} = 5,33$ bis 4,00, d. i. $N^{lea} = 9$ bis 12 nur in einer, der besten, der *ss* oder I. Qualität hergestellt werden. — Wir wissen auch bereits, dass die Qualität von der verwendeten Rohjute (Seite 71 Teil I) abhängt. — Endlich wissen wir auch, dass sich die Ketten- von den Schussgarnen auch noch durch schärfere Drehung unterscheiden.

In der Regel werden nun folgende Garnnummern und Qualitäten zur Erzeugung der einzelnen Gewebesorten benutzt. — Die Kettengarnnummer bleibt fast stets für eine bestimmte Gewebesorte dieselbe und wechselt nur ausnahmsweise. Das Schussgarn wird mit dem zunehmenden Gewichte der Gewebesorte gröber. (Man vergl. auch Seite 92 und folg.)

Uebersicht V.

Gewebearten	Schottische Garnnummern				Gewöhnliches Gewebegewicht in Unzen für 1 *Yard* der Bezugsbreite
	Kette		Schuss		
	N^{lbs}	Qualität	N^{lbs}	Qualität	
a) Netztuch (*Biscuit-Baggings*) .	6 oder 7 seltener 8 einfach	ss I	6 bis 8	ss I	3 bis 6
b) Jute-Leinen und Feinleinen (*Hessians*)	8 selten 7$^1/_2$ oder 7 einfach für Feinleinen 6—8	ss I	6$^1/_2$ bis 16 bei Jute-Leinen, beim Feinleinen bis 11	ss I die feineren s II die gröberen	5 bis 16
c) Jute - Doppelleinen (*Tarpawlings*)	8 selten 7$^1/_2$ oder 7 Doppelfadenkette	ss I	etwa 5 bis 20, selten bis 22	ebenso	14 bis 24
d) α Jute-Sackleinen (*Single warp Baggings*)	8 bei Geweben bis 9 Unzen 12 für alle anderen Qualitäten 22 ausnahmsweise Kette einfach	s II s II	9 bis 44	c III	8 bis 27
β Jute - Doppelsackleinen (*Double warp Baggings*) . .	8 Doppelfadenkette	ss I	20 bis 42	c III	14 bis 26
e) Jute-Zuckersackleinen (*Hessians-Baggings*)	8 oder 12 einfach	ss I od. s II	24 bis 34	c III	20 bis 25
f) Jute - Plansackleinen (*Plain-Sackings*)	8 Doppelfadenkette, auch 12 einfach	ss I	18 bis 44	c III	14 bis 19
g) Jute - Köper (*Common twilled Sackings*) . . . . . . Jute - Köper einfach (*Single warp twilled Sackings* . . .	8 Doppelfadenkette oder 12 einfach	ss I s II	18 bis 48	c III	11$^1/_2$ bis 20
Jute - Feinköper (*Fine twilled Sackings*), auch Jute - Drell (*Broken twilleds*)	7 und 8 Doppelfadenkette, auch mit 12 einfach; ausnahmsweise mit 22 einfach	ss I s II	7 bis 24	I ss und II s	10 bis 20
h) Hopfentuche (*Hoppoketings*) .	8 zweifach gezwirnt oder 16 einfach	ss I ss II	8 bis 70	c III	400 bis 900 Gramm für 1 m

Zu den *Hessian-* und *Twilled-*Geweben werden auch, namentlich in Schottland, Flachswerggarne als Kettengarne benutzt. Sie heissen: *Tow warp Hessians* und *Tow warp twilleds.* Die schweren *Tow warp Hessians* kommen auch unter dem Namen *Paddings* vor.

D. Anzahl der Kettenfäden auf der Breiteneinheit und Anzahl der Schussfäden auf der Längeneinheit.

Die Dichtigkeit der Kette wird bei den Jute-Geweben gegenwärtig nicht durch die Zahl der Fäden ausgedrückt, welche das fertige Gewebe auf einer bestimmten Bezugseinheit zeigt, sondern nach der Einstellung der Kette im Webblatte des Webstuhls und zwar durch die Zahl der *Porter,* zu deutsch: Gänge.

Porter bedeutet nämlich in seiner ursprünglichen Anwendung: Gang und bezeichnet eine gewisse Fadenzahl und zwar bei

den zweischäftigen Jute-Geweben 40,
bei den dreischäftigen Jute-Geweben 60 und
bei den vierschäftigen Jute-Geweben 80

einfache oder Doppelkettenfäden. Die Zahl der Gänge, also die Zahl der *Porter,* bezieht man stets auf eine Blattbreite von 37 Zoll engl.

Bei den zweischäftigen Geweben mit einfacher Kette (also bei den Seite 46 unter a, b, d$^\alpha$ und e angeführten Geweben) versteht man also unter einem 7, 8, 9, 10, 11 u. s. w. Gang- (*Porter-*) Gewebe ein solches, das im Webestuhl auf je 37 Zoll Blattbreite: $7 \cdot 40 = 280$, $8 \cdot 40 = 320$, $9 \cdot 40 = 360$, $10 \cdot 40 = 400$, $11 \cdot 40 = 440$ u. s. w. Kettenfäden enthält.

Bei den zweischäftigen Geweben mit Doppelkette (also bei den Seite 46 unter c, d$^\beta$ und f angeführten Geweben) versteht man unter einem 10, 11 oder 12 u. s. w. Gang- (*Porter-*) Gewebe ein solches, das im Webstuhl auf je 37 Zoll Blattbreite: 40 mal mehr Doppelkettenfäden oder $10 \cdot 40 \cdot 2 = 800$, $11 \cdot 40 \cdot 2 = 880$ oder $12 \cdot 40 \cdot 2 = 960$ einfache Kettenfäden hat.

Bei den dreischäftigen Köpergeweben hat also z. B. ein 10 Gang Einfach-Kettenköper- (*ein 10 Porter single warp twilled sacking-*) Gewebe auf je 37 Zoll engl. Blattbreite $10 \cdot 60 = 600$ einfache Kettenfäden im Webstuhle. Ein 8 oder 10 Gang-Doppelkettenköper (ein 8 oder 10 *Porter Double warp twilled Sacking-*Gewebe) würde also auf je 37 Zoll Blattbreite im Webstuhle 60 mal soviel Doppelkettenfäden oder $8 \cdot 2 \cdot 60 = 960$ bezieh. $10 \cdot 2 \cdot 60 = 1200$ einfache Kettenfäden zeigen.

Das vierschäftige Köpergewebe: Hopfentuch hat bei einfacher Kette als 10 oder 12 Gang- (*Porter-*) Gewebe $10 \cdot 80$ oder $12 \cdot 80 = 800$ oder 960 einfache Kettenfäden auf je 37 Zoll Blattbreite im Webstuhl.

Aus dieser Bezeichnungsweise folgt, dass ein Gewebe im Webstuhl auf einer Breite von je $^{37}/_{40}$ Zoll engl. im Blatt folgende Fadenzahl zeigen muss:

> Ein **zweischäftiges Einfach-Kettengewebe** ebenso viel einfache Kettenfäden als die Gang- (*Porter-*) Zahl angiebt.

> Ein **zweischäftiges Doppelkettengewebe** ebenso viel Doppel- oder doppelt soviel einfache Kettenfäden als die Gangzahl angiebt.

> Ein **dreischäftiges Einfach-Kettengewebe** zeigt $1^{1}/_{2}$ mal soviel Kettenfäden als die Gangzahl angiebt (bei 10 Gang also 15 Fäden).

> Ein **dreischäftiges Doppel-Kettengewebe** zeigt $1^{1}/_{2}$ mal soviel Doppel- oder dreimal soviel einfache Kettenfäden als Gänge. (Bei 8 Gang also 12 Doppelketten- oder 24 einfache Fäden.)

> Ein **vierschäftiges Einfach-Kettengewebe** endlich muss auf obiger Einheit doppelt soviel Kettenfäden zeigen wie Gänge;

> also ein 10 Gang- (*Porter-*) Gewebe 20 einfache Kettenfäden,
>
>   „ 12   „   „   „   24   „   „

Der Fadenzähler, das Gangglas (*Porterglas*). In der That benutzt man nun einen Fadenzähler, d. i. eine Blechlehre oder auch ein Gangglas (*Porterglas*) mit einer Oeffnung von $^{37}/_{40}$ Zoll Weite dazu, die Einstellung der Kette im Webstuhle zu messen.

Da dieser Fadenzähler auch verwendet wird, um die Schussdichte zu messen, und diese beim Gewebe im Webstuhl, also vor der weiteren Behandlung, in der Regel auf 1 Zoll Gewebelänge bezogen wird: so ist derselbe häufig so eingerichtet, dass er beide Masseinheiten enthält.

> Die **Dichtigkeit der Kette im Webstuhl** wird also gemessen: auf einer Gewebebreite von $^{37}/_{40}$ Zoll engl. $= 23{,}4945^{\mathrm{mm}}$.

> Die **Dichtigkeit des Schusses im Webstuhl** wird gemessen: auf einer Gewebelänge von 1 Zoll $= 25{,}3995^{\mathrm{mm}}$.

Der ältere Fadenzähler, das Gang- (*Porter-*) Glas, besteht aus drei Messingplatten, von denen zwei mittels Gelenken rechtwinklig zur dritten beim Gebrauche und zwar einander gegenüber gestellt werden können. — Die bei dem Gebrauche obere Platte enthält eine Konvex-Linse, während in der unteren, welche auf das zu untersuchende Zeug gestellt wird, zwei sich rechtwinklig kreuzende Schlitze von erforderlicher Länge angebracht sind. — Bei der Anwendung zweier Bezugslängen ist der eine Schlitz $^{37}/_{40}{}''$, der andere $1''$, häufiger aber nur $^{1}/_{2}{}''$ lang. Bei Nichtbenutzung des Instrumentes kann man die Platten so zusammenklappen, dass sie aufeinander liegen und nunmehr die Unterbringung des Instrumentes in der Westentasche möglich ist.

Aehnliche Instrumente sind zur Untersuchung anderer Gewebe allgemein gebräuchlich. Da aber die Jute-Gewebe stets eine wenig dichte Einstellung, also eine verhältnissmässig geringe Fadenzahl auf der Längeneinheit und ebenso geringe Schusszahl haben, so bedarf man zum Zählen nicht des Vergrösserungsglases, der Linse, sondern kann dasselbe in jedem Falle mit blossem Auge ausführen. Der beschriebene Fadenzähler — das Gang- (*Porter*-) Glas — ist daher gänzlich ausser Gebrauch gekommen. Dagegen sind jetzt einfache Blechlehren in Anwendung.

Weil man nun gefunden hat, dass die Bezugsgrösse $^{37}/_{40}$ Zoll engl. zum Abmessen der Kettenfadenzahl etwas klein ist, so benutzt man häufig das doppelte Mass (oder wie man kurz — aber nicht richtig — sagt: den Doppelporter); auch wohl zum Zählen der Schussfäden 2 Zoll.

Die folgenden in natürlicher Grösse dargestellten Blechlehren Fig. 20[a] und Fig. 20[b] sind für beide Masseinheiten — die nach Fig. 20[a] für den Doppelporter und 1 Zoll, die nach Fig. 20[b] für den Doppelporter und 2 Zoll — eingerichtet.

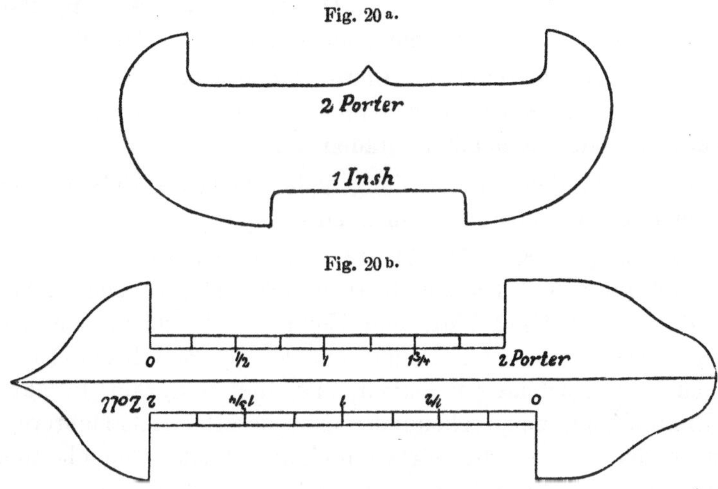

Fadenzähler, natürliche Grösse.

In Bezug auf den Fadenzähler nach Fig. 20[b] sei noch bemerkt, dass die Spitze des Instrumentes den Zweck hat, beim Untersuchen fertiger Gewebe das Verschieben der einzelnen Fäden — das Abheben von dem benachbarten —, von welchem Seite 17 bereits die Rede war, zu erleichtern.

Webeblätter und Schäfte (Kämme).

Behufs angemessener Verteilung der Kettenfäden in der Breitenrichtung des Webstuhls ist ein entsprechendes Webeblatt und sind dazu gehörende Schäfte, die man auch Kämme nennt (man vergl. Seite 6), erforderlich.

Wir wissen bereits, dass das Webeblatt aus einzelnen zwischen zwei Leisten eingespannten flachen Schienchen (Rietstäbchen), die in gleichen Entfernungen von einander stehen, hergestellt ist und dass die Schäfte oder Kämme mit einzelnen Litzen und Litzenaugen versehen sind. Beim

Webeblatt heisst der Raum zwischen je zwei Rieten: die Oeffnung (*split*). Man benennt die Webeblätter sowie die zugehörenden Schäfte (Kämme) nach der Gangzahl (*Porter*) des mit Hülfe derselben herzustellenden Gewebes. Die Teilung der Webeblätter, d. h. die Entfernung je zweier Rietstäbchen von einander, ist nun so bemessen, dass in jede Oeffnung

bei den 2schäftigen Geweben mit einfacher Kette 2 Kettenfäden,

„ „ 2 „ „ „ Doppel- „ 2 Doppelfäden

einzuziehen sind; alsdann würde jede Oeffnung

bei den 3schäftigen Geweben mit einfacher Kette 3 Kettenfäden,

„ „ 3 „ „ „ Doppel- „ 3 Doppelfäden,

„ „ 4 „ „ „ einfacher „ 4 Kettenfäden,

„ „ 4 „ „ „ Doppel- „ 4 Doppelfäden

(letztere Gewebe kommen übrigens sehr selten vor) aufzunehmen haben.

Jeder zu dem betreffenden Blatte gehörende Schaft oder Kamm nimmt stets — (bei allen Geweben) — in jedem Litzenauge nur je einen einfachen oder Doppelkettenfaden auf.

Hieraus folgt, dass die Teilung jedes Schaftes stets mit der des zugehörenden Blattes übereinstimmen muss.

Die zu einem 7, 8, 9, 10, 11, 12 u. s. w. Gang- (*Porter*-) Gewebe gehörenden Blätter und Kämme heissen also entsprechend 7, 8, 9, 10, 11 oder 12 u. s. w. Gang-Blatt und Kamm. Wir sehen nun aus Vorstehendem, dass Blätter und Kämme auf je $^{37}/_{40}$ Zoll Breite halb soviel Oeffnungen und Litzenaugen haben, als die Gangzahl besagt, weil in jede Blattöffnung, entsprechend der Gewebesorte, stets mehrere, in die Litzenaugen der Kämme aber stets ein einfacher oder Doppelkettenfaden eingebracht werden. Ein 7, 8, 9, 10, 11 oder 12 u. s. w. Gang-Blatt oder Kamm hat also auf je $^{37}/_{40}$ Zoll Breite $3^{1}/_{2}$, 4, $4^{1}/_{2}$ 5, $5^{1}/_{2}$ oder 6 Oeffnungen bezieh. Litzenaugen.

Um nun ein Rietstreifigwerden der Ware möglichst zu vermeiden, d. h. zu verhindern, dass einzelne Kettenfäden dichter neben einander liegen als andere, wählt man wohl auch bei gröberer Einstellung manchmal ein doppelt so feines Blatt, als es nach Obigem erforderlich wäre, bei zweischäftigen Geweben z. B. statt eines 7 Gang- (*Porter*-) Blattes ein 14 Gang- (*Porter*-) Blatt, das dann mit 7 Gang-Kämmen zusammen arbeitet, damit bei einfacher Kette in jeder Blattöffnung nur je ein Kettenfaden zu liegen kommt. Dies lässt sich jedoch nur mit Vorteil bei Geweben ausführen, welche etwa bis 9 Fäden auf je $^{37}/_{40}$ Zoll Breite (also bis zu 9 Gang- (*Porter*-) Geweben) haben, weil bei Geweben mit dichterer Einstellung die Blattöffnungen bereits zu eng werden, um ohne häufige Fadenbrüche das starke Jutegarn durchzulassen. — In einem solchen Falle würde also das Blatt noch einmal so fein geteilt sein als jeder Schaft.

In der Regel hat aber das zu einem Gewebe benutzte Blatt, ebenso wie stets jeder Kamm, halb soviel Oeffnungen wie die Gang- (*Porter-*) Zahl desselben. — Da es nun angezeigt ist, zu den Dichtigkeitsbestimmungen ein grösseres Mass als das bisherige und zwar ein metrisches zu wählen, so eignet sich hierzu offenbar 1 Dec. = 10 cent. = 3,937 Zoll engl. = 4,256 (abger. 4¼) Fadenzähleröffnung von $^{37}/_{40}$ Zoll am besten.

Alsdann würden sich folgende Reduktionen ergeben:

Ein 6 *Porter*-Blatt oder Kamm hat 3 *Splits* bez. Augen auf $^{37}/_{40}$ Zoll, d. h. 12,77 Oeffnungen bez. Augen auf 1 dc Breite,

„ 7	„ „ „ „	3½ „	„ „ „ „ „ „ „	14,89	„ „ „ „ 1 „ „
„ 8	„ „ „ „	4 „	„ „ „ „ „ „ „	17,02	„ „ „ „ 1 „ „
„ 9	„ „ „ „	4½ „	„ „ „ „ „ „ „	19,15	„ „ „ „ 1 „ „
„ 10	„ „ „ „	5 „	„ „ „ „ „ „ „	21,28	„ „ „ „ 1 „ „
„ 11	„ „ „ „	5½ „	„ „ „ „ „ „ „	23,41	„ „ „ „ 1 „ „
„ 12	„ „ „ „	6 „	„ „ „ „ „ „ „	25,54	„ „ „ „ 1 „ „
„ 13	„ „ „ „	6½ „	„ „ „ „ „ „ „	27,67	„ „ „ „ 1 „ „
„ 14	„ „ „ „	7 „	„ „ „ „ „ „ „	29,79	„ „ „ „ 1 „ „
„ 15	„ „ „ „	7½ „	„ „ „ „ „ „ „	31,92	„ „ „ „ 1 „ „
„ 16	„ „ „ „	8 „	„ „ „ „ „ „ „	34,05	„ „ „ „ 1 „ „

Es würde entsprechen einem:

6	7	8	9	10	11	12	13	14	15	16	*Porter*-Blatte oder Kamm, ein
25,54	29,79	34,05	38,31	42,56	46,82	51,08	55,33	59,59	63,84	68,10	Gang-Blatte oder Kamm.

Diese Werte könnte man abrunden etwa auf:

a) 25½	30	34	38	42½	47	51	55	59½	64	68	Gang-Blatt oder Kamm

oder auch auf:

b) 26	30	34	38	42	46	50	56	60	64	68	Gang-Blatt oder Kamm.

Da aber diese Bezeichnungsweise sehr schwerfällig, zudem die Zahl der Oeffnungen (auch der Riete) und Augen halb so gross ist, als die Gangzahl angiebt, so würde es sich wohl empfehlen, **künftig die Blätter und Kämme nicht mehr nach der Gangzahl des Gewebes, sondern nach der Anzahl der Oeffnungen und Augen, welche auf 1^{dc} gehen, zu benennen.**

Es würde diese Bezeichnung mit den Beschlüssen der Webeschullehrer- und Fabrikanten-Versammlung in Berlin vom 31. August 1889 (man sehe „Centralblatt für Textil-Industrie", Berlin) übereinstimmen und somit eine einheitliche Bezeichnungsweise auch für die Jute-Gewebe in Deutschland angebahnt sein.[2])

Hält man sich an die oben unter b angegebenen Abrundungen, so würden alsdann die jetzigen

> 6, 7, 8, 9, 10, 11, 12, 13, 14, 15, 16 *Porter*-Blätter und Kämme zunächst bezeichnet werden müssen mit:

c) 13. 15. 17. 19. 21. 23. 25. 28. 30. 32. 34er Blatt und Kamm.

Diese Bezeichnungsweise würde für ein Uebergangsstadium genügen, bis die vorhandenen schottischen Geschirre aufgebraucht und dann durch rein metrische ersetzt worden sind, die nach der Zahl der Oeffnungen (bezieh. Rietstäbchen) und Litzenaugen, welche auf einer Breite von 1^{dc} vorhanden sind, zu bezeichnen und etwa in folgenden regelmässigen Abstufungen herzustellen wären:

d) 12. 14. 16. 18. 20. 22. 24. 26. 28. 30. 32. u. 34er Blätter und Kämme.

Es würden dieselben folgenden schottischen nach der Gangzahl bezeichneten entsprechen:

> 5,64, 6,58, 7,52, 8,46, 9,40, 10,34, 11,28, 12,22, 13,16, 14,10, 15,04, 15,98 *Porter*-Blätter und Kämme.

Falls ein Bedürfnis hierzu sich herausstellen sollte, können natürlich auch die obigen Geschirrnummern durch folgende ganze Zwischennummern ergänzt werden:

e) 13. 15. 17. 19. 21. 23. 25. 27. 29. 31. u. 33er, welche folgenden schottischen nach der Gangzahl bezeichneten entsprechen:

> 6,11, 7,05, 7,99, 8,93, 9,87, 10,81, 11,75, 12,69, 13,63, 14,57 u. 15,51 *Porter*-Blätter und Kämme.

Wollte man **nun die bisherige Bezeichnung der Gewebe nach der Gang- (*Porter*-) Zahl beibehalten** und unter 1 Gang (*Porter*) 40, 60 oder 80 Fäden auf einer Breite von 37 Zoll, je nachdem ersteres

---

[2]) Man vergl. auch meine Vorschläge zur Einführung des metrischen Masses und Gewichtes zur Kennzeichnung der Jute-Gewebe vom 30. März und 6. April 1890 im „Deutschen Leinen-Industriellen", dem „Centralblatt für die Textil-Industrie" und der „Oesterreich. Wollen- und Leinen-Industrie-Zeitschrift".

zwei-, drei- oder vierschäftig ist, verstehen, so müsste bei Einführung des Decimeters, als neuer Masseinheit, die **Gangzahl künftig** — wie ohne weiteres ersichtlich — **auf 40^{dc}** $= 400^{cm}$ bezogen werden.

Ein 8, 9, 10, 11, 12 u. s. w. *Porter*-Gewebe mit 40, 60 und 80 mal soviel Fäden auf einer Breite von 37 Zoll würde daher, genau reduziert, künftig als ein

> 34,05, 38,31, 42,56, 46,82, 51,08 u. s. w. Gang-Gewebe mit 40, 60 und 80 mal mehr Fäden auf 40^{dc} $= 400^{cm}$ Breite zu bezeichnen sein.

Sieht man aber von der genauen Reduktion der schottischen Bezeichnung auf die metrische ab und wendet zunächst entsprechende Abrundungen, z. B. die auf Seite 51 unter b vorgeschlagene an, so würde man also obige mit *Porter* bezeichneten Gewebe ersetzen durch:

> 34, 38, 42, 46 und 50 u. s. w. Gang-Gewebe mit 40, 60 und 80 mal mehr Fäden auf 40^{dc} $= 400^{cm}$ Breite.

Beispiel. Ein 10 *Porter*-Gewebe (einfache Kette) hat, je nachdem dasselbe zwei-, drei- oder vierschäftig ist, auf $^{37}/_{40}$ Zoll Breite 10, 15 oder 20 Fäden oder auf 37 Zoll Breite $10 \times 40 = 400$, $10 \times 60 = 600$ und $10 \times 80 = 800$ Fäden.

Diesem Gewebe würde **genau** entsprechen ein

> 42,56 Gang-Gewebe, das, je nachdem es zwei-, drei- oder vierschäftig ist, auf 1^{dc} Breite 42,56; 63,84; 85,12 Fäden oder auf 40^{dc} Breite $42,56 \times 40 = 1702,4$; $42,56 \times 60 = 2553,6$;
> $42,56 \times 80 = 3404,8$ Fäden enthält.

Nach der erwähnten Abrundung würde ein

> 42 Gang-Gewebe obigem Gewebe am nächsten kommen. Dieses hat dann, je nachdem es zwei-, drei- oder vierschäftig ist, auf 1^{dc} Breite 42; 63 oder 84 Fäden oder auf 40^{dc} Breite $42 \cdot 40$ $= 1680$; $42 \cdot 60 = 2520$; $42 \cdot 80 = 3360$ Fäden.

Einfacher noch gestaltet sich wohl die **Bezeichnung der Gewebe, wenn man die bisherige nach der Zahl der Gänge aufgiebt, dagegen dieselben ebenso benennt wie die Geschirrnummer, nämlich** (Blatt und Kamm übereinstimmend) **nach der Zahl der Oeffnungen, welche letztere auf 1^{dc} zeigen.**

Man erhält alsdann zunächst nur halb so grosse Bezeichnungszahlen und bewirkt die Auffindung der Fadenzahl im Webestuhl für den laufenden Decimeter Breite durch Multiplikation derselben mit 2, 3 oder 4, je nachdem das Gewebe zwei-, drei- oder vierschäftig ist. Es sind alsdann höchst einfache Beziehungen zwischen Fadenzahl und Gewebebezeichnung vorhanden.

Auf das vorige Beispiel (10 *Porter*-Gewebe) übertragen, würde hiernach das Gewebe — bei genauer Reduzierung der schottischen Bezeichnung auf die metrische — nicht als ein 42,56 Gang-, sondern als ein 21,28er Gewebe bezeichnet werden. Dasselbe hat, je nachdem es zwei-, drei- oder vierschäftig ist, auf 1^{dc} Breite $21,28 \cdot 2 = 42,56$ oder $21,28 \cdot 3$ $= 63,84$ oder $21,28 \cdot 4 = 85,12$ Fäden. — Unter Benutzung der wiederholt erwähnten Abrundung würde also ein 21 er Gewebe jenem schottischen 10 *Porter*-Gewebe am nächsten kommen. Dieses 21 er Gewebe hat dann, je nachdem es zwei-, drei- oder vierschäftig ist: $21 \cdot 2 = 42$ oder $21 \cdot 3 = 63$ oder $21 \cdot 4 = 84$ Fäden auf 1^{dc} Breite.

Die letztere Bezeichnungsweise verdient daher wohl den Vorzug vor der ersteren, der schottischen nachgebildeten.

Nehmen wir jetzt noch an, es sei das reine metrische System vorhanden mit den Abstufungen für die Bezeichnung der Geschirre, wie dieselben Seite 52 unter d angegeben sind, mit der eventuellen Ergänzung unter e, so würde man also künftig

12. 14. 16. 18. 20. . . . . . . 34 er Geschirre (Blätter und Kämme) haben, bei denen ebensoviel Oeffnungen auf den laufenden Decimeter Breite vorhanden sind. Die in diesen Geschirren hergestellten Gewebe würden benannt werden mit: 12. 14. 16. 18. 20. . . . . . . 34 er Gewebe. Dieselben haben, je nachdem sie zwei-, drei- oder vierschäftig sind, auf jeden Decimeter Breite im Webstuhle zwei- drei- oder viermal soviel Kettenfäden (einfach oder doppelt).

Aber auch diese letztere Bezeichnung hat zur Voraussetzung, dass man die Einstellung der Kette im Webstuhle für die Dichtigkeit derselben zu Grunde legt und nicht etwa die Fadenzahl, welche das fertige Gewebe auf 1^{dc} Breite zeigt. Welche der beiden Hauptmethoden (Bezeichnung nach der Einstellung im Webstuhle oder nach der schliesslichen Fadendichte) die zweckmässigere ist, wollen wir hier nicht weiter erörtern, aber doch bereits erwähnen, dass die schliessliche Dichtigkeit der Kette (und auch des Schusses) im fertigen Gewebe wesentlich mit abhängt von der Ausführung des Webeprozesses und der weiteren Behandlung der Gewebe in der Appretur.

Auch darauf wäre noch hinzuweisen, dass beim Weben die Kettenfäden am Saum, an der Kante, dichter zusammengeschoben werden als in der Mitte. — Will man daher die durchschnittliche Dichtigkeit der Kette im fertigen Gewebe ermitteln, so müsste etwa die Kettenfadenzahl 10^{cm} vom Saume ab nach der Mitte zu gemessen werden.

Der Vollständigkeit wegen lassen wir hier nun noch eine Reduktionstabelle VI für die Fadenzahl auf die verschiedenen betrachteten Bezugseinheiten folgen, welche, wie ohne weiteres ersichtlich, auch zu anderen Reduktionen verwendbar ist.

Reduktions-Tabelle VI

für die Fadenzahl auf den laufenden $^{37}/_{40}$ Zoll engl., den Zoll und den Decimeter
(10 Centimeter).

Der Tabelle sind folgende Zahlengrössen zu Grunde gelegt worden:

1 Zoll engl. $= 0,253995$ dc $= 1,081081$ Fadenzähleröffnung von $^{37}/_{40}$ Zoll.

1 Decimeter $= 3,93707$ Zoll engl. $= 4,25628$ Fadenzähleröffnungen ($^{37}/_{40}$ Zoll).

Ein $^{37}/_{40}$ Zoll $= 0,234945$ dc $= 0,925000$ Zoll.

Zahl der Fäden für je $^{37}/_{40}$ Zoll engl.	Das sind Fäden für den laufenden		Zahl der Fäden für je 1 Zoll engl.	Das sind Fäden für den laufenden		Zahl der Fäden für je 1 Decimeter	Das sind Fäden für den laufenden		Zahl der Fäden für je 1 Decimeter	Das sind Fäden für den laufenden	
	Zoll engl.	Decimeter		$^{37}/_{40}$ Zoll	Decimeter		$^{37}/_{40}$ Zoll	1 Zoll engl.		$^{37}/_{40}$ Zoll	1 Zoll engl.
4	4,324	17,025	$4^1/_2$	4,163	17,777	16	3,759	3,406	54	12,687	13,716
$4^1/_2$	4,865	19,153	5	4,625	19,685	17	3,994	4,318	55	12,922	13,970
5	5,405	21,281	$5^1/_2$	5,086	21,654	18	4,229	4,572	56	13,157	14,224
$5^1/_2$	5,946	23,410	6	5,550	23,622	19	4,464	4,826	57	13,392	14,478
6	6,486	25,538	$6^1/_2$	6,013	25,591	20	4,699	5,080	58	13,627	14,732
$6^1/_2$	7,027	27,666	7	6,475	27,559	21	4,934	5,334	59	13,862	14,986
7	7,568	29,794	$7^1/_2$	6,938	29,528	22	5,169	5,588	60	14,097	15,240
$7^1/_2$	8,108	31,922	8	7,400	31,496	23	5,404	5,842	61	14,332	15,494
8	8,649	34,050	$8^1/_2$	7,863	31,465	24	5,639	6,096	62	14,567	15,748
$8^1/_2$	9,189	36,178	9	8,325	35,434	25	5,874	6,350	63	14,802	16,002
9	9,730	38,307	$9^1/_2$	8,788	37,402	26	6,109	6,604	64	15,036	16,256
$9^1/_2$	10,270	40,435	10	9,250	39,371	27	6,343	6,858	65	15,271	16,510
10	10,811	42,563	$10^1/_2$	9,713	41,339	28	6,578	7,112	66	15,506	16,764
$10^1/_2$	11,351	44,691	11	10,175	43,308	29	6,813	7,366	67	15,741	17,018
11	11,892	46,819	$11^1/_2$	10,638	45,276	30	7,048	7,620	68	15,976	17,272
$11^1/_2$	12,432	48,947	12	11,100	47,245	31	7,283	7,874	69	16,211	17,526
12	12,973	51,075	$12^1/_2$	11,563	49,213	32	7,518	8,128	70	16,446	17,780
$12^1/_2$	13,514	53,204	13	12,025	51,182	33	7,753	8,382	71	16,681	18,034
13	14,054	55,332	$13^1/_2$	12,488	53,150	34	7,988	8,636	72	16,916	18,288
$13^1/_2$	14,595	57,460	14	12,950	55,119	35	8,223	8,890	73	17,151	18,542
14	15,135	59,588	$14^1/_2$	13,413	57,087	36	8,458	9,144	74	17,386	18,796
$14^1/_2$	15,676	61,716	15	13,875	59,056	37	8,693	9,398	75	17,621	19,050
15	16,216	63,844	$15^1/_2$	14,338	61,025	38	8,928	9,652	76	17,856	19,304
$15^1/_2$	16,757	65,972	16	14,800	62,993	39	9,163	9,910	77	18,091	19,558
16	17,297	68,100	$16^1/_2$	15,263	64,962	40	9,398	10,160	78	18,326	19,812
$16^1/_2$	17,838	70,229	17	15,725	66,930	41	9,633	10,414	79	18,561	20,066
17	18,378	72,357	$17^1/_2$	16,188	68,899	42	9,868	10,667	80	18,796	20,320
$17^1/_2$	18,919	74,485	18	16,650	70,867	43	10,103	10,922	81	19,031	20,574
18	19,459	76,613	$18^1/_2$	17,113	72,836	44	10,338	11,176	82	19,265	20,828
$18^1/_2$	20,000	78,741	19	17,575	74,804	45	10,573	11,430	83	19,500	21,082
19	20,541	80,869	$19^1/_2$	18,038	76,773	46	10,807	11,684	84	19,735	21,336
$19^1/_2$	21,081	82,997	20	18,500	78,741	47	11,042	11,938	85	19,970	21,590
20	21,622	85,126	$20^1/_2$	18,963	80,710	48	11,277	12,192	86	20,205	21,844
$20^1/_2$	22,162	87,254	21	19,425	82,678	49	11,512	12,446	87	20,440	22,098
21	22,703	89,382	$21^1/_2$	19,888	84,647	50	11,747	12,700	88	20,675	22,352
$21^1/_2$	23,243	91,510	22	20,350	86,616	51	11,982	12,954	89	20,910	22,606
22	23,784	93,638	$22^1/_2$	20,813	88,584	52	12,217	13,208	90	21,145	22,860
$22^1/_2$	24,324	95,766	23	21,275	90,553	53	12,452	13,462	91	21,380	23,114

Die letzten Decimalstellen sind abgerundet.

Zusatz. Es sind $^{37}/_{40}$ Zoll $= 0,9250$ Zoll und $^{40}/_{37}$ Zoll $= 1,081081$ Zoll, welche Werte bei den späteren Berechnungen häufig gebraucht werden.

Nachdem wir die Benutzung des metrischen Masses und Gewichtes anstelle des englischen und schottischen zur Kennzeichnung der Jute-Gewebe erörtert haben, behalten wir für die ferneren Betrachtungen bis auf weiteres die bis jetzt noch üblichen schottischen Bezeichnungsweisen bei.

E. Die Breiteneinsenkung und die Verkürzung der Kette und des Schusses.

Bei dem Eintragen des Schusses zwischen die Kettenfäden werden dieselben dichter zusammengeschoben, als sie im Webeblatt verteilt sind.   Die Kette verkürzt sich ferner infolge der Bindungen, die einzelnen Fäden liegen nicht gerade ausgestreckt im fertigen Gewebe, sondern in Wellenform, ebenso auch der Schuss.   Die Kette sowie der Schuss haben daher im ausgestreckten Zustande eine grössere Länge, als der Gewebelänge bezieh. Gewebebreite entspricht.   Bei dem Schuss tritt noch der Umstand hinzu, dass der Faden an der Kante umbiegt, um den nächsten Faden zu bilden.   Es kommt also zu der Verkürzung desselben infolge der Wellenform noch das zur Saumbildung verwendete Stückchen hinzu. — Die Grösse der Breiteneinsenkung sowohl, sowie die der Verkürzung der Kette und des Schusses, hängen von den mannigfachsten Umständen ab, die bald in dem Sinne der Vermehrung, bald in dem der Verminderung dieser Grössen wirken. — Es möge hier genügen hervorzuheben, dass von Einfluss hierauf sind:

Die Art des Gewebes, ob dasselbe zwei-, drei- oder vierschäftig ist, die Ketteneinstellung, die Schusszahl, die Fadendicke des Schusses und die Spannung, mit der der Schussfaden aus dem Schützen tritt, sodann aber die Anspannung der Kette, welche dieselbe bei dem Eintragen des Schusses hat. — Je grösser z. B. die letztere ist, und man kann die Kette um so mehr spannen, ein je festeres, besseres und dickeres Kettengarn verwendet wird — eine um so geringere Breiteneinsenkung und Verkürzung der Kette ergiebt sich.   Mit der Anspannung der Kette darf man aber aus mehreren Ursachen nicht zu weit gehen.   Wird dieselbe zu gross, so nehmen die Kettenfäden eine bleibende Dehnung an, sie werden dünner, die Fadenbrüche werden häufiger. — Die Breiteneinsenkung nimmt ferner ab mit der Zahl der Schüsse, besonders aber mit der Fadendicke des Schusses, wie leicht von vornherein ersichtlich. Die Verkürzung der Kette aber nimmt im gleichen Masse zu. — Diese letzteren beiden Thatsachen sind von grösster Wichtigkeit bei der Bestimmung der Kettenmenge, die ein Gewebe erhält, wie wir alsbald sehen werden. — Die Verkürzung des Schusses muss mit der dichteren Ketteneinstellung, mit stärkerer Anspannung der Kette, ferner mit der Dicke des Kettenfadens und der Schusszahl zunehmen. — Die Breiteneinsenkung sowie die Verkürzungen des Schusses sind endlich noch eine

Funktion der Gewebebreite, d. h. stehen zu derselben in einem gewissen Verhältnis.

Nach dem Weben werden die Gewebe appretiert; sie erleiden hierbei eine Anspannung in der Längsrichtung, welche eine Streckung der Kette in jener Richtung, ein Auseinanderschieben der Schussfäden — also ein Vermindern der Schussdichte und eine Breitenverminderung, daher ein dichteres Zusammenschieben der Kettenfäden fast in allen Fällen zur Folge hat.

Die Streckung der Kette durch das Appretieren ist aber niemals so gross, dass etwa die Verminderung der Kettenlänge durch das Weben ganz aufgehoben würde, sondern es bleibt eine oft recht beträchtliche Verkürzung der Kettenfäden übrig. — Soll nun das Gewebe eine ganz bestimmte Breite erhalten, so muss dasselbe um den Betrag der Breitenverminderung infolge des Appretierens breiter vom Webstuhle herunter genommen werden. — Soll endlich auch das Gewebe eine bestimmte Schusszahl im fertigen Zustande auf der Längeneinheit zeigen, so muss im Webstuhl etwas dichter gewebt werden.

Welchen Einfluss nun die nach dem Weben folgende Behandlung der Gewebe auf den schliesslichen Zustand, Breite und Länge derselben hat, hängt von den verschiedensten Umständen ab, die sich nicht für alle Fälle durch bestimmte Zahlenwerte ausdrücken lassen. — Es gehört eine ziemliche Erfahrung dazu, um unter Erwägung aller Umstände durch geeignete Massnahmen zu einem gewünschten Endresultat zu kommen. — Hat man es doch schon allein durch kräftigeres oder weniger kräftiges Anspannen des Gewebes beim Einführen in die Appreturmaschinen in der Hand, die Breitenverminderung sowie die Streckung des Gewebes zu beeinflussen.

Die folgenden Zahlenwerte in der Uebersicht VII geben deshalb nur einen ungefähren Anhalt über die Breitenverminderung durch das Appretieren, um welchen Betrag die Gewebe also breiter als die schliessliche Breite vom Webstuhle kommen müssen.

Uebersicht VII.

Jute-Leinen (Hessian)

bis 80 c (31½'') breit, muss etwa 1,27 c (½'') breiter vom Webstuhle kommen,
„ 102 c (40'')   „   „   „   2,0 c (¾'')   „   „   „   „
„ 127 c (50'')   „   „   „   2,55 c (1'')   „   „   „   „
„ 152 c (60'')   „   „   „   3,8 c (1½'')   „   „   „   „
„ 183 c (72'')   „   „   „   5,1 c (2'')   „   „   „   „

Jute-Doppelleinen (Tarpawlings)

bis 76 c (30'') breit, muss etwa 1,27 c (½'') breiter vom Webstuhle kommen,
„ 132 c (52'')   „   „   „   2,0 c (¾'')   „   „   „   „

Jute-Sackleinen (Baggings)

bis 78^c (31″) breit, muss etwa 2,0^c (³/₄″) breiter vom Webstuhle kommen,
„ 106^c (42″)   „   „   „   2,55^c (1″)   „   „   „   „

Jute-Köper (Twilled Sackings)

bis 76^c (30″) breit, muss etwa 1,27–2^c (¹/₂–³/₄″) breiter v. Webstuhle kommen,
„ 114^c (45″)   „   „   2–2,55^c (³/₄–1″)   „   „   „   „

Hopfentuch muss etwa 1,27^c (¹/₂″) breiter vom Webestuhle kommen.

Bei Jute-Leinen ist doppelte, bei den übrigen Geweben einfache Appretur vorausgesetzt.

Soll nun das fertige Gewebe eine bestimmte Breite haben, so müssen die Kettenfäden im Webstuhle um den Betrag der Breitenverminderung durch das Weben und den oben angegebenen infolge des Appretierens auftretenden breiter eingestellt werden.

Nach einer älteren, jetzt kaum mehr Anwendung findenden Methode wurde die Kette einen Gang tiefer eingestellt, als das Gewebe Gangzahl haben sollte, also z. B. für ein 11 *Porter*-Gewebe in ein 10 *Porter*-Geschirr. Es ist ohne weiteres ersichtlich, dass im Webstuhle alsdann die Kettenfäden weiter auseinanderstehen als der höheren Gangzahl des zu erzeugenden Gewebes entspricht. Die Kettenfadenzahl wurde so gewählt, dass die eingestellte Breite um den Betrag der gesamten Breitenverminderung grösser als die schliessliche Gewebebreite war.

Gewebe nach dieser älteren Methode, die in Deutschland etwa im Anfange der 70er Jahre und etwas später noch üblich war, zeigen dann der Gangzahl nahezu entsprechende Fadenzahl im fertigen Gewebe, aber sehr selten mehr, gewöhnlich aber etwas weniger. — Die Schusszahl wurde ebenfalls auf das fertige Gewebe bezogen.

Unter den zahlreichen — über 250 Stück verschiedenen von mir untersuchten und zerlegten Geweben befanden sich auch solche ältere Gewebe, die in eben erwähnter Weise hergestellt waren. — Es sei nun nochmals bemerkt, dass bei diesen Geweben nicht nur die Gangzahl sich auf das fertige Gewebe bezog oder, was auf dasselbe hinauskommt, die Zahl der Kettenfäden auf der Fadenzähleröffnung von $^{37}/_{40}$ Zoll, sondern dass sich auch die Schussfadenzahl auf dieses Mass bezog.

Da uns nun dieses Verfahren jetzt wenig mehr interessiert, so möge zur Klarlegung der diesbezüglichen Verhältnisse die Vorführung einiger Jute-Leinen- (*Hessian*-) Gewebe in der Uebersicht VIII genügen.

Uebersicht VIII.

Jute-Leinen (*Hessians*) aus dem Jahre 1870/71.

Gewicht für 1 *Yard* bei 40 Zoll Breite Unzen	Kette Gang oder *Porter*	Schuss auf $^{37}/_{40}$ Zoll	Kette *N*lbs	Schuss *N*lbs	$^{37}/_{40}$ Zoll Kette	$^{37}/_{40}$ Zoll Schuss
8	9	11	8	8	8,510	10,60
8	11	11	8	7	10,545	10,70
$8^1/_2$	11	12	8	7	10,545	11,70
9	11	13	8	7	10,730	12,60
$9^1/_2$	11	12	8	8	10,730	11,60
$9^1/_2$	11	14	8	7	10,545	13,80
10	11	13	8	9,6	10,545	12,90
10	11	14	8	8	10,730	13,70
$11^1/_2$	11	12	8	12	11,100	12,00
13	13	16	8	9,6	13,320	15,60

(Kopf: *Bezeichnet mit* — Garn- Kette / Schuss; *Gefundene Werte* — Fadenzahl auf)

Aus dieser Uebersicht folgt, dass die Gangzahl, welche das fertige Gewebe zeigen soll, oder die Kettenfadenzahl desselben auf $^{37}/_{40}$ Zoll bei den ersten acht Geweben geringer und nur bei den letzten beiden grösser ist.

Soweit über diese jetzt wohl kaum mehr angewendete Methode.

Gegenwärtig wird die Kette stets in einem der Gangzahl des Gewebes entsprechenden Geschirre eingestellt. — Wegen der durch den Webeprozess und das folgende Appretieren stattfindenden Breiteneinsenkung (Zusammenschiebung der Fäden in der Breitenrichtung) aber müssen dann noch soviel Kettenfäden mehr, als der Gewebebreite entsprechen würde, genommen und eingestellt werden, damit jene ausgeglichen wird. — Die Kettenfäden im Webestuhle nehmen also eine um den Betrag der Gesamteinsenkung grössere Breite, als das fertige Gewebe haben soll, ein.

Es folgt übrigens hieraus, dass das fertige Gewebe **stets mehr** Kettenfäden auf der Fadenzähleröffnung haben muss, als der Gangzahl desselben, nach welcher die übereinstimmende Einstellung der Kettenfäden im Webstuhle vorgenommen wurde, entspricht.

Ist daher der Betrag der Einsenkung bekannt, so kann die Kettenfadenzahl für ein bestimmtes Gewebe bei gegebener Breite alsbald festgestellt werden.

Bezeichnet man die Gewebebreite mit b Zoll, die Einsenkung durch das Weben mit e_1 Zoll und die durch das Appretieren mit e_2 Zoll, so ist die Kettenfadenzahl F (einfach oder doppelt) für ein P Gang- (*Porter-*) Gewebe gegeben durch:

$$1^\text{a})\quad F_2 = {}^{40}/_{37} \cdot P \cdot (b + e_1 + e_2) = 1,081081 \cdot P \cdot (b + e_1 + e_2)$$
$$\text{für zweischäftige Gewebe,}$$
$$1^\text{b})\quad F_3 = {}^{40}/_{37} \cdot {}^3/_2 \cdot P \cdot (b + e_1 + e_2) = 1,621621 \cdot P \cdot (b + e_1 + e_2)$$
$$\text{für dreischäftige Gewebe,}$$
$$1^\text{c})\quad F_4 = {}^{40}/_{37} \cdot 2 \cdot P \cdot (b + e_1 + e_2) = 2,162162 \cdot P \cdot (b + e_1 + e_2)$$
$$\text{für vierschäftige Gewebe.}$$

Hierfür können folgende Abrundungen genommen werden:

$$F_2 = 1,081 \cdot P \cdot (b + e_1 + e_2) \text{ für zweischäftige Gewebe,}$$
$$F_3 = 1,622 \cdot P \cdot (b + e_1 + e_2) \text{ „ dreischäftige „}$$
$$F_4 = 2,162 \cdot P \cdot (b + e_1 + e_2) \text{ „ vierschäftige „ einfache}$$

oder Doppelkettenfäden, je nachdem das Gewebe einfache oder Doppelkettenfäden hat.

Beispiel für ein zweischäftiges Gewebe. Es soll ein 11 Gang- (*Porter-*) Leinen- (*Hessian-*) Gewebe in 51 Zoll Breite hergestellt werden. Die voraussichtliche Einsenkung durch das Weben sei 2 Zoll, die durch Appretieren $1^1/_4$ Zoll, so ist also:

$$P = 11, \quad b = 51'', \quad e_1 = 2'' \text{ und } e_2 = 1,25''$$

und daher die nötige Kettenfadenzahl:

$$F_2 = 1,081 \cdot 11\,(51 + 2 + 1,25) = 1,081 \cdot 11 \cdot 54,25 = 645,08.$$

Diese Fadenzahl ist auf die nächste gerade Zahl abzurunden; es sind daher zu nehmen: 644 oder 646 Kettenfäden. Machen wir die Probe, so ergiebt sich, dass in einem 11 Gang- (*Porter-*) Blatte mit $5^1/_2$ Oeffnungen auf je $^{37}/_{40}$ Zoll Breite, unter Berücksichtigung, dass stets 2 Fäden in einer Oeffnung beim zweischäftigen Gewebe liegen, 644 bezieh. 646 Fäden auf einer Breite verteilt sein müssen von $\dfrac{37}{40} \cdot \dfrac{644}{11}$ bezieh. $\dfrac{37}{40} \cdot \dfrac{646}{11} = 54,16$ bezieh. 54,34 Zoll. Die nach unseren Annahmen erforderliche Breite von $51 + 2 + 1,25 = 54,25$ Zoll liegt also zwischen beiden Werten.

Ueber die Breiteneinsenkung infolge des Appretierens haben wir bereits in der Uebersicht VII einige Anhaltspunkte gegeben. Das durch das Weben bewirkte Zusammenschieben der Kette in der Breite hängt ebenfalls von sehr verschiedenen Umständen ab, auf welche wir bereits aufmerksam machten. Während nun in ein und derselben Weberei sich mit der Zeit für bestimmte Fälle immer wieder dieselben Werte ergeben, da die beeinflussenden Nebenumstände dieselben bleiben, treten in verschiedenen Webereien für dieselben Fälle oft Differenzen ein. — Es ist daher ausserordentlich schwer, einigermassen zutreffende Zahlenwerte zu geben.

Im allgemeinen hätte man sich zu merken, dass die Gesamt-Breitenverminderung für ein bestimmtes Gewebe, ausgedrückt in Prozenten der schliesslichen Breite, mit der Breitenzunahme abnimmt.

Es betrug beispielsweise diese gesamte Einsenkung eines 8 Unzen 9 Gang- (*Porter*-) Leinen-Gewebes bei 45 Zoll Breite 2,70 Zoll, also **6** %, und bei 73 Zoll Breite 3,47 Zoll, also nur **4,75** %; für ein 10 Unzen 10 Gang-Leinen-Gewebe bei 27 Zoll Breite 2,32 Zoll, also **8,6** %, und bei 54 Zoll Breite 3,24 Zoll, also **6** %.

Jute - Leinen - Gewebe derselben Sorte, aber aus verschiedenen Fabriken stammend, zeigten anderseits bei nahezu derselben Breite folgende Unterschiede:

Die 10 Gang - Gewebe waren 10 Unzen schwer und hatten bei gleichen sonstigen Faktoren das

eine bei 54 Zoll Breite 3,82 Zoll oder 7,08 % Gesamteinsenkung, das

zweite „ 53 „ „ 3,18 „ „ 6,00 % „ und das

dritte „ 53 „ „ 2,81 „ „ 5,31 % „

Ueber die Breitenverminderungen der Gewebe lassen sich daher keine Werte aufstellen, welche für **alle Fälle** durchaus zutreffend sind, wohl aber können an der Hand recht zahlreicher Untersuchungen der verschiedensten Gewebe verschiedenen Ursprungs Mittelwerte, etwa für mittlere Gewebebreiten passend, gefunden werden, welche in dem einen Falle zu hoch, im andern zu niedrig, in den meisten Fällen aber passende Resultate ergeben werden.

Es war nun für mich ausserordentlich schwierig, die zu solchen Gewebe-Untersuchungen nötigen Gewebesorten zu erlangen. — Ich musste auch, als etwa 250 Gewebe untersucht waren, die Prüfungen aufgeben und mich mit den erlangten Resultaten begnügen, um die Vollendung des Buches nicht noch weiter hinauszuschieben.

Gleichzeitig mit der Ermittlung der Breitenverminderungen fand die der Verkürzungen der Kette und des Schusses sowie der Schusszahl statt.

In den Fällen, wo die Gewebe in voller Breite und in grösserer Länge als 1 Meter vorlagen (etwa in 120 Fällen), wurden auch die verwendeten Garnnummern ermittelt. — Das Verfahren bestand in diesem Falle darin, dass zunächst die wirklichen Gewebebreiten festgestellt, dann die Kettenfäden in voller Breite gezählt, die Zahl der Schussfäden an verschiedenen Stellen jedes Gewebes auf 10 Zoll Länge ermittelt und 10 Schussfäden zusammenhängend herausgenommen und aufgewickelt wurden. — Dieser Faden — der also 10 Gewebebreiten entsprach — wurde dann gerade gestreckt, nachgemessen und in Beziehung gebracht zu 10 Gewebebreiten, wodurch die Verkürzungen des Schusses ermittelt waren. Der Faden wurde dann gewogen und unter Reduzierung des Wassergehaltes auf 14 % (man vergl. Teil I Seite 83) die Garnnummer festgestellt. — Nunmehr folgte das Zerschneiden des Gewebes in der Längsrichtung. Das Gewebe wurde leicht angespannt, genau auf 1 Meter Länge zerschnitten und nun 10 Kettenfäden herausgezogen. — Durch Ausstrecken derselben ergab sich ihre Verkürzung und durch Wiegen (siehe oben) endlich die Garnnummer. — In einzelnen Fällen wurde auch zur Kontrolle der Rechnung das Gewebe vollständig in Schuss und Kette zerlegt, nachdem es vorher genau nachgemessen und gewogen worden war. — Es folgte hierauf das Wiegen des gesamten Schusses und der Kette und das Vergleichen der Summe der Gewichte mit dem ursprünglich vorhanden gewesenen. — An der Hand einer Rechnung — auf die wir noch zu sprechen kommen werden — musste endlich unter Zugrundelegung sämtlicher gefundener Werte der wirkliche Wert mit dem theoretischen verglichen und geringe Differenzen (herrührend von Verlusten beim Zerlegen der Gewebe) gleichmässig auf Schuss und Kette verteilt werden.

Wie ersichtlich, war das Verfahren ein sehr mühsames und zeitraubendes, doch dürfte durch dasselbe eine Basis gewonnen worden sein, auf der sich weiter bauen lässt.

Ehe nun auf die Hauptresultate näher eingegangen wird, möge noch vorher erwähnt werden, dass die Kontrolle der Garnnummern kaum berücksichtigenswerte Differenzen mit den angeblich zur Verwendung gelangten zeigte. — Freilich kam es vor, dass in Geweben, deren Kette 7^{lbs} Garn sein sollte, sich Garnnummern von 7,25 bis 7,5^{lbs} ergaben und dass in anderen Fällen, wo angeblich 8^{lbs} Kette verwendet wurde, sich die Kettengarnnummern 8,25 bis 8,35^{lbs} fanden. — Da nun weder durch den Webe- noch den Appreturprozess eine Zunahme der Kettengarnnummer möglich ist (abgesehen von dem Schlichteprozess, der aber nur eine gar nicht berücksichtigenswerte Gewichtsvermehrung der Garne hervorruft), so kann zur Erklärung obiger Erscheinung nur angenommen werden, dass die zur Verwendung gelangten Kettengarne schwerer gesponnen worden sind; also nicht als 7^{lbs} oder 8^{lbs} Garne, sondern vielleicht als 7,5^{lbs} oder 8,5^{lbs} Garne angewendet wurden. — In sehr vereinzelten Fällen stellte sich ein Mindergewicht der Garne, in den weitaus meisten Fällen aber ein mit den Angaben genügend übereinstimmendes Garngewicht heraus.

Nach diesen Ergebnissen dürfte es wohl angezeigt sein, bei den Kettengarnen (bei denen dieser Punkt nur allein in Frage kommt) von einer etwaigen Dehnung und Verfeinerung der Fäden durch den Webeprozess infolge zu kräftigen Anspannens im Webstuhle oder auch beim Appretieren abzusehen und anzunehmen, dass eine Veränderung der Garnnummer im allgemeinen nicht oder wenigstens in nicht weiter zu berücksichtigender Weise stattfindet.

Nach Erledigung dieses Punktes bleibt jetzt nur noch übrig, wenigstens für die Hauptgewebe und Hauptqualitäten die Breitenverminderung, die Verkürzung der Kette und des Schusses festzustellen.

Wir beziehen die gesamte Breitenverminderung sowie die Verkürzung des Schusses auf die schliessliche Gewebebreite, die Verkürzung der Kette auf die schliessliche Gewebelänge und drücken die Werte in Prozenten derselben aus.

In der folgenden Tabelle IX [a bis h] ist die gesamte Breitenverminderung mit $z\,^0/_0$, die Kettenverkürzung mit $x\,^0/_0$ und die Schussverkürzung mit $y\,^0/_0$ bezeichnet worden.

Es bedarf in dieser Tabelle wohl zunächst die angegebene Einsenkung z in Prozenten und die Benutzung der Zahlen für verschiedene Gewebebreiten der näheren Erläuterung. — Wir begnügen uns, dieselbe für das wichtigste Gewebe, das Jute-Leinen-Gewebe (*Hessian*), vorzuführen.

Wir wählen ein 10 Unzen 10 Gang-Gewebe. Für dieses Gewebe ist die Breitenverminderung bis 76^c (30″) Breite zu 8,22 $^0/_0$ in der Tabelle angegeben. Dieselbe würde ferner betragen unter Berücksichtigung der Anmerkung in der Tabelle bei 50^c (20″) Breite 8,87 $^0/_0$, bei 102^c (40″) Breite 7,57 $^0/_0$, bei 127^c (50″) Breite 6,92 $^0/_0$, bei 152^c (60″) Breite 6,27 $^0/_0$, bei 178^c (70″) Breite 5,62 $^0/_0$ und bei 203^c (80″) Breite 4,97 $^0/_0$. Daher muss dieses Gewebe in der Kette im Webstuhle breiter eingestellt werden:

Bei 20″ br. Gewebe um 20·0,0887 = 1,774″, also auf 21,774″ etwa abger. auf 21,75″
    30″ „   „   „ 30·0,0822 = 2,466″, „ „ 32,466″ „ „ „ 32,50″
    40″ „   „   „ 40·0,0757 = 3,028″, „ „ 43,028″ „ „ „ 43,00″
    50″ „   „   „ 50·0,0692 = 3,460″, „ „ 53,460″ „ „ „ 53,50″
    60″ „   „   „ 60·0,0627 = 3,762″, „ „ 63,762″ „ „ „ 63,75″
    70″ „   „   „ 70·0,0562 = 3,934″, „ „ 73,934″ „ „ „ 73,90″
    80″ „   „   „ 80·0,0497 = 3,976″, „ „ 83,976″ „ „ „ 84,00″

Aehnlich ist bei anderen Qualitäten und anderen Sorten Gewebe zu verfahren. Zwischenwerte sind entsprechend anzunehmen.

Tabelle IX. Einige Einstellungen der Haupt-Jute-Gewebe sowie ihre Breitenverminderungen und Verkürzungen der Fäden.

| Qualitäts-Bezeichnungen | | | | Einstellung im Webstuhle | | | | | Werte im fertigen Gewebe | | | | | | Berechnete Nummer | Bemerkungen |
| Gewicht für 1 *Yard* | | Gewicht für 1 Meter | | Kette | | | Schuss | | Kette | | | | Schuss | | | |
in der Bezugsbreite (*Standard*) w Unzen engl.	bei 1 Zoll engl. Breite w_1 Unzen	bei 1 Zoll engl. Breite W_1 Gramm	bei 1 Decimeter Breite $Q=\frac{W_0}{10}$ Gramm	Gangzahl *Porter* P	Zahl der einfachen Fäden auf $^{37}/_{40}$ Zoll im Stuhl	Schottische Garnnummer N_k^{lbs}	Zahl der Fäden auf 1 Zoll	Schottische Garnnummer N_s^{lbs}	Zahl der einfachen Fäden auf $^{37}/_{40}$ Zoll K	Breitenverminderung in Prozenten der schliessl. Breite $z\%$	Gewebebreite, auf welche sich die Einsenkung bezieht Zoll (Cent.)	Verkürzung der Kette in der Länge $x\%$	Verkürzung des Schusses $y\%$	Wirkliche Zahl der Fäden auf 1 Zoll S	N^{lbs}	

a) Netztuch (*Façon-Hessians or Biscuit-Baggings*), zweischäftig. Einfache Kette.

Bei 38″ Breite

w	w_1	W_1	Q	P	Fäden im Stuhl	N_k^{lbs}	Schuss/Zoll	N_s^{lbs}	K	$z\%$	Zoll (Cent.)	$x\%$	$y\%$	S	N^{lbs}	Bemerkungen
3 bis 5	0,0790 bis 0,1316	2,4477 bis 4,0795 (Tabelle I, S. 28)	9,6369 bis 16,0614 (Tabelle III, S. 41)	4—6	4—6	7	4—7	6—8	4,400 bis 6,600	10,00	30″ (76c)	4,0	5—6	3,5 bis 6,7	—	

b) Jute-Leinen- (*Common Hessians*) **Gewebe** (zweischäftig). Einfache Kette.

Bei 40″ Breite

w	w_1	W_1	Q	P	Fäden im Stuhl	N_k^{lbs}	Schuss/Zoll	N_s^{lbs}	K	$z\%$	Zoll (Cent.)	$x\%$	$y\%$	S	N^{lbs}	Bemerkungen
6	0,1500	4,6506	18,3101	7	7	8	9	7	7,575	8,21	30″	1,5	4,5	8,9	7,37	Jute-Leinen von 13 Gang aufwärts heisst Fein-Leinen (*Fine Hessians*). Dieses wird weniger häufig hergestellt. Bei Anwendung von 7 lbs Kettengarn werden z und x grösser, y kleiner.
7	0,1750	5,4257	21,3617	8	8	8	9½	8	8,657	8,21	(76c)	1,5	5,5	9,3	8,25	
8	0,2000	6,2008	24,4134	9	9	8	11	8	9,740	8,22	„	2,0	5,5	10,5	8,49	
10	0,2500	7,7510	30,5168	10	10	8	13	10	10,822	8,22	„	2,0	6,0	12,2	10,02	
11	0,2750	8,5262	33,5684	11	11	8	13	11	11,968	8,80	„	2,5	6,0	12,1	11,02	
13	0,3250	10,0764	39,6718	11	11	8	14	13	11,913	8,30	„	3,0	8,0	13,1	13,02	
16	0,4000	12,4017	48,8268	11	11	8	16	15	11,869	7,90	„	3,5	12,5	15,0	15,03	

Bei beiden Geweben ist { für je 10″ (25,4c) kleinere Breite als 30″ (76c) z um 0,65 % grösser / „ „ 10″ „ grössere „ „ 30″ „ z „ 0,65 % kleiner } zu nehmen.

c) Jute-Doppelleinen (*Tarpawlings*), zweischäftig. Doppelfadenkette.

Bei 45″ Breite

w	w_1	W_1	Q	P	Fäden im Stuhl	N_k^{lbs}	Schuss/Zoll	N_s^{lbs}	K	$z\%$	Zoll (Cent.)	$x\%$	$y\%$	S	N^{lbs}	Bemerkungen
16	0,3555	11,0237	43,4016	10	20	8	12	11	21,80	9,00	30″	2,0	6,0	11,0	10,96	Wird 7 lbs Kette angewendet, so steigen die Breiteneinsenkungen und die Verkürzungen der Kette, letztere bis 15 %. Die Verkürzungen des Schusses vermindern sich etwas.
				11	22	8	14	7,25	24,60	11,82	(76c)	2,5	7,0	13,0	7,32	
				12	24	8	13	6	26,90	12,08	„	4,0	8,0	12,0	6,02	
20	0,4444	13,7796	54,2520	10	20	8	13	16	21,60	8,00	„	3,0	8,0	12,0	16,01	
				11	22	8	15	12	24,37	10,77	„	3,5	8,0	14,0	12,02	
				12	24	8	15	10,5	26,65	11,04	„	5,0	9,0	14,0	10,35	
24	0,5333	16,5355	65,1024	10	20	8	14	20	21,40	7,00	„	4,0	10,5	13,0	20,01	
				11	22	8	16	15,8	24,03	10,15	„	5,0	10,5	15,0	15,80	
				12	24	8	15	15,5	26,41	10,04	„	6,0	10,5	14,0	15,35	

Die Breiteneinsenkung ändert sich bei anderer als 30″ (76c) Breite wie bei den ersten beiden Geweben.

Bei 42" Breite

d α) Jute-Sackleinen (*Single warp Baggings*), zweischäftig.

9	0,2143	6,6438	26,1572	7	7	12	7	12	7,60	8,50	40"	4,0	5,0	6,70	12,80
12	0,2857	8,8584	34,8763	7	7	12	8	18	7,46	6,57	„	6,0	7,0	7,85	18,40
14	0,3333	10,3348	40,6890	8	8	12	10	18	8,74	9,25	„	1,5	5,0	9,78	18,00
20	0,4762	14,7640	58,1272	8	8	12	10	30	8,72	9,00	„	2,0	6,5	9,80	30,00
26	0,6190	19,1932	75,5653	8	8	12	10	42	8,69	8,62	„	2,5	7,0	9,83	41,99

d β) Jute-Doppelsackleinen (*Double warp Baggings*), zweischäftig. Doppelfadenkette.

14	0,3333	10,3348	40,6890	7	14	8	8	20	15,40	10,00	40"	2,0	6,0	8,00	19,40
20	0,4762	14,7640	58,1272	7	14	8	9	30	15,26	9,00	„	3,0	7,5	9,00	30,20
26	0,6190	19,1932	75,5653	7	14	8	9	42	15,12	8,00	„	4,0	8,0	9,30	41,93

e) Zuckersackleinen (*Hessian Baggings*), zweischäftig.

20 bis 25	0,4762 bis 0,5952	14,7640 bis 18,4550	58,1272 bis 72,6590

Werden als 8 bis 11 Gang-Gewebe mit einfacher Kette N^{lbs} 8 oder 12 ausgeführt. Sie verhalten sich ähnlich wie die Sackleinen. Die Breiteneinsenkung ändert sich bei anderer als 40" (102 c) Breite wie oben.

Bei 29" Breite

f) Jute-Plansackleinen (*Plain Sackings*), zweischäftig. Doppelkettengewebe.

15½	0,5345	16,5712	65,2427	8	16	8	9	26	17,34	8,40	30"	2,0	9,5	8,9	33,66

Aenderung der Breiteneinsenkung wie oben bei anderer als 30" (76 c) Breite.

Wird auch als 7 Gang-Gewebe mit 8^lbs Doppelkette, auch als einfaches Kettengewebe mit 12^lbs Kette im Gewicht von 12 bis 24 Unzen hergestellt.

Bei 27" Breite

g α) Jute-Köper (*Common twilled Sackings*), dreischäftig. Doppelkettengewebe.

14	0,5185	16,0763	63,2940	8	24	8	9	24	25,05	4,35	30"	4,0	6,5	8,9	25,54
20	0,7407	22,9661	90,4200	8	24	8	9	45	24,72	3,00	„	5,5	7,5	8,9	46,10

g β) Jute-Feinköper (*Fine twilled Sackings*), dreischäftig. Doppelkettengewebe.

12	0,4444	13,7797	54,2520	10	30	7	14	9	31,63	5,43	30"	5,0	7,0	13,7	10,14
20	0,7407	22,9661	90,4200	10	30	7	16	24	31,10	3,67	„	7,0	8,0	15,6	24,62

Bei diesen Geweben ist { für je 10 Zoll (25,4 c) kleinere Breiten als 30 Zoll, (76 c) z um 0,5 % grösser / „ „ 10 „ „ grössere „ „ 30 „ „ z „ 0,5 % kleiner } zu nehmen.

Wird auch mit 8^lbs Kette, auch mit einfacher Kette $N_k^{lbs} = 12$ als 10 Gang-Gewebe ausgeführt, seltener mit $N_k^{lbs} = 22$ z. B. für ein 20 Unzen Gewebe Gang 10; Zahl der Fäden auf ³⁷/₄₀ Zoll im Stuhle 15. $N_k^{lbs} = 22$. Schusszahl 10 u. $N_s^{lbs} = 22$.

Bei 48" Breite
Gewicht von 1 Meter W Gramme

h) Hopfentuche (vierschäftig). Einfache Kette.

900	—	18,7500	73,8203	10	20	16	10	16	20,40	2.00	48"	9,0	2,0	9,80	15,97
				12	24	16	9	10	24,32	1,33	„	8,0	2,0	8,80	10,02
1300	—	27,0833	106,6293	10	20	16	10	37	20,35	1,75	„	16,5	2,5	9,90	37,06
				12	24	16	9	33	24,30	1,25	„	15,5	2,5	8,89	33,00
1800	—	37,5000	147,6405	10	20	16	10	65	20,15	0,75	„	22,0	3,0	9,90	65.05
				12	24	16	9	63	24,28	1,17	„	21,0	3,0	8,95	62,96

Hopfentuche werden meist nur in Breiten von 45, 48 und 50 Zoll, jedoch auch in 46 bis 52 Zoll — selten breiter — ausgeführt. Andere vierschäftige Köpergewebe mit $N_k^{lbs} = 8$, zweifach (gezwirnt), werden selten hergestellt.

Innerhalb der Breiten, in denen Hopfentuche meistens hergestellt werden (vergl. Bemerkung), ändert sich die Breiteneinsenkung z sehr wenig. — Für alle Gewebe gilt ferner, dass ebenso, wie z eine Funktion der Breite ist, auch y von derselben abhängt, jedoch sich wesentlich weniger ändert als die Einsenkungen z. — Bei den weiteren Berechnungen wird hierauf weiter keine Rücksicht genommen.

F. Berechnung der Gewebe.

Wir können, da nunmehr die nötigen Unterlagen vorhanden sind, dazu übergehen, die Berechnung der Gewebe vorzunehmen, d. h. die Beziehungen der einzelnen Faktoren, aus denen sich dieselben zusammensetzen, zu bestimmen.

Unter Rücksichtsnahme auf bereits früher gewählte Bezeichnungen nennen wir also, um dies hier ein- für allemal zusammen zu stellen:

Die Gangzahl eines Gewebes . . . . P
  bei zwei-, drei- und vierschäftigen Geweben 40,
  60 bezieh. 80 Fäden auf 37 Zoll.

Die schliessliche Breite eines Gewebes im fertigen
  Zustande . . . . b in Zollen

Die Bezugsbreite eines Gewebes (*Standard*) . . . . C „ „

Anzahl der einfachen Kettenfäden im fertigen Gewebe
  auf je $^{37}/_{40}$ Zoll Breite . . . . K

Anzahl der einfachen Kettenfäden im fertigen Gewebe
  in voller Breite b . . . . F_b

Anzahl der Schussfäden im fertigen Gewebe auf 1 Zoll
  Länge . . . . S

Die gesamte Breitenverminderung in Prozenten der
  Breite des fertigen Gewebes . . . . $z\,^0/_0$

Die Verkürzung der Schussfäden in Prozenten der Breite
  des fertigen Gewebes . . . . $y\,^0/_0$

Die Verkürzung der Kettenfäden in Prozenten der
  schliessl. Länge . . . . $x\,^0/_0$

Die schottische Garnnummer des einfachen Kettenfadens $N_\mathrm{k}^{\mathrm{lbs}}$

  „ englische   „   „   „   „ $N_\mathrm{k}^{\mathrm{lea}}$

  „ schottische   „   „   „   Schussfadens $N_\mathrm{s}^{\mathrm{lbs}}$

  „ englische   „   „   „   „ $N_\mathrm{s}^{\mathrm{lea}}$

Normalgewicht von 1 *Yard* Gewebe in der Normalbreite
  in engl. Unzen . . . . w Unzen

Normalgewicht von 1 *Yard* Gewebe bei 1 Zoll Breite
  in engl. Unzen . . . . w_1 „

Gewicht der Kettenfäden im fertigen Gewebe bei 1 *Yard*
  Länge, entweder bei C Zoll oder 1 Zoll Breite g_k „

Gewicht der Schussfäden im fertigen Gewebe bei 1 *Yard*
  Länge, entweder bei C Zoll oder 1 Zoll Breite g_s „

Gewicht von 1 Meter des Gewebes in der Normalbreite C
  in Grammen . . . . W Gramme

Gewicht von 1 Meter des Gewebes bei 1 Zoll Gewebebreite
  in Grammen . . . . W_1 „

Gewicht von 1 Meter des Gewebes bei 1 Meter Breite
  (1^{qm}) in Grammen . . . . W_0 „

Neue Gewebenummer, d. i. der zehnte Teil des Gramm-
gewichtes von 1^{qm} Gewebe oder das Gewicht von
1 Meter des Gewebes bei 1^{dc} Breite in Grammen
oder das Gewicht von 100 Meter des Gewebes
bei 1^{m} Breite in Kilogramm . . . . Q

Gewicht der Kette, bezieh. des Schusses im fertigen
Gewebe in Grammen soll stets, gleichgültig, welche
sonstige Einheiten zu Grunde gelegt wurden, bezeichnet werden mit . . . . G_k bezieh. G_s

Für die später beginnenden, sich auf rein metrische Gewebebezeichnung stützenden Berechnungen wurden, wie hier bereits im
Zusammenhange bemerkt werden mag, noch folgende Bezeichnungen
gewählt:

Die schliessliche Gewebebreite in Decimetern . . . b_d

Die Geschirr-Nummer oder die Zahl der Oeffnungen
derselben auf 1^{dc} . . . . B_d

Die wirkliche einfache Kettenfadenzahl im fertigen Gewebe auf 1^{dc} Breite . . . . K_d

Die wirkliche einfache Schussfadenzahl im fertigen Gewebe auf 1^{dc} Breite . . . . S_d

Die Gramm-Garnnummer des einfachen Kettenfadens . $N_k^{\frac{gr}{100}}$

Die Meter-Garnnummer   „   „   „   . N_k^{mt}

Die Gramm-Garnnummer des einfachen Schussfadens . $N_s^{\frac{gr}{100}}$

Die Meter-Garnnummer   „   „   „   . N_s^{mt}

(Gramm-Nummer ist hier das Gewicht eines Fadenstückes von
100 Metern in Grammen. Meter-Nummer ist gleich der Meterzahl, welche
1 Gramm wiegt.)

Wenn die Gangzahl P eines Gewebes und dessen Breite b gegeben
ist, so kann bei bekannter Breitenverminderung $z\,^0/_0$, die Zahl K der im
fertigen Gewebe auf je $^{37}/_{40}$ Zoll Breite vorhandenen Kettenfäden sofort
berechnet werden. Anhaltspunkte zur Abschätzung von z für eine andere
als mittlere Gewebebreite, die aus der Tabelle IX zu entnehmen sind,
wurden bereits mitgeteilt. Es ergiebt sich dann F_b, die Fadenzahl in
voller Breite, wie folgt: (Man vergleiche auch wegen der Fäden in voller
Breite S. 60).

Für zweischäftige Gewebe mit einfacher Kette ist
$$K = P \cdot 1{,}0z \text{ und die Fadenzahl auf voller Breite } F_b = 1{,}081 \cdot K \cdot b$$
$$= 1{,}081 \cdot 1{,}0z \cdot P \cdot b.$$

Für zweischäftige Gewebe mit Doppel-Kette ist
$$K = 2 \cdot P \cdot 1{,}0z \text{ und die Fadenzahl auf voller Breite } F_b = 1{,}081 \cdot K \cdot b$$
$$= 2{,}162 \cdot 1{,}0z \cdot P \cdot b.$$

Für dreischäftige Gewebe mit einfacher Kette ist

$$K = 1{,}5 \cdot P \cdot 1{,}0z \text{ und die Fadenzahl auf voller Breite } F_\mathrm{b} = 1{,}081 \cdot K \cdot b$$
$$= 1{,}622 \cdot 1{,}0z \cdot P \cdot b.$$

Für dreischäftige Gewebe mit Doppel-Kette ist

$$K = 3 \cdot P \cdot 1{,}0z \text{ und die einfache Fadenzahl auf voller Breite}$$
$$F_\mathrm{b} = 1{,}081 \cdot K \cdot b = 3{,}243 \cdot 1{,}0z \cdot P \cdot b.$$

Für vierschäftige Gewebe mit einfacher Kette ist endlich

$$K = 2 \cdot P \cdot 1{,}0z \text{ nnd die Fadenzahl auf voller Breite } F_\mathrm{b} = 1{,}081 \cdot K \cdot b$$
$$= 2{,}162 \cdot 1{,}0z \cdot P \cdot b.$$

Für vierschäftige Gewebe mit Doppel-Kette ist

$$K = 4 \cdot P \cdot 1{,}0z \text{ und die einfache Fadenzahl auf voller Breite}$$
$$F_\mathrm{b} = 1{,}081 \cdot K \cdot b = 4{,}324 \cdot 1{,}0z \cdot P \cdot b.$$

Beispiel 1. Es ist ein 10 Gang 10 Unzen Jute-Leinen-Gewebe in einer Breite von 30 Zoll herzustellen; wie gross wird im fertigen Gewebe die Ketten-Fadenzahl auf je $^{37}/_{40}$ Zoll und die Ketten-Fadenzahl in voller Breite sein?

Es ist hier $P = 10$, $b = 30$, daher nach der Tabelle IX $z = 8{,}22\,\%$ zu wählen. Nun folgt

$$K = 10 \cdot 1{,}0822 = 10{,}822 \text{ und}$$
$$F_\mathrm{b} = 1{,}081 \cdot 10{,}822 \cdot 30 \text{ oder } 1{,}081 \,.\, 1{,}0822 \cdot 10 \cdot 30 = 350{,}95,$$
$$\text{abger. } 350 \text{ Fäden.}$$

Beispiel 2. Für ein 10 Gang 20 Unzen Jute-Doppelleinen-Gewebe bei einer Breite von 30 Zoll ist K und F_b wie vorhin zu ermitteln.

Es ist also $P = 10$, $b = 30$, daher nach der Tabelle IX $z = 8^0/_0$; und jetzt

$$K = 2 \cdot 10 \cdot 1{,}08 = 21{,}60, \text{ ferner}$$
$$F_\mathrm{b} = 1{,}081 \cdot 21{,}60 \cdot 30 \text{ oder } 2{,}162 \cdot 1{,}08 \cdot 10 \cdot 30 = 700{,}48, \text{ abger.}$$
$$700 \text{ einfache Kettenfäden.}$$

Beispiel 3. Es ist ein 8 Gang 20 Unzen Jute-Köper-Gewebe mit Doppelkette in 50 Zoll Breite herzustellen; wie gross ist im fertigen Zustande im Gewebe die Kettenfadenzahl auf je $^{37}/_{40}$ Zoll und in voller Breite?

Es ist hier $P = 8$; $b = 50$ Zoll. Nach der Tabelle IX ist bei 30 Zoll Zeugbreite die Einsenkung $z = 3\,\%$ und für je 10 Zoll breitere Gewebe um 0,5 Zoll kleiner, daher bei 50 Zoll Breite $z = 2\,\%$. — Nun folgt:

$$K = 3 \cdot P \cdot 1{,}0z = 3 \cdot 8 \cdot 1{,}02 = 24{,}48 \text{ einfache Kettenfäden und}$$
$$F_\mathrm{b} = 1{,}081 \cdot 24{,}48 \cdot 50 \text{ oder } 3{,}243 \cdot 1{,}02 \cdot 8 \cdot 50 = 1323{,}14, \text{ abger.}$$
$$\text{auf } 1324 \text{ Einzelfäden.}$$

Beispiel 4. Es ist ein 12 Gang Hopfentuchgewebe in 50 Zoll Breite herzustellen, von welchem 1 Meter bei 48 Zoll Breite 1300$^\mathrm{g}$ wiegt. Wie gross wird im fertigen Zustande die Kettenfadenzahl auf je $^{37}/_{40}$ Zoll und in voller Breite sein? Gegeben sind hier: $P = 12$ und $b = 50$ Zoll. Nach der Tabelle IX ist $z = 1{,}25\,\%$ und daher:

$$K = 2 \cdot P \cdot 1{,}0z = 2 \cdot 12 \cdot 1{,}0125 = 24{,}30 \text{ und}$$
$$F_{\mathrm{b}} = 1{,}081 \cdot 24{,}30 \cdot 50 \text{ oder } 2{,}162 \cdot 1{,}0125 \cdot 12 \cdot 50 = 1313{,}4,$$
$$\text{abger. } 1314 \text{ Fäden.}$$

Hiernach ist also für jeden Fall zunächst K, d. i. stets die Zahl der **Einzelfäden** auf je $^{37}/_{40}$ Zoll Breite zu ermitteln. — Die folgenden Formeln 1 und 2 gelten daher für alle Gewebe, nur nicht für die Hopfentuche, weil diese Gewebe abweichend von den anderen Jute-Geweben bezeichnet werden. — Die Formeln 3 und 4 haben jedoch für alle Gewebe, sobald die entsprechende Qualitätsbezeichnung zu Grunde gelegt wird, Gültigkeit.

Bezieht man die Länge eines Kettenfadens auf 1 *Yard* fertige Gewebelänge, so sind unter Berücksichtigung der Verkürzung der Fäden auf der Bezugsbreite $C \cdot K \cdot \dfrac{40}{37} \cdot 1{,}0x$ *Yard* Kettenfäden enthalten oder

$C \cdot K \cdot \dfrac{40}{37} \cdot \dfrac{1{,}0x}{14400}$ *Spyndles* (zu 14400 *Yards*). Diese *Spyndle*-Zahl, mit der Garnnummer multipliziert, giebt das Gewicht der Kette in engl. Pfunden; also $C \cdot K \cdot \dfrac{40}{37} \cdot \dfrac{1{,}0x}{14400} \cdot N_{\mathrm{k}}^{\mathrm{lbs}}$ engl. Pfunde, oder

$$g_{\mathrm{k}} = C \cdot K \cdot \frac{40}{37} \cdot \frac{1{,}0x}{14400} \cdot N_{\mathrm{k}}^{\mathrm{lbs}} \cdot 16 \quad \text{engl. Unzen.}$$

Die Zahl der Schussfäden auf 1 *Yard* Gewebelänge ist $S \cdot 36$. Die Länge eines Schussfadens aber beträgt unter Berücksichtigung der Verkürzung desselben bei C Zoll Breite $\dfrac{C}{36} \cdot 1{,}0y$ *Yards*; mithin enthält also 1 *Yard* Gewebe von der Breite C eine Schussfadenlänge von

$$S \cdot C \cdot 1{,}0y \; Yards, \text{ das sind: } \frac{S \cdot C \cdot 1{,}0y}{14400} \; Spyndles.$$

Diese wiegen:

$$\frac{S \cdot C \cdot 1{,}0y}{14400} \cdot N_{\mathrm{s}}^{\mathrm{lbs}} \text{ engl. Pfunde oder } g_{\mathrm{s}} = \frac{S \cdot C \cdot 1{,}0y \cdot N_{\mathrm{s}}^{\mathrm{lbs}}}{14400} \cdot 16 \text{ engl. Unzen.}$$

Das Normalgewicht w in engl. Unzen muss also enthalten:

$$g_{\mathrm{k}} = C \cdot K \cdot \frac{40}{37} \cdot \frac{1{,}0x}{14400} \cdot N_{\mathrm{k}}^{\mathrm{lbs}} \cdot 16 \text{ Unzen Kette und}$$
$$g_{\mathrm{s}} = \frac{S \cdot C \cdot 1{,}0y \cdot N_{\mathrm{s}}^{\mathrm{lbs}} \cdot 16}{14400} \text{ Unzen Schuss.}$$

Es ist also $w = g_{\mathrm{k}} + g_{\mathrm{s}}$. — Zieht man die Zahlengrössen so viel wie möglich zusammen, so ergiebt sich **für das Normalgewicht w von 1 *Yard* Gewebe in der Bezugsbreite von C Zoll in Unzen:**

$$1) \quad w = \frac{1{,}0x}{832{,}50} \cdot C \cdot K \cdot N_{\mathrm{k}}^{\mathrm{lbs}} + \frac{1{,}0y}{900} \cdot C \cdot S \cdot N_{\mathrm{s}}^{\mathrm{lbs}}.$$

Wenn das **Normalgewicht** w_1 **von 1** *Yard* **Gewebe bei 1 Zoll Gewebebreite** in Unzen zu Grunde gelegt wird, so folgt:

$$2)\quad w_1 = \frac{w}{C} = \frac{1,0\,x}{832,5} \cdot K \cdot N_k^{lbs} + \frac{1,0\,y}{900} \cdot S \cdot N_s^{lbs}.$$

Durch diese Formeln sind nunmehr sämtliche 7 Grössen, die (man vergl. Seite 22) ein Gewebe bestimmen und zwar: 1) Gewicht der Flächeneinheit (hier Gewicht w bez. w_1 von 1 Yard des Gewebes bei C Zoll bezieh. bei 1 Zoll Breite, also Fläche $36 \cdot C$, bezieh. $36 \cdot 1 = 36$ Quadratzoll), 2) Kettengarnnummer N_k^{lbs}, 3) Schussgarnnummer N_s^{lbs}, 4) Anzahl der Kettenfäden auf der Breiteneinheit (hier auf $^{37}/_{40}$ Zoll) K, 5) Anzahl der Schussfäden auf der Längeneinheit (hier 1 Zoll) S, 6) die Verkürzung der Kettenfäden x und 7) die Verkürzung der Schussfäden y in gegenseitige Beziehung gebracht. — Sechs von diesen Grössen kann man beliebig annehmen, dann ist die $7^{\underline{te}}$ Grösse bestimmt. Gewöhnlich sind alle Grössen bis auf die Schussgarnnummer N_s^{lbs} oder die Schussfadenzahl S bestimmt. Nimmt man die Schussfadenzahl bez. die Schussgarn-Nummer als bekannt an, so ist die Garnnummer N_s^{lbs} bezieh. die Schussfadenzahl zu berechnen.

Beispiel 5. Es ist ein 10 Unzen 10 Gang-Juteleinen-Gewebe in 30 Zoll Breite herzustellen, mit 8^{lbs} Kette und 12,2 Schuss im fertigen Gewebe auf 1 Zoll, wie ist die Schussgarnnummer N_s^{lbs}? — Wir berechnen zunächst, wie früher angegeben, $K = 10 \cdot 1,0822 = 10,822$, nehmen aus der Tabelle IX $x = 2\,\%$; $y = 6\,\%$ und merken uns, dass hier $N_k^{lbs} = 8$, $S = 12,2$ und $w = 10$ Unzen für 1 Yard bei $C = 40$ Zoll Breite oder $w_1 = 0,25$ Unzen für 1 Yard bei 1 Zoll Breite ist.

Die Gewebebreite b brauchen wir hier nur zur Bestimmung von z und zur Berechnung von K, wie dies früher gezeigt wurde. In unserer Formel kommt die Gewebebreite nicht weiter vor.

Nach der Formel 2 ist

$$w_1 = \frac{w}{C} = \frac{10}{40} = 0,25 \text{ engl. Unzen und weiter:}$$

$$0,25 = \frac{1,02}{832,5} \cdot 10,822 \cdot 8 + \frac{1,06 \cdot 12,2}{900} \cdot N_s^{lbs} \text{ oder}$$

$$0,25 = 0,1061 + 0,01437\, N_s^{lbs};$$

woraus die Garnnummer folgt:

$$N_s^{lbs} = \frac{0,25 - 0,1061}{0,01437} = \frac{0,1439}{0,01437} = 10,014$$

oder abgerundet $N_s^{lbs} = 10$.

Um nun unsere Berechnungen auch auf Hopfentuche einerseits ausdehnen zu können und um anderseits den gegenwärtig üblichen Verkaufsgebräuchen Rechnung zu tragen, legen wir der Qualitätsbezeichnung zunächst das Gewicht von 1 Meter des Gewebes bei 1 Zoll Breite und sodann das Gewicht von 1 Meter des Gewebes bei 1 Decimeter Breite zu Grunde und verweisen wegen der erforderlichen Reduktionen auf Seite 28, Tabelle I und auf Seite 41, Tabelle III, aus denen auch die bezüglichen Werte in die vorige Tabelle IX übertragen worden sind. (Die letzten Werte nach Division jener aus Tabelle III mit 10.)

Legt man das Gewicht W_1 von 1 Meter des Gewebes bei 1 Zoll Breite in Grammen zu Grunde, so folgt:

$$W_1 = w_1 \cdot \frac{28{,}3500}{0{,}914388} = 31{,}0043 \cdot w_1 \ \text{oder}$$

$$W_1 = 31{,}0043 \left(\frac{1{,}0\,x}{832{,}5} \cdot K \cdot N_k^{\text{lbs}} + \frac{1{,}0\,y}{900} \cdot S \cdot N_s^{\text{lbs}} \right) \ \text{oder}$$

$$3) \quad W_1 = 0{,}037242 \cdot 1{,}0\,x \cdot K \cdot N_k^{\text{lbs}} + 0{,}034450 \cdot 1{,}0\,y \cdot S \cdot N_s^{\text{lbs}}.$$

Legt man das Gewicht Q von 1 Meter des Gewebes bei 1 Decimeter Breite in Grammen zu Grunde, so folgt:

$$Q = 3{,}937078 \cdot W_1 \ \text{oder}$$

$$4) \quad Q = 0{,}146625 \cdot 1{,}0\,x \cdot K \cdot N_k^{\text{lbs}} + 0{,}135632 \cdot 1{,}0\,y \cdot S \cdot N_s^{\text{lbs}}.$$

Es mag hier noch wiederholt werden, dass man in allen Formeln 1 bis 4

> unter K die Kettenfadenzahl auf je $^{37}/_{40}$ Zoll engl. Breite im fertigen Gewebe und

> unter S die Schussfadenzahl auf je 1 Zoll engl. Länge im fertigen Gewebe

zu verstehen hat.

Um nun zu zeigen, dass die Formeln 3 und 4 übereinstimmende Resultate mit den Formeln 1 und 2 ergeben, wählen wir dieselben Werte wie im Beispiele 5.

Beispiel 6. $P = 10$, $w = 10$ Unzen, $b = 30$ Zoll, $N_k^{\text{lbs}} = 8$, $S = 12{,}2$. Es folgt wie im Beispiel 5: $K = 10{,}822$ (da $z = 8{,}22\ \%$); ferner $x = 2\ \%$; $y = 6\ \%$.

Rechnen wir nun nach Formel 3, so ist das Gewicht W_1 in Grammen von 1 Meter des Gewebes bei 1 Zoll Breite zu Grunde zu legen. Da nun $w = 10$ Unzen ist, so folgt $W_1 = 7{,}7510^{\text{g}}$ (Tabelle I und IX), und jetzt ist

$$W_1 = 7{,}7510 = 0{,}037242 \cdot 1{,}02 \cdot 10{,}822 \cdot 8 + 0{,}03445 \cdot 1{,}06 \cdot 12{,}2 \cdot N_s^{\text{lbs}}$$
$$\text{oder} \ 7{,}7510 = 3{,}2888 + 0{,}44551\, N_s^{\text{lbs}}.$$

Hieraus folgt endlich die Schussgarnnummer

$$N_s^{\text{lbs}} = \frac{7,7510 - 3,2888}{0,44551} = 10,017$$

oder abgerundet: $N_s^{\text{lbs}} = 10$ wie im Beispiel 5.

Beispiel 7. Es sollen dieselben Werte wie im Beispiel 5 und 6 angenommen werden.

Rechnen wir jetzt nach Formel 4, so ist das Gewicht Q in Grammen von 1 Meter des Gewebes bei 1 Decimeter Breite zu Grunde zu legen. Jenes Gewicht ist, wenn $w = 10$ Unzen l. Tabelle III und IX, $Q = 30,5618^g$; daher

$$Q = 30,5618 = 0,146625 \cdot 1,02 \cdot 10,822 \cdot 8 + 0,135632 \cdot 1,06 \cdot 12,2 \cdot N_s^{\text{lbs}}$$

oder $\qquad\qquad 30,5618 = 12,9481 + 1,7540 \cdot N_s^{\text{lbs}}.$

Hieraus folgt aber die Schussgarnnummer:

$$N_s^{\text{lbs}} = \frac{30,5618 - 12,9481}{1,7540} = \frac{17,6137}{1,7540} = 10,042$$

oder abgerundet, wie im Beispiel 5 und 6: $N_s^{\text{lbs}} = 10$.

Am häufigsten wird wohl zur Zeit unter Zugrundelegung des Gramm-Gewichtes für 1 Meter Gewebe bei 1 Zoll Breite gerechnet; weshalb also **vorzugsweise Formel 3** zu benutzen wäre, also die Formel:

$$3) \quad W_1 = 0,037242 \cdot 1,0x \cdot K \cdot N_k^{\text{lbs}} + 0,0344500 \cdot 1,0y \cdot S \cdot N_s^{\text{lbs}}.$$

In dieser Formel ist also, bezogen auf das fertige Gewebe,

das Gewicht der Kette in Grammen: $\quad 3^a) \quad G_k = 0,037242 \cdot 1,0x \cdot K \cdot N_k^{\text{lbs}},$

„ „ des Schusses „ „ $\quad 3^b) \quad G_s = 0,034450 \cdot 1,0y \cdot S \cdot N_s^{\text{lbs}},$

und weil $W_1 = G_k + G_s$ sein muss, folgt

das Schussgewicht $3^c) \quad G_s = W_1 - G_k$ oder

das Kettengewicht $3^d) \quad G_k = W_1 - G_s$.

Um den Gebrauch dieser Formel 3 wesentlich zu erleichtern, dient die folgende Tabelle X. — In ähnlicher Weise lassen sich auch für die anderen Formeln Tabellen aufstellen.

Tabelle X für die Formel 3.

Kette				Schuss	
Wenn die Verkürzung x in Prozenten beträgt	So ergeben sich folgende Werte von $0{,}037242 \cdot 1{,}0x$	Wenn die Verkürzung x in Prozenten beträgt	So ergeben sich folgende Werte von $0{,}037242 \cdot 1{,}0x$	Wenn die Verkürzung y in Prozenten beträgt	So ergeben sich folgende Werte von $0{,}03445 \cdot 1{,}0y$
1	0,0376144	13,5	0,0422696	1	0,0347945
1,5	0,0378006	14	0,0424558	1,5	0,0349667
2	0,0379868	14,5	0,0426420	2	0,0351390
2,5	0,0381730	15	0,0428283	2,5	0,0353112
3	0,0383593	15,5	0,0430145	3	0,0354835
3,5	0,0385455	16	0,0432007	3,5	0,0356557
4	0,0387317	16,5	0,0433869	4	0,0358280
4,5	0,0389179	17	0,0435731	4,5	0,0360002
5	0,0391041	17,5	0,0437593	5	0,0361725
5,5	0,0392903	18	0,0439456	5,5	0,0363447
6	0,0394765	18,5	0,0441318	6	0,0365170
6,5	0,0396627	19	0,0443180	6,5	0,0366892
7	0,0398489	19,5	0,0445042	7	0,0368615
7,5	0,0400351	20	0,0446904	7,5	0,0370337
8	0,0402214	20,5	0,0448766	8	0,0372060
8,5	0,0404076	21	0,0450628	8,5	0,0373782
9	0,0405938	21,5	0,0452490	9	0,0375505
9,5	0,0407800	22	0,0454352	9,5	0,0377228
10	0,0409666	22,5	0,0456214	10	0,0378950
10,5	0,0411524	23	0,0458076	10,5	0,0380673
11	0,0413386	23,5	0,0459939	11	0,0382395
11,5	0,0415248	24	0,0461801	11,5	0,0384118
12	0,0417110	24,5	0,0463663	12	0,0385840
12,5	0,0418972	25	0,0465525	12,5	0,0387563
13	0,0420834	25,5	0,0467387	13	0,0388985

In den folgenden Beispielen, welche mit Hülfe der Formel 3 und vorstehender Tabelle berechnet wurden, ist stets die Schussgarnnummer die gesuchte Grösse. Es ist ohne weiteres ersichtlich, dass auch jede andere Grösse berechnet werden kann, sobald 6 derselben bekannt sind.

Berechnung der Schussgarnnummer für Jute-Leinen,
(30″ breit), Einstellung nach Tabelle IX.

Beispiel 8. Für ein 6 Unzen 7 Gang-Gewebe ist:

$$K = 7{,}575; \quad x = 1{,}5\%; \quad N_k^{\text{lbs}} = 8; \quad W_1 = 4{,}6506 \text{ g}$$

$$S = 8{,}9; \qquad y = 4{,}5\%; \quad N_s^{\text{lbs}} = ?$$

$$G_k = 0{,}03780 \cdot 7{,}575 \cdot 8 = 2{,}2906 \text{ g}$$

$$G_s = 0{,}03600 \cdot 8{,}9 \cdot N_s^{\text{lbs}} = 0{,}3204 \cdot N_s^{\text{lbs}}, \text{ daher}$$

$$N_s^{\text{lbs}} = \frac{4{,}6506 - 2{,}2906}{0{,}3204} = \frac{2{,}3600}{0{,}3204} = 7{,}37.$$

Beispiel 9. Für ein 7 Unzen 8 Gang-Gewebe ist:

$$K = 8{,}657; \quad x = 1{,}5\%; \quad N_k^{\text{lbs}} = 8; \quad W_1 = 5{,}4257 \text{ g}$$

$$S = 9{,}3; \qquad y = 5{,}5\%; \quad N_s^{\text{lbs}} = ?$$

$$G_k = 0{,}0378 \cdot 8{,}657 \cdot 8 = 2{,}6179 \text{ g}$$

$$G_s = 0{,}036345 \cdot 9{,}3 \cdot N_s^{\text{lbs}} = 0{,}3380 \cdot N_s^{\text{lbs}}$$

$$N_s^{\text{lbs}} = \frac{5{,}4257 - 2{,}6179}{0{,}3380} = \frac{2{,}8078}{0{,}338} = 8{,}30.$$

Beispiel 10. Für ein 8 Unzen 9 Gang-Gewebe ist:

$$K = 9{,}740; \quad x = 2\%; \qquad N_k^{\text{lbs}} = 8; \quad W_1 = 6{,}2008 \text{ g}$$

$$S = 10{,}50; \quad y = 5{,}5\%; \quad N_s^{\text{lbs}} = ?$$

$$G_k = 0{,}037987 \cdot 9{,}74 \cdot 8 = 2{,}960 \text{ g}$$

$$G_s = 0{,}036345 \cdot 10{,}50 \cdot N_s^{\text{lbs}} = 0{,}38162$$

$$N_s^{\text{lbs}} = \frac{6{,}2008 - 2{,}9600}{0{,}38162} = \frac{3{,}2408}{0{,}38162} = 8{,}49.$$

Beispiel 11. Für ein 11 Unzen 11 Gang-Gewebe ist:

$$K = 11{,}968; \quad x = 2{,}5\%; \quad N_k^{\text{lbs}} = 8; \quad W_1 = 8{,}5262 \text{ g}$$

$$S = 12{,}10; \quad y = 6{,}0\%; \quad N_s^{\text{lbs}} = ?$$

$$G_k = 0{,}038173 \cdot 11{,}968 \cdot 8 = 3{,}6548 \text{ g}$$

$$G_s = 0{,}036517 \cdot 12{,}1 \cdot N_s^{\text{lbs}} = 0{,}4419 \cdot N_s^{\text{lbs}}$$

$$N_s^{\text{lbs}} = \frac{8{,}5262 - 3{,}6548}{0{,}4419} = \frac{4{,}8714}{0{,}4419} = 11{,}02.$$

Beispiel 12. Für ein 13 Unzen 11 Gang-Gewebe ist:

$$K = 11{,}913; \quad x = 3{,}0\%; \quad N_k^{\text{lbs}} = 8; \quad W_1 = 10{,}0764$$

$$S = 13{,}1; \qquad y = 8{,}0\%; \quad N_s^{\text{lbs}} = ?$$

$$G_k = 0{,}038359 \cdot 11{,}913 \cdot 8 = 3{,}6558 \text{ g},$$

$$G_s = 0{,}037206 \cdot 13{,}1 \cdot N_s^{\text{lbs}} = 0{,}4874 \, N_s^{\text{lbs}}$$

$$N_s^{\text{lbs}} = \frac{10{,}0764 - 3{,}6558}{0{,}4874} = \frac{6{,}4206}{0{,}4874} = 13{,}02.$$

Beispiel 13. Für ein 16 Unzen 11 Gang-Gewebe ist:

$$K = 11{,}869; \quad x = 3{,}5\,\%; \quad N_k^{lbs} = 8; \quad W_1 = 12{,}4017^g$$

$$S = 15{,}0; \quad y = 12{,}5\,\%; \quad N_s^{lbs} = ?$$

$$G_k = 0{,}038545 \cdot 11{,}8691 \cdot 8 = 3{,}6599^g$$

$$G_s = 0{,}038756 \cdot 15 \cdot N_s^{lbs} = 0{,}58134 \cdot N_s^{lbs}$$

$$N_s^{lbs} = \frac{12{,}4017 - 3{,}6599}{0{,}58134} = \frac{8{,}7418}{0{,}58134} = 15{,}03.$$

Aus den letzten drei Beispielen folgt, dass die Kettengarnmenge bei allen 11 Gang-Geweben nahezu gleich gross ist.

Dieselbe war

$$\left. \begin{array}{l} \text{für ein 11 Unzen-Gewebe} = 3{,}6548^g \\ \text{\textquotedbl \quad \textquotedbl \quad 13 \quad \textquotedbl} \quad\quad = 3{,}6558^g \\ \text{\textquotedbl \quad \textquotedbl \quad 16 \quad \textquotedbl} \quad\quad = 3{,}6599^g \end{array} \right\} \begin{array}{l} \text{für 1 Zoll Breite} \\ \text{u. 1 Meter Länge.} \end{array}$$

Daher würde das Gewicht der Kette bei 30 Zoll Gewebebreite für 100 Meter sein:

$$\begin{array}{l} \text{. Für ein 11 Unzen-Gewebe} = 10{,}9644 \text{ Kilogramm,} \\ \text{\textquotedbl \quad \textquotedbl \quad 13 \quad \textquotedbl} \quad\quad\quad = 10{,}9674 \quad\quad \textquotedbl \\ \text{\textquotedbl \quad \textquotedbl \quad 16 \quad \textquotedbl} \quad\quad\quad = 10{,}9797 \quad\quad \textquotedbl \end{array}$$

Der grösste Unterschied im Kettengewichte beträgt daher für diesen Fall zwischen einem 11 Unzen- und 16 Unzen-Gewebe 0,0153 Kilogramm oder nur 15,3 Gramm, ein Wert, der zu vernachlässigen ist. — Man kann also sagen, dass **Jute-Leinen-Gewebe gleicher Gangzahl und gleicher Kettengarnnummer auf derselben Breite und Länge gleiche Gewichtsmengen Kette enthalten.**

Beispiele für die Berechnung der Schussgarnnummer für Jute-Doppelleinen (30″ breit), eingestellt nach Tabelle IX.

10 Gang-Gewebe.

Beispiel 14. Für ein 16 Unzen-Gewebe ist:

$$K = 21{,}80; \quad x = 2\,\%; \quad N_k^{lbs} = 8; \quad W_1 = 11{,}0237^g$$

$$S = 11{,}0; \quad y = 6\,\%; \quad N_s^{lbs} = ?$$

$$G_k = 0{,}037967 \cdot 21{,}8 \cdot 8 = 6{,}6214^g$$

$$G_s = 0{,}036517 \cdot 11 \cdot N_s^{lbs} = 0{,}40168 \cdot N_s^{lbs}$$

$$N_s^{lbs} = \frac{11{,}0237 - 6{,}6214}{0{,}40168} = \frac{4{,}4023}{0{,}40168} = 10{,}96.$$

Beispiel 15. Für ein 20 Unzen-Gewebe ist:

$$K = 21{,}60; \quad x = 3\,\%; \quad N_k^{lbs} = 8; \quad W_1 = 13{,}7796^g$$

$$S = 12{,}0; \quad y = 8\,\%; \quad N_s^{lbs} = ?$$

$$G_k = 0{,}038359 \cdot 21{,}6 \cdot 8 = 6{,}6284\,{}^g$$
$$G_s = 0{,}037206 \cdot 12 \cdot N_s^{lbs} = 0{,}4465 \cdot N_s^{lbs}$$
$$N_s^{lbs} = \frac{13{,}7796 - 6{,}6284}{0{,}4465} = \frac{7{,}1512}{0{,}4465} = 16{,}01.$$

Beispiel 16. Für ein 24 Unzen-Gewebe ist:

$$K = 21{,}40; \quad x = 4\,{}^0\!/_0; \quad N_k^{lbs} = 8; \quad W_1 = 16{,}5355\,{}^g$$
$$S = 13{,}0; \quad y = 10{,}5\,{}^0\!/_0; \quad N_s^{lbs} = ?$$
$$G_k = 0{,}038732 \cdot 21{,}4 \cdot 8 = 6{,}6309\,{}^g$$
$$G_s = 0{,}038067 \cdot 13 \cdot N_s^{lbs} = 0{,}4949 \cdot N_s^{lbs}$$
$$N_s^{lbs} = \frac{16{,}5355 - 6{,}6309}{0{,}4949} = \frac{9{,}9046}{0{,}4949} = 20{,}01.$$

Auch bei diesem Gewebe ist die Gewichtsmenge Kette in allen Qualitäten derselben Gangzahl nahezu gleich. Dieselbe beträgt für je ein 30″ breites Gewebe bei 100 Meter Länge:

Bei einem 16 Unzen-Gewebe 19,8642 Kilogramm,

„ „ 20 „ 19,8852 „

„ „ 24 „ 19,8927 „

Der grösste Unterschied im Kettengewichte beträgt daher für diesen Fall für ein 16 und 24 Unzen-Gewebe 0,0285 Kilogramm oder nur 28,5 Gramm.

11 Gang-Jute-Doppelleinen.

Beispiel 17. Für ein 16 Unzen Gewebe ist:

$$K = 24{,}60; \quad x = 2{,}5\,{}^0\!/_0; \quad N_k^{lbs} = 8; \quad W_1 = 11{,}0237\,{}^g$$
$$S = 13{,}00; \quad y = 7\,{}^0\!/_0; \quad N_s^{lbs} = ?$$
$$G_k = 0{,}038173 \cdot 24{,}60 \cdot 8 = 7{,}5124\,{}^g$$
$$G_s = 0{,}0368615 \cdot 13 \cdot N_s^{lbs} = 0{,}4792 \cdot N_s^{lbs}$$
$$N_s^{lbs} = \frac{11{,}0237 - 7{,}5124}{0{,}4792} = \frac{3{,}5113}{0{,}4792} = 7{,}32.$$

Beispiel 18. Für ein 20 Unzen Gewebe ist:

$$K = 24{,}37; \quad x = 3{,}5\,{}^0\!/_0; \quad N_k^{lbs} = 8; \quad W_1 = 13{,}7796\,{}^g$$
$$S = 14{,}00; \quad y = 8\,{}^0\!/_0; \quad N_s^{lbs} = ?$$
$$G_k = 0{,}038545 \cdot 24{,}37 \cdot 8 = 7{,}5147\,{}^g$$
$$G_s = 0{,}037206 \cdot 14 \cdot N_s^{lbs} = 0{,}5209 \cdot N_s^{lbs}$$
$$N_s^{lbs} = \frac{13{,}7796 - 7{,}5147}{0{,}5209} = \frac{6{,}2649}{0{,}5209} = 12{,}02.$$

Beispiel 19. Für ein 24 Unzen Gewebe ist:

$$K = 24{,}03; \quad x = 5\,{}^0\!/_0; \quad N_k^{lbs} = 8; \quad W_1 = 16{,}5355\,{}^g$$

$$S = 15{,}00; \quad y = 10{,}5\ \%; \quad N_\mathrm{s}^\mathrm{lbs} = ?$$
$$G_\mathrm{k} = 0{,}039104 \cdot 24{,}03 \cdot 8 = 7{,}5174\ \mathrm{g}$$
$$G_\mathrm{s} = 0{,}0380673 \cdot 15{,}00 \cdot N_\mathrm{s}^\mathrm{lbs} = 0{,}571 \cdot N_\mathrm{s}^\mathrm{lbs}$$
$$N_\mathrm{s}^\mathrm{lbs} = \frac{16{,}5355 - 7{,}5174}{0{,}571} = \frac{9{,}0181}{0{,}571} = 15{,}80.$$

Auch bei diesem Gewebe kann das Gewicht der Kette in allen Qualitäten derselben Gangzahl gleich gross angenommen werden, da die Unterschiede verschwindend sind. Das Gewicht der Kette ist bei 30 Zoll Breite für 100 Meter:

$$\text{bei einem 16 Unzen Gewebe: 22,5372 Kilo,}$$

„	„	20	„	„	22,5441 „
„	„	24	„	„	22,5522 „

Der grösste Unterschied beträgt also für diesen Fall für ein 16 und 24 Unzen Gewebe 0,0150 Kilo oder 15 Gramm.

12 Gang-Jute-Doppelleinen.

Beispiel 20. Für ein 16 Unzen Gewebe ist:

$$K = 26{,}90; \quad x = 4\ \%; \quad N_\mathrm{k}^\mathrm{lbs} = 8; \quad W_1 = 11{,}0237\ \mathrm{g}$$
$$S = 12{,}00; \quad y = 8\ \%; \quad N_\mathrm{s}^\mathrm{lbs} = ?$$
$$G_\mathrm{k} = 0{,}0387317 \cdot 26{,}90 \cdot 8 = 8{,}3351\ \mathrm{g}$$
$$G_\mathrm{s} = 0{,}037206 \cdot 12 \cdot N_\mathrm{s}^\mathrm{lbs} = 0{,}4465 \cdot N_\mathrm{s}^\mathrm{lbs}$$
$$N_\mathrm{s}^\mathrm{lbs} = \frac{11{,}0237 - 8{,}3351}{0{,}4465} = \frac{2{,}6886}{0{,}4465} = 6{,}02.$$

Beispiel 21. Für ein 20 Unzen Gewebe ist:

$$K = 26{,}65; \quad x = 5\ \%; \quad N_\mathrm{k}^\mathrm{lbs} = 8; \quad W_1 = 13{,}7796\ \mathrm{g}$$
$$S = 14{,}00; \quad y = 9\ \%; \quad N_\mathrm{s}^\mathrm{lbs} = ?$$
$$G_\mathrm{k} = 0{,}039104 \cdot 26{,}65 \cdot 8 = 8{,}3370\ \mathrm{g}$$
$$G_\mathrm{s} = 0{,}375505 \cdot 14 \cdot N_\mathrm{s}^\mathrm{lbs} = 0{,}5257 \cdot N_\mathrm{s}^\mathrm{lbs}$$
$$N_\mathrm{s}^\mathrm{lbs} = \frac{13{,}7796 - 8{,}3370}{0{,}5257} = \frac{5{,}4426}{0{,}5257} = 10{,}35.$$

Beispiel 22. Für ein 24 Unzen Gewebe ist:

$$K = 26{,}41; \quad x = 6\ \%; \quad N_\mathrm{k}^\mathrm{lbs} = 8; \quad W_1 = 16{,}5355\ \mathrm{g}$$
$$S = 14{,}00; \quad y = 10{,}5\ \%; \quad N_\mathrm{s}^\mathrm{lbs} = ?$$
$$G_\mathrm{k} = 0{,}0394765 \cdot 26{,}41 \cdot 8 = 8{,}3406\ \mathrm{g}$$
$$G_\mathrm{s} = 0{,}038067 \cdot 14 \cdot N_\mathrm{s}^\mathrm{lbs} = 0{,}5329 \cdot N_\mathrm{s}^\mathrm{lbs}$$
$$N_\mathrm{s}^\mathrm{lbs} = \frac{16{,}5355 - 8{,}3406}{0{,}5329} = \frac{8{,}1949}{0{,}5329} = 15{,}35.$$

Wiederum sehen wir, dass das Gewicht der Kette in allen Qualitäten derselben Gangzahl gleich gross angenommen werden kann, weil auch hier die Unterschiede verschwindend klein sind. Es beträgt für ein 30 Zoll breites Gewebe für 100 Meter Länge das Gewicht der Kette

bei einem 16 Unzen Gewebe: 25,0053 Kilo,

„   „   20   „   „   25,0010   „

„   „   24   „   „   25,0218   „

Der grösste Unterschied ist also für diesen Fall für ein 16 und 24 Unzen Gewebe 0,0165 Kilo oder 16,5 Gramm.

Dieselbe Berechnung für Jute-Sackleinen und zwar für 7 Gang-Gewebe (40″ breit) nach Liste IX.

Beispiel 23. Für ein 9 Unzen Gewebe ist:

$$K = 7,60; \quad x = 4\,\%; \quad N_k^{lbs} = 12; \quad W_1 = 6,6438\,\text{g}$$
$$S = 6,7; \quad y = 5\,\%; \quad N_s^{lbs} = ?$$
$$G_k = 0,0387317 \cdot 7,6 \cdot 12 = 3,5323\,\text{g}$$
$$G_s = 0,0361725 \cdot 6,7 \cdot N_s^{lbs} = 0,2423 \cdot N_s^{lbs}$$
$$N_s^{lbs} = \frac{6,6438 - 3,5323}{0,2423} = \frac{3,1115}{0,2423} = 12,80.$$

Beispiel 24. Für ein 12 Unzen Gewebe ist:

$$K = 7,46; \quad x = 6\,\%; \quad N_k^{lbs} = 12; \quad W_1 = 8,8584\,\text{g}$$
$$S = 7,85; \quad y = 7\,\%; \quad N_s^{lbs} = ?$$
$$G_k = 0,0394765 \cdot 7,46 \cdot 12 = 3,5339\,\text{g}$$
$$G_s = 0,0368615 \cdot 7,85 \cdot N_s^{lbs} = 0,2894 \cdot N_s^{lbs}$$
$$N_s^{lbs} = \frac{8,8584 - 3,5339}{0,2894} = \frac{5,3245}{0,2894} = 18,40.$$

Für 8 Gang-Jute-Sackleinen-Gewebe.

Beispiel 25. Für ein 14 Unzen Gewebe ist:

$$K = 8,74; \quad x = 1,5\,\%; \quad N_k^{lbs} = 12; \quad W_1 = 10,3348\,\text{g}$$
$$S = 9,78; \quad y = 5\,\%; \quad N_s^{lbs} = ?$$
$$G_k = 0,0378006 \cdot 8,74 \cdot 12 = 3,9645\,\text{g}$$
$$G_s = 0,0361725 \cdot 9,78 \cdot N_s^{lbs} = 0,3538 \cdot N_s^{lbs}$$
$$N_s^{lbs} = \frac{10,3348 - 3,9645}{0,3538} = \frac{6,3703}{0,3538} = 18,00.$$

Beispiel 26. Für ein 20 Unzen Gewebe ist:

$$K = 8,72; \quad x = 2\,\%; \quad N_k^{lbs} = 12; \quad W_1 = 14,7640\,\text{g}$$
$$S = 9,8; \quad y = 6,5\,\%; \quad N_s^{lbs} = ?$$
$$G_k = 0,0379868 \cdot 8,72 \cdot 12 = 3,9749\,\text{g}$$
$$G_s = 0,0366892 \cdot 9,8 \cdot N_s^{lbs} = 0,3596 \cdot N_s^{lbs}$$
$$N_s^{lbs} = \frac{14,7640 - 3,9749}{0,3596} = \frac{10,7891}{0,3596} = 30,00.$$

Beispiel 27. Für ein 26 Unzen Gewebe ist:

$K = 8{,}69;\quad x = 2{,}5\,\%;\quad N_{\mathrm{k}}^{\mathrm{lbs}} = 12;\quad W_1 = 19{,}1932\,\mathrm{g}$

$S = 9{,}83;\quad y = 7\,\%;\quad N_{\mathrm{s}}^{\mathrm{lbs}} = ?$

$$G_{\mathrm{k}} = 0{,}038173 \cdot 8{,}69 \cdot 12 = 3{,}9807\,\mathrm{g}$$

$$G_{\mathrm{s}} = 0{,}0368615 \cdot 9{,}83 \cdot N_{\mathrm{s}}^{\mathrm{lbs}} = 0{,}3623 \cdot N_{\mathrm{s}}^{\mathrm{lbs}}$$

$$N_{\mathrm{s}}^{\mathrm{lbs}} = \frac{19{,}1932 - 3{,}9807}{0{,}3623} = \frac{15{,}2125}{0{,}3623} = 41{,}99.$$

Dieselbe Berechnung für Jute-Doppelsackleinen 7 Gang-Gewebe
(30″ breit).

Beispiel 28. Für ein 14 Unzen Gewebe ist:

$K = 15{,}4;\quad x = 2{,}0\,\%;\quad N_{\mathrm{k}}^{\mathrm{lbs}} = 8;\quad W_1 = 10{,}3348\,\mathrm{g}$

$S = 8{,}00;\quad y = 6\,\%;\quad N_{\mathrm{s}}^{\mathrm{lbs}} = ?$

$$G_{\mathrm{k}} = 0{,}0379868 \cdot 15{,}4 \cdot 8 = 4{,}6800\,\mathrm{g}$$

$$G_{\mathrm{s}} = 0{,}036517 \cdot 8 \cdot N_{\mathrm{s}}^{\mathrm{lbs}} = 0{,}2921 \cdot N_{\mathrm{s}}^{\mathrm{lbs}}$$

$$N_{\mathrm{s}}^{\mathrm{lbs}} = \frac{10{,}3348 - 4{,}68}{0{,}2921} = \frac{5{,}6548}{0{,}2921} = 19{,}40.$$

Beispiel 29. Für ein 20 Unzen Gewebe ist:

$K = 15{,}26;\quad x = 3\,\%;\quad N_{\mathrm{k}}^{\mathrm{lbs}} = 8;\quad W_1 = 14{,}7640\,\mathrm{g}$

$S = 9{,}00;\quad y = 7{,}5\,\%;\quad N_{\mathrm{s}}^{\mathrm{lbs}} = ?$

$$G_{\mathrm{k}} = 0{,}0383593 \cdot 15{,}26 \cdot 8 = 4{,}6829\,\mathrm{g}$$

$$G_{\mathrm{s}} = 0{,}0370337 \cdot 9 \cdot N_{\mathrm{s}}^{\mathrm{lbs}} = 0{,}3333 \cdot N_{\mathrm{s}}^{\mathrm{lbs}}$$

$$N_{\mathrm{s}}^{\mathrm{lbs}} = \frac{14{,}7640 - 4{,}6829}{0{,}3333} = \frac{10{,}0811}{0{,}3333} = 30{,}20.$$

Beispiel 30. Für ein 26 Unzen Gewebe ist:

$K = 15{,}12;\quad x = 4\,\%;\quad N_{\mathrm{k}}^{\mathrm{lbs}} = 8;\quad W_1 = 19{,}1932\,\mathrm{g}$

$S = 9{,}3;\quad y = 8\,\%;\quad N_{\mathrm{s}}^{\mathrm{lbs}} = ?$

$$G_{\mathrm{k}} = 0{,}0387317 \cdot 15{,}12 \cdot 8 = 4{,}6850\,\mathrm{g}$$

$$G_{\mathrm{s}} = 0{,}037206 \cdot 9{,}3 \cdot N_{\mathrm{s}}^{\mathrm{lbs}} = 0{,}3460 \cdot N_{\mathrm{s}}^{\mathrm{lbs}}$$

$$N_{\mathrm{s}}^{\mathrm{lbs}} = \frac{19{,}1932 - 4{,}685}{0{,}346} = \frac{14{,}5082}{0{,}346} = 41{,}93.$$

Dieselbe Berechnung für Jute-Plansackleinen 8 Gang-Gewebe
(40″ breit).

Beispiel 31. Für ein 15½ Unzen Gewebe ist:

$K = 17{,}34;\quad x = 2\,\%;\quad N_{\mathrm{k}}^{\mathrm{lbs}} = 8;\quad W_1 = 16{,}5712\,\mathrm{g}$

$S = 8{,}9;\quad y = 9{,}5\,\%;\quad N_{\mathrm{s}}^{\mathrm{lbs}} = ?$

$$G_{\mathrm{k}} = 0{,}0379868 \cdot 17{,}34 \cdot 8 = 5{,}2695\,\mathrm{g}$$

$$G_{\mathrm{s}} = 0{,}0377228 \cdot 8{,}9 \cdot N_{\mathrm{s}}^{\mathrm{lbs}} = 0{,}3357 \cdot N_{\mathrm{s}}^{\mathrm{lbs}}$$

$$N_{\mathrm{s}}^{\mathrm{lbs}} = \frac{16{,}5712 - 5{,}2695}{0{,}3357} = \frac{11{,}3017}{0{,}3357} = 33{,}66.$$

Aus den Beispielen 23 bis 30 folgt ebenfalls, dass die Kettengarnmenge in gleichen Geweben derselben Gangart für alle Qualitäten nahezu gleich ist.

Nunmehr kommen wir zur Besprechung der Köper-Gewebe.

Ehe wir aber hierzu übergehen, möge für das letzte Beispiel 31 noch eine Kontroll-Rechnung ohne Zuhülfenahme der aufgestellten Formeln stattfinden.

Auf $^{37}/_{40}{}''$ Breite hat das Plansackleinen-Gewebe 17,34 Fäden, mithin in der Normalbreite von $29''$

$$\frac{17,34 \cdot 40}{37} \cdot 29 \text{ Fäden.}$$

Jeder Faden ist bei 1 *Yard* Gewebelänge, wegen der Verkürzung von 2 %, 1,02 *Yard* lang. Es enthält also 1 *Yard* Gewebe

$$\frac{17,34 \cdot 40}{37} \cdot 29 \cdot 1,02 = 554,50 \ \textit{Yards} \text{ Kette oder } \frac{554,5}{14400} \ \textit{Spyndles}.$$

Bei der Garnnummer $N^{\text{lbs}} = 8$ wiegen dieselben $\dfrac{554,5}{14400} \cdot 8$ engl. Pfunde

oder $\dfrac{554,5}{14400} \cdot 8 \cdot 16$ engl. Unzen, dies sind $= 4{,}929$ engl. Unzen.

Das Gewicht von 1 *Yard* des Gewebes in der Normalbreite von $29''$ soll aber sein: $15^{1}/_{2}$ Unzen, mithin bleiben für den Schuss übrig: $15{,}5 - 4{,}99 = 10{,}571$ Unzen. — Auf 1 Zoll Gewebe kommen 8,9 Schussfäden, daher auf 1 *Yard* oder $36''$ Gewebe $8{,}9 \cdot 36 = 320{,}4$ Schussfäden.

Da 9,5 % Schussfadenverkürzung vorhanden sind, ist bei $29''$ Gewebebreite 1 Schussfaden: $29 \cdot 1{,}095 = 31{,}755''$ lang. Die Gesamtschussfäden haben also eine Länge von $320{,}4 \cdot 31{,}755 = 10174{,}302$ Zoll engl. oder von $\dfrac{10174{,}302}{36 \cdot 14400} = 0{,}01962$ *Spyndles*. Ist nun $N_{\text{s}}^{\text{lbs}}$ die Schussgarnnummer, so wiegen diese in engl. Unzen

$$0{,}01962 \cdot 16 \cdot N_{\text{s}}^{\text{lbs}} = 0{,}31392 \cdot N_{\text{s}}^{\text{lbs}}.$$

Die Schussgarnnummer ist daher

$$N_{\text{s}}^{\text{lbs}} = \frac{10{,}571}{0{,}31392} = 33{,}67.$$

Wir berechneten dieselbe an der Hand der Formel 3 auf kürzestem Wege zu 33,66, also hiermit genügend übereinstimmend.

Die frühere Berechnung der Schussgarnnummer für **Jute-Köper-Gewebe** und zwar zunächst für **gewöhnliche 8 Gang Köper-Gewebe** eingestellt ($30''$ breit), laut Liste IX, setzen wir nun fort.

Beispiel 32. Für ein 14 Unzen-Gewebe ist:

$$K = 25{,}05; \quad x = 4\%; \quad N_k^{lbs} = 8; \quad W_1 = 16{,}0763\,{}^{g}$$

$$S = 8{,}9; \quad y = 6{,}5\%; \quad N_s^{lbs} = ?$$

$$G_k = 0{,}0387317 \cdot 25{,}05 \cdot 8 = 7{,}7618\,{}^{g}$$

$$G_s = 0{,}0366892 \cdot 8{,}9 \cdot N_s^{lbs} = 0{,}3255 \cdot N_s^{lbs}$$

$$N_s^{lbs} = \frac{16{,}0763 - 7{,}7618}{0{,}3255} = \frac{8{,}3145}{0{,}3255} = 25{,}54.$$

Beispiel 33. Für ein 20 Unzen Gewebe ist:

$$K = 24{,}72; \quad x = 5{,}5\%; \quad N_k^{lbs} = 8; \quad W_1 = 22{,}9661\,{}^{g}$$

$$S = 8{,}9; \quad y = 7{,}5\%; \quad N_s^{lbs} = ?$$

$$G_k = 0{,}0392903 \cdot 24{,}72 \cdot 8 = 7{,}7700\,{}^{g}$$

$$G_s = 0{,}0370337 \cdot 8{,}9 \cdot N_s^{lbs} = 0{,}3296 \cdot N_s^{lbs}$$

$$N_s^{lbs} = \frac{22{,}9661 - 7{,}7700}{0{,}3246} = \frac{15{,}1961}{0{,}3296} = 46{,}10.$$

Berechnung für 10 Gang Jute-Fein-Köper.

Beispiel 34. Für ein 12 Unzen-Gewebe ist:

$$K = 31{,}63; \quad x = 5\%; \quad N_k^{lbs} = 7; \quad W_1 = 13{,}7797\,{}^{g}$$

$$S = 13{,}7; \quad y = 7\%; \quad N_s^{lbs} = ?$$

$$G_k = 0{,}0391041 \cdot 31{,}63 \cdot 7 = 8{,}6580\,{}^{g}$$

$$G_s = 0{,}0368615 \cdot 13{,}7 \cdot N_s^{lbs} = 0{,}5050 \cdot N_s^{lbs}$$

$$N_s^{lbs} = \frac{13{,}7797 - 8{,}6580}{0{,}505} = \frac{5{,}1217}{0{,}505} = 10{,}14.$$

Beispiel 35. Für ein 20 Unzen-Gewebe ist:

$$K = 31{,}10; \quad x = 7\%; \quad N_s^{lbs} = 7; \quad W_1 = 22{,}9661\,{}^{g}$$

$$S = 15{,}6; \quad y = 8\%; \quad N_s^{lbs} = ?$$

$$G_k = 0{,}0398489 \cdot 31{,}10 \cdot 7 = 8{,}6751\,{}^{g}$$

$$G_s = 0{,}037206 \cdot 15{,}6 \cdot N_s^{lbs} = 0{,}5804 \cdot N_s^{lbs}$$

$$N_s^{lbs} = \frac{22{,}9661 - 8{,}6751}{0{,}5804} = \frac{14{,}2910}{0{,}5804} = 24{,}62.$$

Berechnen wir das Kettengewicht für 100 Meter 30″ breites Gewebes, so enthält ein 8 Gang Gewebe:

bei 14 Unzen Qualität = 23,2854 Kilo ⎱ Differenz: 0,0246 Kilo
„ 20 „ „ = 23,3100 „ ⎰ = 24,6 Gramm.

Die 10 Gang-Gewebe enthalten:

bei 12 Unzen Qualität = 25,9740 Kilo ⎱ Differenz: 0,0513 Kilo
„ 20 „ „ = 26,0253 „ ⎰ = 51,3 Gramm.

In beiden Fällen kann diese Differenz noch vernachlässigt werden.

Dieselbe Berechnung für Hopfentuche, eingestellt nach Tabelle IX. (48″ breit) **10 Gang-Gewebe.**

Beispiel 36. Für ein 900 Gramm-Gewebe ist:

$$K = 20{,}4; \quad x = 9\%; \quad N_k^{lbs} = 16; \quad W_1 = 18{,}7500^g$$

$$\dot{S} = 9{,}80; \quad y = 2{,}0\%; \quad N_s^{lbs} = ?$$

$$G_k = 0{,}0405938 \cdot 20{,}4 \cdot 16 = 13{,}2498^g$$

$$G_s = 0{,}035139 \cdot 9{,}8 \cdot N_s^{lbs} = 0{,}3444 \cdot N_s^{lbs}$$

$$N_s^{lbs} = \frac{18{,}7500 - 13{,}2498}{0{,}3443} = \frac{5{,}5002}{0{,}3443} = 15{,}97.$$

Beispiel 37. Für ein 1300 Gramm-Gewebe ist:

$$K = 20{,}35; \quad x = 16{,}5\%; \quad N_s^{lbs} = 16; \quad W_1 = 27{,}0833^g$$

$$S = 9{,}90; \quad y = 2{,}5\%; \quad N_s^{lbs} = ?$$

$$G_k = 0{,}0433869 \cdot 20{,}35 \cdot 16 = 14{,}1268^g$$

$$G_s = 0{,}0353112 \cdot 9{,}9 \cdot N_s^{lbs} = 0{,}3496 \cdot N_s^{lbs}$$

$$N_s^{lbs} = \frac{27{,}0833 - 14{,}1268}{0{,}3496} = \frac{12{,}9565}{0{,}3496} = 37{,}06.$$

Beispiel 38. Für ein 1800 Gramm-Gewebe ist:

$$K = 20{,}15; \quad x = 22\%; \quad N_k^{lbs} = 16; \quad W_1 = 37{,}5000^g$$

$$S = 9{,}9; \quad y = 3{,}0\%; \quad N_s^{lbs} = ?$$

$$G_k = 0{,}0454352 \cdot 20{,}15 \cdot 16 = 14{,}6483^g$$

$$G^s = 0{,}0354835 \cdot 9{,}9 \cdot N_s^{lbs} = 0{,}3513 \cdot N_s^{lbs}$$

$$N_s^{lbs} = \frac{37{,}5000 - 14{,}6483}{0{,}3513} = \frac{22{,}8517}{0{,}3513} = 65{,}05.$$

12 Gang-Gewebe.

Beispiel 39. Für ein 900 Gramm-Gewebe ist:

$$K = 24{,}32; \quad x = 8\%; \quad N_k^{lbs} = 16; \quad W_1 = 187500^g$$

$$S = 8{,}8; \quad y = 2\%; \quad N_s^{lbs} = ?$$

$$G_k = 0{,}0402214 \cdot 24{,}32 \cdot 16 = 15{,}6510^g$$

$$G_s = 0{,}035139 \cdot 8{,}8 \cdot N_s^{lbs} = 0{,}3092 \cdot N_s^{lbs}$$

$$N_s^{lbs} = \frac{18{,}750 - 15{,}651}{0{,}3092} = \frac{3{,}099}{0{,}3092} = 10{,}02.$$

Beispiel 40. Für ein 1300 Gramm-Gewebe ist:

$$K = 24{,}30; \quad x = 15{,}5\%; \quad N_k^{lbs} = 16; \quad W_1 = 27{,}0833^g$$

$$S = 8{,}89; \quad y = 2{,}5\%; \quad N_s^{lbs} = ?$$

$$G_k = 0{,}0430145 \cdot 24{,}30 \cdot 16 = 16{,}7240^g$$

$$G_{\mathrm{s}} = 0{,}0353112 \cdot 8{,}89 \cdot N_{\mathrm{s}}^{\mathrm{lbs}} = 0{,}3139 \cdot N_{\mathrm{s}}^{\mathrm{lbs}}$$

$$N_{\mathrm{s}}^{\mathrm{lbs}} = \frac{27{,}0833 - 16{,}7240}{0{,}3139} = \frac{10{,}3593}{0{,}3130} = 33{,}00.$$

Beispiel 41. Für ein 1800 Gramm-Gewebe ist:

$$K = 24{,}28; \quad x = 21\,^0/_0; \quad N_{\mathrm{k}}^{\mathrm{lbs}} = 16; \quad W_1 = 37{,}5000\,^{\mathrm{g}}$$

$$S = 8{,}95; \quad y = 3\,^0/_0; \quad N_{\mathrm{s}}^{\mathrm{lbs}} = ?$$

$$G_{\mathrm{k}} = 0{,}0450628 \cdot 24{,}28 \cdot 16 = 17{,}5060\,^{\mathrm{g}}$$

$$G_{\mathrm{s}} = 0{,}0354835 \cdot 8{,}95 \cdot N_{\mathrm{s}}^{\mathrm{lbs}} = 0{,}3176 \cdot N_{\mathrm{s}}^{\mathrm{lbs}}$$

$$N_{\mathrm{s}}^{\mathrm{lbs}} = \frac{37{,}5000 - 17{,}5060}{0{,}3176} = \frac{19{,}9940}{0{,}3176} = 62{,}96.$$

Die Kettengewichtsmenge in 100 Metern 48 Zoll breiten Hopfentüchern ist bei den 10 Gang-Geweben:

für ein   900 Gramm-Gewebe: $13{,}2498 \cdot 48 = 63{,}5990$ Kilogramm,
„   „   1300   „ $14{,}1268 \cdot 48 = 67{,}8086$ „
„   „   1800   „ $14{,}6483 \cdot 48 = 70{,}3118$ „

ferner bei den 12 Gang-Geweben:

für ein   900 Gramm-Gewebe: $15{,}6510 \cdot 48 = 75{,}1248$ Kilogramm,
„   „   1300   „ $16{,}7240 \cdot 48 = 80{,}2752$ „
„   „   1800   „ $17{,}5060 \cdot 48 = 84{,}0288$ „

Die Differenzen zwischen den Kettengarngewichten der einzelnen Gewebe-Qualitäten derselben Gangzahl sind hier erheblicher und müssen bei den Gewebekalkulationen berücksichtigt werden.

Es sei bereits hier erwähnt, dass x, die Verkürzung der Kettenfäden im fertigen Gewebe, noch nicht diejenige Grösse darstellt, um welche die der Längendimension des Gewebes entsprechende Kettengarnlänge beim Aufbäumen grösser zu nehmen ist, weil beim Beginn des Webeprozesses, sowie bei Beendung desselben jedesmal ein Stück Kette verloren geht, das abgeschnitten werden muss. — Dieses Stück beträgt etwa 1 bis 1,5 Meter. — Sind nun auf dem Kettenbaum 300 oder 400 und mehr Meter aufgebäumt, die hintereinander verwebt werden, so kommt diese Grösse stets nur einmal zur Berechnung. — Die Länge eines Stückes beträgt gegenwärtig gewöhnlich 100 Meter. Auf dem Kettenbaum wird aber in der Regel eine für mehrere — bis 6 — Stücke ausreichende Kettenlänge aufgebäumt. Das Abschneiden der einzelnen Stücke geschieht alsbald nach Fertigstellung, gewöhnlich noch im Webstuhle. — Wir kommen später beim Webeprozess nochmals hierauf zu sprechen.

Es erübrigt jetzt noch, **Formeln** für die Zukunft aufzustellen, d. h. also solche, **denen das metrische Mass und Gewicht allein zu Grunde liegt.**

Zunächst nehmen wir an, dass in Bezug auf die Garnnumme-
rierung die bisherigen englischen bezieh. schottischen Gebräuche, also
die Garnnummer N^{lea} und N^{lbs} beibehalten werden, über welche im Teil I
Seite 28 das Nähere enthalten ist.

Für die Gewebe aber soll das früher angeführte rein
metrische Mass und Gewicht zur Anwendung kommen.

Zunächst erinnern wir uns, dass die Gewebequalität, die Nummer,
künftig durch den 10. Teil des Garngewichtes für 1^{qm} ausgedrückt sein
soll und dass diese Gewebenummer nichts anderes als das Gewebegewicht
bei 1^{m} Länge und 1^{dc} Breite bedeutet. — Dieses Gewicht hatten wir
mit Q auch in der letzten Zusammenstellung und der Tabelle IX benannt. Q ist also identisch mit der künftigen metrischen Qualitäts- oder
Gewebenummer-Bezeichnung, welche in Tabelle IV bereits eingeführt
wurde.

Dass die Gewebenummer endlich auch noch die Zahl der Kilogramme angiebt, welche 100^{m} des Gewebes bei 1^{m} Breite wiegen, möge
hier der Vollständigkeit wegen (und bei Neuheit der Sache) nochmals
gesagt werden.

Die Breite des fertigen Gewebes in Decimetern sei b_{d}. Die Bezeichnung der Gewebe nach der Gangzahl soll im Wegfall, dagegen
die nach den Geschirrnummern (Blatt und Kamm übereinstimmend),
also nach der Zahl der Oeffnungen, welche letztere auf 1^{dc}
Breite zeigen, zur Anwendung kommen (man vergl. Seite 53).
Die Nummer des Geschirres, in welchem die Kette eines Gewebes
eingestellt wird, bezeichnen wir mit B_{d}. Die einfache oder Doppel-
Kettenfadenzahl im Webstuhle für den laufenden Decimeter Breite findet
man dann durch Multiplikation der Geschirrnummer mit 2, 3 oder 4, je
nachdem das Gewebe zwei-, drei- oder vierschäftig ist und einfache
oder Doppelkette hat, wie bereits früher (man vergl. Seite 53) angeführt
wurde.

Die wirkliche einfache Kettenfadenzahl im fertigen Gewebe auf
1^{dc} Breite sei K_{d},

Die wirkliche Schussfadenzahl im fertigen Gewebe auf 1^{dc} Breite
sei S_{d}.

Die Bezeichnung der übrigen hier ebenfalls zur Anwendung kommenden Grössen ist wie früher (Seite 66) angegeben wurde. G_{k} und G_{s}
bedeuten im folgenden aber stets das Gewicht der Kette, beziehentlich des
Schusses in Grammen für ein Gewebe von 1^{m} Länge und 1^{dc} Breite.

Wenn die Geschirrnummer, bezieh. die Kettendichte im Stuhle B_{d}
gegeben ist, so kann bei bekannter Breitenverminderung $z\,^{0}/_{0}$ die Zahl
K_{d} der im fertigen Gewebe auf je 1^{dc} Breite vorhandenen Kettenfäden
alsbald berechnet werden.

Für zweischäftige Gewebe mit einfacher Kette ist zunächst auf dieser
Breite die Kettenfadenzahl im Stuhl $2 \cdot B_{d}$, für zweischäftige Gewebe

mit Doppelkette $4 \cdot B_\mathrm{d}$, für dreischäftige Gewebe mit einfacher Kette $3 \cdot B_\mathrm{d}$, bei Doppelkette $6 \cdot B_\mathrm{d}$, für vierschäftige Gewebe mit einfacher Kette $4 \cdot B_\mathrm{d}$, bei Doppelkette $8 \cdot B_\mathrm{d}$. — Bei der Breiteneinsenkung $z \, \%$ ist nun aber die Kettenfadenzahl im fertigen Gewebe auf je 1^dc Breite.

Für zweischäftige Gewebe mit einfacher Kette $K_\mathrm{d} = 2 \cdot B_\mathrm{d} \cdot 1{,}0z$

„ „ „ „ Doppel- „ $K_\mathrm{d} = 4 \cdot B_\mathrm{d} \cdot 1{,}0z$

Für dreischäftige Gewebe mit einfacher Kette $K_\mathrm{d} = 3 \cdot B_\mathrm{d} \cdot 1{,}0z$

„ „ „ „ Doppel- „ $K_\mathrm{d} = 6 \cdot B_\mathrm{d} \cdot 1{,}0z$

Für vierschäftige Gewebe mit einfacher Kette $K_\mathrm{d} = 4 \cdot B_\mathrm{d} \cdot 1{,}0z$

„ „ „ „ Doppel- „ $K_\mathrm{d} = 8 \cdot B_\mathrm{d} \cdot 1{,}0z$

Unter Berücksichtigung des früher Gesagten kann also auch hier aus der Dichtenbezeichnung der Gewebe (hier nach der Geschirrnummer) die einfache Kettenfadenzahl für je 1^dc Breite in jedem Falle ermittelt werden.

———

In 1^m langem Gewebe ist ein Kettenfaden $1{,}0x$ Meter lang. — Daher sind auf 1^dc Breite $K_\mathrm{d} \cdot 1{,}0x$ Meter Kettenfäden vorhanden oder

$$K_\mathrm{d} \cdot 1{,}0x \cdot \frac{1{,}093633}{14400} \; \textit{Spyndles}, \text{ und diese wiegen}$$

$$K_\mathrm{d} \cdot 1{,}0x \cdot \frac{1{,}093633}{14400} \cdot N_\mathrm{k}^\mathrm{lbs} \; \text{engl. Pfunde oder}$$

$$K_\mathrm{d} \cdot 1{,}0x \cdot \frac{1{,}093633}{14400} \cdot N_\mathrm{k}^\mathrm{lbs} \cdot 453{,}6 \; \text{Gramm};$$

es ist daher das Gewicht der Kette

$$G_\mathrm{k} = 0{,}0344494 \cdot 1{,}0x \cdot K_\mathrm{d} \cdot N_\mathrm{k}^\mathrm{lbs} \; \text{Gramme.}$$

Die Zahl der Schussfäden auf 1^m Gewebelänge ist $10 \cdot S_\mathrm{d}$, die Länge eines Schussfadens auf 1^dc Breite ist aber unter Berücksichtigung der Verkürzung $1{,}0y$ Decimeter $= 0{,}10y$ Meter, mithin enthält 1^m Gewebe, 1^dc breit,

$$10 \cdot S_\mathrm{d} \cdot 0{,}10y = 1{,}0y \cdot S_\mathrm{d} \; \text{Meter Schussgarn,}$$

welches wiegt:

$$G_\mathrm{s} = 0{,}0344494 \cdot 1{,}0y \cdot S_\mathrm{d} \cdot N_\mathrm{s}^\mathrm{lbs} \; \text{Gramme.}$$

Das Normalgewicht Q des Gewebes von 1^m Länge und 1^dc Breite ist also:

$$Q = G_\mathrm{k} + G_\mathrm{s} \text{ oder:}$$

5) $Q = 0{,}034449 \cdot 1{,}0x \cdot K_\mathrm{d} \cdot N_\mathrm{k}^\mathrm{lbs} + 0{,}034449 \cdot 1{,}0y \, S_\mathrm{d} \cdot N_\mathrm{s}^\mathrm{lbs}.$ [3])

———

[3]) Man erhält natürlich dieselben Werte, wenn man in Formel 4 das Kettengarngewicht mit $0{,}234945$ und das Schussgarngewicht mit $0{,}2539954$ multipliziert. Wir wählten aber den direkten Weg, um obige — durch frühere Abrundungen nicht beeinflusste — Zahlenwerte zu erhalten. Die Multiplikation der Formel 4 giebt $W_2 = 0{,}0344488 \cdot 1{,}0x \cdot K_\mathrm{d} \cdot N_\mathrm{k}^\mathrm{lbs} + 0{,}0344499 \cdot 1{,}0y \cdot S_\mathrm{d} \cdot N^\mathrm{lbs}.$

Beispiel 42. Behufs Anwendung und Kontrolle dieser Formel greifen wir auf das in Beispiel 5, 6 und 7 angeführte 10 Unzen 10 *Porter*-Jute-Leinengewebe zurück. — Reduzieren wir die englischen und schottischen Bezeichnungen zunächst auf metrische mit Hülfe der Tabellen VI und IX (bezieh. III), so erhalten wir

$$Q = 30{,}5168^{g}; \quad B_{d} = 21{,}2815,$$

d. h. jenes Gewebe würde ein 30,5168 Gramm 21,2815^{er} (Blatt-) Jute-Leinengewebe sein.

Dasselbe hat bei 76^{c} Breite laut Tabelle IX 8,22 % Einsenkung, daher im fertigen Zustande auf je 1^{dc} Breite

$$K_{d} = 2 \cdot 21{,}2815 \cdot 1{,}0822 = 46{,}062 \text{ Kettenfäden.}$$

Es ist ferner die Schusszahl auf $1'' = 12{,}20$; daher auf 1^{dc}

$$S_{d} = 3{,}93707 \cdot 12{,}20 = 48{,}0322; \quad x = 2 \text{ %}; \quad y = 6 \text{ %}; \quad N_{k}^{lbs} = 8,$$
$$\text{und gefragt wird nach } N_{s}^{lbs} = ?$$

Das Kettengarngewicht ist

$$G_{k} = 0{,}034449 \cdot 1{,}02 \cdot 46{,}062 \cdot 8 = 12{,}9482^{g}.$$

Das Schussgarngewicht ist

$$G_{s} = 0{,}034449 \cdot 1{,}06 \cdot 48{,}0322 \cdot N_{s}^{lbs} = 1{,}7539 \cdot N_{s}^{lbs};$$

weil nun $Q = G_{k} + G_{s}$ ist, so folgt auch

$$N_{s}^{lbs} = \frac{30{,}5168 - 12{,}9482}{1{,}7539} = \frac{17{,}5686}{1{,}7539} = 10{,}017$$

oder wie in den früheren Beispielen abgerundet auf 10.

Beispiel 43. Nehmen wir nun endlich an, die **schottischen Geschirre** wären durch **rein metrische** ersetzt und es handele sich darum, ein Jute-Leinen-Gewebe herzustellen, das einem schottischen 10 Unzen 10 *Porter*-Gewebe laut bekannter Einstellung am nächsten kommt, so ist ein 30$^{1}/_{2}$ Gramm-Gewebe eingestellt im 21er Geschirre zu nehmen.

(Benennen könnte man dasselbe mit: ein 21er Gewebe 30$^{1}/_{2}^{g}$ schwer oder besser mit: ein 30$^{1}/_{2}$ Gramm 21 Blatt-Gewebe.)

Die Einsenkungen und Verkürzungen sollen dieselben sein wie in Tabelle IX angegeben. Die Schussfadenzahl im fertigen Gewebe auf 1^{dc} sei 48. Die Kettengarnnummer $N_{k}^{lbs} = 8$.

Es ist $K_{d} = 2 \cdot 21 \cdot 1{,}0822 = 45{,}452$; $x = 2$ %; $N_{k}^{lbs} = 8$; $Q = 30{,}5^{g}$

$$S_{d} = 48; \quad y = 6 \text{ %}; \quad N_{s}^{lbs} = ?$$
$$G_{k} = 0{,}034449 \cdot 1{,}02 \cdot 45{,}452 \cdot 8 = 12{,}7767^{g}$$
$$G_{s} = 0{,}034449 \cdot 1{,}06 \cdot 48 \cdot N_{s}^{lbs} = 1{,}7528 \cdot N_{s}^{lbs}$$

und hieraus:

$$N_{s}^{lbs} = \frac{30{,}5 - 12{,}7767}{1{,}7528} = \frac{17{,}7233}{1{,}7528} = 10{,}11.$$

Beispiel 44. Es möge die im vorigen Beispiel gestellte Aufgabe dahin verändert werden, dass, wie früher berechnet, $N_{\mathrm{s}}^{\mathrm{lbs}} = 10$ auch hier genommen werden soll; es wird gefragt, welche Schusszahl muss dann das fertige Gewebe auf 1^{dc} Länge zeigen?

Es ist also gegeben: $K_{\mathrm{d}} = 45{,}452$; $x = 2\,\%$; $N_{\mathrm{k}}^{\mathrm{lbs}} = 8$; $Q = 30{,}5^{\mathrm{g}}$ und $y = 6\,\%$ wie oben, ferner soll aber sein $N_{\mathrm{s}}^{\mathrm{lbs}} = 10$; wie gross wird $S_{\mathrm{d}} = $?

Zunächst berechnet man das Kettengewicht wie vorhin und erhält $G_{\mathrm{k}} = 12{,}7767^{\mathrm{g}}$; es ist nun das Schussgarngewicht

$$G_{\mathrm{s}} = 0{,}03449 \cdot 1{,}06 \cdot 10 \cdot S_{\mathrm{d}} = 0{,}3652 \cdot S_{\mathrm{d}}, \text{ daher}$$

$$S_{\mathrm{d}} = \frac{30{,}5 - 12{,}7767}{0{,}3652} = \frac{17{,}7233}{0{,}3652} = 48{,}53 \text{ Schussfäden}$$

auf 1^{dc} Gewebelänge.

In der Praxis wird man dieses Gewebe als vollständig übereinstimmend mit einem 10 Unzen 10 Gang-Gewebe ansehen können, da die kleine Differenz innerhalb der zulässigen Fehlergrenze (5 %) überhaupt liegt.

In dieser Weise kann man jedes schottische Jute-Gewebe, auch durch ein mit metrischem Blatt erzeugtes, genügend ersetzen.

Dehnen wir nunmehr das metrische System auch noch auf die Garnnummer aus, so würde also zu den Bedingungen, unter denen die Formel 5 aufgestellt wurde, noch die der Benutzung der Garnnummer N^{gr} oder der Meternummer N^{mt} treten. — Da wir bisher in allen unsern Formeln stets die Gewichtsnummer (schottische Nummer) benutzen, so wollen wir hier ebenfalls zunächst die Grammnummer zur Anwendung bringen. — Indem wir uns nun auf das im Teil I Seite 30, 31 und 32 hierüber Gesagte beziehen, wiederholen wir, dass die internationale Gewichtsnummer, also die Grammnummer, durch die Anzahl der Gramme ausgedrückt wird, welche ein Fadenstück von $10{,}000^{\mathrm{m}}$ Länge wiegt. Da aber für die Grenzen, innerhalb welcher sich die Fabrikation der Jute-Garne hält, die Grammnummer etwas unbequem grosse Zahlen giebt, so wählen wir als Grammnummer das Gewicht eines Fadenstückes von 100^{m} in Grammen und bezeichnen diese mit $N^{\frac{\mathrm{gr}}{100}}$.

Die internationale Längennummer N^{mt} eines Garnes wird endlich ausgedrückt durch die Anzahl der Meter desselben, welche 1^{g} wiegen.

In einem Gewebe von 1^{m} Länge und 1^{dc} Breite sind $K_{\mathrm{d}} \cdot 1{,}0x$ Meter Kettenfäden und $S_{\mathrm{d}} \cdot 1{,}0y$ Meter Schussfäden vorhanden, wie vorhin Seite 85 nachgewiesen wurde. Das Gewicht derselben in Grammen ist

$$G_{\mathrm{k}} = \frac{N_{\mathrm{k}}^{\frac{\mathrm{gr}}{100}} \cdot K_{\mathrm{d}} \cdot 1{,}0x}{100} = 0{,}01 \cdot 1{,}0x \cdot K_{\mathrm{d}} \cdot N_{\mathrm{k}}^{\frac{\mathrm{gr}}{100}} \text{ und}$$

$$G_\mathrm{s} = \frac{N_\mathrm{s}^{\overline{\tfrac{gr}{100}}} \cdot S_\mathrm{d} \cdot 1{,}0y}{100} = 0{,}01 \cdot 1{,}0y \cdot S_\mathrm{d} \cdot N_\mathrm{s}^{\overline{\tfrac{gr}{100}}} \quad \text{und daher:}$$

Das Gewicht von 1 Meter des Gewebes bei 1 Decimeter Breite in Grammen.

$$6^\mathrm{a}) \quad Q = 0{,}01 \cdot 1{,}0x \cdot K_\mathrm{d} \cdot N_\mathrm{k}^{\overline{\tfrac{gr}{100}}} + 0{,}01 \cdot 1{,}0y \cdot S_\mathrm{d} \cdot N_\mathrm{s}^{\overline{\tfrac{gr}{100}}}.$$

Bei Anwendung der Meter-Nummer ergiebt sich:

$$G_\mathrm{k} = \frac{K_\mathrm{d}}{N_\mathrm{k}^\mathrm{mt}} \cdot 1{,}0x \quad \text{und} \quad G_\mathrm{s} = \frac{S_\mathrm{d}}{N_\mathrm{s}^\mathrm{mt}} \cdot 1{,}0y \quad \text{und somit}$$

$$6^\mathrm{b}) \qquad Q = 1{,}0x\,\frac{K_\mathrm{d}}{N_\mathrm{k}^\mathrm{mt}} + 1{,}0y\,\frac{S_\mathrm{d}}{N_\mathrm{s}^\mathrm{mt}}.$$

Die Formeln $6^{\mathrm{a}\,\mathrm{u.}\,\mathrm{b}}$ zeichnen sich durch Einfachheit und bequeme Handlichkeit ebenso vorteilhaft aus wie das metrische Mass und Gewicht überhaupt gegenüber jedem anderen.

Beispiel 45. Es soll das im letzten Beispiele 44 angeführte Gewebe mit Hülfe der Formeln 6^a und 6^b berechnet werden. — Um dies zu können, müssen wir noch die schottischen Garnnummern in metrische umsetzen.

Es ist aber

$$N_\mathrm{k}^\mathrm{lbs} = 8 \ = 27{,}5596^{\overline{\tfrac{gr}{100}}}, \ \text{oder} \ = 3{,}6285^\mathrm{mt} \ \text{und}$$

$$N_\mathrm{s}^\mathrm{lbs} = 10 = 34{,}4500^{\overline{\tfrac{gr}{100}}}, \ \text{oder} \ = 2{,}9028^\mathrm{mt}$$

(laut Tabelle S. 34, Teil I.)

Nunmehr ist also gegeben:

$$K_\mathrm{d} = 45{,}452; \quad x = 2\ \%; \quad N_\mathrm{k}^{\overline{\tfrac{gr}{100}}} = 27{,}5596; \quad N_\mathrm{k}^\mathrm{mt} = 3{,}6285$$

$$N_\mathrm{s}^{\overline{\tfrac{gr}{100}}} = 34{,}45; \quad N_\mathrm{s}^\mathrm{mt} = 2{,}9028; \quad Q = 30{,}5^\mathrm{g} \ \text{und} \ y = 6\ \%;$$

wie gross ist die Schusszahl S_d in fertigem Gewebe?

Es ist unter Benutzung der Gramm-Nummern:

$$G_\mathrm{k} = 0{,}01 \cdot 1{,}02 \cdot 45{,}452 \cdot 27{,}5596 = 12{,}7769^\mathrm{g} \ \text{und}$$

$$G_\mathrm{s} = 0{,}01 \cdot 1{,}06 \cdot 34{,}45 \cdot S_\mathrm{d} = 0{,}3652 \cdot S_\mathrm{d}; \ \text{daher}$$

$$S_\mathrm{d} = \frac{30{,}5 - 12{,}7769}{0{,}3652} = \frac{17{,}7231}{0{,}3652} = 48{,}53 \ \text{Schussfäden}$$

(wie im Beispiel 44.)

Unter Benutzung der Meter-Nummern ergiebt sich ebenso:

$$G_\mathrm{k} = 1{,}02 \cdot \frac{45{,}452}{3{,}6285} = \frac{46{,}3610}{3{,}6285} = 12{,}7769^\mathrm{g} \ \text{und}$$

$$G_\mathrm{s} = 1{,}06 \cdot \frac{S_\mathrm{d}}{2{,}9028}; \ \text{es ist also:}$$

$$S_\mathrm{d} = \frac{30{,}5 - 12{,}7769}{1{,}06} \cdot 2{,}9028 = \frac{17{,}7231}{1{,}06} \cdot 2{,}9028$$

$$S_\mathrm{d} = \frac{51{,}4466}{1{,}06} = 48{,}53 \text{ Schussfäden wie vorhin.}$$

Bei strenger Durchführung des metrischen Systems würden beziehentlich der Garnnummern ebenfalls die Brüche wegfallen, die jetzt herstammen von der Reduktion der schottischen Gewebenummer auf die metrischen. Alsdann gestaltet sich aber die Rechnung noch einfacher.

Wählen wir, um dies an einem Beispiele zu zeigen, ein Gewebe, welches dem bereits mehrmals behandelten 10 Unzen 10 Gang-Jute-Leinen-Gewebe (oder wie man jetzt noch sagt: 10 Unzen 10 *Porter-Hessian*-Gewebe) eingestellt nach Tabelle IX am nächsten kommt. — Man kann dabei dieselben Prozentsätze in Bezug auf Einsenkung und Verkürzungen wie dort zu Grunde legen.

Beispiel 46. Schottisches *Hessian*-Gewebe: $w = 10$ Unzen $(P = 10)$; $K = 10{,}822$ $(z = 8{,}22\,\%)$; $N_\mathrm{k}^\mathrm{lbs} = 8$; $x = 2\,\%$; $y = 6\,\%$; $S = 12{,}2$ und durch Rechnung gefunden $N_\mathrm{s}^\mathrm{lbs} = 10{,}02$. Diesem schottischen Gewebe würde das folgende rein metrische am nächsten kommen.

Ein $30\frac{1}{2}$ Gramm 21er Blatt Jute-Leinen-Gewebe mit folgenden Einzelwerten: Kettendichte im fertigen Gewebe auf je 1^dc $K_\mathrm{d} = 45{,}452$ $= (2 \cdot 21 \cdot 1{,}0822)$

$$x = 2\,\%; \quad y = 6\,\%; \quad N_\mathrm{k}^{\overset{\mathrm{gr}}{100}} = 28; \quad N_\mathrm{s}^{\overset{\mathrm{gr}}{100}} = 34; \quad Q = 30{,}5^\mathrm{g};$$

gefragt wird nach der Schussdichte im fertigen Gewebe. Nach Formel 6$^\mathrm{a}$ ist:

$$30{,}5 = 0{,}01 \cdot 1{,}02 \cdot 45{,}452 \cdot 28 + 0{,}01 \cdot 1{,}06 \cdot 34 \cdot S_\mathrm{d} \text{ oder}$$

$$30{,}5 - 0{,}0102 \cdot 45{,}452 \cdot 28 = 0{,}0106 \cdot 34 \cdot S_\mathrm{d} \text{ oder}$$

$$30{,}5 - 12{,}9811 = 0{,}3604\,S_\mathrm{d}; \text{ daher } S_\mathrm{d} = \frac{30{,}5 - 12{,}9811}{0{,}3604} \text{ oder}$$

$$S_\mathrm{d} = \frac{17{,}5189}{0{,}3604} = 48{,}607 \text{ Schussfäden auf } 1^\mathrm{dc}.$$

Setzen wir alle diese metrischen Werte in schottische um, so würde sich folgendes ergeben:

Schottische Bezeichnung *Hessian*		Metrische Bezeichnung Jute-Leinen		Metrische Bezeichnung umgerechnet auf die schottische	
w	$= 10$	Q	$= 30{,}5^\mathrm{g}$	w	$= 9{,}994$
P	$= 10$	B_d	$= 21$	P	$= 9{,}868$
K	$= 10{,}822$	K_d	$= 45{,}452$	K	$= 10{,}679$
$N_\mathrm{k}^\mathrm{lbs} = 8$		$N_\mathrm{k}^{\overset{\mathrm{gr}}{100}} = 28$		$N_\mathrm{k}^\mathrm{lbs} = 8{,}128$	
x	$= 2\,\%$	x	$= 2\,\%$	x	$= 2\,\%$
S	$= 12{,}200$	S_d	$= 48{,}607$	S	$= 12{,}346$
$N_\mathrm{s}^\mathrm{lbs} = 10{,}02$		$N_\mathrm{s}^{\overset{\mathrm{gr}}{100}} = 34$		$N_\mathrm{s}^\mathrm{lbs} = 9{,}869$	
y	$= 6\,\%$	y	$= 6\,\%$	y	$= 6\,\%$

Die durchaus genügende Uebereinstimmung beider Gewebe folgt hieraus. Aehnliche Ergebnisse erhält man für andere Beispiele.

Um die Reduktionen der Garnnummern auch ohne Zuhülfenahme von Teil I, Seite 32 u. f. vornehmen zu können, möge hier Folgendes wiederholt werden. Das Verhältnis der Längennummern ist:

$$\frac{N^{\mathrm{mt}}}{N^{\mathrm{lea}}} = 0{,}60475 \quad \text{und} \quad \frac{N^{\mathrm{lea}}}{N^{\mathrm{mt}}} = 1{,}653575.$$

Das Verhältnis der Gewichtsnummern ist:

$$\frac{N^{\frac{\mathrm{gr}}{100}}}{N^{\mathrm{lbs}}} = 3{,}44495 \quad \text{und} \quad \frac{N^{\mathrm{lbs}}}{N^{\frac{\mathrm{gr}}{100}}} = 0{,}29028.$$

Die Beziehung je einer Längennummer zu einer Gewichtsnummer ergiebt sich endlich zu:

$$N^{\mathrm{lea}} \cdot N^{\mathrm{lbs}} = 48; \quad N^{\mathrm{lea}} \cdot N^{\frac{\mathrm{gr}}{100}} = 165{,}3575;$$

$$N^{\mathrm{mt}} \cdot N^{\mathrm{lbs}} = 29{,}028 \quad \text{und} \quad N^{\mathrm{mt}} \cdot N^{\frac{\mathrm{gr}}{100}} = 100.$$

Der besseren Uebersicht wegen wollen wir nun noch vor Schluss dieses von der Berechnung der Gewebe handelnden Kapitels sämtliche mitgeteilten Formeln — unter Hinzufügung derjenigen für die engl. *leas* Nummer — zusammenstellen.

Formeln zur Berechnung der Gewebe.

Formeln, welche die schottische und englische Garnnummer: N^{lbs} und N^{lea}, die Kettenfadenzahl K im fertigen Gewebe, bezogen auf $^{37}/_{40}$ Zoll, und die Schussfadenzahl S im fertigen Gewebe, bezogen auf 1 Zoll, enthalten.

a) Für rein schottische Bezeichnungen.

Ist das Gewicht w von 1 *Yard* Gewebe in der Bezugsbreite C Zoll in Unzen gegeben, das Uebrige wie oben, so folgt:

$$1^{\mathrm{a}}) \quad w = \frac{1{,}0x}{832{,}50} \cdot C \cdot K \cdot N_{\mathrm{k}}^{\mathrm{lbs}} + \frac{1{,}0y}{900} \cdot C \cdot S \cdot N_{\mathrm{s}}^{\mathrm{lbs}}; \quad \text{(Seite 69)}.$$

$$1^{\mathrm{b}}) \quad w = 0{,}057657 \cdot 1{,}0x \cdot C \cdot \frac{K}{N_{\mathrm{k}}^{\mathrm{lea}}} + 0{,}053333 \cdot 1{,}0y \cdot C \cdot \frac{S}{N_{\mathrm{s}}^{\mathrm{lea}}}.$$

Ist das Gewicht w_1 von 1 *Yard* Gewebe bei 1 Zoll Breite in Unzen gegeben, das Uebrige wie oben, so folgt:

$$2^{\mathrm{a}}) \quad w_1 = \frac{1{,}0x}{832{,}50} \cdot K \cdot N_{\mathrm{k}}^{\mathrm{lbs}} + \frac{1{,}0y}{900} \cdot S \cdot N_{\mathrm{s}}^{\mathrm{lbs}}; \quad \text{(Seite 70)}.$$

$$2^{\mathrm{b}}) \quad w_1 = 0{,}057657 \cdot 1{,}0x \cdot \frac{K}{N_{\mathrm{k}}^{\mathrm{lea}}} + 0{,}0533333 \cdot 1{,}0y \cdot \frac{S}{N_{\mathrm{s}}^{\mathrm{lea}}}.$$

b) Erste Uebergangsformeln zum metrischen Mass und Gewicht.

Ist das Gewicht W_1 von 1 Meter Gewebe bei 1 Zoll Breite in Grammen gegeben, das Uebrige wie oben, so folgt:

3^{a}) $W_1 = 0{,}037242 \cdot 1{,}0x \cdot K \cdot N_\mathrm{k}^{\mathrm{lbs}} + 0{,}034450 \cdot 1{,}0y \cdot S \cdot N_\mathrm{s}^{\mathrm{lbs}};$

3^{b}) $W_1 = 1{,}787616 \cdot 1{,}0x \cdot \dfrac{K}{N_\mathrm{k}^{\mathrm{lea}}} + 1{,}653600 \cdot 1{,}0y \cdot \dfrac{S}{N_\mathrm{s}^{\mathrm{lea}}}.$ (Seite 71)

Ist das Gewicht Q von 1 Meter Gewebe bei 1 Decimeter Breite in Grammen gegeben, das Uebrige wie oben, so folgt:

4^{a}) $Q = 0{,}146625 \cdot 1{,}0x \cdot K \cdot N_\mathrm{k}^{\mathrm{lbs}} + 0{,}135632 \cdot 1{,}0y \cdot S \cdot N_\mathrm{s}^{\mathrm{lbs}};$

4^{b}) $Q = 7{,}038000 \cdot 1{,}0x \cdot \dfrac{K}{N_\mathrm{k}^{\mathrm{lea}}} + 6{,}510336 \cdot 1{,}0y \cdot \dfrac{S}{N_\mathrm{s}^{\mathrm{lea}}}.$ (Seite 71)

c) Zweite Uebergangsformeln zum metrischen Mass und Gewicht.

Ist das Gewicht Q von 1 Meter Gewebe bei 1 Decimeter Breite in Grammen gegeben, die Ketten- und Schussfadenzahl K_d bezieh. S_d im fertigen Gewebe aber auf 1 Decimeter bezogen, so ist unter alleiniger Beibehaltung der schottischen und englischen Garnnummer:

5^{a}) $Q = 0{,}034449 \cdot 1{,}0x \cdot K_\mathrm{d} \cdot N_\mathrm{k}^{\mathrm{lbs}} + 0{,}034449 \cdot 1{,}0y \cdot S_\mathrm{d} \cdot N_\mathrm{s}^{\mathrm{lbs}};$

5^{b}) $Q = 1{,}653552 \cdot 1{,}0x \cdot \dfrac{K_\mathrm{d}}{N_\mathrm{k}^{\mathrm{lbs}}} + 1{,}653552 \cdot 1{,}0y \cdot \dfrac{S_\mathrm{d}}{N_\mathrm{s}^{\mathrm{lbs}}}.$ (Seite 85)

d) Für rein metrische Bezeichnungen.

Ist das Gewicht Q, die Ketten- und Schussfadenzahl K_d und S_d, wie zuletzt gegeben, aber ausserdem noch die Gramm- und Meter-Garnnummer, so folgt:

6^{a}) $Q = 0{,}01 \cdot 1{,}0x \cdot K_\mathrm{d} \cdot N_\mathrm{k}^{\overset{\mathrm{gr}}{100}} + 0{,}01 \cdot 1{,}0y \cdot S_\mathrm{d} \cdot N_\mathrm{s}^{\overset{\mathrm{gr}}{100}};$ (Seite 88)

6^{b}) $Q = 1{,}0x \cdot \dfrac{K_\mathrm{d}}{N_\mathrm{k}^{\mathrm{mt}}} + 1{,}0y \cdot \dfrac{S_\mathrm{d}}{N_\mathrm{s}^{\mathrm{mt}}}.$

Hiermit beschliessen wir die Berechnung der Gewebe.

Die vorgeführte Methode hat ihre besondere Eigenart, mit der man sich erst vertraut machen muss, um die vielfachen Vorzüge derselben gegenüber der gewöhnlich in der Praxis gebrauchten zu erkennen, die meist nicht gestattet, mit derselben Schärfe allen Besonderheiten der Fabrikation zu folgen.

G. Die Gewebesorten und ihre Verwendung.

Nachdem wir uns nunmehr eingehend mit der Kennzeichnung der Jute-Gewebe und mit der Berechnung derselben beschäftigt haben, dürfte es erforderlich sein, die Hauptunterschiede kurz zusammen zu fassen, dabei einige bis jetzt nicht erwähnte Punkte, wie die Art der Kanten- oder Saumbildung, ferner der weiteren Behandlung und schliesslichen Verwendung der Gewebe Erwähnung zu thun. — Es soll auch zunächst allein die schottische Bezeichnung, möglichst ersetzt durch deutsche Namen, zur Anwendung kommen. In der schliesslichen tabellarischen Uebersicht wird dann wieder das metrische Mass und Gewicht angemessen berücksichtigt werden.

a) **Netztuch** ist ein leichtes zweischäftiges Gewebe mit einfachen Kettenfäden, welches in allen Breiten von 18—80″ (45,72—203^c) hergestellt wird; sein Gewicht wechselt etwa zwischen 3 bis 5 Unzen bei einer Bezugsbreite von 38″, die Gangzahl zwischen 4 und 6. Die Kette besteht in der Regel aus $N^{lbs} = 7$, seltener 8^{lbs} Garn in bester, also ss oder I. Qualität. Der Schuss wechselt zwischen 4,5 und 6,5 auf 1″ in derselben Garnnummer und Qualität wie die Kette. Jede Kante wird gebildet durch 2 Baumwollen- und häufig noch durch 4 Jute-Doppelkettenfäden. Das Gewebe wird nur leicht appretiert, die Kette stets vor dem Verweben geschlichtet.

Verwendung findet dieses leichte weitmaschige Gewebe zu Tapezierarbeiten, als Polstertuch, zum Bekleben von Holzwänden, die tapeziert werden sollen u. s. w. — Hauptqualität, von der aus die Preisbestimmung erfolgt, ist ein 4 Unzen 5 Gang-Gewebe.

b) **Jute-Leinen** wird in Gewöhnliches- und in Fein-Leinen unterschieden. — Auch dieses Gewebe ist ein zweischäftiges mit einfachen Kettenfäden und wird in allen Breiten von 20″ bis 80″ — auch als Unterlage zu den Korkteppichen, genannt Linoleum, in jeder anderen Breite — hergestellt.

Es ist das Hauptgewebe unter sämtlichen übrigen Jute-Geweben. Manche Webereien erzeugen Jute-Leinen bis zu $^4/_5$ und von sämtlichen anderen Geweben nur $^1/_5$ der gesamten Produktion. — Das Gewicht dieses Gewebes schwankt etwa zwischen 5 bis 18 Unzen bei einer Bezugsbreite von 40″. Die Gangzahl liegt bei Geweben bis 10 Unzen Gewicht zwischen 7 und 10, von da ab ist dieselbe gewöhnlich 11 und steigt für gewöhnliches Leinen selten bis 12.

Jute-Feinleinen aber zeigt meist 13 bis 18 Gang, ist also von noch dichterer Ketteneinstellung. — Als Kettengarn wird für gewöhnliches Jute-Leinen 7^{lbs}, häufiger aber 8^{lbs}, für Jute-Feinleinen 6^{lbs} und 8^{lbs}, alle Sorten in bester ss oder I. Qualität, angewendet. — Die Schusszahl wechselt zwischen 8 bis 18, die Schussgarnnummer zwischen 6 und 16^{lbs}. Die Schussgarnqualität ist für das gewöhnliche Jute-Leinen gewöhnlich s oder die II., für Fein-Leinen stets die ss oder I. Qualität.

Jede Kante wird durch 3 bis 4 gezwirnte Baumwollenfäden ($N^{mt} = 9$) entsprechender Dicke gebildet. — Die Kette zu diesem Gewebe wird ebenfalls meist geschlichtet; bei Geweben von 13 Gang aufwärts muss das Schlichten stets erfolgen. Gewebe bis 10 Unzen Gewicht werden nur leicht kalandert, schwerere Gewebe aber entweder schwer kalandert oder einmal leicht kalandert und dann noch gemangelt. — Mit anderen Worten: Gewebe bis 10 Unzen Gewicht werden leicht, schwerere Gewebe schwer appretiert.

Verwendung finden die leichteren weniger dichten Gewebe ebenfalls zu Tapezierarbeiten; andere Qualitäten benutzt man als gutes, aber nicht sehr dichtes Verpackungsmaterial, insbesondere zu Säcken für Rohzucker, Salz, künstlichen Dünger u. s. w., seltener auch als Futterleinen. Zu letzterem Zwecke wird das Leinen in besonderer Weise appretiert.

Hauptqualität, von der aus die Preisbestimmung der anderen erfolgt, ist ein $10^{1}/_{2}$ Unzen 11 Gang-Gewebe.

c) **Jute-Doppelleinen** ist ebenfalls ein zweischäftiges Gewebe, welches aber Doppel-Kettenfäden hat. — Gewöhnlich wird dasselbe in Breiten von 28″ bis 45″, aber auch bis 60″ hergestellt. — Häufig erforderliche Breiten sind 28″, 30″, 45″ und etwa noch 60″. — Das Gewicht dieses Gewebes schwankt zwischen 14 und 24 Unzen bei 45″ Bezugsbreite. Die Gangzahl ist gewöhnlich entweder 10, 11 oder 12, steigt aber auch bis 14. Als Kettengarn wird in der Regel 8[lbs] ss oder I. Qualität, seltener 7[lbs] derselben Qualität genommen. — Bei Benutzung von 7[lbs] Kette treten häufigere Fadenbrüche und infolge derselben erheblich verminderte Webestuhlproduktion ein. — Die Schusszahl liegt etwa zwischen 10 u. 16 auf 1″, die Schussgarnnummer zwischen 5 u. 22[lbs] s oder II. Qualität für die gröberen, ss oder I. Qualität für die feineren.

Die Kantenbildung erfolgt hier durch je zwei gezwirnte Baumwollenfäden entsprechender Dicke. Die Kette zu diesen Geweben muss stets geschlichtet werden. Appretur — mittelstark oder schwer — findet nur auf Kalandern statt. — Die schweren Doppelleinen werden auch gesengt.

Die Gewebe finden als sehr festes, dichtes und bestes Verpackungsmaterial, auch zu Mehl-, Getreide-, Zucker- und starken Cementsäcken Verwendung. Seiner Dichtigkeit und seiner durch besondere Appretur des fertigen Gewebes erzeugten Steifheit wegen wird dieses Doppelleinen vielfach zu Futterleinen u. s. w. benutzt.

Hauptqualität, von der aus die Preisbestimmung der anderen erfolgt, ist ein 20 Unzen 11 Gang-Gewebe.

d) **Jute-Sackleinen** und zwar: Einfach-Sackleinen ist wiederum ein zweischäftiges Gewebe mit einfachen Kettenfäden, wird gewöhnlich nur in Breiten von 20 bis 46 Zoll, selten bis 76 Zoll angefertigt. Das Gewicht schwankt zwischen 9 und 24 Unzen bei 42″ Bezugsbreite. Die Gangzahl ist für die leichteren Gewebe bis 12 Unzen gewöhnlich 7, für die schwereren 8, seltener 9, Kettengarn gewöhnlich 12[lbs] in s oder II. Qualität; jedoch benutzt man auch 10 und 14[lbs] Kettengarn. Schusszahl liegt zwischen 7 und 12, die Schussgarnnummer zwischen 9[lbs] und 44[lbs] in c oder III. Qualität. — Die Kantenbildung erfolgt in der Regel durch je 1 Jute-Zwirnfaden 8[lbs] dreifach und 2 ebensolche zweifache

Zwirnfäden. Die Kette zu diesem Gewebe kann entweder geschlichtet oder ungeschlichtet verarbeitet werden. — Die Gewebe werden nur leicht auf Kalandern appretiert. — Verwendung finden sie als ordinärstes Verpackungsmaterial und zu groben Säcken, namentlich für Rohzucker. — Hauptqualität ist ein 18 Unzen 7 oder 8 Gang-Gewebe.

Doppel-Sackleinen ist ein zweischäftiges Gewebe mit Doppelfaden-Ketten und wird gewöhnlich in Breiten von 28″ bis 76″ Zoll hergestellt. Häufig verlangte Breiten sind 31″, 36″, 42″ und 72″. — Das Gewicht schwankt zwischen 14 und 25 Unzen bei 42″ Bezugsbreite, die Gangzahl zwischen 7 und 9; sie ist gewöhnlich 7. Kettengarnnummer 8^{lbs}, seltener 7^{lbs}, meist in s oder II. Qualität. Die Schusszahl liegt zwischen 8 und 10, die Schussgarnnummer zwischen 18 und 42^{lbs} in c oder III. Qualität. Die Kantenbildung erfolgt durch je 2 dreifädige und 2 zweifädige Jutezwirne (aus $N^{lbs} = 8$ Garn hergestellt). Gewöhnlich wird die Kette zu diesem Gewebe geschlichtet. Die Appretur ist entweder leicht oder mittelschwer und erfolgt nur auf Kalandern. Man verwendet diese Gewebe als ordinäres etwas dichteres und festeres Verpackungsmaterial und besonders zur Herstellung von Wollsäcken. Hauptqualität ist ein 18 Unzen 7 Gang-Gewebe.

e) **Zuckersackleinen** ist ein zweischäftiges Gewebe mit einfacher Kette, wird nach Bedarf in allen Breiten im Gewichte von 18 bis 25 Unzen bei 42 Zoll Bezugsbreite als 8, 9, 10 oder 11, in der Regel aber 10 Gang-Gewebe mit der Kette $N^{lbs} = 12$ oder 8 in ss oder I. Qualität und 11 bis 13 Schuss auf 1 Zoll mit $N^{lbs} = 24$ bis 34 in c oder III. Qualität hergestellt. Die Kantenbildung erfolgt wie beim vorigen Gewebe. Die Kette wird gewöhnlich geschlichtet, wenigstens dann, wenn man 8^{lbs} Kettengarn benutzt. Appretur leicht oder mittelschwer. Verwendung findet dieses Gewebe zwar auch als Packzeug, in der Regel aber nur zur Herstellung von Zuckersäcken.

Hauptqualität ist ein 18 Unzen 10 Gang-Gewebe.

f) **Plansackleinen** wird als einfaches Plansackleinen mit einfacher Kette oder als Doppel-Plansackleinen mit Doppelfaden-kette in beliebigen Breiten im Gewichte von 12 bis 24 Unzen bei 29 Zoll Bezugsbreite als 7 bis 9 Gang-Gewebe mit 8^{lbs} Kette in ss oder I. Qualität und 8 bis 12 Schuss auf 1 Zoll mit $N^{lbs} = 18$ bis 44 in c oder III. Qualität hergestellt. Die Kantenbildung erfolgt wie bei den entsprechenden Sackleinen, von denen sich diese Gewebe überhaupt nur wenig unterscheiden. Das Schlichten der Kette findet hier gewöhnlich statt, auch werden die Gewebe leicht appretiert. Verwendung finden sie nur zu Säcken für verschiedene Zwecke.

Hauptqualität ist ein 16 Unzen 7 Gang-Gewebe.

g) **Jute-Köper.**[4]) Hierunter verstehen wir dreischäftige Gewebe

---

[4]) Wegen anderer als 27 Zoll in Deutschland üblichen Bezugsbreiten verweise ich auf das Seite 26 Gesagte.

und unterscheiden den gewöhnlichen Köper und den Feinköper.
Beide Köpergewebe können in normaler Bindung oder als gebrochene
Köper (Fischgratköper) hergestellt werden. Gewöhnlich werden aber
nur die Feinköper in letzterer Form gebildet. Besprechen wir zunächst den
Gewöhnlichen Köper. Derselbe wird mit Doppelkette etwa
bis 45 oder 48 Zoll breit hergestellt im Gewichte von 14 bis 20, seltener
von 11 bis 24 Unzen bei 27 Zoll Bezugsbreite. Die Gangzahl ist
7, 8 oder 9, in der Regel 8. Die Kettengarnnummer: $N^{lbs} = 8$
bis 12, gewöhnlich 8^{lbs} in ss oder I. Qualität. Die Schusszahl liegt
zwischen 8 und 10 auf 1 Zoll, die Schussgarnnummer zwischen $N^{lbs} = 18$
und 48 in c oder III. Qualität. Die Kantenbildung erfolgt durch 3 bis
4 Jutezwirnfäden 8^{lbs} zweifach, auch durch 2 Jutezwirnfäden 8^{lbs} dreifach
und 1 Jutezwirnfaden 8^{lbs} zweifach. Die Kette wird gewöhnlich geschlichtet, nötig ist dies nur bei den schwereren Geweben. Gewebe-
Appretur ist leicht oder mittelschwer und erfolgt nur auf Kalandern.
Benutzt wird dieses Gewebe als festes Verpackungsmaterial für schwere
Güter, insbesondere zu Säcken für Wolle, Cement, Gips, Kaffee. Hauptqualität: bei 27 Zoll Bezugsbreite ist ein 15 Unzen 8 Gang-Gewebe
(siehe auch folgende Uebersicht XI).

Feinköper. Derselbe wird in der Regel mit Doppelkette ebenfalls
in Breiten bis 45 Zoll oder 48 Zoll im Gewichte von 11 bis 24 Unzen
bei 27 Zoll Bezugsbreite hergestellt. Die Gangzahl ist stets höher als
beim vorigen Gewebe und zwar 10 bis 14, gewöhnlich aber 10. Die
Kettengarnnummer ist gewöhnlich 7^{lbs}, seltener 8^{lbs}, ss oder I. Qualität,
alsdann stets zweifach, auch wohl gezwirnt. Man findet aber auch
derartige Gewebe, welche bei 10 Gang mit 12^{lbs} oder auch mit 22^{lbs}
einfacher Kette eingestellt sind. Die Schusszahl schwankt etwa zwischen
12 und 16 auf 1 Zoll; die Schussgarnnummer liegt zwischen 7 und 24^{lbs} in
ss oder I. oder auch s oder II. Qualität. Die Kantenbildung erfolgt wie
bei dem gewöhnlichen Köper. Die ungezwirnte Kette der leichteren
Gewebe, sowie die gezwirnte Kette für alle Qualitäten, braucht nicht
geschlichtet zu werden. Ungezwirnte Ketten für die schwereren Gewebe
müssen dagegen stets geschlichtet werden. Die Appretur der fertigen
Gewebe ist eine mittelschwere auf Kalandern. Es werden diese Gewebe auch gesengt. Man verwendet dieselben als dichtes und sehr
festes Verpackungsmaterial für die schwersten Güter, insbesondere aber
zur Herstellung von Säcken für Mehl und Getreide. Hauptqualität: bei
27 Zoll Bezugsbreite ist ein 12 Unzen 10 Gang-Gewebe (man sehe auch
die folgende Uebersicht XI).

h) **Hopfentuch** ist ein vierschäftiges Gewebe meist mit einfacher,
seltener mit gezwirnter Kette und wird in der Regel nur in 45 Zoll,
48 Zoll und 50 Zoll Breite, seltener 46 Zoll bis 52 Zoll breit, im
Gewichte von 800^{g} bis 2000^{g} für 1 Meter bei 48 Zoll Bezugsbreite hergestellt. Die Gangzahl ist 9 bis 12, gewöhnlich 10 und 12. Die Ketten-

garnnummer ist gewöhnlich $N^{lbs} = 16$ in *ss* oder I. Qualität, seltener $N^{lbs} = 8$ zweifach (also gezwirnt) ebenfalls in bester Qualität. Es kommen aber auch Hopfentuche vor, bei denen 12 bis 14^{lbs} Kettengarn einfach, 6 und 7^{lbs} Kettengarn zweifach, gezwirnt benutzt wird. Bei Benutzung von 16^{lbs} Kettengarn ist die Schusszahl für 1 Zoll 9 und 10; die Schussgarnnummer liegt zwischen 8 und 72^{lbs} in *c* oder III. Qualität. Die Kantenbildung erfolgt durch 4 gezwirnte Baumwollenfäden $N^{mt} = 9$ dreifach. Die Kettengarne müssen stets geschlichtet werden. Die Appretur ist leicht. Manchmal werden auch diese Gewebe wie alle jene, die zu Mehl- und Zuckersäcke verwendet werden, gesengt. Die Hopfentücher benutzt man gewöhnlich nur zur Herstellung von Säcken, in denen Hopfen verpackt wird. Hauptqualität ist ein 1000 Gramm 10 Gang-Gewebe.

Gewebe, welche zu Säcken verarbeitet werden, gewöhnlich aber nur die drei- und vierschäftigen, versieht man, wie hier im Zusammenhange wiederholt werden möge, sehr häufig mit farbigen Längsstreifen; von selten grösserer Breite als $1\frac{1}{2}$ Zoll, hergestellt durch gefärbte Jute-Kettengarne. Entweder ist nur ein Farbenstreifen, oder es sind deren mehrere vorhanden. Im ersteren Falle liegt derselbe in der Mitte, im zweiten sind sie gleichmässig auf der Breite verteilt. Weisse, also gebleichte Fäden werden gewöhnlich durch gebleichte und gezwirnte Baumwollenkettenfäden ersetzt, da sich Jutegarn nicht so hell wie jene herstellen lässt. Zu den Jute-Leinen und den Köper-Geweben wird, wenn auch seltener, besonders in Schottland, Flachswerggarn als Kette verwendet, welche dann mit den engl. Namen: *Tow-warp-Hessian* oder *Tow-warp-Twilleds* bezeichnet werden. Die schweren *Tow-warp-Hessians* kommen auch unter dem Namen *Paddings* vor. Wir könnten diese Gewebe recht gut mit dem deutschen Namen: Flachswerg-Jute-Leinen oder Flachswerg-Juteköper bezeichnen, wollen aber hier auf diese Gewebe nicht näher eingehen.

Erwähnt möge jedoch werden, dass man zu **Strohsackleinen** auch reine Juteleinen *(Hessians)* benutzt, welche entweder nur regelmässige farbige Längsstreifen, meistens schwarz oder rot, oder auch eben solche oder in der Farbe wechselnde Querstreifen zeigen. In den letzteren Fällen erhält man dann sogenannte **karrierte Stoffe,** deren Herstellung zwar seltener in eigentlichen Jutewebereien erfolgt, aber doch hin und wieder vorkommt. Gewöhnlich werden solche Stoffe in Flachsleinen-Webereien erzeugt. Ein paar Worte über die Herstellung dieser **karrierten Jute-Leinenstoffe** mögen aber auch hier Platz finden. Die Längsstreifen werden, wie ohne weiteres ersichtlich, durch abwechselndes nebeneinander Lagern von ungefärbten und gefärbten Kettenfäden, z. B. 12 Fäden ungefärbt, 12 Fäden schwarz, dann wieder 12 Fäden ungefärbt und 12 Fäden schwarz u. s. w. im Webestuhle gebildet. Sollen nun Querstreifen gebildet werden, so müssen Schützen abwechselnd, also nach einander nach je einer gewissen Schusszahl zur Anwendung kommen, die, je nach Absicht, ungefärbtes oder verschieden gefärbtes Garn enthalten. Da es nun offenbar nicht möglich ist, die Schützen in derselben Schützenkammer unterzubringen, so muss der Webstuhl, auf welchem Querstreifen erzeugt werden sollen, mit auswechselbaren Kammern versehen sein. Man nennt solche Stühle: Webstühle mit Wechsellade. Es hat ein derartiger Stuhl soviel mit einander korrespondierende Schützenkammern auf jeder Seite der Lade, als Schützen mit verschiedenen Garnen zur Anwendung gelangen sollen. Wird ein Querstreifen durch 12 Schüsse gebildet, so steht, während dieselben erfolgen, die betreffende Schützenkammer auf jeder Seite der Bahn in Bahnhöhe. Ist der 12. Schuss erfolgt und der Schützen in der betreffenden Kammer aufgefangen, so erfolgt selbstthätig durch die Stellmechanismen des Stuhles das Emporheben der bis jetzt benutzten Schützenkammern. Die darunter liegenden Kammern mit dem zweiten, das andere Garn enthaltenden Schützen werden in Bahnhöhe gebracht und wiederum für die gewünschte Schusszahl stehen gelassen. Dann erfolgt ein erneuter Wechsel — entweder das Einstellen der 3. Kammer mit dem 3. Schützen oder, wenn nur 2 Schützen vorhanden sind, das Niederziehen der ersten Kammer u. s. w.

Solche Stühle mit Wechsellade sind stets weniger leistungsfähig als gleiche ohne Wechsellade. Letztere können schneller laufen und sind auch weniger Stillständen ausgesetzt.

Hiermit beschliessen wir die allgemeine Besprechung der Jute-Gewebe und fügen noch eine tabellarische Uebersicht XI mit den nötigen Reduktionen auf metrisches Mass und Gewicht in folgendem an, welche keiner Erläuterung bedarf.

Wir gehen nunmehr zur Besprechung der Fabrikation über und beginnen nach der auf Seite 23 gegebenen Einteilung.

2. Die Vorbereitungsarbeiten zum Weben.

Wir wissen bereits, dass das Schussgarn eine wesentlich andere Vorbereitung als das Kettengarn verlangt. In unseren letzten Betrachtungen sahen wir ferner, dass sowohl gebleichtes wie gefärbtes Kettengarn und — wenn auch seltener — ebensolches Schussgarn zur Verwendung gelangt. Jede Jute-Weberei muss daher, wenn sie es nicht vorzieht, das Bleichen und Färben der Garne ausserhalb bewerkstelligen zu lassen, sich, wenn auch in beschränktem Umfange, mit dem Bleichen und Färben der Garne befassen. Wir erhalten deshalb folgende Unterabteilungen für unsere Besprechungen:

Benennung der Gewebe	Konstruktion (Art) der Gewebe	Bezugsbreite in engl. Zoll	Qualität d. Gewebes u. Gewicht v. 1 Yard des Gewebes in der Bezugsbreite in engl. Unzen	Einstellung der Kette im Webstuhle: Gangzahl	Zahl der einfachen Kettenfäden auf 37/40"	Schottische Garn-Nummer N_k^{lbs}	Qualität des Garnes ss, s oder c, d. i. I, II, III. Sorte	Bemerkungen wegen der Vorbereitung des Kettengarnes zum Weben	Schuss-Einstellung: Zahl der Schüsse auf 1 Zoll	Schottische Garn-No. N_s^{lbs}	Qualität d. Garnes ss, s oder c, d. i. I, II, III. Sorte	Breiten, in denen d. Gewebe gewöhnl. hergestellt wird Zoll
a) Netztuch (*Façon Hessians*)	Leichtes 2schäftiges Gewebe mit einfacher Kette	38″	3 bis 5	4 bis 6	4 bis 6	7 seltener 8	*ss* d. i. I	Kette muss geschlichtet werden	4,5 bis 6,5	7 u. 8	*ss* d. i. I	In jeder Breite von 18″ aufwärts
b) Jute-Leinen (*Hessians*) — Gewöhnlich (*Common*)	2schäftiges Gewebe mit einfacher Kette	40″	5 bis 18	bis 10 Unzen 7 u. 10, dann 11 selten 12	wie die Gangzahl	8 seltener 7	*ss* d. i. I	Kette muss von 13 Gang aufwärts geschlichtet werden, besser aber stets	8 bis 18	6 bis 16	*ss* od. *s* I od. 11	In jeder Breite von 20″ aufwärts
b) Jute-Leinen (*Hessians*) — Fein (*Fine*)	ebenso	40″	5 bis 18	Fein: 13-18	wie die Gangzahl	6 bis 8	*ss* d. i. I	Kette muss von 13 Gang aufwärts geschlichtet werden, besser aber stets	8 bis 18	6 bis 16	*ss* I	In jeder Breite von 20″ aufwärts
c) Jute-Doppelleinen (*Tarpawlings*)	2schäftiges Gewebe mit Doppelkette	45″	14 bis 26	10, 11 o. 12, selten höher	20, 22 u. 24	8 selten 7	*ss* d. i. I	Kette muss stets geschlichtet werden	10 bis 16	5 bis 22	*z* d. i. II, auch *ss* d. i. I	Gewöhnl. 28—45″, aber auch bis 60″
d) Jute-Sackleinen (*Baggings*) — Einfach (*Single warp*)	2schäftiges Gewebe mit einfacher Kette,	42″	9 bis 24	7 u. 8 selten höher	7 u. 8	12 aber auch 10 u.14	*s* d. i. II	Kette kann ungeschlichtet oder geschlichtet verarbeitet werden	7 bis 12	9 bis 44	*c* d. i. III	Gewöhnlich nur 20—46″, selten bis 76″
d) Jute-Sackleinen (*Baggings*) — Doppel (*Double warp*)	2schäftiges Gewebe mit Doppelkette	42″	14 bis 25	7 seltener bis 9	14 bis 18	8 seltener 7	*s* d. i. II	Kette wird gewöhnlich geschlichtet	8 bis 10	18 bis 42	*c* d. i. III	Gewöhnlich 28—76″
e) Zuckersackleinen (*Hessian-Baggings*)	2schäftiges Gewebe mit einfacher Kette	42″	18 bis 25	10	10	12 oder 8	*ss* d. i. I	Kette wird gewöhnlich geschlichtet	11 bis 13	24 bis 34	*c* d. i. III	In allen Breiten
f) Plansackleinen (*Plain-Sackings*)	2schäftiges Gewebe mit einfacher oder Doppelkette	29″	12 bis 24	7 bis 9	7—9 oder 14 bis 18	8	*ss* d. i. I	Kette wird gewöhnlich geschlichtet	8 bis 12	18 bis 44	*c* d. i. III	In allen Breiten
g) Jute-Köper u. Drell (*Twilled Sackings*) — Gewöhnlich (*Common*) Man vergl. Seite 26	3schäftiges Gewebe mit Doppelkette	Dundee 27″ Deutschland 29″	Bei 27″ Breite 14 bis 20	7 o. 8 oder gewöhnl. 8	24	8	*ss* d. i. I	Kette wird gewöhnlich geschlichtet	8 bis 10	18 bis 48	*c* d. i. III	Bis 48″ breit
g) Jute-Köper u. Drell (*Twilled Sackings*) — Fein (*Fine*) Man vergl. Seite 26	3schäftiges Gewebe mit Doppelkette, seltener mit einfacher Kette	Dundee 27″ Deutschland 45″	Bei 27″ Breite 11 bis 24	10—14 gewöhnl. 10. Als 10 Gang mit einf. Kette	30 { ; 15 {	gewöhnlich 7 seltener 8 / einfach 12 oder 22	*ss* d. i. I	Kette wird nicht immer geschlichtet	12 bis 16	7 u. 24	*ss* d. i. I, auch *s* d. i. II	Bis 48″ breit
h) Hopfentuche . .	4schäftiges Gewebe mit einfacher Kette	48″ seltener 120 Cent.	Gramm für 1 Meter 800 bis 2000	10 u. 12 seltener 9—12	20 u. 24	Gewöhnl. 16, aber auch 8 2fach, od. auch 12—14	*ss* d. i. I	Kette muss stets geschlichtet werden	9 u. 10	8 bis 72	*c* d. i. III	Gewöhnlich in Breiten von 45, 48 u. 50″

Zu den Jute-Leinen (*Hessian*) und den Köper-Geweben (*Twilleds*) werden auch, namentlich in *Tow warp Hessians* bezieh. *Tow warp Twilleds*. Die schweren *Tow warp*

stellung XI.

ihren besonderen Merkmalen.

Haupt-Qualität für die Preisbestimmung	Haupt-Qualität nach d. metrischen Bezeichnung Nummer (abgerundet)	Die schottischen Werte umgerechnet auf metrische — Gewicht von 1 qm in Grammen (genaue Werte) (Tabelle III, S. 41)	Einstellung der Kette — Webeblatt Bd (Seite 52) Zahl der Riete auf 1 Decimeter	Einstellung der Kette — Zahl der einfachen Kettenfäden auf 1 Decimeter	Einstellung der Kette — Gramm-No. Teil I, S. 34 $N_k^{\frac{gr}{100}}$	des Schusses — Zahl der Schüsse auf 1 Decimeter	des Schusses — Gramm-No. Teil I, S. 34 $N_s^{\frac{gr}{100}}$	Kantenbildung erfolgt auf jeder Seite durch	Appretur, welcher das Gewebe gewöhnlich unterworfen wird	Verwendung des Gewebes
4 Unzen 5 Gang	13	96,37 bis 160,614	8,51 bis 12,77	17,02 bis 25,54	24,12 seltener 27,56	17,78 bis 25,59	24,12 und 27,56	2 baumwoll. Fäden und dicht daneben 4 Jutefäden	Leicht auf Kalandern	Zu Tapezierarbeiten als Polstertuch, zum Bekleben von Holzwänden, die tapeziert werden sollen u s. w.
10½ Unzen 11 Gang	32	152,58 bis 549,30	14,89 bis 25,54 27,67 bis 38,31	29,78 bis 51,08 55,34 bis 76,62	27,56 seltener 24,12 20,67 bis 27,56	31,50 bis 70,87	20,67 bis 55,12	3 bis 4 gezwirnte baumwollene Fäden entsprechender Dicke	Bis 10 Unzen leicht kalandert, v. 10½ Unzen schwer kalandert od. leicht kal. u. gemangelt	Leichtere Gewebe werden zu Tapezierarbeiten, andere als gutes Verpackungs-Material, insbes. zu Säcken für Rohzucker, Salz, künstlichen Dünger u. s. w., auch als Futterleinen benutzt.
20 Unzen 11 Gang- Gewebe	54	379,76 bis 705,28	21,28 23,41 25,54	85,12 93,64 102,16	27,56 seltener 24,12	39,37 bis 62,99	17,22 bis 75,79	2 gezwirnte baumwollene Fäden	mittelstark oder schwer, nur auf Kalandern; werden auch gesengt	Sehr festes, bestes und dichtes Verpackungs-Material, auch verwendet zu Mehl-, Getreide-, Zucker- und starken Cementsäcken, ferner zu Futterleinen.
18 Unzen 7 o. 8 Gang	52	261,57 bis 697,53	14,87 und 17,02	29,74 und 34,04	41,34 aber auch 34,45 und 48,23	27,56 bis 47,24	31,00 bis 151,58	1 dreifädigen u. 2 zweifädigen Jutezwirnf. $N^{lbs} = 8$	leichte Appretur auf Kalandern	Ordinärstes Verpackungs-Material und zu groben Säcken, namentlich für Rohzucker.
18 Unzen 7 Gang	52	406,89 bis 755,65	14,87 seltener bis 19,15	59,48 seltener bis 76,60	27,56 seltener 24,12	31,50 bis 39,37	62,01 bis 124,69	2 dreifädige u. 2 zweifädige Jutezwirnf. $N^{lbs} = 8$	leicht oder mittelschwer auf Kalandern	Als ordinäres, etwas festeres Packzeug, meist aber zu Wollsäcken.
18 Unzen 10 Gang	52	523,14 bis 639,40	21,28	42,56	41,34 oder 27,56	43,31 bis 51,18	82,68 bis 117,13	wie vorhin	wie vorhin	Seltener als Packzeug, meist jedoch nur zu Zuckersäcken.
16 Unzen 7 Gang	68	505,10 bis 1010,21	14,87 bis 19,15	29,74 bis 38,30 oder 59,48 bis 76,60	27,56	31,50 bis 47,24	62,01 bis 151,58	wie vorhin	leichte Appretur auf Kalandern	Zu Säcken für verschiedene Zwecke.
Bei 27" Br. 15 Unzen. Bei 29" Br. 16 Unzen 8 Gang	68	632,94 bis 904,20	Ge- wöhn- lich 17,02	Ge- wöhn- lich 102,15	27,56	31,50 bis 39,37	68,90 bis 165,36	3 bis 4 Jutezwirnfäden 8lbs zweifach	leicht oder mittelschwer auf Kalandern	Wird verwendet als festes Verpackungs-Material für schwere Güter, insbesondere zu Säcken für Wolle, Cement, Gips, Kaffee.
Bei 27" Br. 12 Unzen. Bei 45" Br. 20 Unzen 10 Gang	54	497,31 bis 1085,04	Ge- wöhn- lich 21,28	Dop- pelkette 127,68 einf. Kette 63,84	24,12 seltener 27,56 — einfach 41,34 od. 75,79	47,24 bis 63,00	27,56 bis 55,12	wie vorhin	wie vorhin, diese Köper, wie die vorigen, werden auch gesengt	Als sehr dichtes und festes Verpackungs-Material für die schwersten Güter und zu Säcken für Mehl und Getreide.
1000 Gramm 10 Gang- Ware	80	656,18 bis 1640,45	21,28 und 25,54	85,12 und 102,16	gewöhnl. 55,12, aber auch 27,56 2 fach od. 41,34 bis 48,23	35,43 bis 39,37	34,45 bis 248,83	4 gezwirnte Baumwollenfäden $N^{mt} = 9$ dreifach	wie vorhin	Nur zu Hopfensäcken.

Schottland, Flachswerggarne als Kettengarne benutzt. Solche Gewebe nennt man in Schottland: *Hessians* kommen auch unter dem Namen *Paddings* im Handel vor.

A. Das Bleichen und Färben der Jutegarne,

B. Die Vorbereitung der Schussgarne zum Weben,

C. Die Vorbereitung der Kettengarne zum Weben.

A. Das Bleichen und Färben der Jutegarne[5]).

Alle Garne, welche einem Bleich- oder Färbeprozess unterworfen werden sollen, müssen in Strang- oder Strähnform — durch Weifen übergeführt werden. (Man vergl. hierüber Teil I S. 52 bis 55 und 327 bis 331.) — Für die Haltbarkeit der Farben ist es nun in den allermeisten Fällen wünschenswert, dass wenigstens eine Halbbleiche der Garne vorausgehe. — Für die hellen Farben, insbesondere für hellblau, ist das vorherige Bleichen der Garne unbedingt erforderlich. — In anderen Fällen wird es vielfach unterlassen, allerdings auf Kosten der Dauerhaftigkeit und Schönheit der Farben. — Es kann nun nicht in meiner Absicht liegen, bezieh. den eigentlichen Zwecken vorliegender Arbeit entsprechen, eine Theorie des Bleich- und Färbeprozesses hier vorzuführen. Es muss auf die Fachlitteratur hierüber verwiesen werden, z. B. auf folgende Werke: Das Färben und Bleichen der Textilfasern von Dr. J. Herzfeld, Lehrer an der höheren Webeschule zu Mülheim a. Rhein 1889, dann auf: Handbuch der Färberei von Dr. A. Ganswindt, Redakteur der deutschen Färberzeitung, Dresden, Weimar 1889. Kurz und übersichtlich sind die Anilinfarbstoffe behandelt in: Die Anilinfarbstoffe. Eigenschaften, Anwendung und Reaktionen, bearbeitet für Chemiker, Färber u. s. w. von A. Kertész, 1888. Das Färben, Bleichen, Drucken und Waschen der Baumwolle, Wolle und Seide u. s. w. von Dr. Emil Winkler, bearbeitet von Dr. Fritz Elsner, 1881. Die Wollfärberei in ihrem ganzen Umfange von Richter und Braun, Leipzig 1874, und auf: Tabellarische Uebersicht der künstlichen organischen Farbstoffe von Gustav Schultz und Paul Julius, 1888. — Warum an dieser Stelle auch das vorletzte Buch: Die Wollfärberei angeführt wurde, ergiebt sich aus den weiteren Mitteilungen. Das Dr. Ganswindtsche Buch beschäftigt sich auch eingehender mit der Theorie des Färbens, berücksichtigt aber noch nicht die neuesten Arbeiten über die chemischen Eigenschaften der Jute von Dr. Schoop, welche im I. Teil m. B. S. 87 bis 115 mitgeteilt wurden, weil es fast gleichzeitig mit dem Bekanntwerden dieser erschien.

Mit der Feststellung der chemischen Eigenschaften der Jutefaser hat es bis jetzt übrigens eine eigene Bewandtnis. Die Ergebnisse der Untersuchungen von Cross und Bevan, auf die Dr. Ganswindt in der Haupt-

---

[5]) Wegen des Bedruckens von Jute-Stoffen sei auf das Büchelchen verwiesen: Bleicherei und Druckerei von Jutestoffen aller Art von R. Ernst. Leipzig 1887. Soeben erscheint in der Färber-Zeitung, Verlag Julius Springer, Berlin 1890, Heft 2, ein Aufsatz über die Jute und das Bleichen und Färben derselben, welcher aber die neueren Untersuchungen der Faser (man vergl. Teil I) noch nicht berücksichtigt.

sache Bezug nimmt, sind durch die hiesigen Versuche zum Teil nicht nur nicht bestätigt, sondern auch geradezu widerlegt worden; ich verweise nur auf die Einwirkung der unterchlorigen Säure, ferner auf die geringe Widerstandsfähigkeit, welche Jute gegenüber der Einwirkung kochenden Wassers u. s. w. nach Obigem haben soll, was sich aber durchaus nicht bestätigte. — Wenn nun auch die Dr. Schoopschen Untersuchungen noch nicht erschöpfend sind, so geben sie doch nach vielen Richtungen hin neue Aufklärungen über die Faser, welche unbedingt berücksichtigt werden müssen, um ein zutreffenderes Urteil — als dies bis dahin möglich war — über dieselbe zu gewinnen. Dr. Ganswindt giebt auf Seite 71 s. B. den Wassergehalt der Jute nach Bolley viel zu niedrig gegenüber den von mir sorgfältigst festgestellten Werten an. Man vergl. Physikalische Eigenschaften der Jute (Anfang 1888 im Buchhandel erschienen).

Aber abgesehen von dem etwas älteren Standpunkte, welchen das Ganswindtsche Werk in Bezug auf die Darstellung der physikalischen und chemischen Eigenschaften der Jute noch einnimmt, sind die Vorschriften für das Bleichen und Färben der Jute durchaus verwendbar.[6]

Ich beschränke mich deshalb, unter nochmaligem Hinweis auf die im Teil I d. B. S. 87 bis 115 vorgeführten Versuche zur Feststellung der chemischen Eigenschaften der Jutefaser, auf eine kurze Darstellung des Bleich- und Färbeprozesses derselben.

Das Wasser. Zu dem Gelingen dieser Prozesse gehört zunächst geeignetes Wasser, weil von dessen Beschaffenheit, dessen Reinheit die Einwirkung der zur Anwendung gelangenden Chemikalien wesentlich mit abhängt. — Es steht nun entweder Quell- oder Brunnen-, dann Flusswasser und seltener Regenwasser (wohl auch Kondensationswasser) zur Verfügung. Alle diese Wässer enthalten Beimengungen und Lösungen verschiedener Stoffe, sind also niemals im Sinne der Chemie reine Wässer. Die geringsten Beimengungen enthält das Regenwasser und ist für Wasch- und Färbereizwecke vollkommen geeignet. — In Bezug auf die Brauchbarkeit folgt alsdann — wenigstens im allgemeinen — das Bach- und Flusswasser, besonders wenn dasselbe nicht in der Nähe der Quellen, sondern wesentlich fern von diesen entnommen wird. — Durch die längere Einwirkung der Atmosphäre auf das Quellwasser scheidet sich aus

---

[6] In einer neueren Arbeit von Dr. A. Ganswindt: Katechismus der Spinnerei, Weberei und Appretur, Leipzig 1890, sind einige der dort gestellten Fragen, welche sich auf die Jute und ihre Verarbeitung beziehen, nicht ganz korrekt wiedergegeben, worauf ich an dieser Stelle glaube hinweisen zu dürfen, weil Bezug genommen ist auf meine Arbeiten (irrt. bezeichnet mit Pfuhl: die Jute und ihre „Anwendung“, anstatt: „Verarbeitung“). — Wie es sich zunächst mit dem Wassergehalte der Jute wirklich verhält, kann aus meinen Mitteilungen entnommmen werden. In jenem Katechismus bedürfen aber insbesondere die Beantwortungen der Fragen 312, 313 und 316 u. a. der Zurechtstellung. (Auch die Beantwortung der Fragen 298, 300, welche sich auf Flachs- und Flachshede beziehen, ist nicht ganz zutreffend).

diesem ein Teil der Stoffe ab, die das Wasser gelöst oder suspendiert enthält und die dasselbe mehr oder weniger untauglich zum Waschen und Färben machen. — Am wenigsten ist für vorliegende Zwecke das Quell- oder Brunnenwasser geeignet. — Dieses enthält in der Regel eine erheblichere Menge aufgelöster Salze, welche, wie man sagt, dasselbe hart machen. — Der Salzgehalt ist ferner nicht konstant, sondern wechselt mit den Jahreszeiten und ist meist im Winter am grössten. — Am häufigsten enthalten die Wässer gelöst: Kieselsäure, kohlensauren Kalk, schwefelsauren Kalk, schwefelsaure Magnesia, kohlensaure Magnesia, schwefelsaures Natron, Chlornatrium, Eisenoxydul und Thonerde. — Die mechanisch beigemengten Teile, Thon, Sand u. s. w. sind der Verwendung des Wassers weniger hinderlich, da sie leichter durch Absetzenlassen oder Filtrieren entfernt werden können.

Besonders nachteilig ist ein Gehalt an Kalk oder Magnesiasalzen, weil diese zersetzend auf die angewandte Seifenlösung einwirken; vermag doch 1ᵍ Kalk 15,5ᵍ Seifenlösung zu kompensieren. Die Zersetzungsprodukte, unlösliche Kalk- und Magnesiaseifen, setzen sich auf die Garne und sind schwer von denselben zu entfernen, bezieh. geben Anlass zum Scheckigwerden; sie verhindern ferner das Befestigen der Farbe auf der Faser und bewirken auch einen Farbenverlust. Manche Farben werden beim Auflösen in hartem Wasser zum Teil sofort gefällt. Sodann bewirken die löslichen Kalk- und Magnesiasalze durch Farblackbildung nicht beabsichtigte Färbungen. — Nur wenige Farben, wie Krapp und Alizarin, bedürfen dagegen einer geringen Menge Kalk, die man aber besser in Form von essigsaurem Kalk dem reinen Wasser in der notwendigen Menge zusetzt. Der essigsaure Kalk wirkt im übrigen stets weniger schädlich als der kohlensaure Kalk. Enthält das Wasser Eisen, so wird hierdurch die Herstellung heller Farben beeinträchtigt; auch verändert dasselbe beim Färben mit Blauholz und Alizarin den Farbenton und färbt auch manchmal schon an sich. Es ist notwendig, dass der Färber die chemische Zusammensetzung des zur Verfügung stehenden Wassers kennt,[7] wenigstens aber die Gesamthärte d. i. die Summe der vorübergehenden und bleibenden Härte, welche die Menge des ungekochten Wassers an kohlensauren und schwefelsauren Kalk- und Magnesiasalzen angiebt. Es bezeichnet vorübergehende Härte denjenigen Teil derselben, welcher durch die Bicarbonate gebildet wird, der sich durch Kochen, infolge Fällung, beseitigen lässt. Die bleibende Härte des Wassers rührt von schwefelsauren Kalk- und Magnesia-Verbindungen her, welche durch Kochen nicht abgeschieden werden. Man ermittelt die Härtegrade mit Hülfe einer Seifenlösung in Alkohol von bestimmtem Gehalt, welche man einer bestimmten Probemenge Wasser, bis eine Schaumbildnng eintritt,

---

[7] Man sehe: Tieman-Gärtner, Anleitung zur Untersuchung des Wassers. Braunschweig 1888. Vieweg.

zusetzt. Es werden nämlich zunächst die Kalk- und Magnesiasalze aus-
geschieden, und nachdem dies geschehen, kommt erst jene Schaumbildung
zur Erscheinung. Aus der Menge der bis zu diesem Momente verbrauchten
Seifenlösung wird der Härtegrad des Wassers bestimmt. Man nennt in
Deutschland den Gehalt an 1 Teil Kalk in 56 000 Teilen, in England
in 70 000 und in Frankreich in 100 000 Teilen Wasser einen Härtegrad.
Es verhalten sich daher die verschiedenen Härtegrade wie

deutsche   engl.   franz.

0,56 : 0,7 : 1; oder es ist

1 deutscher Härtegrad = 1,25 engl. = 1,785 franz.

Wasser, welches zum Waschen, Auskochen und Seifen und in der
Färberei verwendet werden soll, darf nicht mehr als 5° deutsche Gesamt-
Härtegrade und etwa 1 bis 2° bleibende Härte haben.

Unter Umständen kann das Kondensationswasser der Dampfmaschine,
wenn dasselbe sorgfältig mittels Koks, Knochenkohle und einer Baum-
wollenschicht filtriert und von dem beigemengten Oele befreit ist, zu
vorliegenden Zwecken benutzt werden. Wegen Reinigung des Wassers
und Beseitigung einer zu grossen Härte desselben verweise ich auf die
angeführten Werke, insbesondere auf das Herzfeldsche, Seite 33—44.

Das Waschen der Jutegarne.

Ehe das Bleichen oder Färben der Jutegarne vorgenommen werden
kann, müssen dieselben auf das sorgfältigste gewaschen werden, damit
die natürliche Pflanzenoberfläche zur Wirkung kommt. Die Jutegarne
werden nun, wie wir aus Teil I wissen, aus der mit verschiedenen Oelen
oder öligen Surrogaten eingebatschten Rohjute erzeugt. Da aber auch
Mineralöle zu dem Zwecke Verwendung finden, diese aber schwerer zu
entfernen sind — ein Umstand, der meines Wissens bis jetzt nirgends
mit gehörigem Nachdruck erwähnt worden ist — so möge das im Teil I,
Seite 157 hierüber bereits Gesagte auch hier wiederholt werden.

„Wenn die Fabrikate roh bleiben sollen und wenn der Geruch nichts
schadet, dann ist die Anwendung des Mineralöls gestattet. Wenn aber
die Garne oder die Gewebe gebleicht werden sollen, dann muss ent-
schieden vor der Anwendung des Mineralöls gewarnt werden. Das
Bleichen bezieh. das Färben gelingt nämlich nur dann, wenn die Faser
rein ist. Robbenthran und vegetabilische Oele lassen sich mit Kali- oder
Natronlauge bezieh. Seifen entfernen. Selbst die leicht siedenden
Mineralöle hinterlassen aber nach ihrer freiwilligen Verdunstung ungefähr
5 bis 7 Prozent Rückstand, der die Faser einhüllt und mit den gebräuchlichen Mitteln nicht entfernt werden kann. Die schweren Mineralöle
(Siedepunkt über 250° C.) bleiben ganz auf der Faser und können
ebenfalls nur schwer entfernt werden. Nur bei Anwendung von beispielsweise Schwefelkohlenstoff oder Amylalkohol kann alsdann die Faser
frei gemacht und somit genügend vorbereitet werden zum Bleichen.

Webereien, welche von Spinnereien Garne kaufen, sollten deshalb, wenn sie die Absicht haben, dieselben zu bleichen, solche verlangen, die nicht mit Mineralöl eingebatscht sind. Als Ersatz für Robbenthran, wenn die Preisverhältnisse denselben überhaupt wünschenswert erscheinen lassen, könnten ausser den nicht verharzenden Oelen auch Türkischrotöl, Sulfo-Oleïn, Ricinusölsäure u. a. dienen. Es besitzen diese Produkte vor anderen den Vorzug, sich in Wasser aufzulösen (Oele bilden nur eine Emulsion bei Zusatz von Seife), weshalb sie also auch von der Faser für Bleicherei- (oder Färberei-) Zwecke leicht entfernt werden können."

Es sind hiermit bereits Hinweise gegeben, wie das Reinigen der Garne, das Entfetten derselben erleichtert, wie also dem guten Gelingen des Bleichens und Färbens schon beim Einbatschen der Jute vorgearbeitet werden kann.

Die Reinigung der Jutegarne in alkalischen Mitteln ist nun in Teil I, Seite 92 bis 99 besprochen und eingehender geprüft worden. Genauer verfolgt wurde die Einwirkung von

      1. Natronolivenölseife (Marseiller Seife), 5proz. 70° C., 2 Stunden;

      2. Kaliseife, 8proz., kochend 3 Stunden;

      3. Natronwasserglas, 0,5proz., 70° C., 1 Stunde;

      4. Soda, 5proz., bei Zimmertemperatur, 14 Tage;

      5. Kaustisches Natron, $1\frac{1}{2}$proz., 90°, 2 Stunden;

      6. Kalkwasser, 1,37proz., Zimmertemperatur, 8 Tage;

      7. Ammoniak, 1,7proz., Zimmertemperatur, 6 Tage.

Man lese hierüber das Nähere an angegebener Stelle nach.

Im allgemeinen muss gesagt werden, dass am intensivsten Kalilauge, dann Natronlauge, Kaliseife und Natronseife, Türkischrotöl, Potasche, weniger leicht lösend aber Soda, Natronwasserglas, Ammoniak, Kalkwasser wirken. Es gilt dies von Lösungen, deren Gehalt zwischen 2 bis 5 % schwankt. In der Wärme, namentlich beim Kochen, geht die Lösung des „Abzugs" sehr rasch und vollständig vor sich, in der Kälte dagegen auch bei 14tägiger Digestion nur langsam und unvollständig. Bei Anwendung von **Seifen** oder Türkischrotöl wird der **Glanz** der Jute hervorgehoben, was bei den anderen Mitteln nicht der Fall ist; Kalkwasser und auch Ammoniak machen die Faser leicht brüchig, sind also von vornherein vorsichtig zu gebrauchen.

Nach vorstehenden Thatsachen ist es nicht schwer, die zur Reinigung der Garne erforderlichen Mittel auszuwählen.

Während man sich in der Praxis gewöhnlich der Soda bedient (auf 100 Kilo Jutegarn 1 Kilo käufliche Soda) und in der kochenden Lösung das Garn 5 bis 10 Minuten lang belässt, dürfte sich insbesondere die Marseiller Seife noch besser zu diesem Zwecke eignen.

Es mögen deshalb hier diese beiden Substanzen noch etwas näher besprochen werden.

Soda ist kohlensaures Natron, Natriumcarbonat ($Na_2\,CO_3$) und wird fast ausschliesslich künstlich hergestellt. Die Rohsoda ist das erste Erzeugniss der Fabrikation; sie enthält ungefähr 45 % kohlensaures Natron, jedoch kein Aetznatron. Diese Rohsoda wird namentlich in England benutzt. Die kalcinierte oder raffinierte Soda wird aus der Rohsoda gewonnen. Dieselbe kommt meistens mit 90 % kohlensaurem Natrongehalte in den Handel.

Für Bleichereizwecke soll die Soda nicht mehr als 3 % Aetznatron enthalten. Man bezeichnet die Soda nach dem Prozentgehalt an kohlensaurem Natron in Graden, versteht also unter einer 90grädigen eine solche, welche 90 % kohlensaures Natron enthält. Die in der Rohsoda enthaltenen Verunreinigungen, wie Kalk, Thonerdeverbindungen und Eisenoxyd, sind nach dem Kalcinieren unlöslich und bleiben zurück.

Die krystallisierte Soda ($Na_2\,CO_3 + 10\,H_2\,O$) wird aus der kalcinierten hergestellt. Dieselbe wird wegen des grossen Wassergehaltes, der bis 65 % steigt, während der Gehalt an kohlensaurem Natron etwa nur 35 % beträgt, weniger, wenigstens in Deutschland, benutzt. Es bietet allerdings diese Soda für ihre Reinheit die grösste Sicherheit, auch ist sie in Wasser leicht löslich. An der Luft zerfällt sie durch Verwitterung zu einem weissen Pulver.

Vor dem Gebrauch muss die Soda auf die Abwesenheit von Schwefelsäure, Chlor und Eisen untersucht werden.

Die nach dem Verfahren des Fabrikanten Solvay hergestellte Ammoniak- oder Solvay-Soda, welche 98—99 % kohlensaures Natron und weder Aetznatron noch Eisenoxyd enthält, wird jetzt vielfach der kalcinierten Soda vorgezogen.

Marseiller Seife, auch Spanische oder Venetianische Seife genannt, ist eine Olivenöl- oder Baumölseife. Die Seife ist je nach dem Bezugsort grünlich, olivengelb oder bläulich-grau. Der Hauptherstellungsort war früher Marseille. Jetzt wird dort diese Seife vielfach durch Zusatz von Schwerspat und Kalk gefälscht. In Deutschland wird dieselbe besonders in Elberfeld — Barmen und Crefeld in sehr guter Qualität hergestellt. Es soll eine normale Marseiller Seife enthalten: Fettsäure 63 % Alkali 13 %, Wasser 24 %. Die reine, von allen Zusätzen freie Seife hat eine weisse oder leicht gelbe Farbe.

Wir beschränken uns hier auf diese beiden Reinigungsmittel. Auch die Marseiller Seife wird am besten in kochendem Zustande in etwa 5 % Lösung angewendet. Es genügt gewöhnlich, die Jute bis 10 Minuten in dem Bade zu lassen, unter Bewegung der Strähne. Nach dem Soda- oder Seifenbade folgt eine Spülung der Garne mit kaltem Wasser, worauf die Vorbereitung zum Bleichen beendet ist. Die Apparate zur Ausführung dieses und der folgenden Prozesse werden wir nach Erledigung der allgemeinen Besprechung in ihren einfachsten Formen kennen lernen.

Das Bleichen

der Jutegarne erfolgt bis jetzt noch am wirtschaftlichsten mittels Chlorkalk, daher können wir uns hier auf Besprechung dieses Rohstoffes beschränken. Wie sich die Jute gegenüber diesem und anderen Oxydationsmitteln verhält, wolle man nachsehen Teil I, Seite 103 u. f. Die Hauptgesichtspunkte, welche bei Chlorkalk mitsprechen, sollen auch hier wiederholt werden. Zuvor müssen wir das Rohprodukt selbst etwas näher untersuchen.

Chlorkalk ist unterchlorigsaurer Kalk, Calciumhypochlorid $Ca\,O\,Cl_2$ gemengt mit Chlorcalcium, Calciumhydrooxyd und Wasser in verschiedenen Mengen. Das Produkt ist ein gleichmässiges weisses Pulver, das schwach nach unterchloriger Säure riecht und an der Luft mit der Zeit feucht wird.

Zum Bleichen wird am besten eine 5proc. Lösung des Chlorkalkes in Wasser genommen, d. h. man rührt denselben mit dem 20fachen Gewichte Wasser, welches die bleichende Verbindung löst, zu einem dünnen Brei an. Das zurück bleibende schwerlösliche Kalciumhydrooxyd bedingt die Alkalität des Bades. Bei der Benutzung zum Bleichen von Jutegarnen ist hierauf besonderes Gewicht zu legen, und sollte stets, um jenen Zustand des Bades zu sichern, noch ein Zusatz von Kalkwasser gegeben werden.

Es ist also festzuhalten, dass das Bleichen der Jutegarne stets in verdünnter (5 %) kalter Bleichflüssigkeit von alkalischer Reaktion stattfinden soll.

Es ist nicht richtig, wie dies, wie wir wissen, vielfach in der Praxis geschieht, dass man $^1/_4$ Chlorkalk in $^3/_4$ Teilen Wasser, welches bis zur Siedehitze erwärmt ist, bringt, um eine starke Chlorkalklösung herzustellen. Die Lösung wird bei diesem Verfahren zum Teil zersetzt unter Entwicklung von Sauerstoff, der für Bleichzwecke verloren geht, während ein Teil des Chlorkalkes gleichzeitig in chlorsauren Kalk verwandelt wird.

Chlorkalk muss an einem trockenen Orte, am besten in irdenen Geschirren zugedeckt, aufbewahrt werden. Guter Chlorkalk löst sich in weichem Wasser fast vollständig nur unter Zurücklassung eines geringen Bodensatzes auf. Ein erheblicher Bodensatz lässt auf das Vorhandensein einer grösseren Menge Kalk schliessen. Die Stärke, die Güte, der Wert des Chlorkalkes wird in Graden angegeben, welche der wirksamen Menge Chlor in Prozenten gleich ist. In Frankreich geben die Grade die Zahl der Liter Chlorgas an, welche aus 1^k Chlorkalk freigemacht werden können.

Je gründlicher die Jutegarne vor der Bleiche mit Seife gereinigt wurden, um so weniger Chlorkalk ist erforderlich zur Erzielung einer ausreichenden Bleichung. Die Seifenreinigung ist einerseits billiger als die durch Chlorkalk und erhält ausserdem den Faserglanz.

Die Temperatur des Bleichbades soll 10—18° C. nicht überschreiten. In starker Chlorkalklösung verlieren die Garne bald ihre Festigkeit und dies um so schneller, je höher die Temperatur des Bades ist.

Eine Vorschrift der Praxis zur Halbbleiche der gereinigten (in Soda oder einem Seifenbade gekochten und dann gespülten) Garne besagt, dass man 26^{kg} Chlorkalk auf 100^{kg} zu bleichende Garne zu rechnen und letztere im heissen Bleichbade 10 Minuten lang zu belassen habe. Es soll dann eine Spülung in schwach, mittels Schwefelsäure, gesäuertem Bade und hierauf eine Waschung mit reinem Wasser, bis keine saure Reaktion mehr nachweisbar ist, folgen. Wünscht man eine weiter gehende Bleichung, so ist das letztere Verfahren zu wiederholen, also das erneute Einlegen in das Bleichbad mit darauf folgender Spülung im Säurebade und Waschung.

Soll Ganzbleiche durch die schwächere kalte Bleichflüssigkeit bewirkt werden, so müssen die Garne mehrere Stunden, etwa 6 bis 8, doch kann man ohne Schaden auch bis 12 gehen (m. vergl. Teil I, Seite 108 und 109), in derselben gelassen werden. Auch in dem letzteren Falle ist mit dem gebleichten Garne wie oben zu verfahren, d. h. dasselbe in einem schwachen Säurebade zu spülen und dann sofort wieder zu waschen, bis keine saure Reaktion mehr auftritt.

Zum Ansäuern des Wassers benutzt man konz. engl. Schwefelsäure, die Konzentration des Säurebades beträgt etwa 1,5 %. Da das saure Bad in der Absicht angewendet wird, die vorher benutzten Alkalien zu neutralisieren, letztere aber weniger der Jute schaden als Säuren, so soll man in der Benutzung desselben recht vorsichtig sein und insbesondere ein sorgfältiges Spülen nach dem Säuren nicht versäumen.

Ueber das Bleichen der Jute vergleiche man auch Handbuch der Färberei von Dr. Ganswindt, Seite 376 und 377.

Das Färben der Jutegarne.

Wie schon angeführt, gelangen die Jutegarne stets im gereinigten Zustande (mit Soda oder Seife gekocht) zum Färben. Für helle Farben und zur Erzielung grösserer Dauerhaftigkeit derselben wird dann das Garn nach dem Waschen noch der Halbbleiche, sehr selten auch der Ganzbleiche unterworfen. Auch die Jute, welche ohne Bleiche direkt gefärbt werden soll, wird durch ein Säurebad wie oben gezogen, dann in Wasser gespült und kommt hierauf (ebenso die gebleichten Garne) gewöhnlich direkt in den Färbebottich, weil in der Regel Farben angewendet werden, die ein vorheriges Beizen nicht erfordern. Inbetreff des Verhaltens der Jute beim Färben ist im Teil I S. 116 folgendes angeführt:

„Jute nimmt unter den Textilstoffen des Pflanzenreiches eine ganz besondere Stellung ein, wenn es das Verhalten derselben gegen Farbstoffe betrifft. Baumwolle hat beinahe gar keine Fähigkeit, sich mit organischen Farbestoffen zu verbinden, ausgeschlossen Benzidinfarben und ähnlich wirkende neuere Farbstoffe; im halbgebleichten Zustande, in welchem dieselbe Oxycellulose enthält, zeigt sie etwas Bestreben, Farbstoffe an sich zu ziehen. Für alle praktische Verwendung muss aber der färbende Körper auf die Faser niedergeschlagen werden. Bei den animalischen Stoffen ist eine Behandlung mit Beizen nicht notwendig; Seide, Wolle, Haare u. s. w. nehmen Farbstoffe ohne weiteres in sich auf; Seide zieht sogar aus ganz verdünnten Lösungen die Farbstoffe aus, so dass dieselbe als Nachweis für solche benutzt wird. Jute kommt nun der Seide beinahe gleich in dem Verbindungsvermögen gegenüber Farbstoffen.

Das Merkwürdigste ist aber, dass sowohl die mit alkalischen Laugen abgezogene, als auch die mit Chlorkalk gebleichte Jutefaser immer noch dieselbe Zuneigung zu Farbstoffen zeigt, somit bei den angegebenen Prozeduren diese wichtige Eigenschaft der Jute nicht gelitten hat."

Dr. Ganswindt sagt u. A. über das Färben der Jute Seite 630 des angef. Buches: „Die Jute verhält sich gegen neutrale Farbstoffe genau so wie eine mit Tannin oder Sumach gebeizte Baumwollenfaser. Diejenigen adjektiven Baumwollenfarben, welche tannierte Baumwolle färben (also alle neutralen), sind für Jute substantive Farbstoffe. Die Jute verhält sich daher thatsächlich genau so wie Wolle. Schwach saure Wollfarbstoffe lassen sich durch Beizen der Jute mit Alaun trefflich fixieren."

Dr. Ganswindt unterscheidet 3 Abteilungen von Jute-Farbstoffen:

1. substantive. Dieselben färben entweder aus neutralem Bade und zwar direkt, besser aber noch nach vorheriger Brechweinstein-Passage. Hierher gehören alle direkten Wollfarben.

2. adjektive. Dieselben färben die mit Metalloxyden gebeizte Jute im neutralen Bade. Hierher gehören die indirekten Wollfarbestoffe.

3. direkt aus dem Seifenbade färbende. Hierher gehören alle Benzidinfarbstoffe.

Unter den erwähnten Farben führen wir hier folgende ältere und neuere, wenn auch noch nicht neueste beispielsweise an, denen die Färbung, welche sie hervorbringen, beigesetzt wurde, soweit dies erforderlich schien.

Direkte Wollfarben: Orseille (orange, gelbrot), Orlean (gelb, gelborange), Curcuma (gelb), Gelbschoten (gelb), Indigo (blau), Catechu (braun, gelbbraun), Fuchsin (rot), Cerise (kirschrot), Grenadin (rot), Marron (rot), Congo (rot, rotbraun, gelb bis braungelb), Chrysoidin (dunkelgelb), Bismarkbraun, Auramin (orange), Malachitgrün, Aethylgrün, Brillantgrün, Viktoriagrün 3 *B*, Methylgrün, Jodgrün, Nilblau, Methylviolett *B*, Krystallviolett, Benzylviolett, Hoffmanns-Violett, Aethylviolett, Reginaviolett und Violettschwarz.

Zu den indirekten, mit Beize färbenden Wollfarben gehören: Cochenille (rot), die Rothölzer, Krapp (rot), Persio (braunviolett), Blauholz, Gelbholz, Fisetholz (gelborange), Gelbbeeren, Quercitron, Wau (gelb), Flavin (olivgelb), Eosin (morgenrot), Erythrosin und Erythrosin *B. N.* (rot), Phloxin (rot), Methyleosin (rot), Aethyleosin (rot), Rhodamin (bläulichrot), Alizarin (krapprot), Flavopurpurin, Anthrapurpurin, Purpurin, Chrysolin (gelb), Alizarin-orange, Galloflavin (gelb), Coerulein und Coerulein *S* (grün), Alizarinblau, Alizarinblau *S*, Indophenolblau *N*, Gallein (violett), Gallocyanin (blauviolett), Prune (indigoblau), Anthracenbraun, Alizarinschwarz.

Zu den direkt aus dem Seifenbade färbenden Benzidinfarbstoffen (d. h. also denjenigen Farbstoffen, zu deren Lösung etwas Seife, 3 bis 5 % und mehr, hinzugefügt werden muss) endlich gehören: die Baumwollenfarbstoffe: Safflor (gelb), Orlean (goldgelb, orange), Curcuma (ohne Seife) (rötliche Farben), Indigo (ohne Seife) (blau), Catechu (ohne Seife) (braunrot, braunoliv), Congo, Congo *G R*, Congo 4 *R*, Brillantcongo (sämtliche mit Congo hier bezeichnete Farbstoffe zeigen rote Färbungen), Benzopurpurin *B*, 4 *B* und 6 *B* (rot), Rosazurin *G* und *B* (rot), Deltapurpurin 5 *B* und 7 *B*, Hessisch-Purpur *N*, *P*, *B* und *D*, Azoorseilline (braunrot), Chrysamin *G* und *R* (gelb), Congogelb *en pâte*, Brillantgelb, Chrysophenin (gelb), Hessisch-Gelb, Benzoazurin *G* (blau), Azoblau, Azoviolett, Hessisch-Violett, Heliotrop, Rosazurin *BB* (blaurot), Congo-Corinth *B* (braunviolett), Benzobraun, Violettschwarz, Benzoschwarzblau.

Zum Färben der Jutegarne werden vorwiegend die künstlichen organischen Farbstoffe benutzt, von denen die unter 1 und 3 genannten (direkte Wollfarbstoffe und die direkt aus dem Seifenbade färbende Benzidinfarbstoffe) mittels höchst einfacher direkter Färbemethode Anwendung finden. Die indirekten Wollfarbstoffe (z. B. Alizarinfarben) geben aber auf der gebeizten Jute sehr echte Färbungen.

Schwarz auf Jute erzeugt man durch Blauholz- und Gelbholzextrakt z. B. nach dem Centralblatt für die Textilindustrie, Berlin, No. 52 1889, folgendermassen:

Für 1000^k Garn werden in einer Kufe von 5^{cbm} Inhalt, die bis zu $^2/_3$ mit Wasser gefüllt ist, aufgelöst: 20^k trockenes Blauholzextrakt und 5^k Gelbholzextrakt in Paste. Die Flüssigkeit wird vermittelst direkten Dampfes zum Kochen gebracht. Dann wird der Dampf abgesperrt und mit der Jute eingegangen; man deckt vorsichtshalber einige Bretter auf die Ware, damit dieselbe nicht schwimmt. Nach 24 Stunden wird die Jute herausgenommen und in einen Haufen neben den Bottich gelegt. Die Haufen werden innerhalb 24 Stunden zwei- bis dreimal umgewendet, damit alle Teile soviel wie möglich der Einwirkung der Luft ausgesetzt werden. Inzwischen hat man 80^k Eisenvitriol und 5^k Kupfervitriol, welche man, wenn es nötig scheint, noch durch etwas

Wasser verdünnen kann, hinzugesetzt. Das Ganze wird zum Kochen gebracht und das Material wieder wie zuerst weitere 24 Stunden in den Bottich gebracht. Nach Verlauf dieser Zeit genügt es, die Flüssigkeit ablaufen zu lassen, um das gefärbte Garn herauszunehmen. Es erübrigt dann noch, die Ware auszuringen oder zu zentrifugieren und zu trocknen.

Zu den anderen Farben verwendet man in der Praxis wohl am meisten direkt färbende Anilinfarben und zwar mit einem Zusatz von Alaun, wodurch einerseits die Färbekraft des Bades länger erhalten, anderseits schönere, kräftigere und dauerhaftere Farben erzeugt werden.

Vielleicht hat man sich die Wirkung des Alauns in der Weise zu erklären, dass die Schwefelsäure desselben die beim Färben aus den Farbstoffen freiwerdende Basen neutralisiert und anderseits das Thonerdehydrat zur Befestigung, zur Verbindung der Farbstoffe mit der Faser, beiträgt. Man giebt etwa 1 % bis 10 % von dem zu färbenden Jutegewichte Alaun (100^g bis 1000^g auf 10^k Jute) zum Färbebade. Das Bad selbst wird je nach dem Farbstoff warm oder heiss angewendet. Das Einhängen und Passieren der Strähne währt einige Minuten bis zu einer Stunde, je nach den vorliegenden Verhältnissen.

Wir verweisen wegen des Näheren auf die angeführte Litteratur, geben in folgendem aber einige **neuere Vorschriften.**

Die badische Anilin- und Sodafabrik, Ludwigshafen a. Rhein, empfiehlt z. B. zum Färben der Baumwolle, welche Vorschrift ohne weiteres auch für Jute benutzt werden kann, für folgende direkt färbende Baumwollfarbstoffe, die ihr patentiert sind, 847 Baumwollgelb *G*, 848 Carbazolgelb, 829 Naphtylenrot, 806 Violettschwarz und 893 Salmrot und deren Mischungen behufs Herstellung der verschiedensten Farbenabstufungen nachstehendes Verfahren: Zur Erzielung eines bestimmten Farbentones sind etwa 2 bis 5^k Farbe für 100^k Garn erforderlich. Man färbt sämtliche Farbstoffe in kochendem möglichst concentriertem Bade, dem für 10^k Garn 3 bis 500^g Seife und 3 bis 500^g Pottasche zugesetzt werden. Statt Pottasche können auch Krystallsoda, phosphorsaures Natron, Borax, Wasserglas oder zinnsaures Natron angewendet werden.

Die Firma: Farbenfabriken früher Bayer & Co. in Elberfeld bringt unter dem Namen Sulphon Azurin einen neuen substantiven Farbstoff in den Handel, der tierische und Pflanzenfasern in neutralem oder schwach alkalischem Bade ohne vorher gegangene Beize blau färbt. Jute wird unter Zusatz von 10 % ihres Gewichtes Glaubersalz kochend gefärbt. Man geht bei 50—60° R. ein, treibt langsam zum Kochen und unterhält dasselbe $^3/_4$ Stunden. Die Farbe kann auch mit Zusatz von Kochsalz, Borax, Pottasche, Soda, zinnsaurem Natron oder Wasserglas hergestellt werden.

Benzopurpurin 10 *B* von derselben Firma giebt bläulichere Farbentöne als die früher bekannten Marken 4 *B* und 6 *B*; wird aber in ähnlicher Weise wie diese verwendet. Auf 100^k Garn, 5^k kalcinierte Pottasche, 3^k Seife und 2,5^k Benzopurpurin 10 *B*. Man bringt das Garn in die kochende Flotte und hantiert unter beständigem Kochen etwa 1 Stunde lang. Statt Pottasche kann auch Soda verwendet werden. Ehe der Farbstoff zugegeben wird, muss die Flotte mit dem angegebenen Quantum Seife und Pottasche, bezieh. Soda erhitzt und die sich auf der Oberfläche bildenden Abscheidungen von Kalk- und Magnesiaseifen abgeschöpft werden. Diese Farbe ist ganz besonders lichtecht.

Benzoazurin *G* und 3 *G* von derselben Firma giebt ein sehr **echtes Blau**. Das Bad wird zunächst mit 2 % des zu färbenden Garngewichtes Seife erhitzt, Unreinigkeiten schöpft man ab und giebt dann 5 % Kochsalz, 5 % phosphorsaures Natron und 2—5 % Farbstoff (immer bezogen auf das Garngewicht) zu, bringt das Garn ein und lässt 1 Stunde lang kochen, worauf eine Spülung folgt. Alsdann kommt dasselbe in ein neues Bad mit 5 % Zyper (schwefelsaurem Kupfer) und wird in demselben $^1/_2$ Stunde lang kochend behandelt. Durch das letztere Verfahren wird die Farbe sehr waschecht.

Die **Aktiengesellschaft für Anilinfabrikation, Berlin**, giebt ferner z. B. folgende Vorschriften, zu denen bemerkt werden möge, dass sich alle Prozente auf das lufttrockene Gewicht der Faser beziehen. **Dunkles Braun** färbt man mit 10 % Glaubersalz, $2^1/_2$ % Seife, $1^1/_2$ % **Congobraun** *G* und $1^1/_2$ % Azoviolett oder mit 1 % **Congobraun** *G* und 2 % **Azoviolett**. Das **Diaminrot** 3 *B* derselben Firma färbt mit 10 % Glaubersalz, $2^1/_2$ % Seife uud $2^1/_2$ % Farbstoff. Dieselbe Firma bringt den direkt färbenden Farbstoff **Erica** jetzt in zwei Marken, als **Erica** *B* (Blaustich) und **Erica** *G* (Gelbstich) in den Handel. Man färbt kochend mit 30 % Glaubersalz, $2^1/_2$ % Seife und 1 % Farbstoff. **Olivtöne** färbt man mit den direkt färbenden Farbstoffen **Chrysamin** *G* und **Benzoazurin** *G* derselben Firma mit 10 % Glaubersalz, $2^1/_2$ % Seife und $2^1/_3$ % **Chrysamin** *G* und, je nachdem ein grünliches oder gelbliches Oliv gewünscht wird, 0,9 % oder 0,5 % Benzoazurin.

Salmrot ist ein neuer direkt färbender Farbstoff für Baumwolle und Jute der **Badischen Anilin- und Sodafabrik**, welcher im alkalischen kochenden Bade **Salmrot** färbt, und zwar erzeugt 0,2 % Farbstoff ein helles, 1,5 % Farbstoff ein Mittel-Salmrot. Der Farbstoff ist genügend lichtecht, aber gegen Säuren sehr empfindlich.

Diese Beispiele — und nur solche sollen die angeführten Vorschriften sein — mögen für unsere Zwecke genügen. Die angegebene Litteratur giebt genügend weitere Aufschlüsse, ebenso diejenigen Zeitschriften, wie Centralblatt für die Textilindustrie, Berlin, Deutsches Wollengewebe, Leipziger Monatsschrift für die Textilindustrie, Oesterreichs Wollen- und Leinenindustrie u. s. w., welche sich mit Besprechung der Fortschritte in der Färberei befassen.

Es möge aber noch gestattet werden, hier die **Farbwerke vorm.**

Meister Lucius und Brüning, Höchst a. M., anzuführen und auf deren auf der Faser erzeugten Azofarben hinzuweisen, die auch für Jute beachtenswert sind.

Endlich wollen wir noch auf eine soeben (Januar 1890) bekannt werdende Abhandlung über **Azo-Türkischrot** auf Baumwolle von K. Oehler, Anilin und Anilinfarbenfabrik in Offenbach a. M. kurz eingehen. Das von der Firma für Baumwolle angegebene Verfahren lässt sich, wie Versuche in dem hiesigen chemischen Laboratorium ergeben haben, unverändert auch für gebleichte Jutegarne anwenden, dürfte aber z. Z. noch für letztere Zwecke zu umständlich sein.

Seit der Entdeckung der Azofarbstoffe machte sich vielseitig das Bestreben geltend, diese auch für Baumwolle (Jute) anwendbar zu machen. Die dahin zielenden Versuche blieben jedoch mit geringen Ausnahmen ohne praktischen Erfolg, bis vor kurzem von verschiedenen Seiten der Lösung der Frage näher getreten ist.

Von den durch Einwirkung von Diazoverbindungen auf Phenole entstehenden wasserunlöslichen Azofarbstoffen ist es auch das Beta-Naphtylamin-azo-beta-naphtol, das z. Z. für die Baumwollen-Färberei und Druckerei (von letzterer sprechen wir hier nicht weiter) von hervorragendem Interesse ist. Genannter Farbstoff entsteht, wenn Beta-Diazonaphtalinsalz mit Beta-Naphtol gepaart wird. Die mit demselben auf Baumwolle (bezieh. Jute) erzielbare Nüance steht derjenigen des Türkischrot sehr nahe, daher die Bezeichnung Azo-Türkischrot gewählt worden ist. Das letztere erreicht zwar nicht die Echtheit des Alizarin-Türkischrot gegen Licht und Alkalien, überragt darin aber doch die neueren direkt färbenden Baumwollenrote. Es ist ferner säure- und chlorechter als sämtliche Rot ähnlicher Nüancen. Azo-Türkischrot zeichnet sich durch seine grosse Billigkeit vor ähnlichen Farbstoffen aus.

Die Erzeugung des **Azo-Türkischrotes** auf Baumwolle und Jute erfolgt für Färbereizwecke in der Weise, dass man die mit Beta-Naphtolnatrium imprägnierte Ware durch die Lösung von diazotiertem Beta-Naphtylamin (Beta-Diazonaphtalin) durchzieht.

Die praktische Durchführung des Verfahrens ist die folgende:

1. **Imprägnierung der Ware mit Naphtolnatrium.**

    1440^g Beta-Naphtol werden zerkleinert und übergossen mit

    1600^g Natronlauge von 29 $^o/_o$ = 35° Beaumé und

    5760^g heissem Wasser. Man rührt bis zur vollständigen Lösung des Naphtols und fügt noch hinzu

  20000^g kaltes Wasser.

Mit dieser Lösung werden die Garne (Ware) auf entsprechende Weise imprägniert.

2. **Darstellung der Diazolösung.**

    1430^g fein gepulvertes Beta-Naphtylamin werden mit

1100ᵍ Salzsäure von 32 % = 20° Beaumé zu einem gleichmässigen Brei angerührt und hierauf mit

20000ᵍ heissem Wasser übergossen. Man erhitzt das Ganze bis
zum Kochen und unterhält letzteres ¼ Stunde. Hierauf
wird bis zum vollständigen Erkalten gerührt. (Eventuell
mit einer mechanischen Rührvorrichtung.) In die so entstandene graulich-weisse Paste lässt man unter fleissigem
Umrühren

2200ᵍ Salzsäure von oben angegebener Konzentration unter
weiterem Umrühren langsam zufliessen. Hierauf wird
durch Zusatz von ungefähr

8000 bis 10000ᵍ zerkleinertem Eis die Temperatur auf 1—3° C. gebracht.
Alsdann setzt man durch ein bis zum Boden des Misch-
gefässes reichendes Trichterrohr

765ᵍ salpetrigsaures Natron von 96 %, gelöst in

5000ᵍ Wasser, innerhalb 10 Minuten unter sehr fleissigem Umrühren zu.

Man lässt weitere 5 Minuten lang einwirken und sorgt event. durch
Zusatz von Eis dafür, dass die Temperatur 4° R. nicht übersteigt. Um
sich von dem Vorhandensein des Nitritüberschusses zu überzeugen, be-
tupft man Jodkaliumstärkepapier mit der Diazolösung, wobei sofortige
Bläuung die Jodstärkereaktion anzeigen muss. Die so erhaltene Diazolösung wird dann möglichst rasch durch Kaliko filtriert und durch Zusatz
von Eis oder Eiswasser auf 50000ᵍ gebracht. Diese Diazo-Stammlösung
wird unmittelbar vor der Verwendung mit der Lösung von 2800ᵍ essigsaurem Natron von 99 % und soviel Eiswasser versetzt, dass das Ganze
100000ᵍ ausmacht.

Die Diazotierung wird zweckmässig in Gefässen von Steingut, welche
man noch obendrein in einen mit Kältemischung (Eis und Steinsalz)
beschickten Holzkübel stellt, vorgenommen. Ebenso empfiehlt es sich,
die fertige Diazolösung in ähnlicher Weise bis zu ihrer Verwendung kühl
zu erhalten. Sie hält sich dann circa 3 Stunden. Man bereite daher
niemals mehr Diazolösung als man für diesen Zeitraum braucht, da in
Zersetzung begriffene Lösung nur trübe Nüancen giebt. Dagegen
empfiehlt es sich, eine grössere Menge der mit Salzsäure versetzten Paste
des salzsauren Beta-Naphtylamins darzustellen und davon die für den
jeweiligen Bedarf nötige Menge zu diazotieren.

Herstellung des Rotes. Die Garne werden am besten auf einer
Einweichmaschine, die sowohl das Einweichen wie das Auswinden be-
sorgt, ev. mit der Hand, mit der Naphtolnatriumlösung imprägniert und,
ohne getrocknet zu werden, in Partien von 1 bis 5ᵏᵍ durch die Diazolösung gezogen. Hierauf wird gespült und, um ein Abfärben zu vermeiden, bei 32° R. mit 5ᵍ Seife per Liter geseift. Schliesslich wird in
Wasser gewaschen.

Soweit nun an dieser Stelle über dieses neueste Verfahren. Dasselbe dürfte in den meisten Fällen für die Zwecke der Jutegarnfärberei zu umständlich sein, wenn es sich auch billiger als andere Färbemethoden stellen sollte.

Weitere Behandlung der gefärbten, bez. gebleichten Garne.

Nach dem Färben und Spülen der Garne müssen dieselben getrocknet werden, ebenso die nur gebleichten Garne, um weiter verwendet werden zu können. Es geschieht dies entweder in besonderen Trockenräumen oder im Kesselhause über dem Kessel, doch ist letzteres nicht überall gestattet. Es empfiehlt sich, um den Trockenprozess zu beschleunigen, die gespülten Garne auf einer Walzenpresse oder besser noch auf einer Centrifuge möglichst gründlich von dem überschüssigen Wasser zu befreien. Gewöhnlich begnügt man sich aber mit dem Ausringen der Garne, wie man sich überhaupt zur Ausführung des Wasch-, Bleich- und Färbeprozesses in den mit Spinnereien verbundenen Webereien wegen des geringen Umfanges dieser Prozesse meist der allereinfachsten, ja primitivsten Apparate bedient.

Einrichtung der Bleichereien und Färbereien. In den meisten Fabriken ist diese Abteilung noch verbunden mit der Schlichtekocherei und der Teererei, durch welche gewisse Zwirne für die Sacknäherei geteert werden.

Es genügt zur Ausführung aller dieser Prozesse etwa eine Bodenfläche von 10^m Länge und 8 bis 10^m Breite für eine Weberei von 200 bis 300 Webstühlen.

Nötig sind nun bei der einfachsten Einrichtung folgende Apparate und Vorrichtungen: 1 Wasserbottich, 1 Seifen- (Soda-)bottich, 1 Chlorbottich, 1 Säurebottich und 4 bis 5 Färbebottiche. Jeder Bottich aus Holz hergestellt, 90^{cm} hoch und 75^{cm} im Durchmesser. Ferner sind nötig 2 kleinere Fässer zum Ansetzen des Chlorkalkes und dann etwa 6 bis 8 Eimer, um die Flüssigkeiten zu mischen. Endlich müssen vorhanden sein: 4 bis 6 Böcke, 1,4^m hoch und 2,5^m lang, zum Auflegen der 3^{cm} starken, 1,5^m langen Stöcke, über welche die nassen Garnsträhnen gebreitet werden, damit letztere abtropfen können. Auf einer Stange sind 3 Strähnen zu 6 Gebinden untergebracht. Es muss ein Vorrat von mehreren Dutzend dieser Stöcke vorhanden sein. Endlich ist noch zur Ausführung der verschiedenen Kochprozesse für die Färberei ein Kocher erforderlich, den man häufig folgendermassen eingerichtet findet, wie die Text-Fig. 21 in $^1/_{38}$ nat. Grösse ergiebt.

Das eigentliche Kochgefäss K hat etwa 76^{cm} Durchmesser und 72^{cm} Höhe. Es ist aus Kupferblech hergestellt und auf der unteren kugelförmigen Hälfte von einem kupfernen Dampfmantel m umgeben.

Die Dampfeinströmung in den Zwischenraum zwischen Mantel und Kochgefäss findet durch das Dampfrohr a, das Ablassen des Kondensations-
wassers durch Hahn b statt. Durch Rohr c endlich werden die gekochten
Flüssigkeiten dem Kocher selbst entnommen. Der Kocher ruht mittels

Fig. 21.

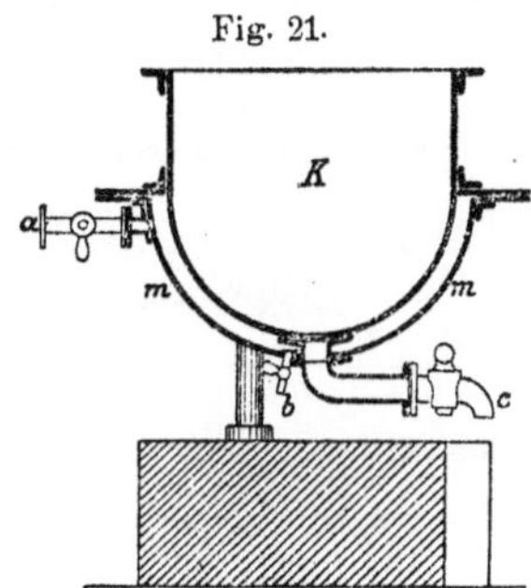

Kocher für Färbereizwecke. $^1/_{38}$ natürl. Grösse.

3 Füssen, von denen einer in obiger Zeichnung sichtbar ist, gewöhnlich auf einem gemauerten Sockel, um die nötige Höhe zum Untersetzen
der Eimer zu erhalten.

Findet das Ausringen der Strähne nicht mit der Hand statt, so
sind entsprechende bekannte mechanische Vorrichtungen vorhanden. Bei
der Anwendung einer Centrifuge muss auch diese noch in dem Färbe-
raume Platz finden.

Selbstverständlich sind grössere Webereien, bei denen das Bleichen
und Färben eine hervorragendere Rolle spielt, auch besser und reicher
ausgestattet. Wir verweisen diesbezügl. aber ebenfalls auf die ein-
schlägige Litteratur und schliessen hiermit die Besprechung dieses Abschnittes.

B. Die Vorbereitung der Schussgarne zum Weben.

Zum Eintragen des Schusses zwischen die Kettenfäden bedient man
sich, wie wir bereits wissen, eines Werkzeuges: Schützen, Webeschützen
genannt, welcher einen gewissen Vorrat an Schuss in dicht zusammen-
gewickelter Form enthält. Ist der Vorrat an Schussgarn in einem
Schützen aufgearbeitet, dann muss der Webstuhl stillgehalten und ein
neuer mit frischem Garne gefüllter in die Schützenkammer des Webstuhles eingelegt werden. — Um daher den Webeprozess längere Zeit
mit ein und demselben Schützen ununterbrochen ausführen zu können,
muss derselbe mit möglichst grosser Höhlung versehen sein, um einen
erheblicheren Vorrat an Schussgarn aufnehmen zu können. Es ist selbstverständlich, dass in demselben Raume die unterzubringende Menge
Schussgarn um so grösser sein wird, je dichter dasselbe zusammengewickelt wird.

Um nun die Form näher kennen zu lernen, in welcher das Schussgarn übergeführt werden muss, ist es zunächst erforderlich, den in der
Jute-Weberei benutzten Schützen näher zu betrachten.

Die Textfiguren Fig. 22 a bis c zeigen einen **älteren Jutegarnschützen**
in ¹/₈ natürlicher Grösse, wie er bis vor kurzem noch ausschliesslich in
Gebrauch war.

Fig. 22 a. Grundriss.

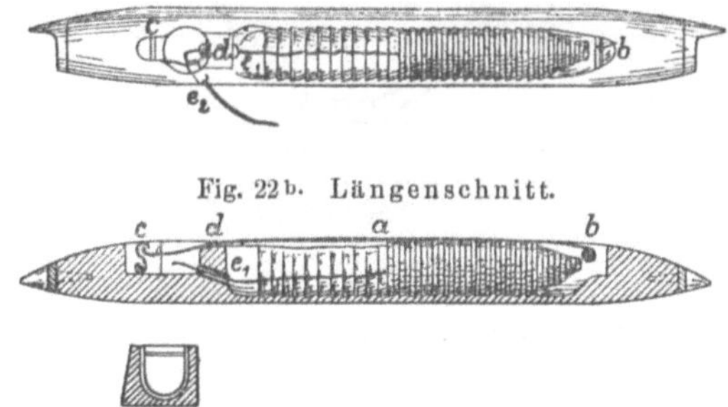

Fig. 22 b. Längenschnitt.

Fig. 22 c. Querschnitt.

Webeschützen mit eingeschlossenem Kop. ¹/₈ natürl. Grösse.

Der Schützen ist zur Hälfte etwa gefüllt mit Schussgarn zur Darstellung gelangt.

Man fertigt den Schützen stets aus einem schweren Holze, um ihm,
trotz der grossen Höhlung, ein genügendes Gewicht zu geben, dass er,
ohne mit zu grosser Anfangsgeschwindigkeit bewegt werden zu müssen,
doch ein genügendes Arbeitsvermögen (Arbeitsfähigkeit, Energie, auch
wohl lebendige Kraft genannt) entwickelt, das hinreicht, den von der
Reibung auf der Bahn zwischen den Kettenfäden und dem Abwickeln
des Schussfadens aus dem Innern herrührenden Widerstand sowie den
in der Schützenkammer zu überwinden. Die den grössten Teil des
Schützens beanspruchende oben offene Höhlung (man vergl. Grundriss
Fig. 22ᵃ und Längenschnitt Fig. 22ᵇ) ist von den Längsseiten desselben
geradlinig und von dem Boden halbkreisförmig abgeschlossen, wie der
Querschnitt durch die Höhlung in Fig. 22ᶜ erkennen lässt. Die Begrenzungsflächen derselben sind mit tiefen, zahnartigen Einkerbungen
versehen. Nach oben zu kann die Höhlung durch einen federnden Deckel
abgeschlossen werden, der an dem einen Ende um den Stift *b* drehbar
ist und am anderen Ende durch einen Haken *c* niedergehalten wird,
wobei er sich auf den Steg *d* auflegt. In Fig. 22ᵃ ist dieser Deckel
weggelassen, in Fig. 22ᵇ geschlossen gezeichnet. — In dem Stege ist
ein Porzellanauge e_1 angebracht und in der vorderen Längswand des
Schützens, noch mehr nach dem Ende desselben zu, ein zweites e_2,
welche beide die Fadenleitung aus dem Innern nach aussen vermitteln.

Betrachten wir die äusseren Begrenzungsflächen des Schützens, so
steht die vordere Längswand (die Augenseite, welche im Webstuhl dem

Brustbaume zugekehrt ist) senkrecht auf der Bodenfläche. Die hintere
Längswand schliesst mit demselben einen Winkel von 84 bis 88°, Laufwinkel genannt, ein. Denselben Winkel muss das Webeblatt mit der
Ladenbahn bilden. Hat sich der Laufwinkel am Schützen durch Abnutzung verändert und sind die Seitenflächen nicht mehr eben, so muss
derselbe auf der Hobelbank mittels des Hobels nachgearbeitet werden.
Die Längswände der Schützen konvergieren nach den Enden zu etwas,
bedeutend stärker aber der Boden und die oberen Begrenzungsflächen,
welche auch noch seitliche Abflachungen zeigen. An den Enden endlich
ist der Schützen mit je einem schmiedeeisernen Schuh armiert, der in
der Richtung der hinteren Längswand in eine Spitze ausläuft, im übrigen
aber eine ebene Fläche bildet, gegen welche im Webstuhl der Stoss
erfolgt, um den Schützen in Bewegung zu setzen. Die Schuhspitze soll
die Trennung der bei der Fachbildung etwa zusammenhängenden Kettenfäden bewirken.

Selten werden Schuhe an den Endflächen angewendet, die in eine
in der Mittellinie (bez. Schwerpunktslinie) des Schützens liegende Spitze
auslaufen und gegen die dann der Bewegung erteilende Stoss im Webstuhl erfolgt. Die Schlagorgane sind dann natürlich anders geformt als
im ersteren Falle.

Die Hauptdimensionen des gezeichneten Schützens sind folgende:
Totale Länge, von Schlagfläche zu Schlagfläche $18^1/_2$ Zoll (470^{mm}),
Breite des Schützens auf der Bodenfläche $2^1/_4$ Zoll (57^{mm}), auf der
oberen Seite 2 Zoll (51^{mm}). Nutzbare Länge der Höhlung $9^1/_2$ Zoll
(142^{mm}), lichte Breite und Höhe derselben $1^1/_2$ Zoll (38^{mm}).

Neuerer Webeschützen von Thomas Miln in Dundee.

Dieser Schützen hat, bei denselben äusseren Dimensionen wie der
vorige, eine Höhlung von $11^1/_2$ bis 12 Zoll (29,21 bis $30,48^{cm}$) Länge
zur Unterbringung des Schussgarns. Der hierdurch erzielte Vorteil,
nämlich die Möglichkeit, eine grössere Menge Schuss in dem Schützen
unterbringen und infolge dessen den Webstuhl um diesen Mehrbetrag
länger ohne Schützenwechsel, also ohne Stillstand, arbeiten lassen zu
können, liegt auf der Hand. Die Verlängerung der Höhlung ist dadurch
möglich geworden, dass der hölzerne Steg d des vorigen Schützen,
wie die Textfiguren 23^a und 23^b erkennen lassen, durch einen dünnen
eisernen Stift d_0 ersetzt ist, auf den sich der wie beim vorigen
Schützen federnde Deckel beim Schliessen des Schützen legt. Der Deckel,
sowie der denselben haltende, um Stift c_0 drehbare Haken ist in Fig. 23^a
nicht weiter angegeben worden. Das erste Porzellanauge e_1, durch
welches der Schussfaden geführt wird, ist ferner fast senkrecht in den
Schützenboden eingesetzt. Auf der Rückseite, Fig. 23^b, ist die untere
Laufseite etwas ausgehöhlt und das zweite Porzellanauge e_2 schräg so

eingesetzt, dass es, von dieser Höhlung im Boden beginnend, die Vorderwand des Schützens durchbricht und in halber Höhe derselben in einer
entlang dem Schützen gehenden Nute enndet.   Die Fadenleitung ergiebt

Fig. 23 a. Ober-Ansicht.

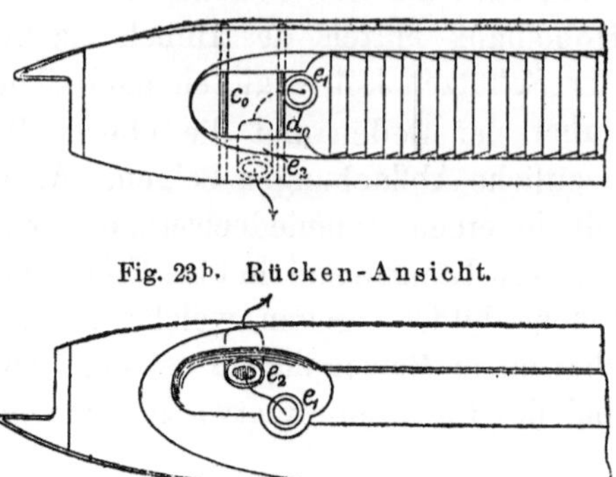

Fig. 23 b. Rücken-Ansicht.

Endteil eines neuen Webeschützen von Thomas Miln in Dundee. $\frac{1}{4}$ nat. Grösse.

sich aus den erwähnten Figuren ohne weiteres.   Das Einziehen des
Fadens ist bequemer als bei dem älteren Schützen.

Der Schussfaden muss nun in eine solche Form gebracht werden,
welche einerseits die möglichste Ausfüllung der Schützenhöhlung und
anderseits ein regelrechtes und leichtes Abwickeln des Fadens ohne
grosse Reibung erlaubt. — Die Zusammenwicklung des Schussfadens erfolgt deshalb in dicht und fest aneinander liegenden Windungen so,
dass der schliessliche Körper einen Cylinder von genügender Haltbarkeit
mit kleiner Höhlung bildet, welcher an dem einen Ende etwas abgerundet erscheint, an dem anderen kegelförmig ausläuft.   Man nennt
denselben **Kötzer** oder, was gebräuchlicher ist, **Kop.** — Bricht man
denselben an irgend einer Stelle auseinander, so bildet sich immer
wieder ein konisches Ende, und es zeigt sich, dass er aus dicht aneinander liegenden konischen Wicklungen besteht.   Hält man den Kop
mit der einen Hand fest und fasst das Fadenende aus der Höhlung, so
ist man imstande, bei nur geringem Zuge an demselben in der Richtung
der Längsachse eine regelrechte Abwicklung aus dem Innern heraus
zu bewirken, wobei der Kop immer kürzer wird und schliesslich die
Abwicklung am konischen Teile endet.   Verfolgt man das Abwickeln
eines vollen Kops etwas genauer, so zeigt es sich, dass der Faden am
Anfange an der inneren fast cylindrischen Höhlung, die von der Spindel,
auf welcher derselbe gebildet wurde, kantig gedrückt ist, in einer flachen
Spirale bis zu einer gewissen Tiefe geht, alsdann wieder zurückkehrt,
wieder niedersteigt u. s. w. in immer steiler werdenden Spiralen, bis die
rückkehrende Spirale die äussere Peripherie erreicht und sich ein Hohl-

kegel gebildet hat, dessen Höhe mit der des Vollkegels am Ende des Kops übereinstimmt. Von nun an beginnt die Verkürzung des Kops. Der Faden läuft zunächst eine Strecke am äusseren Umfange entlang, geht dann in einer Spirale mit zuerst zunehmender und dann wieder abnehmender Steigung in einer Schraubenlinie bis zur inneren Höhlung hinab und kehrt alsdann in einer ähnlichen Spirale wieder zur äusseren Peripherie zurück, geht wieder abwärts u. s. w. Dass sich der Kop auch am anderen Ende von aussen abwickeln lässt, mag nebenbei bemerkt werden. Anwendung findet dieser Umstand in der Jute-Weberei nicht. Der Kop erhält solche Dimensionen, dass er die Höhlung des zugehörenden Schützens recht vollständig ausfüllt und das Eindrücken in dieselbe nicht zu leicht möglich ist. Der Kop liegt im Schützen mit seiner geraden Endfläche nach den Augen zu. Nachdem alsdann der Faden durch dieselben gezogen und nach aussen geführt worden ist, wird der Deckel geschlossen, welcher den Kop fest in die Höhlung presst. Der Kop ist sonach von den gezahnten Wänden der Höhlung und durch den Druck des Deckels festgehalten, und jetzt kann durch Ziehen an dem heraustretenden Fadenende die Abwicklung vorgenommen werden, was bei der Bewegung des Schützens im Webstuhl von selbst erfolgt. Man vergleiche den Schützen in den Textfiguren 22^a und 22^b, welcher einen halb abgewickelten Kop eingeschlossen enthält.

Die Kops werden, je nach der Feinheit des Garnes, in verschiedenen Dimensionen von 7 bis 12 Zoll Länge (17,8^{mm} bis 30,48^{mm}) und $^3/_4$ bis 2 Zoll (19^{mm} bis 51^{mm}) im Durchmesser angefertigt. Bei Benutzung der älteren Schützen werden die Kops für Garne von $N^{lbs} = 7$ bis 20 gewöhnlich $9^1/_2$ Zoll (24,13^{cm}) lang und $1^1/_2$ Zoll (3,81^{cm}) im Durchmesser genommen; für stärkere Garne, also von $N^{lbs} = 22$ bis 190, giebt man den Kops $1^3/_4$ Zoll Durchmesser bei derselben Länge. Seit Einführnng des neuen zuletzt erwähnten Schützens aber können die Kops $11^1/_2$ bis 12 Zoll (29,20^{cm} bis 30,5^{cm}) lang genommen werden.

Die fertigen Kops wiegen im Durchschnitt bei $9^1/_2$ Zoll Länge und $1^1/_2$ Zoll Durchmesser: in $N^{lbs} = 7$ etwa 125^g. Das Gewicht steigt alsdann, beträgt bei Garn $N^{lbs} = 10$ etwa 130^g, bei $N^{lbs} = 20$ etwa 135^g und im Durchschnitt für Garne $N^{lbs} = 7$ bis 20, also in der Durchschnittsnummer $N^{lbs} = 11$, etwa 130^g.

Für Kops von $9^1/_2$ Zoll Länge und $1^3/_4$ Zoll Durchmesser beträgt das Durchschnittsgewicht eines Kops für die Garnnummern $N^{lbs} = 25$ bis 190 etwa 155^g.

Die längeren Kops für die neuen Schützen wiegen bei derselben Dicke natürlich entsprechend mehr, und kann man bei 12 Zoll Länge für die $1^1/_2$ Zoll starken ein Durchschnittsgewicht von 165^g und für die $1^3/_4$ Zoll starken von 195^g annehmen.

Die Maschinen, welche nun zur Herstellung der Kötzer oder Kops benutzt werden, heissen **Kötzerspul- oder Kop‑Maschinen,** auch Trichterspulmaschinen (*Cop-winders*), weil die stets auf der nackten Spindel vorgenommene Wicklung in einem Trichter erfolgt.

Die nach dem Patente von Combe durch die Firma: Combe, Barbour und Combe Belfast gebauten Kopmaschinen[8]) werden entweder mit stehenden oder liegenden Spindeln ausgeführt. Die ersteren sind die beliebteren, da sie einerseits in der Breitenrichtung weniger Platz beanspruchen und andererseits bei ihnen die arbeitenden Teile leichter zugänglich sind.

Andere Firmen bauen in der Regel nur Kopmaschinen mit stehenden Spindeln.

Das Wicklungsprinzip ist bei sämtlichen Maschinen nahezu gleich. — Im übrigen weicht deren Konstruktion in Einzelheiten, aber auch da nicht wesentlich, von einander ab. Betrachten wir nunmehr das bei allen derartigen Maschinen fast übereinstimmende Arbeitsprinzip an einer Combeschen Spindel näher.

Die Spindel von meist quadratischem oder sechsseitigem Querschnitt, welcher von der Stelle ab, wo die Aufwicklung beginnt, konisch nach dem Ende hin ausläuft, ist in einem Fuss- und einem Halslager so gelagert, dass sie sich in dem letzteren verschieben lässt, wenn das Fusslager entsprechend nachgiebt. Die Spindel steht bei Beginn der Wicklung so, dass der Anfang ihrer Verjüngung in einen sie umgebenden Trichter fällt, der mit einem seiner Konizität entsprechenden Schlitze versehen ist. Vor diesem wird mittels Kreisexcenter ein Fadenführer auf und ab, bezieh. hin und her bewegt, der den aufzuwickelnden Faden durch den Trichterschlitz nach der Spindel führt. Bei der Drehung der Spindel findet daher sofort ein Aufwinden des Fadens statt, in neben und alsdann in übereinander liegenden Windungen nach dem dünneren Spindelende zu, in einer dem Hube des Fadenführers entsprechenden Ausdehnung. Dieses Aufwickeln dauert so lange, bis die Windungen an die Innenfläche des Trichters anstossen, was zuerst an dem kleineren Durchmesser des Hohlkegels erfolgt. Bei fortgesetzter Wicklung wird alsbald von diesem Punkte aus zuerst das Bestreben entstehen, die Windungen nach dem dickeren Spindelende hin zu verschieben, wodurch ein Zusammendrücken derselben erfolgt, bis diese so dicht liegen, dass

---

[8]) Die erste Beschreibung dieser Maschinen erfolgte durch E. R. Lembke im Civil-Ingenieur, XXI. Band, 4. Heft. Dieselbe ging dann über in das vortreffliche Buch: Die Vorbereitungsmaschinen in der mechanischen Weberei von eben demselben. Leipzig, Arthur Felix. Die später an dieser Stelle näher beschriebenen neuesten Combeschen Kopmaschinen weichen etwas von den durch Lembke beschriebenen ab. — In dem erwähnten Buche finden die anderen Vorbereitungsmaschinen, wie sie gewöhnlich in der Jute‑Weberei benutzt werden, keine Erwähnung.

eine Verschiebung auf der Spindel wegen deren Verdickung nicht mehr möglich ist. Nunmehr tritt das Bestreben auf, die Windungen mit der Spindel nach dem Fusslager hin zu verschieben.

Das Fusslager ist nun zwar verschiebbar, wird aber durch ein Gewicht kräftig nach der Spindelspitze zu gedrückt. Die Windungen im Trichter müssen sich daher erst noch weiter zusammen, bezieh. übereinander schieben, bis eine derartige Aneinanderpressung stattfindet, dass der hierdurch hervorgerufene Gegendruck des aufgewundenen Garnes imstande ist, diesen Gewichtsdruck zu überwinden und auch wirklich eine Längsverschiebung der Spindel hervorzubringen. — Inzwischen hat sich der Trichter immer mehr mit Garn gefüllt und zwar fast bis zu dem Durchmesser, welcher dem Ausschlage des Fadenführers nach der Basis zu entspricht.

Nunmehr erfolgt zuerst langsam, bis zur vollen Füllung des Trichters, alsdann aber schneller und regelmässig, das Fortrücken des sich bildenden Kops mit der Spindel, weil die aufgewickelte Fadenmasse die zur Hervorbringung eines genügenden Gegendruckes nötige Dichtigkeit hat und fortan stets beibehalten muss. Hieraus erklärt sich der geschlossene, nur ein wenig abgerundete Anfang des Kops, der erst dann eine regelmässige Abwicklung von innen heraus zeigt, wenn die Windungen die äussere Peripherie erreicht haben, wie dies schon früher Seite 118 erwähnt wurde.

Bei Kopmaschinen anderer Firmen, z. B. von Urquhart, Lindsay & Co. in Dundee, ist eine kurze, nicht verschiebbare Spindel vorhanden. Auf den sich bildenden Kop legt sich eine belastete Scheibe, und es erfolgt lediglich die Verschiebung des Kops allein. Wir kommen später noch hierauf zurück.

Die weitere regelmässige Aufwicklung muss, wie nun leicht erklärlich, nach dem früher erwähnten, durch Abwicklung eines Kops gefundenen Gesetze erfolgen, weil die Bewegung des Fadenführers von einem Excenter aus geschieht, derselbe sich mithin an den Endpunkten mit der kleinsten, in der Mitte mit der grössten Geschwindigkeit bewegt, während gleichzeitig die Aufwindegeschwindigkeit im Trichter an der Basis am grössten, an der Spitze am kleinsten ist.

Wenn der Kop die nötige Länge erreicht hat, muss die Spindel selbstthätig stillgehalten und alsdann der fertige Kop mit der Hand von derselben herunter gezogen werden, worauf der beschriebene Prozess von neuem beginnen kann. Damit ferner bei Fadenbruch nicht etwa eine längere Zeit dauernde Reibung derselben Garnpartien an den Trichterwandungen stattfindet, welche eine starke selbst bis zur Entzündung gehende Erwärmung derselben hervorrufen würde — und damit anderseits das abgerissene Fadenende leichter wieder gefunden werden kann, muss ebenfalls in demselben Momente die Spindel selbstthätig ausgerückt werden. Für eine regelmässige Aufwicklung ist es endlich noch notwendig, dass der Faden stets in möglichst derselben Spannung auf die Spindel läuft. Da aber bei jeder Wicklung, infolge der Konizität des Trichters, die Aufwindegeschwindigkeit fortwährend wechselt und auch der Widerstand, den die Feinspindeln dem Abwickeln entgegen setzen, nicht derselbe bleibt, so müssen endlich noch Mechanismen, Vorrichtungen vorhanden sein, welche die Fadenspannung innerhalb zulässiger Grenzen halten. Wir betrachten nun die Kopmaschinen in Bezug auf ihre allgemeine Anordnung zunächst noch weiter.

Beide Arten von Kopmaschinen, d. h. sowohl die mit stehenden, wie die mit liegenden Spindeln, können eingerichtet sein, um entweder vom Strähn (*hank*) oder von der Feinspinnspule (*spinning bobbin*) zu winden. In den mit Spinnerei verbundenen Webereien findet natürlich vorwiegend die letztere Methode statt, und gelangt die erstere nur dann zur Anwendung, wenn fremdes Garn, das im Strähn gekauft wurde, oder wenn gebleichtes und gefärbtes Garn, das aus der eigenen Bleicherei oder Färberei stets in Strähnform kommt, wie wir bereits gesehen haben, aufgespult werden soll.

Die Maschinen baut man ferner entweder einseitig oder zweiseitig, d. h. mit einer oder mit zwei Reihen Spindeln versehen. Im letzteren Falle lässt man entweder den Antrieb von einer Betriebsriemscheibe aus nach beiden Seiten hingehen, oder man giebt jeder Seite eine besondere Betriebsriemscheibe, erhält also zwei vollständig getrennte und von einander unabhängige Maschinen, deren Gestelle nur mit einander verbunden sind. Die letztere Anordnung, also die mit getrenntem Antriebe, wird in der Jute - Weberei jetzt vorwiegend angewendet, weil alsdann jede Seite leicht unabhängig von der anderen zu verschiedenen Zwecken benutzt, eventuell ausser Betrieb gesetzt werden kann. (Man vergl. die späteren Figuren).

Bei den Maschinen mit stehenden Spindeln kann nun die Kopbildung von unten nach oben oder von oben nach unten erfolgen; im ersteren Falle liegen die Trichter unten, die weite Mündung nach oben gerichtet, im zweiten Falle liegen sie oben mit der Basis nach unten zu.

Die letztere Einrichtung ist zwar gegenwärtig noch die verbreitetste, doch wendet man in neuerer Zeit vielfach die andere an, weshalb wir beide Arten von Maschinen näher betrachten wollen.

Combes neueste zweiseitige Kop - Maschine oder Kop - Winder
(*Cop-winder*) mit nach unten zu gerichteten Trichtern.

Diese Maschine ist auf Tafel I in den Figuren 1 bis 11 dargestellt. Die Figuren 1, 2, 3 u. 8 bis 11 sind in $^1/_8$ natürlicher Grösse gehalten. Fig. 1 zeigt die Doppel-Maschine in der End-Ansicht, Fig. 2 giebt einen Querschnitt der halben Maschine und Fig. 3 die Vorder-Ansicht eines Führungsbockes nebst Fusslagerung der Spindel, Fig. 8—11 Antriebsweisen.

Die Figuren 4 bis 7 sind in $^1/_4$ natürl. Grösse gehalten, und giebt die erstere die Vorder-Ansicht einer Spindel und deren Mittel-Lagerung, sowie den Winde- und Ausrückmechanismus an, während die letzten Figuren Einzelheiten des Ausrückmechanismus darstellen.

Wie aus der Fig. 1 hervorgeht, ist die Maschine mit getrenntem Antrieb versehen, jede Seite kann also gänzlich unabhängig von der anderen arbeiten und ist zum Abwinden von Spulen eingerichtet. Die Riemscheiben sitzen auf den vorderen durchgehenden Hauptwellen a, von denen aus mittels hyperbolischer Räder b der Antrieb der hyperbolischen Getriebe c erfolgt. Jedes Getriebe dreht sich lose auf einer Büchse e, die in der am Gestell befestigten Muffe d gelagert ist, wenn die Plankupplung f etwas von der zwischen ihr und dem Rade eingelegten Lederscheibe abgehoben ist. Wird aber die Kuppelung f, die mittels Keils und langer Nut mit der Büchse e verbunden ist, gesenkt, so tritt die Feder g (Fig. 4) in Wirksamkeit und presst, — nach oben zu sich an die auf die Büchse geschraubte Mutter e_1 legend, — die Kupplungsflächen fest aufeinander, so dass sich jetzt die Raddrehung auf die Büchse selbst übertragen muss.

Die Büchse ist der ganzen Länge nach mit einem quadratischen Loche versehen, in welchem die Spindel s von demselben Querschnitte steckt, so dass auch sie an der Drehung, bezieh. dem Stillstande der ersteren, stets teilnehmen muss, dabei aber in der Längenrichtung verschiebbar bleibt.

Die auf die Büchse zum Niederhalten der Feder geschraubte Mutter e_1 ist mit zwei diametral gegenüber stehenden vertikalen Bohrungen versehen, die einerseits zum Einsetzen des Schlüssels beim Anschrauben, andererseits aber zur Einführung des Oeles dienen, das an Schmiernuten entlang an die Laufstelle des Randes c und von dort durch zwei senkrechte Bohrungen in dem folgenden Bunde an die Laufstelle der Büchse in der Muffe d gelangt. Die untere Mutter e_2 lässt schliesslich das nicht verbrauchte Oel durch zwei Bohrungen wieder austreten, welches nunmehr der Spindel entlang zum Fusslager fliesst.

Die Spindel ist 33 Zoll (838,2^{mm}) lang, wie erwähnt, von quadratischem Querschnitte, mit einer Seitenlänge von $^1/_2$ Zoll (12,7^{mm}) und verjüngt sich nach oben zu auf einer Länge von 12 Zoll (305^{mm}) bis auf $^3/_8$ Zoll Quadrat (9,5^{mm} Seite). Die Spindel endet unten in einen Kugelzapfen, Fig. 2 und 3, der in einem entsprechenden Lager durch die Schraube i gehalten wird. Das Fusslager, in einem Bügel k befestigt, der in dem Bocke l Führung findet, ist durch zwei über Rollen gehende Ketten mit dem Gegengewichte m verbunden, wodurch die Spindel selbst stets nach oben gedrückt wird, wenn das Gewicht m nicht auf seiner Unterlage liegt. Die Spindel geht oben durch den geschlitzten Trichter t, Fig. 1, 2 und 4, dessen Dimensionen entsprechend dem dicksten herzustellenden Kop eingerichtet sind. Die von den auf Stiften drehbaren

Spulen B kommenden Fäden werden zunächst über Porzellanrollen p, welche durch eine dünne Stange mit dem drehbar im Gestellbocke gelagertem Gussstücke v verbunden sind, nach den Fadenführern n und von diesen durch die Trichterschlitze zu den Spindeln geführt.

Die Bewegung der Fadenführer erfolgt von der Welle O aus, welche wiederum in Schwingungen durch ein Kreisexcenter E versetzt wird, dessen kurze Welle o_1 von der Hauptwelle a aus durch die Räder r_1 und r_2 den Antrieb erhält (Fig. 1). Die Excenterstange, welche je nach Bedarf verkürzt oder verlängert werden kann, ist in dem Schlitzhebel h_1 verstellbar, so dass die Schwingungsweite der Welle o, mithin auch die Hublänge, der Ausschlag der Fadenführer n verändert werden kann. Die Fadenführer selbst können wiederum auf der Welle o gedreht, also am Trichter höher oder tiefer eingestellt werden. Beide Verstellungen sind nötig, um die Dicke der zu bildenden Kops nach Wunsch verändern zu können. Je höher am Trichter der Fadenführer sich bewegt und je kleiner der Ausschlag desselben ist, um so dünner muss der Kop werden und umgekehrt, wie sich aus dem bereits erwähnten Wicklungsprinzip ergiebt.

Vor Beginn der Wicklung steht die betreffende Spindel still, indem die erwähnte Kupplung f durch den mit Gewicht m_1 belasteten Winkelhebel W emporgehoben wird (Fig. 2).

Sobald aber die im höchsten Punkte des Winkelhebels anfassende Zugstange z, die durch einen vertikalen Schlitz im Gestellbocke x führt, soweit nach vorn gezogen wird, dass deren Nase, wie Fig. 6 und 7 im grösseren Massstabe erkennen lassen, hinter die durch eine Spiralfeder nach oben gedrückte Stange q einklinkt, lässt der erstere die Kupplung f los, und nun kann die Drehung der Spindel wie beschrieben erfolgen.

Es ist ersichtlich, dass ein Niederziehen der die Zugstange z haltenden Klinkstange q sofort ein Freiwerden und Niedersinken des Winkelhebels W, sowie ein Aufheben der Kupplung f, also einen Spindelstillstand zur Folge hat, da die Nase der erwähnten Zugstange, alsdann gegen die keilförmig abgeschrägte Rückwand des Gestellbockes stossend (Fig. 7) und an dieser keinen Halt findend, an ihr entlang gleitet und dem Zuge des belasteten Winkelhebels folgend, sich durch den Schlitz nach hinten bewegen muss.

Diese Spindelbetrieb-Auslösung tritt aber ein, wenn der Kop lang genug geworden ist, weil er alsdann gegen den auf der Stange q sitzenden Finger F stösst und mit diesem die erstere etwas nach unten drückt. — Da der Finger F auf seiner Stange verstellbar ist, so hat man hierin ein sehr einfaches Mittel, die Koplänge zu verändern.

Die Fadenspannung-Regulierung, sowie die Auslösung des Betriebes bei Fadenbruch geschieht in folgender Weise:

Die Rolle p, über welche der Faden nach dem Fadenführer n geleitet wird, ist, wie erwähnt, mit dem drehbar im Gestellbock x gelagerten Gusstück v verbunden. Der vordere Teil desselben ist kreisbogenförmig gestaltet und an ihm ein durch Gewicht m_2 belasteter Lederstreifen befestigt, so dass die Rolle p stets das Bestreben hat, die höchste Stellung einzunehmen, welche durch den Anschlag der Nase v_1 an einen Vorsprung des Bockes x bestimmt ist.

Durch den über die Rolle p geführten und sich von der Spule B abwickelnden Faden wird die erstere aber nach unten gezogen, bis zwischen den von der Fadenspannung und dem Gewichte m_2 herrührenden Drehmomenten Gleichgewicht herrscht. Um den zur Erzeugung genügender Fadenspannung nötigen Abwicklungswiderstand hervorzurufen, sind die Spulen belastet durch schwere, einarmige Hebel H, die sich einerseits auf die Kante der hinteren festen Wand G stützen und sich anderseits — um seitliche Ausweichungen zu verhindern — in genügend hohe Schlitze der Spulenbank B_1 einlegen (Fig. 2).

Weil nun aber die Aufwicklungsgeschwindigkeit bei jedem Fadenführerhube einen grössten und kleinsten Wert erreicht, ferner die Spule immer dünner und dünner wird, so wechselt auch fortwährend die Fadenspannung, was ein Nieder- und Emporgehen der Rolle p zur Folge hat, soweit es die Herstellung des Gleichgewichtszustandes zwischen den Drehmomenten erfordert. Die Fadenspannung tritt also in stete Abhängigkeit zu dem Gewichte m_2.

Setzen aber die Spulen bei zu fester oder fehlerhafter Wicklung dem Abwickeln einen grösseren Reibungswiderstand entgegen, so dass die Fadenspannung die zulässige Grenze überschreitet, so muss der erstere vermindert werden, was durch Aufheben der erwähnten Bremshebel geschieht. Die Bremshebel H werden zu dem Zweck von Bügeln umfasst, welche mit den Gewichten m_2 verbunden sind (Fig. 2 und 4). Wenn nun durch eine grössere Fadenspannung die Rollen p weiter, als einer mittleren Spannung entspricht, nach unten gezogen werden, so steigen die Gewichte m_2 soweit empor, dass ihre Bügel die Bremshebel von den Spulen abheben. Infolge des hierdurch verminderten Reibungswiderstandes nimmt die Fadenspannung ab, und es findet eine neue dem Gleichgewichtszustande zwischen den Drehmomenten entsprechende Einstellung der Rolle p statt. Wird die Fadenspannung wieder zu gering, so tritt in umgekehrter Weise aufs neue Bremsung ein.

Spulen, welche trotz der Bremsung nicht den zur Erzeugung genügender Fadenspannung hinreichenden Reibungswiderstand der Abwicklung entgegen setzen, kommen wohl kaum vor und müssten dann durch umgelegte und beschwerte Schnüre oder in anderer Weise noch stärker gebremst werden.

Hingegen findet man wohl Spulen, welche infolge fehlerhafter Wicklung trotz der, wie beschrieben, aufgehobenen Bremsung dem Abwickeln einen zu grossen Widerstand entgegen setzen. Infolge dessen wird die Rolle p soweit niedergezogen, bis die Nase v_2 des Gussstückes an einen unteren Vorsprung des Lagerbockes x stösst. Alsdann erfolgt bei fortgesetzter Spindeldrehung ein Abreissen des Fadens, weil die Fadenführerrolle p nicht mehr nachgeben kann.

Reisst aber aus diesen oder aus anderen Gründen der Faden, so dreht das Gewicht m_2 das Gussstück v in die höchste Stellung, und dabei trifft das geradlinig ausgeschnittene Ende desselben, sich in einem Kreise aufwärts bewegend, die eingeklinkte Zugstange z von unten (Fig. 6 und 7) und löst sie von der Stange q aus, wodurch der Spindelstillstand bekanntermassen hervorgebracht wird.

Das erwähnte, bei fehlerhaft gewickelten Spulen vorkommende Abreissen des Fadens erfordert, besonders bei dickeren Garnen, erhebliche Fadenspannung, welche meist hinreicht, den die Rolle p haltenden Draht zu verbiegen, deshalb darf dasselbe immer nur ausnahmsweise vorkommen.

An älteren Maschinen erfolgte aber bei vollendeter Kopbildung die Ausrückung jedesmal unter Ueberwindung der Fadenspannung und Abreissen des Fadens, was bei der vorliegenden Maschine, wie wir gesehen, nicht der Fall ist. Deshalb schon allein, aber auch, weil die Ausrückung der beschriebenen Maschine sicherer und exakter wirkt, ist sie den älteren, jetzt kaum noch benutzten, vorzuziehen.

Es mag noch erwähnt werden, dass man manchmal über die Spindel eine sich bis zur beginnenden Verjüngung derselben herabsenkende, metallene Platte schiebt, damit sich die Windungen bei dem Fortrücken an diese legen und nicht zu sehr auf der Spindel angestrengt werden.

Ist die Kopbildung beendet und die Spindel zum Stillstand gekommen, so wird zunächst von der Arbeiterin der Faden durchgeschnitten (er soll nicht gerissen werden), alsdann durch Niedertreten des Bügels k die Spindel soweit herabgezogen, dass der Kop abgenommen werden kann. Man lässt hierauf den Bügel mit der Spindel in die höchste Stellung gehen, dann erfolgt das Einführen des Fadens, und die neue Wicklung beginnt.

Die Tafel I zeigt nun noch in den Figuren 8 bis 11 verschiedene Antriebe der Doppelmaschine, wie dieselben auf Wunsch hergestellt werden. In den Figuren 8 bis 10 hat jede Seite einen besonderen Riemenscheibenantrieb. Die Drehungszahl der Scheiben liegt zwischen 270 und 440 in der Minute. In den Figuren 8 und 9 sind die Antriebsscheiben auf einer Maschinenseite und zwar in Fig. 8 in ein und derselben Vertikalebene, in Fig. 9 aber in verschiedenen Ebenen angeordnet. In Fig. 10 erfolgt der Antrieb der einen Seite vom linken und der der anderen vom rechten Maschinenende aus. In Fig. 11 endlich ist nur eine Antriebsscheibe für beide Maschinenseiten vorhanden. Diese sitzt auf einem Querschafte, von welchem durch konische Räder die Uebertragung der Bewegung an die beiden Seitenschafte erfolgt. Die minutliche Umdrehungszahl dieser Antriebsscheibe ist 180 bis 300. —

Bei den folgenden noch zu beschreibenden Schussspulmaschinen können wir uns nunmehr wohl kürzer fassen, ohne fürchten zu müssen, undeutlich zu werden.

Wir führen zunächst vor:

Combes Kopwinder mit horizontalen Spindeln.

Derselbe ist in der Textfigur 24[a] in einer Endansicht, in Fig. 24[b] im Querschnitt zur Hälfte in $^1/_{16}$ natürl. Grösse dargestellt. Fig. 24[c bis e] sind Einzelheiten des Regulierungs- und Ausrückmechanismus in derselben Grösse.

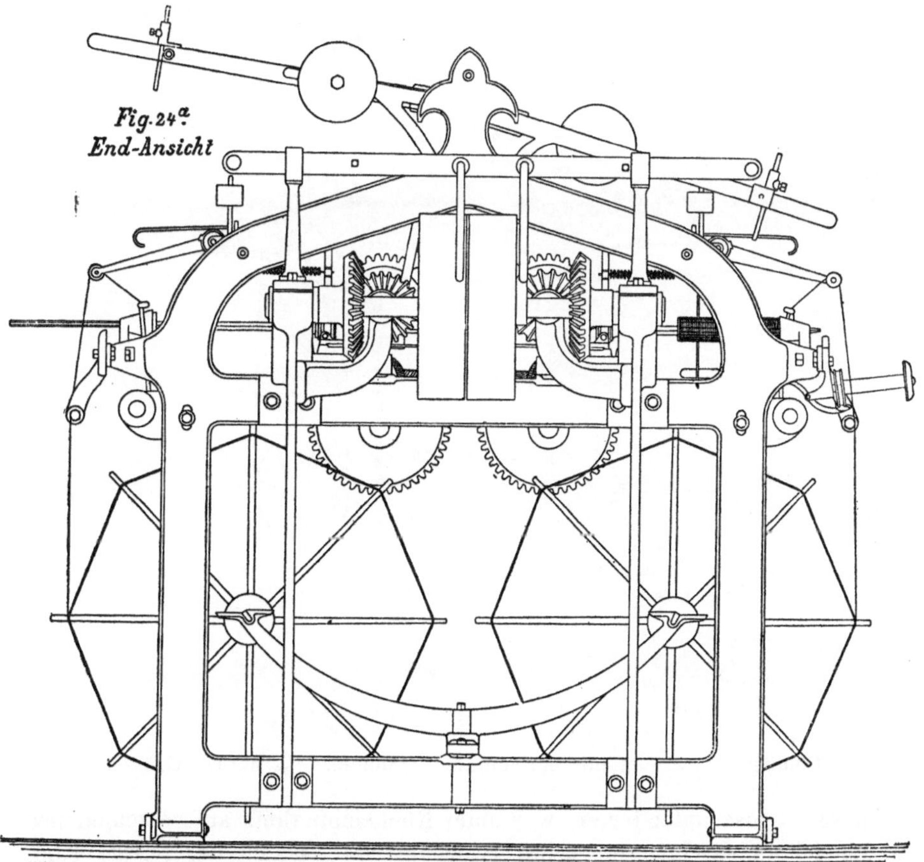

Combes Kopwinder mit horizontalen Spindeln. $^1/_{16}$ natürl. Grösse.

Diese Maschinen werden eingerichtet, um entweder nur vom Strähn, oder vom Strähn und den Spulen aus das Kopwickeln zu bewirken, nie für Spulen allein. Die Fig. 24[a u. b] zeigen die Anordnung für Strähn- und für Spulenwicklung. Die Strähne legt man über kleine drehbare Haspel, die durch Bremsgewichte genügend zurückgehalten werden.

Die horizontalen Spindeln s sind auf ihrer grösseren Länge viereckig, dort aber, wo sich der Kop bildet, von s_1 ab achteckig und verjüngt. Das Gewicht m wirkt durch den Winkelhebel $l_1 l$ auf das Gleitstück K, in welchem, wie früher, die Spindel gelagert ist und drückt die letztere nach vorn in den Trichter t hinein. Durch Verstellen des Gewichtes m auf dem Hebelarm l_1 wird der Druck, den bei dem Wicklungsprozesse die Fadenschichten im Trichter erhalten, kleiner oder grösser, daher der

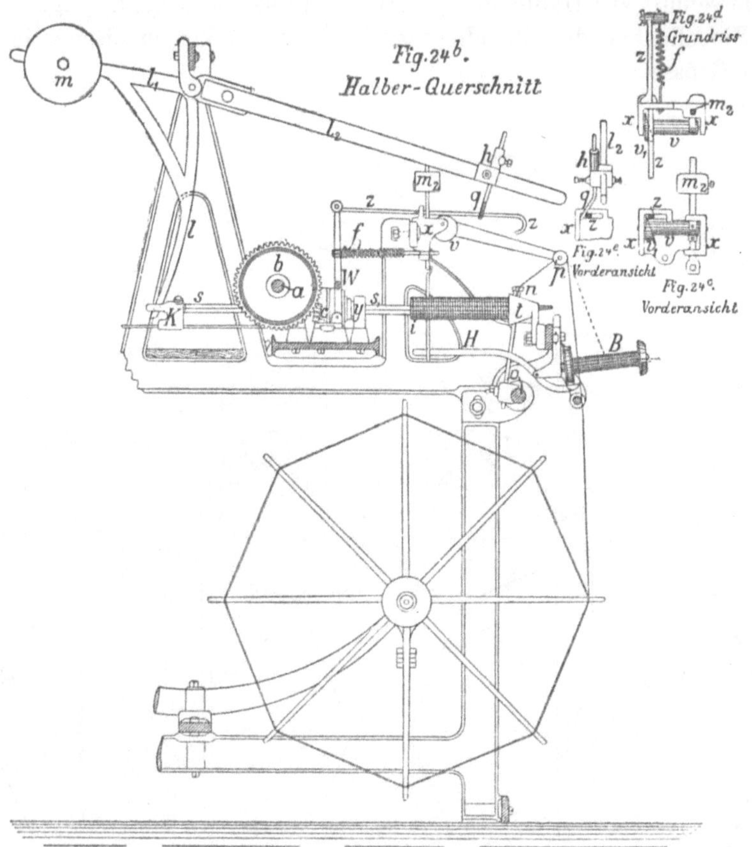

Combes Kopwinder mit horizontalen Spindeln. $\frac{1}{16}$ natürl. Grösse.

Kop selbst loser oder fester, was unter Rücksichtnahme auf verschiedenes aufzuwickelndes Garn oft sehr erwünscht ist. Damit der fertige Kop, wenn er in die Nähe des Lagers y kommt, nicht durch Oel beschmutzt werde, ist eine Lederscheibe i über die Spindel vor den Kop gelegt, die sich mit diesem zurück schiebt.

Der aufzuwickelnde Faden kommt von den Spulen B über die Rolle p nach dem Fadenführer n, welcher von der Welle o aus in hin- und hergehende Bewegung versetzt wird. Welle o erhält, wie vorhin, von der Hauptwelle a aus durch ein Excenter ihre Schwingungen. Die Verstellbarkeit der einzelnen Teile ist wie früher vorhanden, um verschieden dicke Kops erzeugen zu können.

Von der Welle a werden durch hyperbolische Räder b die lose auf Spindelbüchsen sich drehenden Räder c in Thätigkeit gesetzt. Kuppelt man aber diese letzteren fest mit den Spindelbüchsen, so werden diese und alsdann auch die durch sie hindurch geführten Spindeln in Drehung versetzt. Das Kuppeln der Spindelräder c geschieht aber durch Bewegen des Hebels W nach der Welle a zu, und wird dies durch die Stange z bewirkt, wenn man diese mit der Hand zurückdrückt. Sie klinkt dabei mittels einer Nase hinter den Führungsschlitz in dem Gestellstück $x\,x$. Man vergleiche auch die Fig. 24c bis e.

Wird die Stange z jetzt seitwärts bewegt (in der Oberansicht Fig. 24d nach rechts), so kann die Feder f wirken und den Hebel W nach den Spulen zu bewegen, also im entgegengesetzten Sinne. Hierdurch wird aber die mit ihm verbundene Kupplungshälfte gelöst, so dass Spindelstillstand eintritt.

Während der Kop sich bildet, wird die Spindel und mit ihr das Gleitstück K immer mehr zurück geschoben (in der Fig. 24b nach links), und infolge dessen der mit dem Winkelhebel $l\,l_1$ verbundene dritte Arm l_2 nieder gedrückt. Auf dem Arme l_2 befindet sich aber eine verstellbare Hülse h, Fig. 24a und b und Vorderansicht Fig. 24e, mit einem im stumpfen Winkel abgebogenen Stifte q, der, wenn der Kop lang genug geworden, der Hebel l_2 also genügend tief herabgelangt ist, gegen die Stange z stösst und diese bald darauf zur Seite schiebt, wodurch, wie soeben beschrieben, die Auslösung der Spindelradkupplung, also der Spindelstillstand erfolgt.

Durch Verstellen der Hülse h auf dem Arme l_2 und des Stiftes q in senkrechter Richtung hierzu kann man das frühere oder spätere Auslösen, also die Koplänge verändern.

Die Regulierung der Fadenspannung, sowie die Auslösung des Betriebes bei Fadenbruch erfolgt ähnlich wie vorhin folgendermassen. Die Rolle p, über welche der Faden geleitet wird, ist durch einen Arm mit dem cylindrischen drehbaren Stück v verbunden (ersterer ist nur in Fig. 24a u. b gezeichnet), das an dem einen Ende ein dickeres keilförmiges Stück v_1 trägt, an dem anderen mittels Riemchens und Stange mit dem Gewicht m_2 verbunden ist. Die Drehmomente, einerseits herrührend von der Fadenspannung, anderseits von der Einwirkung dieses Gewichtsstückes, müssen nun stets im Gleichgewicht sein, weshalb sich bei der Aenderung der ersteren die Rolle p tiefer oder höher einstellt. Wird infolge zu grossen Abwicklungswiderstandes die Fadenspannung zu gross, so erfolgt, da alsdann das Gewicht höher gehoben wird, das Abheben des Bremshebels H vom Spulenrande, also Verminderung des Bremswiderstandes wie vorhin. Reisst aber der Faden, so sinkt das Gewicht m_2, dreht den Cylinder v, und nun schiebt das am anderen Ende sitzende keilförmige Stück v_1 die Klinkstange z zur Seite, wodurch bekanntermassen das Stillhalten der Spindel erfolgt. Der Arm mit der Rolle p ist dabei natürlich in die Höhe geschnellt. Soll der Faden wieder angeknüpft und das Winden weiter fortgesetzt werden, so wird p herabgedrückt und der Faden eingelegt, alsdann z zurückgeschoben und eingeklinkt, worauf die Wicklung ihren Fortgang nimmt.

Ist die Kopbildung zu Ende und die Spindel zum Stillstand gekommen, so wird zunächst von der Arbeiterin der Faden durchschnitten, alsdann durch weiteres Niederdrückeu des Hebels l_2 die Spindelspitze aus dem Bereiche des Trichters gebracht, worauf letzterer zur Seite zu drehen ist und der Kop jetzt von der Spindel herabgezogen werden kann.

In umgekehrter Reihenfolge geschieht dann das Einstellen der Spindel in den Trichter, worauf, wie vorhin beim Fadenbruch erwähnt wurde, der Wicklungsprozess aufs neue eingeleitet werden kann. Wie man hieraus ersieht, ist die Bedienung der Maschine etwas umständlicher als bei der vorigen Maschine.

Endlich wollen wir noch einen

Kop-Winder mit vertikalen Spindeln und nach oben zu gerichteten Trichtern

von Urquhart, Lindsay & Co. in Dundee betrachten.

Diese Maschine ist auf Tafel II in den Figuren 1 bis 4 in der Endansicht, der Vorderansicht und im Querschnitt in $1/8$ natürl. Grösse dargestellt. Fig. 4, welche die neueste Konstruktion im Querschnitt darstellt, zeigt geringe Abweichungen in einigen Einzelheiten gegenüber Fig. 3. Die arbeitenden Teile sind auch in anderen Stellungen, aber überall gleich bezeichnet, dargestellt worden.

Die kurze vertikale Spindel s reicht nur wenig über den Trichter t hinaus, ist, soweit sie sich in demselben befindet, dreieckig und nach oben zu bis auf $1/2$ Zoll $(12{,}6^{cm})$ Seitenlänge verjüngt.

Die Trichter ruhen mittels zweier kurzen Zapfen in dem bügelförmigen Ende des Hebels i, der sich einerseits auf die Vorderwand des Gestelles stützt, anderseits mit seinem prismatischen Ende beweglich in die Schlitze i_1 (Fig. 2) der entgegengesetzten Gestellwand fasst.

Die Spulen B werden durch die Vorrichtung H und die Einwirkung des mit jener durch Kette verbundenen Gewichtes g in Figur 1 bis 3 an der Fadenoberfläche oder durch einen mit einer Spiralfeder verbundenen Hebel H_1 in Fig. 4 am Spulenumfange gebremst. Obgleich bei ersterer Methode der Widerstand der Spule gegen das Abwickeln mit abnehmender Dicke gleichmässiger ist als bei der Bremsung am Umfange des Spulenfusses, so wird anderseits an jener Stelle, wo die Bremsvorrichtung sich auflegt, der Faden stellenweise infolge wie gezeichnet fehlerhafter Beschaffenheit jener, aufgerauht, also unansehnlicher.

Wenn man jedoch den sich auf die Fadenoberfläche legenden Bügel anders, nämlich flacher formt, so dass die berührte Fläche grösser wird, so erhält man bei genügend starker Belastung ausserordentlich fest gewickelte Kops von tadelfreier Beschaffenheit, und ein Rauhwerden des Garnes findet kaum mehr statt.

Neuere Konstruktionen benutzen aber trotzdem wieder die ältere Bremsung am Spulenumfange, wie Fig. 4 erkennen lässt.

Wenn die Spulen neu sind, findet auch ein angemessenes Bethätigen dieser Bremsung statt. Bei älteren Spulen aber wird der Spulenfuss unrund, und dann tritt ein oft recht störendes Tanzen des sich auflegenden Hebels ein.

Die Fäden gehen nun wie sonst über je eine Rolle p nach den Fadenführern n, die von der Welle o aus in auf- und niedergehende Bewegung vor dem Trichterschlitze versetzt werden. Jede Welle o erhält, wie bei den früheren Maschinen, durch ein Excenter E ihre Rechts- und Linksdrehungen und zwar hier direkt von der Hauptbetriebswelle a aus (Fig. 1). Diese geht, Fig. 2 bis 4, unterhalb der Spindeln entlang und bewegt durch konische Räder b die lose auf der Spindelhülse sitzenden Räder c. Die Mitnahme der Spindeln erfolgt aber erst dann, wenn die obere Kupplungshälfte d, welche verschiebbar, aber nicht drehbar auf der Spindel sitzt, so weit gesenkt wird, dass der Mitnehmerstift d_1 in das Bereich des unteren mit dem Betriebsrade c verbundenen Stiftes gelangt.

In Fig. 3 ist die linke Seite der Maschine mit ausgerückter, die rechte Seite mit eingerückter Kupplung gezeichnet, in Fig. 4 umgekehrt.

Das Einrücken erfolgt durch Niedertreten des Fusshebels F, wodurch die Stange z_0 und das mit ihr verbundene Ende des doppelarmigen Hebels w gehoben, das andere Ende desselben und mit ihm die verschiebbare Kupplungshälfte gesenkt wird, so dass nunmehr, wie oben erwähnt, die Spindeldrehung erfolgt.

Das Festhalten der Kupplung geschieht durch Einfallen eines Klinkhebels z unter eine Knagge am Hebel w (Fig. 3 rechte Seite und Fig. 4 links). Der Klinkhebel stützt sich dabei mit seinem horizontalen Ende rechts von seinem Drehpunkte, Fig. 3, auf die Gestellwand, durch welche derselbe noch hindurch reicht.

Das Auslösen des Betriebes erfolgt durch Drehung des Hebels z, bis die erwähnte Einklinkung aufgehoben ist, z. B. mit der Hand durch Niederdrücken des Griffes links vom Drehpunkte des Hebels z (Fig. 3) oder durch Anheben des verlängerten Winkelarmes an der Vorderseite (Fig. 4 rechts).

Während der Kop-Bildung, also während der Wicklung, legt sich ein schwerer Hebel l, der mit seinem hinteren Ende in einen Gestell-Schlitz l_1 (Fig. 2 bis 4) fasst, mit seinem kugelförmigen, gut abgedrehten glatten Fortsatz l_2 auf den oberen Teil des Kops und wird mit dem Längerwerden desselben immer mehr gehoben; gleichzeitig aber auch

Stange q, welche, Fig. 3, mittels verstellbarer Knagge q_1 auf jenem ruht. Die Stange q ist in Fig. 4 durch Mutter q_1 mit dem Hebel l verbunden. Das untere Ende der Stange q ist im Gestelle geführt und breiter gestaltet mit kurzem keilförmigem Uebergange. Ist der Kop beendet, so stösst dieses breitere Ende gegen einen horizontalen Stift an dem vertikalen Fortsatze des Hebels z und dreht diesen zur Seite, wodurch die Auslösung des Betriebes bei Beendung der Wicklung erfolgt.

Das frühere oder spätere Auslösen, welches die Länge des Kops bedingt, hängt also von der Stellung der Knagge q_1 in Fig. 3 oder der Mutter q_1 in Fig. 4 auf dem Hebel q ab, kann daher durch Verstellen derselben, was im letzteren Falle jedenfalls schneller und leichter möglich ist, verändert werden.

Nach Beendung der Wicklung wird, nach Durchschneiden des Fadens, mittels eines Handgriffes i_2 am Hebel i der Trichter mit dem Kop und somit auch Druckhebel l noch höher gehoben und in dieser höchsten Lage durch die mit letzterem verbundene Klinke y (Fig. 3 und 4 links), welche in einen Zahn der Zahnstange y_1 einfasst, festgelegt. Den Kop fasst man nun mit der Hand, zieht ihn nach Senkung des Hebels i von seiner Spindel herab und nimmt ihn aus dem Trichter, worauf er weggelegt werden kann.

Man hebt alsdann die niedergesunkene Rolle p, schlingt um diese den neuen Faden, der durch den Fadenführer und Trichterschlitz zur Spindel geführt wird, und tritt gleichzeitig den Hebel F nieder, wodurch die Wicklung beginnt. Zuletzt ist die Einklinkung des Hebels l zu lösen und dieser selbst bis auf die Spindelspitze niederzulassen.

Was endlich die Fadenspannung-Regulierung und das Auslösen der Spindel bei Fadenbruch anbelangt, so ist noch folgendes anzuführen:

Der Arm, an welchem die Rolle p sitzt, ist in einem mit zwei Nasen versehenen drehbaren Gussstücke v befestigt. Während der Wicklung legt sich die obere Nase gegen eine kräftige Feder f, Fig. 3 rechts, und biegt dieselbe etwas zurück, wodurch, wie leicht zu übersehen ist, innerhalb gewisser Grenzen die Regulierung der Fadenspannung erfolgt. In Fig. 4 ist anstatt der Feder wieder ein Gewichtstück f angehängt. Reisst der Faden, so fällt der Arm mit der Rolle p nieder, und nunmehr stösst die untere Nase des Gussstückes v gegen den horizontalen Arm des Klinkhebels z, hebt diesen in die Höhe und bewirkt dadurch das Ausklinken desselben, das Niedersinken der Stange z_0 und das Auslösen der Kupplung. Die Regulierung der Spulenbremsung ist also im Prinzip übereinstimmend mit der an der Combeschen Maschine, bedarf daher einer nochmaligen Erläuterung nicht.

Die Maschine ist insbesondere vermöge ihrer kurzen Spindel und soliden Lagerung derselben sehr leistungsfähig. Die auf derselben

erzeugten Kops sind bei genügend starker Spulen - Bremsung fest gewickelt.

Während man den Spindeln der Combeschen Maschinen etwa 700
bis 900 Umdrehungen in der Minute giebt, laufen die Urquhartschen
mit Umdrehungen bis 1300 in der Minute.

Wie aus den Zeichnungen der Kop-Maschinen für stehende Spindeln
hervorgeht, sind dieselben inmitten des Gestelles mit einem Holztroge
versehen, auf dessen Boden sich die eine Hälfte eines endlosen Tuches
bewegt, dessen Antrieb durch Riemenscheibe, Schneckenrad und Schnecke
erfolgt. Diese Einrichtung dient dazu, die abgewickelten leeren Fein-
garnspulen aufzunehmen und an die eine Endseite der Maschine zu
führen, wo sie in einen untergestellten Korb fallen.

Wir führen nun noch, um eine bessere Vorstellung der äusseren
Erscheinung einer solchen Maschine zu ermöglichen, auf Tafel III eine

Kop-Winde-Maschine von Anderston & Co. in Glasgow

in Fig. 1 in einer Gesamt-Ansicht vor. Dieselbe ist für das Winden
vom Strang eingerichtet dargestellt, kann natürlich aber auch für das
Winden von Spulen ausgeführt werden. Nach den bereits eingehender
beschriebenen derartigen Maschinen genügt es, in Bezug auf die vorliegende Figur darauf hinzuweisen, dass sich auch hier alle jene
Mechanismen, wenn auch in etwas anderer Form, erkennen lassen. Die
von dieser Maschine beanspruchte Grundfläche ist die folgende:

Die erforderliche Breite ist 5′ 1″ (1,778 m), die Länge für 32 Spindeln auf einer Seite und 7″ (17,78 cm) Entfernung derselben von einander 22′ (6,70 m).

Eine Reihe anderer Maschinenfabriken, ausser den genannten, bauen
ebenfalls Kop-Winder, so z. B. Robertson & Orchar in Dundee, Parker
& Son ebendaselbst u. s. w.; doch können wir auf diese Maschinen,
die übrigens auch keine hervorragenden Besonderheiten bieten, nicht
näher eingehen. Wir müssten bereits Gesagtes wiederholen.

Im allgemeinen berechnet sich die Aufstellungsfläche etwa folgendermassen:

Breite bei liegenden Spindeln 6′ 8″ (2,031 m); bei stehenden
Spindeln und lediglich Spulenwinderei 4′ 4″ (1,321 m); bei stehenden
Spindeln und Strangwinderei 5′ 1″ (1,778 m).

Länge bei liegenden Spindeln: ½ Anzahl der Spindeln mal
Spindelteilung plus 3′ 7½″ (1,10 m); bei stehenden Spindeln (½ + 1)
Anzahl der Spindeln mal Spindelteilung plus 2′ (0,61 m) bis 2′ 9″ (0,84 m).

Zur Abschätzung der Gewichte dieser Maschinen mögen folgende
Beispiele dienen:

Eine Maschine von Robertson & Orchar in Dundee mit 72 Spindeln,
36 auf jeder Seite, für Feinspinnspulen - Windung und 4½″ Teilung
wiegt Brutto 33,5 mz und Netto 27,5 mz. Dimensionen der Riemenscheiben

13″ bei 3″ (33,02^c bei 7,62^c); Zahl der minutlichen Umdrehungen 300; Arbeitsbedarf: 2 *PS* effektiv; ferner:

eine Maschine derselben Firma mit 64 Spindeln, 32 auf jeder Seite, für Strähnwindung 7$^1/_2$″ Teilung (19,05^c) wiegt Brutto 43,18^{mz} und Netto 38,61^{mz}, Riemenscheiben und Drehungszahl wie vorhin; Arbeitsbedarf: 1,75 *PS* effektiv. Wegen des Arbeitsbedarfes vergl. man auch Teil I, Seite 375.

Wir wollen noch für die drei zuerst vorgeführten Maschinen eine kleine **Berechnung** durchführen:

1) **Combes Kop-Winde-Maschine mit vertikalen Spindeln,** Tafel I:

Umdrehungszahl der Betriebsscheibe 433 in der Minute. Uebersetzung nach den Spindeln: Rad $b = 55$ Zähne, Rad $c = 35$ Zähne. Uebersetzung nach der Excenter-Welle Rad $r_1 = 35$ Zähne, Rad $r_2 = 55$ Zähne. (Excentricität 1$^1/_4$″ [31,75^{mm}]).

Uebersetzung nach der Betriebsrolle für das endlose Tuch folgt aus: Durchmesser der Riemenscheibe auf der kurzen Achse o_1 6$^5/_8$″ (168,26^{mm}),

„   „   „   „   „ Schneckenwelle 2″ (50,798^{mm}).

Die Schnecke hat Doppel-Gewinde und fasst in ein Schneckenrad von 43 Zähnen. Der Durchmesser der Tuchrolle beträgt 4$^3/_4$″ (120,64^{mm}).

Hiernach ergeben sich:

$$\text{Minutl. Umdrehungszahlen der Spindeln: } 433 \cdot \frac{55}{35} = 680,$$

$$\text{Minutl. Umdrehungen der Excenterwelle: } 433 \cdot \frac{35}{55} = 275.$$

Der Fadenführer führt daher ebenso viel Doppelhübe oder $2 \times 275 = 550$ einfache Hübe aus.

Hiernach kommen auf einen einfachen Hub $\dfrac{680}{550} = 1{,}23$ Spindelumdrehungen oder ebensoviel Windungen, die, wie wir wissen, in steilen Schraubenlinien mit wechselnder Steigung in dem Hohlkegel beschrieben werden.

Endlich ergiebt sich noch die Umfangsgeschwindigkeit der Tuchwalze oder die Fortrückgeschwindigkeit des endlosen Tuches in der Minute zu

$$433 \cdot \frac{35}{55} \cdot \frac{53/_8}{2} \cdot \frac{2}{43} \cdot {}^{19}/_4 \cdot \pi = 275 \cdot \frac{53}{16} \cdot \frac{2}{43} \cdot \frac{19}{4} \cdot 3{,}14 = 28{,}17'' = (715{,}49^{mm}).$$

Eine Berechnung der theoretischen Leistungsfähigkeit dieser Maschine ist aus verschiedenen Gründen, insbesondere aber, weil man über die Dichtheit der Windungen, die wesentlich abhängig ist von der Belastung der Spindel, zutreffende, allgemeinere Gültigkeit habende Annahme kaum geben kann, nicht mit genügender Genauigkeit auszuführen möglich. Angaben über die wirkliche Leistung der Kop-Maschinen folgen später.

2) **Combes Kop-Winder mit horizontalen Spindeln,** Textfiguren 23ᵃ und 23ᵇ.

Der Antrieb bei diesen Maschinen erfolgt an die Welle a mit 430 bis 440 minutlichen Umdrehungen; wir wollen 435 Umdrehungen der Berechnung zu Grunde legen.

Die Uebersetzung von Rad b auf c ist $2:1$; mithin beträgt die Umdrehungszahl der Spindeln in der Minute 870. Von der Welle a aus erfolgt ohne Zwischenschaltung einer Uebersetzung der Excenterbetrieb an die Welle o; mithin ist die Zahl der Doppelhübe 435 und die Zahl der einfachen Schwingungen $2 \times 435 = 870$.

Auf eine Schwingung kommt also: $\dfrac{870}{870} = 1$ Spindel-Umdrehung oder Windung.

3) **Urquharts Kop-Winder mit stehender Spindel:**

Drehungszahl in der Minute der Hauptwelle a: 380 bis 420. Nehmen wir 400 an, so ist die minutl. Drehungszahl der Spindeln, da Rad $b = 60$ und Spindelrad $c = 19$ Zähne hat, $400 \cdot \dfrac{60}{19} = 1265$.

Die Excenterbewegung erfolgt direkt von der Hauptwelle, also ist die Zahl der Doppelhübe des Fadenführers $n = 400$, die Zahl der Einzelschwingungen $2 \times 400 = 800$.

Auf eine Schwingung kommen also $\dfrac{1265}{800} = 1{,}58$ Spindeldrehungen oder Windungen.

Die gangbarsten **Spindel-Entfernungen,** nach denen sich die anderen Dimensionen und im übrigen die Verwendbarkeit der Maschine zu verschiedenen Garnnummern bestimmt, sind 6 Zoll ($152{,}39^{mm}$) für grobe Garne bis $N^{lbs} = 24$ und $4^{1}/_{2}$ Zoll ($114{,}29^{mm}$) für feinere Nummern etwa bis $N^{lbs} = 6$. Für die Nummern 6 bis $3^{1}/_{2}{}^{lbs}$ wählt man wohl auch 4 Zoll ($10{,}16^{mm}$) Teilung.

Die Zahl der Spindeln einer Seite werden dabei häufig zu 30 im ersten und 40 im letzten Falle genommen. In neuerer Zeit wählt man auch bedeutend längere Maschinen.

Leistung und Sonstiges der Kop-Winder.

1 Mädchen vermag etwa 10 Kopspindeln fortlaufend zu bedienen, und beträgt die Produktion dieser 10 Spindeln in 10 Arbeitsstunden: bei Garn $N^{lbs} = 6$ etwa 110 Kilo; $N^{lbs} = 7$ etwa 135 Kilo; $N^{lbs} = 8$ etwa 155 Kilo; $N^{lbs} = 9{,}5$ etwa 190 Kilo; $N^{lbs} = 12$ etwa 225 Kilo; $N^{lbs} = 24$ etwa 275 Kilo; $N^{lbs} = 32$ etwa 300 Kilo.

Es folgt hieraus, dass man zur Erzeugung des nötigen Feingarnes bei einer täglichen Produktion einer Spindel von 30^{leas} nötig hat für jede Kopspindel in den Nummern 5 bis 10^{lbs} . Feinspindeln 6 bis 8, für die gröberen Nummern . .   „   4 bis 6.

Die Löhne, welche für das Kopwinden bezahlt werden, deren Vorführung natürlich nur relativen Wert hat, sind für 1 Meterzentner (100 Kilogramm) fertige Kops in Mark für Garn $N^{\text{lbs}} = 6: 1,8$; $N^{\text{lbs}} = 7: 1,6$; $N^{\text{lbs}} = 6: 1,3$; $N^{\text{lbs}} = 9,5: 1,00$; $N^{\text{lbs}} = 12: 0,8$; $N^{\text{lbs}} = 24: 0,7$; $N^{\text{lbs}} = 32: 0,66$ Pf.

2 bis 3 Kop-Spindeln genügen, um einen Webstuhl mittlerer Breite mit dem nötigen Schussgarne zu versehen.

Es möge noch bemerkt sein, dass in den letzten Jahren die Produktion sämtlicher Maschinen gegen obige Angaben noch um etwa 10 bis 20 % höher geworden ist. Man vergleiche wegen der gegenwärtigen Leistung einer Feinspindel Teil I, Seite 272.

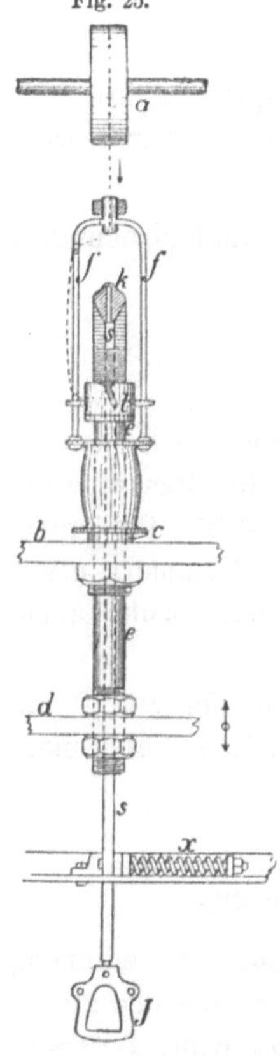

Fig. 25.

Skizze einer Spindel für eine Kötzerspinnmaschine.

Vor Beendung dieses Abschnittes wollen wir noch kurz, wie im Teil I Seite 275 versprochen wurde, des Versuches erwähnen, eine Kötzer- oder Kop-Spinnmaschine zu schaffen, welche das fertige Feingarn der Spinnmaschine direkt auf der Spindel in die zum Einlegen in den Webeschützen geeignete Kopform aufwickelt. In der Text-Skizze 25 ist a der Vordercylinder einer gewöhnlichen Feinspinnmaschine. Der Faden geht durch die Höhlung des Flügels, ohne einen Fadenführer passiert zu haben, entlang dem einen Arme durch 2 Oesen und biegt um die untere rechtwinklig ab zum Trichter t. Der Flügel ist direkt mit dem Würtel verbunden und im höchsten Punkt gelagert. Der Würtel mit dem Flügel rotiert um eine in dem Träger b festgeschraubte Büchse c. Der Trichter t ruht drehbar auf einem durch die Büchse c bis zur Bank d gehenden und in dieser befestigten Röhre e und ist ausserdem mit dem Flügel f durch Ohren gekuppelt. Die Rohrbank d hat eine rasch auf- und niedergehende, also eine schwingende Bewegung. Daher muss der Trichter t einerseits die rotierende Bewegung des Flügels f, anderseits die auf- und niedergehende Bewegung der Rohrbank d annehmen. Die Spindel s nun durchdringt das Rohr e, ist unten in einem mit dem bei den Kopwindern gebräuchlichen Fusstritte J verbundenen Kugellager gelagert und trägt oben den

Vollkegel k. Bei Beginn des Spinn- und Wickelprozesses taucht jener Vollkegel k in den Hohlkegel des Trichters t so, dass zwischen beiden gerade noch eine Fadendicke Spielraum vorhanden ist.

Der eingeführte Faden wird, nachdem er durch den Flügel seine Drehung erlangt hat, infolge der Auf- und Abbewegung des Trichters t sich an die Oberfläche jenes Vollkegels anlegen und mit zunehmender Wicklung denselben empordrängen, was das Anheben der Spindel s, wie die Skizze zeigt, zur Folge hat. Die Wicklung ist natürlich nur dadurch möglich, dass die Spindel s in der Bewegung zurückbleibt. In der That wird dieselbe lediglich durch den Zug des Fadens umgedreht. Da nun aber die Wicklung bald an der Kegelspitze, bald an der Basis, also bald auf kleinem, bald auf grösserem Durchmesser erfolgt, so müsste auch fortwährend die Fadenspannung wechseln und der Faden alsbald reissen, wenn der Drehungswiderstand der Spindel derselbe bliebe. Das letztere ist aber nicht der Fall. Die bei x angedeutete Vorrichtung (die spezielle Einrichtung dieses Mechanismus wird zur Zeit noch als Geheimnis betrachtet) soll, wie dies zur Erzielung einer genügend konstanten Fadenspannung erforderlich wäre, den Drehungswiderstand der Spindel durch stärkere oder schwächere Bremsung in erforderlicher Weise regeln. Der Tritthebel J dient, wenn der Kötzer fertig und von der Spindel der obere Konus k abgeschraubt wurde, dazu, die Spindel in die Anfangsstellung herab zu ziehen. Alsdann erst kann man den Kötzer selbst wegnehmen.

Offenbar haften diesem Versuche, und nur als ein solcher ist diese Spindel überhaupt aufzufassen, eine Reihe von Unvollkommenheiten an, auf die näher einzugehen hier nicht der Ort sein dürfte. Wer den früheren Auseinandersetzungen über das Spinnen und Spulen gefolgt ist, wird die Schwächen dieses Versuches sofort erkennen. Ob sich dieselben, unter Beibehaltung des vorgelegten Prinzipes, werden beseitigen lassen, bleibe ebenfalls dahingestellt. Ich beabsichtigte durch vorstehende Mitteilung, die ich Herrn Direktor Cargill, zur Zeit in Schiffbeck bei Hamburg verdanke, nur weitere Kreise für diese für die Trockenspinnerei überaus wichtige Frage nach einer Kopspinnmaschine zu interessieren.

Somit schliessen wir diese Betrachtungen und gehen zum folgenden Kapitel über.

C. Die Vorbereitung der Kettengarne zum Weben.

Die Vorbereitung des Kettengarnes richtet sich zunächst danach, in welchem Zustande dasselbe, ob geschlichtet oder ungeschlichtet, zur Verwendung gelangen soll.

Unter Schlichten der Garne versteht man ein Bestreichen, ein Tränken derselben mit einer klebrigen Flüssigkeit — meistens Stärke, wodurch

die rauhe, faserige Oberfläche derselben glatter, schlichter wird und die
Garne dann leichter die Webegeschirre ohne Fadenbruch passieren, so
dass einerseits weniger Abfall entsteht und anderseits — der selteneren
Stillstände wegen — die Produktionsfähigkeit des Webstuhls steigt.
Das fertige Gewebe aber erhält hierdurch mehr Steifigkeit, mehr Griff
und wird, da es auch eine schönere Appretur annimmt, ansehnlicher.
Aus dem ersten Teil Seite 85, 86 ergiebt sich auch, dass geschlichtete
Garne grössere Festigkeit, allerdings aber auch etwas geringere Dehn-
barkeit als ungeschlichtete zeigen.

Bei kleineren Aufträgen, welche eine nur verhältnismäfsig geringe
Länge an Kettengarn erfordern, sowie bei Verarbeitung abnormer Garnnummern pflegt man das Schlichten nicht vorzunehmen, in allen anderen
Fällen gegenwärtig jedoch stets. Aus der Uebersicht Seite 98 des
II. Teils haben wir auch gesehen, in welchen Fällen das Schlichten un-
erlässlich ist und in welchen es nur als wünschenswert bezeichnet werden
konnte.

Das **Kettengarn,** welches **ungeschlichtet** verarbeitet werden soll,
wird entweder von den Feinspinnspulen direkt oder besser, nachdem es
vorher mittels besonderer Maschinen, sogen. **Kettenspulmaschinen** (*warp-
winders*), auf gröfsere Spulen aufgewunden worden ist, von denen jede
etwa 910^g Garn aufzunehmen vermag, auf dem **Scherrahmen, Zettel-
rahmen** (*warping-mill*) in der für das Gewebe nötigen Fadenzahl zu
einem fortlaufenden Fadenbande von 350 bis 400 *Yards* (320^m bis
366^m) Länge aufgewunden. Von dem Scherrahmen wird das Faden-
band so abgewunden, dass sich ein eigentümlich verschlungener Strang
von obiger Länge bildet, welcher die Anzahl der Fäden dicht neben
einander liegend enthält, die in der Breitenrichtung des Zeuges vorhanden sein sollen, und welcher die Eigenschaft besitzt, sich leicht auseinanderziehen zu lassen. Mit Hilfe der **Kettenaufbäummaschine** oder
Kettenbäummaschine (*Chain-beaming-machine*) werden alsdann die Fäden
dieses Stranges gleichmäfsig auf die richtige Breite verteilt und hierauf
auf den Kettenbaum gewunden, den man in den Webstuhl einlegt.
Da der erwähnte Scherrahmen ziemlich viel Platz beansprucht, so
kommt derselbe immer mehr ausser Gebrauch, und man windet an Stelle
dessen mit Hilfe der **Kettenschermaschine** — auch nur **Kettenmaschine**
(*warping-machine*) genannt — die Kette direkt von den Feinspinn-
oder den Spulen der Spulmaschine in der nötigen Fadenzahl in
richtiger Breite auf den Kettenbaum. Denselben Zweck erfüllen auch
die sogen. **Garnbäummaschinen** (*Yarn-beaming-machines*). Die **zu
schlichtenden Kettengarne** pflegt man stets auf den **Kettenspulmaschinen** zunächst auf gröfsere Spulen zu winden, die dann, auf Stifte
gesteckt, in besondere Rahmen eingelegt und der **Schlichtmaschine**
(*Dressing-machine*), die zugleich Bäummaschine ist, vorgesetzt werden.
Auf dieser Maschine gelangen die Kettenfäden durch die Schlichte,

werden dann getrocknet und hierauf in der nötigen Fadenzahl in der vollen Breite auf die Kettenbäume gewunden.

Man kann aber auch bei dieser Maschine die Schlichtvorrichtung nötigen Falls umgehen und die Garne ungeschlichtet auf den Kettenbaum bringen; sie ersetzt alsdann also die Garnbäummaschine.

Die fertig aufgebäumten Kettenfäden müssen endlich in richtiger Weise in die Schäfte eingereiht, dann zwischen die Riete des Webstuhlblattes eingezogen werden, worauf, wenn diese Verrichtungen nicht bereits im Webstuhl selbst vorgenommen wurden — (was man jetzt aber nicht mehr ausführt des dadurch bedingten längeren Stillstandes des Webstuhles wegen) —, das Einlegen des Kettenbaumes mit der so vorgerichteten Kette in den Webstuhl, dann das Anschirren der Schäfte, das Anlegen der Kette an die Zeugwalze u. s. w., kurz, das Verbinden der Betriebsmechanismen des Webstuhles mit der Kette erfolgt.

Hiernach können folgende besondere Verrichtungen unterschieden werden, die je nach den mitgeteilten Umständen Anwendung finden:

a) **Das Spulen** auf der Kettenspulmaschine (*warp-winding-machine*), ferner **entweder** b) **das Zetteln**, d. i. das Bilden der Kette auf dem Zettelrahmen (*warping-mill*) und das **Aufbäumen** derselben auf der Kettenbäummaschine (*Chain-beaming-machine*), **oder** c) das **Bilden der Kette** und **Aufwinden** derselben auf den Kettenbaum mit Hilfe der Kettenschermaschine (*warping-machine*) oder auch der Garnbäummaschine (*Yarn-beaming-machine*), **oder** d) das **Bilden der Kette** und das **Schlichten**, sowie **Aufbäumen** derselben auf der Schlichtmaschine (*Dressing-machine*); hierauf folgt dann e) das **Einziehen der Kette** in die Schäfte und das **Webeblatt**, sowie das **Verbinden der Betriebsmechanismen** des Webstuhles mit der Kette.

Wir gehen nunmehr zur näheren Besprechung der einzelnen Vorbereitungsarbeiten und der bei denselben zur Anwendung kommenden Methoden, Apparate und Maschinen über.

a) Das Spulen auf der Kettenspulmaschine (*warp-winding-machine*).

Das Spulen der Kettengarne findet in der Jute-Weberei ausnahmslos auf Maschinen statt. Es bezweckt also die Aufwicklung des Garnes auf möglichst grosse Spulen, um einen ohne Unterbrechung wieder abwickelbaren Faden von bedeutender Länge zur Verfügung zu haben, damit die weiteren Arbeiten ohne häufigere Unterbrechungen (die nur beim Ablaufen einer Spule eintreten sollen), ausgeführt werden können.

Wenn die Weberei mit der Spinnerei verbunden ist, so kommt das meiste Kettengarn — gewöhnlich sogar sämtliches, bis auf das fremde Baumwollengarn und die eigenen gebleichten oder gefärbten Jutegarne, — auf Feinspinnspulen zu den Spulmaschinen. Falls aber gefärbtes

Garn oder Garn aus anderen Spinnmaterialien, wie Flachs oder Baumwolle, mit zur Verwendung gelangt, sei es zur Streifen- oder Kantenbildung oder auch zur Herstellung solcher Stoffe, bei denen nur der Schuss aus Jutegarn, die Kette aber z. B. aus Flachshedegarn besteht, so wird dieses Kettengarn in Strähnform zur Spulmaschine gelangen.

In diesem Falle werden die Strähne über kleine, leicht drehbare, aus Holzstäbchen hergestellte Haspel gelegt, auf denselben ausgebreitet und das Fitzeband durchschnitten. Die Haspel haben eine hölzerne Achse, in welche eiserne Zapfen eingesetzt sind, mit denen sie in Halblager an der Spulmaschine — entweder unter- oder oberhalb derselben — eingelegt werden. Um das Ueberlaufen derselben bei der Fadenabwindung zu verhindern, werden sie durch um den mittleren Achsenteil gelegte und beschwerte Lederriemchen oder Schnüre gebremst.

Jute-Webereien, welche nur Kaufgarn verarbeiten, erhalten das sämtliche Kettengarn in Strähnform (Schussgarn wird von den Jute-Spinnereien auch in Kop- (Kötzer-) Form verkauft); die Spulmaschinen sind in diesem Falle durchweg mit einem Gestell zur Aufnahme dieser Haspel versehen.

Im anderen Falle haben die Spulmaschinen nur einige Gestelle zur Aufnahme der Haspel, sonst aber Stiftenreihen, auf welche die Feinspinnspulen, gewöhnlich unter Zwischenschaltung einer Messinghülse, drehbar gesteckt werden.

Manchmal ist auch noch eine Vorrichtung zum Einlegen von Bremsbändern behufs Bremsung der Spulen, wie bei den früher (Teil I) beschriebenen Feinspinnmaschinen, vorhanden.

Die Spulen, auf welche das Aufwinden des Kettengarnes geschieht, bestehen aus einer Holzröhre von gewöhnlich $1^5/_{16}$ Zoll ($33,33^{mm}$) Durchmesser, und zwei etwa $^5/_8$ Zoll ($15,87^{mm}$) starken Endscheiben von $4^1/_2$ Zoll ($114,29^{mm}$) Durchmesser; die lichte Entfernung derselben, die Spulenhöhe, beträgt gewöhnlich 7 Zoll ($177,79^{mm}$).

Die Aufwicklung auf diese Spulen kann nun entweder so erfolgen, dass dieselbe einen Cylinder von $4^1/_2$ Zoll ($114,29^{mm}$) Durchmesser und 7 Zoll ($177,79^{mm}$) Höhe darstellt, oder sie kann nach der Mitte der Spule zu ausgebaucht, tonnenförmig, konvex sein. Eine konkave Wicklung, die auch möglich wäre, müsste als fehlerhaft bezeichnet werden.

Es ergiebt sich nun ohne weiteres, daſs bei der zweiten Art der Aufwicklung die Spule das meiste Garn enthalten muss, und deshalb werden von dem groben, in der Jute-Weberei zur Verwendung gelangenden Kettengarne fast ausnahmslos diese Spulen gebildet, obgleich Spulen mit cylindrischer Wicklung auf Maschinen mit einfacheren Mechanismen erzeugt werden können.

Um das Garn auf die Spulen zu wickeln, müssen diese um ihre Achse gedreht werden. Damit sich nun Windung neben Windung legt, muſs entweder der auflaufende Faden oder die Spule in der Ausdehnung der lichten Höhe der Spulen stetig hin- und herbewegt werden. Bei den hier zur Verwendung gelangenden Maschinen geht der von den Feinspinnspulen (oder von den auf Haspeln liegenden Strähnen) kommende Faden zunächst über einen Fadenführer und dann nach der Kettenspule. Der erstere führt die Hin- und Herbewegung aus. Bleibt die Geschwindigkeit dieser Bewegung stets dieselbe, so erhält man die cylindrische, nimmt dieselbe aber von dem einen Ende nach der Mitte hin ab und von da wieder zu, so erhält man die ausgebauchte Wicklungsform.

Wenn die Spulen stets mit derselben Drehungszahl bewegt werden, so nimmt die Umfangsgeschwindigkeit mit jeder neuen Bewicklungsschicht zu, was bei feineren Garnen zu Unzuträglichkeiten, zu Fadenbrüchen, führen kann. Bei gröberen Garnen aber, wie sie in der Jute-Weberei Verwendung finden, ist dieser Umstand von nicht sehr grosser Bedeutung, doch wendet man auch hier bei manchen Maschinen Mechanismen an, welche erlauben die Drehungszahl der Spulen absatzweise zu mässigen, sobald durch die zunehmende Wicklung die Auflaufgeschwindigkeit grösser geworden ist. Kompliziertere Mechanismen, welche die Umdrehungszahl der Spule etwa nach Vollendung jeder Bewicklungsschicht selbstthätig ändern, finden hier keine Anwendung.

Erfolgt der Betrieb der Kettenspulen von Treibwalzen (*Drums*), deren Länge gleich der Höhe der Spulen ist, durch Reibung am Umfange derselben, so ist selbstverständlich die Umfangsgeschwindigkeit eine immer gleichbleibende, also die Windegeschwindigkeit immer dieselbe. Aber man kann alsdann, wegen der jetzt notwendigen Auflage der Kettenspulen auf den Treibwalzen in ganzer Spulenhöhe, nur cylindrische Wicklung ausführen; auch hat diese Anordnung zur Voraussetzung, dass die Reibung an der Oberfläche dem Garne nicht schade und dasselbe nicht zu ungleich sei (was bei den starken Jute-Garnen kaum genügend zu vermeiden ist), weil sonst die gleichmässige Auflage gehindert und schlecht gewickelte Spulen entstehen würden.

Während diese so sehr einfachen Maschinen (*Drum-winders*) besonders in der Flachsgarnweberei u. s. w. Verwendung finden, macht man von ihnen in der Jute-Weberei wegen des zuletzt erwähnten Umstandes keinen oder doch nur ausnahmsweisen Gebrauch.

Man hat jedoch in neuester Zeit eine Anordnung gefunden, welche erlaubt, die einfache Betriebsweise der letzteren Maschinen anzuwenden, unter Beseitigung der erwähnten Nachteile und ohne die konvexe Wicklung aufgeben zu müssen.

Anstatt nämlich die horizotale Spule von einer Treibwalze bewegen zu lassen, welche so lang ist wie die lichte Höhe jener, ordnet man zwei schmale Treibscheiben an, gegen welche sich erstere nur mit den Enden des mittleren cylindrischen Teiles legt.

Der grösste Teil der Spulenröhre liegt also frei zwischen jenen

Scheiben, und daher kann nunmehr, wie bei den anderen Systemen, die konvexe Wicklung vorgenommen werden. Die Windegeschwindigkeiten bleiben in diesem Falle, da auch hier der Antrieb stets am Spulenumfange erfolgt, vom Beginn bis zum Ende der Wicklung dieselben.

Wenn wir nun von der soeben erwähnten, noch verhältnismässig neuen, Maschine absehen, welche erst beginnt, in den Jute-Webereien Eingang zu finden, so haben sich besonders zwei Maschinensysteme eingebürgert, die wir zunächst näher betrachten wollen.

Beide Systeme werden entweder einseitig oder doppelseitig gebaut. Bei dem einen Systeme sind die Kettenspulen auf horizontal gelagerten Spindeln festgeschraubt, welche an dem einen Ende eine auf ihr befestigte eiserne Rolle, auf dem anderen eine abschraubbare Rolle hat. Zwischen beiden wird die Spule festgeklemmt. Die Drehung der Spindel mit Spule erfolgt durch Antriebsscheiben, auf welche erstere sich mit ihren Rollen auflegt.

Bei dem anderen Systeme sind die Spulen senkrecht in einer Reihe neben einander über Spindeln gesteckt und ruhen auf Reibungsscheiben, die ihren Antrieb von unter ihnen rotierenden Scheiben erhalten. Bei der ersteren Maschine ist die Drehungszahl der Kettenspulen während des ganzen Windeprozesses konstant, die Aufwindegeschwindigkeit nimmt daher immer mehr zu. Dies hat in der That den Nachteil, dass gegen das Ende der Wicklung leicht Fadenbrüche und dadurch hervorgerufene Stillstände und Minderproduktion eintreten. Damit ferner die Aufwindegeschwindigkeit bei fast voller Spule nicht das zulässige Mass überschreite, muss die konstante Drehungszahl derselben für dieses Wicklungsstadium bemessen sein. Es ergiebt sich aber hieraus, dass im Anfange des Spulprozesses dann die Spulen sich viel zu langsam drehen. Auch hieraus resultiert eine geringere Leistungsfähigkeit, da mehr Zeit zur Füllung der Spulen benötigt wird, als wenn die Auflaufgeschwindigkeit des Fadens sowohl im Anfange wie gegen das Ende des Prozesses hin sich stets der zulässigen Maximalgrenze möglichst nähert.

Dies ist aber bei dem zweiten Maschinensystem der Fall. Hier können die getriebenen Reibungsscheiben, auf denen die Spulen ruhen, seitlich so verstellt werden, dass die Umdrehungszahl derselben abnimmt, weshalb letztere bereits im Anfangsstadium so bemessen sein kann, dass die Auflaufgeschwindigkeit des Fadens auch dann bereits fast den höchsten zulässigen Wert hat und nur wenig Aufmerksamkeit dazu gehört, ein Ueberschreiten der Grenze durch Verstellen der Spulen mit den Reibungsscheiben zu verhüten.

Bei den letzteren Maschinen kann endlich das Auswechseln der vollen Spulen gegen leere schneller als bei den zuerst erwähnten erfolgen. Durch Emporheben des Spindeldeckels wird sofort die Spule frei, so dass man sie leicht abheben kann.

Bei den Maschinen mit liegenden Spindeln muss zunächst diese mit der Spule abgehoben, alsdann die eine als Mutter dienende Reibungsrolle abgeschraubt werden, worauf es erst möglich ist, die volle gegen eine leere Spule auszutauschen.

Auch aus diesem Grunde übertreffen die Maschinen mit stehenden Spindelu jene mit liegenden in Betreff der Leistungsfäbigkeit je einer Spule. Während in 10 Arbeitsstunden in Garn $N^{lbs} = 8$ eine liegende Spindel 13,6 bis 16,4 Kilogramm liefert, vermag man mit einer stehenden Spindel in derselben Zeit 17,3 bis 20 Kilogramm zu wickeln.

Im allgemeinen eignen sich die Maschinen mit stehenden Spindeln besser für feinere Garne als die anderen.

Die Maschinen mit liegenden Spindeln werden nun aber entweder so gebaut, dass auf jeder Seite derselben 2 oder 3 Spindelreihen übereinander liegen, wodurch eine wesentliche Platzersparnis gegen die Maschinen mit stehenden Spindeln eintritt, die nur einreihig auf jeder Seite gebaut werden. Obgleich nun diese Platzersparnis — welcher Umstand bei der Wahl einer Maschine oft ausschlaggebend ist — bei dreireihigen Maschinen erst recht zur Geltung kommt, so ist doch der Umstand, dass an einer Abteilung, einem Kopfe der Maschine (von der Jute-Spinnerei her ist dieser Ausdruck bekannt) nur eine Arbeiterin beschäftigt werden kann, diese aber nicht imstande ist, die 15 Spulen einer Abteilung fortwährend im Gange zu halten — sie vermag höchstens 10 bis 12 Spindeln zu bedienen — der Wahl dieser Maschinen wieder hinderlich, und bleibt man deshalb, wenigstens auf dem Kontinente, gern bei zweireihigen Maschinen stehen.

Beide Arten Maschinen haben gleiche Breite, etwa 6 Fuſs (1,828 m). Eine Maschine mit liegenden Spindeln und 5 Köpfen hat auf jeder Seite im Kopf 10 Kettenspulen in 2 Reihen, also auf jeder Seite 50, im ganzen 100 Kettenspulen. Die Länge der Maschine beträgt 26 Fuſs (7,724 m). Eine Maschine mit stehenden Spindeln, 6 Köpfen zu 6 Spindeln hat auf jeder Seite 36 und im ganzen 72 Kettenspulen. Die Länge dieser Maschine ist 29 Fuſs 2 Zoll (8,89 m). Die Gewichte der letzteren Maschine sind Brutto 31,5 mz, Netto 26 mz.

Nach diesen allgemeinen Betrachtungen wollen wir uns nun mit den Maschinen näher bekannt machen.

Die Kettenspulmaschine (*warp-winder*) mit liegenden Spindeln
von Charles Parker & Son in Dundee.

Dieselbe ist auf Tafel IV in Fig. 1 in der Endansicht, in Fig. 2 im Querschnitt und in Fig. 3 in einem abgekürzt gezeichneten Längenschnitt in $^1/_{16}$ natürlicher Grösse dargestellt.

Die Maschine ist zweiseitig und hat auf jeder Seite zwei Spindelreihen übereinander. Es bezeichnet überall s_1 die Spindeln mit den Spulen der oberen und s die der unteren Reihe. Vor diesen sind die

Feinspinnspulen b_1 und b auf Messinghülsen, die über feste Stifte gesteckt sind, drehbar angeordnet. Die Antriebswellen mit den Reibungsscheiben, auf welche sich jene der Spulenspindeln legen, sind mit w_1
und w bezeichnet. Die Fadenführer f_1 und f jeder Seite sind der Länge
nach verschiebbar gelagert und an einzelnen Stellen durch eine Schiene
miteinander verbunden. Vor denselben ist je ein runder Eisenstab angeordnet, über welchen zunächst die Fäden geführt werden. Der Antrieb erfolgt auf die Scheiben RR_1 und dadurch der der Hauptwelle H.
Von hier aus werden die Einzelbewegungen abgezweigt.

Drehung der Spulenspindeln. Von der Hauptwelle H aus, Fig. 1,
wird durch ein 60er Rad, ein Zwischenrad und ein 50er Rad die untere
Triebwelle w, von da durch ein Zwischenrad und wiederum ein 50er Rad
die obere Triebwelle w_1 der linken Seite in Drehung versetzt. Aehnlich
erhalten die Wellen der rechten Seite ihren Antrieb nur, des richtigen
Drehungssinnes wegen, unter Zwischenschaltung von zwei (statt einem)
Transporträdern im unteren Teile.

Die Reibungsscheiben sämtlicher Triebwellen haben 6 Zoll (152,39 mm)
Durchmesser, die der Spulenspindeln $2\frac{1}{2}$ Zoll (63,49 mm).

Bei 200 minutlichen Umdrehungen der Hauptwelle beträgt die
minutliche Umlaufzahl der Spulenspindeln, vorausgesetzt, dass kein
Rutschen zwischen den Reibungsrollen stattfindet, somit

$$200 \cdot \frac{60}{50} \cdot \frac{6}{2\frac{1}{2}} = 576.$$

Die kleinste Auflaufgeschwindigkeit des Fadens auf den leeren
Cylinder der Spule ist in der Sekunde

$$1^5/_{16} \cdot \pi \cdot \frac{576}{60} = 39,55 \text{ Zoll } (1,004 \text{ m}).$$

Die Windegeschwindigkeit an den Enden der vollen Spule, wo der
Durchmesser $4\frac{1}{2}$ Zoll (114,29 mm) ist, beträgt

$$\frac{9}{2} \cdot \pi \cdot \frac{576}{60} = 135,64 \text{ Zoll } (3,444 \text{ m}).$$

Die grösste Auflaufgeschwindigkeit auf die volle Spule in der Mitte
bei $6\frac{1}{2}$ Zoll (165,09 mm) Durchmesser derselben ist

$$\frac{13}{2} \cdot \pi \cdot \frac{576}{60} = 195,93 \text{ Zoll } (4,976 \text{ m}).$$

Die grösste Aufwindegeschwindigkeit ist also fast 5 mal grösser als
die kleinste.

Bewegung des Fadenführers. Am Ende der Hauptwelle sitzt ein
21er Rad, das in ein 166er auf der Mittelwelle m eingreift. Diese trägt
am anderen Ende ein 23er Rad, welches wiederum mit einem 166er Rade
auf der kurzen Welle e im Eingriff steht. Die letztere trägt das Excenter E, gegen welches sich von unten die am einarmigen Hebel h

befestigte Rolle o anlegt. Der Hebel h steht aber durch verstellbare Zugstange z und Kette K mit einer Scheibe i auf der Welle p in fester Verbindung. Die Bewegung des Excenters E wird somit auf die Achse p und von dieser weiter durch die Scheiben o_1, die Ketten u, Fig. 3, an eine Zwischenstange t der mit einander verbundenen Fadenführer und somit an diese selbst übertragen. Zwei mittels Rolle und Kette mit jener Zwischenstange t verbundene Gegengewichte G (jedes etwa 40 Kilo schwer) bewirken, wie leicht zu übersehen ist, das stete Anspannen sämtlicher Ketten und das Andrücken der Hebelrolle o an das Excenter E.

Somit müssen also die Fadenführer eine Längsverschiebung annehmen, die von der Form des Excenters abhängig ist. Dieselbe ist nun derartig, dass von dem einen Ende der Spulen nach der Mitte zu die Geschwindigkeit der Verschiebung ab- und alsdann nach dem anderen Ende hin wieder zunimmt, worauf die Umkehrung der Bewegung mit denselben Geschwindigkeitsänderungen erfolgt. Die Excentricität des Excenters, sowie die Hebelübersetzung, die durch Verstellen einerseits der Rolle o, anderseits der Zugstange z etwas reguliert werden kann, ist natürlich so bemessen, dass der totale Ausschlag des Fadenführers gleich dem Wege des Endpunktes des Hebels h und dieser gleich dem der lichten Spulenhöhe ist.

Die Zahl der Doppelhübe der Fadenführer in der Minute ist gleich der Zahl der Umdrehungen der Excenterwelle e, also:

$$200 \cdot \frac{21}{166} \cdot \frac{23}{166} = 3,50 \text{ Doppelhübe oder } 2 \times 3,50 = 7,0 \text{ einfache Hübe.}$$

Die Drehungszahl der Spulenspindel war aber in der Minute 576; mithin beträgt dieselbe bei einem einfachen Fadenführerhube (einem Hin- oder Hergange) $\dfrac{576}{7} = 82,28$.

Da der Hub nun 7 Zoll engl. ist, so kommen auf 1 Zoll Fadenführerweg $\dfrac{82,28}{7} = 11,75$ Fadenwindungen unter der Voraussetzung, dass die Geschwindigkeit der Bewegung von dem einen bis zum anderen Spulenende stets dieselbe bleibt. Da dies aber nicht der Fall ist, sondern in der Mitte dieselbe kleiner als an den Enden ist, so werden in der Mitte die Windungen dichter liegen als zu beiden Seiten, wodurch die Ausbauchung, die Wölbung, entsteht. Die obige Zahl ist daher als ein Mittelwert anzusehen.

Unter Bezugnahme auf dargestellte Verhältnisse lässt sich nun der Excenterhub leicht bestimmen bei bekanntem Fadenführerhub und bekannten Dimensionen des Hebels h. Ist der Excenterhub dann gefunden, so können die Begrenzungskurven des Excenters sofort konstruiert werden, wenn man noch eine Annahme wegen der Grösse der zu erzeugenden Geschwindigkeitsänderungen macht. Wir gehen hierauf aber nicht näher ein, sondern verweisen wegen der Ausführung auf das schon erwähnte Buch von Lemke: Die Vorbereitungsmaschinen der mechanischen Weberei, Seite 22 und Tafel 3, in welchem ähnliche Mechanismen besprochen werden.

Ueber die Bedienung und Leistung der Maschine ist in der allgemeinen Besprechung bereits das Nötige gesagt worden. Die Geschicklichkeit der ersteren ist auf letztere von grösstem Einfluss.

Wollen wir aber jetzt noch wenigstens annähernd die theoretische Leistungsfähigkeit der Maschine für eine Spindel berechnen, so können wir, da die Aufwindegeschwindigkeit mit zunehmendem Durchmesser zunimmt, zu jeder Wicklungsschicht aber immer dieselbe Zeit gehört, einen mittleren Spulendurchmesser voraussetzen und annehmen, dass mit der dann vorhandenen Windegeschwindigkeit die ganze Spule bewickelt werde.

Um nun den in Rechnung zu ziehenden mittleren Spulendurchmesser zu bestimmen, verwandeln wir zunächst die convexe Spule in eine cylindrische gleichen Inhalts und gleicher Höhe und bestimmen dann den mittleren Durchmesser dieser Spule. Das Spulenprofil nehmen wir dabei durch einen Kreisbogen von $a = 7$ Zoll Sehnenlänge und $h = 1$ Zoll Bogenhöhe gebildet an.

Ein Kreisabschnitt, dessen Sehne $= a$ und dessen Bogenhöhe $= h$ ist, hat aber einen Flächeninhalt F von:

$$F = \frac{h}{6\,a}\,(3\,h^2 + 4\,a^2).$$

Dieser Kreisabschnitt soll nun durch ein Rechteck von der Höhe a ersetzt werden; die Basis x desselben ergiebt sich daher, da

$$x \cdot a = \frac{h}{6\,a}\,(3\,h^2 + 4\,a^2) \text{ sein soll, zu } x = \frac{h}{6\,a^2}\,(3\,h^2 + 4\,a^2).$$

Setzen wir obige Zahlenwerte ein, so folgt:

$$x = \frac{1}{6 \cdot 49}\,(3 \cdot 1 + 4 \cdot 49) = \frac{199}{294} = 0,66,$$

wofür wir $^2/_3$ Zoll setzen können.

Wir erhalten also jetzt eine Spule mit cylindrischer Begrenzung von $1^5/_{16}$ Zoll innerer Höhlung und $4^1/_2 + ^2/_3 + ^2/_3 = 5^5/_6$ Zoll äusserem Durchmesser.

Der mittlere Durchmesser ist somit:

$$\frac{\dfrac{35}{6} - \dfrac{21}{16}}{2} + \frac{21}{16} = \frac{343}{96} = 3,57 \text{ Zoll.}$$

Die in der Minute aufgewickelte Fadenlänge beträgt daher

$$3,57 \cdot \pi \cdot 576 = 6456,8 \text{ Zoll oder } 179,3 \text{ *Yards*.}$$

In 10 Arbeitsstunden werden also aufgewickelt in Bündeln à 60 000 *Yards*

$$\frac{179{,}3 \cdot 60 \cdot 10}{60\,000} = 1{,}793 \text{ Bündel.}$$

Da nun 1 Bündel Garn in $N^{\text{lea}} = 6$ wiegt: 15 Kilogramm, so beträgt die theoretische Leistung in 10 Arbeitsstunden vom Garn $N^{\text{lea}} = 6$ oder $N^{\text{lbs}} = 8$ dem Gewichte nach

$$1{,}793 \cdot 15 = 26{,}89 \text{ Kilogramm.}$$

Die wirkliche Leistung muss natürlich schon wegen des Auswechselns der Spulen und der Fadenbrüche unter diesem Werte bleiben. Wir gaben früher bereits an, dass eine Spindel in obiger Garnnummer etwa 13,6 bis 16,4 Kilogramm in 10 Stunden wirklich aufspult.

Die wirkliche Leistung beträgt also 50,7 bis 57,4 % der theoretischen. Zu erwähnen hätten wir noch, dass, wie aus den Tafelfiguren hervorgeht, im oberen Teile des Gestelles ein Kasten angeordnet ist zum vorläufigen Niedersetzen der vollen Spulen. Alle übrigen nicht erwähnten Einzelheiten gehen aus jenen Figuren hervor.

Kettenspulmaschine mit stehenden Spindeln
von Robertson & Orchar in Dundee.

Diese ist auf Tafel V in Fig. 1 in einem Querschnitt, in Fig. 2 in einer abgekürzten Vorderansicht bezw. Schnitt unter Hinweglassung einiger Gestellteile in $^1/_{12}$ natürlicher Grösse wiedergegeben. Die schematische Darstellung einiger Bewegungsmechanismen endlich zeigt Fig. 3. Die eine Seite ist zum Winden von Feinspinnspulen, die andere zum Winden von den auf Haspeln gelegten Strähnen eingerichtet.

In allen Figuren bedeuten gleiche Buchstaben gleiche Teile.

Jede der vertikalen Spindeln s ist mit einem Teller t versehen, auf welchem die Kettenspule, durch Mitnehmerstifte mit jenem auf Drehung verbunden, ruht. Die Spindeln werden durch Fusslager a und Kopflager c gehalten, die beide dem um Stift i drehbaren Spindelgestelle o angehören. Das Kopflager c ist in einem besonderen Hebel e, der im Punkte e_1 am Spindelrahmengestelle seinen Drehpunkt hat und in verschiedene Ausschnitte des fest am Maschinengestell angebrachten Gussstückes k eingelegt werden kann, angeordnet. Nach Emporklappen des Hebels e kann man die volle Spule von der Spindel herabnehmen und eine leere aufsetzen, worauf das Kopflager wieder über die Spindel heruntergelassen wird. Den Kopflagerhebel e legt man alsdann zuerst in den äussersten Ausschnitt rechts Fig. 2 des Gussstückes k ein, so dass die Triebscheiben t_1 auf Welle w die Spindelscheiben nahe dem Fusslager berühren. Die zur Mitnahme nötige Reibung wird durch das Eigengewicht von Spindel mit Teller und Spule hervorgebracht. Die

Uebersetzung und also auch die Zahl der Spindelumdrehungen ist dann die gröfste. Sowie dieselbe mit zunehmender Bewicklung abnehmen soll, damit die Windegeschwindigkeit nicht zu gross werde, wird der Spindelhebel e in den folgenden Ausschnitt von k eingelegt, wodurch die seitliche Verschiebung der Spindel mit Spule und Teller durch Drehung des Rahmengestelles o erfolgt. Um nun zu verhüten, dass, wenn die Arbeiterin vergisst, rechtzeitig die Verstellung vorzunehmen, die Windegeschwindigkeit die zulässige Grenze überschreite, sind bei den neueren Maschinen fest am Maschinengestelle Rollen m angeordnet, die sich, wenn die Wicklung weit genug stattgefunden hat, gegen den Umfang der Spule legen und dort einen leichten Widerstand hervorrufen, der genügt, die Reibungsscheiben zum Gleiten, die Spindel mit Spule also zum Stillstand zu bringen. Nun hat das Verschieben der Spindel und Spule zu erfolgen, und kann die Bewicklung wieder fortgesetzt werden bis zu der Maximalgrenze, d. h. bis jene Rolle wieder den Spulenumfang berührt u. s. w.

Soll wegen Fadenbruches u. s. w. die Spindel stillgehalten werden, so ist Stange n am Rahmen o nach vorn zu ziehen, wodurch, wie Fig. 1 ohne nähere Erklärung erkennen lässt, Teller t mit Spindel und Spule etwas gehoben, die Berührung zwischen den beiden Reibungsscheiben also aufgehoben wird.

Fig. 1 zeigt auf der linken Seite die Einrichtung, um von Feinspinnspulen b, auf der rechten Seite, um von den auf Haspeln gelegten Garnsträhnen g zu winden. Bei älteren Maschinen ist noch eine besondere Vorrichtung zum Bremsen der Feinspinnspulen — die aber jetzt gewöhnlich weggelassen wird — angeordnet, ähnlich der, wie man sie in der Feinspinnerei anwendet.

Die Fadenführer f schwingen, wie aus Fig. 1 u. 3 hervorgeht, um eine Mittelwelle q, so dass der eine im Niedergehen begriffen ist, während der andere emporsteigt. Der Antrieb erfolgt durch Scheiben RR_1 (Fig. 2 u. 3) auf eine kurze Querwelle H, die durch je ein konisches 40er Rad mit je einem 25er der beiden Reibungsscheibenwellen w im Eingriff ist. Die Reibscheiben dieser Wellen haben $7^3/_4$ Zoll ($196{,}83^{\mathrm{mm}}$) Durchmesser. Der wirksame Durchmesser der Spindelscheiben beim Beginn der Wicklung ist 2 Zoll ($50{,}79^{\mathrm{mm}}$), am Ende der Wicklung 6 Zoll ($152{,}39^{\mathrm{mm}}$), dazwischen liegen 2 Verstellungen mit den Spindelscheibendurchmessern $3^1/_3$ Zoll und $4^2/_3$ Zoll.

Die Wicklung schreitet sonach etwa folgendermassen fort:

1) Bei 2″ Scheibendurchm. ist derjenige der Wicklung $1^5/_{16}$″ u. steigt bis $2^1/_2$″
2) „ $3^1/_3$″ „ „ „ „ „ $2^1/_2$″ „ „ „ $3^5/_6$″
3) „ $4^2/_3$″ „ „ „ „ „ $3^5/_6$″ „ „ „ $5^1/_6$″
4) „ 6″ „ „ „ „ „ $5^1/_6$″ „ „ „ $6^1/_2$″

Bezeichnet man im allgemeinen den veränderlichen Durchmesser der

Reibscheibe mit d, so ist deren minutliche Umdrehungszahl u bei 180 Umdrehungen der Hauptwelle

$$u = 180 \cdot \frac{40}{25} \cdot \frac{31}{4} \cdot \frac{1}{d} = \frac{2232}{d}.$$

Für obige 4 Versetzungen ist somit:

$$1)\ u = \frac{2232}{2} = 1116; \qquad 2)\ u = \frac{2232 \cdot 3}{10} = 669,6;$$

$$3)\ u = \frac{2232 \cdot 3}{14} = 478,3 \quad \text{u.} \quad 4)\ u = \frac{2232}{6} = 372.$$

Für die einzelnen Perioden ergeben sich somit folgende kleinste, grösste und mittlere Windegeschwindigkeiten in der Sekunde:

$$1)\ \frac{1116}{60} \cdot \pi \cdot \frac{21}{16} = 76,65 \text{ Zoll}; \quad \frac{1116}{60} \cdot \pi \cdot \frac{5}{2} = 146,01 \text{ Zoll}; \text{ Mittel: } 111,33 \text{ Zoll},$$

$$2)\ \frac{669,6}{60} \cdot \pi \cdot \frac{5}{2} = 87,6 \text{ Zoll}; \quad \frac{669,6}{60} \cdot \pi \cdot \frac{23}{6} = 134,3 \text{ Zoll}; \text{ Mittel: } 110,95 \text{ Zoll},$$

$$3)\ \frac{478,3}{60} \cdot \pi \cdot \frac{23}{6} = 95,95 \text{ Zoll}; \quad \frac{478,3}{60} \cdot \pi \cdot \frac{31}{6} = 129,33 \text{ Zoll}; \text{ Mittel: } 112,64 \text{ Zoll},$$

$$4)\ \frac{372}{60} \cdot \pi \cdot \frac{31}{6} = 100,58 \text{ Zoll}; \quad \frac{372}{60} \cdot \pi \cdot \frac{13}{2} = 126,5 \text{ Zoll}; \text{ Mittel: } 113,54 \text{ Zoll}.$$

Das Gesamt-Mittel beträgt sonach:

$$\frac{111,33 + 110,95 + 112,64 + 113,54}{4} = 112,11 \text{ Zoll } (2,873^{\,\mathrm{m}}).$$

Legen wir das Gesamt-Mittel zur Berechnung der theoretischen Leistungsfähigkeit zu Grunde, obgleich wir auf diese Weise einen etwas zu grossen Wert erhalten, so würde die in der Minute von einer Spindel aufgenommene Fadenlänge sein:

$$112,13 \cdot 60 = 6727,8 \text{ Zoll oder } 186,8 \text{ } \textit{Yards}.$$

In 10 Arbeitsstunden ergiebt sich also eine Leistung in Bündeln à 60 000 $\textit{Yards}$ von

$$\frac{186,8 \cdot 60 \cdot 10}{60\,000} = 1,868 \text{ Bündel}.$$

Von Garn $N^{\mathrm{leas}} = 6$ oder $N^{\mathrm{lbs}} = 8$ wiegt 1 Bündel 15 Kilogramm, mithin beträgt die theoretische Leistung in obiger Zeit dem Gewichte nach in dieser Garn-Nummer:

$$1,868 \cdot 15 = 28,02 \text{ Kilogramm}.$$

Die wirkliche Leistung einer Spindel dieser Art gaben wir zu 17,3 bis 20 Kilogramm an; dieselbe beträgt daher 61,6 bis 71,4 %.

Während also bei der vorher erwähnten Maschine die wirkliche Leistung nur bis 57,4 % der theoretischen steigt, erreicht dieselbe bei der letzteren den Wert von 71,4 %. Die grösste hierbei vorkommende Windegeschwindigkeit in der Sekunde beträgt 146,01 Zoll, während bei der zuerst erwähnten Maschine diese den Wert von 195,93 Zoll erreicht.

Die Geschwindigkeit der zuletzt erwähnten Maschine wird oft bis zu 200 Umdrehungen der Hauptwelle gesteigert. Die vorhin berechneten Geschwindigkeiten vergrössern sich daher im Verhältnis von $180:200$ oder von $9:10$.

Es ergeben sich sonach folgende Drehungszahlen der Spindelscheiben:

1) $u = 1240$; 2) $u = 744$; 3) $u = 531,4$; 4) $u = 413,3$ in der Minute. Daher sind in den einzelnen Perioden folgende kleinste, grösste und mittlere Windegeschwindigkeiten in der Sekunde vorhanden:

1)   85,16 Zoll,   162,23 Zoll;   Mittel: 123,69 Zoll,
2)   97,33 Zoll,   149,22 Zoll;   Mittel: 123,28 Zoll,
3) 106,61 Zoll,   143,70 Zoll;   Mittel: 125,15 Zoll,
4) 111,75 Zoll,   140,55 Zoll;   Mittel: 126,15 Zoll.

Das Gesamtmittel beträgt 124,57 Zoll in der Sekunde. Wir sehen hieraus, dass die grösste Windegeschwindigkeit: 162,23 Zoll, immer noch hinter der grössten der vorigen Maschine: 195,93 Zoll, zurückbleibt.

Die theoretische Leistung der letzten Maschine würde aber jetzt für eine Spindel, bei Zugrundelegung der soeben erhaltenen mittleren Geschwindigkeit von 124,57 Zoll, sein:

$$124,57 \cdot 60 = 7474,2 \text{ Zoll oder } 207,6 \; \textit{Yards} \text{ in der Minute,}$$

und in Bündeln in 10 Arbeitsstunden:

$$\frac{207,6 \cdot 60 \cdot 10}{60\,000} = 2,076 \text{ Bündel,}$$

endlich dem Gewichte nach für Garn $N^{\mathrm{lea}} = 6$ oder $N^{\mathrm{lbs}} = 8$

$$2,076 \cdot 15 = 31,14 \text{ Kilogramm.}$$

Nehmen wir jetzt nach dem vorhin ermittelten Resultate an, dass die wirkliche Leistung etwa 61 bis 71 % der theoretischen betrage, so würde diese Maschine bei der gesteigerten Drehungszahl der Hauptwelle etwa täglich leisten für jede Spindel abgerundet:

$$19 \text{ bis } 22,11 \text{ Kilogramm.}$$

Es erübrigt jetzt noch, die Bewegung des Fadenführers dieser Maschine zu besprechen.

Auf der Riemenscheiben-Welle H sitzt eine eingängige Schnecke x, welche in das Schneckenrad $y = 70$ Zähne (Fig. 2 und 3) fasst, auf dessen Achse z das Excenter -- das Herz -- E sitzt, gegen welches die Rolle r des Hebels h infolge der Einwirkung des durch Rolle und Kette mit ihm verbundenen Gewichtes G stets angedrückt wird. Die Achse des Hebels h trägt mehrere Querarme, die gemeinsam an den Fadenführerstangen ff anfassen. Infolge der Drehung des Herzes wird der Hebelarm h hin und her, jeder Fadenführer aber abwechselnd auf und ab bewegt.

Die Zahl der Doppelhübe der Fadenführer in der Minute ist hier:

$$180 \cdot \frac{1}{70} = 2,57 \text{ oder } 200 \cdot \frac{1}{70} = 2,855,$$

die der einfachen Hübe also 5,14 und 5,71.

Die Drehungszahl der Spindeln wechselt zwischen 372 und 1116 bei 180 Umdrehungen der Hauptwelle und zwischen 413,3 und 1240 Umdrehungen bei 200 Umdrehungen derselben. Auf einen einfachen Fadenführerhub kommen also in beiden Fällen:

$$\frac{372}{5,14} = \frac{413,3}{5,71} = 72,38 \text{ bis } \frac{1116}{5,14} = \frac{1240}{5,71} = 217,14 \text{ Spindelumdrehungen.}$$

Auf 1 Zoll Fadenführerweg kommen unter der Voraussetzung, dass die Geschwindigkeit der Bewegung von dem einen bis zum anderen Spulenende stets dieselbe bleibt:

$$\frac{72,38}{7} = 10,34 \text{ bis } \frac{217,14}{7} = 31,02 \text{ Fadenwindungen.}$$

In Wirklichkeit werden aber die Fadenwindungen in der Mitte dichter als die an den Enden liegen aus früher beregtem Grunde.

Es erübrigt jetzt noch die Besprechung der neuesten Spulmaschine, nämlich der:

Scheiben-Kettenspulmaschine mit liegenden Spindeln
von Urquhart, Lindsay & Co. in Dundee.

Bei dieser zweiseitigen auf Tafel VI in Fig. 1 im Querschnitt und in Fig. 2 und 3 in Vorderansichten in $\frac{1}{8}$ natürlicher Grösse dargestellten Maschine sind, ähnlich wie bei der beschriebenen Parkerschen Maschine, auf jeder Maschinenseite zwei Spulenreihen übereinander angeordnet. Die Spulen laufen auf horizontal in Gelenken gelagerten Spindeln, welche in den Figuren, gleichgültig, ob dargestellt mit oder ohne aufgesetzter Spule, für die obere Reihe mit s_1, für die untere mit s bezeichnet worden sind. Die Spindeln legen sich mit den aufgeschobenen Spulen direkt an den Umfang je zweier schmaler, 1 Zoll (2,54^c) breiter Antriebsscheiben auf den Wellen H_1 und H und werden ausserdem noch fester durch die Gewichtshebel $q_1\,q_1$ bezieh. $q\,q$ (Fig. 1) an dieselben gedrückt, mithin durch Reibung und bei dem Wickeln mit stets gleich bleibender Umfangsgeschwindigkeit mitgenommen. Die erwähnten Gewichtshebel sind in Fig. 1 dargestellt, während die Vorderansicht, Fig. 2, nur die Gabeln $i_1\,i_1$ bezieh. $i\,i$ zeigt, in denen die Drehpunkte jener liegen. Diese Gewichtshebel legen sich nämlich gegen den Ansatz o_1 bezieh. o am linken Gelenke jeder Spule, wie aus Fig. 1

und 2 deutlich hervorgeht. Es dient diese Andrückvorrichtung zugleich dazu, bei beendeter Wicklung, also bei voller Spule, die Auslösung, d. h. die Abrückung derselben von den Antriebsscheiben zu bewirken. Zu dem Zweck ist der Ansatz o_1 bezieh. o, wie aus Fig. 1 besonders deutlich hervorgeht, von rhombischem Querschnitt und so angeordnet, dass die längere Diagonale mit der Längsrichtung des Andrückhebels zusammenfällt.

Die untere Seite jedes Druckhebels ist doppelt geschweift, und laufen die beiden Bögen etwa in der Mitte desselben in eine Kante zusammen. Während des Wickelns liegt der Hebel mit dem oberen Teile auf dem Ansatze o_1 bezieh. o des linken Spindelgelenkes und wird mit zunehmender Füllung der Spulen immer mehr gehoben. Bei nahezu vollendeter Wicklung steht alsdann die obere Kante des rhombischen Ansatzes am Spindelgelenke o_1 bez. o derjenigen am Druckhebel gegenüber. Im nächsten Momente gelangt letztere auf die hintere Seitenfläche des Rhombus und drückt, an derselben entlang gleitend, die volle Spule in ihren Gelenken nach vorn, soweit dies die Hebelform gestattet. In dieser Weise erfolgt die selbstthätige Ausrückung, und ist sofort zu übersehen, in welcher Weise ein neuer Wickelprozess eingeleitet werden kann.

Da nun hier der Antrieb der Spulen nur an den Enden derselben erfolgt, so ist es möglich, dem frei liegenden Teile eine Tonnenwicklung (konvexe) zu geben, durch entsprechende Geschwindigkeitsänderung des Fadenführers, wie dies früher schon erörtert wurde. Die Garnmenge, welche daher eine Spule aufzunehmen vermag, ist ebenso gross wie bei den vorigen beschriebenen Maschinen; dagegen bietet die vorliegende vor jenen den Vorteil der von Anfang bis zum Ende des Wickelprozesses selbstthätig gleichbleibenden Wickelgeschwindigkeit, welcher man den grössten überhaupt zulässigen Wert geben kann.

Die Fadenleitung nach der älteren Anordnung ist in Fig. 1 rechts, diejenige nach einer neueren in derselben Figur links dargestellt worden. Bei der älteren Anordnung sind zur Aufnahme der Feinspinnspulen zwei übereinander liegende Stiftenreihen $b\,b_1$ angeordnet und zwar unter Weglassung jeglicher Bremsvorrichtung für die Spulen.

Es hat sich nun aber herausgestellt, dass die Anbringung einer solchen notwendig sei, und daher ist jetzt nur eine untere, aber doppelt so dichte Stiftreihe vorhanden, welche die Spulen für den unteren und oberen Wickelprozess aufzunehmen hat. Der doppelarmige Bremshebel ist auf der Belastungsseite mit zwei über einander liegenden Oesen zum Einhängen des Bremsgewichtes versehen. Wenn letzteres in die untere Oese gehängt wird, so findet eine kräftigere, wenn in die obere, eine leichtere Bremsung statt. Das Nähere ergeben die genannten Figuren.

Der Antrieb aller Teile ist hier der denkbar einfachste. Die Hauptwelle H erhält durch das Riemenscheibenpaar R die Bewegung und mit ihr sämtliche 16 Zoll (40,64^{cm}) im Durchmesser habende Spulen - Triebscheiben. Von der Welle H geht durch Räder 1, 2 der Betrieb an die obere Welle H_1 und deren 12 zölligen (30,48^{cm}) Triebscheiben über und zwar mit einer im Verhältnis von $12 : 16 = 3 : 4$ vergrösserten Drehgeschwindigkeit, sodass die Umfangsgeschwindigkeiten aller Spulentriebscheiben gleich sind.

Von der Oberwelle H_1 aus erfolgt ferner durch Schnecke und Schneckenrad die Drehung der kleinen senkrechten Welle w und von dieser durch zwei Räder 3 und 4 (Fig. 1) die des Excenters E. Dasselbe wirkt nun abwechselnd gegen die Rollen $o\ o_1$, welche in einem Rahmenwerk gelagert sind, das mit den unter einander verbundenen, in der Längsrichtung verschiebbaren Fadenführerleisten zusammengeschraubt ist, wodurch sämtliche Fadenführer in erforderlicher Weise bewegt werden.

Der Betrieb des im höchsten Punkte der Maschine angeordneten endlosen Tuches, das den Zweck hat, die abgewickelten und auf dasselbe geworfenen leeren Feinspinnspulen an das eine Maschinenende zu führen und dort in untergestellte Körbe fallen zu lassen, erfolgt von der Hauptwelle H aus durch einen über die Scheiben $r\ r_1$ gespannten Riemen, ferner durch Schnecke 5 auf der oberen Scheibenwelle und das Schneckenrad 6, das mit der einen Walze, über welche das endlose Tuch geführt wird, in Verbindung steht.

Die Vorteile dieser Maschine liegen offenbar in der Möglichkeit, tonnenförmige Wicklungen mit grösster, von Anfang bis zu Ende gleichbleibender Windegeschwindigkeit auszuführen, wie dies in gleich einfacher Weise bei keiner anderen Maschine möglich ist. Ich kann aus eigener Erfahrung auch hier berichten, dass sich diese noch neue Maschine in der Praxis für alle Garnnummern gleich gut bewährt hat.

Eine Berechnung der Geschwindigkeitsverhältnisse ist hier nicht nötig nach den bereits vorgeführten Beispielen.

Wir gehen daher jetzt zum folgenden Kapitel über:

b) Das Zetteln, d. i. das Bilden der Kette auf dem Zettelrahmen (*warping-mill*) und das Aufbäumen derselben auf der Kettenbäummaschine (*chain-beaming-machine*).

Auf dem Scher- oder Zettel-Rahmen wird, wie schon früher auseinandergesetzt wurde, das Kettengarn, welches ungeschlichtet verarbeitet werden soll, entweder direkt von den Feinspinnspulen oder besser: nachdem es vorher auf den Kettenspulmaschinen auf grössere Spulen gewunden worden ist, in der für das Gewebe nötigen Fadenzahl zunächst zu einem fortlaufenden Fadenbande von 350 bis 400 *Yards* Länge aufgewunden.

Die Anwendung dieses Apparates findet jedoch jetzt selten und nur noch in kleineren Webereien statt. Da zudem die Einrichtung desselben mit der in anderen Webereien üblichen übereinstimmt, so wollen wir uns hier mit folgender kürzeren allgemeinen Beschreibung begnügen.

Der Apparat besteht aus einem senkrecht gelagerten Haspel von 36 Fuss (10,972 m) Umfang und 6 bis 8 Fuss (1,82 bis 2,43 m) Höhe. Derselbe kann von einer Schnurscheibe aus, die auf kurzer vertikaler, mit der Hand durch Kurbel drehbarer Achse sitzt, mittels um den unteren Teil geschlungener Schnur in Drehung versetzt werden. In der Nähe der Kurbelachse ist die Spulen- oder Rollenbank aufgehängt, in welcher die Kettenspulen, also entweder die Feinspinn- oder besser die grösseren von der Spulmaschine gebildeten Spulen auf eisernen, gewöhnlich horizontal gelagerten Stiften untergebracht sind.

Die Fäden, welche auf einmal geschert, d. h. also aufgehaspelt werden sollen, gehen durch das Lesebrett, welches aus zwei Abteilungen mit gegen einander versetzten Glasaugen (mit Glas ausgefütterten Oeffnungen) besteht. Die Hälfte der Fäden geht durch die Glasaugen der einen, die andere durch die der anderen Abteilung. Das Lesebrett ist in einen Rahmen eingelegt, welcher in zwei vertikalen, vom Fussboden bis zur Decke reichenden Latten Führung findet und an einer Schnur hängt, die zunächst vertikal in die Höhe, dann über eine Rolle zwischen den Führungslatten nahezu horizontal zu der Haspelachse führt, um die sie mehrmals geschlungen und an der sie befestigt ist.

Je nachdem jetzt der Haspel in dem einen oder anderen Sinne gedreht wird, wickelt sich die Schnur auf die Achse und hebt also den Rahmen mit dem Lesebrett in die Höhe, oder sie wickelt sich ab, was das Senken, das Herabgehen des Lesebrettes zur Folge hat. Der Rahmen des Lesebrettes ist ferner nach der Haspelseite zu mit einem kleinen Gestell versehen, in welchem etwa 10 um senkrechte Achsen drehbare dünne Holzwalzen angeordnet sind. Auch dieses Gestell macht mit dem Rahmen und Lesebrett die Auf- und Abbewegung.

Das Scheren beginnt stets von oben und zwar an einer Stelle, wo dicht hinter einander in derselben Höhe 3 hölzerne 10 bis 15 c lange Stifte — Kreuz- oder Schränk-Nägel genannt — am Haspel befestigt sind. Der Rahmen mit dem Lesebrett und dem Rollengestell steht beim Beginn des Scherens im höchsten Punkte. Die sämtlichen Fäden, welche gemeinsam geschert werden sollen, gehen wechselweise durch die Augen der beiden Abteilungen des Lesebrettes hindurch und sind nach bestimmten, von der Art des späteren Aufbäumens abhängigen Regeln in einzelne Abteilungen gleicher Fadenzahl geteilt, die durch ebenso viele Zwischenräume der vorher erwähnten Walzen geführt sind. Hinter den Walzen knotet man sämtliche Fäden zusammen, und dann wird der Fadenstrang über den hintersten, den ersten Stift am Haspel geschoben. Jetzt spannt man durch Drehen des Haspels die Fäden und hebt alsdann die vordere Abteilung des Lesebrettes und mit ihr die eine Hälfte der Fäden und legt diese über den zweiten Stift, während die andere Hälfte unterhalb diesem bleibt. Alsdann wird die zweite Abteilung des Lesebrettes — also auch die andere Hälfte der Fäden in die Höhe gehoben und über den dritten Stift gelegt, während jetzt die erste Hälfte unterhalb diesem bleibt. Man nennt diese Schränkung oder Kreuzung der Fäden die „Lese oder das Kreuz". Dieselbe ist deshalb notwendig, um bei dem späteren Einziehen der Kettenfäden in das Geschirr, oder beim Anknoten im Webstuhle, die Reihenfolge der Fäden, in welcher geschert wurde, wieder zu finden.

Nunmehr wird die Drehung des Haspels fortgesetzt, wobei gleichzeitig das Lesebrett tiefer und tiefer sinkt, sodass sämtliche in jenem enthaltenen Fäden zu einem bandförmigen Strange vereinigt in dicht neben einander liegenden Lagen sich auf dem Haspel winden. Das Aufwinden setzt man so lange fort, bis die gewünschte Länge der Kette erreicht ist. An dieser Stelle sind zwei, je nach der Länge der Kette verstellbare Stifte im Haspel befestigt, über welche in ähnlicher Weise wie oben die Fäden nach den Abteilungen gekreuzt werden.

Jetzt schert man in derselben Weise nach oben und wiederholt das Verfahren, bis die nötige Kettenfadenzahl vorhanden ist. Man nennt ein einmaliges Auf- und Abscheren mit einer beliebigen Fadenzahl gewöhnlich einen „Gang".

Nachdem die nötige Gangzahl erreicht ist, wird die obere und die untere Lese gehörig unterbunden, und dann nimmt man mit beiden Händen abwechselnd den Fadenstrang in Form einer fortlaufenden, aus einzelnen Schlingen bestehenden Kette von dem Haspel ab. Derselbe lässt sich später beim Ziehen an dem unteren zuletzt abgenommenen Ende leicht wieder auseinander wickeln.

Die Zahl der Spulen, mit der geschert werden muss, hängt von der Anzahl der Kettenfäden ab, welche das Gewebe in der Breitenrichtung enthalten soll.

Nehmen wir beispielsweise an, es soll ein Gewebe 632 Kettenfäden in der Breite enthalten. Von dieser Anzahl zieht man gewöhnlich zur Bildung der Kante 8 Fäden — 4 für jede Seite — ab, welche beim ersten und letzten halben Gange mit geschert, aber durch meist baumwollenes, auf Spulen gewundenes Garn ersetzt werden. Es bleiben mithin 624 Jute-Kettenfäden, welche mit 52 Spulen in 6 Gängen (6 mal ab- und 6 mal aufwärts) geschert werden können. Rechnen wir rückwärts, so ergeben sich also $6 \cdot 2 \cdot 52 + 2 \cdot 4 = 624$ Jutefäden und 8 Baumwollenfäden $= 632$ Fäden überhaupt.

Ein Scherrahmen der beschriebenen Art genügt für 6 bis 8 Webstühle mittlerer Breite.

Auf das Scheren folgt das

Aufbäumen mittels der Kettenbäummaschine
(*Chain-beaming-machine*),

d. h. das Verteilen der Kettenfäden auf die nötige Breite und das Aufwickeln derselben auf den Ketten- oder Garnbaum.

Die **Kettenbäummaschine** besteht aus zwei Hauptteilen: den zuführenden, beziehungsweise zurückhaltenden und den aufwindenden Teilen. Die Gesamt-Ansicht Fig. 1ª, Tafel VII, zeigt die aufwindenden Teile einer derartigen besseren Maschine von Robertson & Orchar in Dundee.

Der Garnbaum G besteht aus einer 5 bis 6 Zoll dicken Holzwalze (neuerdings hohlen schmiedeeisernen Walze), welche auf einer eisernen zu beiden Seiten etwa 4 Zoll (10ᶜ) hervorragenden und an diesen Stellen abgedrehten Achse befestigt ist. An den Enden der Holzwalze sitzt je eine gusseiserne mit ein wenig überstehenden Rändern versehene Scheibe B, die im Webstuhle zum Bremsen des Baumes behufs Anspannung der Kette benutzt wird. Diese Scheiben heissen Bremsscheiben (*drag-pulleys*). Innerhalb dieser Scheiben werden zwei zweiteilige grössere durchbrochene Flanschenscheiben $S S$ (*Yarn-beam-flanches*) auf die Walze in solcher Entfernung von einander geschraubt, wie sie der Breite des zu erzeugenden Gewebes entspricht. Zwischen diesen Flanschenscheiben erfolgt also das Aufwickeln der ausgebreiteten Kette. Die Kette muss mit ihren zusammengeknoteten Enden partieweise auf dem Umfange des Baumes befestigt werden, damit das Aufwickeln derselben ohne Gleiten stattfinden kann. Zu dem Behufe sind an mehreren Stellen des Baumes in der Breitenrichtung Vertiefungen ausgeschnitten, in welche Stifte oder Haken eingeschlagen oder eingeschraubt werden, an denen das Anhängen der zusammengeknoteten Kettenenden erfolgen kann. Fig. 1ª und 1ᵇ, Tafel VII lassen das Nötige erkennen.

Der Garnbaum wird in der Bäummaschine mit dem einen Zapfen in ein je nach der Länge desselben mit seinem Bock d (in der Fig. 1ª zum Teil durch den linken Flansch verdeckt) verschiebbares Lager und mit dem anderen in eine Ausbohrung der kurzen Welle i — etwa bei d_1 — eingelegt. Die Welle i kann im Gestell durch das Handrad h verschoben werden und wird, wenn ihre Höhlung den Zapfen des Garnbaumes gefasst hat, durch einen Stift am Zurückgehen, jedoch nicht am Drehen, gehindert.

Innerhalb des Gestelles ist am Ende der Achse i ein Mitnehmerstück, etwa bei s, angeordnet, das mittels zweier Stifte in entsprechende Löcher der Bremsscheibe B fasst, wodurch der Garnbaum mit der Welle i gekuppelt ist und an deren Drehung teilnehmen muss. (Wir kommen später bei den Schlichtemaschinen auf die Einzelheiten zu sprechen.)

Der Betrieb erfolgt durch Riemenscheiben R an die Hauptwelle H und von dieser durch Rad a auf b, das auf Welle i sitzt.

Da mit zunehmender Bewicklung des Garnbaumes die Windegeschwindigkeit zunimmt, so ordnet man auch manchmal auf der Hauptwelle H mehrere Riemenscheibenpaare von verschiedenem Durchmesser, die nach einander eingerückt werden, an, oder man schaltet auch zwischen Riemenscheibenwelle und Hauptwelle H Räder verschiedener Grösse ein, die nach einander zur Wirkung kommen, um bei fortschreitender Bewicklung die Umdrehungszahl des Garnbaumes, also die Windegeschwindigkeit, zu mässigen.

Maschinen dieser Art sind zwar etwas komplizierter, erlauben aber bereits im Anfange des Windeprozesses die Anwendung einer grösseren Geschwindigkeit als jene, bei denen diese Einrichtungen fehlen; bei diesen muss letztere stets kleiner sein, damit sie bei vollem Baume nicht das zulässige Mass überschreite.

Auf dem Umfange des Garnbaumes — und später auf der sich aufwickelnden Kette — lastet die ausziehbare Druckwalze, Teleskopwalze E (*Expanding-roller*), damit ein genügend festes Aufwinden stattfinde. — Diese aus Holz hergestellte Walze besteht in der Längenrichtung aus zwei durch Scheiben mit der gemeinsamen Achse verbundenen bezieh. gestützten Hälften. Jede Hälfte ist aus einzelnen Latten in gleichen Abständen von einander zusammengesetzt. Die Latten der einen Hälfte fassen in die Zwischenräume, welche die Latten der anderen Hälfte lassen. Durch Zusammenschieben oder Auseinanderziehen der Hälften kann man nun die Länge der ganzen Walze der Entfernung der beiden Flanschen auf dem Garnbaume entsprechend einstellen. Die Achse der Teleskopwalze ruht in Lagern, welche durch den Bügel L gehalten werden. Der Bügel gleitet in Gestellschlitzen und wird ausserhalb der Gestelle durch je ein Querstück gefasst, das mittels zweier Schraubenstangen $m\,m$ mit je einer Zahnstange z in Verbindung steht. In die Zahnstangen greifen kleine, auf einer gemeinsamen Achse F sitzende Zahnräder o ein, während dahinter liegende Führungsrollen verhindern, dass jene ausweichen und etwa der Zahneingriff aufhören kann. Durch das Handrad h_1 an dem einen Ende der Welle F kann man diese drehen, also die Zahnstange und mit ihr die Teleskopwalze (die Druckwalze) auf- und abstellen.

Vor Beginn der Wicklung wird die Druckwalze auf den Garnbaum, auf welchem die aufzuwindende Kette bereits befestigt ist, herabgelassen, und stellt man mit Hülfe der Schraubenstangen m dieselbe so ein, dass sie auf der vollen Breite genau aufliegt. Wickelt sich jetzt die Kette auf den Garnbaum G, so steigt die Druckwalze E mit zunehmender Wicklung in die Höhe und dreht durch die Zahnstangen z und die Getriebe o auf der Welle F. Auf der Handradseite ist nun auf letzterer noch ein Klinkrad k_1 befestigt, in welches die am Gestelle angeordnete

Klinke k_0 fasst. Bei der durch das Emporsteigen der Druckwalze hervorgebrachten Drehung der Welle F schleift die Klinke über die Zähne des Klinkrades hinweg. Ist die Wicklung — also das Aufbäumen — beendet, so wird durch Drehen am Handrade h_1 die Druckwalze noch etwas weiter in die Höhe gehoben und der Garnbaum ·entlastet. Die Klinke, welche jetzt in die Klinkradzähne fasst, hindert nunmehr das freiwillige Niedersinken der ersteren. Durch Auslösen der Welle i und Zurückziehen derselben wird der Garnbaum frei und kann gegen einen leeren ausgewechselt werden. — Die Druckwalze sinkt durch ihr eigenes Gewicht nieder, nachdem die Klinke zurückgelegt — ausgelöst wurde, wenn man das inzwischen festgehaltene Handrad h_1 sich langsam drehen lässt.

Eine wesentlich **einfachere Bäumvorrichtung** zeigt die Gesamt-Ansicht Fig. 2, Tafel VII, nach einer Ausführung von Urquhart, Lindsay & Co. in Dundee. Die Einstellung und Lagerung des Garnbaumes G ergiebt sich hieraus ohne weiteres.

Der Antrieb erfolgt auf 3 Scheiben 1, 2, 3, von denen die mittlere (2) die Los-, die beiden anderen Betriebs-Scheiben sind. Letztere treiben, unter Vermittlung verschiedener Räder - Uebersetzungen, den Garnbaum mit grösserer oder kleinerer Umdrehungszahl. Die Expander-Druckwalze ist hier durch eine einfache Holzwalze D ersetzt, die durch halbkreisförmig ausgeschnittene Lagerklötze, befestigt an den durch Gewichte q belasteten Hebeln $n\,n$, gehalten und auf die Bäumwalze G gepresst wird.

Für verschiedene Entfernungen der Flanschen auf dem Baume müssen hier verschiedene Druckwalzen entsprechender Länge eingelegt werden.

Die Berechnung dieser Maschinen ist so einfacher Natur, dass wir sie hier übergehen können, auch schon aus dem Grunde, weil man diese Bäummaschinen jetzt nur sehr selten noch in Jute - Webereien antrifft, endlich weil die üblichen Geschwindigkeitsverhältnisse mit denen der später zu beschreibenden Schlichtmaschine übereinstimmen.

Es erübrigt noch die **Zuführung** des **Kettenstranges** und die **Verteilung** der Fäden zu besprechen. Die Skizzen 3 und 4 Tafel VII zeigen zwei verschiedene Methoden der Zuführung. Nach Fig. 3 wird also der Kettenstrang K mit dem von dem Zettelrahmen zuletzt abgenommenen Ende zuerst über den Holzbalken 1, sodann um die an den Kanten gut abgerundeten Spannklötzer 2, 3, 4, 5 herum zwischen die Walzen 6 und 7 und 7 und 8, — welche in Gestellschlitzen verschiebbar, gemeinsam durch Gewichte M an beiden Seiten belastet sind — geführt. Die Kette gelangt nun zu dem Scheidekamm oder Oeffner Q, der aus runden, in geringen Entfernungen von einander in einer Leiste befestigten Metallstäbchen besteht. Nach oben zu ist der Scheidekamm durch einen abnehmbaren Deckel geschlossen.

Nach Fig. 4 wird die Kette K um mehrere — bis 12 — verschiedene gut abgerundete, an schrägen Stützen befestigte Latten fff .... herumgeführt und gelangt dann ebenfalls zu dem Scheidekamm Q.

Die Spannung, mit der sich die Kette auf den Baum wickeln soll, reguliert man im ersteren Falle durch Vermehrung oder Verminderung des Belastungsgewichtes M der Walzen 6, 7, 8; im zweiten Falle dadurch, dass man die Kette um mehr oder weniger Latten f herumführt, ehe man sie zum Scheidekamm gelangen lässt. Ist der Kettenstrang bis zum Scheidekamm Q geführt, so wird in das Kreuz, welches am Scherrahmen unten gebildet wurde, ein Stab und eine Schnur, die man mit einander verbindet, eingelegt, hierauf das Unterband aufgeschnitten und das Kreuz auseinander geteilt, wonach man die einzelnen Abteilungen desselben zwischen je zwei Stäbe des Scheidekammes so einlegt, dass die ganze Kette auf einer etwas grösseren Breite verteilt ist, als der Breite des zu erzeugenden Gewebes entspricht. Das Nähere über die Einstellungsbreite der Kette ist bereits früher erörtert worden. In derselben Entfernung von einander sind die Flanschen des Kettenbaumes, gleich weit von den Enden, festgeschraubt. Die Kette geht jetzt noch um die Walzen 9 und 10 und gelangt dann zum Garnbaum G. Hier wird der Stab mit der Schnur wieder aus dem Kreuz entfernt, und nun hängt man die einzelnen Abteilungen an die erwähnten vertieft liegenden Stifte des Garnbaumes.

Nachdem nun die Teleskop-Druckwalze E, Fig. 3, oder die gewöhnliche Druckwalze D, Fig. 4, auf den Garnbaum niedergelassen, beginnt in schon beschriebener Weise das Aufwinden der Kette so lange, bis die anderen unterbundenen Enden derselben zum Scheidekamm gelangt sind. Jetzt schaltet man den Betrieb aus, entfernt den Deckel des Scheidekammes, hebt die Kettenenden heraus und setzt das Wickeln fort, bis jene dicht vor dem Garnbaum angelangt sind.

Das Uebrige ist schon erwähnt.

Man rechnet auf 35—40 Webstühle eine derartige Kettenbäummaschine.

c) Das Bilden der Kette und Aufwinden derselben auf den Kettenbaum mit Hilfe der Kettenschermaschine (Kettenmaschine) (*warping-machine*) **oder auch der Garnbäummaschine** (*yarn-beaming-machine*).

Beide Arten von Maschinen dienen demselben Zweck, nämlich das Garn von den Spulen der Kettenspulmaschine direkt auf den Garnbaum zu winden. Die **Kettenschermaschine** findet Anwendung für **stärkere** Garne oder für **Gewebe mit weniger dichter Einstellung,** also bei geringerer Ketten-Fadenzahl. Die Zuführung der Fäden geschieht bei dieser Maschine nur von **einer** Seite, bei den **Garnbäummaschinen** von **zwei Seiten.** Die letztere Maschine ist also vom Garnbaum aus gerechnet nach beiden Seiten hin symmetrisch gebaut. Die Spulenbank, d. h. das Gestell, in welchem die Kettenspulen eingelagert werden, besteht aus je zwei Doppelrahmen, von denen jeder bis 25 Abteilungen mit in der Höhenrichtung etwa bis 20 horizontal über einander gelagerten Stiften zur Aufnahme der Kettenspulen enthält. Die beiden Rahmenhälften sind unter einem spitzen Winkel, mit der Spitze nach der Maschine zu, aufgestellt und unter einander verbunden.

Es können also in einem Doppelrahmen bis $20 \cdot 25 \cdot 2 = 1000$ Spulen untergebracht werden. Bei den Garnbäummaschinen, welche stets von beiden Seiten aufbäumen, sind zwei Doppelrahmen vorhanden, und kann dann die auflaufende Fadenzahl bis 2000 steigen, eine Zahl, die in den seltensten Fällen in der Jute-Weberei vorkommt. Gewöhnlich genügen Spulenbänke mit je 750 Spulen.

Sollen sehr breite Gewebe hergestellt werden, bei denen auch bei nicht sehr dichter Einstellung infolge der grösseren Breite die Fadenzahl bedeutender wird, so benutzte man meist zwei Garnbäume, die auf einer Achse im Webstuhl untergebracht werden und von denen jeder die Hälfte der Kettenfäden enthält, um bei dem Aufbäumen auch die mittleren Kettenfäden besser überwachen zu können. Diese Bäume sitzen nicht fest auf der Drehachse, sondern sind in der Achsenrichtung mit einer viereckigen Oeffnung versehen, mit welcher sie über eine viereckige Welle geschoben werden. Die letztere ist nur an den Lagerstellen, also hier an den Enden und in der Mitte rund abgedreht. Jeder Einzelbaum hat natürlich zwei Flanschen, die der halben Zeugbreite entsprechend eingestellt sind, aber nur an den äusseren Enden je eine Bremsscheibe. Bei dem Aufbäumen wird jede Hälfte von der Webstuhlachse heruntergezogen, auf eine andere kürzere aufgeschoben und diese in eine der vorher erwähnten Maschinen (ebenso wird bei den folgenden Maschinen — den Schlichtmaschinen — verfahren) eingelegt. Das Aufbäumen geschieht also jetzt auf diesem Baum mit der Hälfte der Kettenfäden. Entsprechend wird natürlich mit dem anderen Einzelbaum verfahren. Man ist auf diese Weise imstande, mit Hilfe der grössten Spulenbänke auf jeden Einzelbaum bei Anwendung der Kettenschermaschine, die nur mit einer Spulenbank arbeitet, bis 1000 Fäden neben einander aufzuwinden, also ein Gewebe von 2000 Kettenfäden herzustellen. Bei Benutzung der zweiseitigen Garnbäummaschinen können in demselben Falle auf jeden Einzelbaum 2000 Kettenfäden gewunden, also Gewebe, die bis 4000 Kettenfäden enthalten würden, erzeugt werden.

Bei Benutzung der gewöhnlich üblichen Spulenbänke mit 750 Spulen kann im ersteren Falle ein Gewebe bis 1500, im letzteren Falle bis 3000 Kettenfäden enthaltend, hergestellt werden, was für die gewöhnlichen Jute-Gewebe vollkommen genügt.

Wir wollen nun die Kettenschermaschine und die Garnbäummaschine etwas näher betrachten.

Die Kettenschermaschine oder die Kettenmaschine
(*warping-machine*),

welche ebenfalls nur noch selten angewendet wird, möge durch folgende Beschreibung — unter Beifügung der Gesamtansicht auf Tafel VIII nach neuerer Ausführung von Robertson & Orchar in Dundee — weiter charakterisiert werden.

Die Kettenspulen sind in einem Gestelle A, wie beschrieben, untergebracht, und zieht man soviel Fäden, als die aufzubäumende Kette enthalten soll, herab, führt dieselben zunächst kreuzweise um einen horizontalen Stab und dann durch ein sogenanntes Leseblatt K_1 behufs Verteilung derselben auf die gewünschte Breite. Das Blatt besteht aus einem Holzrahmen, in welchen schmale, dünne Stahlschienchen (Rietstäbchen) in ziemlich kleinen Zwischenräumen (*splits*) neben einander eingesetzt sind. Auf das Einziehen und Verteilen der Fäden in dem Blatte und sonstige Einzelheiten kommen wir noch bei der Schlichtmaschine zu sprechen, verweisen daher hier auf jene Stelle. Die sämtlichen Kettenfäden gehen dann zwischen den drei horizontal neben einander gelagerten Walzen r_1, r_2 und r_3 hindurch, die sämtlich durch Gewichte an einander gepresst sind, werden nochmals um einen Stab gekreuzt, gehen durch ein zweites Blatt K_2 und wenden sich hierauf um einen runden Eisenstab abwärts zum Garnbaum G, auf welchem das Aufwinden erfolgt.

Der Garnbaum wird in Gestellschlitzen gehalten und durch Gewichte gegen zwei breite gusseiserne, auf gemeinsamer Welle sitzende und auf dieser verschiebbare Scheiben $D_0 D_0$ gepresst, welche durch Räderwerk von der Riemenscheibenachse H aus angetrieben werden. Die Drehung des Garnbaumes erfolgt also hier durch Reibung am Umfange desselben, und geschieht daher das Aufwinden stets mit derselben Geschwindigkeit.

Man hat aber auch Kettenmaschinen, bei denen der Garnbaum ebenso angetrieben wird, wie bei Besprechung der Kettenbäummaschine erwähnt wurde.

Die Garn-Bäummaschine (*yarn-beaming-machine*)

führen wir auf Tafel IX in Fig. 1 in einer Gesamtansicht und in Fig. 2 und Fig. 3 in einer Längen- und Endansicht, letztere in $^1/_{20}$ natürlicher Grösse, vor. Einige unwesentliche Gestellteile sind weggelassen worden. Auch diese Maschine ist nach einer Ausführung von Robertson & Orchar in Dundee dargestellt.

Wir sehen hier den Garnbaum G in der Mitte der Maschine gelagert, in der Gesamtansicht Fig. 1 und der Längenansicht Fig. 2, und durch die ausziehbare Druckwalze E belastet. Die Anordnung, Hebung und Senkung dieser Druckwalze ist dieselbe, wie sie bei der Kettenbäummaschine früher beschrieben wurde. Die eigentümlichen Antriebsmechanismen für den Garnbaum, bestehend aus den äusserlich sichtbaren Teilen $u_1\,u_2$, J und dem Betriebsrade b (Fig. 2, 3), an welches von der Riemenscheibenwelle H aus durch die Räder $a_0\,a_1\,a_2$ der Betrieb und somit auch auf die Garnbaum-Antriebswelle i übertragen wird, besprechen wir, ebenso wie das Einlegen des Garnbaumes, bei der folgenden Maschine, die denselben Mechanismus hat, näher und erwähnen hier nur, dass die Verbindung eine derartige ist, dass der Garnbaum gleiten, nachgeben kann in dem Masse, wie es die zunehmende Wicklung erfordert, damit die Windegeschwindigkeit nahezu dieselbe bleibt.

An beiden Enden der Maschine haben wir uns nun je ein Spulengestell zu denken, von dem die Fäden, die gleichzeitig aufgebäumt werden sollen, herabgezogen werden, worauf sie um einen Holzstab x, Fig. 2, dicht vor dem Leseblatt bei K_1 gekreuzt, dann durch jenes hindurch auf gehöriger Breite verteilt nach den 3 Walzen $r_1\,r_2\,r_3$ geleitet werden — ganz wie bei der vorigen Maschine beschrieben wurde. Die Mittelwalze r_2, durch Hebel und Gewichte g gegen die Unterwalzen angepresst, bewirkt das Festklemmen der sämtlichen Fäden, die sich nunmehr nur nach Massgabe der Umfangsgeschwindigkeit der Walzen vorwärts bewegen können. Fig. 1 und 2 lassen das Nähere erkennen.

Die Kettenfäden gelangen nun nach nochmaliger Kreuzung um den Stab x_1 je durch ein zweites Blatt K_2 Fig. 2 (in Fig. 1 sind die Blätter selbst weggelassen und nur die Gestelle zum Festhalten derselben angegeben — die wieder in Fig. 2 fehlen), dann je über eine Rolle w_1 und w_2 und endlich, die Hälfte von oben, die andere von unten, zum Garnbaume G. Der Antrieb desselben erfolgt von der Riemenscheibenwelle H aus durch die Räder $a_0\,a_1\,a_2$ und b, wie schon erwähnt. Die Verbindung des Rades b mit der Welle i ist wie bei der noch zu beschreibenden Maschine so, dass wohl ein Spannen der Fäden einerseits, jedoch anderseits ein stetes Zurückbleiben derselben gegenüber der vom Antrieb aus erteilten Geschwindigkeit eintritt, so dass sich der Garnbaum stets mit derselben Umfangsgeschwindigkeit wie die Lieferungswalzen $r_1\,r_2\,r_3$ drehen muss. Wir kommen noch näher hierauf zurück. Auf dem Garnbaume liegt wiederum die Druckwalze E, und sind die einzelnen zugehörenden Teile wie bei den früher beschriebenen Maschinen bezeichnet.

Der Antrieb der Zuführwalzen r_1 und r_3 erfolgt von den auf der Riemenscheibenwelle H sitzenden Riemenscheiben $y_0\,y_0$ aus durch Riemen nach den Scheiben $y_1\,y_1$ und von da durch das Räderwerk $e_0\,e_1\,e_2\,t\,e_3\,e_3$.

Die Walze w_2 dient als Zählwalze und ist mit einem Messwerk Z_0 (Fig. 1) versehen. Die Geschwindigkeitsverhältnisse und übrigen Einzelheiten sind ganz ähnlich wie bei der folgenden Maschine, zu deren Besprechung wir nunmehr übergehen.

d) Das Bilden der Kette und das Schlichten, sowie Aufbäumen derselben auf der Schlichtemaschine (*Dressing-machine or starching-machine*).

Allgemeine Bemerkungen.

Die Schlichtemaschine, welche jetzt fast ausschliesslich in den Jute-Webereien angewendet wird, soll also die Kettengarne mit Schlichte, einer klebrigen Flüssigkeit — gewöhnlich Kartoffelstärke — versehen, dieselben alsdann trocknen und hierauf in nötiger Fadenzahl in richtiger Breite aufbäumen. Welche Vorteile das Schlichten gerade bei den trocken gesponnenen rauhen Jutegarnen gewährt, haben wir am Anfange dieses Abschnittes schon erwähnt und wiederholen, dass zunächst bezweckt wird, die Oberfläche der Garne durch Aneinanderkleben der kleinen Härchen glatter zu gestalten. Solche Garne gehen dann später leichter durch die Webegeschirre ohne Fadenbruch. Derselbe tritt auch seltener ein, weil die Festigkeit geschlichteter Garne etwas grösser als die der ungeschlichteten ist, so dass einerseits der selteneren Stillstände wegen die Produktionsfähigkeit des Webstuhles erhöht, anderseits aber der Abfall vermindert wird. Das fertige Gewebe erhält zudem durch die geschlichteten Kettengarne mehr Steifigkeit, mehr Griff und nimmt eine schönere Appretur, einen höheren Glanz an, es wird also hierdurch ansehnlicher.

Die Gesamt-Anordnung der Schlichtemaschinen ist ähnlich der soeben vorgeführten Garnbäummaschine. Die Maschinen sind vom Garnbaume aus nach beiden Seiten hin symmetrisch gebaut. Die Hälfte der Kettenfäden kommt mithin von der einen, die andere von der anderen Seite, und vereinigen sich beide auf dem Garnbaume zur ganzen Kette.

Die Schlichtevorrichtung besteht aus 2 über einander gelagerten Kupferwalzen, die mit Filz überzogen sind. Die untere, welche den Antrieb erhält, ist von einem Troge umgeben, der die Schlichte aufnimmt. Die obere Walze, in Gestellschlitzen gelagert, wird durch belastete Hebel auf die untere gedrückt und von jener durch Reibung mitgenommen. Die zwischen beiden Walzen hindurch geführten Fäden werden also von der unteren Walze mit Schlichte getränkt, während die Oberwalze die überflüssige Masse wieder ausdrückt.

Nach dem Schlichten wird das Trocknen vorgenommen. Die Maschinen sind zu dem Zwecke mit metallenen hohlen grösseren meist 3′ (914,38 mm) im Durchmesser habenden Cylindern versehen, um welche die Fäden geführt werden, während durch einen ihrer Drehzapfen Dampf einströmt und somit die Oberfläche von innen aus erwärmt. Gleichzeitig pflegt man durch ein Flügelwerk einen raschen Luftwechsel in der Nähe der Trockencylinder hervorzurufen, wodurch der Trockenprozess beschleunigt wird.

Nach der Trockenvorrichtung sind Leitwalzen angeordnet, um

welche die Fäden — die Hälfte von jeder Seite — nach dem Garnbaum behufs Aufwickelung geführt werden. Die eine der Leitwalzen dient stets zugleich als Messwalze und ist zu dem Zwecke mit einem Zählwerke — und dieses manchmal auch mit Glocke — versehen.

Aus vorstehender Beschreibung ersieht man ohne weiteres, dass gegebenen Falles diese Maschine auch als Garnbäummaschine gebraucht werden kann. Man hat dann nur den Schlichtetrog leer zu lassen, zieht die Fäden durch die Schlichtewalzen, die jetzt nur als Zuführungswalzen wirken, und hierauf, ohne sie um die Trockencylinder zu führen, direkt um die Leitwalzen zum Garnbaume.

Ehe die Kettenfäden zu den Schlichtewalzen gelangen, müssen sie in richtiger Breite durch ein Rietblatt geführt werden. Dasselbe gilt beziehentlich der Zuführungswalzen der vorigen Maschinen. Hinter den Schlichte- beziehentlich Zuführungswalzen ist dann stets noch ein zweites, höchst selten noch ein drittes Rietblatt angeordnet.

Das vor den Schlichtewalzen befindliche Blatt heisst speziell Schlichteblatt, während das andere, jenseits der Schlichtewalzen, Leseblatt genannt wird. Die Einrichtung dieser Rietblätter haben wir schon früher beschrieben. Ihre Feinheit, d. h. die geringere oder grössere Entfernung der einzelnen Schienchen, Rietstäbchen, von einander hängt innerhalb nicht zu enger Grenzen von der gewünschten Dichtigkeit des Gewebes, beziehentlich der Lage der Kettenfäden, oder mit anderen Worten, von der Zahl der Kettenfäden (Gangzahl) auf der Breiteneinheit, weniger von der Garnnummer ab.

Das Einbringen der Fäden in die Blätter und die Maschine geschieht häufig folgendermassen:

Zunächst werden beide Blätter behufs bequemen Einziehens der Fäden aus ihren Gestellen (das Nähere ersieht man aus der späteren Gesamtansicht) heraus genommen (entsprechend wird bei den vorigen Maschinen verfahren) und vor den Schlichtewalzen (Einführwalzen) auf Stäben übereinander gelegt, nachdem man sie zuvor durch 2 Bindfäden in der Mitte der Länge nach zusammen vereinigt hat. Mit dem Einziehen, dem Einreihen der Fäden beginnt man in der Mitte der Blätter und schreitet nach beiden Seiten zu fort, so dass auf jeder Maschinenseite die eine Hälfte der Spulenbank die Fäden rechts, die andere Hälfte die Fäden links von der Mitte der Blätter liefert.

In den Raum zwischen zwei Rietstäbchen werden stets zwei Fäden neben einander eingezogen und zwar derart, dass ein Faden oberhalb, der andere unterhalb der erwähnten Bindfäden zu liegen kommt. Da die beiden Blätter einer Seite über einander liegen, so zieht man auf diese Weise in beide gleichzeitig die Fäden ein. Ist man mit dem Einziehen zu Ende, so werden jenseits der Blätter die Fäden in kleineren Abteilungen zusammen geknüpft, alsdann hebt man die obere Schlichtewalze (Druckwalze) etwas in die Höhe, schiebt das Leseblatt mit den eingezogenen Fäden zwischen beiden Walzen hindurch und befestigt es in seinem Gestelle. Das Schlichteblatt wird nun ebenfalls vor den Schlichtewalzen an seinen Platz gebracht. Die vorher aufgeknüpften Bindfäden zieht man nun zwischen den Kettenfäden heraus, nachdem vorher zwei dünne ovale Holzstäbchen, nennen wir dieselben x und x_1, eingeschoben worden sind. Den einen Stab x befestigt man an beiden Enden vor dem Schlichteblatt, den anderen x_1 in einiger Entfernung vor dem Leseblatt. Der erstere bewirkt Trennung und Führung der Fäden vor dem Schlichteblatt. Dicht hinter letzterem ist stets noch ein Eisenstab y als Stütze für dasselbe angebracht. Der zweite Stab x_1, jenseits der Schlichtewalzen, bewirkt das Auseinanderhalten der Fäden nach dem Schlichten, so dass ein Zusammenkleben derselben vermieden wird, dient aber andererseits mit zur Bildung der Lese oder des Kreuzes, von dem später die Rede sein soll. Die jenseits des Leseblattes zusammen gebundenen Kettenfäden werden jetzt über die verschiedenen Leitwalzen und Trockencylinder bis zum Garnbaume geführt und auf diesem, wie früher beschrieben, angehängt. Die von der anderen Maschinenseite kommenden Fäden, die ebenso behandelt worden sind, werden in entsprechender Weise bis zum Garnbaum geleitet und auf diesem zur vollen Kette vereinigt.

Seltener arbeitet man ganz ohne Kreuzstäbe. In diesem Falle sind vor dem Schlichteblatte oft zwei runde eiserne Stäbe angeordnet, zwischen denen hierdurch die Fäden nach den Schlichtewalzen geführt werden.

Der Kettenbaum ruht bei allen diesen Maschinen mit dem einen Zapfen in einem verstellbaren Bocklager, mit dem anderen in einer Bohrung der Antriebswelle, die durch eine Kupplung mit der einen Bremsscheibe des Kettenbaumes verbunden ist. Eine ausziehbare Druckwalze, die wir bereits kennen, lastet auf dem Baumumfange, steigt mit zunehmender Wicklung empor und kann behufs Entlastung des Kettenbaumes durch Handrad, Getriebe und Zahnstangen noch weiter emporgehoben und durch Klinkrad und Klinke in der höchsten Lage gehalten werden, bis man nach Auslösung der Klinkung das Niederlassen auf einen neuen leeren, inzwischen eingelegten, Garnbaum durch langsames Nachgeben am festgehaltenen Handrade bewirkt.

Die verschiedenen jetzt zur Verwendung kommenden Arten von Schlichtemaschinen unterscheiden sich in der Hauptsache von einander zunächst durch die Zahl der vorhandenen und zur Benutzung gelangenden Trockencylinder und die Lage des Garnbaumes, sowie die Anordnung der Gestelle.

Die ältesten zur Verwendung gelangten Schlichtemaschinen hatten nur je einen hohlen gusseisernen Trockencylinder zu beiden Seiten des Garnbaumes. Später fügte man einen kleineren Trockencylinder auf beiden Seiten oberhalb des grösseren hinzu. Neuere Maschinen benutzen auf jeder Seite je zwei, entweder neben oder übereinander liegende,

Trockencylinder von je 3′ (914,38 mm) Durchmesser. Endlich werden auch jetzt Maschinen gebaut mit drei Trockencylindern auf jeder Seite, zwei unten liegend, der dritte oberhalb zwischen jenen beiden.

Weil man nun, je mehr Trockencylinder angewendet werden, eine um so grössere heisse Fläche erhält, mit welcher die nassen Kettenfäden in Berührung kommen, so wird bei Anwendung derselben der Trockenprozess natürlich in entsprechend kürzerer Zeit — bei sonst gleichen Verhältnissen — erledigt sein. Man kann daher in diesem Falle die Fäden selbst schneller vorwärts gehen lassen, wodurch die Maschine produktionsfähiger wird.

In betreff der Fortlaufgeschwindigkeit kommt man dann an die zulässige Grenze, wenn es nur mit grösster Mühe noch möglich ist, die gerissenen Fäden — ohne die Maschine anhalten zu müssen — wieder anzuknüpfen und die abgelaufenen Kettenspulen durch volle zu ersetzen.

Die Heizung der Trockencylinder erfolgt gewöhnlich mit direktem Kesseldampf, der durch einen hohlen Cylinderzapfen mittels eines durch Stopfbüchse abgedichteten Rohres eingeführt wird. Die Ableitung des kondensierten Wassers aus dem Innern des Cylinders erfolgt durch den anderen Zapfen mittels eines heberartig bis nahe zur inneren Peripherie des Cylinders herabführenden, ebenfalls durch Stopfbüchse abgedichteten Rohres, das in einen Kondensationswassertopf mündet, dessen Funktion bekanntlich darin besteht, lediglich das kondensierte Wasser, aber keinen Dampf fortzulassen.

Vorteilhaft ist es — wenigstens bei Verwendung gusseiserner Cylinder — dem Dampfablassrohre vor dem Kondensationstopfe noch einen durch ein Ventil absperrbaren Ausgang zu geben. Im Falle des Versagens des Kondensationstopfes, oder aus anderen Ursachen, kann nämlich die Spannung im Innern des Cylinders leicht zu hoch steigen, und dann ist man durch Oeffnung jenes Ausgangsventils imstande, eine etwaige Explosionsgefahr sofort zu beseitigen, ohne den Heizprozess unterbrechen zu müssen.

Dicht vor dem Eintritt des Zuleitungsrohres in den Cylinder ist auf diesem ein Manometer anzuordnen, das mit dem Cylinderinnern in Verbindung steht, um stets den daselbst herrschenden Druck ersehen zu können.

Bei den älteren Schlichtemaschinen gelangten gusseiserne Cylinder zur Verwendung, in denen man keine höher gespannten Dämpfe als 1 Atmosphäre Ueberdruck, entsprechend einer Dampftemperatur von 120,6° Celsius, anwenden durfte, der geringen Sicherheit wegen, welche jene gegen Explosion boten. Wenn daher der Heizdampf vom Dampfkessel der Fabrik entnommen wurde, musste er stets kurz vor dem Eintritt in den Trocken‐Cylinder noch durch ein Druck‐Reduktionsventil gehen, das nur Dampf von bestimmter Spannung —

also hier höchstens Dampf von 1 Atmosphäre Ueberdruck — in das Innere des Cylinders gelangen liess.

Diese Reduktionsventile erwiesen sich aber wenig zuverlässig, und war man daher trotz derselben immer der Gefahr einer Zertrümmerung der Cylinder infolge zu hoch gestiegener Dampfspannung ausgesetzt, der man nur dadurch ausweichen konnte, dass man dem Dampfe fortwährend Abzug gewährte — auf Kosten eines ökonomischen Dampfverbrauches.

Es zeigte sich zugleich, dass je ein Cylinder nicht genügte, um den Trockenprozess erwünschtermassen zu beschleunigen. Die Maschinen waren wenig leistungsfähig, da man der langsamen Trocknung wegen nur geringe Aufwindegeschwindigkeiten anwenden konnte.

Man veränderte deshalb zunächst das Material für die Cylinder, um höhere Dampfspannungen, also auch höhere Temperaturen — immer unter Anwendung eines Cylinders — benutzen zu können. So entstanden diejenigen Cylinder-Konstruktionen, die auch heute noch bei den mehrcylindrigen Maschinen Anwendung finden.

Die Seitenwände, die Endflächen der Cylinder, sind hiernach aus hämmerbaren Gusseisenplatten hergestellt, die der Abkühlung wegen mit Filz bedeckt werden. Die Cylinderfläche, der Mantel, besteht dann entweder aus Schmiedeeisen- oder Kupfer-Blechen.

Aber man fand sehr bald, dass selbst die Anwendung von Dampf von 4 bis 5 Atmosphären Ueberdruck nicht genügte, um den Trockenprozess bei Benutzung eines Cylinders genügend zu beschleunigen. Es ist dies auch erklärlich, da die Temperaturzunahme sehr viel geringer ist als die Zunahme des Druckes Während Dampf von 1 Atmosphäre absoluter Spannung eine Temperatur von 100^0 C. besitzt, ist letztere bei 2 Atmosphären absoluter Spannung (1 Atmosphären Ueberdruck) $120,6^0$, bei 3 Atmosphären $133,9^0$, bei 4 Atmosphären 144^0, bei 5 Atmosphären $152,2^0$ und bei 6 Atmosphären (5 Atmosphären Ueberdruck) $159,2^0$ C. Die Temperaturzunahme wird hiernach also immer geringer und beträgt bei einer Steigerung von 4 Atmosphären auf 5 Atmosphären Ueberdruck nur noch 7^0 C.

Ein viel wirksameres Mittel den Trockenprozess zu beschleunigen als die Anwendung höher gespannter Dämpfe ergab daher die Oberflächen-Vergrösserung, erreicht durch Vermehrung der Cylinderzahl.

Hier trat aber ein neues Bedenken auf.

Schon bei den Schlichtemaschinen mit einem Trockencylinder auf jeder Seite, der in Halblagern ruhte und lediglich durch die Spannung der Fäden gedreht wurde, fand man, dass bei geringer Kettenfadenzahl diese nicht mehr ausreichten, den Zapfenreibungswiderstand der Cylinder zu überwinden — es traten höchst störende Fadenbrüche ein. Zunächst half man sich nun dadurch, und thut dies auch heute noch bei Maschinen dieser Art, dass man die sämtlichen Kettenfäden von nur einer Maschinenseite (nicht von beiden Seiten) aus um einen Cylinder herum nach dem Garnbaume führte. Auf der anderen Seite rückte man den Räderbetrieb nach den Schlichtwalzen zu aus, so dass diese während des Aufbäumens solcher Ketten still standen. Mit Hülfe der jetzt doppelt so grossen Kettenfadenzahl konnte der Cylinder nun wieder bewegt werden.

Bei Anwendung von mehr Cylindern nach einander konnte aber von diesem Hülfsmittel natürlich kein Gebrauch mehr gemacht werden, und man war nun genötigt, Mittel anzuwenden, durch welche der Widerstand der Cylinder gegen Drehung herabgemindert wird.

Zu diesem Behufe lagerte man von da ab die Cylinderzapfen nicht mehr in Lagerpfannen, — sondern auf Rollen mit kleinen Zapfen. Die wälzende Reibung der Cylinderzapfen wurde also, zum grössten Teil wenigstens, in die rollende umgewandelt, zu deren Ueberwindung ein geringerer Arbeitsaufwand nötig ist.

Zuerst wurde diese Konstruktion bei den eincylindrigen, alsdann bei den mehrcylindrigen angewendet. Sie bewährt sich selbst bei den dreicylindrigen, wie die Erfahrung gezeigt hat, vollkommen, d. h. man kann selbst auf diesen Maschinen Ketten mit so geringer Fadenzahl schlichten, wie dies früher auf den eincylindrigen kaum möglich war.

Da man nun bei Anwendung hoher Dampfspannungen, wie wir gesehen haben, nur eine unbedeutende dem Trockenprozess zu gute kommende Temperaturzunahme hat, so konnte man nach der erfolgten Vermehrung der Cylinder mit weniger hochgespannten Dämpfen wirksam arbeiten, wodurch wiederum die Betriebssicherheit um so mehr stieg. So arbeitet man jetzt wohl selten mit grösserer Dampfspannung in den Trockencylindern als 3 Atmosphären, wendet also Reduktionsventile an, um höher gespannte Kesseldämpfe bis zu jenem Drucke zu expandieren. Die Konstruktion der Cylinder ist aber stets eine derartige, dass sie auch doppelt so hohe Dampfspannungen mit Sicherheit auszuhalten vermögen. Häufig findet man auch noch, um jede Gefahr zu beseitigen, durch Federn angepresste Sicherheitsventile an den Stirnwänden der Trockencylinder angeordnet, welche sich öffnen, sobald der Dampfdruck im Innern eine bestimmte Grösse überschreitet.

Zu erwähnen wäre endlich noch, dass sich an den Stirnwänden der Cylinder kleine nach innen zu sich öffnende sogenannte Luftventile befinden, damit beim Stillstande und eingetretener Dampfkondensation durch Einströmen der Luft in das Innere das Vakuum und somit die äussere Belastung derselben durch den Luftdruck beseitigt wird. Diese Ventile schliessen sich natürlich selbstthätig, sobald in den Cylindern ein Ueberdruck vorhanden ist.

Nachdem wir somit das auf die Cylinder Bezügliche vorgeführt haben, erübrigt noch die Erwähnung der verschiedenen Anordnung des Garnbaumes und der Gestelle.

Wir erwähnten bereits, dass der Garnbaum in Bezug auf die Maschinenenden in der Mitte angeordnet sei. Die Höhenlage ist indessen eine verschiedene. Meistens befindet sich die Garnbaumachse etwa 18 Zoll (0,457 m) über dem höchsten Punkte der unteren Cylinder, d. i. etwa 4 Fuss 8 Zoll (1,422 m) über dem Fussboden. Die Seitengestelle der Maschine bilden gleichzeitig einen geschlossenen Rahmen, der sich in der Mitte bis zu einer Höhe von etwa 7 Fuss 8 Zoll (2,337 m), behufs Aufnahme des Garnbaumes und der Druckwalze, aufbaut. Bei dieser gewöhnlich üblichen Anordnung ist das Einlegen und das Herausnehmen des Garnbaumes nur möglich unter Zuhülfenahme eines oder zweier Flaschenzüge (meist nimmt man Differentialflaschenzüge), welche an der Gebäudedecke befestigt sind. Es ist hierbei nötig, dass der Schlichter auf die Maschine steigt und den an den Flaschenzügen schwebenden Garnbaum angemessen dirigiert.

Bequemer wird die Anordnung, wenn man den Flaschenzug an einen Wagen hängt, der auf Schienen, die an der Decke befestigt sind, mit Leichtigkeit hin- und hergerollt werden kann.

Da man nun in der Jute-Weberei immer mehr zur Herstellung breiterer Gewebe übergegangen ist und auch selbst bei Teilung des Garnbaumes — von der wir früher bereits gesprochen haben — noch so erhebliche Baumlängen erhält, dass das Einlegen und Herausnehmen sehr umständlich und das Anknüpfen von in der Kettenmitte gebrochenen Fäden bei dieser Anordnung fast unmöglich, wenigstens sehr schwierig wird, so hat man für breitere Webstühle dieselbe verlassen und wendet eine Konstruktion an, bei welcher die Garnbäume beliebig lang sein können und jene Uebelstände vermieden sind, so dass man jetzt nicht mehr nötig hat, aus diesem Grunde geteilte Garnbäume zu benutzen.

Man legt nämlich den Garnbaum erheblich niedriger, etwa 24 bis 26 Zoll (0,6 bis 0,61 m) über dem Fussboden, und macht denselben dadurch zugänglich, dass man entweder von beiden Seiten oder nur von einer die Seitengestelle für die Trockencylinder nicht bis zum Mittelgestelle herangehen lässt. Wird hierbei die Kette von oben dem Garnbaume zugeleitet, so kann man die Maschine quer durchschreiten und sehr bequem nach der Kettenmitte gelangen.

Manche Fabrikanten setzen die Trennung noch weiter fort und lagern einmal die Schlichtvorrichtung, sodann die Trockencylinder und endlich die Bäumvorrichtung ganz unabhängig von einander in getrennten Gestellen.

Da man bei diesen Anordnungen Flaschenzüge zum Einlegen und Herausnehmen der Garnbäume nicht nötig hat, deren Anbringung übrigens bei Sägedächern, wie sie bei Webereien jetzt gewöhnlich Anwendung finden, auch nicht gerade schwierig ist, so empfehlen sich solchergestalt angeordnete Maschinen auch für weniger lange Garnbäume (weniger breite Webstühle). Mittels eines auf dem Fussboden in Schienen laufenden, geeignet gebauten Handwagens, der zwischen die Maschinengestelle geschoben werden kann, ist das Transportieren, also das Einlegen und Herausnehmen des Garnbaumes nunmehr wesentlich vereinfacht und kann rascher als sonst bewerkstelligt werden.

Soweit die allgemeinen Betrachtungen hierüber.

Ehe wir nun zur näheren Besprechung der Schlichtmaschinen in Wort und Bild übergehen, müssen wir noch erörtern

Die Schlichte und ihre Bereitung [9]).

Die zur Verwendung kommende Schlichte stellt stets eine klebrige, mehr oder weniger dickflüssige Masse dar, welche in der Regel in heissem Zustande zur Verwendung gelangt. Beziehentlich der Bereitung und Zusammensetzung derselben herrscht hier, wie auch in anderen Industriezweigen, viel Geheimniskrämerei. Wiederholt werden bis in die neueste Zeit besonders gut, ja vortrefflich sein sollende Schlichten im Handel angeboten, deren Zusammensetzung geheim gehalten wird; oder es werden die verschiedensten Rezepte unter dem Siegel der Verschwiegenheit verkauft für die Zubereitung von Schlichten, welche schliesslich nichts Besseres leisten als die bekannten, dagegen aber wesentlich teurer zu stehen kommen. Die Erfahrung hat auch wiederholt gezeigt, dass die meisten Webereien immer wieder zu der alten Schlichte zurückgekehrt sind, nachdem sie einige Zeit jene angepriesenen Mittel angewendet hatten. Dies Zeichen ist sicher charakteristisch für den Wert der neuen und der alten Schlichtemittel.

Wenn wir uns nach diesen Erfahrungen nur darauf beschränken, die alten Mittel und ihre Benutzung hier zu erwähnen, so werden wir eben nichts Neues bringen können, nichts, was nicht schon auch in anderen Industriezweigen angewendet wird. Immerhin aber muss der Vollständigkeit wegen hierauf noch etwas näher eingegangen werden.

Als Rohmaterial zur Schlichtebereitung verwendet man in der Jute-Industrie:

α) **Zur Bereitung von Klebemitteln: Weizenmehl und Kartoffelstärke**, ferner Algen und zwar Caragaheen, Caragaheenmoos, Perlmoos, irländisches Moos, ein Gemenge vorwiegend zweier Algenarten: Sphaerococcus crispus und Sphaerococcus mamillosus

---

[9]) Ich weise hiermit auf das Buch von Dr. H. Grothe: Die Appretur der Gewebe, Berlin 1882, Verlag von Julius Springer, hin. Der Aufsatz über Appreturmittel, Seite 328 u. f. bietet auch für die Jute-Garne und -Gewebe Bemerkenswertes und ist insbesondere geeignet, einen weiteren Blick zu verschaffen.

Ag. aus der Familie der Florideen, welche besonders häufig an felsigen Küsten des atlantischen Oceans vorkommen. Durch die Stürme ans Land geworfen, werden sie besonders an den Küsten Irlands gesammelt und gelangen getrocknet unter den erwähnten Namen über England in den Handel. Es ist auch noch zu erwähnen das isländische Moos (Lichen islandicus), eine der Familie der Ramalineen angehörende Flechtenart, welche in Europa von Skandinavien bis Italien und Spanien, in Amerika bis Virginien vorkommt und in den Handel in sortiertem, häufig gepresstem Zustande gebracht wird. Endlich gehören zu den erwähnten Rohmaterialien: **Harze, insbesondere Kolophonium, Dextrin, selten Leim.**

β) Als Mittel, um **ein zu starkes Austrocknen und Sprödewerden** der geschlichteten Fäden zu verhindern, d. h. also, um diese **weicher, geschmeidiger** zu erhalten, wendet man Zusätze von **Robbenthran, Talg, Schmalzöl** mit etwas **Pottasche** oder auch **Glycerin** an.

γ) Um ferner dem **Stockigwerden** der Garne, einer Schimmelbildung vorzubeugen, werden **antiseptisch wirkende Mittel,** wie **Chlorzink, Zinkvitriol, Kupfervitriol** oder **Karbolsäure, Kreosot** benutzt.

δ) **Mittel zum Beschweren,** oder wie man sich zarter ausdrückt: Mittel zum Füllen, wendet man meines Wissens in der Jute-Industrie **erfreulicherweise nicht an,** während bekanntermassen in anderen Industriezweigen u. A. benutzt werden: Schwerspath (Schwefelsaurer Baryt), Gyps (Schwefelsaurer Kalk), Alaun (Schwefelsaure Thonerde); China-Clay (Kieselsaure Thonerde); Wasserglas (Kieselsaures Natron), welche direkt durch ihr Gewicht wirken; oder endlich Chlorcalcium, Chlorbaryum und Chlormagnesium, von denen besonders das letztere benutzt wird, um durch Wasseranziehung die Garne feucht zu halten und hierdurch ihr Gewicht zu vermehren. (Hierher gehören demnach auch in gewissem Sinne Glycerin und Chlorzink.)

Die **Zubereitung der Schlichtematerialien** geschieht nun in folgender Weise:

α) **Die Klebemittel:**

Weizenmehl. Dasselbe wird in Fässern (oft Petroleumfässern) mit Wasser, ohngefähr im Gewichtsverhältnis von 1:4, angerührt und alsdann ein bis zwei Tage unter mehrmaligem Umrühren sich selbst überlassen, bis es sauer geworden. Das über dem zu Boden gesunkenen Mehle stehende Wasser entfernt man jetzt und giebt dann das angesäuerte Mehl in einen Kochapparat. Hier wird so viel kaltes Wasser hinzugefügt, als nötig ist, um eine Schlichte von gewünschter Konsistenz zu erhalten, worauf man direkten Dampf einleitet bis zum Aufkochen der Masse. Je nach der Beschaffenheit des verwendeten

Mehles muss der Kochprozess 20 bis 30 Minuten unterhalten werden, worauf die Umwandlung in Stärke vollendet, der Klebestoff fertig ist.

Die Kartoffelstärke wird zubereitet, indem man sie in lauwarmem Wasser löst und dann unter fortwährendem Umrühren in den Kochapparat giesst, in welchem das darin befindliche Wasser eben bis zum Sieden erhitzt war. Oft wird diese Stärke aber auch Eimerweise hergestellt. Zu dem Zweck löst man die für einen Eimer — der etwa 9^k Wasser fasst — genügende Stärkemenge von etwa $1/_2{}^k$ in lauwarmem Wasser auf und giesst dann unter fortwährendem Umrühren den Eimer mit kochendem Wasser voll. Die Pilzbildung soll bei reiner Kartoffelstärkeschlichtung nicht stattfinden. Wenn diese dagegen vermischt wird mit anderen Mitteln, z. B. mit Weizenmehlstärke u. s. w., so beobachtet man wohl Pilzbildungen; welcher Anteil dann aber auf die Kartoffelstärke fällt, ist nicht genauer untersucht worden.

Algen, insbesondere Caragaheen, irländisches Moos, Perlmoos. Diese Moose werden in kaltem Wasser (etwa im Verhältnis von $1:20$ bis $1:30$) entweder allein oder unter Zusatz von etwas krystallisierter Soda eingeweicht und dann zweimal aufgekocht, worauf man die Masse durch ein Sieb giebt. Man erhält eine schleimige Flüssigkeit, die beim Erkalten zu einer Gallerte erstarrt.

Das isländische Moos wird ebenso und zwar mehrmals hinter einander mit kochendem Wasser behandelt, wodurch sich eine schleimige, je nach dem Verhältnis zwischen Moos und Wasser mehr oder weniger dickfflüssige, klebrige Flüssigkeit ergiebt.

Die Abkochungen der erwähnten Moose werden nie für sich allein, sondern stets in Mischungen mit den Stärkeschlichten benutzt.

Harze. Von Bedeutung für die Schlichtebereitung sind die verschiedenen Harzsorten, besonders das Kolophonium, Gallipoliharz u. s. w. Die Zubereitung besteht in einem einfachen Lösen der Harze in heissem Wasser, zu welchem Zwecke 2^k Harz fein gestossen und in ein Fass mit 200^l kochendem Wasser eingegeben wird. Durch einen Zusatz von Krystallsoda (auf 1^k Harz $1/_2{}^k$ Soda) wird das Harz mit dieser zu einer Harzseife vereinigt, welche eine bedeutende bindende Kraft besitzt. Durch den Zusatz von Harz wird beim Kalandern und Mangeln der Glanz der Gewebeoberfläche erhöht.

Dextrin, Stärkegummi, welcher durch Rösten des Stärkemehls oder durch Einwirkung von Säuren oder mit Hilfe der Diastase gebildet wird, ist in Wasser leicht löslich und darf nur in geringen Mengen der Schlichte zugesetzt werden. Dextrin mindert die Pilzbildung wesentlich herab. Es kommt dieses Fabrikat unter recht verschiedenen Namen in den Handel. Weisses Dextrin ist mit Salpetersäure behandelte Stärke, welche erst durch Erwärmen wirkliches Dextrin ergiebt. Krystalldextrin ist die durchsichtige geronnene Dextrinlösung. Lucin ist ein aus den kleberhaltigen Schlammmassen der Stärkegewinnung hergestelltes Dextrin.

Die dunkleren Sorten des Stärkegummis heissen: Leicome, Leigomme, Amidon grillé, Amidon brulé, Röstgummi, gebrannte Stärke; die helleren Sorten führen den Namen: Gommelin, Dextrin, Gommeïn, Lefèvregummi u. s. w.

Unter den **Pflanzengummisorten** wären etwa hervorzuheben: Gummi arabicum, Gummi-Traganth, Schellack, die in gewöhnlicher wässeriger Lösung angewendet werden können. Sie besitzen grosse Bindekraft, machen aber die Garne hart und steif und werden deshalb in der Jutegarnschlichterei, schon ihres höheren Preises wegen, nicht oder doch nur sehr selten benutzt.

Der **tierische Leim,** wozu auch alle Leimsorten und Gelatine aus Fischkörperteilen, Hausenblase u. s. w. gerechnet werden, sollten in der Schlichterei nicht benutzt werden, da sie die Pilzbildung wenn nicht direkt veranlassen, so doch wesentlich unterstützen.

β) **Mittel, um das Garn geschmeidig zu erhalten.**

Ueber die Zubereitung der vorhin genannten diesbezüglichen Mittel ist wenig zu sagen. Man setzt sie stets bei erhöhter Temperatur in kleinen Mengen den Klebemitteln zu. Nur in Bezug auf das Glycerin wäre hier noch zu erwähnen, das dieses für die schliessliche Gewebeappretur von Wichtigkeit ist. Es ist nicht allzu teuer, zieht Feuchtigkeit aus der Luft an und macht, der Schlichte zugesetzt, die Garne selbst geschmeidig. Glycerin wird leider oftmals verfälscht, wodurch seine guten Eigenschaften beeinträchtigt, bezieh. (z. B. durch Glycose) aufgehoben werden.

γ) **Antiseptisch wirkende Mittel.** Unter diesen ist als besonders wirksam das Chlorzink hervorzuheben. Es muss dasselbe säurefrei und gereinigt sein. Es ist in Wasser leicht löslich und sehr hygroskopisch, weshalb zu der Schlichte nur ein kleiner Zusatz gegeben werden darf. Schwefelsaures Zinkoxyd (Zinkvitriol) ist aber allen anderen Mitteln in Bezug auf antiseptische, die Pilzbildung verhindernde Wirkung vorzuziehen. Bei Kupfervitriol, das ebenfalls gut wirkt, ist die Farbe störend. Unter den organischen Substanzen ist für vorliegende Zwecke allein die Karbolsäure zu erwähnen. Sind diese Mittel nicht bereits flüssig, so werden sie vor dem Zusatze zur Schlichte in heissem Wasser gelöst.

δ) **Beschwerungsmittel.** Ueber den Gebrauch dieser Mittel sprechen wir uns hier absichtlich nicht näher aus, sondern begnügen uns mit der schon erledigten namentlichen Anführung der hauptsächlichsten in anderen Industriezweigen benutzten derartigen Substanzen.

Zusammensetzung und Gebrauch der Schlichte.

Die Schlichte bildet stets ein Gemisch aus den hier vorgeführten Stoffen. Die Hauptmasse besteht in der Regel aus Kartoffelstärke,

welche der Weizenstärke vorgezogen wird. Die Zusammensetzung bezieh.
der einzelnen Bestandteile wechselt mannigfach und richtet sich nach
den verschiedensten Nebenumständen. Für mittlere Verhältnisse passt
eine Schlichte von

         500^l Wasser,
         20^k Kartoffelstärke,
        10 bis 20^k Moosabkochungen,
         1 bis 2^k in kochendem Wasser mit oder ohne Soda im Ver-
              hältnis von 1 : 100 gelöstem Harz, Kolophonium,
        $^1/_2$^{k} Talg, Thran, Oel oder Glycerin,
        $^1/_4$ bis $^1/_2$^{k} Karbolsäure oder vorher gelöstem Zinkvitriol,
           oder auch Chlorzink.
           (Der letztere Zusatz fehlt auch häufig).

Nachdem die Stärke in bereits beschriebener Weise zubereitet worden ist, werden alle anderen Zusätze in das Kochgefäss, welches die
Stärke enthält, zugegeben, worauf unter fleissigem Umrühren ein noch-
maliges Aufkochen der ganzen Masse bewirkt wird. Alsdann schöpft
man die fertige Schlichte mit Handeimern oder lässt sie aus einem Hahn
des Kochgefässes in dieselben fliessen und giesst sie in die Tröge der
Schlichtemaschinen. Die Schlichte wird in jenen Trögen nicht mehr
vorgewärmt, sondern, wie sie eingegossen wurde, verbraucht. Ueber
Nacht kalt gewordene Schlichte kann wieder mit Wasser vermischt und
aufs neue aufgekocht verbraucht werden. Besser ist es jedoch, nur
frische Schlichte zu verwenden und deshalb nur stets so viel herzustellen, als gerade gebraucht wird.

Wenn Weizenmehl als Klebemittel allein oder in Mischung mit
Kartoffelstärke benutzt wird, dann ist es besser, nach dem Kochprozess
die Stärke einige Zeit stehen zu lassen, ehe die Zusätze und die Fertigstellung der Schlichte erfolgt.

Gewöhnlich befindet sich die Schlichtekocherei in demselben abgeteilten Raume des Webesaales, in welchem auch die Bleicherei und
Färberei untergebracht ist. — Für das Schlichten der Kette zu etwa
300 Webstühlen genügen 3 Kochgefässe, d. h. hölzerne Bütten von etwa
90^c im Durchmesser und derselben Höhe, die in der Seitenwand über dem
Boden mit einem Hahn versehen und so hoch aufgestellt sind, dass unter
diesen die Handeimer gesetzt werden können. Von oben führt das
Dampfrohr in diese Gefässe und endet in der Nähe des Bodens derselben.

Indem ich nun auf den bei Gelegenheit der Besprechung der Bind-
fadenfabrikation im Teil I, Seite 323 beschriebenen und dort in Fig. 48
dargestellten Schlichtekocher verweise, muss hier hervorgehoben werden,
dass solche Kocher auch in grösseren Jute - Webereien Verwendung
finden.

Einen **neueren Schlichtekocher** mit eigenartigem Rührapparat, der
in der Floridsdorfer Jute-Weberei benutzt wird, ist auf der Tafel X in

Fig. 1 und 2 im Querschnitt und Grundriss in $^1/_{15}$ natürlicher Grösse dargestellt worden nach einer mir freundlichst von Herrn Ingenieur Neubauer zur Verfügung gestellten Zeichnung. Die Fig. 3 und 4 zeigen in $^1/_3$ natürlicher Grösse den oberen und unteren Zapfen des Rührwerkes.

Der Kochapparat besteht hiernach aus einem kreisrunden, sich nach oben zu etwas verjüngenden Holzbottich, der soweit erhöht aufgestellt wird, dass man einen Eimer zum Aufnehmen der fertig gekochten Schlichte bequem unter die im Boden angebrachte, durch die Ventilstange s verschliessbare Ausflussöffnung stellen kann. Um nun für die Ventilstange den erforderlichen Platz zu gewinnen, ist der Rührapparat, der allein das Eigentümliche des Kochers bildet, excentrisch im Bottich angeordnet. Der Rührapparat $r\,r\,r$, aus Gasrohren hergestellt, ist rahmenförmig gestaltet, wird einerseits mittels eines Hängezapfens z_1 (man vergl. Fig. 1 und Fig. 3) an dem Rohre r_1 drehbar getragen und findet anderseits Führung durch eine auf den Bottichboden geschraubte, den unteren Drehzapfen z_2 umgebende Hülse h. Das Lager l für den Hängezapfen ist nach oben zu dampfdicht durch eine Platte p mit aufgesetzter Dampfrohrleitung D geschlossen. Die senkrechten Arme des Rührapparates sind nun auf gegenüber liegenden Seiten mit kleinen Oeffnungen i versehen (man vergl. insbesondere Fig. 2), durch welche, sobald das Dampfventil V, Fig. 1, geöffnet wird, wie leicht ersichtlich, Dampf austreten und in die Bottichflüssigkeit gelangen kann, wobei der Rührapparat selbst eine drehende Bewegung annehmen muss. Man bedarf also eines weiteren mechanischen Mittels zur Hervorbringung der Drehbewegung nicht. An dem einen unteren Arme des Rahmens ist noch eine kleine Kette angebracht, welche, bei der Drehung jenes auf dem Bottichboden schleifend, ein Absetzen schwererer Schlichteteilchen verhindert. Der Hängezapfen z_1 ist konisch geformt, und genügt der durch das Eigengewicht des Rührwerkes hervorgebrachte Druck gegen das konische Lagerfutter einen dampfdichten Abschluss zu erhalten, ein Nebenausströmen des Dampfes also zwischen Hängezapfen und Lager zu verhüten.

Sonstige kleine Einzelheiten sind aus den mit eingeschriebenen Massen versehenen Figuren zu entnehmen.

Es erübrigt jetzt noch, wie im Teil I, Seite 322 versprochen wurde, an dieser Stelle noch etwas näher einzugehen auf die

Bereitung der Schlichte für Bindfäden.

Die Schlichte für Bindfaden besteht in ihrer Hauptmasse für feinere Fäden aus Weizenstärke, für gröbere aus Kartoffelstärke, die, wie bereits beschrieben wurde, aus den bezieh. Mehl- oder Stärkesorten hergestellt wird. Zum Teil oder auch ganz kann die Stärke durch die anderen Stoffe, also Moosschleim, Leim, Harzseife u. s. w. ersetzt werden.

Um nun eine möglichst glatte Oberfläche zu erreichen, ist hier die Anwendung von Füllstoffen, wie schon angeführt, vielfach üblich. Um diese nun gehörig auf der Faser zu befestigen, ist die reichlichere Anwendung von Harzseife erforderlich· Werden aber diese Füllstoffe im Uebermass und hauptsächlich in der Absicht angewendet, das Gewicht des fertigen Fadens zu vermehren, so ist dies als Betrug zu bezeichnen. Um diesem Vorwurfe zu entgehen, pflegt man auf die Benutzung dieser Füllstoffe auch hier ganz zu verzichten.

Um den Bindfaden geschmeidig zu erhalten und die Oberfläche mit erhöhtem Glanze zu versehen, mischt man nun den Schlichten für Bindfäden in stärkerem Masse die betreffenden Stoffe hinzu und nimmt hauptsächlich grüne (schwarze) Seife, Oel, Gummi, Wachs, Stearin, Paraffin, Zucker u. ähnl. Die Anwendung der letzteren Stoffe bedingt die Benutzung der Schlichte in heissem Zustande. Um diesen nun genügend zu erhalten, sind die Schlichtetröge alsdann mit einem Dampfrohr versehen.

Die Schlichte wird hier endlich in der Regel noch mit antiseptisch wirkenden Mitteln, insbesondere mit Chlorzink, Zinkvitriol, seltener mit Kupfervitriol oder Karbolsäure versetzt.

Die Verhältnisse, in denen diese Stoffe benutzt werden, sind recht verschiedene und hängen vom Endzweck und vom Rohmateriale ab, aus welchem der Bindfaden erzeugt wurde.

Es möge deshalb die Mitteilung einer Vorschrift für die Bereitung von Schlichte für feinere Hanf- oder Jutebindfäden genügen. Auf 10 ^{k} Weizen- (Kartoffel-) Stärke nehme man $^1/_2$ ^{k} Schmierseife und 1 ^{k} Kolophonium, ferner $^1/_4$ ^{k} Paraffin, $^1/_2$ ^{k} Stearin und $^1/_8$ ^{k} Kaolin fein gemahlen, in Wasser eingerührt und durch ein Sieb gegeben.

Zuerst wird die Stärke mit der 10fachen Gewichtsmenge Wasser bereitet; dann werden die anderen Stoffe unter fortwährendem Kochen und Umrühren zugegeben; endlich fügt man noch 1 bis 2 Prozent der ganzen Masse Chlorzink u. s. w. hinzu.

Wendet man Kocher an, die keinen mechanischen Rührapparat haben, wie u. a. gewöhnlich diejenigen, bei denen die Erwärmung durch einen Dampfmantel erfolgt, so muss natürlich das Umrühren mit der Hand geschehen.

Schön glänzende Bindfäden erhält man auch, wenn erwärmtes (geschmeidiges) Wachs mit der Hand am Ende der letzten Polierwalze (man vergl. Seite 319 u. f. des I. Teils) an deren Oberfläche während ihrer Drehung gehalten wird, bis sich ein dünner Wachsüberzug gebildet hat. Stellt man nun diese Polierwalze etwas dichter an den letzten Fadenstrang, der von der Trockentrommel kommt, so wird das Wachs auf den Fäden fein verteilt und verrieben, wodurch diese einen hohen Glanz, bei geringerem Wachsverbrauche als sonst, erhalten. So weit hierüber.

Besondere Appreturen von Jute-Geweben.

Es möge an dieser Stelle noch kurz einer Verwendung der Jutegewebe gedacht werden, auf die ich bis jetzt nicht zu sprechen gekommen bin, nämlich der Benutzung derselben zur Erzeugung einer **Wachstuchsorte,** welche als Fussbodenbedeckung unter dem Namen *Floorcloth* in den Handel kommt. Die Herstellung dieses Produktes erfolgt in der Weise, dass zunächst das Gewebe in einen Rahmen fest angespannt und mit Bimstein geglättet, hierauf auf der einen Seite mit Firnis bestrichen wird, dem Mineralpulver zugesetzt sind. Gewöhnlich wird Leinölfirnis mit Bleiweiss benutzt. Ist der Firnisüberzug getrocknet und das Gewebe geglättet, so bringt man auf die andere Seite Stärkeschlichten und nach sorgsamen Glätten wieder einen Firnisanstrich. Ist dieser trocken, so beginnt das Aufdrucken der farbigen Muster und schliesslich das Ueberziehen mit einem glänzenden Wachslack. In solcher Weise werden Längen von 100 *Yards* in Schottland zubereitet. Die Vollendung eines solchen Stückes dauert mehrere Monate, da die Firnislagen und der spätere Oelfarbendruck langsam und gleichmässig austrocknen müssen.

Das **Linocrin** ist eine besondere Wachstuchart und wird erzeugt, indem das ausgespannte Jutegewebe auf beiden Seiten mit Stärke und Kleisterlagen bedeckt wird, worauf einige Firnisanstriche folgen. Zuletzt werden in den obersten Anstrich Wollscherhaare und ähnliche kurze Faserchen eingedrückt, die dann mit dem Firnis festtrocknen.

Linoleum. In den bekannten, neuerdings sehr in Aufnahme gekommenen Korkteppichen, Linoleum genannt, bildet heutzutage Juteleinen wohl ausschliesslich die Unterlage. Dasselbe wird eingespannt und mit mehreren Schichten Firnis versehen, auf welchen Korkpulver, gemischt mit Leinölfirnis, oft unter Zusatz von Aetzkalk und Borax aufgetragen und dann zwischen Walzen eingedrückt und geglättet und mit Bimsstein abgerieben wird. Häufig folgt dann das Bedrucken mit Oelfarbe.

Wir schliessen hiermit die Besprechung der Bereitung der Schlichte und ihre Verwendung.

Es erübrigt jetzt die

nähere Betrachtung der Schlichtemaschinen.

Aeltere Schlichtemaschine von Robertson & Orchar in Dundee.

Dieselbe ist auf Tafel XI in einer Gesamtansicht und auf Tafel XII in Fig. 1 in einer Längenansicht, letztere in $^{1}/_{16}$ natürlicher Grösse, dargestellt. Fig. 2ª ist eine Sonderzeichnung des in die

Maschine eingelegten und mit den Betriebsmechanismen verbundenen Garnbaums; Fig. 2ᵇ eine Vorderansicht der Kupplung. Auch die letzteren Planzeichnungen sind in $^1/_{16}$ natürlicher Grösse wiedergegeben.

Wir haben es hier, wie aus den Figuren beider Tafeln hervorgeht, mit einer eincylindrigen Maschine, d. h. also mit einer solchen zu thun, bei welcher zu beiden Seiten des Garnbaumes je ein Trockencylinder C_1 angeordnet ist. Auf der Planzeichnung, Tafel XII, Fig. 1, ist rechter Hand vom Garnbaume noch ein zweiter Trockencylinder C_2 oberhalb C_1 angeordnet, so dass wir hier ein Bild davon erhalten, wie die älteren eincylindrigen Maschinen ohne grosse Schwierigkeiten auch mit 2 Cylindern zu beiden Seiten versehen werden können.

Die sämtlichen Cylinderzapfen l sind überall, wie wir sehen, bereits durch Rollen l_1 l_1 unterstützt.

Die Heizung der Cylinder geht deutlich aus den Figuren hervor. Das Heizrohr des Cylinders C_2 ist hingegen weggelassen worden.

Erinnern wir uns nun der vorhergegangenen allgemeinen Betrachtungen, so sehen wir den Lauf der Kette in Fig. 1 auf Tafel XII deutlich wiedergegeben. In der Gesamtansicht auf Tafel XI fehlt das Schlichteblatt K_1, und ist nur das Gestell zum Einlegen desselben und der Stab y hinter demselben erkennbar. In Fig. 1, Tafel XII, ist das Blatt K_1 punktiert, mit dem vorgelegten Kreuzstabe x und dem hinter K_1 befindlichen Eisenstabe y gezeichnet. Die Kette gelangt zwischen den über einander angeordneten Schlichtewalzen s_0 und s_1 hindurch, von denen s_0 im Schlichtetroge liegt und, wenn derselbe mit Schlichte gefüllt ist, diese immer aufs neue mit empor zu den Kettenfäden führt. Walze s_1 ist durch Hebel und Gewichte g g, die auf jedes Endlager wirken, belastet. Es folgt dann, wie Fig. 1, Tafel XII, erkennen lässt, der zweite Kreuzstab x_1 und das Leseblatt K_2. In der Gesamtansicht, Tafel XI, ist noch ein drittes Leseblatt K_3 angegeben, welches aber höchst selten verwendet wird.

Die Blätter jenseits der Schlichtewalzen sind noch in der Breitenrichtung verstellbar, um bei verschieden langen Bäumen immer das richtige Auflaufen der Kette zu erreichen.

Nachdem die Kette durch das letzte Leseblatt gegangen ist, wendet sie sich um die Leitwalzen w_1, bezieh. w_0, Tafel XII, dann um den Trockencylinder C_1. Bei 2 Cylindern auf jeder Seite steigt die Kette noch zum zweiten Cylinder C_2 empor, wie Fig. 1, Tafel XII, rechts erkennen lässt, und gelangt dann um Walze w_1 und w_2, die Kette links nur um w_2, zum Garnbaum G, der in Fig. 1, Tafel XII, durch die vorliegenden Betriebs- und Gestellteile verdeckt wird. Die Windflügel, welche durch Luftbewegung den Trockenprozess beschleunigen sollen, sind an den Enden mit V_1 und V_1 und in der Mitte durch V_2 bezeichnet. Wir wiederholen ferner kurz, dass die Teleskop-Druckwalze E in dem Bügel

L gelagert und dieser in Gestellschlitzen zu beiden Seiten gehalten ist. Durch je zwei Stangen $m\,m$ und ein unteres Querstück mit Zahnstangen z, in welche je ein Getriebe o auf gemeinsamer Welle F eingreift, kann durch Handrad h_1 das Auf- und Niederstellen der Druckwalze unter geeigneter — schon beschriebener — Mitwirkung von Klinkrad k_1 auf Welle F und Klinke k_0 am Gestelle bewirkt werden.

Das Gewicht, mit welchem die Druckwalze auf den Garnbaum wirkt, kann bei den neueren Maschinen noch dadurch vermehrt werden, dass am Umfange einer Scheibe auf der Klinkwelle F Gewichte q durch Ketten und Leitrollen in richtigem Sinne wirken. Anderseits wendet man auch manchmal durch Rollen und Kette mit jener Scheibe auf Welle F verbundene Gewichte q_1 an, die in entgegengesetztem Sinne wirken, d. h. also die Belastung, welche durch die Druckwalze und die dazu gehörenden Teile hervorgebracht wird, vermindern. Hiervon wird bei ganz leichten Ketten Gebrauch gemacht. Die Gewichte q werden in diesem Falle natürlich herabgenommen.

Die Messwalze w_2, rechts vom Garnbaume, ist bei Z_0 mit dem Zählwerk versehen.

Erfolgt also nun das regelrechte Wickeln auf den Garnbaum G, so wird die Messwalze w_2 von den sich an ihren Umfang legenden Kettenfäden in Drehung gesetzt. Der mit der Achse der Walze verbundene Zählapparat bezeichnet alsdann bei bekanntem Umfange der Walze (entweder $\frac{1}{2}$ m oder $\frac{1}{2}$ *Yard*) die aufgewundene gewünschte Kettenlänge durch einen Zeiger auf einer Skala oder durch ein Glockensignal. Ist dies geschehen, so hält man die Maschine still und macht mit dem Pinsel an bestimmter Stelle, meist dicht hinter dem Leseblatte K_2, zwei dicht neben einander liegende farbige Querstriche über sämtliche Fäden.

Jene Marke ist dem Weber später ein Zeichen, an dieser Stelle die fertige Ware durchzuschneiden, was stets zwischen den beiden Strichen erfolgt, damit am Ende des einen und am Anfange des neuen Stückes ein Zeichen bleibt.

Mehrere solcher Klingel- oder Stücklängen werden hinter einander auf den Garnbaum gewickelt, bis dieser voll ist oder die gewünschte Stückzahl aufgebäumt enthält. Jetzt hält man die Maschine wieder — kurz nach dem Ertönen des letzten Glockensignals oder kurz vorher, ehe der Zeiger auf der Skala die gewünschte aufgewickelte Kettenlänge zeigt — still, worauf hinter dem Leseblatt K_2 das Kreuz oder die Lese bewirkt wird. Dies geschieht in der Weise, dass man den Stab x_1 dicht an das Leseblatt K_2 bringt und auf der anderen Seite des Blattes eine Schnur durch das Fadenfach zieht, endlich mit der Hand im umgekehrten Sinne eine zweite Schnur einliest.

Bei geringer Fadenzahl wendet man geteilte Leseblätter, sogenannte Rispelblätter, an, bei denen sich in jedem Zwischenraume nur ein

Kettenfaden befindet. Diese Leseblätter haben etwas oberhalb und unterhalb der Mitte abwechselnd geschlossene Zwischenräume. Wird dieses Blatt einmal nach unten gedrückt, so kommt die Hälfte der Fäden nach unten, während die andere Hälfte in ihrer Lage bleibt. In das so entstandene Fach schiebt man alsdann eine Schnur ein und zieht hierauf das Blatt nach oben, wodurch die andere Hälfte der Fäden nach oben kommt und die erstere liegen bleibt. Auch in dies neue Fach wird eine Schnur eingelegt. Bei grösserer Fadenzahl und dichterer Einstellung können diese geteilten Blätter (Rispelblätter) nicht benutzt werden, da die Zwischenräume so eng werden, dass die Jute-Garne wegen ihrer unvermeidlichen Ungleichmässigkeit nicht hindurch gelangen können, sondern zerreissen würden.

Die Lese wird auf beiden Seiten der Maschine gemacht. Ist dies ausgeführt, so setzt man die Maschine nochmals in Gang, bis die eingezogenen Schnüre sich auf den Kettenbaum gewickelt haben. Dann wird die Kette, etwa 15 Zoll (38^c) jenseits der Lese, quer durchgeschnitten und in kleinen Fadenbündeln zusammengeknotet, worauf die Herausnahme des Baumes und das Einlegen eines neuen geschehen kann.

Wenn, wie früher angedeutet wurde, ohne Kreuzstäbe gearbeitet wird, so klemmt man die Kettenfäden dicht hinter der Stelle, wo dieselben abgeschnitten werden — nach der Baumseite zu — mittels einer **Kluppe** fest. Dieselbe besteht aus einem mit Nut versehenen hölzernen Unterteile und einem ebensolchen etwas konischen Deckel, der in jene Nut passt. Das Unterteil wird unter die Kettenfäden geschoben, alsdann der Deckel von oben in die Nut gedrückt, wodurch das Festklemmen der sämtlichen Fäden erfolgt. Das freiwillige Lösen der Kluppenhälften wird durch Zusammenbinden der Enden verhindert. Das Anlegen dieser Kluppe wird aber auch oft nicht hier, sondern später, kurz vor dem Einziehen der Fäden in die Geschirre, ausgeführt.

Der Antrieb der Maschine erfolgt durch eine Riemenscheibe R auf die Hauptwelle H, die unterhalb der Garnbaumwelle gelagert ist. Von hier aus zweigt sich der Betrieb nach den einzelnen Punkten ab. Von einer zwölfzölligen Riemenscheibe aus geht der Betrieb herab zu einer sechszölligen auf der Welle des mittleren Windflügels V_2 und von dieser durch je sechszöllige Scheiben auf ebenso grosse der Windflügelwellen an den Enden der Maschine.

Der Betrieb der Schlichtewalzen erfolgt von dem konischen Rade I der Hauptwelle aus durch die konischen Räder II auf die schrägen Betriebswellen N, nach beiden Seiten hin in gleicher Weise durch die konischen Räder III und IV auf Welle O und von da durch die Stirnräder $e_0\,e_1\,e_2$ und e_3 auf die Achse der unteren Schlichtwalze s_0. Die obere Schlichtewalze s_1 erhält keinen Antrieb und wird nur durch Reibung von der unteren mitgenommen.

Endlich erfolgt der Betrieb der Garnbaumwelle ebenso von der Hauptwelle H aus durch die Stirnräder $a_0\,a_1\,a_2$ und b. Wir wissen nun bereits, dass die **Drehungszahl des Garnbaumes mit zunehmender Bewickelung abnehmen muss**. Dies wird hier folgendermassen erreicht:

Das Betriebsrad b, welches centrisch zur Welle i angeordnet ist — man vergleiche insbesondere die Sonder-Zeichnungen 2ª und 2ᵇ — sitzt nicht fest auf dieser, sondern lose auf der Nabe der Klemmscheibe u_1. Diese ist durch Nut und Keil mit der Welle i auf Drehung gekuppelt. Von der anderen Seite lehnt sich gegen das Rad b wiederum eine Klemmscheibe u_2, die lose auf Achse i sitzt. Zwischen den Klemmscheiben und dem Rade sind Filzblätter eingelegt, die mit fein zerstossenem Graphit so lange eingerieben werden müssen, bis sie nichts mehr annehmen, um einen möglichst gleichmässigen Reibungszustand zwischen den aufeinander liegenden Flächen zu erreichen. Die Scheibe u_2 kann nun durch zwei Flügelschrauben in dem am Ende der Welle i befestigten Stege J an das Rad und dieses an die Scheibe u_1 — unter Uebertragung des Druckes durch die Filzscheiben — beliebig stark gepresst werden.

Die Welle i kann mit allen auf ihr sitzenden Teilen in ihrem Lager hin und her geschoben werden und durch den Stift p, der sich in eine centrisch in die Welle i bei i_1 eingedrehte Nut von der einen Seite aus legt, im Lager gegen Verschiebung festgehalten werden, während die Drehung nicht gehindert ist. Das innere Ende der Welle i ist auf kurzer Strecke achsial ausgebohrt zur Aufnahme des Garnbaumzapfens und trägt ausserdem die Kuppelung s, deren eigentümliche Form klar aus der Skizze 2ᵇ, einer Hinteransicht derselben, hervorgeht. Diese Kupplung fasst mittels zweier gegenüber stehender Stifte in entsprechende Löcher der Bremsscheibe B des Garnbaumes. Die Garnbaumachse ruht mit dem anderen Zapfen in einem Halblager des je nach der Baumlänge einstellbaren Lagerbocks d.

Will man den Garnbaum herausheben, so muss die Achse i zurückgezogen werden. Zu dem Zwecke dreht man dieselbe so, dass die halbkreisförmig gebogene, nur mit halber Nabe auf ihr befestigte Kuppelung s nach oben zu stehen kommt, hebt dann den Stift p aus dem Lagergestell und kann nun durch Ziehen an der Scheibe u_1 die Verschiebung der Achse i soweit bewirken, dass der eingeschobene Garnbaumzapfen frei wird und auf den vorstehenden Lagerteil e am Gestell niedersinkt; der Baum ist hierdurch am Herabstürzen gehindert und kann jetzt mittels Flaschenzuges — wie bereits geschildert — herausgehoben und durch einen leeren ersetzt werden. Die Achse i wird schliesslich nach Einlegung des neuen Baumes wieder durch Einstecken des Stiftes p am freiwilligen Zurückgehen gehindert.

Denken wir uns jetzt die Maschine im vollen Betriebe, so wird nach genügend kräftigem Anziehen der Schrauben in dem Querstücke J infolge des Festklemmens vom Betriebsrad b zwischen den Klemmscheiben $u_1 u_2$ die Bewegung auf den Garnbaum übertragen werden. Die Uebersetzungsverhältnisse sind nun so bemessen, dass die Umfangsgeschwindigkeit des leeren Garnbaumes grösser ist als die der Schlichtwalzen — vorausgesetzt, dass das Rad b zwischen den Klemmscheiben nicht rutscht.   Da aber nicht mehr aufgewunden werden kann, als die Schlichtwalzen hergeben, als deren Umfangsgeschwindigkeit entspricht, so muss der Druck und der davon abhängige Reibungswiderstand zwischen Scheiben und Rad b so bemessen, so reguliert werden, dass zwar infolge des Voreilens des Garnbaumes ein Anspannen der Kettenfäden, sodann aber, sobald dasselbe eine bestimmte Grenze erreicht hat, ein Rutschen des Rades b zwischen den bremsenden Scheiben eintritt.

Die Spannung der Fäden reguliert man also durch kräftigeres oder weniger kräftiges Anziehen der Flügelschrauben im Querstücke J. Es ist ohne weiteres klar, dass die Belastung der Schlichtewalzen immer so stark sein muss, dass durch das Aufwindebestreben des Garnbaumes nicht etwa die Reibung zwischen diesen Walzen überwunden wird und ein Gleiten der Fäden stattfindet. Soll also mit grösserer Spannung, also fester, aufgewickelt werden, so sind auch die Schlichtewalzen gleichzeitig durch Vermehrung der Gewichte g kräftiger auf einander zu pressen.

Ist die Betriebsbremse nun einmal eingestellt, so wirkt sie ausgleichend bis zur Beendung des Bäumprozesses. In seltenen Fällen und zwar dann, wenn die Filzscheiben nicht richtig vorbereitet, oder zu stark abgenutzt sind, muss auch während des Betriebes durch Nachstellen der Flügelscheiben die Reibung vermehrt oder vermindert werden. Bei normalem Zustande steigt zwar mit zunehmendem Durchmesser die Umfangsgeschwindigkeit des Baumes; da aber gleichzeitig die von der Gesamtspannung der Fäden herrührende, den Baum zurückhaltende und das Betriebsrad b zum Gleiten bringende Kraft alsdann an einem immer grösser werdenden Arme zur Wirkung kommt, so gleichen sich beide Umstände derartig aus, dass ein genügend stabiler Zustand vom Beginn bis zur Beendung der Wicklung erhalten bleibt.

Da die eincylindrigen Maschinen jetzt nicht mehr Anwendung finden, so übergehen wir die Anführung der praktischen und die Berechnung der theoretischen Leistungsfähigkeit derselben und werden diese bei zwei der folgenden Maschinen zur Besprechung bringen.

Schlichte- und Bäummaschine von Robertson & Orchar mit je zwei neben einander angeordneten Cylindern zu beiden Seiten des Garnbaumes.

Diese ist auf Tafel XIII in Fig. 1 und 2 im Aufriss und Grundriss in $^1/_{32}$ natürlicher Grösse bezieh. der arbeitenden Teile in einer Skizze wiedergegeben. Fig. 3 zeigt das Zählwerk der Messwalze w_2 im Grundriss.

Der Antrieb der Schlichtewalzen und des Garnbaumes ist nur im Aufriss, der der Flügelwellen nur im Grundriss angegeben. Die Buchstaben bezeichnen dieselben Hauptteile wie früher.

Der Antrieb der Maschinenwelle H erfolgt jetzt nicht direkt von der Transmission T aus, sondern, was viel zweckmässiger ist, von einem Vorgelege T_1 aus, das durch Stufenscheiben von der Transmissionswelle T bewegt wird.

Gemäss den eingeschriebenen Dimensionen wird bei 120 Drehungen der Transmissionswelle die kleinste Umlaufzahl der Maschinenwelle H in der Minute sein:

$$120 \cdot \frac{13}{20^{1}/_{2}} \cdot \frac{30}{14} = 163{,}0, \text{ und die grösste: } 120 \cdot \frac{20^{1}/_{2}}{13} \cdot \frac{30}{14} = 405{,}5.$$

Rechnen wir etwa $1^{1}/_{2}\,^{0}/_{0}$ Geschwindigkeitsverminderung durch Riemenrutschen, so erhalten wir für die

kleinste Umlaufzahl der Hauptwelle H etwa 160 i. d. Minute und für die grösste „ „ „ „ „ 400 i. d. Minute.

Die Drehungszahl der Flügelwellen beträgt: $160 \cdot \dfrac{12}{6} = 320$ bis $400 \cdot \dfrac{12}{6}$ $= 800$ in der Minute.

Die Zähnezahlen der Räder für den Betrieb der Schlichtewalzen sind nach der vorigen Buchstaben-Bezeichnung:
I $= 27$; II $= 27$; III $= 20$; IV $= 40$; $e_0 = 20$; $e_1 = 60$; $e_2 = 26$ u. $e_3 = 50$. Der Durchmesser der unteren Schlichtewalze beträgt 6 Zoll (152,39 ^{mm}).

Somit ergiebt sich für die Minute die

kleinste Umfangsgeschwindigkeit der Schlichtewalzen zu:

$$160 \cdot \frac{27}{27} \cdot \frac{20}{40} \cdot \frac{20}{60} \cdot \frac{26}{50} \cdot 6\pi \text{ abg. 262 Zoll,}$$

grösste Umfangsgeschwindigkeit der Schlichtewalzen zu:

$$400 \cdot \frac{27}{27} \cdot \frac{20}{40} \cdot \frac{20}{60} \cdot \frac{26}{50} \cdot 6\pi \text{ abg. 654 Zoll.}$$

Betrieb des Garnbaumes.

Die minutliche Umlaufzahl des Betriebsrades b auf der Garnbaum-Antriebswelle i ist, da folgende Räder vorhanden sind:

$$a_0 = 40, \quad a_1 = 72, \quad a_2 = 24 \text{ und } b = 124:$$

und zwar kleinste Drehungszahl: $160 \cdot \dfrac{40}{72} \cdot \dfrac{24}{124} = 17{,}20,$

grösste „ „ : $400 \cdot \dfrac{40}{72} \cdot \dfrac{24}{124} = 43{,}01.$

Der Garnbaum hat leer gewöhnlich $5^{1}/_{2}$ Zoll (140 ^{mm}) Durchmesser, also 17,27 Zoll Umfang.

Die kleinste Umfangsgeschwindigkeit des Garnbaumes würde also beim Beginn der Wicklung, wenn ein Gleiten des Rades b zwischen den Klemmscheiben nicht stattfände:

17,2 · 17,27 = 297,12 Zoll und die grösste Umfangsgeschwindigkeit 43,01 · 17,27 = 742,78 Zoll in der Minute sein.

Vergleichen wir diese Zahlen mit den Umfangsgeschwindigkeiten der Schlichtewalzen, so sehen wir, dass der Garnbaum in beiden Fällen, und zwar beim Beginn der Wicklung, eine um etwa 13,3 % grössere Umfangsgeschwindigkeit hat und um diesen Betrag gleiten, nachgeben muss.

Da bei voller Bewicklung der Baum einen Durchmesser von etwa 2 Fuss = 24 Zoll oder 75,36 Zoll Umfang hat, so ist alsdann, wenn wiederum kein Rutschen des Betriebsrades stattfände, in der Minute die

kleinste Umfangsgeschwindigkeit 17,20 · 75,36 = 1296,2 Zoll;
grösste Umfangsgeschwindigkeit 43,01 · 75,36 = 3241,2 Zoll.

Nunmehr ist die Umfangsgeschwindigkeit des Garnbaumes um 1296 — 262 = 1034 Zoll oder um 3241 — 654 = 2587 Zoll, d. i.

$$\frac{103400}{262} = 395 \text{ %} \text{ oder } \frac{258700}{654} = 395 \text{ %}$$

grösser als die der Schlichtewalzen, und muss das Gleiten, das Zurückbleiben in der Bewegung, jetzt um diesen Betrag stattfinden.

Um nun die tägliche theoretische Leistungsfähigkeit dieser Maschine zu erhalten, wollen wir dieselbe in beiden äussersten Fällen auf 10 wirkliche Arbeitsstunden beziehen. Die Umfangsgeschwindigkeit der Schlichtewalzen in der Minute war: 262 bez. 654 Zoll. Der Einzug, also auch die Lieferung bei ununterbrochenem 10 stündigen Betriebe beträgt somit:

$$\frac{262 \cdot 60 \cdot 10}{12 \cdot 3} = 4366,7 \text{ oder abgerundet } 4360 \textit{ Yards } (3987^\text{m}), \text{ ferner}$$

$$\frac{654 \cdot 60 \cdot 10}{12 \cdot 3} = 10899 \text{ oder abgerundet } 10890 \textit{ Yards } (9958^\text{m}).$$

Diese theoretische Leistungsfähigkeit der Maschine kann natürlich wegen der unvermeidlichen Stillstände infolge Fadenbruches und wegen des Auswechselns der gefüllten Garnbäume gegen leere u. s. w. bei weitem nicht erreicht werden.

Die grössere Betriebsgeschwindigkeit kann bei einfachen Ketten und weniger dichter Einstellung, also z. B. bei den Ketten für die Jute-Leinen, angewendet werden und beträgt dann die wirkliche Leistung in 10 Arbeitsstunden, in der Voraussetzung, dass immer dieselbe Kette zur Aufwicklung kommt, etwa 6500 *Yards* (5943 m), also etwa 60 % der theoretischen grössten Leistung.

Bei Doppelkettenfäden, wie z. B. für Jutedoppelleinen, ist einerseits die Trocknung eine langsamere, anderseits die Beaufsichtigung der Fäden schwieriger, da hier mehr Fadenbruch als bei einer geringen Kettenfadenzahl vorkommt. Deshalb muss bei solcher Kette mit geringerer Windegeschwindigkeit gearbeitet werden, und sinkt demgemäss unter derselben Voraussetzung wie oben die wirkliche Produktion bis auf etwa 3300 *Yards* (3017 m) in 10 Arbeitsstunden, beträgt also etwa 75 % der theoretisch kleinsten Leistung. Die wirkliche Leistung schwankt mithin zwischen 60 und 75 % der theoretisch grössten bezieh. kleinsten Leistung. Zur Bedienung dieser Maschinen ist ein Mann (Schlichter) und ein etwa 16 jähriger Bursche nötig.

Die Maschinen werden auf Wunsch mit einem derartig ausgebildeten Zählapparat versehen, dass die Produktion eines Tages oder noch eines längeren Zeitraumes nachgewiesen werden kann, und ausserdem sind dieselben so eingerichtet, dass beim Aufwinden einer bestimmten Länge eine Klingel in Bewegung gesetzt wird. Da jedoch bei der Gewebefabrikation auf dem Kontinente oft recht verschiedene Stücklängen verlangt werden, so ist dieser Apparat für kontinentale Verhältnisse unpraktisch, und man begnügt sich mit einem einfacheren, der folgendermassen eingerichtet ist. Man vergleiche Fig. 3, Tafel XIII.

Auf der Achse der Messwalze w_2 sitzt ein 22 er Rad, das mit einem 44 er im Eingriff steht. Auf der Achse dieses ist eine eingängige Schnecke angeordnet, die entweder in ein 100 er oder in ein 150 er Schneckenrad eingreift. Dieses Schneckenrad — auch Zählrad genannt — ist mit einer 100-, bezieh. 150 teiligen Skala versehen. Da nun bei einer Umdrehung der Messwalze w_2 dieses Zählrad sich drehen muss um

$$1 \cdot \frac{22}{44} \cdot \frac{1}{100} = \frac{1}{200}, \text{ bezieh. um } 1 \cdot \frac{22}{44} \cdot \frac{1}{150} = \frac{1}{300}$$

einer ganzen Drehung, so werden 200, bezieh. 300 Messwalzenumdrehungen dazu gehören, eine ganze Umdrehung des Zählrades herbeizuführen. Da nun der Walzenumfang entweder $^1/_2$ *Yard* oder $^1/_2$ Meter beträgt, so wird bei einem 100 zähnigen Zählrade eine ganze Umdrehung des Zählrades einer Aufwicklung von 100 *Yards*, bez. 100 Metern, ein Teilstrich also einem *Yard* bez. 1 Meter entsprechen.

Da nun das Zählrad an einem festen Zeiger vorüber geht, so kann der Arbeiter, indem er sich ein Zeichen auf der Skala (meist geschieht dies mit Kreide) macht, in einfachster Weise das Aufwickeln jeder gewünschten Kettenlänge etwas über oder unter 100 *Yards*, bez. 100 m kontrollieren und markieren.

Bei dem 150 er Zählrade wickeln sich also 150 *Yards* oder Meter bei einer Umdrehung desselben auf, und wenn nun eine 150 er Skala auf diesem Rade angebracht ist, so entspricht ebenfalls jedem Theilstriche eine Aufwindung von 1 *Yard* bez. 1 m und kann daher auch jetzt der Zählapparat wie oben angegeben benutzt werden.

Die Kette, welche aufgebäumt worden ist, erleidet, wie wir bereits früher erwähnten, einerseits beim späteren Weben — infolge der Durch-

kreuzung der Schussfäden — eine Verkürzung, anderseits aber werden
diejenigen Waren, welche man später kalandert oder mangelt, ausgestreckt — also länger.

Es bleibt jedoch eine mehr oder weniger starke Verkürzung der
Kette übrig. Dieser Umstand muss bei dem Aufbäumen nun dadurch
berücksichtigt werden, dass man die Kette um diesen Betrag länger
aufbäumt, als die Stücklänge betragen soll. Bei der Einstellung der
Zähl- oder Messvorrichtung der Schlichtemaschinen muss selbstverständlich ebenfalls dieser Umstand in Rechnung gezogen werden.

Die Verkürzung beim Weben und die Verlängerung beim Kalandern
sind nun von verschiedenen Umständen abhängig, wie wir bereits wissen.
Wir wiederholen, dass in erster Linie die Festigkeit des Garnes zu berücksichtigen ist. Wenn diese genügend gross ist, so kann die Kette
beim Weben kräftig angespannt werden, wie es zur Erzeugung eines
gut aussehenden Gewebes erforderlich ist. Hat das Garn geringere
Festigkeit, so kann man die Kette beim Weben nicht so kräftig anspannen. Im ersteren Falle wird dann die Längenverkürzung geringer
als im zweiten sein.

Die Verkürzung hängt ferner von der Schwere, der Dichtigkeit der
Ware ab. Je dichter unter sonst gleichen Verhältnissen dieselbe ist
(je näher die Ketten- und Schussfäden neben einander liegen), um so
grösser ist die Verkürzung, der Längenverlust.

Die Verlängerung wieder, welche das fertige Zeug durch das Kalandern oder Mangeln erleidet, ist davon abhängig, ob man sogenannten
leichten oder schweren Appret — wir kommen später an betreffender
Stelle hierauf wieder zu sprechen — anzuwenden hat. Bei schwererem
Appret ist die Verlängerung des Zeuges grösser als bei leichtem Appret. Endlich darf auch beim Kalandern leichtes dünnes Zeug nicht so
stark angespannt werden als schweres Zeug, weshalb selbst bei dem
gleichen Apprete das leichtere Zeug eine weniger starke Verlängerung
als das schwerere erleidet.

Ueber die schliesslich übrig bleibende Verkürzung haben wir in
Tabelle IX S. 64 und der dazu gehörenden Erklärung Anhaltspunkte gegeben. Um diesen Betrag ist länger zu scheren und muss zum Schluss
für das An- und Abweben noch ein Stück von zusammen etwa 1 bis
1,5 m zugegeben werden.

Soweit hierüber.

Für Ueberschlagsrechnungen möge hier noch angeführt werden,
dass man mittels einer Schlichtemaschine mit 2 Paar Trockencylindern
(4 Stück im ganzen) etwa 30 bis 40 Webstühle versorgen kann.

Schlicht- und Bäummaschine von Parker & Sohn in Dundee

mit 3 Trockencylindern auf jeder Seite des Garnbaumes, also mit sechs
Cylindern im ganzen. Dieselbe ist in der Text-Fig. 26ª beziehentlich

der Anordnung der einzelnen Teile — wie solche auch von anderen Firmen gewählt wird — in $^1/_{48}$ natürlicher Grösse im Längenschnitt und in Fig. 26^b in einer Endansicht dargestellt. Nachdem die Kette durch die Schlichtewalzen s_0 s_1 gegangen, gelangt sie von beiden Seiten um je eine Leitwalze w nach dem oberen Trockencylinder C_1, umschlingt

Fig. 26 a.

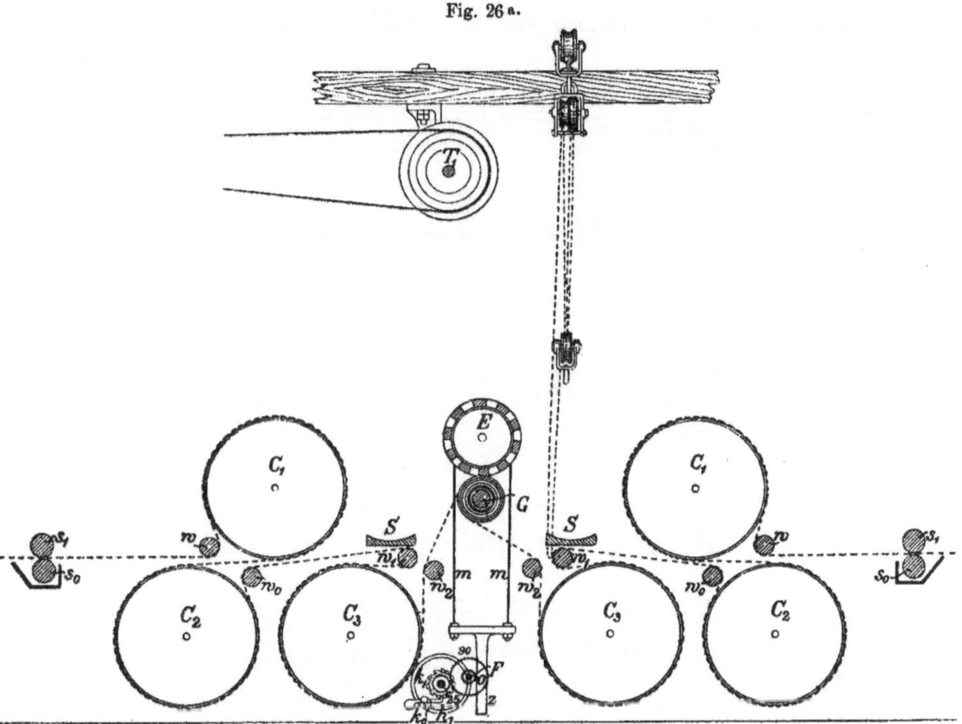

Schlicht- und Bäummaschine von Parker & Son in Dundee. $^1/_{48}$ natürl. Grösse.

diesen, geht auf Trockencylinder C_2 über und gelangt um Leitwalze w_0 und w_1 nach dem dritten Trockencylinder C_3 und von diesem über die Walze w_2 — die eine ist wieder Messwalze — nach dem Garnbaume G. Der Eingriff der zu dem Expander E gehörenden Zahnstangen z erfolgt auch hier in kleine Getriebe o, die auf gemeinsamer Achse F sitzen. Das Handrad h_1, mit Hülfe dessen das weitere Emporwinden und schliessliche Herablassen der Expanderwalze bewirkt wird, sowie die Klinkvorrichtung sitzt aber jetzt nicht direkt ebenfalls auf dieser Achse F, sondern auf einer daneben befindlichen, welche mit jener durch zwei Zahnräder, ein 90er und 25er, wie Skizze angiebt, verbunden ist. Infolge der angewendeten Räderübersetzung kann nunmehr die Expanderwalze E mit einem geringeren Kraftaufwande am Umfange des Handrades h_1 gehalten, gehoben und gesenkt werden.

Oberhalb der Maschine ist, wie aus beiden Figuren hervorgeht, die Vorgelegewelle T_1 in etwas anderer Weise als bei der vorigen Maschine

angeordnet. Aus Fig. 26ᵃ ersehen wir ferner, dass zu beiden Seiten
des Garnbaumes *G* zwei schalenförmige Träger *S S* angeordnet sind,
wie dies gegenwärtig bei allen solchen Schlichtemaschinen üblich ist,
welche vollständig geschlossene Seitengestelle haben. Diese gusseisernen
Schalen liegen auf Böcken, welche wiederum auf den Seitengestellen
ruhen. Der Zweck dieser Schalen ist, das Einlegen und Herausheben
des Garnbaumes zu erleichtern und zu beschleunigen.

Fig. 26ᵇ·

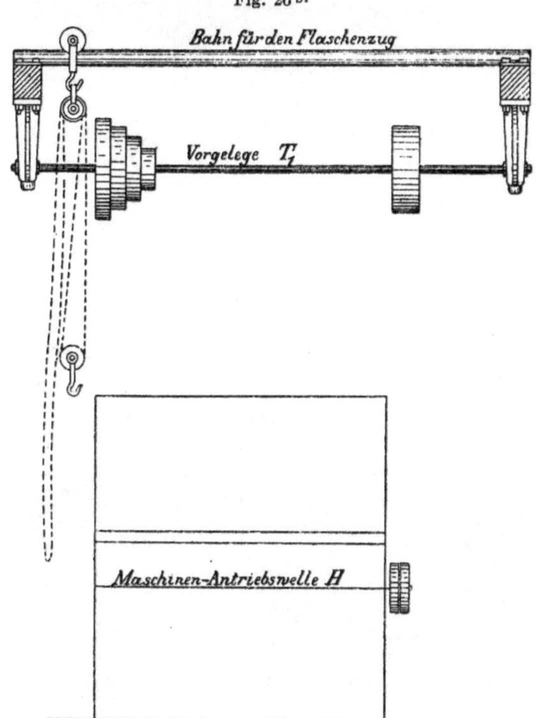

Schlicht- und Bäummaschine von Parker & Son in Dundee.   ¹/₄₈ natürl. Grösse.

Die Anordnung des verschiebbaren Flaschenzuges, welcher hierbei
mit zur Anwendung kommt, ist in den Figuren wiedergegeben und bedarf keiner weiteren Erläuterung. Die Eisenbahnschiene, auf welcher
er in der Breitenrichtung der Maschine hin und her gerollt werden
kann, liegt auf zwei Längsträgern des Dachwerkes. Das letztere werden
wir im Teil III näher kennen lernen.

Wenn der Garnbaum *G* ausgewechselt werden soll, wird vorher ein
leerer auf die Schale links gelegt, dann der volle durch Ketten mit dem
Flaschenzuge verbunden, aus seiner Lage, welche er beim Aufwickeln
hat, herausgehoben und alsbald auf die Schale rechts niedergelegt.
Nachdem nun der leere Baum von 2 Arbeitern, die dabei auf die
Seitengestelle oder besondere Podeste steigen, eingelegt und der Betrieb wieder aufgenommen worden ist, wird der volle Baum endlich von

der Seite herabgehoben, auf einen kleinen Wagen gelegt und zu seinem Bestimmungsort gefahren.

Der Antrieb der einzelnen Teile erfolgt in ähnlicher Weise, wie bei der vorigen Maschine angegeben wurde.

Die Zähne-Zahlen und die übrigen Massverhältnisse aber sind folgende, wodurch diese Maschine, wie nachstehend angegeben, näher charakterisiert wird:

Räder I $= 24$; II $= 32$; III $= 24$; IV $= 32$; $e_0 = 21$; $e_1 = 75$; $e_2 = 25$; $e_3 = 68$.

Der Durchmesser der unteren Schlichtewalze ist wie vorhin 6 Zoll; somit ergiebt sich bei etwa 200 Umdrehungen der Hauptwelle der Maschine die minutliche Umfangsgeschwindigkeit der Schlichtewalzen zu

$$200 \cdot \frac{24}{32} \cdot \frac{24}{32} \cdot \frac{21}{75} \cdot \frac{25}{68} \cdot 6 \cdot \pi = 218{,}28 \text{ Zoll,}$$

also etwas kleiner als bei der vorigen Maschine für 160 Umdrehungen. Der Einzug, also auch die Lieferung bei ununterbrochenem 10 stündigen Betriebe beträgt

$$\frac{218{,}28 \cdot 60 \cdot 10}{12 \cdot 3} = 3638 \; Yards \; (3327^{\,m}).$$

Bei Anwendung von 3 Trockencylindern kann man aber bequem, wenn es nur die sonstigen Verhältnisse zulassen, grössere Geschwindigkeiten geben und wie vorhin bis etwa zu 654 Zoll Umfangsgeschwindigkeit der Schlichtewalzen, oder noch etwas darüber, gehen. Die Drehungszahl der Maschinenwelle H müsste in diesem Falle etwa bis 600 in der Minute gesteigert werden, da sich alsdann ergiebt:

$$600 \cdot \frac{24}{32} \cdot \frac{24}{32} \cdot \frac{21}{75} \cdot \frac{25}{68} \cdot 6 \cdot \pi = 654{,}86 \text{ Zoll } (1663^{\,c})$$

minutlicher Einzug, was einer Leistung in 10 Stunden von etwa 10915 $Yards$ ($9980^{\,m}$) entspricht.

Die wirkliche Leistung der dreicylindrigen Maschinen ist grösser als die der zweicylindrigen, wenn man Ketten gleicher Art auf diesen verarbeitet, da man eben für denselben Trockeneffekt hier grössere Geschwindigkeiten wählen kann. Im allgemeinen benutzt man aber solche Maschinen, wenn irgend möglich, nur für sehr schwere Ketten bei dichter Einstellung, weil erst bei diesen der Vorteil der grösseren Heizfläche gut ausgenutzt werden kann.

Der Antrieb des Garnbaumes erfolgt bei dieser Maschine durch folgendes Räderwerk:

$$a_0 = 24, \quad a_1 = 90, \quad a_2 = 24 \text{ und } b = 92.$$

Hiernach folgt bei 200 Umdrehungen der Hauptwelle die Drehungszahl des Garnbaumes — vorausgesetzt, dass kein Gleiten des Rades b zwischen den Klemmscheiben stattfindet:

$$200 \cdot \frac{24}{90} \cdot \frac{24}{92} = 13{,}91.$$

Bei $5\frac{1}{2}$ Zoll Durchmesser oder 17,27 Zoll Umfang des leeren und 24 Zoll Durchmesser oder 75,36 Zoll Umfang des vollen Garnbaumes ergiebt sich also eine minutliche Umfangsgeschwindigkeit von 13,91 · 17,27 = 240,22 Zoll im ersteren u. von 13,91 · 75,36 = 1048,25 Zoll im letzteren Falle.

Vergleichen wir jetzt wiederum diese Zahlen mit den Umfangsgeschwindigkeiten der Schlichtewalzen, so finden wir, dass bei leerem Garnbaume das Voreilen desselben, wenn kein Gleiten stattfände, gegenüber den Schlichtewalzen 240,22 — 218,28 = 21,96 Zoll oder nur 10 % beträgt (gegen 13,3 % bei der vorigen Maschine).

Bei vollem Garnbaum würde die Umfangsgeschwindigkeit des Garnbaumes, wenn kein Gleiten stattfände, um 1048,25 — 218,28 = 829,97 Zoll, d. i. etwa 380 % grösser als die der Schlichtewalzen sein, während sich bei der vorigen Maschine 395 % ergaben.

In den weiteren Textfiguren 27 und 28 sind nun **zwei Schlichtemaschinen** in $\frac{1}{48}$ natürlicher Grösse **neuerer Konstruktion** für ungeteilte Garnbäume zu sehr breiten Webstühlen dargestellt. Die erstere ist von Robertson & Orchar, die zweite von Urquhart, Lindsay & Co.

Fig. 27.

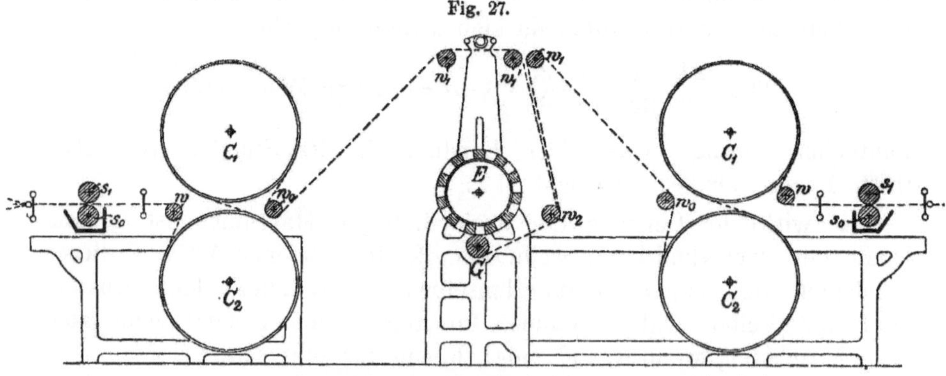

Schlichtemaschine neuerer Konstruktion. $\frac{1}{48}$ natürl. Grösse.

Beide Maschinen haben zu beiden Seiten je 2 Trockencylinder, im ganzen also 4, doch werden dieselben auch auf Wunsch mit 6 Trockencylindern im ganzen versehen. Die Cylinder sind der Raumersparnis wegen über einander gelagert. Wir haben hier also zwei Maschinen vor uns, von denen wir schon früher sprachen, bei denen der Garnbaum verhältnismässig tief gelagert ist und infolge dessen ohne Flaschenzug leicht eingelegt und herausgenommen werden kann.

Bei der

Maschine von Robertson & Orchar,

Fig. 27, geschieht die Führung der Kette, wie die Skizze erkennen lässt, rechter Hand vom Garnbaum, nachdem sie durch die Schlichtewalzen s_0 s_1 gegangen, um Walze w zuerst um den oberen Cylinder C_1, dann um den unteren C_2, sodann um die Walzen w_0 w_1 und w_2 nach dem Garnbaume G. Auf dieser Seite ziehen sich die Seitengestelle bis zum Mittelgestelle heran, doch ist in dem Raume zwischen den Walzen w_0 w_1 und w_2 die Kette auch in der Mitte leicht zugängig, da Walze w_1 hoch gelagert angeordnet ist. Auf der linken Seite wird die Kette, nachdem sie die Schlichtewalzen verlassen, um die Walze w zuerst nach dem unteren Cylinder C_2 geführt, steigt alsdann empor zum oberen Cylinder C_1, und gelangt um die Führungswalzen w_0 w_1 und w_1', von denen die letzteren beiden ebenfalls hoch gelagert sind, wieder um die Walze w_2 — die als Messwalze dient — zum Garnbaume.

Auf der linken Seite ist das Seitengestell nicht bis zum Mittelgestell herangeführt, so dass die Maschine bequem quer durchschritten werden kann. Es ist durch diese Führung der Kette und Anordnung der Gestelle auch der linke Teil der Kette bis zur Mitte, anderseits aber auch der Garnbaum selbst, wie es zum bequemen Herausnehmen und Einlegen desselben wünschenswert ist, leicht zugänglich gemacht.

Diese Anordnung der einzelnen Teile, sowie die Führung der Kette muss deshalb als recht praktisch bezeichnet werden und ist bereits vielfach zur Anwendung gelangt.

Fig. 28.

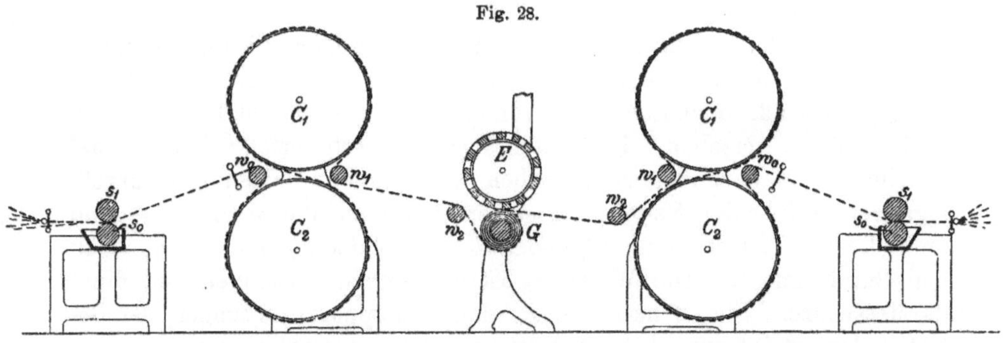

Schlichtemaschine neuerer Konstruktion. $^1/_{48}$ natürl. Grösse.

Eine ebenfalls neuere Anordnung zeigt die in Fig. 28 in $^1/_{48}$ natürl. Grösse skizzierte

Maschine von Urquhart, Lindsay & Co.

Die Kette ist hier von beiden Seiten gleicherweise um die Walzen w_0, dann zuerst um die unteren Cylinder C_2, dann um die oberen

Cylinder C_1, sodann um die Walzen w_1 und w_2 — eine der Walzen w_2 ist wieder Messwalze — nach dem Garnbaume G geführt. Die Schlichtevorrichtung, sodann die Trockenvorrichtung und endlich die Bäumvorrichtung ist in je einem besonderen Gestelle, ganz unabhängig von dem benachbarten, angeordnet. Bei sehr breiten Ketten muss man freilich, um bis zur Mitte derselben gelangen zu können, in etwas unbequemer Stellung unter diese kriechen. Nach dem Abschneiden derselben ist aber der Garnbaum von der einen Seite, wie bei der vorigen Maschine, sehr leicht zugängig. Würde man die Kette von hoch gelagerten Leitwalzen zum Garnbaume herabführen, welche Anordnung auch nachträglich noch leicht getroffen werden kann, so müsste diese Anordnung noch zweckentsprechender als die vorige — weil das Garnbaumgestell ganz isoliert ist — genannt werden.

Die zuletzt genannte Firma bringt nun in der That in neuester Zeit ihre Schlichtemaschinen in eben angedeuteter Weise zur Ausführung, wie wir aus dem folgenden Beispiele ersehen:

Die

neueste Schlichtemaschine von Urquhart, Lindsay & Co. in Dundee

für sehr breite Garnbäume ist auf Tafel XIV in Fig. 1 in der Längenansicht, in Fig. 2 im Grundriss in $^1/_{24}$ natürlicher Grösse dargestellt. Es können sowohl zwei Trockencylinder auf jeder Maschinenseite, als auch drei Anwendung finden. Der dritte Cylinder findet hierbei in höchst zweckmässiger Weise oberhalb der Schlichtewalzen Aufstellung, wie aus den punktierten Teilen der Zeichnung hervorgeht. Hiernach ist bei diesen Maschinen der Platzbedarf gleich gross, ob zwei oder drei Cylinder auf jeder Seite Anwendung finden, ein gewiss nicht zu unterschätzender Vorteil.

Wie bei der etwas älteren Anordnung derselben Firma sind auch hier die Gestelle für die Schlichtevorrichtung, die Trockenvorrichtung und die Aufwindevorrichtung ganz von einander getrennt und mit breiten soliden Füssen versehen. Die Zuführung der Kette erfolgt jetzt — bei 2 Cylindern — nachdem sie zwischen den Schlichtewalzen $s_0\,s_1$ durchgegangen, auf beiden Seiten in gleicher Weise um die Walze w_0, dann um Cylinder C_1, hierauf um Cylinder C_2, um Walze w_1, w_2 und w_3 nach dem Garnbaume G. Die Walze w_3 ist nur einmal vorhanden und dient als Messwalze. Fig. 2 lässt bei Z_0 den Zählapparat erkennen. — Bei 3 Cylindern steigt zunächst die Kette zur Führungswalze w empor, umschlingt Cylinder C_3, geht zur Walze w_0, dann um den Cylinder C_2, von diesem um C_1, dann um Walze w_1 nach w_2 und w_3 zum Garnbaume G.

Da jetzt beide Kettenhälften von oben herab zum tief gelagerten Garnbaume gelangen, so kann die Maschine sowohl rechts wie links von demselben bequem quer durchschritten werden behufs Kontrollierung auch der mittleren Fadenpartien. Selbst bei sehr breiten Garnbäumen ist somit die bequeme Aufsicht ermöglicht, während die schon angeführten Vorteile, welche sich sonst aus dem tief gelagerten Garnbaume ergeben, selbstverständlich auch hier zutreffen.

Ganz besondere Aufmerksamkeit müssen wir aber noch dem mittleren Teile der Maschine, insbesondere der Belastungsvorrichtung zuwenden. Diese wird in letzter Zeit auch etwas anders, als in der vorliegenden Zeichnung dargestellt ist, ausgeführt, worauf wir noch zurückkommen werden.

Auf dem Garnbaume G ruht hier als Druckwalze keine Teleskopwalze, wie wir sie bereits kennen gelernt haben, sondern eine gusseiserne glatte Walze D, deren Länge der Flanschenentfernung des Garnbaumes genau entspricht. Für jede andere Flanschenentfernung, also für jede Gewebebreite, kommen andere entsprechend lange Reservewalzen zur Anwendung.

Die Benutzung solcher glatter gusseiserner Druckwalzen soll folgenden Vorteil gegenüber den Teleskopwalzen bieten. Bei letzteren wird, da abwechselnd bald auf der einen, bald auf der anderen Hälfte des Garnbaumes, jedesmal wenn ein Lattenzwischenraum sich gerade über demselben befindet, die Spannung des Garnes eine geringere werden als an den Stellen, wo alsdann die Walze mit vollem Holz aufliegt. Da aber das Aufwinden der Kette nicht mit stets gleicher Spannung erfolgt, so wird später — und zwar tritt dieser Umstand besonders störend bei recht breiten Geweben hervor — das Gewebe wellig und zieht sich beim Kalandern zwischen den Walzen faltig. Das Aussehen der fertigen Gewebe leidet infolge dieses Umstandes.

Bei der Benutzung von glatten ununterbrochenen gusseisernen Druckwalzen wird dieser Uebelstand gänzlich beseitigt; die Kette wickelt sich in voller Breite stets mit derselben Spannung auf, die Gewebe werden glatt und erhalten eine sehr schöne faltenfreie Appretur.

So gelangen in Dundee derartige Maschinen bis zu 15 Fuss (4,57 ^{m}) Breite zur Anwendung, welche sich so vortrefflich bewähren, dass die älteren Maschinen dort zum Teil entfernt sein sollen.

Die Garnbaumdruckwalze D wird nun nach der Zeichnung von 2 Stück darüber befindlichen, drehbar gelagerten Walzen $D_1 D_1$ von der Breite der Maschine gehalten und belastet. Die Achsen dieser Walzen ruhen zu beiden Seiten in gusseisernen Querstücken, an welche sich Zahnstangen $Z Z$ anschliessen, die in früher erwähnter, aus der Zeichnung deutlich erkennbarer Weise durch Leitwalzen (Fig. 2) mit den Getrieben o in Eingriff erhalten werden. Die Getriebewelle steht durch die Räderübersetzung $o_1 o_2$ mit dem Handrade h_1 in Verbindung, an welchem die Klinkvorrichtung $k_0 k_1$ angeordnet ist.

Um nun die Belastung der Druckwalze verändern zu können, fasst am Ende jeder Zahnstange eine Kette an, die über je eine Rolle im höchsten Punkte des Gestelles geführt ist und die Entlastungsgewichte q_1

trägt. Die Belastung des Garnbaumes ist sonach am kleinsten, wenn sämtliche Gewichtstücke q_1 angehängt, am stärksten, wenn sie sämtlich entfernt werden. Nach beendeter Wicklung kann die Druckwalze D durch verstellbare Haken, welche unter ihren Rand fassen, mit den Zahnstangen emporgewunden oder auch, nach Hebung jener, herabgenommen werden, wodurch der Garnbaum frei wird.

Anstatt der Walzen $D_1 D_1$, welche die volle Breite der Maschine haben, werden nun auch vier Stück gusseiserne Walzen von 12 Zoll (30,5 c) Breite angewendet — zwei auf je einer in den Zahnstangenquerstücken gelagerten und genuteten Achse — welche je nach Bedarf auf jener verschoben und durch Schrauben auf ihr befestigt werden können.

Der Antrieb der Maschine geht aus der Zeichnung deutlich hervor, so dass wir nach dem Vorausgegangenen eine weitere Beschreibung für nicht nötig halten.

Es bedarf kaum der Erwähnung, dass die Vorteile, welche diese Schlichtemaschine gegenüber den anderen bietet, auch schon bei geringeren Breiten zur Geltung kommen.

Es erübrigt nun noch, über den Platzbedarf u. s. w. der Schlichtemaschinen einiges anzuführen.

Breite der Maschinen. Bezeichnet man mit L in Zollen und mit L_c in Centimetern die totale Länge der grössten Garnbaumachse, also von dem einen Zapfenende bis zum anderen gerechnet, welche noch eingelegt werden kann, so ergiebt sich die Breite der Maschine zu

$\mathfrak{B} = L + 32$ in Zollen, oder abgerundet $\mathfrak{B}_c = L_c + 81$ in Centimetern.

Die Schlichtemaschinen werden nun stets so gewählt, dass man auf einer Maschine Garnbäume verschiedener Länge einlegen kann, also z. B. Bäume, die bestimmt sind für Webstühle von $36\frac{1}{2}$ Zoll (92,7 c), 46 Zoll (117 c), 48 Zoll (122 c) und 52 Zoll (132 c) Blatt Breite. Bei der Breitenbestimmung der Schlichtemaschine hat man dann natürlich den längsten Kettenbaum zu Grunde zu legen.

Im allgemeinen kann man nun rechnen, dass bei Stühlen
    von $36\frac{1}{2}$ Zoll (93 c) Blattbreite, bestimmt für eine max. Zeugbreite von 33 Zoll (83 c) $L = 51\frac{1}{2}$ Zoll, $L_c = 131$ c ist,
    von 46 Zoll (117 c) Blattbreite, bestimmt für eine max. Zeugbreite von 42 Zoll (107,68 c) $L = 64$ Zoll, $L_c = 163$ c ist,
    von 48 Zoll (122 c) Blattbreite, bestimmt für eine max. Zeugbreite von 44 Zoll (112,7 c) $L = 66\frac{1}{2}$ Zoll, $L_c = 169$ c ist,
    von 52 Zoll (132 c) Blattbreite, bestimmt für eine max. Zeugbreite von 48 Zoll (122 c) $L = 72$ Zoll, $L_c = 183$ c ist,
    von $66\frac{1}{2}$ Zoll (169 c) Blattbreite, bestimmt für eine max. Zeugbreite von $61\frac{1}{2}$ Zoll (156 c) $L = 91$ Zoll, $L_c = 231$ c ist.[10]

---

[10] Nach obigen Angaben ist sonach der Kettenbaum 42 bis 37 % länger als die Blattbreite. Die Prozentzahl fällt bei wachsender Blattbreite.

Eine Schlichtemaschine für Bäume, die zu Stühlen bis 52 Zoll (132^c) Blattbreite bestimmt sind, würde also eine totale Breite erhalten von

$$\mathfrak{B} \ = \mathrm{L} \ + 32 = \ 72 + 32 = 104 \ \mathrm{Zoll} = 8 \ \mathrm{Fuss} \ 8 \ \mathrm{Zoll, \ oder \ von}$$
$$\mathfrak{B}_c = \mathrm{L}_c + 81 = 183 + 81 = 264^c = 2{,}64^m.$$

Eine Schlichtemaschine für Bäume bis zu 66$^1\!/_2$ Zoll (169^c) Webstuhl-Blattbreite, würde eine totale Breite von

$$\mathfrak{B} \ = \mathrm{L} \ + 32 = \ 91 + 32 = 123 \ \mathrm{Zoll} = 10 \ \mathrm{Fuss} \ 3 \ \mathrm{Zoll,}$$
$$\mathfrak{B}_c = \mathrm{L}_c + 81 = 231 + 81 = 312^c = 3{,}12^m$$

erhalten.

Bis vor kurzem wurden für Stühle von mehr als 66$^1\!/_2$ Zoll (169^c) Blattbreite Doppelbäume angewendet, da, wie schon erwähnt, die bis dahin im Gebrauche befindlichen Schlichte-Maschinen bei noch grösserer Breite schlecht zu bedienen sind. Die zuletzt ausgerechnete Breite war also bis zu jener Zeit als die grösste anzusehen.

Wir haben aber gesehen, dass die neuerdings — in Deutschland seit etwa 8 Jahren zur Anwendung gelangenden Schlichtemaschinen, sowie die zuletzt erwähnte, welche etwa erst seit 6 Jahren Eingang gefunden hat, so eingerichtet sind, dass noch längere Garnbäume bequem angewendet werden können.

So würde z. B. eine Schlichtemaschine für ungeteilte Bäume bis zu 80 Zoll (203^c) Blattbreite, jetzt, da der Baum etwa 35 $^0\!/_0$ länger ist, also etwa eine Länge von L = 108 Zoll oder von L$_c$ = 274^c hat, eine totale Breite erhalten von:

$$\mathfrak{B} \ = \mathrm{L} \ + 32 = 108 + 32 = 140'' = 11' \ 8'' \ \mathrm{oder}$$
$$\mathfrak{B}_c = \mathrm{L}_c + 81 = 274 + 81 = 355^c = 3{,}55^m.$$

Die **Länge der Maschine** richtet sich in erster Linie nach der Zahl der Trockencylinder, dem Durchmesser (3 bis 4 Fuss = 0,914 bis 1,219^m) und der Lage derselben, sodann nach der Anordnung der Gestelle.

1) Schlichtemaschinen ältester Konstruktion mit je 1 Cylinder oder mit 2 Cylindern über einander zu beiden Seiten des Garnbaumes, laut Tafel XI und XII, erhalten eine totale Länge von etwa 176 Zoll = 14 Fuss 8 Zoll (4,47^m).

2) Schlichtemaschinen neuerer Konstruktion mit je 2 Cylindern neben einander, Tafel XIII, Fig. 1, oder mit je 3 Cylindern (der eine oberhalb der unteren neben einander gelagerten Cylinder) Textfigur 26$^{a, \ b}$ und

3) Schlichtemaschinen neuester Konstruktion mit je 2 Cylindern über einander, nach Textfigur 27 und 28, auch mit 3 Cylindern, 2 über einander, der dritte über dem Schlichtetroge, Tafel XIV, Fig. 1, bei welchem der Zugänglichkeit wegen Oeffnungen zwischen den Gestellen frei gelassen sind, erhalten eine totale Länge von etwa 240 Zoll = 20 Fuss (6,1^m), letztere aber auch bis 276 Zoll = 23 Fuss (7^m).

4) Schlichtemaschinen neuerer Konstruktion endlich mit 2 bis 3

Cylindern zu beiden Seiten, zwei Cylinder neben einander allein oder der dritte über denselben, wenn dieselben offene Gestelle haben, würden eine totale Länge bis zu 28′ (8,53 m) erhalten.

Zu diesen Längen hätte man alsdann zu beiden Seiten noch je 1 (0,3 m) Zwischenraum zu rechnen und dann die Länge der Spulengestelle hinzu zu addieren, um die totale Länge zu erhalten, welche die Maschine für den Betrieb benötigt.

Das Spulengestell, die Spulenbank, auf jeder Maschinenseite für je 750 bis 1000 Spulen, erhält je nach der sonstigen Anordnung an dem schmalen, der Schlichtemaschine zugewandten Ende 28″ bis 36″ (71 c bis 91 c), an dem andern 6′ bis 11′ (1,83 m bis 3,35 m) Breite und eine Länge von 13′ bis 15′ (3,96 m bis 4,57 m).

Beispiel. Welche Grundfläche würde eine neuere Schlichtemaschine im ganzen benötigen, die für Bäume bis zu 72″ (183 c) Blattbreite bestimmt ist und auf jeder Seite mit zwei über einander liegenden Trockencylindern versehen ist?

Die Breite würde, da der Kettenbaum etwa 36 % länger, also 98″ (249 c) lang sein wird, sich ergeben zu:

$$\mathfrak{B} = 98 + 32 = 130″ = 10′\,10″\ \text{oder zu}$$
$$\mathfrak{B}_c = 249 + 81 = 330^c = 3,3^m.$$

Das Spulengestell kann zu derselben Breite am äussersten Ende und 14′ (4,27 m) lang angenommen werden. Daraus folgt nun für die unter 2 oder 3 voriger Seite angegebenen Schlichtemaschinen die **Länge der Maschine** zu:

$20 + 2 + 2 \cdot 14 = 50′$ und für die Urquhardtsche neueste Maschine zu
$23 + 2 + 2 \cdot 14 = 53′$ oder zu
$6,1 + 0,6 + 2 \cdot 4,27 = 15,24^m$ bezieh. $7 + 0,6 + 2 \cdot 4,27 = 16,14^m.$

Gewichte der Schlichtemaschinen. Eine Maschine von Robertson & Orchar für Webstühle von 52″ (132 c) Blattbreite mit im ganzen 6 kupfernen Trockencylindern 36″ (91,44 c) im Durchmesser und geschlossenen Gestellen 27′·4″ (8,23 m) lang (etwas länger als oben angegeben wurde) 8′ (2,44 m) breit, hat ein Brutto-Gewicht von 102 mz und ein Netto-Gewicht von 81 mz (Riemenscheiben 14″ × 3″ (35,56 c × 7,62 c), und 220 Umdrehungen in der Minute).

Arbeitsbedarf kann durchschnittlich zu 3 effekt. PS angesetzt werden.

Die fertigen Kettenbäume, welche nicht unmittelbar zur weiteren Verarbeitung kommen, lagert man in der Nähe der Webstühle in besonderen, aus Holz oder Eisen konstruierten Gestellen. Von hier aus werden dieselben ganz nach Bedarf zu der Stelle geführt, wo das Einziehen der Fäden in die Schäfte u. s. w. erfolgt. Das Transportieren der Kettenbäume einerseits zu den Gestellen, anderseits bis zu den Webstühlen geschieht auf zweirädrigen Handwagen, in denen je ein Baum der Länge nach in etwas ausgehöhlten Lagerhölzern ruht.

e) Das Einziehen der Kette in die Schäfte und das Webeblatt, sowie das Verbinden der Betriebsmechanismen des Webstuhls mit der Kette.

Wie wir bereits aus der allgemeinen Beschreibung des Webeprozesses (Seite 4) wissen, müssen die einzelnen Kettenfäden durch besondere Organe — Augen, Litzenaugen genannt — gefasst werden, um sie so bewegen zu können, dass das systematische Eintragen der Schussfäden möglich wird. Da nun bei der Darstellung derjenigen Gewebsorten, die hier in Frage kommen, stets eine grössere Zahl Kettenfäden immer in demselben Sinne bewegt werden muss, so sind ebensoviel Einzelorgane zu einem grösseren, genannt Schaft, vereinigt, an welchem alsdann die Betriebsmechanismen im Webstuhle zum Angriff kommen.

Die Augen, Litzenaugen, Oesen, Maillons zum Fassen je eines einfachen oder doppelten Kettenfadens, bestehen in der Jute-Weberei für gröbere Garne aus dünnen ovalen Eisen- oder Stahlblättchen, für feinere Garne aus eben solchen von Messing mit drei Oeffnungen, einer mittleren etwas grösseren, gut abgerundeten zur Aufnahme des Kettenfadens und je einer kleineren Oeffnung neben jener zur Aufnahme der Litze, eines gezwirnten, gefirnissten, baumwollenen oder leinenen Fadens, welcher um je eine Leiste geschlungen ist.

Der vollständige Schaft besteht also aus zwei durch die Litzenfäden in 8—10 Zoll (203—254^{mm}) Entfernung von einander gehaltenen Leisten von einer Länge, welche der des Webeblattes entspricht, bei welchem also Litzenfaden neben Litzenfaden, mit den Litzenaugen in der Mitte, festgeknüpft ist. Die Lage der einzelnen Litzen wieder neben einander wird durch einen auf den Leisten der Länge nach geführten und befestigten Faden gesichert.

Wir wissen bereits, dass mit der Dichtigkeit (Gangzahl) des Gewebes auch die Zahl der Litzenaugen auf der Breiteneinheit wechselt und hiermit auch die Dichtigkeit des Webeblattes in Uebereinstimmung steht. Es wurden die hier vorliegenden Verhältnisse eingehend auf Seite 47 bis 55 erörtert.

Aus dem allgemeinen Teile wissen wir ferner, dass zur Bildung eines leinwandartigen (zweibindigen) Gewebes die Hälfte der Kettenfäden in wechselnder Folge, dass bei einem drei- oder vierbindigen Köpergewebe ein Drittel bezieh. ein Viertel der Kettenfäden im gleichen Sinne bewegt werden, weshalb im ersteren Falle stets zwei, im letzteren drei bezieh. vier Schäfte (etwaige Doppelschäfte hierin einbegriffen) zur Anwendung kommen.

In diese Schäfte sind nun die aufgebäumten Kettenfäden nach einem ganz bestimmten, einerseits von der Reihenfolge der Bewegung der Schäfte, anderseits von der Art des zu bildenden Gewebes abhängenden Gesetze einzuziehen, welches ebenfalls in dem allgemeinen Teile für die verschiedenen hier in Frage kommenden Fälle bereits erörtert wurde.

Es erübrigt daher jetzt nur noch, die praktische Ausführung dieser Verrichtungen zu beschreiben.

Das Einziehen der Fäden in die Schäfte.

Die Schäfte, also entweder 2, 3 oder 4, in welche gleichzeitig das Einziehen der Fäden erfolgen soll, werden in bequemer Höhe, so dass der Arbeiter oder die Arbeiterin bei der Arbeit sitzen kann, aufgehängt. Auf der einen Seite der Schäfte befindet sich in angemessener Höhe eine Leiste, über welche die sämtlichen Kettenfäden von dem tiefer in einem Holzgestelle gelagerten Kettenbaume (derselbe kann auch mittels eines Flaschenzuges in der Höhe schwebend aufgehangen sein) — sämtlich parallel neben einander gelegt werden.

Wenn bei der Schlichtemaschine oder schon früher das Kreuz, die Lese, gemacht worden ist, so zieht man hier die Schnüre wieder heraus, nachdem vorher Kreuzruten (Eisendrähte) eingelegt worden sind. Das Innehalten der richtigen Reihenfolge der Fäden beim Einziehen wird hierdurch wesentlich erleichtert. Manchmal begnügt man sich aber auch mit dem Anlegen einer Presse, falls diese nicht schon bei der Schlichtemaschine, an welcher Stelle wir dieselbe auch beschrieben, angelegt wurde. Jenseits der Presse müssen die Fäden noch genügend frei herabhängen, und dient jene also nur dazu, das richtige Nebeneinanderliegen der einzelnen Fäden zu sichern.

Das Einziehen wird stets von zwei Personen — gewöhnlich Mädchen —, von denen die eine sich vor den Schäften, die andere hinter denselben befindet, mittels des Reihe- oder Einziehhakens bewirkt. Derselbe besteht aus einem dünnen etwa 7—8 Zoll (178—203 mm) langen Draht, der in einem Holzgriff steckt und am vorderen, etwas flach geschlagenen gebogenen Ende mit einem schrägen Einschnitt versehen ist.

Die vor den Schäften sich befindende Person steckt den Haken der Reihe nach durch die neben einander befindlichen Litzenaugen der einzelnen Schäfte und zieht jedesmal, sobald von der auf der anderen Seite sitzenden Person ein Faden — das einmal von der einen, das andere Mal von der anderen Lese — wenn zwei Lesen vorhanden sind — in den Schlitz des Hakens eingelegt worden ist, denselben mit jenem zurück, wodurch allmählich Faden neben Faden in das richtige Litzenauge gelangt.

Ist das Einreihen in dieser Weise erledigt, so folgt unmittelbar darauf das **Einziehen** in das **Webeblatt.** Das Webeblatt — ebenfalls ein Rietblatt wie die bei den Schlichte - Maschinen zur Anwendung gelangten und dort beschriebenen Blätter — ist, wie wir wissen, im Webstuhle auf der Lade befestigt und dient einerseits dazu, die Kettenfäden auf die richtige Breite zu verteilen, anderseits aber dazu, die Schussgarnfäden bei dem Webeprozesse an das sich bildende Zeug anzudrücken; endlich hat das Blatt auch noch den Zweck, auf der Lade die Schützenbahn zu begrenzen.

Das Einziehen der Fäden in das Webeblatt wird gewöhnlich von einer Person mit Hülfe des Einziehmessers bewirkt. Dieses besteht aus einem etwa 12^{mm} breiten und 125—150^{mm} langen dünnen Messingstreifen, der am vorderen Ende mit einem schrägen Einschnitt versehen ist. Dies Messer wird nach und nach in sämtliche zur Anwendung kommende Zwischenräume der einzelnen Rietstäbchen eingeschoben, der einzuziehende Faden in den Einschnitt gelegt und nun das Messer zurückgezogen. Bequemer sind hölzerne, etwas konische, hakenförmige Instrumente, die für verschiedene Blätter verschiedene Dicke haben und so gewählt werden, dass sie zwischen zwei Rietstäbchen festgeklemmt werden können. Der Arbeiter hat dann beide Hände zum Fassen und Einlegen des Fadens frei. Man nennt die beschriebene Arbeit auch das Blattstechen.

Man sollte, wie schon früher erwähnt, wenn irgend möglich, die Feinheit des Webeblattes so wählen, dass in jedem Zwischenraume immer nur ein Faden zu liegen kommt, vorausgesetzt, dass keine Doppelkette zur Verwendung gelangt, bei welcher immer zwei Fäden die Stelle eines — auch bereits in den Schäften — vertreten, um ein Rietstreifigwerden der Ware möglichst zu vermeiden, d. h. um zu verhindern, dass einzelne Kettenfäden dichter neben einander liegen als andere. Da aber bei feineren, d. h. bei dichteren Geweben, die Zwischenräume der Rietstäbchen unter der Voraussetzung, dass in jedem nur ein Faden liegt, so eng werden, dass die Kettenfäden nicht durch dieselben gelangen können, ohne häufig abzureissen, so könnte man nur bei Geweben, die etwa 9 Fäden auf je $^{37}/_{40}$ Zoll Breite haben, diese Vorschrift inne halten (vergl. S. 50). Für dichtere Gewebe müssen aber unbedingt gröbere Blätter mit weiteren Zwischenräumen, in denen stets je zwei Kettenfäden — bei Doppelkette vier — eingezogen werden, zur Anwendung kommen. Aber auch für die weniger dichten Gewebe wird in der Regel das Einlegen von je zwei einfachen oder zwei Doppelkettenfäden in einen Zwischenraum inne gehalten, also auch da, wo die Möglichkeit hierzu vorliegt, von dem ersten Verfahren nur selten Gebrauch gemacht.

Die Breite, auf welcher die Kettenfäden sowohl in den Schäften wie in dem Webeblatte zu verteilen sind, muss stets grösser sein als die des fertigen Gewebes, wie wir ebenfalls bereits wissen, weil einerseits beim Weben ein Zusammenziehen, Zusammendrängen der Kettenfäden

(Einsenken des Gewebes), anderseits aber infolge der späteren Behandlung der Gewebe in der Appretur, insbesondere durch das Kalandern und Mangeln, eine weitere Verminderung der Gewebebreite eintritt. Von welchen besonderen Umständen die Grösse dieser Einsenkung abhängt, und welche Schäfte und Blätter für die Erzeugung eines Gewebes bestimmter Dichte und Breite genommen werden müssen, ist früher, Seite 47 bis 65, bereits eingehend erörtert worden, weshalb nunmehr hierauf verwiesen werden kann.

Fig. 29.

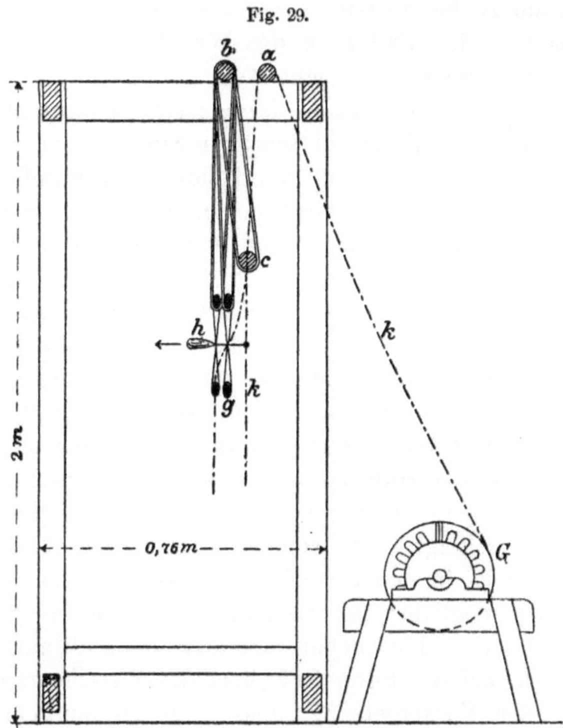

Vorrichtung zum Einziehen der Kette in die Geschirre u. Blätter. $^1/_{24}$ natürl. Grösse.

Eine einfache Vorrichtung zum Einziehen der Kette in die Geschirre und Blätter ist in der Textfigur 29 in $^1/_{24}$ natürlicher Grösse abgebildet. Der Garnbaum G ruht auf Böcken. Die abgewickelte Kette k geht empor zu einem Stabe a, der im höchsten Punkte des $2^{\,\mathrm{m}}$ hohen, $0,76^{\,\mathrm{m}}$ breiten und $1,5^{\,\mathrm{m}}$ langen Holzgestelles liegt, dann abwärts zur Kluppe c, welche die parallele Lage der Fäden neben einander sichert, und hängt jenseits derselben vertikal herab. Die schon früher erwähnte Kluppe c, in der sämtliche Fäden neben einander festgepresst werden, ist an den Enden mittels je eines Bindfadens an der Stange b aufgehangen. An dieser werden auch die einzelnen Schäfte oder auch das Blatt aufgehangen. In der Figur sind zwei an b gehängte Schäfte g für ein Leinwand-Gewebe gezeichnet. Links von diesen steht oder sitzt bei dem Einreihen ein Arbeiter und steckt, wie schon beschrieben, nach und nach den Reihehaken h durch die einzelnen Oesen und zieht denselben zurück, nachdem der auf der anderen Seite der Schäfte stehende Arbeiter die Fäden in richtiger Folge in den Schlitz desselben gelegt hat.

Wenn beim Ablauf einer Kette im Webstuhle eine andere eingelegt werden soll von derselben Einstellung, so kann, wie schon erwähnt, das Anknüpfen der einzelnen Fäden an die Enden der vorherigen Kette im Webstuhle erfolgen. Da alsdann derselbe aber längere Zeit ausser Betrieb gesetzt werden muss, so pflegt man besondere, ebenso beschaffene Schäfte und ein ebenso dichtes Blatt zu nehmen, in welche die Fäden des folgenden Kettenbaumes ausserhalb des Webstuhles eingereiht worden sind, und wechselt die eben noch in Gebrauch gewesenen Schäfte und das Blatt gegen jene beim Einlegen des neuen Kettenbaumes aus.

Der Webstuhl kommt bei dieser Methode, die bei verschiedener Einstellung der Kette so wie so angewendet werden muss, wesentlich schneller wieder in Betrieb. Die abgeschnittene und im Geschirr verknotete ausgewechselte Kette kann dann mit einer eben solchen neuen Kette unter Benutzung derselben Vorrichtung wie vorhin durch Anknüpfen vereinigt werden, wodurch das erneute Einziehen (bei gleicher Einstellung) in die Schäfte und das Blatt erspart wird. Die abgeschnittenen Kettenfäden hält man dabei passend mittels einer Kluppe neben einander fest.

Weitere Behandlung der eingereihten, eingezogenen Kette.

Nach dem Einreihen der Kettenfäden und dem Einlegen von Kreuzruten — wenn man nicht die Lese im Webstuhl ausführt — sind die Vorbereitungsarbeiten beendet. Die Bäume werden in besonderen Gestellen, in einem abgeteilten Raume bis zu ihrer Verwendung aufbewahrt. Alsdann aber fährt man sie auf kleinen zweirädrigen Transportwagen, in denen sie der Länge nach auf einem halbkreisförmig ausgeschnittenen Gestelle ruhen, zu den betreffenden Webstühlen. Dort hebt man den Kettenbaum vom Wagen und legt ihn in die für ihn bestimmten Lager im hinteren und unteren Teile des Webstuhles, dessen allgemeine Disposition wir bereits in Wort und Bild auf Seite 5 kennen gelernt haben. Man wickelt alsdann die Kette etwas ab, führt sie aufwärts zum Streichbaume und von diesem zum Brustbaum. Die Geschirre werden jetzt oberhalb mit den Riemen, unterhalb mit den Zughaken verbunden; das Blatt wird nach Aufhebung des Ladendeckels auf der Lade in richtiger Stellung befestigt, und dann knüpft man die Fadenenden in kleineren Partieen jenseits des Brustbaumes aufs neue zusammen. Quer durch die einzelnen Abteilungen steckt man einen Eisenstab und verbindet diesen an zwei oder drei Stellen durch Bindfäden mit der Treibwalze, der Stachelwalze. Die Kreuzruten werden durch Lesestöcke ersetzt, oder man bildet die Lese und schiebt jedesmal einen flachen Holzstab zwischen die Kettenfäden, die unter einander mit Bindfaden und schliesslich am Streichbaum festgebunden werden.

Wenn jetzt noch die Bremsvorrichtung — auf deren Zweck wir im nächsten Abschnitt zu sprechen kommen — an die Bremsscheiben des Kettenbaumes gelegt sind, kann der Webeprozess beginnen. Zwischen Lade und Brustbaum bildet sich nunmehr in bereits angedeuteter Weise das Zeug, während die sich auf die Stachelwalze aufwickelnden Bindfäden dasselbe allmählich immer weiter, über den Brustbaum herab bis zur Stachelwalze führt. Der Webeprozess wird zunächst soweit fortgesetzt, bis sich auch etwas fertiges Zeug auf die Stachelwalze aufgewickelt hat. Nunmehr hält man den Stuhl still, löst den Mechanismus aus, welcher die Stachelwalze bewegte, und dreht diese selbst rückwärts, so dass das aufgewickelte Zeug und der aufgewickelte Bindfaden sich wieder abwickeln. Jetzt entfernt man den eisernen Stab und die Bindfäden, schneidet die Kette dicht an der Stelle, wo das Zeug beginnt, ab und wickelt das letztere auf den Zeugbaum, nachdem das Ende desselben durch einen hölzernen etwas verjüngten Stab in eine entsprechende Nut des Baumes eingedrückt worden ist. Die Zeugwalze liegt jetzt auf der Treibwalze, der Stachelwalze, auf und diese wird nun mit der Hand so weit vorwärts gedreht, dass das Untertuch — so nennt man das vom Brustbaume an abwärts geführte Zeug — eine genügende Spannung erhält. Alsdann kann der Webeprozess in normaler Weise fortgesetzt werden.

Wenn man nicht, wie eben beschrieben wurde, den Anfang der Kette mit der Treibwalze verbindet, sondern die Kette soweit herunter führt, dass sie direkt auf den Zeugbaum aufgewickelt werden kann, dann ist es zwar möglich, den Webeprozess ohne weitere Unterbrechung fortzusetzen, aber es ergiebt sich jetzt ein sehr viel längeres Stück Abfall an Kettenfäden, der für die Zeugbildung verloren gegangen ist; während die im anderen Falle notwendige Unterbrechung des Webeprozesses nicht ins Gewicht fällt, da sie nur einige Minuten währt.

Die Vorbereitung des Schusses und der Kette ist nunmehr beendet und der Webeprozess selbst bereits eingeleitet. Die Einzelheiten desselben werden ihre Besprechung in dem folgenden Abschnitte finden.

---

3. Die eigentliche Fabrikation, das Weben.

Vorbemerkungen.

Der Webeprozess ist in allgemeinen Zügen bereits auf Seite 4 bis 7 geschildert worden und sahen wir schon dort, dass Kette und Schuss in völlig abweichender Weise bewegt werden, um ihre Vereinigung zu bewirken. Wie die Vorbereitung der Fadensysteme eine gänzlich verschiedene war, so ist auch nun beim Weben die Bewegung derselben durchaus verschieden. Die Kettenfäden haben eine doppelte Bewegung, und zwar an der Stelle, wo die Vereinigung mit den Schussfäden erfolgen soll, eine teils auf- und teils niedergehende, d. i. die Haupt- oder Arbeitsbewegung, wodurch die Fachbildung erzeugt wird, sodann aber nach jeder Eintragung des Schusses eine fortschreitende, die Fortrück- oder Schaltbewegung, auch Aufwindebewegung genannt, von deren Grösse die Dichtigkeit des Schusses abhängt, während der Schuss nur eine hin- und hergehende Bewegung erhält und fadenweise zur Bindung gelangt. Bei der weiteren Besprechung des Webeprozesses und des mechanischen Webstuhls beschäftigen wir uns daher zunächst mit der Bewegung der Kette und dann mit der des Schusses und betrachten die dabei zur Anwendung gelangenden Mechanismen jedesmal näher.

Die folgenden Textfiguren 30$^{a, b}$ und 30^c zeigen die Hauptteile des mechanischen Webstuhles im Querschnitt und Grundriss in $^1/_{16}$ natürlicher Grösse. Die späteren Textfiguren 30^d bis 54 stellen verschiedene, an betreffender Stelle näher bezeichnete Einzelheiten desselben dar.

Auf der Tafel XV ist ein **Webstuhl der Firma: Sächsische Maschinenfabrik** zu Chemnitz, vormals Richard Hartmann, für schwere Ware, zwei- bis vierschäftig, in zwei End- und einer Vorderansicht in $^1/_8$ natürlicher Grösse dargestellt. Tafel XVI und XVII enthalten die Gesamtansichten je eines Webstuhls für leichtere und schwerere Jutestoffe derselben Firma. Gleiche Teile sind in allen Figuren auch mit stets demselben Buchstaben bezeichnet.

An dieser Stelle ist es uns zum ersten Male möglich, eine deutsche Firma zu erwähnen und deren Maschinen, speziell also hier deren Webstühle vorzuführen, die in deutschen Fabriken Eingang gefunden, sich infolge sehr solider Ausführung durch hohe Leistungsfähigkeit auszeichnen und den schottischen Stühlen in dieser Hinsicht mindestens gleichwertig sind. Gegenwärtig werden aber, da jene Firma vor nicht allzu langer Zeit erst die Herstellung solcher schottischen Webstühle aufgenommen hat, vorwiegend auch noch in Deutschland die in Schottland gebauten angewendet, und zwar auf dem Kontinente am meisten von den Firmen: Robertson & Orchar; Urquhart, Lindsay & Co.; Parker and sons, sämtlich in Dundee, und wohl auch noch Atherton Brothers in Preston. Die ersteren Dundeer Firmen haben wir bei anderer Gelegenheit bereits kennen gelernt. Die Unterschiede, welche die Webstühle der einzelnen Firmen zeigen, sind nicht prinzipieller Natur, sondern erstrecken sich nur auf Einzelheiten. Daher genügt die Besprechung des Webstuhls einer Firma und die Erwähnung der hauptsächlichsten verschiedenen Einzelheiten, die bald von der einen, bald von der anderen Firma angewendet werden.

A. Bewegung der Kette.

a. Allgemeines.

Wir wissen bereits, dass der Kettenbaum G im hinteren, unteren Teil des Webstuhls gelagert ist, Textfigur 30[a, b] u. 30[c] und Tafel XV, Fig. 1 und 3, und dass von diesem aus die Kettenfäden K zum Streichbaume b emporsteigen. Der letztere ist nun in der Höhenrichtung verstellbar, um die Kette je nach Bedarf unter einem kleineren oder einem grösseren spitzen Winkel gegenüber der Horizontalebene zum Brustbaume e führen zu können. Bei dichteren Geweben nämlich pflegt man den Streichbaum tiefer zu stellen, so dass also der spitze Winkel kleiner wird, bei weniger dichten Geweben dagegen muss derselbe höher stehen — der spitze Winkel grösser sein, damit die jeweilig in dem hebenden

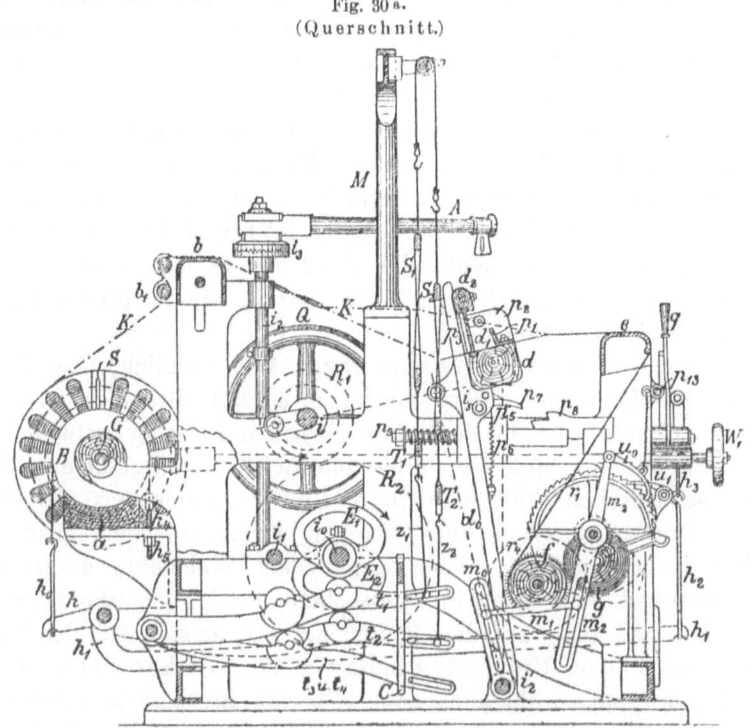

Fig. 30 a.
(Querschnitt.)

Der mechanische Webstuhl. $^1/_{16}$ natürl. Grösse.

Schafte sich befindenden Fäden nicht ganz so stark wie im anderen Falle angespannt werden. Die Fäden behalten alsdann grössere Beweglichkeit und verteilen sich gleichmässiger, wodurch ein Rietstreifigwerden der Gewebe vermieden wird, das bei zu tiefer Stellung leicht eintritt. Wir verstehen unter einem rietstreifigen Gewebe bekanntlich ein solches, bei welchem die Kettenfäden nicht in gleichen Abständen, sondern bald enger, bald weiter von einander abstehen. Warum bei dichteren Geweben die Gefahr des Rietstreifigwerdens nicht in dem Masse vorliegt, wie bei weniger dichten, ist leicht einzusehen. Dass nicht passende Wahl des Webeblattes ebenfalls ein solches Rietstreifigwerden veranlassen kann, haben wir bereits früher angedeutet.

Fig. 30 b.

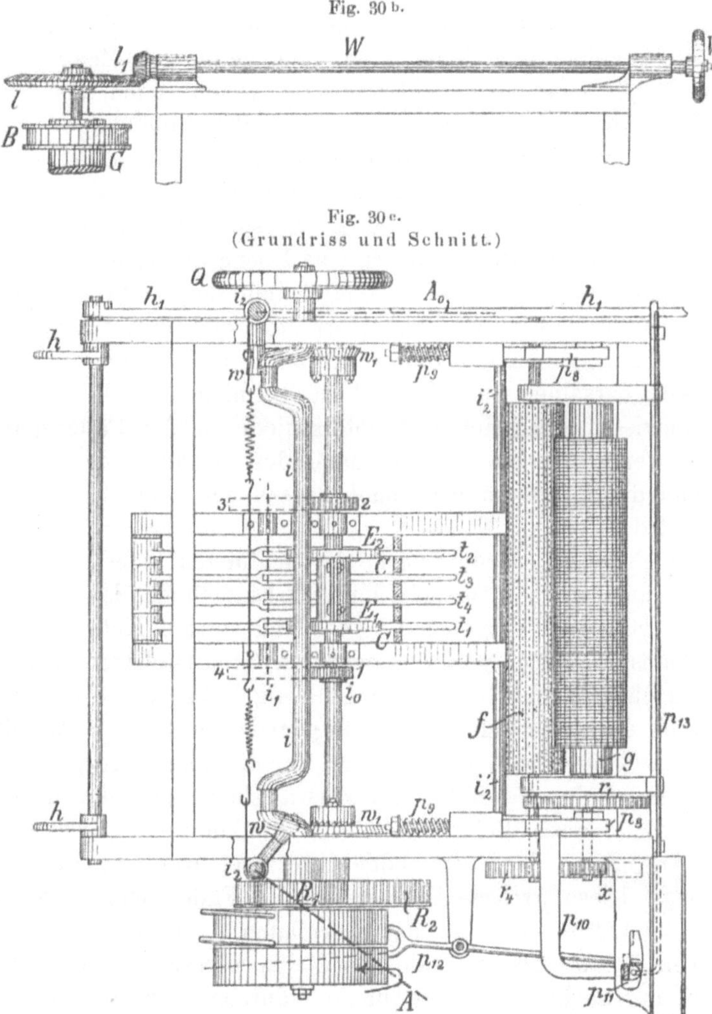

Fig. 30 c.
(Grundriss und Schnitt.)

Der mechanische Webstuhl. $^1/_{16}$ natürl. Grösse.

Durch die Auf- und Abbewegung der Schäfte wird ein Teil der Kettenfäden nach oben, ein anderer nach unten gezogen. Es entsteht das Fach zum Eintragen des Schusses. Denken wir uns nun die Schäfte so gestellt, dass sämtliche Fäden zwischen Streichbaum und Brustbaum in einer Ebene liegen, und nehmen wir an, sie seien alsdann straff gespannt, so wird jeder einzelne Faden eine bestimmte Länge haben. Bei der Fachbildung aber vergrössert sich diese Länge um ein beträchtliches, da jeder einzelne Faden nunmehr eine stark gebrochene Linie darstellt, wie deutlich aus Fig. 30ᵃ hervorgeht. Wenn nun weder das Fadenende nach dem Brustbaum zu, noch das nach dem Streichbaum zu genügend nachgeben würde, müssten die Fäden selbst stark gedehnt werden und dürften wohl in den meisten Fällen zerreissen. Die Fadenseite nach dem Brustbaume zu darf nun in der That nicht nachgeben, weil dort die regelmässige Aufwicklung des gebildeten Zeuges vorgenommen wird. Es muss also die Fadenseite, welche nach dem Streichbaume zu liegt, die zur Fachbildung erforderliche Fadenlänge jedesmal hergeben. Hat nun die bei der Fachbildung eintretende stärkere Fadenspannung ein Drehen des Garnbaumes — ein Abwickeln der Kette — hervorgebracht, so müsste in dem Masse, wie sich die Schäfte der Mittellage nähern, die Fäden also wieder in eine Ebene kommen, auch wieder eine Rückdrehung desselben — ein Aufwickeln der Kette — erfolgen, um stets gleiche Fadenspannungen zu erhalten und damit insbesondere ein ruckweises Anspannen der Fäden bei der Fachbildung, welches für die Haltbarkeit derselben von Nachteil ist, vermieden wird.

Einen gewissen Ausgleich der Unterschiede in der Fadenspannung erhält man, wenn der Streichbaum nach den Schäften zu etwas verschiebbar und durch Federn stets nach aussen gedrückt, also elastisch angeordnet wird.

Bei Jutewebstühlen werden solche Vorrichtungen nicht angewendet; man legt bei ihnen eben in erster Linie auf Einfachheit das grösste Gewicht, auch vertragen die groben Gewebe und starken Kettengarne eine kräftigere Beanspruchung. Bei der mittleren Schaftstellung, also wenn die Fäden in einer Ebene liegen, wird demnach bei dem Webeprozess für Jutegewebe die Kette schlaff, sie hängt zwischen Streich- und Brustbaum stark durch und wird erst bei der Fachbildung angespannt.

Nach jedem Schusse erfolgt die Vorwärtsbewegung der Kette von der Zeugbaumseite aus. Bei der nächsten Fachbildung geschieht dann wieder das Anspannen der Kettenfäden unter gleichzeitiger Drehung des Kettenbaumes. Diese grösste Anspannung der Fäden nun — abhängig von dem Widerstande, welchen der Garnbaum dem Drehen entgegensetzt, soll von Anfang bis zu Ende des Webeprozesses möglichst gleichbleiben, weil nur alsdann ein Gewebe von durchaus gleichmässiger Beschaffenheit entstehen kann.

Die Reibung, welche der Kettenbaum in Zapfenlagern allein findet, genügt bei weitem nicht, um jenen Widerstand hervorzurufen, der zur straffen Spannung der Fäden erforderlich ist. Deswegen wendet man stets noch besondere Bremsvorrichtungen an, die also nur dann eine Drehung des Kettenbaumes zulassen, wenn eine bestimmte Anspannung der Kettenfäden vorhanden ist. Auf diese Bremsvorrichtungen kommen wir alsbald weiter zu sprechen.

Da nun aber die Spannung der Fäden beim Eintragen des Schusses vom Beginn des Webeprozesses bis zum Ende desselben dieselbe bleiben soll, so muss, da der Durchmesser der auf den Baum gewickelten Kette infolge der Abwicklung immer kleiner wird, das Drehmoment also — bei derselben Fadenspannung — abnimmt, auch der Bremswiderstand entsprechend abnehmen.

In der That wendet man nun auch bei feineren Geweben Vorrichtungen an, durch welche der Bremswiderstand ganz selbstthätig entsprechend der Abwicklung, abnimmt.

Bei den Jute-Webstühlen sind aber bis jetzt dieselben nicht in Gebrauch gekommen. Man begnügt sich hier mit einfacheren Vorrichtungen, welche aber die Regulierung des Bremswiderstandes in einigen Zwischenräumen, d. h. absatzweise mit der Hand von seiten des Webers oder besser des Aufsehers, voraussetzen.

Die bei **Jute-Webstühlen** üblichen **Bremsvorrichtungen** sind die folgenden:

Nach Fig. 31[a] und 31[b] sind bei einer älteren Bremsung des Kettenbaumes die beiden Bremsscheiben $B\,B$ des Garnbaumes G — während der letztere mit seinen Zapfen in Halblagern des Stuhlgestelles ruht (letzteres ist hier nicht gezeichnet) — von je einer Gliederkette umschlungen, die mit je einem durch Gewicht belasteten Hebel h^1_0 in Verbindung steht, der seinen Drehpunkt an den Webstuhlgestellen findet (anstelle von Ketten werden auch Manillahanfseile benutzt). Mit zunehmender Abwicklung der Kette werden die Gewichte absatzweise näher zum Drehpunkte auf den Hebeln mit der Hand gebracht.

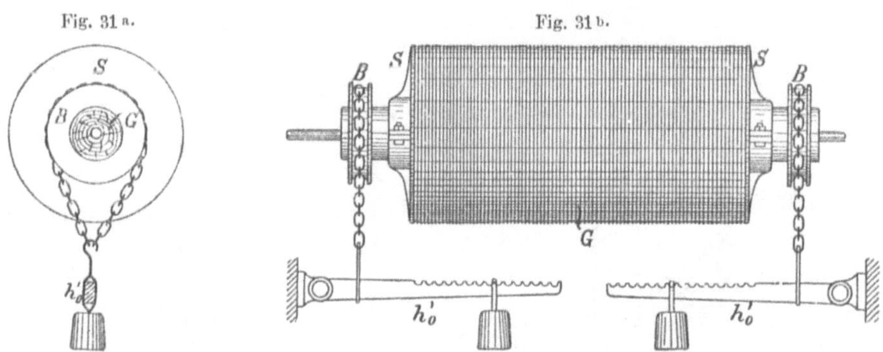

Aeltere Garnbaumbremsung. $^1/_{16}$ natürl. Grösse.

Eine neuere Brems- sowie eine Garnbaumdrehvorrichtung ist in Fig. 32[a] und 32[b] dargestellt. Auch bei dieser ruht, wie aus der Endansicht Fig. 32[a] hervorgeht, der Garnbaum mit seinem Zapfen in Halblagern an dem Webstuhlgestelle. Ueber jeder Bremsscheibe B (die Vorderansicht des Baumes ist nicht weiter gezeichnet) ist eine Kette ein einhalbmal geschlungen, deren eines Ende am Webstuhl befestigt und deren anderes unter Zwischenschaltung einer Spannvorrichtung h_0 mit dem Hebel h in Verbindung steht. Die zu beiden Bremsscheiben gehörenden Hebel h sitzen auf einer gemeinsamen drehbaren Achse, die an dem einen Webstuhlende — ausserhalb der Lager — einen bis zur Vorderseite des Webstuhls reichenden Hebelarm h_1 trägt; derselbe ist in Fig. 32a abgebrochen gezeichnet. Das vordere Ende dieses Hebels ist, wie besonders aus Fig. 32b deutlich hervorgeht, in einer Kulisse geführt und wird von einem Haken h_2 gefasst, der wieder mit einer Kette h_3 in Verbindung steht, welche am Ende des mittels Armes q drehbaren Segmentes s befestigt ist. Wird der Arm q in die in Fig. 32b gezeichnete höchste Lage gebracht (man vergl. auch Fig. 1 und 2 auf Tafel XV), so findet, wie ohne weiteres ersichtlich, die Anspannung der um die Bremsscheiben B geschlungenen Kette statt. Die Grösse dieser Anspannung wird durch Verlängerung oder Verkürzung der Anspannvorrichtung h_0, bestehend aus Hakenschraube und Mutter — durch Drehen des Mutterbügels derselben — reguliert. Legt man den Handgriff q (Fig. 32b) in die tiefste, in die horizontale Stellung, wobei er an dem dahinter angeordneten Gestellteile gleitet — seine Endlagen werden durch entsprechende Ansätze an demselben bestimmt — so hört die Baumbremsung sofort auf. Hiervon wird auch während des Webeprozesses dann Gebrauch gemacht, wenn bei vorgekommenen Webefehlern — von denen wir später sprechen werden — eine Zurückdrehung des Garnbaumes erforderlich ist. Es muss in diesem Falle zunächst die Entlastung, die Aufhebung der Bremsung des Garnbaumes stattfinden. Als-

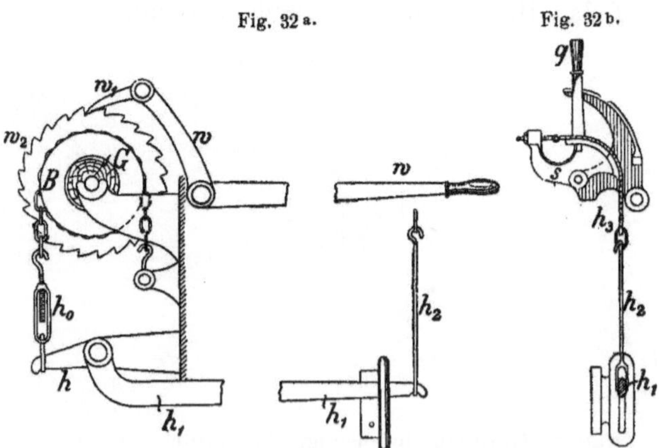

Fig. 32a.   Fig. 32b.

Neuere Garnbaum-Brems- und Drehvorrichtung. $^1/_{16}$ natürl. Grösse.

dann wird das Rückwärtsdrehen desselben wieder in verschiedener, nach Fig. 32a in folgender Weise ausgeführt. An dem einen Ende der Garnbaumachse ist ein Sperrad w_2 angeordnet, in welches eine am Winkelhebel w beweglich angeordnete Klinke w_1 fasst. Wird nun das andere bis zur Brustbaumseite des Webstuhls führende Hebelende in die Höhe gehoben, so erfolgt, wie ersichtlich, die gewünschte Rückwärtsdrehung des Garnbaumes.

Die eben beschriebene Brems- und Drehvorrichtung hat gegenüber der älteren mannigfache Vorteile. Zunächst fallen die schweren Gewichte fort, deren Verstellung auf den Hebeln umständlicher ist als die Veränderung der Bremsung durch Drehen der Spannvorrichtung h_0. Das Entlasten des Baumes bei der älteren Bremsung erfordert das Abnehmen der Gewichte, das Drehen desselben musste, wenn die beschriebene Drehvorrichtung fehlte, am Baume selbst direkt mit der Hand erfolgen. Bei der neueren Vorrichtung erfolgt das Entlasten lediglich durch Umlegen des Handgriffes q und das Drehen des Baumes von der Vorderseite des Webstuhles ebenfalls mit Leichtigkeit mittels des beschriebenen Klinkmechanismus. Freilich erlaubt der letztere nur die Rückdrehung des Garnbaumes. Ist diese aber zu weit erfolgt, so muss das erneute Vorwärtsdrehen allerdings auch mit der Hand direkt am Garnbaume oder vom Regulator aus, der später beschrieben werden wird, erfolgen.

Die neueste Brems- und Drehvorrichtung, welche aus den Figuren 30ª, 30ᵇ und 30ᶜ (Seite 204 u. 205) und den Figuren 1—3 auf Tafel XV hervorgeht, beseitigt auch den letzteren Mangel der soeben beschriebenen Vorrichtung. Die Bremsung erfolgt zunächst in ähnlicher Weise wie vorhin. Der Unterschied liegt aber darin, dass der Garnbaum nicht mit seinen Zapfen in Endlagern aufliegt, sondern mittels seiner Bremsscheiben B auf Lagerklötzern a ruht. Die Zapfenlager sichern nur die seitliche Lage des Garnbaumes. Nun sind weiter die Bremsscheiben B entweder mit einer Gliederkette (Tafelfiguren) oder, wie in der Textfigur 30ª gezeichnet wurde, mit einem Stahlbande auf der oberen Hälfte umgeben. Die Anspannung der Bremskette oder des Stahlbandes erfolgt gerade wie vorhin durch Zugstange h_0, Arme $h\,h$ und den Spannhebel h_1, welcher wieder durch Haken h_2 und Kette h_3 mit einem, wie vorhin beschrieben, durch Handgriff q drehbares Segment s verbunden ist. Die Stärke der Bremsung reguliert man hier durch Anziehen des mit der Schraube h_4 in Verbindung stehenden Bremsbandes (bez. Kette), wenn die Schraubenmutter h_5 (Fig. 30ª) mittels Schraubenschlüssels in erforderlicher Weise gedreht wird, oder mittels der Spannvorrichtung h'_0 (Fig. 1 und 3, Tafel XV). Die Regulierung der Bremsung ruht alsdann stets in Händen der Meister oder der sogenannten Vorrichter.

Die Rückdrehung des Garnbaumes nach bekanntermassen wie vorhin aufgehobener Bremsung erfolgt jetzt an dem auf der Garnbaumachse festsitzenden (aber abnehmbaren) konischen Rade l durch ein zweites l_1, welches am Ende einer von der Brustbaumseite aus am Handrade W_1 drehbaren Welle W sitzt, wie besonders deutlich aus Textfigur 30ᵇ und Tafelfigur 1 hervorgeht. Mittels dieser Vorrichtung ist mit Leichtigkeit die Vorwärts- oder Rückdrehung des Garnbaumes möglich, ohne dass der Weber auf die Rückseite des Stuhles gehen müsste.

Die letztere Vorrichtung findet man nunmehr bei allen neueren Webstühlen. Die in Fig. 30ᵃ dargestellte Führung der Kette K um zwei Stangen b_1 zum Streichbaume b wird bei schweren Geweben angewendet und erleichtert die Anspannung der Kettenfäden.

Auch die in der folgenden Textfigur angegebene Kettenführung um eine grössere Walze b_1 herum nach dem Streichbaume b zu dient demselben Zwecke und findet bei schweren Ketten Anwendung.

Fig. 30ᵈ.

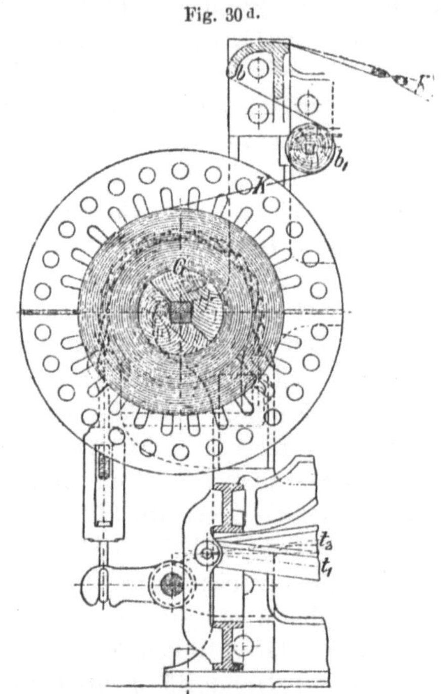

Kettenführung für schwere Ware. ¹/₁₂ natürl. Grösse.

Wir besprechen nunmehr zunächst:

die Lade und ihre Bewegung,

weil von ihr die Stellung und Bethätigung der übrigen Webstuhlmechanismen abhängen oder zu derselben in Beziehung stehen.

Die Lade besteht aus dem Unterteile, dem Ladenklotze d, Tafel XV, Textfigur 30ᵃ u. 33, und dem Oberteile, dem Ladendeckel d_2. Zwischen beiden ist das aufrecht stehende Rietblatt d_1 eingespannt, welches sämtliche Kettenfäden aufnimmt. Der Ladenklotz, aus Holz hergestellt, ragt über die Seitengestelle des Webstuhles hinaus und trägt an den Enden die Schützenkammern, auf deren Einrichtung wir erst später zu sprechen kommen werden. Die obere Seite des Ladenklotzes bildet die Laufbahn für den Schützen, welche häufig aus recht hartem Holze, auf den eigentlichen aus weichem Holze bestehenden Klotz aufgeleimt, hergestellt ist. Gusseiserne, auf der oberen Seite behobelte Ladenklötzer sind bei den Jute-Webstühlen zur Zeit noch nicht im Gebrauche.

Fig. 33.

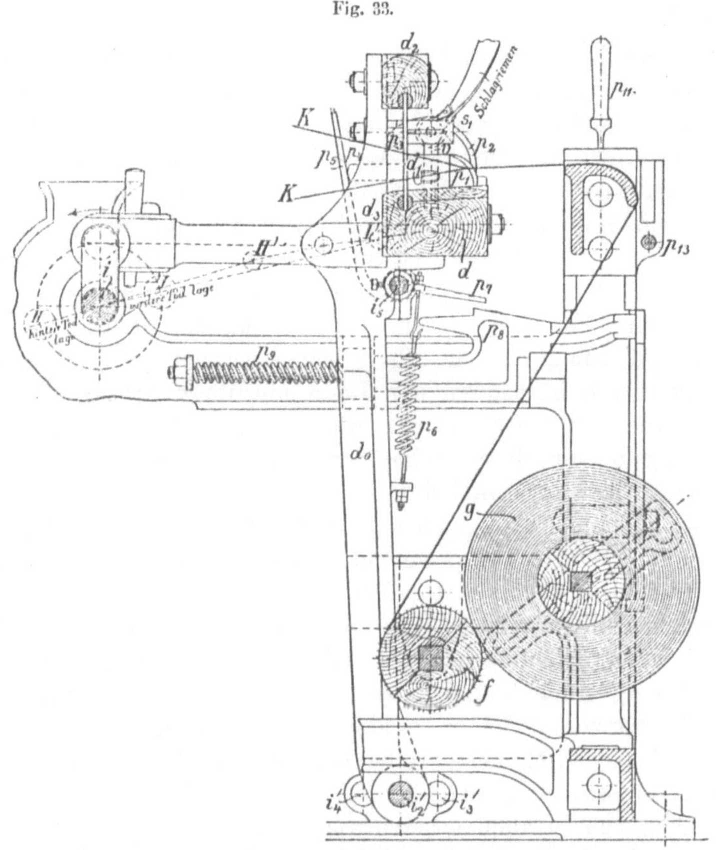

Querschnitt mitten durch die Lade. $^1/_{10}$ natürl. Grösse.

Getragen wird der Ladenklotz durch zwei in der Nähe der inneren Gestellwandungen auf einer gemeinsamen in Lagern drehbaren Achse i''_2 sitzende gusseiserne Stützen oder Stelzen d_0. Diese Stelzen sind auch noch über den Ladenklotz hinaus nach oben zu verlängert und dort mit einem Schlitze versehen zur Aufnahme der Befestigungsschrauben für den Lagerdeckel, wie aus der Vorderansicht Tafel XV ersichtlich ist. Die Aufstellung des Rietblattes d_1 zwischen Ladenklotz und Deckel findet so statt, dass es mit der Bahn den schon früher bei Besprechung des Schützens Seite 117 erwähnten Laufwinkel von 84 bis 88⁰ bildet. Wie die Textfigur 33 erkennen lässt, schmiegt sich der Schützen auch in der Kammer auf das genaueste an die unter demselben Winkel

14*

stehende Rückwand derselben an, was durchaus erforderlich ist, um gegen ein Herausspringen des Schützens möglichst gesichert zu sein. Das Rietblatt ruht entweder in einer Auskehlung des Klotzes und fasst in eine ebensolche des aufgesetzten Deckels d_2, oder es ist in der Hinterseite des Klotzes ein Brettstück d_3 aus hartem Holze mit entsprechender Nut eingesetzt und verschraubt, wodurch eine sicherere Befestigung erreicht wird.

Die Ladenachse ist manchmal so angeordnet, dass sie, wie aus der Textfigur 33 hervorgeht, in derselben Höhe etwas weiter nach vorn bei i'_3 oder auch mehr rückwärts bei i'_4 gelagert oder, wie man sagt, eingestellt werden kann. Ist dieselbe ganz vorn bei i'_3 eingestellt, so wird das Rietblatt beim Anschlage an das fertige Gewebe fast senkrecht stehen, in der anderen Stellung i'_2 etwas, noch mehr aber bei Stellung i'_4 nach vorn überhängen. Das letztere ist um so mehr erforderlich, je schwerer die zu erzeugenden Stoffe, je dichter dieselben zusammengeschlagen werden müssen. Es wird hierdurch der Gang des Stuhles ein gleichmässigerer und ruhigerer, die Treibriemen werden geschont. Freilich ist bei stärkerem Ueberhängen der Lade mit ihren Stelzen die Gefahr des Herausspringens des Schützens eine grössere, doch beugt man derselben genügend vor durch schon erwähnte genaue Einstellung des Blattes unter dem Laufwinkel des Schützens.

Den Ladenklotz ordnet man auch wohl so an, dass er in der Höhenrichtung an den Stelzen etwas verstellt werden kann. Seine Höhenlage soll derartig sein, dass die Kettenfäden bei der äussersten Stellung nach hinten, nach dem Garnbaume zu, die Schützenbahn eben noch leicht berühren, sich aber nicht fest oder gar mit Durchbiegung auflegen. Dass die Drehachse i'_2 genau parallel der Hauptwelle i des Webstuhles, dass ferner beide horizontal liegen, endlich die Schützenbahn parallel der Achse i'_2 und das Rietblatt parallel der Hauptwelle i (bezieh. i'_2) eingestellt sein müssen, ist wohl ohne weiteres klar.

Wir sehen nun in allen unseren angeführten Figuren unterhalb des Ladenklotzes eine in den Stelzen gelagerte Welle i_5, die Stecherwelle oder Abstellstange genannt, welche jene Teile trägt, durch die ein Stillhalten des Webstuhles und ein Schlagen der Lade nach der Gewebeseite zu verhindert wird für den Fall, dass ein Schützen seinen Lauf nicht vollendet hat, sondern zwischen den Kettenfäden im Fach stecken geblieben oder in die andere Kammer nicht eingetreten ist. Wir kommen auf die nähere Einrichtung später noch zu sprechen.

Die Lade erhält ihre schwingende Bewegung von der Hauptwelle i des Webstuhles aus. Diese Welle hat nämlich innerhalb der Seitengestelle zwei Kröpfungen (man vergleiche auch Fig. 30 c Seite 205), also Kurbeln, welche durch Schubstangen mit entsprechenden Zapfen an den Ladenstelzen in Verbindung stehen. Es müssen die Schubstangen natürlich durchaus von gleicher Länge und die Kröpfungen von gleicher

Höhe sein, und sie müssen ferner in allen Lagen senkrecht zur Kurbelwelle stehen, damit ein ruhiger Gang der Lade überhaupt möglich und kein Schlenkern oder Zittern der Lade eintritt. Auf alle diese Punkte muss auf das sorgfältigste geachtet werden, um ein in jeder Hinsicht gutes Resultat zu erzielen.

Die gewöhnliche Konstruktion der Schubstange und ihre Verbindung mit der Kurbel geht aus den Figuren 1 und 3 aus Tafel XV und der Textfigur 33 genügend hervor. Allen anderen Verbindungen ist die mittels Bügels und Keils vorzuziehen, weil letztere mit Leichtigkeit ein Nachziehen der Lager gestatten, sobald Abnutzungen stattgefunden haben. Man ist dann in der Lage, den toten Gang — den Spielraum — auf das genaueste zu beseitigen und ruhigen Gang zu erzielen.

Wenn die Hauptwelle eine Drehung ausführt, schwingt die Lade mit allen ihren Teilen einmal nach vorn und zurück. Der in das Kettenfach eingetragene Schussfaden wird daher durch das Rietblatt stets bis zu derselben Stelle im Raum gedrückt werden. Wir sehen nun aus den Zeichnungen, dass die Hauptwelle i tiefer liegt als die Stelzenbolzen, an denen die Schubstangen anfassen, was einen sanfteren Anschlag der Lade zur Folge hat, als wenn beide gleich hoch stehen. Das Rietblatt schlägt ganz nach vorn, wenn die Kurbeln die Lage $i\,I$ (Fig. 33) angenommen haben — vorderer Todpunkt, und die Lade ist am weitesten nach hinten zu gezogen, wenn die Kurbeln die Lage $i\,II$ eingenommen haben — hinterer Todpunkt. Die Stelzenbolzen befinden sich zur selben Zeit in den Punkten I' bezieh. II'.

Befindet sich die Kurbel im hinteren Todpunkte, ist die Lade also ganz zurückgezogen, so muss das Kettenfach beendet, es muss vollständig geöffnet sein. Nach dem bekannten Bewegungsgesetz für die Kurbel sind die Verschiebungen der Schubstangen, also die Ladenwege in den Todpunkten, Null und in der Nähe derselben sehr klein, sie wachsen von da ab bis zur mittleren Stellung, sind dort am grössten und nehmen alsdann wieder rasch bis Null ab, worauf im anderen Todpunkte der Bewegungswechsel erfolgt und sich die Weiterbewegung in derselben Weise wieder gestaltet. Mit anderen Worten, es bringen ein und dieselben Drehungswinkel der Kurbelwelle in der Nähe der Todpunkte nur kleine, in der Nähe der mittleren Kurbelstellungen aber grosse Verschiebungen der Lade hervor.

Indem wir uns hier mit diesen allgemeinen Andeutungen über das bekannte Bewegungsgesetz der Kurbel begnügen, sehen wir aus denselben, dass die durch die Riemenscheibe auf der Hauptwelle i eingeleitete gleichförmige Bewegung in eine für die Zwecke des Webstuhles durchaus geeignete ungleichförmige schwingende der Lade umgewandelt wird. Infolge der langsamen Ladenbewegung im vorderen Todpunkte erfolgt der Anschlag an die Fäden sanft; infolge der ebenso langsamen im hinteren Todpunkte ist es möglich, den Schützen durch das geöffnete

Fig. 30ª.
(Querschnitt.)

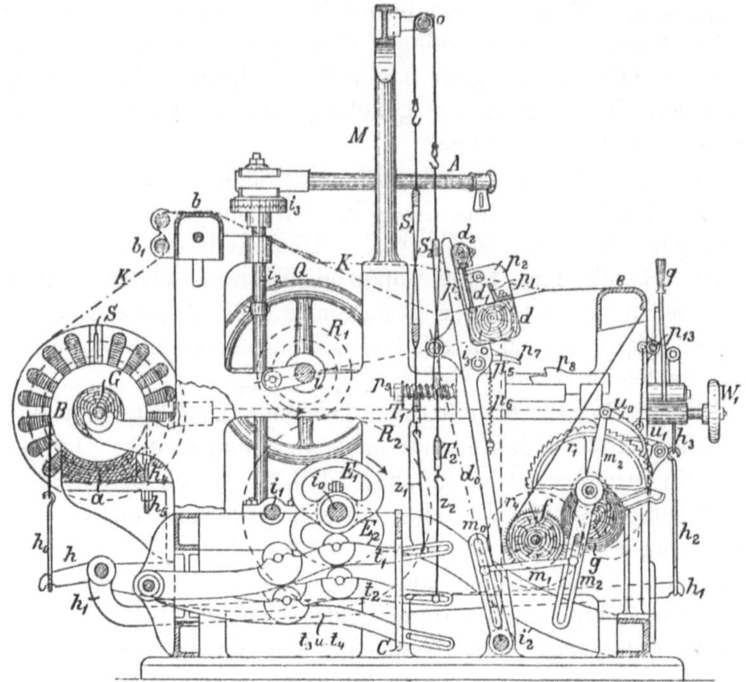

Der mechanische Webstuhl. ¹/₁₆ natürl. Grösse.

Fig. 30ᶜ.
(Grundriss.)

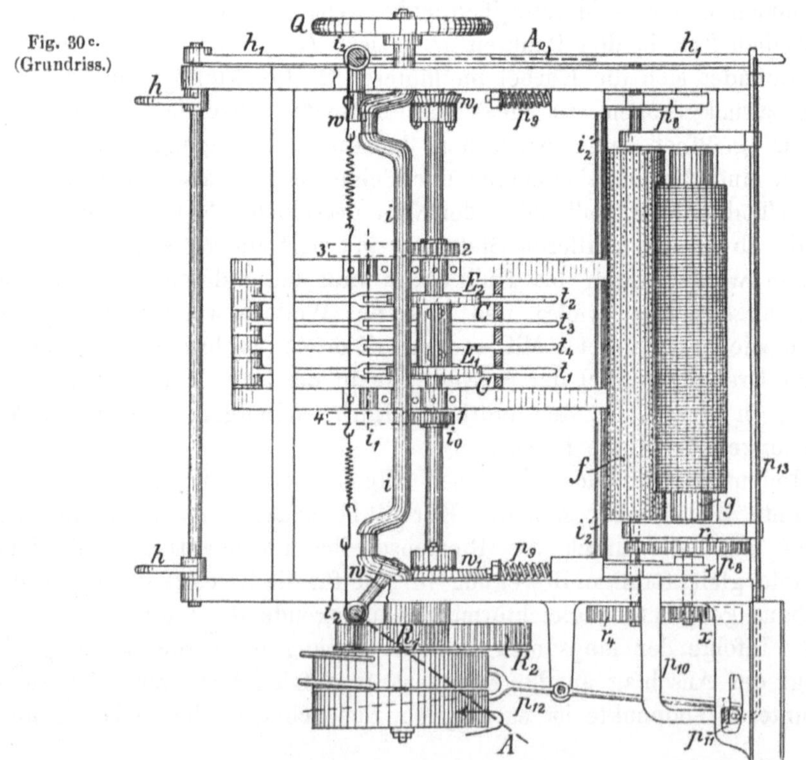

Der mechanische Webstuhl. ¹/₁₆ natürl. Grösse.

Fadenfach zu werfen und die Zeit für Beendung seines Laufes zu gewinnen, während das Fach geöffnet bleibt.

Wir sehen aus den letzten Betrachtungen, dass die Einstellung der übrigen Mechanismen, welche die Bewegung der Kette und des Schusses hervorbringen, durchaus abhängig ist von der Ladenbewegung, also von der Stellung der Kurbeln auf der Hauptwelle. Zu erwähnen wäre noch, dass die Hauptwelle ausserhalb der Seitengestelle ein Schwungrad Q trägt, um eine gleichförmigere Bewegung zu erzielen. Auf der entgegengesetzten Seite ist der Räderantrieb für die Excenter zur Fachbildung und sind die Antriebsscheiben angeordnet.

Fig. 34. Vorderansicht.

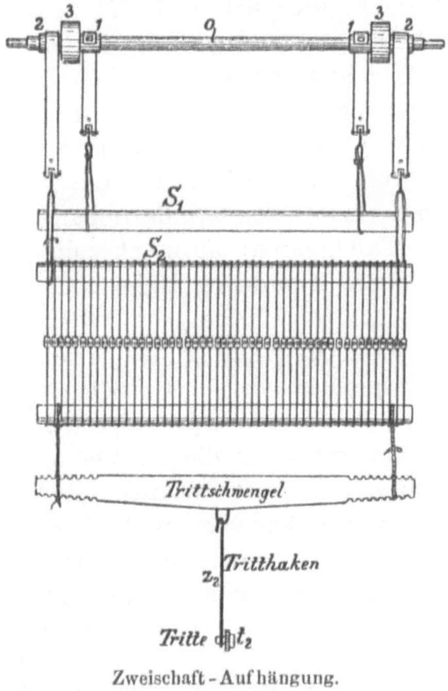

Fig. 35. (Grundriss.)

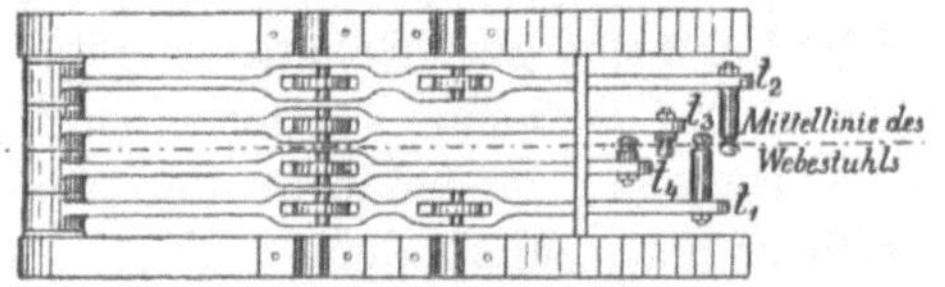

Tritthebel-Anordnung.

Fig. 36.
(Querschnitt.)

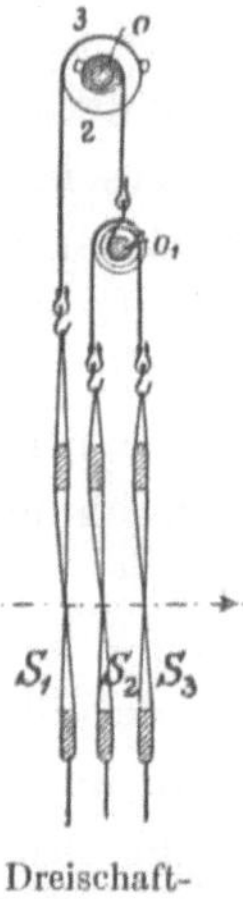

Fig. 37. (Querschnitt.)

Sämtliche Figuren sind $^{1}/_{16}$ nat. Grösse.

Zweischaft-Aufhängung.

Dreischaft-Aufhängung.

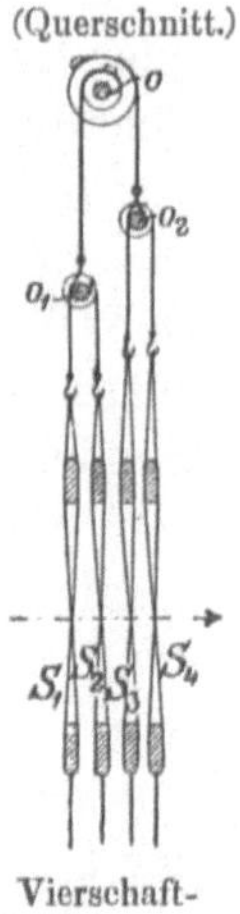

Vierschaft-Aufhängung.

Jetzt erst können wir dazu übergehen, die Bewegung der Kette selbst näher zu betrachten.

Man hat, wie schon erwähnt, zu unterscheiden: die Haupt- oder Arbeitsbewegung, also die Fachbildung, und die Fortrück- oder Schaltbewegung, d. i. die Aufnahme- oder Aufwindebewegung.

Da die erstere der zweiten vorangeht, so wollen wir auch in dieser Reihenfolge die Besprechung weiter fortsetzen.

b) Die Haupt- oder Arbeitsbewegung der Kette, die Fachbildung.

Mit der Konstruktion der Schäfte, Kämme oder Flügel haben wir uns bereits früher bekannt gemacht (man vergl. Seite 197 und 198).

Diese müssen nun beweglich aufgehangen und derartig bethätigt, d. h.
also auf und ab bewegt werden, dass die Fachbildung mit der entsprechenden Fadengruppe eintritt. In dem allgemeinen Teile Seite 7—20
haben wir gesehen, wie viel Schäfte zur Bildung eines Gewebes bestimmten Aussehens, bestimmter Konstruktion erforderlich sind; wir
wissen, nach welchem Gesetz die auf dem Garnbaume neben einander
liegenden Fäden in den Litzenaugen derselben untergebracht und in
welcher Reihenfolge, entsprechend dem Einzuge, die Bewegung der einzelnen Schäfte behufs richtiger Fachbildung bewirkt werden muss.

Es handelt sich also jetzt nur darum, die Ausführung der Bewegung
und ihre Beziehung zu denen der übrigen Webstuhlmechanismen kennen
zu lernen. Wir beziehen uns hierbei auf die Figuren der Tafel XV (in
Fig. 1 u. 2 sind zwei Schäfte, in Fig. 3 vier Schäfte gezeichnet), ferner auf
die S. 214 nochmals wiederholten Figuren 30^a und 30^c und auf Fig. 34.

Ungefähr in der Mitte der Seitengestelle erhebt sich oberhalb derselben, quer über dem Stuhle, ein starker gusseiserner Bügel M, an
welchem in einer Horizontalen zwei nach vor- oder rückwärts verstellbare Lager angeordnet sind zur Aufnahme einer Achse o, die Schaft-
oder Kammachse genannt (Fig. 30^a und die Tafelfiguren), an welcher die
Schäfte zur Aufhängung gelangen. Die weitere Anordnung ist je nach
der Schaftzahl verschieden.

In den Textfiguren 30^a und 34 ist die **Aufhängung für zwei
Schäfte** dargestellt, wie sie gewöhnlich ausgeführt wird. Die Schaftachse ist, wie wir sehen, in der Nähe der Lager mit mehreren
Bunden versehen, von denen 1 und 1 und 2 und 2 die kleineren,
von gleichem Durchmesser, zur Aufhängung von zwei Schäften, die
grösseren 3 und 3, ebenfalls von gleichem Durchmesser in Verbindung mit 1 oder 2 zur Anbringung von 3 bezieh. 4 Schäften benutzt
wird. (In den Tafelfiguren 1 und 2 ist die Aufhängung abweichend
von der folgenden an verschieden grossen Bunden 1 und 1 und 2 und 2
der Schaftachse bewirkt.)

An dem Umfange der beiden Bunde 1 ist, wie besonders deutlich
aus der Vorderansicht Fig. 34 hervorgeht, je eine Lederstrippe, ebenso
an den Bunden 2, aber im entgegengesetzten Sinne, festgeschraubt. Je
zwei zusammengehörende Strippen sind mittels Haken, Oesen und Bindfäden mit einem Schafte verknüpft. Wird einer derselben nieder gezogen, so hat dies das entsprechende Emporgehen des anderen zur
Folge, wie sich ohne weiteres ergiebt. In Fig. 34 ist nur der vordere
Schaft S_2 vollständig gezeichnet, auch mit seinen übrigen Teilen, dagegen wurde vom hinteren Schafte S_1, um die Deutlichkeit nicht zu
stören, nur die obere Schaftleiste und ihre Aufhängung an den Leder-
strippen wiedergegeben. Jeder Schaft, hier S_1 bezieh. S_2, wird an zwei
Stellen durch Schnüre mit einem hölzernen Trittschwengel T_1 bezieh. T_2
und dieser wieder durch Oese und schmiedeeisernen Zug- oder Tritt-

haken z_1 bezieh. z_2 mit einem gusseisernen Tritt t_1 bezieh. t_2, d. i. einem einarmigen Hebel, verbunden.

Ist der Webstuhl nun wie in den Figuren auf Tafel XV, ferner den Textfiguren 30ᵃ und 30ᶜ zur Herstellung von zwei bis vier Schaft-Geweben eingerichtet (mit Zwillich-Bewegung versehen), so liegen im unteren Teile des Webstuhls um eine gemeinsame Achse drehbar vier Tritte $t_1 t_2 t_3 t_4$ nebeneinander, entsprechend der zur Verwendung kommenden Schaftzahl.

Jeder Tritt findet noch in einem Schlitze der Kulisse C Führung und ist an dem freien Ende mit einem Ausschnitt versehen, um die Zughaken befestigen zu können.

Das Niederdrücken eines Trittes hat bei fertiger Anschnürung stets das Emporgehen der anderen zur Folge. Die Trittbewegung wird durch Tritt-Excenter bewirkt, bei Zweischaftgeweben, wie in den Figuren 30ᵃ und 30ᶜ sowie Tafelfigur 1 u. 2 dargestellt ist, durch zwei $E_1 E_2$, bei drei- und vierschäftigen Geweben durch drei, bezieh. vier Excenter E_1 bis E_4, wie auf Tafelfigur 3 dargestellt wurde. Die Excenter wirken stets gegen in den Tritten gelagerte Rollen. Die Trittrollen für zwei Schäfte liegen weiter vom Drehpunkte der Tritte ab als diejenigen für 3 bezieh. 4 Schäfte. Um daher im ersteren Falle genügenden Hub zur Fachbildung am Ende der Tritte hervorzubringen, müssen die Excenter für Zweischaftbewegung grössere Excentrizität als für Drei- und Vierschaftbewegung erhalten.

Damit die Zughaken nun stets senkrecht in der Mitte des Tritt-schwengels anfassen und einen nach beiden Seiten des Schaftes hin gleichmässigen Zug ausüben können, ordnet z. B. die Sächsische Maschinenfabrik (Hartmann) Chemnitz die Tritte in etwas anderer Weise als in Fig. 30ᵃ und 30ᶜ an (man vergl. auch die Tafelfiguren). Nehmen wir wiederum ein Tritthebelsystem für 4 Schäfte, für welches wegen des neben einander Liegens der Tritte dieser Punkt besonders von Wichtigkeit ist, so ergiebt sich die in Fig. 35 dargestellte Anordnung. Wir sehen, dass die Tritte stufenweise kürzer werden und jeder mit einer seitlich angeschraubten Knagge versehen ist, die, sämtlich hinter einander direkt unter dem zugehörenden Schaft liegend, bis zur Mittellinie des Webstuhls reichen und dort mit einer Einschnürung versehen sind, an welcher die Zughaken anfassen.

Die Aufhängung der Schäfte muss nun stets so bewirkt werden, dass bei vollständig geöffnetem Fach, also wenn die Kurbel im hinteren Todpunkte steht, die Fäden des Unterfachs eben nur leicht die Laden-bahn berühren, während die Fäden des Oberfachs in solcher Entfernung (Sprung- oder Fachhöhe) von ersterem sich befinden müssen, dass der Schützen, ohne jene zu berühren, durch das Fach gelangen kann. Dem entsprechend ist die Anschnürung und Einstellung der Zughaken zu bewirken.

Obgleich es offenbar besser wäre, anstelle der Schnüre, welche infolge Aufgehens der Knoten oder durch Dehnung leicht nachgeben, eiserne, in ihrer Länge verstellbare, Haken zu benutzen, sind letztere doch bis jetzt wenig in Gebrauch gekommen.

Im allgemeinen sollen endlich die Schäfte dicht neben einander auf und ab bewegt und an die Lade, wenn diese sich im äussersten Ausschlage nach dem Garnbaume zu befindet, so nahe wie möglich herangebracht werden, um kleine Fachhöhe zum Durchwerfen des Schützens nötig zu haben und die Kettenfäden mehr zu schonen.

Die **Aufhängung von drei, bezieh. von vier Schäften** ist in den Figuren 36 und 37 im Querschnitt dargestellt; aus Fig. 36 ersehen wir, dass an der Schaftachse o auf den Bunden 3 der erste Schaft angehängt ist; dass an den Bunden 2 eine zweite Schaftachse o_1 hängt, die auf entsprechenden Bunden Schaft S_2 und S_3 trägt. Aus Fig. 37 ergiebt sich das Vorhandensein von drei Schaftachsen, von denen die unteren o_1 und o_2 an der obersten o angehängt sind, entweder auf denselben (man vergl. auch Fig. 3 der Tafel XV) oder auf verschiedenen Bunden derselben. Jede der unteren Schaftachsen trägt zwei Schäfte, also Achse o_1: Schaft S_1 und S_2; Achse o_2: Schaft S_3 und S_4.

Selbstverständlich ist nach unten zu jeder Schaft mit dem Trittschwengel, Haken und zugehörenden Tritte versehen, wie sich aus der Vergleichung der Figuren sofort ergiebt. Bei den Webstühlen, welche nicht nur für Zweischaft-, sondern auch für Drei- und Vierschaftbewegung eingerichtet sind, sind zwei Excenterwellen i_0 i_1 vorhanden, auf denen aber selbstverständlich nur stets ein Excentersystem angeordnet und in Thätigkeit ist.

Die Excenter für die **Zweischaftbewegung** sitzen auf der Welle i_0, welche ihren Antrieb von der Haupt-, d. i. der Kurbelwelle i des Webstuhls aus durch Räder $R_1 R_2$ empfängt. Das Rad auf der Kurbelwelle R_1 hat halb so viel Zähne als das R_2 auf der Excenterwelle, mithin wird letztere nur halb so viel Umdrehungen ausführen als jene. Es ist dies offenbar notwendig, weil bei jeder ganzen Umdrehung der Kurbelwelle, während welcher also ein Hin- und ein Hergang der Lade ausgeführt wurde, die Fäden des Oberfaches in das Unterfach und umgekehrt gebracht werden und hierzu nur eine halbe Umdrehung der Excenterwelle notwendig ist. Erst wenn die Kurbelwelle zwei Umdrehungen ausgeführt hat, darf die ursprüngliche Fadenstellung wieder vorhanden, also eine Excenterwellendrehung vorhanden sein.

Das Niederdrücken des einen Trittes t_1 nach Fig. 30^a durch Excenter E_1 hat nach der erwähnten Verbindung der Schäfte das Steigen des Schaftes S_2 und Trittes t_2 zur Folge. Das zweite Excenter E_2 muss daher so geformt sein, dass unter stetem Anliegen der entsprechenden Trittrolle dies auch möglich ist.

Die Excenter müssen, weil das Gesagte auch für den anderen Fall, nämlich, dass t_2 das Drückende, t_1 das Nachgebende ist, um 180° auf

ihrer Welle gegen einander gestellt sein. Die Fachbildung muss vor
der hinteren Todpunktstellung der Kurbel beendet sein und darf sich,
während der Schützen das Fach durchläuft, nicht oder nur wenig ändern.
Der Schützen soll sich, während jene in der Todpunktstellung anlangte,
in der Mitte seiner Bahn befinden. Man erreicht dies dadurch, dass das
Excenter mit entsprechenden konzentrischen Bögen, die einem bestimmten
Drehungswinkel entsprechen, versehen wird. Die Bögen für die obere
und untere Ruhelage sind dann mit steilen Kurven verbunden, so dass das
Schliessen und Wiederöffnen des Faches rasch erfolgt. Man nennt den
Winkel, um welchen sich das Excenter drehen muss, ehe eine Verschie-
bung der Trittrollen eintritt: den Ruhewinkel. Bei den hier vorliegenden Stühlen beträgt derselbe für 2 Schäfte gewöhnlich 60 bis 120°.

Nehmen wir zunächst den ersten Fall, nämlich einen Ruhewinkel
von 60° an.

In dem Augenblicke, wo das Excenter eine Trittrolle in die tiefste
Lage gebracht hat, ist die Bildung des Faches vollendet. Die Haupt-
kurbel befindet sich alsdann noch 60° vor dem hinteren Todpunkte.
Während sich nun dieselbe bis zum Todpunkte bewegt, drehen sich die
Excenter um 30°, haben also den halben Ruhewinkel durchlaufen. Die
Kurbelwelle dreht sich weiter um 60°, die Excenter um 30°. Die
grösste Fachhöhe bleibt während dieser Zeit, also während sich die
Kurbel um 120°, die Excenter um 60° drehen, erhalten; alsdann beginnt
während der weiteren Drehung das Schliessen des alten und Oeffnen
des neuen Faches mit beschleunigter und wieder verlangsamter Bewegung; das erstere ist bei einer Excenterdrehung von 60° oder 120° der
Kurbel ausgeführt, und dann beginnt die Neubildung des anderen Faches,
die nach derselben Drehung um 60° bezieh. 120° beendet ist. Die Kurbel steht dann wieder 60° vor ihrem hinteren Todpunkte, und nun
wiederholt sich das Gesagte, nur mit dem Unterschiede, dass das
Excenter, welches vorhin unten, jetzt oben ist und umgekehrt.

Ausser den soeben besprochenen Excentern mit 60° Ruhewinkel
werden nun auch solche mit einem grösseren — bis 120° — angewendet.
Es bleibt dann das fertige Fach während einer grösseren Excenterdrehung, im letzten Falle von 120°, oder einer Kurbeldrehung von 240°
erhalten, während das Schliessen des alten und Oeffnen des neuen
Faches sich entsprechend schneller, im letzten Falle bei einem Drehungswinkel des Excenters von 60°, bezieh. von 120° der Kurbel vollzieht.

In der Fig. 30ᵃ sind beide Excenter mit einem grösseren Ruhewinkel
als 60° versehen und befinden sich in der Stellung, welche sie bei der
hinteren Todlage der Kurbel einnehmen. Es ist diese Stellung stets die
normale. Lässt man nun die Excenter voreilen, also die Fachbildung
früher beginnen und schliessen, so ist, wenn die Lade an den eingelegten Schussfaden schlägt, das alte Fach bereits mehr oder auch ganz
geschlossen, ja sogar schon die neue Fachbildung eingetreten. Die

Ware wird in diesem Falle glatter und nicht rietstreifig. Es ist dieses
Voreilen aber nur bei sehr dichter Ketteneinstellung und grosser Schusszahl von Nutzen. Der Schützenlauf muss in diesem Falle ebenfalls zei-
tiger beginnen, damit er, noch ehe der Schluss des Faches erfolgte,
vollendet werden und der Schützen in die andere Kammer gelangen
kann.

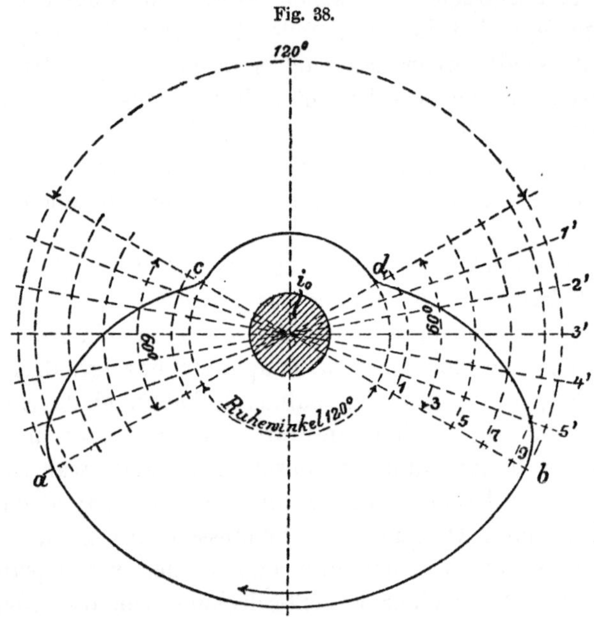

Zweitritt-Excenter mit 120° Ruhewinkel.　¼ natürl. Grösse.

In der Textfigur 38 ist die Konstruktion der Begrenzungskurve für
ein Excenter mit einem Ruhewinkel von 120° in ¼ natürlicher Grösse
dargestellt. Die jenem Winkel entsprechenden Kurven ab und cd sind
Kreisbögen vom Wellenmittel ausgeschlagen. Liegt die Trittrolle im
Punkte c an dem Excenter und dreht sich nun dasselbe in der gezeichneten Richtung, so gleitet dieselbe entlang der Kurve ca, bis nach einer
Drehung von 60° der Punkt a über derselben steht. Die Rolle ist hierdurch von ihrer höchsten Lage in die tiefste herabgedrückt worden.
Während der weiteren Drehung des Excenters um 120° bleibt die Rolle
in der letzteren Stellung (grösste Fachöffnung), bis der Punkt b über
ihr steht und nun ebenso rasch, wie das Senken sich vollzog, auch das
Heben der Rolle durch die Einwirkung des zweiten Excenters, nämlich
bei einer Drehung um 60° eintritt, wobei dieselbe entlang dem Bogen bd
gleitet. Für die schliessliche Drehung des Excenters um wieder 120°
bleibt diese Rolle mit dem Bogen dc in Berührung, verharrt also in
ihrer tiefsten Lage.

Die Konstruktion der Verbindungsbögen findet nun unter Berücksichtigung des Umstandes, dass das Einleiten und das Beenden der Verschiebung der Rolle sanft geschehen soll, so statt, dass man den Raum zwischen dem inneren und äusseren Excenterkreise durch 9 Kreise in 10 gleiche Teile, dagegen den Steigwinkel von 60° durch 5 Radien in 6 Teile teilt. Die Schnittpunkte von Kreis 1, 3, 5, 7, 9 mit den Radien 1′ 2′ 3′ 4′ 5′ geben dann Kurvenpunkte, deren Zug man leicht vervollständigen kann.

Fig. 39.

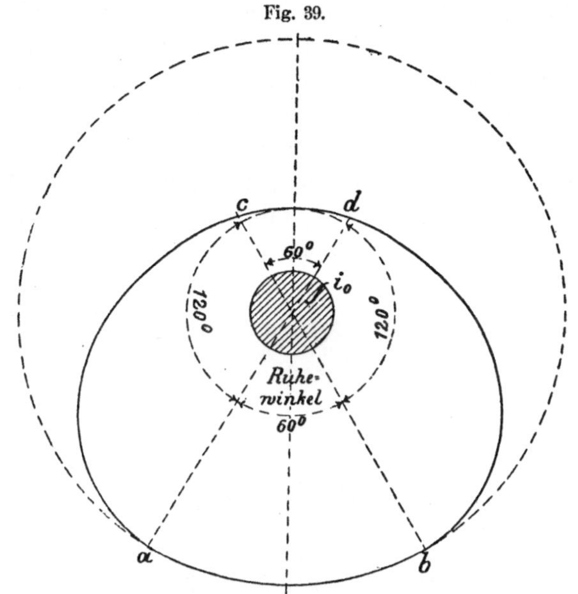

Zweitritt-Excenter mit 60° Ruhewinkel. ¹/₄ natürl. Grösse.

In der Fig. 39 ist nun, ebenfalls in ¹/₄ natürlicher Grösse, die Begrenzungskurve für das Zweischaftexcenter mit einem Ruhewinkel von 60° nach einer Ausführung der Sächsischen Maschinenfabrik in Kopie wiedergegeben. Die Wirkung dieses Excenters haben wir bereits eingehend besprochen. Wir sehen aber aus der Form desselben, gegenüber der in Fig. 40 dargestellten, dass das Heben und Senken der Schäfte mittels dieses Excenters sanfter und ruhiger und unter geringerem Kraftaufwande erfolgen muss, was besonders für grössere Geschwindigkeiten von Wert ist.

Man führt die Excenter (dasselbe gilt auch von den weiter zu besprechenden Dreitritt- und Viertritt-Excentern) nicht selten so aus, dass man die Gegenkurve, d. h. diejenige, an der die Trittrolle hinauf steigt, etwas flacher formt als die andere zum Niederdrücken benutzte. Man erreicht hierdurch, dass die Schäfte während der Fachbildung etwas lose werden, nicht klemmen und deren Bewegung sich leichter vollzieht.

Bewegung von drei Schäften. Die Aufhängung dieser Schäfte ist in Fig. 36 dargestellt und bereits beschrieben worden. Den drei

Schäften entsprechend sind auch jetzt drei Tritte mit Rollen und drei
Trittexcenter vorhanden. Die Bewegung erfolgt z. B. so, dass Schaft 1
ins Unterfach kommt — 2 und 3 ins Oberfach: erster Schuss. Dann
kommt Schaft 2 ins Unterfach und 1 und 3 ins Oberfach: zweiter Schuss.
Endlich gelangt Schaft 3 ins Unterfach und 1 und 2 ins Oberfach:
dritter Schuss, worauf die ursprüngliche Reihenfolge wieder beginnt.

Zum Eintragen dieser drei Schüsse sind drei Kurbelumdrehungen
erforderlich, die Excenterwelle muss alsdann erst eine Drehung ausgeführt haben, um in die Anfangsstellung zu gelangen; ihre Drehungszahl kann also nur $\frac{1}{3}$ so gross sein wie die der ersteren. Wir wissen
nun, dass die Excenterwelle i_0 für die Zweischaftbewegung halb so viel
Umdrehung wie die Kurbelwelle macht. Die Excenterwelle i_1 für die
Dreischaftbewegung ist nun neben jener gelagert und kann mit ihr
durch Räder 3 u. 2, wie in Fig. 30 c punktiert angegeben wurde, im Uebersetzungsverhältnis von 3 : 2 verbunden werden, wodurch die verlangte
Drehungszahl erreicht ist.

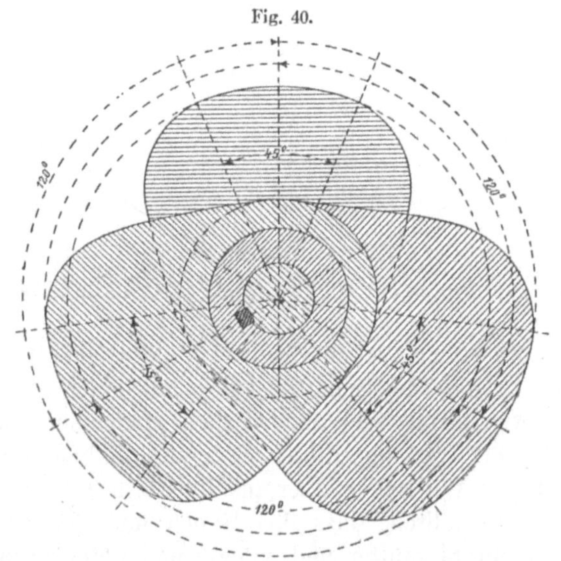

Fig. 40.

Dreitritt-Excenter mit 45° Ruhewinkel. $\frac{1}{4}$ natürl. Grösse.

Wenn daher die Dreischaftbewegung eingeschaltet werden soll,
nimmt man die Zweitrittexcenter von ihrer Welle i_0 herab, setzt dagegen
auf die Welle i_1 die Dreitrittexcenter und bringt Rad 2 zum Eingriff
mit Rad 3. Es ergiebt sich nun fast von selbst, dass die drei Excenter
auf ihrer Achse um einen Winkel von je 120° von einander entfernt angeordnet sein müssen. Man giesst sie direkt mit einer gemeinsamen
Nabe unter diesen Winkel zusammen. Der Ruhewinkel wird hier für
jedes Excenter gewöhnlich zu 45° angenommen. Die Excentrizität ist

aber verschieden, wenn der Anhängepunkt der Schäfte in verschiedenen Entfernungen vom Drehpunkte der Tritte liegt.

In der Textfigur 40 ist in $^1/_4$ natürlicher Grösse ein solches Dreitrittexcenter nach einer Ausführung der Sächsischen Maschinenfabrik in Kopie wiedergegeben. Weitere Erläuterungen über die Einstellung sind unter Berücksichtigung des beim Zweischaftexcenter Gesagten nicht nötig.

Bewegung von vier Schäften. Die Aufhängung derselben kennen wir aus Fig. 37 und der Tafelfigur 3 und wissen auch nach Früherem, dass bei der Fachbildung stets ein Schaft sich im Unterfach und dann die anderen im Oberfach befinden, mit der Abänderung, dass für beidrechtige Gewebe stets zwei Schäfte sich im Unterfach und zwei im Oberfach befinden müssen. Aus ähnlichen Gründen, wie sie bei der Dreischaftbewegung dargelegt wurden, darf nunmehr die Excenterwelle i_0, wenn sie die Viertrittexcenter trägt, nur bei vier Umdrehungen der Hauptwelle eine Umdrehung ausführen. Wird daher anstelle der Dreischaft- die Vierschaftbewegung eingeschaltet, so setzt man das zugehörende Viertrittexcenter anstelle des Dreitrittexcenter auf die Welle i_1 (Fig. 30 c), bringt Rad 3 und 2 durch Verschiebung des letzteren ausser Eingriff und bewirkt jetzt den Antrieb durch Rad 4 und 1, welche im Uebersetzungsverhältnis von 2 : 1 zu einander stehen.

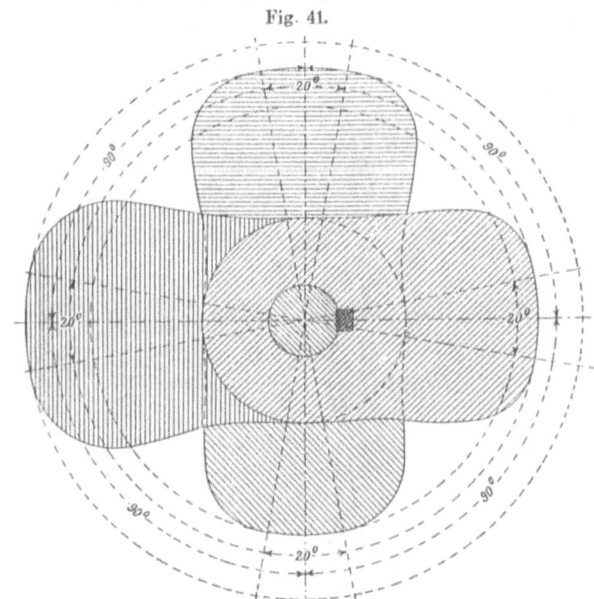

Fig. 41.

Viertritt-Excenter mit 20° Ruhewinkel. $^1/_4$ natürl. Grösse.

Auch von einem Viertrittexcenter geben wir nach einer Ausführung der genannten Firma in Fig. 41 eine Kopie in $^1/_4$ natürlicher Grösse.

Dieselben sind auf zwei Senkrechten angeordnet, so dass je zwei aufeinander folgende einen Winkel von 90⁰ mit einander bilden. Der
Ruhewinkel jedes Excenters ist hier 20⁰. Wir erkennen endlich noch,
dass jedes Excenter eine andere Hubhöhe hat. Die Bethätigung auch
dieses Excenters dürfte sich nunmehr ohne weitere Erläuterung ergeben.

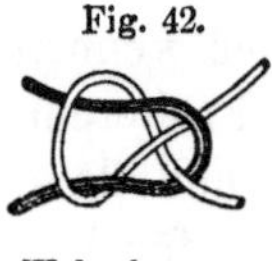

Fig. 42.

Weberknoten.

Die während des Webeprozesses gerissenen Kettenfäden werden mittels des einfachen Weberknotens, dessen
Verschlingung aus der nebenstehenden Textfigur 42 hervorgeht, in welcher die Fadenlagen auseinander gezogen, dargestellt sind, verknüpft.

Die künstliche Sahlleiste.

Ehe wir einen neuen Abschnitt beginnen, möge noch die Bildung
einer Sahlleiste für die Mitte der Gewebe, um dieses der Länge nach
durchschneiden zu können, ohne ein zu leichtes Aufdrieseln, ein Auf-
gehen desselben befürchten zu müssen, besprochen werden.

Je nach dem man zwei oder vier solche künstliche Sahlleisten,
immer je zwei nahe zusammen, anwendet, können aus einem breiteren
Zeuge zwei oder drei schmälere gebildet werden durch Zerschneiden
des ersteren zwischen je zwei Sahlleisten. Die künstliche Sahlleiste ist
niemals so haltbar wie die natürliche, welche sich durch die Umkehr
des Schussfadens an den beiden Rändern des Gewebes in gewöhnlicher

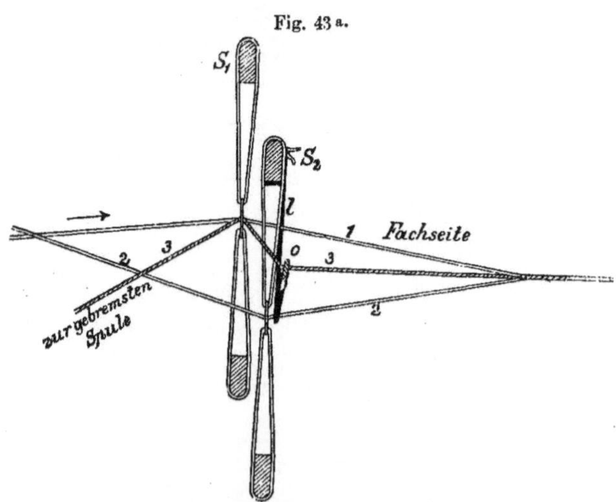

Die künstliche Sahlleiste.

Weise bildet. Für solche Zwecke aber, welche eine sehr haltbare und
widerstandsfähige Sahlleiste nicht erfordern, kann die künstliche als genügender Ersatz gelten. Man ist dann eben imstande, auf einem brei-

teren Webstuhle, die volle Blattbreite auszunutzen, und erhält doch durch
Zerschneiden die gewünschten schmäleren Gewebe.

Die Erzeugung dieser künstlichen Sahlleisten ist in den Fig. 43ª
und 43ᵇ dargestellt; das Bild der fertigen Leiste zeigt Fig. 44. Zur
Bildung einer Leiste gehören drei Kettenfäden. Zwei derselben, 1 und 2,
sind in gewöhnlicher Weise in die Schäfte S_1 und S_2 eingezogen; dieselben befinden sich im übrigen neben den anderen Fäden auf dem
Garnbaume aufgewickelt. Der dritte Faden 3 wird aber von einer besonderen Kettenspule entnommen, welche in irgend einer Weise im
unteren Punkte des Webstuhls um einen Stift drehbar und gut gebremst
angeordnet ist.

Dieser dritte Faden ist in einem Auge des ersten, also dem nach
dem Streichbaume zuliegenden Schafte S_1 eingezogen und geht ausserdem noch durch das Auge o einer fliegenden, am oberen Holze des
zweiten Schaftes S_2 angebundenen Litze l, welche, hinter dem Kettenfaden 2 liegend, bei der in Fig. 43ª gezeichneten Stellung der Schäfte,
also wenn S_1 gehoben und S_2 gesenkt ist, jenen umschlingt. Tritt die
andere Fachbildung ein, ist also wie in Fig. 43ᵇ Schaft S_1 gesenkt
und S_2 gehoben, so wird die fliegende Litze l gerade gestreckt. In
beiden Fällen aber muss der Faden 3 ein wenig über der Fachmitte
gehalten werden, wonach also die Länge der Litze l zu bestimmen,
bezieh. einzurichten ist. Bei dieser Fachbildung müssen sämtliche Schussfäden die Kettenfäden 1 und 2 wie gewöhnlich abwechselnd kreuzen,
aber stets unterhalb dem Faden 3 liegen.

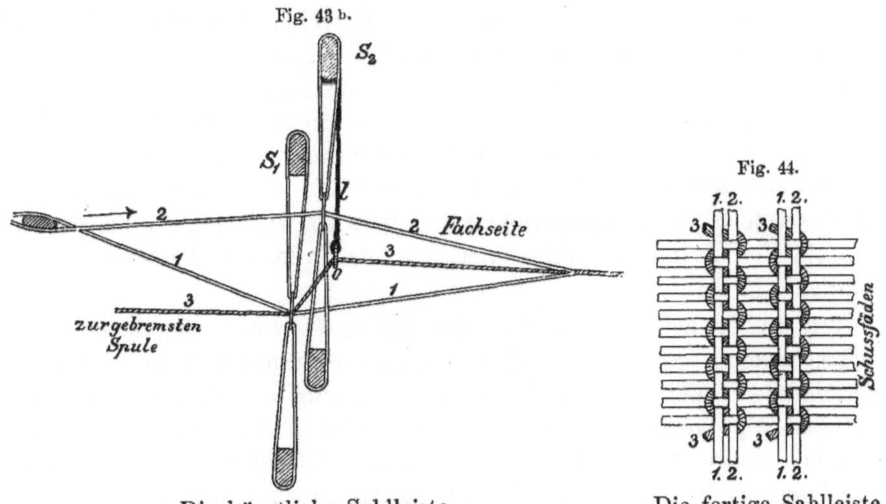

Die künstliche Sahlleiste.   Die fertige Sahlleiste.

In der fertigen Leiste, wie Fig. 44 angiebt, befindet sich daher der
Faden 3 stets über den Schlussfäden und unter den beiden zu derselben
gehörenden Kettenfäden. Der Vergleich der angeführten Figuren unter

einander lässt den Vorgang leicht erkennen. Es handelt sich stets darum, die richtige Länge der fliegenden Litze einerseits und die genügende Bremsung der Kettenspule anderseits anzuwenden, damit die Sahlleiste gut gelingt und kein Reissen des dritten Fadens eintritt. Beides kann nur durch einige Versuche ermittelt werden. Das Auge oder der Ring der fliegenden Litze soll möglichst klein, aber immerhin doch noch so gross gewählt werden, dass kein Einklemmen desselben im Rietblatt möglich ist.

Die Bildung dieser Sahlleiste geschieht hiernach durch ein ausserordentlich einfaches Verfahren, welches andere wesentlich kompliziertere vollständig zu ersetzen vermag.

Wir kommen jetzt zu der Besprechung der

c) Fortrück-, Schalt- oder Aufwindebewegung der Kette.

Nach Eintragung eines Schussfadens zwischen die Kettenfäden schwingt die Lade mit dem Rietblatt nach dem Brustbaume zu, d. h. nach vorn und schiebt den Faden, wie wir bereits gesehen haben, da die Schwingweite immer dieselbe bleibt, stets bis zu der nämlichen Stelle im Raum. Gleichzeitig findet das Vorwärtsbewegen des fertigen Zeuges, durch Aufwinden desselben auf den Zeugbaum, wie wir bereits wissen, statt, welches mit Beginn der Rückschwingung der Lade beendet ist. Je grösser dieses Stück ist, um welches jedesmal das Aufwickeln erfolgt, um so weiter werden die einzelnen Schussfäden unter einander entfernt liegen, um so lockerer wird das Gewebe. Umgekehrt werden die Schussfäden um so näher neben einander liegen, es wird das Gewebe um so dichter werden, je kleiner die Fortrückung, die Schaltung nach jedem Schuss ist — sonstige gleiche Verhältnisse natürlich in beiden Fällen vorausgesetzt. Ist nach Eintragung von je 10 Schüssen das eine Mal die Schaltung 2″, das andere Mal 1″, d. h. sind dann jedesmal diese Zeuglängen aufgewickelt worden, so würden also im ersten Falle ein Zoll fertiges Gewebe 5, im zweiten Falle aber 10 Schussfäden enthalten.

Wir wissen nun bereits, dass das fertige Gewebe, nachdem es um den Brustbaum e, Fig. 30ᵃ, geführt worden, zur Aufnehmewalze f, welche die Schaltbewegung, also die ruckweise Drehung erhält, und dann zum Zeugbaume g gelangt. Die Aufnehmewalze f ist eine Holzwalze, deren mit zahlreichen Nadelspitzen versehene Oberfläche in das fertige Zeug fasst, so dass dasselbe, ohne zu gleiten, nach Massgabe ihrer Umfangsgeschwindigkeit, vorwärts gezogen und dem Garnbaume zugeführt wird. Man nennt diese Aufnehmewalze auch Nadel- oder Stachelwalze oder Nadelbaum. Der Zeugbaum g — eine glatte Holzwalze — liegt an den Enden mit seinen eisernen Zapfen auf schräg abwärts nach der

Stachelwalze zu gerichteten Gleitbahnen, legt sich daher an die Stachelwalze und wird von dieser mit stets gleich bleibender Umfangsgeschwindigkeit gedreht. Der Mechanismus nun, durch welchen die Aufnehmewalze ihre absatzweise Drehung erhält, wird hier **Regulator** und zwar der **positive Regulator** zum Unterschiede von ähnlichen, aber anders wirkenden, Vorrichtungen genannt. Derselbe ist etwas verschieden, je nachdem der Webstuhl für dichte oder weniger dichte Ware bestimmt ist. Das Prinzip ist aber überall dasselbe.

Auf der Achse der Aufnehmewalze f sitzt nämlich innerhalb oder ausserhalb des Webstuhlgestelles ein Zahnrad r_4, das durch doppelte oder einfache Rad-Uebersetzung mit einem anderen x in Verbindung steht, welches an einem grösseren Sperr-, bezieh. Schaltrade r_1 sitzt. Dieses Schaltrad wird bei jeder Vorwärtsschwingung der Lade durch Vermittelung von Kulissen, Schubstangen, Hebel und Klinken um 1 oder 2 oder mehr Zähne und infolge der erwähnten Verbindung also auch die Aufnehmewalze und der Zeugbaum gedreht.

Mit Fig. 30ᵃ nahezu übereinstimmend ist in der folgenden Fig. 45 der Regulator mit einfacher und daneben in Fig. 46 ein ebensolcher mit doppelter Uebersetzung vom Schaltrade nach der Aufnehmewalze gezeichnet worden.

Fig. 45. Seitenansicht.

Fig. 46. Seitenansicht.

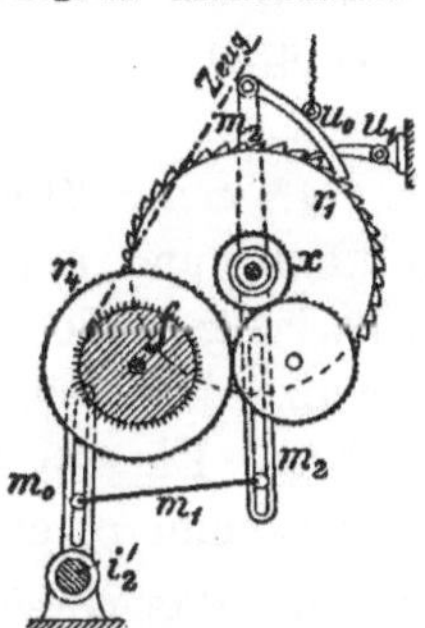
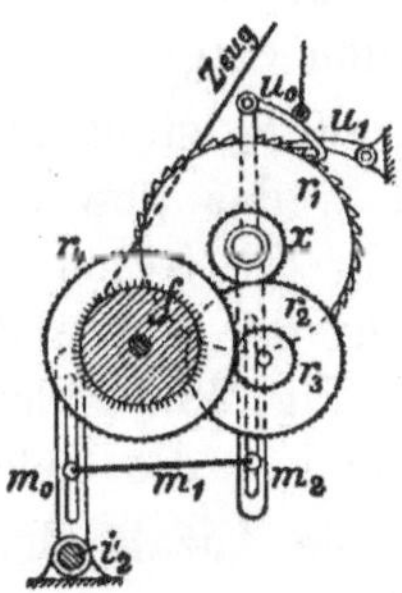

Der Webstuhlregulator. ¹/₁₆ natürl. Grösse.

Die durch den Schubstangen-Kurbelmechanismus in Schwingungen versetzte Lade d, Fig 30ᵃ und 33, ist, wie wir wissen, durch zwei Stelzen d_0 mit der im unteren Punkte des Webstuhls angeordneten Achse i'_2 verbunden, welche daher ebenfalls eine hin- und hergehende Drehung annimmt und mithin auch eine gewöhnlich ausserhalb des Gestelles auf ihr befestigte Kulisse m_0 in Schwingung versetzt. Jene Kulisse steht nun durch die Schubstange m_1 mit dem im unteren Teile geschlitzten doppelarmigen Hebel m_2 in Verbindung, dessen Drehpunkt sich auf der Achse des Schaltrades r_1 befindet. Die Schlagweite dieses Hebels hängt, wie ohne weiteres ersichtlich, von der Stellung der

Stange m_1 in den Schlitzen der Hebeln ab, welche entsprechend geregelt werden kann.

Die obere Hälfte des Hebels m_2 trägt die stets auf den Zähnen des Sperrrades liegende Sperrklinke u_0. Schwingt nun nach unseren Figuren der Hebel m_0 mit der Lade nach rechts, also nach vorn, so geht der obere Teil des Hebels m_2 nach links, die Klinke u_0 fasst in einen Sperrradzahn, und nunmehr wird das Sperrrad selbst gedreht um ein Stück, welches von der eingestellten Schwingweite der Hebel abhängt. Tritt nun der Bewegungswechsel ein, schwingt Hebel m_0 nach links, so bewegt sich der obere Teil des Hebels m_2 nach rechts — die Klinke u_0 schleift über die Zähne des Sperrrades, ohne letzteres mitzunehmen, zu drehen.

Damit man nun sicher ist, dass nicht etwa eine unfreiwillige Rückdrehung des Sperrrades eintreten kann, liegt in den Zähnen desselben stets noch eine sogenannte Gegenklinke u_1, deren Drehpunkt sich am Stuhlgestell befindet. Die Klinke u_0 hat in der Regel einen Schlitz, durch welchen die Gegenklinke hindurch in die Radzähne fasst. Die Klinke u_0 ist mittels einer Kette, die an der vorderen Ausrückstange des Webstuhles lose befestigt ist, ausrückbar, und wird durch ihr Anheben gleichzeitig, wie ersichtlich, die Gegenklinke u_1 gehoben, so dass man nunmehr die Aufnehmewalze f mit der Hand rückwärts drehen kann, was während des Webens manchmal notwendig wird, wenn Fehler im Schuss eingetreten oder der Stuhl eine Zeitlang gegangen ist, ohne dass überhaupt Schussfäden eingelegt wurden.

Das Sperrrad r_1 steht nun nach Fig. 30ª Seite 214 und Fig. 45 durch ein Rad x, das gewechselt werden kann, und ein Zwischenrad, dessen Grösse für die Geschwindigkeitsübertragung gleichgültig ist, mit dem Rade r_4 auf der Achse der Aufnehmewalze in Verbindung. (Man vergleiche auch Fig. 2 u. 3 der Tafel XV.) Nach Fig. 46 sind zwischen den Rädern x und r_4 die Uebersetzungsräder r_2 und r_3 eingeschaltet.

Ist nun S_0 die Anzahl der Schüsse, welche das Gewebe im Webstuhl auf ein Zoll Gewebelänge erhalten soll, so muss bei jedem Schuss, bei jedem Doppelhube der Lade, ein Gewebestück von $\dfrac{1}{S_0}$ Zoll aufgewunden werden. Nehmen wir nun an, dass das Sperrrad bei jeder Doppelschwingung der Lade um einen Zahn gedreht wird, und bedeuten überall die Buchstaben der Räder ihre Zähnezahlen, ist ferner der Umfang der Aufnahmewalze in Zollen f, so muss sich alsdann jedesmal aufwinden:

$$\text{bei einfacher Uebersetzung:} \quad \frac{1}{r_1} \cdot \frac{x}{r_4} \cdot f = \frac{1}{S_0} \text{ Zoll,}$$

$$\text{bei doppelter Uebersetzung:} \quad \frac{1}{r_1} \cdot \frac{x}{r_2} \cdot \frac{r_3}{r_4} \cdot f = \frac{1}{S_0} \text{ Zoll.}$$

Hiernach ergeben sich die Zähnezahlen x des Wechselrades:

bei einfacher Uebersetzung und einem Zahn Schaltung $x = \dfrac{r_1 \cdot r_4}{f \cdot S_0}$,

bei einfacher Uebersetzung und zwei Zähne Schaltung $x = \dfrac{r_1 \cdot r_4}{2 \cdot f \cdot S_0}$;

ferner ist:

bei doppelter Uebersetzung und einem Zahn Schaltung $x = \dfrac{r_1 \, r_2 \cdot r_4}{r_3 \cdot f \cdot S_0}$,

bei doppelter Uebersetzung und zwei Zähne Schaltung $x = \dfrac{r_1 \, r_2 \, r_4}{2 \cdot r_3 \, f \cdot S_0}$.

Mehr als zwei Zähne Schaltung sind selten nötig.

Man findet bei den Webstühlen nun häufig folgende **Zahlenwerte für einfache Uebersetzung:**

Klinkrad $r_1 = 100$ Zähne, $r_4 = 100$, Umfang der Aufnehmewalze $f = 17{,}180''$.

Alsdann ergiebt sich:

bei einem Zahn Schaltung $x = \dfrac{r_1 \cdot r_4}{f \cdot S_0} = \dfrac{100 \cdot 100}{17{,}180 \cdot S_0} = \dfrac{582{,}07}{S_0}$

oder abgerundet $x = \dfrac{582}{S_0}$.

Bei zwei Zähne Schaltung folgt $x = \dfrac{291}{S_0}$.

Beispiel. Sollen auf ein Zoll Gewebelänge 12 Schussfäden im Stuhl enthalten sein, so muss bei zwei Zähne Schaltung ein Wechselrad genommen werden von $x = \dfrac{291}{12} = 24{,}25$ oder abgerundet 24 Zähnen.

Ferner sind folgende **Zahlenwerte für doppelte Uebersetzung** häufig vorhanden:

Klinkrad $r_1 = 40$ Zähne; alsdann Rad $r_2 = 80$; $r_3 = 39$ u. $r_4 = 80$ Zähne, der Umfang der Nadelwalze ist $f = 18{,}542$ Zoll.

Alsdann ergiebt sich bei einem Zahn Schaltung:

$$r = \dfrac{r_1 \cdot r_2 \cdot r_4}{r_3 \cdot f \cdot S_0} = \dfrac{40 \cdot 80 \cdot 80}{39 \cdot 18{,}542 \cdot S_0} = \dfrac{256\,000}{723{,}14 \cdot S_0} = \dfrac{354{,}01}{S_0}$$

oder abgerundet $x = \dfrac{354}{S_0}$.

Bei zwei Zähne Schaltung folgt $x = \dfrac{177}{S_0}$.

Beispiel. Sollen auf ein Zoll Gewebelänge 16 Fäden im Stuhl enthalten sein, so muss bei einem Zahn Schaltung ein Wechselrad genommen werden von

$$x = \dfrac{354}{16} = 22{,}43 = \text{abgerundet 22 Zähnen.}$$

Es ist nun leicht zu übersehen, dass man, um die Wahl des Wechselrades ohne weitere Rechnung vornehmen zu können, für verschiedene
Zähnezahlen die Schusszahl berechnen und die Resultate dann in einer
Tabelle zusammenstellen muss, z. B. für die angeführten Zahlenwerte,
wie folgt:

Zähnezahl des Wechselrades	Zahl der Schüsse auf ein Zoll Gewebelänge im Stuhl			
	Bei Webstühlen mit einfacher Radübersetzung		Bei Webstühlen mit doppelter Radübersetzung	
	Bei einem Zahn Schaltung	Bei zwei Zähnen Schaltung	Bei einem Zahn Schaltung	Bei zwei Zähnen Schaltung
x	$S_0 = \dfrac{582}{x}$	$S_0 = \dfrac{291}{x}$	$S_0 = \dfrac{354}{x}$	$S_0 = \dfrac{177}{x}$
20	—	14,55	17,70	8,85
22	—	13,22	16,09	8,05
24	—	12,12	14,75	7,37
26	—	11,15	13,61	6,80
28	—	10,39	12,64	6,32
30	19,72	9,70	11,80	5,90

u. s. w.

Die berechneten Schussdichten beziehen sich, wie schon wiederholt
hervorgehoben, auf das im Webstuhle ausgespannte Zeug. Sowie dasselbe aus dem Webstuhle genommen und der Appretur unterworfen
wird, verändert sich die Schussdichte. Infolge der Streckung der Gewebe beim Kalandern und Mangeln wird die Schussdichte geringer.
Die in der Tabelle IX Seite 64 dargestellten Werte geben die erforderlichen Anhaltspunkte hierfür. Soll aber ein Gewebe von ganz bestimmter
Schusszahl im fertigen Zustande erzeugt werden, so muss dasselbe im
Webstuhl dichter gewebt, daher alsdann überall ein um ein oder zwei
Zähne kleineres Wechselrad, als der Schusszahl entsprechen würde, genommen werden. Ueblicher ist es aber, das Gewebe im Stuhl mit bestimmter Schusszahl einzustellen, ohne alsdann bei Bestimmung des
Wechselrades auf die Veränderung der Schusszahl durch die Appretur
weiter Rücksicht zu nehmen.

Zum Schluss möge noch ausdrücklich hervorgehoben werden, dass
Gewebespannvorrichtungen, sogenannte **Breithalter,** um das Einspringen
der Gewebe während des Webeprozesses in der Breitenrichtung zu
mässigen, in der Jute-Weberei **nicht Anwendung** finden.

B. Die Eintragung des Schusses, Bewegung des Schützens.

Der Schussfaden ist, wie wir wissen, in Kötzer oder Kopform aufgewickelt und in dem Schützen untergebracht, dessen Einrichtung uns ebenfalls bereits bekannt ist (man vergl. Seite 115 bis 119). Die Bewegung des Schützens erfolgt abwechselnd nach jeder Fachbildung aus den an den Enden des Ladenklotzes ausserhalb der Seitengestelle angeordneten Schützenkammern heraus.

Fig. 47ª. (Querschnitt).

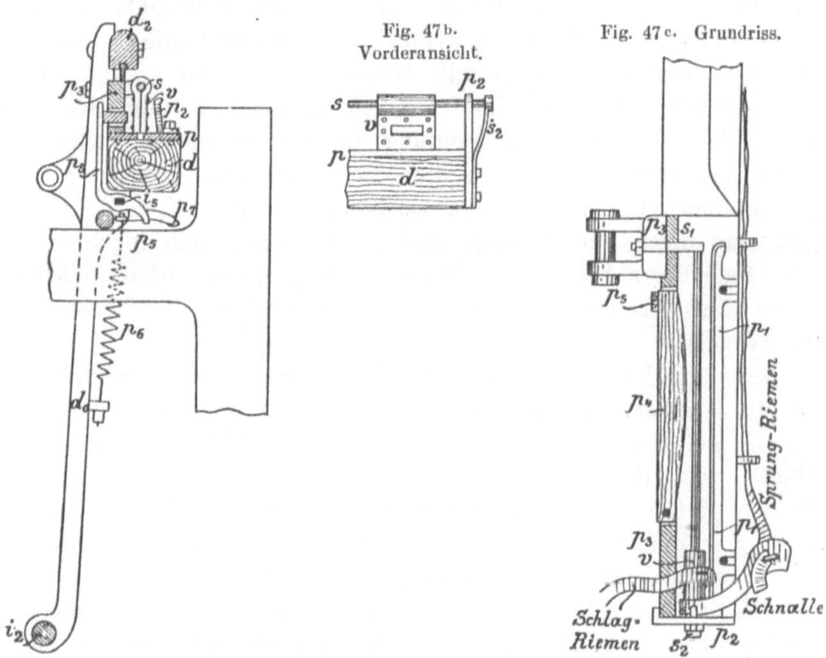

Die Schützenkammer. ¹/₁₂ natürl. Grösse.

Die Einrichtung der Schützenkammer müssen wir daher zuerst näher betrachten. Es ergiebt sich dieselbe aus den in $^1/_{12}$ natürl. Grösse dargestellten Textfiguren 47ª, 47ᵇ und 47ᶜ im Querschnitt, in der Ansicht und im Grundriss. Zum Vergleiche wären auch die Textfiguren 30ª und 33, sowie die Tafel XV zu betrachten. Den Boden der Schützenkammer bildet eine Eisenplatte p, die in der Ebene der Schützenbahn auf dem Ladenklotze d am Ende desselben befestigt ist. Sie hat einen der Länge nach gehenden Schlitz zur Führung des Schlagorgans, des Schützentreibers, auch Webervogel v (picker) genannt, welcher in Fig. 48 in einer Gesamtansicht dargestellt wurde. Die gezeichnete Form ist die am meisten (wohl fast ausschliesslich) benutzte. Die Vorderwand p_1 sowie die Endwand p_2 der Kammer sind ebenfalls aus Eisen hergestellt. Die erstere p_1 ist verschiebbar auf der Grundplatte eingerichtet, um bei eingetretener seitlicher Abnutzung des Schützens durch ihr Nachstellen stets ein enges Anschliessen der Seitenwandungen an denselben zu erhalten, wie dies zu seiner sicheren Führung durchaus erforderlich ist. Die hintere Längswand, die Rückwand p_3 der Kammer, ist aus Holz hergestellt. Ihre Innenseite steht einerseits unter dem Laufwinkel des Schützens gegen dessen Bahn, sodann aber mit dem Rietblatte genau in derselben Flucht. Zur weiteren Führung des Webervogels dient eine entlang der Schützenkammer über dem Plattenschlitze angeordnete dünne runde Eisen- oder Stahlstange s, die Spindel genannt. Diese Schützenkammerspindel s findet nach der Innenseite des Webstuhls zu in einem an die Stelze d_0 geschraubten Lager, dem Spindelkopfe s_1, ihren Halt, der etwas auf und ab gestellt werden kann, um genaue mit der Bahn parallele Lage derselben möglich zu machen. Mit dem anderen Ende geht sie durch eine Bohrung in der eisernen Rückwand nach aussen und legt sich dort in die Vertiefung eines zweiten Lagers s_2, das an einer an der Endfläche festgeschraubten kräftigen Feder sitzt. Biegt man diese Feder etwas zurück, so kann man die Spindel aus ihrem Innenlager heben und herausnehmen, auch alsbald wieder einlegen, was beispielsweise erforderlich wird beim Auswechseln eines Webervogels.

Der Treiber oder Webervogel. Der Sprungriemen. Der Treiber, Fig. 48, ist aus mehreren viereckigen, übereinander gelegten Lederstücken — gewöhnlich Schweins- oder häufiger noch Büffelleder — durch Zusammenbiegen und Vernieten der plattenförmigen Enden mittels Eisenstiften hergestellt. Dicht unter der Hülse ist eine viereckige Oeffnung ausgeschnitten, in welcher der Zugriemen, auch Schlagriemen genannt, d. h. das Organ angeschnallt wird, durch welches im entsprechenden Momente das Vorschnellen, das Verschieben des Vogels auf der Spindel hervorgebracht wird. Der Treiber wird vor dem Gebrauch einige Zeit in altes Oel gelegt, damit er geschmeidig werde und in seinen Führungen nicht leicht trocken laufe. Der Treiber legt sich an die flache Endwand des Schützens an und muss stets, ehe der Schlag beginnt, mit derselben in Berührung sein. Es wird dies in folgender Weise erreicht. Vor Beginn der Schützenbewegung liegt der Treiber ganz nach aussen und davor der Schützen. Hinter den Treibern beider Kammern sind nun über der Spindel Lederschnallen geschoben, welche durch einen die Lade entlang geführten Riemen, den **Sprungriemen,** mit einander verbunden sind, und zwar derart, dass bei dem Einfliegen des Schützens in eine Kammer, der Treiber der anderen Kammer etwas nach vorn gezogen wird. (In der Tafelfigur 2 ist dieser Sprungriemen deutlich erkennbar.) Gelangt nun der Schützen wieder in die erste Kammer, so trifft er alsbald gegen den Treiber, schiebt diesen in seine Endstellung zurück und bleibt also mit ihm in Berührung. Der Reibungswiderstand, den der Schützen dabei zu überwinden hat, verbraucht die Energie desselben, er kommt ohne erheblichen Stoss zur Ruhe. Der Sprungriemen wird an der Vorderseite des Ladenklotzes durch einige eiserne Oesen hindurch geführt.

Verbindung des Treibers mit dem Schlagapparate. Jeder Treiber ist mit einem oberhalb der Kette angeordneten hölzernen Schlagstocke durch einen Riemen, Zug- oder Schlagriemen genannt, verbunden. Die ganze Vorrichtung nennt man auch die Peitsche, und Webstühle, welche mit derselben versehen sind, oberschlägige Webstühle, im Gegensatz zu solchen, bei welchen ohne Zuhülfenahme von Schlagriemen das Schleudern des Treibers von unten aus erfolgt. Eine vielfach angewendete Verbindung des Schlagriemens mit dem Treiber einerseits und mit dem Schlagstocke anderseits geht aus der Textfigur 49 hervor. Hiernach ist

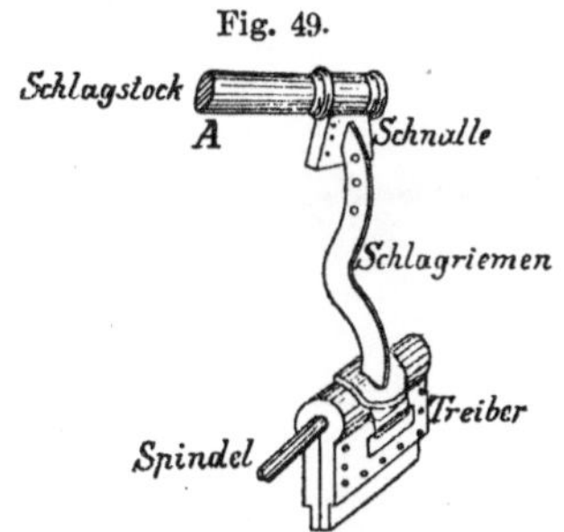

der erstere mit einem Einschnitt an dem einen Ende und an dem anderen mit kleinen Löchern in Entfernungen von etwa 1^c versehen. Das mit dem Einschnitt versehene Ende wird durch den Schlitz des Treibers gesteckt, das andere durch jenen gezogen, in den Schlitz der am Schlagstocke festgenähten Schnalle gesteckt und mit derselben durch einen eisernen Stift verbunden. Verkürzen oder verlängern kann man den Schlagriemen, indem derselbe weiter oder weniger weit durch die Stockschnalle gezogen und der Stift in ein anderes Loch eingesteckt wird.

Eine andere, seltener angewendete Verbindung zeigen die Figuren 1 bis 3 auf Tafel XV, die einer weiteren Erläuterung nicht bedürfen.

Um nach erfolgtem Vorschnellen des Treibers sein Anschlagen an den Spindelköpfen s_1 zu mildern, sind an denselben ebenfalls aus Büffelhaut hergestellte **Puffer** *(buffer)* oder anstelle deren alte Lederscheiben über die Spindel geschoben. Die Bethätigung der Peitsche geschieht nun in folgender Weise.

Schützenschlagvorrichtung. Zu beiden Seiten des Webstuhls, ausserhalb der Seitengestelle und hinter der Kurbelwelle i ist je eine senkrechte Achse i_2, die Schlagachse, in Hals- und Fusslager leicht drehbar, aufgestellt, wie aus den Figuren der Tafel XV und den Textfiguren 30^a und 30^c hervorgeht, die eine zweiteilige Rosette i_3 trägt, an welcher der erwähnte Schlagstock A befestigt ist. Die obere Rosettenhälfte kann gegen die untere nach Lösen der Befestigungsschraube gedreht und somit der Schlagstock weiter nach aussen oder mehr nach einwärts gestellt werden. Der sichereren Befestigung der beiden Rosettenhälften auf einander wegen sind die Auflageflächen gezahnt. Man vergleiche insbesondere die weiteren Textfiguren 50[a] und 50[b], welche in $^1/_8$ natürlicher Grösse eine Schützenschlagvorrichtung im Aufriss und Grundriss darstellen, und die frühere Textfigur 30[c]. Auf dem unteren Teile der Schlagachse i_2 ist ein zwischen das Seitengestell hin-

Fig. 50 a. (Seitenansicht.)

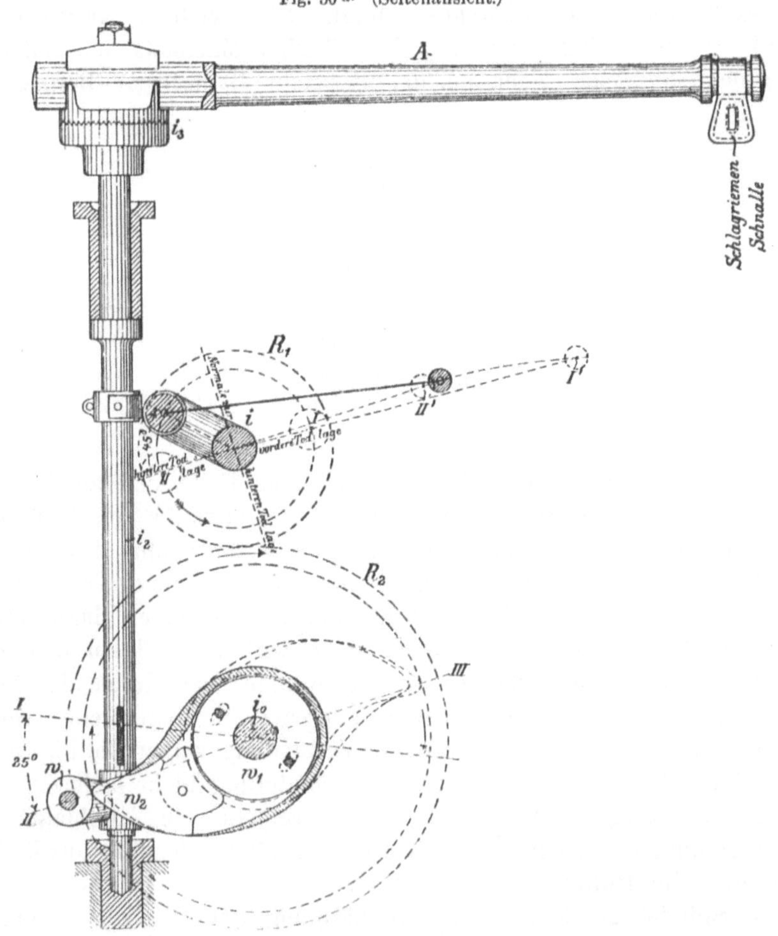

Schützenschlagvorrichtung. $^1/_8$ natürl. Grösse.

durch reichender kurzer Arm mit Zapfen befestigt, der eine Rolle w, Schlagrolle genannt, trägt. Gegen diese Rolle wirkt von unten die Nase w_2 des Schlagexcenters w_1, wenn die Bewegung der Peitsche erfolgen soll. Die Schlagwirkung tritt ein, während sich das Excenter nur um einen Winkel von etwa 25⁰ dreht, während der übrigen Zeit liegt die Rolle an der zur Drehachse centrischen Begrenzungskurve desselben an. Die beschleunigte Bewegung, welche daher die Rolle erhält, ist eine sehr erhebliche, die Kurve, an welcher jene während dieser Zeit am Excenter entlang gleitet, eine sehr steile, wie aus Fig. 50ᵃ hervorgeht.

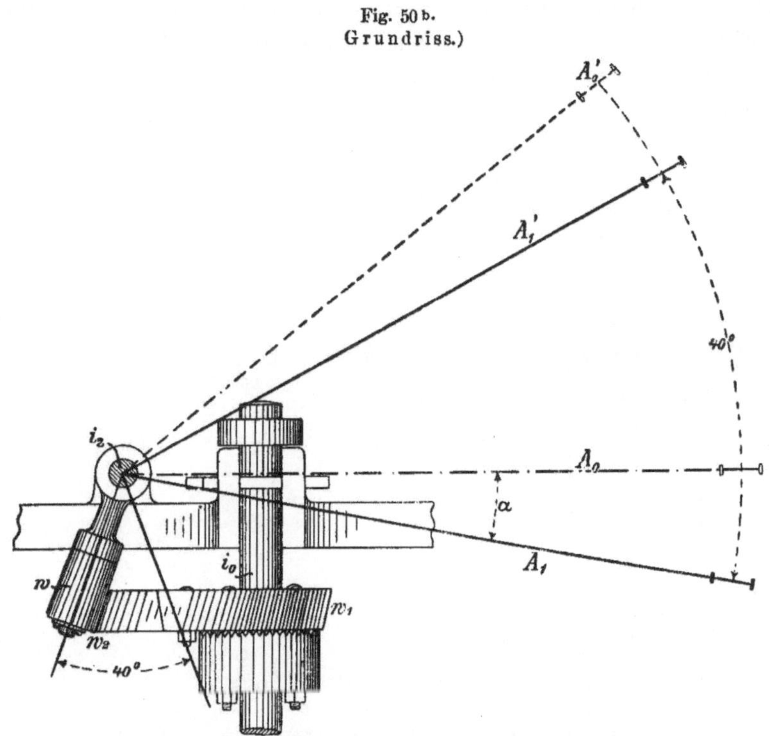

Fig. 50ᵇ.
Grundriss.)

Schützenschlagvorrichtung. ¹/₈ natürl. Grösse.

Das Schlagexcenter besteht, man vergleiche besonders Fig. 50ᵇ, aus drei Teilen und zwar aus der auf der Drehachse festgekeilten Nabe, an welche der mit Verzahnungen anliegende, etwas im Kreise verstellbare untere Excenterteil w_1 angeschraubt ist, und aus dem Oberteile, der Nase w_2, die wiederum am Unterteile verschraubt ist.

Die Begrenzungskurven des Excenters ergeben sich deutlicher noch aus dem in Fig. 51 in ¹/₃ natürlicher Grösse dargestellten Schlagexcenter. Wegen der Bogenbewegung ist die Rolle w etwas konisch geformt, und entsprechend ist die hintere und vordere Excenterkurve so gegen einander verschoben, dass die entstandenen schrägen Begrenzungsflächen sich bei allen Stellungen der Rolle möglichst in voller Breite an dieselbe legen. In Fig. 51 liegt die Schlagrolle an dem konzentrischen Bogen des Excenters und zwar so lange an, bis der in der Richtung des Radius $i_0 1$ liegende Bogenteil dieselbe berührt. Von da an beginnt die beschleunigte Bewegung der Rolle w, die Drehung der Schlagachse, mithin die Bethätigung der Peitsche, also das Vorschnellen des Treibers mit dem davor liegenden Schützen.

Die Bewegung verlangsamt sich, ehe die Rolle w ihren grössten Ausschlag erreicht hat, nämlich ehe die Rolle den in der Richtung des Radius i_0II liegenden Bogenteil an der abgerundeten Excenterspitze berührt, wie sich aus der Kurvenform deutlich ergiebt. Diese Stellung ist in Fig. 50ᵃ wiedergegeben. Nach rückwärts geht dann in einem konvexen Bogen die Begrenzungskurve wieder in den konzentrischen Teil über.

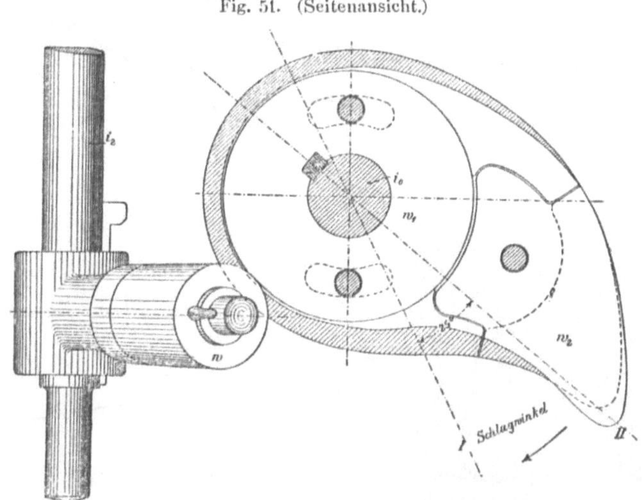

Fig. 51. (Seitenansicht.)

Schlagexcenter. $\frac{1}{3}$ natürl. Grösse.

Nach dem erfolgten Abschnellen der Rolle von der Excenterspitze bewegt sich diese im Bogen noch etwas weiter und muss alsdann wieder zum Anliegen an das Excenter gebracht werden. Dies geschieht dadurch, dass jede der beiden Schlagachsen $i_2\,i_2$, wie aus Fig. 30ᶜ deutlich hervorgeht, mit der anderen durch Riemen, Zugstangen und zwei Spiralfedern verbunden ist. Bei der durch das Schlagexcenter hervorgerufenen Drehung einer Achse werden die Riemen aufgewunden und daher die Federn gespannt, welche nun, sowie der grösste Ausschlag erreicht ist, alsbald die Rückdrehung veranlassen und die Ruhelage herbeiführen.

Die Einwirkung der Schlagvorrichtung auf den Schützentreiber ist nun so, dass, während der in der Nähe des Radius i_0I liegende Bogenteil des Excenters die Rolle w trifft, der Schlagstock A nach einwärts bewegt wird und zunächst den Schlagriemen spannt; alsdann beginnt wegen der immer steiler werdenden Excenterkurve der beschleunigte Antrieb, das Vorschnellen des Treibers mit dem anliegenden Schützen.

Hierdurch wird demselben die erforderliche erhebliche Anfangsgeschwindigkeit und das zur Ueberwindung der Reibungswiderstände während
seines Laufes nötige Arbeitsvermögen (die nötige Energie) erteilt.
Wegen des vorhin erwähnten Umstandes trennt sich der Schützen von
dem Treiber, ehe die Rolle w mit ihrer Mitte in der Richtung $i_0 II$ am
Excenter liegt. Ist der Schlagstock A in seine grösste Aussenstellung
zurückgezogen, so befindet sich der Treiber, wie aus der Verbindung
mit dem Schlagriemen folgt, noch nicht in derselben, ist sogar, wie wir
bereits gesehen, in seinem Rücklaufe durch den Sprungriemen aufgehalten
und wird erst durch den neu eintretenden Schützen in jene Endstellung
geschoben.

Durch die Einwirkung des Sprungriemens wird andererseits, wie wir
gesehen haben, durch Vergrösserung des Widerstandes das noch vorhandene Arbeitsvermögen des Schützens gemässigt, so dass er sanfter ausläuft und nicht etwa infolge zu heftigen Anschlagens wieder zurückprallt.

Da die beschriebene Schlagvorrichtung zweimal vorhanden ist, damit
der Schützen bald von rechts nach links, bald umgekehrt vorwärts bewegt werden kann, und weil dieser Antrieb nach jeder Fachbildung erfolgt und bald das rechte, bald das linke Excenter schlägt, so muss die
Welle, auf welcher dieselben sitzen, halb so viel Umdrehungen ausführen
wie die Kurbelwelle. Man benutzt daher die Excenterwelle i_0, welche die
Zweischaftbewegung bethätigt, ebenfalls zum Aufbringen dieser Schlagexcenter, da dieselbe, wie wir wissen, von der Kurbelwelle aus durch
die Zahnräder $R_1\,R_2$ im Drehungsverhältnis von $2:1$ angetrieben wird.
Auf dieser Welle i_0 sitzen also, ausser dem Antriebsrade R_2, die Tritt-
excenter E_1 und E_2, sodann, wenn der Stuhl auch für drei- und vierschäftige Gewebe bestimmt ist, die Antriebsräder 2 und 1 für die zweite
Trittexcenterwelle und endlich die beiden Schlagexcenter $w_1\,w_1$.
Was nun die **Einstellung der Schlagexcenter** gegenüber der
Kurbel anbetrifft, so ergiebt sich dieselbe aus der Bedingung, dass,
wenn die Kurbel ihre hintere Todlage erreicht hat, der Schützen sich
in der Mitte seiner Bahn befinden soll. Dies wird aber dann erreicht,
wenn das Excenter die in Fig. 50ᵃ gezeichnete Stellung eingenommen,
die Rolle sich also in der Richtung $i_0 II$ an dasselbe anlegt, mithin den
grössten Ausschlag erreicht hat und wenn gleichzeitig die Kurbel sich
noch um einen Winkel von 45^0 vor ihrer hinteren Todlage befindet.

Bei jener Kurbelstellung, bei der also der Schlag beendet sein soll,
ist die Fachbildung entweder ganz oder nahezu fertig, und die Lade
bewegt sich nur noch wenig nach rückwärts. Findet ein Voreilen
der Trittexcenter und eine hierdurch bedingte frühere Fachbildung statt, dann müssen auch die Schlagexcenter entsprechend voreilen. Es bedarf wohl kaum noch einer Begründung,
dass das zweite Schlagexcenter gegen das erste um 180^0 auf der Welle
verstellt sein muss, dass also nach Fig. 50ᵇ sein grösster Radius $i_0\,III$

in die Verlängerung des anderen, nämlich von $i_0\,II$, fallen muss. Die genaue Einstellung der Schlagexcenter ist durch Drehen derselben gegenüber der festgekeilten Nabe nach Lösen der Befestigungsschrauben (man sehe Fig. 50[b]) ermöglicht. Die gegenseitige Lage der Tritt- und Schlagexcenter gegenüber der Kurbelstellung ist hiermit bestimmt.

Wir müssen jetzt noch über die **Stellung der Schlagstöcke** A und die **Regulierung der Schlagstärke** selbst sprechen.

Bei der in Fig. 50[a u. b] gezeichneten Schlagvorrichtung ist ein Ausschlagswinkel des Rollenarmes von 40⁰ (Fig. 50[b]) vorhanden, denselben Winkel werden die äussersten Stellungen der Schlagstöcke A mit einander bilden. Bei dem äussersten Rollenausschlage ist die Einstellung des Stockes A entweder so, dass sie parallel zu den Seitengestellen fällt, also in der Richtung $i_2\,A_0$, wie in Fig. 50[b] und auch in Fig. 30[c] punktiert angegeben wurde, dann ist der äusserste Ausschlag $i_0\,A'_0$, Fig. 50[b], wenn die Rolle an dem konzentrischen Excenterbogen anliegt, um 40⁰ von jenem entfernt. Man stellt aber auch den Stock so, dass er in seiner grössten Innenstellung einen Winkel α mit der eben erwähnten $i_0\,A_0$ bildet, also noch weiter nach innen schlägt und etwa die Stellung $i_2\,A_1$ annimmt. Seine andere äusserste Stellung liegt dann in der Richtung $i_2\,A'_1$ und ist von der ersteren ebenfalls um einen Winkel von 40⁰ entfernt.

Die erstere Einstellung wendet man bei breiteren, die letztere bei schmäleren Stühlen an und giebt dabei dem Winkel α eine Grösse bis zu 22⁰. Die Länge des Schlagriemens reguliert man in angegebener Weise so, dass, wenn der Schlagstock A ganz herein geschlagen hat, der Treiber mit seiner vorderen Kante nahezu ³/₄ seines ganzen Weges hinter sich hat. Durch sein Beharrungsvermögen vollendet er seinen Lauf bis ans Ende der Spindel, wo er, wie schon erwähnt, gegen einen Puffer oder vorgelegte Lederscheiben stösst.

Die **Stärke des Schlages** muss den jeweiligen Widerständen, welche der Schützen auf seinem Wege durch das Fach und in der jenseitigen Schützenkammer findet, angemessen geändert werden können. Sie muss so bemessen werden, dass der Schützen noch mit solcher Geschwindigkeit in der anderen Schützenkammer anlangt, dass er imstande ist, die Widerstände in derselben zu überwinden und den Treiber in seine äusserste Stellung zurück zu bringen. Gelingt dies nicht, so ist der folgende Schlag noch schwächer, bis nach wenigen Drehungen der Kurbelwelle der Schützen bereits im Fach stecken bleibt. Anderseits darf der Schlag auch nicht zu kräftig sein, um unnötigen Abnutzungen der bewegten Teile oder einem Zurückprallen des Schützens am Ende seiner Bahn vorzubeugen.

Bei einem fertigen Stuhle kann man nun die Schlagstärke in erster Linie dadurch ändern, dass man das Schlagexcenter näher an die Gestellwand schiebt, was eine längere Nut auf der Excenterwelle i_0 gestattet.

Hierdurch wird, man vergleiche Fig. 50^b, der Schlagwinkel über 40⁰ hinaus vergrössert, also auch derjenige der Schlagstöcke. Sodann kann man auch die Schlagrolle auf der Schlagachse höher oder tiefer stellen und erzielt auch hierdurch eine Veränderung der Ausschlagswinkel. Innerhalb sehr enger Grenzen kann man auch durch Verstellen der Schlagstöcke und Verkürzen der Schlagriemen die Schlagstärke ändern. Dieses letztere Mittel ist aber das am wenigsten wirksamste. Immerhin gehört einige Erfahrung dazu, die zweckentsprechendste Einstellung der Schlagvorrichtung nach jeder Richtung hin zu bewirken.

Alle Teile derselben nutzen sich eher als andere ab und müssen daher stets Ersatzstücke in Vorrat gehalten werden, besonders aber Treiber, Schlagriemen, Schlagrollen und Schlagnasen, weniger Schlagstöcke. Aber auch die Hauptantriebsräder R_1 und R_2 leiden bei jedem Stoss und zwar besonders diejenigen Zähne, welche bei Eintritt desselben im Eingriff sind. Ehe daher die Abnutzung zu weit vorgeschritten ist, sollte man dieselben unter Drehung um 90⁰ aufs neue auf ihren Achsen festkeilen.

C. Abstell- und Sicherheitsvorrichtungen.

In der Jute-Weberei wendet man nur Abstellvorrichtungen für den Fall an, dass der Schützen nach erfolgtem Abschnellen die andere Kammer aus irgend einem Grunde nicht erreicht hat; insbesonders sollen dieselben verhüten, dass die vorschwingende Lade gegen den im Fach stecken gebliebenen Schützen mit Heftigkeit stosse, weil dies das Zerreissen der Kettenfäden zur Folge haben würde. Es muss also in diesem Falle die Lade am vollständigen Vorschwingen verhindert und der Treibriemen des Webstuhles sofort auf die Losscheibe gebracht werden.

Bei Webstühlen für andere Stoffe wendet man auch Abstellvorrichtungen an, die das Stillhalten des Stuhles bewirken, wenn aus irgend einem Grunde kein Schussfaden aus Schützen herausgetreten und in das Fach eingelegt worden ist. Bei den Jute-Webstühlen begnügt man sich im letzteren Falle mit der Handabstellung, ist also von der Aufmerksamkeit des Webers abhängig.

Die Abstellvorrichtungen für den Fall, dass der Schützen im Fach stecken geblieben oder heraus geflogen, also nicht in die andere Schützenkammer eingetreten ist, nennt man Stechervorrichtungen. Diese sind, wie aus den Figuren 30^a (S. 214), 33 (S. 211) und 47^a und 47^c (S. 231) hervorgeht, eingerichtet.

In einem entsprechenden Ausschnitt der Rückwand p_3 des Schützenkastens ist in der Höhe der Schützenmitte eine horizontale hölzerne Zunge p_4, drehbar um einen von oben vertikal in die Rückwand gesteckten Stift, angeordnet, welche mittels einer Ausbauchung in das Innere der Kammer hineinragt, wenn kein Schützen in derselben ist.

würde. Bis jetzt pflegt man bei dieser Abstellung gleichzeitig die Lade mit der Hand in ihrer Weiterbewegung zurück zu halten, um möglichst sofortiges Stillstehen des Stuhles zu erreichen.

Bemerkt werde hier noch, dass mit dem Ausrückhebel p_{11} eine über die volle Breite des Stuhles gehende Stange p_{12} verbunden ist, durch deren Drehung mit der Hand an einem ziemlich in der Mitte derselben angebrachten Griffe ebenfalls das Ausrücken des Betriebes vorgenommen werden kann. Durch die Verschiebung jener Stange nach erfolgtem Ausrücken werden auch mittels Kette die Regulatorklinken gehoben und hierdurch die Räder des Aufwindemechanismus frei beweglich. Beim Wiedereinrücken des Betriebes fallen auch die Klinken wieder in das Klinkrad und bethätigen die Aufwindevorrichtung in bekannter Weise beim Weiterbetriebe aufs neue.

Sicherheitsvorrichtungen werden nur angewendet, um einen von seiner Bahn abgeflogenen Schützen aufzufangen, bezieh. um ein Abweichen von derselben überhaupt zu verhüten. Hält man den Webstuhl und den Schützen unter Beobachtung aller erwähnten Punkte in gehöriger Ordnung, so kann bei nur einigermassen aufmerksamer Bedienung ein Herausfliegen des Schützens von seiner Bahn kaum vorkommen, selbst nicht bei den bedeutenden Geschwindigkeiten, mit denen die Jute-Webstühle getrieben werden. (Vergl. S. 249.) Um aber doch das bei groben Unaufmerksamkeiten, sowie Nachlässigkeiten oder infolge unabwendbarer Zufälligkeiten immerhin mögliche Herausfliegen des Schützens für die Bedienung unschädlich zu machen, oder um dasselbe überhaupt zu hindern, werden **Schützenfangvorrichtungen** angewendet.

Der Schützen kann entweder das Fach durchbrechend mitten aus seiner Bahn treten oder erst nach Verlassen des Faches neben der Schützenkammer vorüber seitlich fortfliegen. In allen Fällen ist seine Flugbahn flach und beschädigt vorzugsweise die an Nachbarstühlen beschäftigten und zufällig über die Kette gebeugten Arbeiter am Kopfe. Um daher den seine Bahn verlassenden Schützen aufzufangen, ehe er in den Bereich des benachbarten Stuhles gelangen kann, ordnet man seitliche Schutzgitter, Drahtgeflechte an, welche schwebend, pendelnd aufgehangen werden müssen, um die Rückwirkung auf den Schützen zu mildern und sein alsbaldiges Niederfallen zu erreichen.

Die erforderliche Schutzgitterfläche hängt von der Stuhlbreite ab und muss um so erheblicher sein, je grösser letztere ist. Für Stühle bis 1^m Blattbreite genügt etwa ein Gitter von 50^c Breite und 50^c Höhe, bei grösseren Breiten steigen diese Dimensionen bis 75^c.

Die beweglichen Gitter sind den festen nicht nur deshalb vorzuziehen, weil der gegen sie fliegende Schützen, ohne selbst zu leiden, gleichsam elastisch aufgefangen wird, sondern auch, weil dieselben selbst mehr geschont werden und ihre Nachgiebigkeit ein ungehinderteres Beschreiten der Gänge ermöglicht. Ein Drahtgitter von 3—4^{mm} Drahtstärke und 12—14ᵐᵐ Maschenweite kann an Drähten freihängend ohne Umrahmung angeordnet werden und zwar etwa 10ᶜ über dem Ladendeckel und in derselben Entfernung vom Ende der Lade. Ist die Lade im äussersten Ausschlage hinten, so soll die innere Kante des Schutzgitters senkrecht über dem Webeblatte stehen.

Man ordnet neben den grösseren auch wohl noch kleinere Schutzgitter an den Ladenenden an, welche also die Ladenbewegung mitmachen. Einen absoluten Schutz gewähren aber diese Gitter nicht. Dieselben haben zudem den Nachteil, dass die Uebersicht im Webesaal für den Aufsichtsbeamten nicht unerheblich beschränkt wird.

Gebräuchlicher als diese Schutzgitter sind jene Schutzvorrichtungen, welche das Herausfliegen der Schützen überhaupt verhindern sollen. Diese Schutzvorrichtungen verdienen vor den ersteren offenbar den Vorzug; jedoch erschweren sie dem Weber etwas die Beaufsichtigung des Webeprozesses. Man wendet nun entweder Vorrichtungen an, die während der Schwingbewegung der Lade fest mit dem Ladendeckel verbunden bleiben, oder solche, die gegen jenen noch eine auf- und niedergehende Bewegung annehmen und insbesondere gegen Ende des Vorschwingens die Kettenfäden zur Besichtigung freilassen.

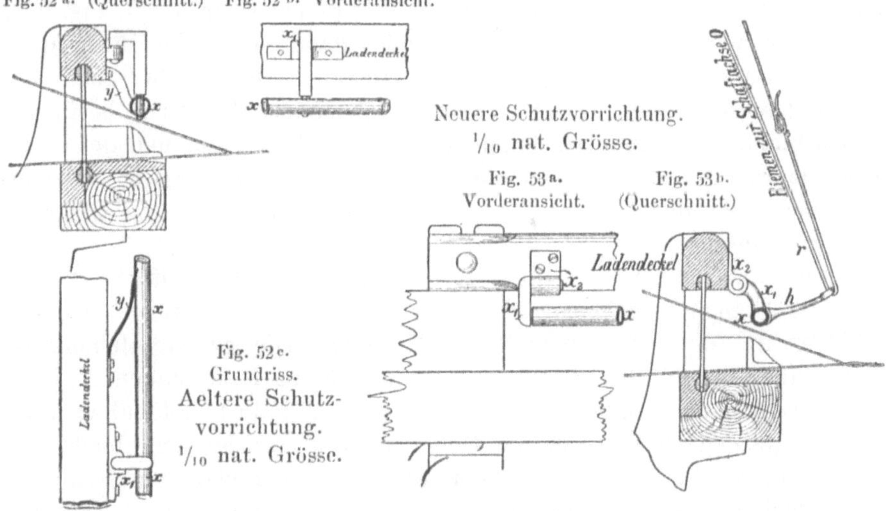

Die Frage nach der zweckentsprechendsten Gestaltung dieser Schutzvorrichtung ist noch eine offene, trotzdem bereits eine grosse Zahl derselben bekannt geworden sind. Es kann nun nicht in meiner Absicht liegen, an dieser Stelle eine Reihe derselben zu beschreiben, da es Sache der Praxis ist, die für eine bestimmte Webstuhlsorte geeignetste Konstruktion erst festzustellen; jedoch verweise ich hiermit auf die neuesten hierüber bekannt gewordenen Veröffentlichungen[11]) und beschränke mich jetzt auf die Besprechung dreier Konstruktionen. Die erstere, in Figur 52ᵃ, 52ᵇ und 52ᶜ im Querschnitt, Vorderansicht und im Grundriss dargestellte Schutzvorrichtung, welche man bis vor kurzem häufig in Jutewebereien traf, besteht in einem 24^{mm} starken, schmiedeeisernen Rohre x, das je nach der Breite des Stuhles an zwei bis vier drehbaren Armen am Ladendeckel aufgehängt ist. Beim Gange des Webstuhls wird durch eine in der Ladenmitte angeordnete Feder y das Rohr nach aussen gedrückt. Jenes Rohr x führt dicht über dem Fach entlang der Lade bis in die Nähe der Kammerspindeln und kann, wenn der Webstuhl still gehalten wird, bei geschlossenem Fach ganz an das Blatt herangedrückt werden, wobei sich die Arme im Kreise drehen und der vorliegende Raum freier wird. Das zu weite Ausschlagen der Arme bei dem Vordrehen der Stange x wird durch einen Anschlag x_1 an den Aufhängepunkten verhindert. Ein Nachteil dieser Vorrichtung liegt aber darin, dass das Einstellen derselben nicht immer selbstthätig durch die Einwirkung der Feder y erfolgt, sondern der Mitwirkung des Arbeiters bedarf. Ein Versagen der Federn und ein alsdann auftretendes Schlenkern der Vorrichtung sind die Ursache, dass dieselbe vielfach wieder verlassen und durch die neuere in Fig. 53ᵃ und 53ᵇ dargestellte ersetzt worden ist. Hiernach ist die Stange x durch im Winkel gebogene Arme x_1 an den Enden (man vergl. Fig. 53ᵃ, welche die Vorderansicht des linken Endes darstellt) in den Büchsen x_2 an dem Ladendeckel gelagert. Die tiefste Lage, dicht über den Fäden des geöffneten Faches, wird durch einen Riemen r bestimmt, dessen Länge man mittels Schnalle leicht verändern kann und der einerseits die Schaftachse o des Webstuhls umschlingt, andererseits in eine Oese am Ende des in der Mitte der Stange x angebrachten Steges h (Fig. 53ᵇ) fasst.

Bei dem Vorschwingen der Lade wird, wie ohne weiteres ersichtlich, die Stange x gehoben; im Anfange jedoch, so lange sich der Schützen auf der Bahn befindet, nur wenig. Die grösste Hebung ist eingetreten, sobald das Blatt an den eingelegten Schussfaden schlägt; es ist alsdann die Aussicht auf die Fäden frei. Selbstverständlich kann die Stange x auch ganz in die Höhe geklappt werden und bleibt alsdann in dieser Lage, wie dies beim Einziehen gebrochener Kettenfäden erforderlich ist. Sowie dann die Lade ihre Bewegung beginnt, fällt die Stange x wieder in die durch den Riemen bestimmte tiefste Lage.

---

[11]) Berichte über die Wiener Gewerbeausstellung von Prof. Max Kraft, Zeitschrift deutscher Ingenieure 1889, und Ueber Schutzvorrichtungen gegen das Herausfliegen der Webschützen von Docent Ernst Müller, Zeitschrift deutscher Ingenieure 1890, S. 202 u. f. Der letztere recht gründliche Aufsatz giebt weitere Litteraturnachweise.

Diese Vorrichtung, welche in einigen Jutewebereien jetzt ausschliesslich angewendet wird, hat sich seit mehreren Jahren gut bewährt.

Recht zweckmässig erscheint endlich auch die folgende Schutzvorrichtung von A. W. Bär & Co., Zschopau (D. R. Patent 50562), welche in Fig. 54 im Querschnitt dargestellt ist. Nach dieser Vorrichtung wird der Raum oberhalb des Faches entlang der Lade durch zwei — event. auch mehr — Rohre oder auch massive Stangen derartig verengt, dass ein Herausfliegen des Schützens unmöglich ist. Die Stangen ruhen mit ihren Endzapfen in besonders gestalteten, an der Lade festgeschraubten Führungen y. Bei schmalen Stühlen sind zwei solcher Führungen an den Enden, bei breiteren drei, die eine in der Mitte, vorhanden. Im

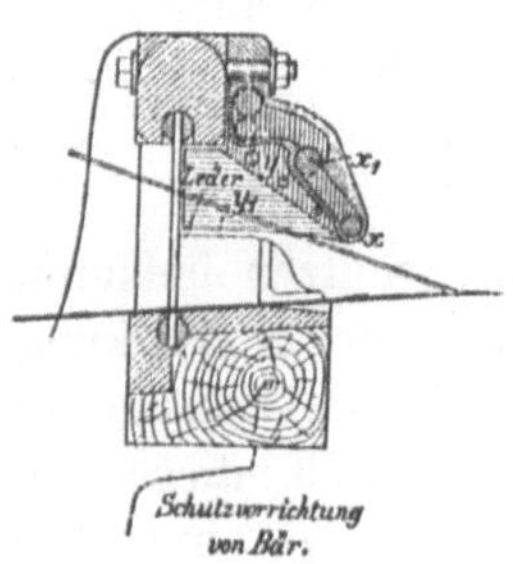

Fig. 54. (Querschnitt.)

$^1/_{10}$ nat. Grösse.

letzteren Falle ist das mittlere Führungsstück mit Kanälen auf beiden Seiten versehen und die Schutzstangen werden dann in zwei Längen eingelegt. In Fig. 54 ist die Einrichtung ausgebreitet, also schutzfertig gezeichnet worden. Wir sehen, dass die untere Stange x am Ende des unteren engeren Kanales ruht, ferner, dass die obere Stange x_1 an der Uebergangsstelle des oberen weiteren Kanales in den unteren engeren festgehalten wird, weil ihr Zapfendurchmesser so gross ist, dass er in den unteren nicht passt. Es ist ohne weiteres ersichtlich, dass man, falls Fäden anzuknüpfen sind, beide Stangen mit Leichtigkeit nach oben in die punktiert gezeichnete Stellung bringen kann. Man schiebt die Stange x nach oben, und diese drängt dann auch x_1 aus ihrer Stellung bis zur erwähnten Lage ganz dicht an der Lade. Der Raum vor der Lade ist somit vollständig frei. Sowie nun der Webstuhl in Gang gesetzt wird, fallen die beiden Rohre stets selbstthätig aus ihrer Ruhelage heraus in die zuerst erwähnte Schutzlage.

Um nun sicher zu sein, dass der Schützen beim Uebergang in die Kammer nicht herausfliege, sind an den Endführungsstücken y noch derbe Lederstreifen y_1 angeschraubt, welche dasselbe verhüten.

Die Vorzüge dieser Vorrichtung, wenigstens gegenüber der zuerst erwähnten, sind ersichtlich, so dass deren nähere Hervorhebung nicht erforderlich erscheint.

Der Betrieb des Webstuhls.

Das Ingangsetzen des Webstuhls erfordert zunächst die Beobachtung gewisser Umstände, eine Rücksichtnahme auf die augenblickliche Stellung der einzelnen Teile, wie sie bei anderen Maschinen selten oder wenigstens nicht in dem Masse wie hier notwendig ist. Daher müssen

Sie wird in dieser Stellung erhalten durch einen vermittelst einer Feder
p_6 an jene gedrückten Winkelhebel p_5. Dieser Hebel jeder Schützenkammer sitzt auf der unterhalb der Lade angeordneten Stecherwelle i_5,
welche in Fig. 33 von kreisrundem, in den Fig. 30ᵃ und 47ᵃ von quadratischem Querschnitte ist. Nach Fig. 30ᵃ und 47ᵃ ist das untere
Ende des erwähnten Winkelhebels mit einer seitlichen rechtwinkligen
Abbiegung versehen, die unter die Klinke oder den Stecher p_7 fasst,
welcher im übrigen lose um einen Zapfen drehbar ist. Nach Fig. 33
sitzt der Winkelhebel p_5 und der Stecher p_7 auf der gemeinsamen
Stecherwelle i_5 fest, die durch die Feder p_6 so gedreht wird, dass der
obere Arm von p_5 stets an der Zunge p_4 anliegt.

In beiden Fällen tritt folgendes ein. Wenn sich der Schützen in
einer Schützenkammer — wie in Fig. 33 gezeichnet wurde — befindet,
so ist die Zunge p_4 und ebenso der Winkelhebel p_5 nach aussen gedrückt, das untere Ende des letzteren und in beiden Fällen die Stecher
p_7 sind soweit gehoben, dass sie bei dem Vorschwingen der Lade über
einen Einschnitt des Gleitstückes p_8 hinweg gelangen können.

Wenn sich in keiner der beiden Kammern ein Schützen befindet,
so nehmen die Stecher p_7 ihre tiefste Lage ein — infolge der Einwirkung
der Spiralfedern p_6 — und es stossen jetzt dieselben in die Einschnitte
jener Klötzer bei dem Vorschwingen der Lade, wodurch diese am
Weiterschwingen plötzlich gehindert wird. Die Gleitstücke p_8 sind aber
verschiebbar gelagert und werden durch kräftige Federn p_9, soweit dies
ihre Führungen gestatten, nach einwärts gedrückt. Stossen jetzt aber
die Stecher gegen dieselben, so werden sie unter Ueberwindung des
Federdruckes etwas nach aussen geschoben, welche Bewegung zum Ausrücken der Riemengabel benutzt wird. Das an der Scheibenseite befindliche Gleitstück — man vergleiche den Grundriss Fig. 30ᶜ — ist
nämlich mit der im Winkel gebogenen Schiene p_{10} fest verbunden, welche
sich im normalen Zustande mit dem freien Ende gegen die federnde
und eingeklinkte Ausrückstange p_{11} legt. Tritt nun die Verschiebung des
Gleitstückes p_8 ein, so stösst p_{10} gegen die Ausrückstange p_{11} und löst
sie aus. Diese schnellt dann sofort einwärts und dreht die Riemengabel
so, dass der Betriebsriemen von der Fest- auf die Losscheibe übergeführt
wird. Auf diese Weise wird also verhindert, dass die Lade etwa
gegen einen im Fach stecken gebliebenen Schützen schlagen und Zerstörung anrichten kann.

Besser wäre es, besonders für den Fall, dass ein plötzliches Stillhalten des Webstuhles mit der Hand erforderlich wird (wenn also die
Stecher nicht einfallen und ausrücken), wenn sich gleichzeitig mit dem
Verschieben des Betriebsriemens eine kräftige Bremse an das Schwungrad der Kurbelwelle legen würde (wie dies bei anderen Webstühlen
häufig geschieht), weil alsdann der Stuhl schneller zum Stillstande kommen und sich die Rückwirkung auf die anderen Webstuhlteile abschwächen

wir hierauf ein wenig näher eingehen. Es ist vor dem erstmaligen Einrücken der Riemengabel nach Vorrichtung des Stuhls erforderlich, dass
man sich durch Drehen mit der Hand von dem richtigen Stand der einzelnen Teile, von dem gehörigen Bethätigen der einzelnen Mechanismen
überzeuge, ohne aber den Webeschützen einzulegen. Sind diesbezüglich
keine Ausstellungen zu machen, sind alle reibenden und gleitenden Me-
tallteile gehörig geschmiert, die Kammerspindel nicht vergessen, auf
welcher der Treiber läuft, so ist der gefüllte Schützen in diejenige
Kammer einzuschieben und ganz nach hinten zu drücken, in welcher zur
Zeit der Treiber nicht vorgeschnellt wird. Das Einstecken des Schützens
hat natürlich so zu erfolgen, dass das Fadenauge nach der Brustbaumseite zu gerichtet ist. Das aus dem Schützen tretende Fadenende hält
der Weber beim ersten Schuss am besten fest, rückt nunmehr den Webstuhl durch Einklinken der Einrückstange rasch ein und hilft an der
Lade dem Ingangsetzen des Stuhles nach, bis der erste Schuss regelrecht
erfolgt, der Schützen in der anderen Kammer angelangt und bis ans
Ende derselben vorgedrungen ist. Das Ingangsetzen des Stuhles miss-
lingt, wenn der Schützen in die unrichtige Kammer eingelegt wurde,
weil alsdann, ehe der Stuhl volle Geschwindigkeit erlangen konnte, ein
Schlag gegen den Schützen erfolgt, der meist zu schwach ist, um denselben mit gehöriger Energie durch das Fach zu treiben. Meist bleibt
er bereits im Fach stecken — und der Stuhl rückt sich selbst aus, ehe
eine volle Umdrehung erfolgte, weil die Stecher einfielen.

Die Beaufsichtigung der Webstühle erfolgt häufig so, dass eine
Person zwei derselben zu bedienen hat. Es hat dies natürlich zur
Voraussetzung, dass die Stühle mit den Brustbäumen einander zugekehrt und nur in solcher Entfernung (etwa 60^c) von einander aufgestellt sind, dass sich die Bedienung noch bequem zwischen ihnen
bewegen kann. Die Bedienung von 4 Stühlen durch eine Person ist
in der Juteweberei wohl nicht möglich und mir wenigstens noch nicht
vorgekommen, wenn die volle Leistungsfähigkeit jedes einzelnen gehörig zur Geltung kommen soll. Eine gewisse Zahl von Stühlen, 20
bis 30, wird beziehentlich der Einstellung und Regulierung von einem
sogenannten Vorrichter beaufsichtigt. Es mag hier noch bemerkt werden, dass zwischen den Stühlen auf der Zeugseite ein hölzerner, den
Gang vollständig einnehmender Tritt von einigen Zollen Höhe eingelegt
ist, auf dem die Arbeiter stehen.

Neben jedem Webstuhle befindet sich ein gewisser Vorrat an Kops
in Säcken oder Büffelkörben, und zu jedem Webstuhle gehören zwei
Schützen. Der eine ist stets im Stuhle in Thätigkeit, während der andere mit einem frischen Kop gefüllt auf einem kleinen am Gestelle dicht
vor dem Ausrückhebel (Fig. 30^c) angeordneten Tischchen, bereit zum
Einlegen, ruht. Ist der in Thätigkeit befindliche Schützen leer, giebt er
keinen Faden mehr aus, so muss der Stuhl sofort mit der Hand still-

gehalten werden, worauf alsbald das Einlegen des frischen Schützens erfolgt. Diese Aufgabe, sowie das Aufpassen auf gebrochene Kettenfäden, welche nach Stillhalten des Webstuhles alsbald wieder anzuknüpfen sind, hat die Bedienung hauptsächlich zu erfüllen.

Schussgassen, Schussstreifen. Achtet die Bedienung nicht genau auf das Leerlaufen des Schützens, das auch eintreten kann, wenn der Schussfaden reisst, und kommt dies öfters hinter einander vor, ohne dass die Kette zurückgedreht wurde, so bilden sich sogenannte Gassen, d. h. losere und dichtere Schussstreifen. Wenn in demselben Falle aber die Kette zu weit zurückgedreht wurde, dann wird eine Schussfadenpartie zu dicht zusammengeschlagen, es bilden sich ebenfalls Schussstreifen.

Solche Schussstreifen können aber auch aus anderen Ursachen entstehen, nämlich zunächst dann, wenn die Bremsvorrichtung ungleichmässig wirkt. In diesem Falle muss dieselbe nachgesehen und event. geölt werden. Ferner können Spielräume in den Lagern der Kurbelwelle oder der Schubstangen oder der Ladenstelzen, endlich auch nicht gehörig feststehendes Rietblatt hieran schuld sein. In den meisten Fällen aber ist, wenn der Schützen regelmässig Fäden ausgiebt und doch Schussgassen entstehen, die Aufnahmevorrichtung schuld, d. h. es setzen entweder die Klinken zeitweise aus, oder es kämmen die Räder nicht gehörig, oder es rutscht der Zeugbaum, d. h. er wird von der Stachelwalze nicht gehörig mitgenommen.

Durch Beseitigung der Ursachen dieser Erscheinung beseitigt man auch letztere selbst, also das Schussstreifigwerden der Ware.

Ober- oder Unterschüsse. Hierunter versteht man unrichtige Abbindungen der Kettenfäden. Diese kommen besonders bei drei- und vierschäftigen Geweben und breiten Stühlen dann vor, wenn der Vorrichter die Kämme (Schäfte) nicht richtig, insbesondere aber schief eingehängt hat, so dass der Schützen (bei Oberschuss) auch noch teilweise über die im hoch gehobenen Kamme befindlichen Fäden hinweggeht und (beim Unterschuss) der Kamm die Fäden nicht tief genug bringt, so dass der Schützen noch teilweise darunter hinweg gehen kann. Sowie dieses unrichtige Abbinden bemerkt wird, müssen die Kämme richtig gehängt, also umgeschnürt werden.

Wird die Ware rippig im Schuss, so ist entweder die Kettenspannung zu klein, oder der Streichbaum steht zu tief, oder die Schnürung der Kämme ist unrichtig, so dass verschieden hohe Fächer entstehen. In seltenen Fällen ist man genötigt, mit etwas vertretenem Fache beim Anschlagen der Lade zu arbeiten, um diese Erscheinung zu beseitigen, d. h. man muss die Excenter alsdann, wie wir gesehen haben, voreilen lassen.

Auch das Rietstreifigwerden der Ware (in der Kette), von dem wir schon wiederholt gesprochen haben (man vergl. z. B. Seite 204), kann, vorausgesetzt, dass das richtige Webeblatt gewählt wurde, durch Höherstellen des Streichbaums beseitigt werden. Manchmal sind auch einzelne lose gespannte Kettenfäden hieran schuld, die dann abgeschnitten und straffer gespannt werden müssen. Auch bei ungleichen Kehlen und bei zu straffem Aufliegen der Kettenfäden auf der Ladenbahn, endlich bei nicht richtig gelesenen Kreuzschienen können sich Rietstreifen bilden, deren Beseitigung durch die der Ursachen erfolgt.

Bilden sich schlechte Eggen, Sahlleisten, Kanten, macht der Schuss Schleifen entlang derselben, so ist entweder die Kette nicht genügend gespannt oder der Schussfaden im Schützen zu wenig gebremst. Es können aber auch noch andere Ursachen, wenn auch seltener, hieran schuld sein. So wird die Kante schlecht, wenn die Kette zu breit oder zu schmal gebäumt wurde, in welchem Falle nur Umbäumen auf die richtige Breite hilft, oder die Kantenfäden sind verzogen, sie befinden sich nicht an der richtigen Stelle, sie sind verbäumt worden. In diesen Fällen kann man sich oft nur helfen, wenn man sie zerschneidet und je nach der Sachlage entweder verkürzt oder durch Zwischenknüpfen anderer Fadenstücke verlängert, sie wohl auch mit benachbarten Fäden zeitweise verbindet. Es ist aber auch möglich, dass, wenn die Kämme nicht richtig, insbesondere aber schief hängen oder das Fach zu klein ist, dieselbe Erscheinung auftritt.

Bemerkt möge an dieser Stelle noch werden, dass verschiedene Breiten an ein und demselben Stück, die dann besonders bei dem Kalandern auffallend hervortreten, entweder in ungleichmässiger Bremsung der Kette oder in verschieden starken Schussfäden ihre Ursache haben.

Wenn ein Kettenfaden bricht und nicht alsbald wieder angeknüpft wird, so fehlt derselbe im fertigen Zeuge auf grösserer Länge. Es muss alsdann mit der Nadel dieser Faden nachträglich eingezogen und der gebrochene Faden an den Nachbarfaden geknüpft werden, bis er zum Vorschein kommt und eingewebt werden kann. Man kann ihn aber auch sofort durch Anknüpfen eines anderen Fadenstückes genügend verlängern und aufs neue einziehen. Fehlende einzelne Schussfäden ergänzt man ebenfalls durch Einnähen.

Sogenannte Webenester — die gelegentliche Ursache des Herspringens der Schützen — entstehen, wenn ein oder mehrere Kettenfäden während des Webens reissen, sich im Fache während des Webens zwischen die anderen Fäden legen und diese hindern, der Bewegung der Schäfte gehörig zu folgen, d. h. also regelmässig auf und nieder zu gehen. Der Schützen geht dann, wenn der Widerstand an der Stelle nicht zu gross ist, über oder unter den in Mitleidenschaft gezogenen Fäden weg, er bindet an dieser Stelle nicht. Findet dies nun bei einigen hinter einander folgenden Schüssen statt, ohne dass es von der Bedienung gesehen wird und die Fäden an der betreffenden Stelle entfernt werden, so hat sich im Gewebe ein Webenest gebildet.

Dasselbe kann nach Stillhalten des Stuhles nur entfernt werden, nachdem die Kette durch Rückdrehen des Regulators gehörig gelockert wurde, durch Aufschneiden des Schusses und Abschneiden der betreffenden Kettenfäden. Die ersteren werden herausgezogen und die Kettenfäden mittels Hülfsfäden wieder in normale Verfassung gebracht.

Es ist ersichtlich, dass ein solches Webenest unter Umständen den Schützen ablenken und zum Herausfliegen aus dem Fach veranlassen kann.

Unregelmässigkeiten im Gange des Webstuhles treten erst ein, wenn derselbe nach gehöriger Inbetriebsetzung einige Zeit gelaufen ist. Sie alle hier anzuführen dürfte schwierig, anderseits aber auch wohl nicht nötig sein, da eine aufmerksame sachverständige Beobachtung des Stuhles die Fehlerquelle in der Regel alsbald erkennen lässt, doch wollen wir wenigstens auf einige häufiger eintretende Erscheinungen eingehen. Bleibt der Stuhl stehen, trotzdem der Schützen jedesmal richtig in seiner Kammer anlangt, so stehen gewöhnlich die Stecher nicht mehr richtig, d. h. zu tief, so dass sie auch bei normalem Einfliegen des Schützens nicht hoch genug gehoben werden. Es können aber auch Hauptteile des Webstuhles locker geworden sein und nicht mehr richtig stehen, wie Zahnräder, Excenter, die Lade. Springt der Schützen beim Einfliegen in die Kammer wieder etwas zurück und ist hierin also die Ursache des Auslösens der Riemengabel zu suchen — da die Stecherzunge alsdann nicht mehr genügend nach aussen gedrückt, die Stecher also selbst zu wenig gehoben werden, so muss zunächst, wenn der Sprungriemen in Ordnung ist, versucht werden, durch Spannen der Federn, welche die Stecherwelle drehen, der Bewegung der Zunge grösseren Widerstand entgegen zu setzen, also den Schützen im Fache fester zu halten. Gelingt dies aber auf diesem Wege nicht, so muss die Schlagstärke in schon erwähnter Weise vermindert werden, was zunächst durch Verlängern des Schlagriemens zu versuchen ist, ehe man an eine Veränderung der Schlagvorrichtung geht.

Kommt der Schützen aber nicht mit gehörigem Arbeitsvermögen in der Gegenkammer an, beendet derselbe seinen Lauf nicht schnell genug, so fallen ebenfalls die Stecher ein und halten den Stuhl still. Es muss dann die Schlagstärke umgekehrt — vergrössert werden. Gelangt man durch Verstellen der einzelnen Teile nicht zum Ziele, so hat sich dann die Schlagnase zu weit abgenutzt und muss gegen eine andere umgewechselt werden. Manchmal ist aber auch zu wenig gespannter Treibriemen am zu schwachen Schützenschlage schuld.

Zu stark abgenutzte Treiber oder Schlagriemen und Kammerspindeln können ebenfalls Ursache des mangelhaften Schützentreibens und des unfreiwilligen Stillhaltens des Webstuhles sein; alsdann müssen diese Teile ergänzt werden.

Das Herausfliegen des Webeschützens hat häufig auch in den letzteren Umständen seine Ursachen, weil der Schützen nicht mehr in der normalen Flugrichtung geschlagen wird.

Weitere Ursachen für dies Ereignis sind in der schon erwähnten Bildung von Webenestern, ferner in zu kleinem oder auch falschem Fach zu suchen, wenn dasselbe nämlich nicht zur gehörigen Zeit gebildet wird. Durch Umschnüren der Kämme wird diese Ursache beseitigt, vorausgesetzt, dass der Schützen nicht etwa zu früh aus seinem Kasten tritt, in welchem Falle die Schlagvorrichtung angemessen zu verstellen wäre. Ist die Ladenbahn krumm, oder haben sich das Rietblatt oder der Ladendeckel verzogen, ist der Webeschütze sehr ungleich abgenutzt, ist er windschief geworden, hat sich, kurz gesagt, der Laufwinkel zwischen den einzelnen Teilen verändert, steht die Vorderwand der Schützenkammer nicht mehr parallel zum Riet und schliesst sie sich nicht dicht an den Schützen in der Kammer an: so liegen weitere Ursachen für das Herausspringen des Schützens vor, deren Beseitigung sich aber ohne weiteres ergiebt. Abgenutzte Schützen müssen entfernt und nachgehobelt werden.

Es kann nun auch vorkommen, dass der Stuhl nicht alsbald still hält, trotzdem der Schützen nicht in der anderen Kammer eingeflogen ist. Meistens ist hieran nicht richtige Einstellung der Riemengabel schuld, oder es hat sich die Stechervorrichtung irgendwo verstellt, oder sie ist zu stark abgenutzt, oder die Stecherwelle dreht sich zu schwer, bezieh. die Spannfedern wirken nicht mehr kräftig genug. Auch hier wird durch Beseitigung der Ursachen Abhülfe geschaffen.

Wir begnügen uns nun hier mit diesen Angaben, welche wohl die häuptsächlichsten bei unseren Stühlen vorkommenden Fälle umfassen. Treten solche von der Aufmerksamkeit der Bedienung unabhängige Betriebsstörungen ein, so müssen diese dem Vorrichter sofort gemeldet werden, der den Ursachen nachzuforschen und diese zu beseitigen hat. Der Vorrichter muss unter Umständen einen Schlosser zu Hülfe ziehen, wenn Hauptteile sich verstellt oder abgenutzt haben. Zu diesem Zweck sind stets einige Schlosser in dem Webesaale anwesend. Vorher ist aber der Webe-Untermeister oder Obermeister zu benachrichtigen. Die Tüchtigkeit dieser Männer kann man am besten danach beurteilen, ob sie imstande sind, ohne viel zu probieren, den Webstuhl rasch wieder in Gang zu bringen. Ein unüberlegtes Verstellen einzelner Teile verursacht grossen Zeitaufwand und führt schliesslich nur durch Zufall zum Ziel. Nur ein durchaus zielbewusstes Handeln und Eingreifen vermag rasche Beseitigung der Betriebsstörung herbeizuführen. Um dies aber zu können, ist entweder eine sehr lange Praxis oder eine gute Fachschulbildung erforderlich.

Das Abnehmen der fertigen Ware erfolgt dann, wenn entweder ein Stück von bestimmter Länge fertig gewebt worden ist oder wenn sich eine solche Länge aufgewickelt hat, dass der Zeugbaum der weiteren Füllung Schwierigkeiten bietet. Stets aber ist der Webeprozess so lange zu unterhalten, bis die farbigen, eine Stücklänge bezeichnenden Doppelstriche ein paarmal um den Zeugbaum herumgewickelt sind. Alsdann rückt man den Stuhl aus und dreht am Regulator mit der Hand den Zeugbaum rückwärts, bis das Zeichen wieder erscheint. Man kann jetzt den Baum auf seinen Führungen heraufziehen bis in die vorderen Endlager. Die Ware wird nun zwischen den Strichen quer durchgeschnitten, der volle Zeugbaum herabgehoben und auf einen kleinen zweirädrigen Wagen — wir werden dieselben noch später im Teil III näher kennen lernen — gelegt und zur Appreturabteilung gefahren. Mittlerweile ist das vom Brustbaume herabhängende Zeugende rasch um einen leeren bereitliegenden Zeugbaum gewickelt und auf demselben in der Nut, wie schon beschrieben, festgeklemmt und nach gehöriger Aufwickelung des schon fertigen Zeuges gegen die Stachelwalze gelegt worden. Jetzt kann der Webeprozess weiter fortgesetzt werden. Der hierdurch entstehende Aufenthalt dauert nur wenige Minuten.

Wenn die Kette aber abgewebt worden ist und durch eine neue ersetzt werden soll, so verfährt man, gleichgültig, ob eine weitere Kette derselben Beschaffenheit und Einstellung oder eine andere benutzt werden soll, wenn man beabsichtigt, den Webstuhl möglichst auszunutzen, also möglichst kurze Zeit nur still stehen zu lassen so, dass die alte Kette vor dem Blatt abgeschnitten und verknotet oder so durchschnitten wird, dass noch ein einige Centimeter langes Stück Gewebe an der Kette hängen bleibt. Das Blatt und die Kämme nimmt man jetzt heraus, ebenso den leeren Kettenbaum und bringt erstere zu der Stelle, wo das Neuandrehen der Kette vorgenommen wird, letzteren zu den Schlichtmaschinen. Auch der Zeugbaum wird in der Regel gleichzeitig mit entfernt, und nun legt man, nachdem der Webstuhl inzwischen gereinigt und neu geschmiert worden ist, den bereitstehenden gefüllten Kettenbaum mit seinem Blatte und seinen Schäften ein und bringt letztere an ihre Stelle durch Neueinlegen und Anschnüren. Das Verbinden mit dem neuen Zeugbaum ist schon früher beschrieben worden. Dieses Verfahren hat aber stets zur Voraussetzung, dass genügende Reservegeschirre und Blätter (Bäume natürlich ebenfalls) vorhanden sind, wie dies ja auch in jeder gut eingerichteten Weberei der Fall ist.

Will man aber den alten Zeugbaum mit Ware noch weiter füllen, so muss das Ende der neuen Kette jenseits des Blattes mit dieser durch Einknoten, oder wenn das alte Zeugstück sich noch an der neuen Kette befindet, durch Zusammenstecken oder Nähen verbunden werden. Es wird in diesem Falle etwas weniger Abfall erzeugt.

Das Andrehen der neuen Kette an die Enden der alten bei vollständiger Gleichheit beider im Webstuhl — in welchem Falle etwas weniger Abfall gebildet wird und die Schäfte und das Blatt an Ort und

Stelle bleiben und weiter benutzt werden können — verursacht stets wesentlich längeren Aufenthalt und wird daher nur ausnahmsweise — z. B. bei ungewöhnlichen Einstellungen und kleineren Aufträgen — angewendet.

Allgemeine Bemerkungen über die Jute-Webstühle.

Die Breite des Stuhles richtet sich nach der Längenausdehnung des Webeblattes, welche stets Blattbreite (*reed-space*) genannt wird. Bei Stühlen von etwa 169^c ($66\frac{1}{2}''$) Blattbreite an findet man bei älteren Konstruktionen die S. 195 erwähnten doppelten Kettenbäume, welche nach Einführung der neueren Schlichtemaschinen nicht mehr angewendet, sondern durch ganze Bäume ersetzt werden. Bei diesen breiteren Stühlen sind aber, um ein durchaus gleichmässiges Niederziehen der Schäfte zu ermöglichen, doppelte Trittbewegungen vorhanden, welche also an zwei Stellen der Schäfte wirken. Bei nur einer Trittbewegung in der Mitte der Schäfte würde sich bei den breiteren Stühlen ein ungleichmässiges Niederziehen, ein Schwanken der Schäfte ergeben, welches für die Gewebebildung von Nachteil wäre.

Die Tiefe der Webstühle, normal zur Lade gemessen, kann, insoweit sie bei der Aufstellung in Betracht kommt, zu $160^c = 63$ Zoll angenommen werden. (Man vergleiche auch die Figur 1 auf Tafel XV). Ueber den gefüllten Baum und alle vorstehenden Teile gemessen, beträgt die grösste Ausdehnung in der Tiefe: $175^c = 69$ Zoll. Die Ladenlänge, über die Endschrauben gemessen, richtet sich nach der Blattbreite und ist im Durchschnitt $135^c = 53,15$ Zoll grösser als letztere. Die Lade wiederum ragt über die Seitengestelle auf jeder Seite um $47,5^c$ $= 18,70$ Zoll heraus, so dass also die Aussenkanten der Seitengestelle in der Richtung der Lade um die Blattbreite plus $40^c = 15,75$ Zoll von einander entfernt sind.

Beispiel. Ein Webstuhl von $112^c = 44,09$ Zoll Blattbreite hat eine Tiefe von $160^c = 63$ Zoll, bezieh. grösste Tiefe von $175^c = 69$ Zoll; die Länge der Lade beträgt: $112^c + 135 = 247^c$ oder $44,09$ Zoll $+ 53,15$ $= 97,24$ Zoll. Die Aussenkanten der Seitengestelle sind in der Richtung der Lade um $112^c + 40 = 152^c$ oder $44,09^c + 15,75 = 59,84$ Zoll von einander entfernt.

Man unterscheidet nun zwei Systeme von Jute-Stühlen:

a) Leichtere Stühle, in der Regel nur für 2 Schäfte bestimmt. Diese nennt man *Hessian-looms*, man müsste sie aber deutsch: Jute-Leinenstühle nennen.

b) Schwerere Stühle, stets für 2 bis 4 Schäfte bestimmt. Diese nennt man *Sacking-looms*, man sollte sie aber Köperstühle nennen.

Die letzteren Stühle unterscheiden sich von den ersteren in der Hauptsache, abgesehen von der Schaftbewegung und der verschiedenen Aufnahmebewegung (einfache und doppelte Uebersetzung), wie wir bereits gesehen haben, nur durch kräftigeren Bau und also auch grösseres Gewicht von den ersteren. Die üblichen Blattbreiten, sowie alle sonst etwa notwendigen Einzelheiten können aus der folgenden Uebersicht entnommen werden. Die angegebenen Gewichte gelten für Webstühle der Sächsischen Maschinenfabrik Chemnitz.

Die grösste Breite $b^{\text{max.}}$ der Ware in Centimetern, welche auf den Stühlen selbst bei grösster Einsenkung — man vergl. Tabelle IX Seite 64 — noch bequem hergestellt werden kann, berechnet sich aus der Blattbreite B in Centimetern etwa folgendermassen. Es ist:

$$b^{\text{max.}} = 0{,}942 \cdot B - 5{,}84.$$

Die zur Zeit üblichen Umdrehungszahlen der Kurbelwelle der Stühle, die mit der Breite abnehmen, lassen sich nach folgender Formel feststellen. Bezeichnet man jene minutlichen Umdrehungszahlen mit U und wie vorhin die Blattbreite mit B in Centimetern, so ist zu nehmen:

$$U = 174 - 0{,}3 \cdot B.$$

An der Hand dieser beiden Formeln sind für die in der Praxis häufig vorkommenden Webstuhlbreiten in der folgenden Uebersicht die entsprechenden Werte berechnet und etwas abgerundet worden.

Tabelle XII.
Jute - Webstühle.

Laufende Nummer	Blatt-breite		Grösste mögliche Gewebe-breiten		Stuhltiefe 160c = 63″, grösste 160c = 69″. Ladenlänge (grösste)		Minutliche Umdrehungen der Kurbelwelle	Leichte Stühle, zweischäftig Gewicht		Schwere Stühle, vierschäftig Gewicht		Bemerkungen
	Centi-meter	Zoll	Centi-meter	Zoll abger.	Centi-meter	Zoll	U	Netto Kilogr.	Brutto Kilogr.	Netto Kilogr.	Brutto Kilogr.	
1	95	37,40	83,65	33,0	230	90,55	145	1000	1100	1310	1470	Die Webstühle sind mit vollständiger Armatur versehen.
2	112	44,09	99,66	38,5	247	97,24	140	1020	1125	*1330	*1490	
3	123	48,43	115,02	45,25	258	101,58	137	1050	1150	1360	1500	
4	135	53,15	121,33	47,75	270	106,30	133	1080	1175	1450	1570	
5	142	55,91	127,92	50,25	277	109,06	132	1120	1200	1460	1600	
6	149	58,66	134,51	53,00	284	111,81	129	1140	1235	*1475	*1620	
7	159	62,60	143,93	56,25	294	115,74	126	1170	1250	1500	1640	
8	168	66,14	152,41	59,75	303	119,29	124	1250	1330	*1545	*1680	
9	174	68,50	158,06	62,25	309	121,60	122	1300	1400	1575	1700	
10	188	74,01	171,25	67,25	323	127,16	118	*1356	*1460	*1620	*1750	
11	202	75,53	184,44	72,25	337	132,68	113	*1412	*1520	*1665	*1800	
12	216	85,04	207,63	81,75	351	138,19	109	*1468	*1580	*1710	*1850	
13	230	90,55	210,82	83,00	365	143,70	105	*1525	*1640	*1760	*1900	
14	244	96,06	224,00	88,00	379	149,21	101	*1580	*1690	*1800	*1950	

(Die mit * bezeichneten Gewichte sind Schätzungswerte.)

Totale Höhe der Stühle etwa $160^c = 63$ Zoll.

Robertson & Orchar in Dundee geben für einen schweren Jute-Webstuhl von 52 Zoll (132^c) Blattbreite an: Brutto-Gewicht $= 15{,}75^{mz}$ und Netto-Gewicht $= 13^{mz}$.

Was die Preise der Stühle anbetrifft, so wechseln dieselben ziemlich, sind auch bei den einzelnen Fabriken nicht gleich. Man kann aber ungefähr folgende Werte als gegenwärtig geltend annehmen für einen vollständig betriebsfertigen, von der Maschinenfabrik gelieferten Webstuhl in Deutschland (einschl. Zoll), aber ohne Aufstellungskosten:

> Leichter Stuhl mit einer vollständigen 2-Schaftbewegung, 95^c (37,4 Zoll) Blattbreite 550 Mark.

> Ein schwerer Stuhl mit einer vollständigen 4-Schaftbewegung, 95^c (37,4 Zoll) Blattbreite 700 Mark.

Für je 10^c grössere Blattbreite ist der Preis um etwa 20 Mark zu erhöhen.

Die 2, 3 oder 4 Schaftbewegungen extra kosten je 50—60 Mark.

1 Schützen extra 3 Mark, 1 Paar Schlagriemen extra 3 Mark, 1 Fangriemen extra 2,75 Mark, 1 Paar Treiber extra 1,5 Mark.

Aus Teil I, Seite 364 wissen wir ferner über den Arbeitsverbrauch in Pferdestärken, dass ein Webstuhl allein je nach der Breite etwa braucht:

> bei normalem Betriebe 0,41 bis 0,45 indiz. *PS*.

> bei angestrengtem Betriebe 0,50 bis 0,53 indiz. *PS*.

Es braucht ferner 1 Webstuhl im Mittel bei $149^c = 58{,}6$ Zoll Blattbreite 0,4 effekt. *PS* zum Betriebe.

Im übrigen sei wegen des Arbeitsbedarfes ganzer Webereien nochmals auf das im Teil I Gesagte hingewiesen.

Webstühle zur Herstellung von Schlauchgeweben, aus denen Säcke mit nur einer Bodennaht und den Saumnähten am anderen Ende erzeugt werden können, benutzt man in der Jute-Weberei nicht, weil sich Säcke mit Seitennaht und Bodennaht aus einfachem Gewebe (oder auch mit 2 Seitennähten) billiger stellen. Der Grund hierfür liegt in der geringen Leistungsfähigkeit der Schlauchwebstühle.

Die Leistung der Webstühle.

Nehmen wir zunächst an, dass es möglich wäre, den Webeprozess ununterbrochen ohne jeden Aufenthalt fortzusetzen, so würde sich die theoretische Leistung des Webstuhles, d. h. also die Gewebelänge, welche er in einer bestimmten Zeit fertig stellt, ohne Berücksichtigung der Stillstände, folgendermassen berechnen:

Es sei die in einer Stunde erzeugte Gewebelänge in Metern L^{mt}.

Die Anzahl der Kurbelwellenumdrehung in der Minute U.

Die Zahl der Schussfäden auf einem Zoll Gewebelänge S.

Die Lieferung des Stuhles in einer Stunde in **englischen Fussen** wird zunächst sein $= \dfrac{U}{S} \cdot \dfrac{60}{12} = 5 \cdot \dfrac{U}{S}$ und daher die gelieferte Gewebelänge in Metern:

$$L^{\mathrm{mt}} = \frac{U}{S} \cdot 5 \cdot 0{,}3047944, \text{ das giebt etwas abgerundet:}$$

$$L^{\mathrm{mt}} = 1{,}524\, \frac{U}{S}.$$

Bezeichnet man aber die Schussfadenzahl auf 1^{dc} Gewebelänge mit S_{d}, so folgt, wie ohne weiteres ersichtlich, die stündlich gelieferte Gewebelänge in Metern:

$$L^{\mathrm{mt}} = 6 \cdot \frac{U}{S_{\mathrm{d}}}.$$

Beispiel. Ist die Zahl der minutlichen Kurbelumdrehungen eines Webstuhls $U = 145$, die Zahl der Schussfäden auf 1 Zoll $= 10$, also die auf $1^{\mathrm{dc}} = 39{,}371$ (man vergl. Tabelle VI S. 55), so ist die Webelänge in 1 Stunde:

$$L^{\mathrm{mt}} = 1{,}524\, \frac{U}{S} = 1{,}524\, \frac{145}{10} = 22{,}09 \text{ Meter, oder auch}$$

$$L^{\mathrm{mt}} = 6 \cdot \frac{U}{S_{\mathrm{d}}} = 6 \cdot \frac{145}{39{,}371} = 22{,}09 \text{ Meter.}$$

In den vorstehenden Annahmen in betreff der Schussfadenzahl ist es gleichgültig, ob man dieselbe bezieht auf die Einstellung im Stuhl oder auf die Fadenzahl im fertigen Gewebe. Im Gewebe, wie es vom Stuhl kommt ist, wie wir wissen, die Schussfadenzahl etwas grösser, die Gewebelänge dafür kleiner. Im fertig appretierten Gewebe ist erstere kleiner und letztere grösser. Bezieht man also die Schussfadenzahl auf das fertige Gewebe, so giebt das Resultat auch die Länge der fertig appretierten Ware. Wenn dieselbe aber auf die Einstellung im Stuhl bezogen wird, dann erhält man auch nur die etwas kleinere auf dem Zeugbaume aufgewickelte Gewebelänge. Es ist hier deshalb gegenüber der früheren Bezeichnung auf Seite 66 absichtlich keine nähere Angabe gemacht worden, ob sich die Fadenzahl auf die Einstellung im Stuhle oder die im fertigen Gewebe bezieht.

Diese theoretische stündliche Lieferung eines Webstuhls kann aber niemals erreicht werden, selbst dann nicht, wenn kein Fadenbruch vorkommt, also keine **Unregelmässigkeiten** auftreten, welche ein Stillhalten des Stuhles erfordern. Es ist hieran die Art und Weise des Schusseintragens schuld. Erfolgte nämlich der Webeprozess ohne jeglichen Aufenthalt eine zeitlang, so wird das Schussquantum, welches im Schützen aufgespeichert war, endlich aufgebraucht sein — und nunmehr muss unter allen Umständen der Webeprozess unterbrochen und ein anderer mit neuem Schussgarne gefüllter Schützen eingelegt werden. Bei jedem im Verlaufe des Webeprozesses erforderlichen Schützenwechsel tritt also ein Stillstand des Webstuhls, eine unumgängliche Unterbrechung des Webeprozesses ein. Die Dauer desselben hängt von der Geschicklichkeit der Bedienung ab und beträgt etwa jedesmal 10 bis 15 Sekunden.

Die erforderliche Zahl der Schützenwechsel, ehe eine bestimmte Gewebelänge fertig geworden ist, ist nun offenbar von sehr verschiedenen Umständen abhängig und demgemäss also auch die überhaupt mögliche Lieferungsfähigkeit des Stuhls.

Ist auf einem bestimmten Webstuhle das eine Mal ein breiteres, das andere Mal ein schmäleres Stück Ware zu erzeugen, so wird unter sonst gleichen Umständen im ersteren Falle ein öfterer Schützenwechsel nötig, die mögliche Leistungsfähigkeit des Stuhles also kleiner als im letzteren Falle sein.

Für ein Gewebe bestimmter Breite ist wiederum ein öfterer Schützenwechsel dann erforderlich und daher nur eine geringere Leistung des Stuhles möglich, wenn die Zahl der Schussfäden auf der Längeneinheit grösser oder das Schussgarn stärker (dicker) oder endlich, wenn die Einsenkung der Schussgarne bedeutender wird, weil in allen diesen Fällen der in einem Schützen bestimmter Dimension aufgespeicherte Garnvorrat schneller aufgebraucht wird. Dass die Einsenkung der Schussgarne wiederum von der Garnnummer und der Einstellung der Kette, sowie deren Nummer und Anspannung abhängt, haben wir bereits früher gesehen.

Wenn man sich nun die Aufgabe stellt, unter Berücksichtigung der durch die erforderlichen Schützenwechsel hervorgebrachten Zeitverluste, die überhaupt **mögliche Leistung eines Webstuhls** festzustellen, so kann folgendermassen verfahren werden:

Wenn die zum vollständigen Aufweben eines Kops ohne Stillstand erforderliche Zeit in Sekunden mit t bezeichnet wird, der Zeitverlust durch den Schützenwechsel mit t_0, die theoretische Lieferung eines Webstuhls in 1 Stunde also diejenige ohne Berücksichtigung der Schützenwechsel, wie früher in Metern mit L^{mt}, so ist die **überhaupt mögliche Webstuhlleistung** L_1^{mt}, in einer Stunde bei Berücksichtigung jener, ebenfalls in Metern, wegen des Verhältnisses:

$$\frac{L^{\mathrm{mt}}}{L_1^{\mathrm{mt}}} = \frac{t + t_0}{t}; \quad L_1^{\mathrm{mt}} = \frac{t \cdot L^{\mathrm{mt}}}{t + t_0}.$$

In dieser Formel ist t_0 zu 10 bis 15 Sekunden — je nach der Schnelligkeit der Bedienung — zu setzen.

Die Zeit t in Sekunden findet man aber, wenn das Gewicht eines Kops mit p in Grammen bezeichnet wird und wenn das in einer Stunde ohne Webstuhlstillstand erforderliche Schussgarngewicht O_s in Grammen ist (entsprechend einer Gewebelänge von L^{mt}), weil

$$\frac{O_s}{60 \cdot 60} = \frac{p}{t} \text{ ist; durch } t = \frac{60 \cdot 60 \cdot p}{O_s} = \frac{3600 \cdot p}{O_s} \text{ Sekunden.}$$

Ueber das Gewicht p der Kops für verschiedene Längen und Garnnummern haben wir bereits Seite 119 das Nötige gesagt. Wir wiederholen hier aber, dass bei $9^1/_2$ Zoll Länge und $1^1/_2$ Zoll Durchmesser in der Garnnummer $N^{lbs} = 7$ das Gewicht im Durchschnitt gesetzt werden kann $p = 125^g$. Von dieser Garnnummer an steigt das Gewicht, ist bei $N^{lbs} = 10$ etwa 130^g, bei $N^{lbs} = 20$ etwa 135^g und im Durchnitt überhaupt, also ungefähr für die $N^{lbs} = 11$ etwa 130^g.

Für Kops von $9^1/_2$ Zoll Länge und $1^3/_4$ Zoll Durchmesser beträgt das Durchschnittsgewicht für die Nummern: $N^{lbs} = 25$ bis 190 etwa 155^g.

Die längeren Kops für die neuen Schützen wiegen bei derselben Dicke bei 12 Zoll Länge und $1^1/_2$ Zoll Durchmesser im Durchschnitt 165^g und bei $1^3/_4$ Zoll Durchmesser für die stärkeren Garne 195^g.

Es handelt sich jetzt nur noch darum, das Schussgarngewicht O_s für die theoretische Webelänge L^{mt}, also für diejenige ohne Berücksichtigung der durch Schützenwechsel erforderlichen Stillstände des Stuhles für ein bestimmtes Gewebe, d. h. für eine bestimmte Schusszahl S (Schussgarnnummer N^{lbs}_s Einsenkung y) und Gewebebreite b zu bestimmen.

In dem früheren Kapitel: Die Berechnung der Gewebe, Seite 66 u. f. sind hierüber die nötigen Unterweisungen unter Berücksichtigung des Normalgewichtes der Gewebe (man vergl. Tabelle I, III und IV, Seite 28, 41 und 44) in Grammen für $1''$ englische Breite, für 1^m und 1^{dc} Breite gegeben worden.

Legen wir das Gewicht W_1 von 1 Meter des Gewebes bei 1 Zoll Breite in Grammen zu Grunde, so folgt nach Seite 71 und 91:

$$W_1 = 0{,}037242 \cdot 1{,}0\, x \cdot K \cdot N^{lbs}_k + 0{,}034450 \cdot 1{,}0\, y \cdot S \cdot N^{lbs}_s.$$

Hierin ist das

Kettengarngewicht: $G''_k = 0{,}037242 \cdot 1{,}0\, x \cdot K \cdot N^{lbs}_k$ }   Bei 1 Zoll Gewebebreite.

und das **Schussgarngewicht:** $G''_s = 0{,}034450 \cdot 1{,}0\, y \cdot S \cdot N^{lbs}_s$ }

Legt man aber das Gewicht Q von 1 Meter des Gewebes bei 1 Dec. Breite zu Grunde, so folgt ebenfalls nach Seite 71 und 91:

$$Q = 0{,}146625 \cdot 1{,}0\, x \cdot K \cdot N^{lbs}_k + 0{,}135632 \cdot 1{,}0\, y \cdot S \cdot N^{lbs}_s.$$

und hierin ist das

Kettengarngewicht: $G^d_k = 0{,}146625 \cdot 1{,}0\, x \cdot K \cdot N^{lbs}_k$ }   Bei 1 Dec. Gewebebreite.

und das **Schussgarngewicht:** $G^d_s = 0{,}135632 \cdot 1{,}0\, y \cdot S \cdot N^{lbs}_s$ }

Aus der Verkürzung des Schussgarns $y\,^0/_0$, der Schusszahl S für den laufenden Zoll Länge und der Schussgarnnummer N_s^{lbs} kann man also hiernach zunächst das Schussgewicht $G_s^{''}$ für 1 Zoll bezieh. dasjenige G_s^d für 1 Dec. Gewebebreite berechnen.

Für die Gewebebreite b in Zollen ist alsdann die in 1 Meter Gewebe enthaltene Schussgarnmenge: $b \cdot G_s^{''}$ und für die Gewebebreite b_d in Decimetern: $b_d \cdot G_s^d$.

Das Schussgarngewicht O_s eines Gewebes der Breite b bezieh. b_d und derjenigen Länge L^{mt}, welche ein Webstuhl in 1 Stunde liefern würde, wenn gar keine Stillstände stattfänden, ist sonach, je nachdem die eine oder andere Einheit der Berechnung zu Grunde gelegt wird:

$$O_s = b \cdot G_s^{''} \cdot L^{mt} \text{ oder } O_s = b_d \cdot G_s^d \cdot L^{mt}.$$

Setzt man die zuletzt dargestellten Werte für t bezieh. für O_s in die Gleichung für L_1^{mt} ein, so ergiebt sich:

$$L_1^{mt} = \frac{3600 \cdot p \cdot L^{mt}}{3600 \cdot p + t_0 \cdot b \cdot G_s^{''} \cdot L^{mt}} \text{ oder auch} = \frac{L^{mt}}{1 + \dfrac{t_0 \cdot b \cdot G_s^{''} \cdot L^{mt}}{3600 \cdot p}}$$

$$L_1^{mt} = \frac{3600 \cdot p \cdot L^{mt}}{3600 \cdot p + t_0 \cdot b_d \cdot G_s^d \cdot L^{mt}} \text{ oder auch} = \frac{L^{mt}}{1 + \dfrac{t_0 \cdot b_d \cdot G_s^d \cdot L^{mt}}{3600 \cdot p}}$$

Der Zeitverlust Z_0, welcher durch den Schützenwechsel entsteht, drückt sich in Prozenten aus durch:

$$Z_0 = \frac{t_0 \cdot 100}{t + t_0} = \frac{t_0 \cdot 100}{\dfrac{3600 \cdot p}{O_s} + t_0} = \frac{t_0 \cdot 100}{\dfrac{3600 \cdot p}{b \cdot G_s^{''} \cdot L^{mt}} + t_0}$$

$$\text{oder } Z_0 = \frac{1}{\dfrac{36 \cdot p}{t_0 \cdot b \cdot G_s^{''} \cdot L^{mt}} + 0{,}01} \text{ bezieh. } \frac{1}{\dfrac{36 \cdot p}{t_0 \cdot b_d \cdot G_s^d \cdot L^{mt}} + 0{,}01} \text{ Prozente.}$$

Beispiel 1. Auf einem Webstuhl von $216^c = 85''$ Blattbreite soll ein Jute-Leinen-Gewebe 13 Unzen 11 Gang von $75'' = 190{,}5^c$ Breite erzeugt werden, von der im Beispiel 12 auf Seite 74 gegebenen Einstellung. Die Umdrehungen der Kurbelwelle sind in der Minute 109; welche theoretische und überhaupt mögliche Leistung hat derselbe für diesen Fall?

Nach jenem Beispiel 12 ist das Schussgarngewicht von 1 Meter Gewebe bei $1''$ Gewebebreite $G_s^{''} = 6{,}4206$ Gramm.

Die theoretische Leistung ohne jeglichen Webstuhlstillstand ist in einer Stunde in Metern:

$$L^{\mathrm{mt}} = 1{,}524 \frac{U}{S}\cdot$$ In jenem Beispiele ist $S = 13{,}1$, daher:

$$L^{\mathrm{mt}} = 1{,}524 \frac{109}{13{,}1} = 12{,}68^{\mathrm{m}}.$$

Die Lieferung mit Berücksichtigung der durch Schützenwechsel hervorgerufenen Stillstände ist daher, wenn die Zeit zu einem Schützenwechsel zu 15 Sekunden ($t_0 = 15$) und das Gewicht eines Kops zu $p = 130^{\mathrm{g}}$ für $N_{\mathrm{s}}^{\mathrm{lbs}} = 13$ angenommen wird,

$$L_1^{\mathrm{mt}} = \frac{12{,}68}{1 + \dfrac{15 \cdot 75 \cdot 6{,}42 \cdot 12{,}68}{3600 \cdot 130}} = \frac{12{,}68}{1 + 0{,}1956} = 10{,}60 \text{ Meter}.$$

Die Leistung ohne Stillstand von $12{,}68^{\mathrm{m}}$ vermindert sich also in einer Stunde um 2,08 Meter durch die Schützenwechsel oder um $16{,}40\,^0/_0$.

Beispiel 2. Es soll ausnahmsweise ein Hopfentuchgewebe von $70''$ Breite erzeugt werden auf einem Webstuhl von $77\frac{1}{2}''$ Blattbreite bei 111 Umdrehungen der Webstuhlwelle. Das Hopfentuch soll bei einem Gewichte von 1700^{gr} für 1 Meter bei $48''$ Bezugsbreite und $S = 9$ Schussfäden auf 1 Zoll, die Garnnummer $N_{\mathrm{s}}^{\mathrm{lbs}} = 57$ haben; ferner soll 1 Kop $p = 150^{\mathrm{g}}$ wiegen und die Zeit zu einem Schützenwechsel wie vorhin $t_0 = 15$ Sekunden betragen. — Das erforderliche Schussgarngewicht für 1 Meter Gewebe $1''$ breit ist $G_{\mathrm{s}}'' = 18{,}2555$ Gramm.

Nunmehr folgt: $L^{\mathrm{mt}} = 1{,}524 \cdot \dfrac{111}{9} = 18{,}79^{\mathrm{m}}$ und alsdann:

$$L_1^{\mathrm{mt}} = \frac{18{,}79}{1 + \dfrac{15 \cdot 70 \cdot 18{,}2555 \cdot 18{,}79}{3600 \cdot 150}} = \frac{18{,}79}{1 + 0{,}6669} = 11{,}27 \text{ Meter}.$$

Die theoretische Leistung von $18{,}79^{\mathrm{m}}$ ohne Stillstandberücksichtigung vermindert sich also in einer Stunde in diesem Falle um 7,52 Meter durch den Schützenwechsel oder um $40{,}02\,^0/_0$!

Beispiel 3. Nehmen wir nun beziehentlich der Stuhlgeschwindigkeit und des zu erzeugenden Gewebes dieselben Werte wie im letzten Beispiele, aber weiter an, dass längere Kops im Gewichte von 195^{g} Verwendung finden bei 15 Sek. Schützenwechselzeit, so ist jetzt:

$$L_1^{\mathrm{mt}} = \frac{18{,}79}{1 + \dfrac{15 \cdot 70 \cdot 18{,}2555 \cdot 18{,}79}{3600 \cdot 195}} = \frac{18{,}79}{1 + 0{,}51306} = 12{,}41 \text{ Meter}.$$

Die theoretische Leistung von $18{,}79^{\mathrm{m}}$ ohne Stillstandberücksichtigung vermindert sich also infolge der Schützenwechsel in einer Stunde jetzt um 6,38 Meter oder um $33{,}95\,^0/_0$.

Hieraus folgt, dass allein durch Vergrösserung des Raumes zum Einlegen des Schussgarnes im Schützen, also durch Vermehrung des Kopgewichtes von 150 auf 195^g die überhaupt mögliche Leistung des Webstuhls um 6,07 % für vorliegenden Fall gestiegen ist.[12]

Beispiel 4. Nehmen wir endlich noch an, dass unter Beibehaltung aller in Beispiel 3 gewählten Verhältnisse der Schützenwechsel möglichst schnell und zwar in 10 Sek. erfolge, so ist:

$$L_1^{mt} = \frac{18,79}{1 + \dfrac{10 \cdot 70 \cdot 18,2555 \cdot 18,79}{3600 \cdot 195}} = \frac{18,79}{1 + 0,34204} = 14,00 \text{ Meter.}$$

Die theoretische Leistung von 18,79 ^{m} ohne Stillstandberücksichtigung vermindert sich also infolge des Schützenwechsels in einer Stunde jetzt um 4,79 ^{m} oder um 25,49 %.

Die raschere Schützenauswechslung erhöht daher die überhaupt mögliche Leistung noch weiter um 8,46 %.

Durch beide Umstände, also durch Vermehrung des Kopgewichtes von 150 auf 195^g, sowie durch Verminderung der Zeit, welche zu einem Schützenwechsel erforderlich ist, von 15 auf 10 Sekunden, wird in dem vorliegenden Falle die überhaupt mögliche Leistungsfähigkeit des Webstuhls um 14,53 % erhöht.

In der Berücksichtigung dieser beiden Umstände liegt daher die Grundbedingung für die Erhöhung der überhaupt möglichen Leistungsfähigkeit der Webstühle.

Die früher gegebenen Geschwindigkeiten der Stühle sind diejenigen, welche sich als sehr vorteilhafte durch die Praxis bewährt haben. Bei erheblichen Abweichungen von denselben nach oben oder unten hin vermindert sich die Leistung der Webstühle.

Vorteilhaft ist es nun, stets auf jeder Stuhlsorte möglichst breite Gewebe zu erzeugen. Wenn man aber auf breiteren und langsamer laufenden Stühlen genötigt ist, um diese nicht ganz still stehen zu lassen, erheblich schmälere Ware zu erzeugen, so darf man nicht etwa für diesen Fall den Stuhl schneller laufen lassen, weil der Schützenweg stets derselbe bleibt. Die Ausnutzung der breiten Webstühle ist in diesem Falle zwar geringer, aber immer noch besser, als wenn man dieselben ganz still halten müsste. In vielen Fällen kann man auch auf diesen breiteren Stühlen schmälere Ware unter Benutzung der künstlichen Sahlleiste (man vergl. Seite 224) neben einander erzeugen und nutzt alsdann natürlich auch diesen vollkommen aus.

Wenn man annimmt, dass auf den Stühlen annähernd die grössten Warenbreiten erzeugt werden, so stellt sich für mittlere Verhältnisse und

---

[12] Für dasselbe Gewebe 52″ br., bei 125 minutl. Umdreh. erzeugt, folgt 10$^1/_2$ % Produktionssteigerung bei langen Kops. — Die neuen Schützen für längere Kops sollen sich übrigens nicht überall bewähren.

für leichtere und schwerere Ware innerhalb der gewöhnlich vorkommenden Grenzen und bei Annahme von 125 bez. 150^g Kopgewicht und 15 Sek. Schützenwechselzeit, der Zeitverlust durch die Schützenwechsel etwa so wie in folgender Uebersicht angegeben ist, für sechs verschiedene Webstuhlbreiten.

Gewebebreite in Zollen	Verluste durch Auswechseln der Schützen in Prozenten							
	Jute-Leinen (Hessians)	Jute-Doppel-leinen (Tarpawlings)	Jute-Sackleinen (S. warp baggings)	Jute-Doppel-sackleinen (D. warp baggings)	Jute-Köper 8 Gang (Com. tw. Sackings)	Jute-Feinköper 10 Gang (Fine tw. Sackings)	Hopfentuche	
							10 Gang	12 Gang
30	4,5 bis 9,5	5 bis 11	13 bis 17	14 bis 21	13 bis 20,5	6 bis 8	10,5 b. 29,5	7 b. 28,5
40	6 „ 11,5	6 „ 14	15,5 „ 20	16,5 „ 24,5	16 „ 24,5	7,5 „ 9,5	13 „ 34,5	8 „ 34
50	7,0 „ 13,5	7 „ 15,5	17,5 „ 23	19 „ 27,5	18,5 „ 27,5	8,5 „ 11,5	15 „ 38,5	10 „ 38
60	7,5 „ 15,0	7,5 „ 17	19,5 „ 25	21 „ 30	20,5 „ 30	9,5 „ 12,5	16 „ 41,5	11 „ 41
70	8,5 „ 16,5	8,5 „ 19	21 „ 27	22,5 „ 33,5	22 „ 32,5	10,5 „ 13,5	18 „ 43	12 „ 42,5
80	9 „ 17,5	9 „ 20	22,5 „ 28,5	24 „ 34	20 „ 34	11 „ 14,5	19 „ 45	12,5 „ 44,5

Mit diesem Prozentbetrage sind also die aus Gewebe-Schusszahl und den minutlichen Umdrehungen des Stuhles berechneten theoretischen Leistungen ohne Berücksichtigung der durch Schützenwechsel hervorgerufenen Stillstände, also die Werte L^{mt} im Durchschnitt zu verringern, um die überhaupt mögliche Stuhlleistung L_1^{mt} zu erhalten.

Wie die genauen Werte von L_1^{mt} für jeden bestimmten Fall zu berechnen sind, wurde vorher bereits gezeigt.

Die Uebersicht lässt aber erkennen, welchen veränderlicheren Massstab man für die richtige Beurteilung der wirklichen Webstuhlleistung gegenüber der möglichen anlegen muss, um zu keinen Trugschlüssen zu kommen. Da anderseits hierauf die Abmessung der Verdinglöhne und das ganze Kalkulationswesen ruht, so ergiebt sich hieraus die Notwendigkeit der Ausführungen dieser Rechnungen, sowie deren Wichtigkeit.

Die **wirkliche Leistung der Webstühle** muss selbstverständlich stets noch geringer sein als die überhaupt mögliche (also als diejenige unter Berücksichtigung der Zeitverluste durch Schützenwechsel) und zwar aus den verschiedensten Ursachen. Je solider zunächst der Webstuhl gebaut ist, um so weniger werden sich die bewegten Teile abnutzen, und um so seltener werden zur Auswechslung dieser erforderliche Stillstände oder andere Zeitverluste eintreten. Die Webstuhlleistung wird ferner durch die grössere oder geringere Gleichförmigkeit der Bewegung, also von dem Gange der Dampfmaschine, dann durch die Zahl der Schäfte, der Einstellung der Kette, deren Beschaffenheit, der Kettengarnnummer u. s. w. beeinflusst. Je gleichförmiger der Gang der Dampfmaschine, je sicherer derselbe für verschiedene Belastungen innerhalb enger Grenzen reguliert wird, je solider der Bau der Webstühle, je weniger dicht die Ketteneinstellung, je glatter, dicker und fester anderseits das Kettengarn selbst ist, um so weniger Fadenbrüche treten auf, um so seltener braucht der Webstuhl stillgehalten zu werden. Je besser anderseits die Kops hergestellt sind, je weniger nicht zusammengeknüpfte Fadenenden derselbe enthält und je fester das Schussgarn ist, um so seltener wird wegen Ausbleibens des Schusses der Stuhl stillgehalten werden müssen. Endlich muss auch noch die richtige oder weniger richtige Einstellung der Geschirre und der Zustand, in welchem sich die arbeitenden Teile des Webstuhles befinden — ob stark oder wenig abgenutzt u. s. w. — als Ursachen angeführt werden, welche häufigere oder seltenere Betriebsstörungen hervorrufen und die Leistung beeinflussen. Die Beobachtung des Webeprozesses wird auch wesentlich durch eine gute Beleuchtung beeinflusst. Je besser letztere ist, um so leichter können Fadenbrüche gesehen und beseitigt werden. Die Oberlichtbeleuchtung ist diejenige, welche die günstigste Beleuchtung jeder noch so grossen Webstuhlzahl ermöglicht. Bei Seitenlicht haben die Stühle in unmittelbarer Nähe der Fenster eine bessere Beleuchtung als die nach der Saalmitte zu stehenden. Die Tagbeleuchtung ist ferner stets vorteilhafter als die künstliche, obgleich man durch ausgiebige Benutzung des elektrischen Lichtes zur Zeit in der Lage ist, diesen Unterschied genügend auszugleichen.

Die Leistung des Webstuhls hängt nun endlich ganz wesentlich mit ab von der Geschicklichkeit, dem Fleisse und der Aufmerksamkeit des Webers. Wir haben ja bereits an der Hand der Rechnung gesehen, wie allein das schnellere oder wenig schnelle Auswechseln des Schützens die Leistung des Stuhles zu beeinflussen vermag. Ganz ähnliche Verhältnisse ergeben sich beim Anknüpfen von Fäden u. s. w. Um die möglichst grösste Webstuhlleistung zu erreichen, sollte der Weber insbesondere mit scharfem Auge und gutem Gehör ausgerüstet sein. Das letztere ist besonders bei der Bedienung von zwei Stühlen erforderlich, damit der Weber manche Unregelmässigkeiten alsbald auch dann vernehmen kann, wenn er dem betreffenden Stuhle gerade den Rücken zukehrt. Freilich wird die Wahrnehmung durch das Gehör infolge des lauten Geräusches vieler in einem Saale zusammen arbeitender Stühle beeinflusst und erschwert, aber für gewisse Fälle doch nicht unmöglich gemacht. Das selbstthätige Ausrücken eines Stuhles wird z. B. alsbald durch das Gehör wahrgenommen, auch wenn man demselben gerade nicht seine Aufmerksamkeit zuwendet. Fehlt das Gehör aber, oder ist es nur sehr unvollkommen vorhanden, so ist das sofortige Erkennen des Stuhl-Stillstandes nicht möglich, wenn derselbe nicht direkt beobachtet wurde. Zu den Ursachen, welche die überhaupt mögliche Leistung des Stuhles beeinträchtigen, sind selbstverständlich auch noch die Auswechslungen von abgenutzten Treibern, Riemen u. s. w., das Abschneiden und Neueinlegen der Kette, sowie die Stillstände zu rechnen, welche durch Schmieren und Oelen des Stuhles eintreten. Gute technische Beaufsichtigung und zweckentsprechende Dispositionen können zur Herabminderung dieser Stillstände viel beitragen. Dagegen kann man die durch aussergewöhnliche Reparaturen, veranlasst durch grobe Nachlässigkeiten und schlechte Einstellung des Stuhles, hervorgerufenen Stillstände nicht mit berücksichtigen und in Anrechnung bringen.

Die wirkliche Leistung des Stuhles ist nun in einem längeren Zeitabschnitte, etwa einem Jahre, auf 70 bis 85 % von der überhaupt möglichen zu veranschlagen.

Betrachten wir den in Beispiel 2 vorgeführten Fall, so ergab sich die theoretische Leistung ohne Rücksichtnahme auf Stillstände für ein Hopfentuchgewebe . . . $L^{mt} = 18{,}79^{mt}$

Die überhaupt mögliche Leistung aber, d. h. also diejenige unter Rücksichtnahme auf die Schützenwechsel $L_1^{mt} = 11{,}27^{mt}$.

Die wirkliche Leistung nun würde etwa in diesem Falle zu 75 % der letzteren anzunehmen sein, also $11{,}27 \times 0{,}75 = 8{,}45^{m}$ in 1 Stunde betragen, das sind etwa nur 45 % von der theoretischen Leistung, ohne Berücksichtigung der Schützenwechsel.

Es kann nun nicht meine weitere Aufgabe sein, an dieser Stelle die Webstuhlleistung für eine Reihe von möglichen Fällen noch näher zu betrachten. An der Hand der Vorgeführten kann aber jederzeit die Rechnung angestellt werden. In jeder Weberei sollte es Aufgabe der technischen Leitung sein, für jede Webstuhlsorte von gleicher Blattbreite und Umdrehungszahl zunächst für die grösste, die voraussichtlich kleinste und dann für eine mittlere Zeugbreite der einzelnen Gewebesorten (Jute-Leinen, Doppelleinen, Sackleinen, Köper, Hopfentuche) bei einer bestimmten Einstellung derselben die theoretische Leistung L^{mt} und dann die überhaupt mögliche stündliche Leistung L_1^{mt} zu ermitteln, welche letztere für die verschiedensten anderen Zwecke zu Grunde zu legen ist. So wird sich hiernach die Abstufung der Verdinglöhne und aus dem Vergleich der wirklich erzielten Leistung zu dieser der Zustand des Betriebes, die Aufmerksamkeit, der Fleiss und die Geschicklichkeit der Webemeister, der Vorrichter und der Weber beurteilen lassen. Auch zum Kalkulieren der Ware behufs Preisbestimmung derselben bedarf man dieser Unterlagen.

Für Ueberschlagsrechnungen mögen nun folgende Angaben dienen: Man erzeugt in den Jute-Webereien etwa $^3/_4$ bis $^4/_5$ der gesamten Produktion Jute-Leinen; von den 3- und 4 schäftigen Geweben nur etwa $^1/_{10}$ bis $^1/_7$ der Gesamtproduktion.

Gut geleitete grössere Webereien von mindestens 150 Webstühlen liefern nun, bei einer durchschnittlichen Webstuhlblattbreite von $58'' = 147{,}3^c$ und einer durchschnittlichen Warenbreite von $50'' = 127^c$, wenn etwa $^3/_4$ der Gesamtproduktion 2schäftige Gewebe sind, im Jahresdurchschnitt auf 1 Stuhl mindestens 9,5 bis 11 Meter Gewebe im Gewichte von 4,25 bis 5,25^k in 1 Stunde (entsprechend etwa einem $11^1/_2$ bis 12 Unzen Juteleinen-Gewebe).

Eine Weberei von 200 Webstühlen der angegebenen durchschnittlichen Blattbreite erzeugt daher in 1 Stunde im ganzen:

1900 bis 2200 Meter Gewebe im Gewichte von 8,5 bis 10,5 Meter-Zentner oder bei 10stündiger täglicher Arbeitszeit in 300 Tagen oder einem Jahre 5 700 000 bis 6 600 000 Meter Gewebe im Gewichte von 25 500 bis 31 500 Meter-Zentner.

Zum Vergleiche und zum Schluss dieses Kapitels möge noch eine kleine **Nachrechnung** angestellt werden.

Ein 12 Unzen Jute-Leinen-Gewebe wiegt bei 1 Meter Länge und $1''$ Breite laut Tabelle I Seite 28 9,3013 Gramm und bei $50''$ Breite $= 465,065$ Gramm. Zur Berechnung der nötigen Schussmenge nach der Formel:

$$G''_s = 0,03445 \cdot 1,0\, y \cdot S \cdot N_s^{\text{lbs}}$$

mögen die Angaben dienen:

$$y = 7\,^0/_0; \quad S = 13,1; \quad N_s^{\text{lbs}} = 12;$$

so ist das Gewicht des Schusses:

$$G''_s = 0,03445 \cdot 1,07 \cdot 13,1 \cdot 12 = 5,675 \text{ Gramm},$$

für 1 Meter Gewebe bei 1 Zoll Breite.

Die durchschnittliche Umdrehungszahl der Kurbelwelle in der Minute eines $58'' = 147,3^c$ breiten Webstuhls ist etwa zu 130 anzunehmen, daher folgt die theoretische Leistung:

$$L^{\text{mt}} = 1,524\, \frac{U}{S}; \quad \text{hier} = 1,524 \cdot \frac{130}{13,1} = 15,12^{\text{mt}}.$$

Nehmen wir das Schussgarngewicht für einen Kop zu 130^g und die Zeit zum Auswechseln eines Schützens zu 15 Sekunden an, so ist die **überhaupt mögliche Leistung eines Stuhles in 1 Stunde** nach der Formel:

$$L_1^{\text{mt}} = \frac{L^{\text{mt}}}{1 + \dfrac{t_0 \cdot b \cdot G''_s \cdot L^{\text{mt}}}{3600 \cdot p}} = \frac{15,12}{1 + \dfrac{15 \cdot 50 \cdot 5,675 \cdot 15,12}{3600 \cdot 130}} = \frac{15,12}{1,1375} = 13,29^{\text{mt}}.$$

Die wirkliche Leistung beträgt nun nach den obigen Durchschnitts-Angaben 9,5 bis 11^{mt}, das sind 71,48 bis 82,69$^0/_0$ von der **möglichen Stuhlleistung** L_1^{mt} oder: 62,83 bis 72,75$^0/_0$ von der theoretischen Leistung, d. h. von derjenigen ohne Berücksichtigung der Schützenwechsel.

4. Die Vollendungsarbeiten.

Auf das Weben folgen die Vollendungsarbeiten, die in besonderen von dem Webesaal getrennten Räumen zur Ausführung gelangen.

Das fertig gewebte und aus dem Stuhle genommene Zeug wird mit dem Zeugbaume, nachdem man ihm einen Begleitzettel angehängt, der die Auftragnummer und Qualitätsbezeichnung enthält, mittels zweirädriger niedriger Wägen zunächst zu einer **Messmaschine** *(Measuring-machine)* gebracht, dort **gemessen** und gleichzeitig vom Zeugbaume abgewickelt. Der letztere wandert zurück in die Weberei, das gemessene Zeug aber wird mittels Druckerschwärze fortlaufend **numeriert,** hierauf **gewogen** und wiederum mit dem erwähnten Zettel versehen, nachdem auf ihm die Ergebnisse des Messens und Wiegens notiert worden sind. Dieser Zettel begleitet vom Webstuhle an bis zur letzten Arbeit die Ware, wie ein für alle Mal erwähnt sein möge. Mit dem Zettel versehen wird das Stück zunächst beiseite gelegt.

Nun folgt das **Nachsehen** oder, wie man auch sagt, das **Sortieren** der Zeuge, um etwaige Webefehler und Unregelmässigkeiten, Knoten und Schleifen, welche der Weber übersehen hatte zu beseitigen, nachträglich zu entfernen oder, wenn dies nicht möglich ist, dieselben als Ausschussware weiter zu behandeln.

Alsdann beginnen alle jene Arbeiten, die man unter dem Namen: das **Appretieren** zusammenfasst. Diese Arbeiten erstreben eine solche Veränderung der Gewebeoberfläche, wie sie für bestimmte Verwendungszwecke durchaus erforderlich ist, sodann aber eine Entwickelung der natürlichen Schönheit des Fasermaterials, um das Aussehen der fertigen Ware zu heben und ihre Verkäuflichkeit, ohne Veränderung des inneren Wertes derselben, zu erhöhen.

Das Appretieren wiederum beginnt damit, dass die Ware, nachdem sie nachgesehen, sortiert worden ist, von den feinen über die Oberfläche hervorstehenden Härchen befreit wird. Dies muss besonders sorgfältig bei jenen Zeugen geschehen, deren Verwendung zu Mehlsäcken u. s. w. eine feinere Appretur, eine möglichst glatte Oberfläche erfordert. Das Beseitigen jener Härchen erfolgt entweder durch Abschneiden derselben zwischen scherenartig wirkenden Messern durch den sogenannten **Scherprozess** auf **Schermaschinen** *(cropping-machines)* oder durch Abbrennen, **Sengen** auf **Sengmaschinen** *(singeing-machines).* Der letztere Prozess findet bis jetzt nur als Ergänzung des ersteren in allerneuester Zeit — vereinzelt — Anwendung. Früher wurden in der Regel nur die Juteleinen und Doppelleinen, sowie die feineren Köpergewebe dem Scherprozess unterworfen und, wenn dieselben zu Säcken für Mehl u. s. w. verwendet wurden, nur auf der die Innenseite bildenden, weil gerade von diesen Flächen möglichste Glätte verlangt werden muss.

Gegenwärtig pflegen aber, wenigstens die grösseren Webereien, sämtliche Gewebe auf einer — oder auch auf beiden Seiten zu scheren, sowie, wenn auch bis jetzt noch selten — die schweren Doppelleinen und feineren Köpergewebe auch noch zu sengen.

Nach dem Scheren — bezieh. dem Sengen — folgt das **Einsprengen,** das **Benetzen** der Ware mit Wasser oder mit Schlichtestoffen auf der Einspreng- oder Nässmaschine (*Damping-machine*), um sie zu den folgenden Arbeiten, durch welche erst die Appretur vollendet, also der Gewebeoberfläche die gewünschte Beschaffenheit erteilt wird, weiter vorzubereiten.

Die eingesprengte Ware bleibt zusammengerollt etwa einen Tag liegen, dann erst folgt die Weiterbehandlung, das Appretieren im engeren Sinne. Der Endzweck dieser Arbeiten ist: die Fadenzwischenräume durch Breitdrücken der Ketten und der Schussgarne — wohl auch der Schussgarne allein —, so dass die Kettengarne dann als Rippen aus dem Gewebe hervortreten, möglichst zu beseitigen, also eine dichte Oberfläche zu erzeugen, sodann aber dieselbe zu glätten und den natürlichen Glanz der Jutefaser hervorzurufen. Ausserdem soll in manchen Fällen das Gewebe, wenn dasselbe z. B. als Futterleinen Verwendung findet, besondere Härte und Steifheit aufweisen. Dieser Endzweck wird in Verbindung mit den vorher gegangenen Arbeiten durch einen Druck- und Quetschprozess unter gleichzeitiger Erwärmung der Gewebe zwischen geheizten, stark belasteten Walzen erreicht. Man nennt diese Behandlung: **das Kalandern und das Mangeln** und die, sich in Bezug auf Zahl und Anordnung der Walzen und der Art ihrer Einwirkung auf das Gewebe unterscheidenden Maschinen: **Kalander-Maschinen, Kalander** (*Calender*) und **Mangeln oder Mangen** (*Mangle*). Alle Gewebe werden mindestens einmal, einige aber zweimal kalandert; jedoch nur die Jute-Leinengewebe von No. 31 (10 bis $10^1/_2$ Unzen) an aufwärts pflegt man zunächst leicht zu kalandern und dann zu mangeln. Erst hierdurch erhalten die Gewebe die vollendete Appretur und diejenigen Eigenschaften im vollen Masse, welche ihre Verwendung bedingt.

Hiermit ist das Appretieren zu Ende. Es folgt ein **erneutes Messen** und **Wiegen** der Zeuge und hierauf das **Fertigmachen, das Verpacken** derjenigen Ware, welche als Stückware zum Verkauf kommt. Ware, welche zur Sackfabrikation bestimmt ist **(Sackware)**, wird nach dem Appretieren gemessen, leicht zusammengeschlagen und lose gebunden, mit dem Qualitätszettel versehen und in den Vorratsraum der Sacknäherei geschafft. Die **Stückware** wird nach dem Messen und Wiegen (letzteres kann auch später noch geschehen) je nach der Breite und der gewünschten Verpackungsart etwas verschieden weiter behandelt. Gewebe von über 76ᶜ (30″) Breite werden der Länge nach auf halbe Breite zusammen gefaltet oder, wie man sagt, **dupliert** auf der **Längefalt-** oder **Dupliermaschine** (*crisping-machine*) und hierauf entweder

gerollt, d. h. **zusammen gewickelt** auf der **Roll- oder Wickelmaschine** (*Candroy*), oder der **Breite nach gefaltet** auf der **Breitenfaltemaschine** (*Plaiting-machine*) in über einander liegenden Schichten, die man endlich zusammenbiegt und verschnürt. Die Wickel vernäht man zunächst und verschnürt sie alsdann ebenfalls. Schmälere Ware geht entweder nur über die Rollmaschine oder die Breitenfaltemaschine. Wenn nicht gleich nach dem Appretieren und dem zweiten Messen das nochmalige Nachwiegen der einzelnen Stücke stattgefunden hatte, so wird dasselbe jetzt mit den fertigen Packen vorgenommen, worauf man einen neuen auf Leinwand gezogenen Zettel mit Qualitäts-, Länge-, Breite- und Gewichtsbezeichnung der Ware anheftet oder die Qualitätsbezeichnung aufdruckt und den Transport der fertigen Packen in die Warenmagazine vornimmt. Das Hin- und Herbefördern der Ware in der Appretur erfolgt durch sogenannte Sackwagen, die wir bei Besprechung der Betriebsutensilien noch näher kennen lernen werden. Der Transport in die Magazine wird durch grössere auf Schienenstränge fahrbaren Wägen vermittelt.

Nunmehr wollen wir die Vollendungsarbeiten in der Reihenfolge besprechen, wie sie ausgeführt werden, also in nachstehender Einteilung:

A. Das Vorbereiten zum Appretieren.
  a) Das Messen, Wiegen und Numerieren,
  b) Das Nachsehen, Ausbessern und Sortieren,
  c) Das Scheren und Sengen,
  d) Das Einsprengen, Nässen, sowie das Schlichten.

B. Das eigentliche Appretieren.
  a) Das Kalandern,
  b) Das Mangeln oder Mangen.

C. Das Fertigmachen der Stückware.
  a) Das erneute Messen und Wiegen,
  b) Das Längenfalten oder Duplieren,
  c) Das Breitefalten oder Schichtenlegen,
  d) Das Rollen oder Wickeln und
  e) Das Verschnüren und Fertigmachen der Packen.

Jetzt wollen wir zur näheren Besprechung der einzelnen Arbeiten und der dabei zur Anwendung kommenden Maschinen übergehen.

A. Das Vorbereiten zum Appretieren.
a) Das Messen, Wiegen und Numerieren.

Das Messen der fertigen Ware erfolgt in der Weise, dass der Zeugbaum aus dem Webstuhle auf besonderen Böcken, die auch mit der

Messmaschine verbunden sein können, gelagert und die Ware um eine leicht drehbare Walze von bestimmtem Umfange, Messwalze genannt, durch Leitwalzen geführt und den auf mechanische Weise bewegten Ablieferungswalzen übergeben wird. Die Bethätigung dieser hat die Vorwärtsbewegung des Zeuges über die Messwalze hinweg, unter Drehung derselben, zur Folge. Indem nun mittels eines Zählapparates die während des Zeugdurchganges ausgeführten Umdrehungen der Messwalze gezählt werden, ist man imstande, aus der Zahl dieser und aus dem Umfange jener die Zeuglänge selbst anzugeben.

Die gewöhnlich übliche Anordnung der einzelnen Teile geht aus der auf Tafel XVIII in Fig. 1^a im Aufriss und in Fig. 1^b·im Grundriss in $^1/_{25}$ natürlicher Grösse dargestellten

Zeugmessmaschine von Robertson & Orchar in Dundee

hervor.

Die Lagerung der Zeugwalze f erfolgt hier in zwei mit der Maschine verbundenen Lagerarmen a, von denen der eine in der Längsrichtung der Maschine auf zwei Stangen verstellbar eingerichtet ist, um die Lager entsprechend der Zeugwalzenlänge einstellen zu können. Man macht auch wohl beide Lagerarme verstellbar, damit das Zeug stets in der Mitte der Maschine durchläuft, doch ist letzteres nicht erforderlich. Das Zeug wird nun aufwärts um die eisernen Leitwalzen w_1 und w_2 nach der Messwalze W geführt und von da zu den Lieferungswalzen w_3 und w_4. Die Messwalze ist aus hartem und gut polirtem Holze, aufgeschraubt auf eisernen, an der Drehachse befestigten Scheiben, hergestellt. Damit das sichere Mitnehmen der Messwalze erfolgt, also kein Rutschen des darüber mit erheblicher Geschwindigkeit gezogenen Zeuges eintritt, ist dieselbe noch in grösseren Zwischenräumen mit feinen Nadelreihen versehen. Von den Lieferungswalzen ist die untere, welche den Antrieb erhält, eine glatte Holzwalze, die obere, lose aufliegende und etwas in Gestellsteinen verschiebbare Druckwalze eine Eisenwalze. Zwischen den Führungswalzen w_1 und w_2 ist ein Tisch t zum Ausbreiten des Zeuges angeordnet, der verschiedene Längen haben kann. Häufig beträgt die Entfernung vom äusseren Umfange der Leitwalze w_1 bis zur Maschinenmitte 76^c = 30$''$.

Der Antrieb erfolgt wie erwähnt auf die untere Lieferungswalze w_3 und zwar mittels einer Riemenscheibe R, welche die verschiebbare lose Hälfte einer konischen Reibungskuppelung darstellt. Wird diese Scheibe durch das in den Figuren angegebene Hebelwerk am Handgriffe H etwas nach aussen geschoben, so hört die Verbindung mit der festen Kuppelungshälfte R_1 auf — der Betrieb steht still. Durch die entgegengesetzte Verschiebung derselben wird die Walze in Bewegung gesetzt. Das Zählwerk Z der Messwalze erhält durch eine Schnecke von der Achse derselben aus seine Bethätigung. Es besteht aus Schnecke und Schneckenrad und einer weiteren Kombination von Rädern, welche zwei Zeiger drehen — die auf einer Nummerscheibe den zurückgelegten Umfangsweg der Messwalze, ausgedrückt in *Yards* oder Metern — je nach Wunsch —, angeben. Mittels des Handgriffes h kann das Zählwerk so gedreht werden, dass Schnecke und Schneckenrad ausser Eingriff kommen und das Zählwerk sofort stillsteht, während die Messwalze noch weiter läuft.

Damit nun das Zeug in gleichmässigen Lagen niedergelegt werde, sobald es die Lieferungswalzen verlässt, wird es über ein hin- und herschwingendes Brett B geleitet, das seine Bewegung von einer im mittleren Gestellteile der Maschine gelagerten Kurbelwelle aus durch zwei Schubstangen s erhält. Der Antrieb der Kurbelwelle geschieht von der Achse der unteren Lieferungswalze aus mittels Riemens durch die Scheiben $R_2 R_3$ auf der dem Hauptantriebe entgegengesetzten Maschinenseite.

Die Bedienung der Maschine erfolgt in der Weise, dass zunächst nach dem Einlegen des Zeugbaumes etwas Zeug abgewickelt, auf dem Tische t ausgebreitet und im Dreieck zusammengefaltet wird. Dieses Ende führt man um die Leitwalze w_2 nach der Messwalze W. Jetzt fasst entweder derselbe Arbeiter, indem er auf die Vorderseite der Maschine geht, oder ein anderer dort bereits stehender das Zeug und bringt es zwischen die Lieferungswalzen w_3, w_4. Der Zählapparat wird eingerückt, nachdem man sich überzeugt hat, dass seine Zeiger auf Null stehen, und nun rückt man am Hebel H auch den Betrieb ein. Ein Arbeiter bleibt während des Ganges der Maschine auf der Ausrückseite stehen und löst in demselben Augenblicke den Zählapparat aus, in welchem das Zeugende zwischen der Messwalze und den Lieferungswalzen angelangt ist. Gleich darauf, oder auch zur selben Zeit, erfolgt das Ausrücken des Antriebes. Die Messwalze läuft, nachdem dies geschehen, stets noch weiter und kommt erst allmählich zur Ruhe. Mittlerweile wird eine neue Zeugwalze eingelegt und das gemessene Zeug zum Abwiegen fortbefördert, nachdem auf dem zugehörenden Zettel die Länge nach Angabe des Zählapparates vermerkt wurde.

Es gehört einige Uebung dazu, um mit Hülfe dieser Maschine genügend zutreffende Resultate zu erlangen, weil insbesondere das Ausrücken des Zählapparates im richtigen Momente von der Aufmerksamkeit der Bedienung abhängt. Es ist immer gut, die Fehlergrenze durch Nachmessen mit der Hand von Zeit zu Zeit festzustellen und unter Berücksichtigung dieser die Notierungen zu bewirken. Von Wichtigkeit ist es sodann, dass das Aus- und Einrücken der Maschine stets von einer und derselben Persönlichkeit erfolge, weil dann erst die Wahrscheinlichkeit vorliegt, stets denselben Genauigkeitsgrad der Messung zu erhalten.

Man lässt die Riemenscheibe der Messmaschine, also auch die untere Lieferungswalze, gewöhnlich mit 100 Umdrehungen in der Minute laufen, so dass bei einem Umfange von $1{,}25^{\mathrm{m}}$ in 1 Minute 125^{m} gemessen werden können. Die Kurbelwelle führt in derselben Zeit 50 Umdrehungen, das Brett B also ebensoviel Doppelschwingungen aus.

Die Breite der Maschine, einschliesslich Platz zum Niederlegen der Zeuge, beträgt 2,8—3,05 m (9½—10′); die Länge richtet sich nach der Länge der Messwalze und ist um 61 c = 2′ grösser als diese. Die Messwalzenlänge wird bis zu 3,05 m = 10′ genommen; alsdann ist die zur Aufstellung nötige Totallänge: 3,66 m = 12′, Gewicht bei 244 c (96″) Walzenlänge: Brutto 13 mz, Netto 11,4 mz. In Schottland lässt man die Riemenscheibe [12″ × 3″ (30,5 × 7,6 c)] bis 200 Umdrehungen in der Minute ausführen. Der Arbeitsbedarf beträgt je nach der Breite ¼—⅓ PS effektiv. Für eine Weberei von 100—200 Webstühlen genügen zwei Messmaschinen von etwa 2,5 m Breite, bei 300 Webstühlen muss man deren wenigstens drei haben, einschliesslich derjenigen, mit welcher die fertig appretierten Gewebe nochmals gemessen werden.

Das **Abwiegen** der Zeuge erfolgt auf Brückenwagen. Bequemer sind aber Zeigerwagen mit Tischen zum Auflegen der Zeuge. Diese Wagen, einigermassen in Kontrolle gehalten, geben meist sicherere Resultate, weil das Aufsetzen von Gewichten wegfällt und Irrungen beim Zusammenzählen nicht möglich sind, da nur das Ablesen der Zeigereinstellung nötig ist. Die Schnelligkeit, mit der das Abwiegen erledigt werden kann, ist selbstverständlich ebenfalls bei Zeigerwagen grösser, ein in mannigfacher Hinsicht sehr beachtenswerter Umstand.

Das **Numerieren** der gemessenen und gewogenen Zeuge erfolgt entweder mit Pinsel und Schablonen durch Druckerschwärze oder mit Hülfe von Stempeln durch Aufdrucken. Man markiert entweder die Auftragnummer oder numeriert fortlaufend.

b) Das Nachsehen, Ausbessern und Sortieren.

Mannigfach sind die Ursachen, welche während des Webens, ja schon vorher und auch später beim Herausnehmen der Ware aus dem Stuhle, derselben eine mehr oder weniger fehlerhafte oder doch eine solche Beschaffenheit erteilen können, dass deren fernere Verarbeitung nicht ohne weiteres möglich ist. Dicke Stellen in den Garnen infolge Fehler während des Spinnprozesses, Schleifen und dicke Knoten, herrührend von mangelhaftem Verknüpfen der Schussgarne beim Spulen, stellenweise beim Weben ausgelassene Schüsse oder Kettegarnstücke, nicht vollständig entfernte Webenester, kleine Löcher, entstanden durch nachträgliche unvorsichtige Behandlung der Ware u. s. w., sind Erscheinungen, auf die hin die Gewebe besichtigt werden müssen, um deren Entfernung, so weit dies überhaupt angeht, zu bewirken. Da man alle Gewebe dem Scherprozesse unterwirft, bei welchem sie in möglichster Nähe an bewegten Messern vorbeigeführt werden, so wird jede ungewöhnliche Erhebung der Gewebeoberfläche ebenfalls abgeschnitten

d. h. es wird z. B. an Stellen, wo Knoten und Schleifen u. s. w. die Dicke des Gewebes ungewöhnlich vergrössern, ein Loch in dasselbe geschnitten werden. Daher muss man mit aller Sorgfalt jene dicken Stellen mit der Hand mittels der Schere vorher beseitigen. Die hierdurch etwa entstehenden Löcher, sowie bereits vorhandene kleinere Löcher, stopft man mit der Hand und zieht ebenso ausgelassene Schussfäden und Kettenfädenstücke mit der Hand ein, kurz sorgt dafür, dass auffallende Unregelmässigkeiten beseitigt oder wenigstens gemässigt werden. Ist dies nicht möglich, sind grössere Löcher und Fehlstellen im Gewebe vorhanden, dann bezeichnet man solche Zeuge als Ausschussware, schneidet an den fehlerhaften Stellen dieselben durch, entfernt jene, näht sie leicht zusammen und verwendet sie nach erfolgter Appretur zur Herstellung von Säcken oder als Emballagen. Zu Stückware sind sie nicht zu benutzen.

Damit nun dem Auge die Fehlstellen gut sichtbar werden, zieht man die Ware langsam über eine geneigte gut beleuchtete Fläche des sogenannten **Sortiertisches** hinweg, wie er auf Tafel XVIII in Fig. 2 in der Seitenansicht in $^1/_{30}$ natürlicher Grösse abgebildet ist. Der Sortiertisch, auch **Planzug** genannt, ist hinten 176^c, vorn 122^c hoch, die Breite der schrägen Tischplatte beträgt 122^c. Die Länge eines Planzuges (normal zur Ebene der Zeichnung) ist meist 260^c. Für je 100 Webstühle sind etwa 3 bis $3^1/_2$ solcher Tische erforderlich.

Einen anderen **mechanischen Planzug** zeigt auf derselben Tafel Fig. 3 ebenfalls in $^1/_{24}$ natürlicher Grösse. Derselbe besteht aus einem 244^c hohen, 174^c breiten und etwa 2—3^m langen Gestelle, über dessen Führungsstücke 1 und 2 das Zeug aufwärts und horizontal weiter geleitet wird, alsdann gelangt es um den Eisenstab 3 nach unten, über die schräge Platte t zur Walze 4 und zu den Lieferungswalzen 5 und 6. Die untere wird durch eine Riemenscheibe mit solcher Drehungszahl bewegt, dass die Umfangsgeschwindigkeit der Walzen, also auch die Fortbewegungsgeschwindigkeit des Zeuges in der Minute etwa 10—12^m beträgt. Das Zeug kann hier von allen Seiten gut beobachtet werden. In manchen Fällen dürfte es aber wohl der besseren Belichtung wegen angemessener sein, das Zeug etwas anders abwärts zu führen und zwar so, dass die Tischplatte nach aussen zu geneigt ist. Bei 7 ist eine Riemenausrückstange angebracht, um sofort den Planzug stillzuhalten, wenn eine Fehlstelle sichtbar wird, deren Behandlung erforderlich ist.

Rechnet man, dass von 10stündiger Arbeitszeit etwa 2 Stunden für Stillstand des Planzugs, bedingt durch das Ausbessern von Fehlstellen oder durch das Einlegen eines neuen Stückes, verloren gehen, dass derselbe also 8 Stunden lang ununterbrochen in Thätigkeit ist, so würde die Lieferungslänge: $10 \cdot 60 \cdot 8$ bis $12 \cdot 60 \cdot 8 = 4800$ bis 5760^m im Tage betragen. Da nun ein Webstuhl im Durchschnitt bis 11 Meter in 1 Stunde, also in 10 Stunden 110 Meter fertig stellt, so würde ein Planzug etwa für

$\dfrac{4800}{110}$ bis $\dfrac{5760}{110} = 44$ bis 52 Webstühle ausreichen, wenn immer nur ein Stück zur selben Zeit über denselben geht. Lässt man gleichzeitig zwei schmälere Stücke neben einander über den Apparat gehen, so wird die Leistung grösser, und kann man daher auf etwa 80 bis 90 Webstühle einen solchen mechanisch bewegten Planzug rechnen.

Die nachgesehenen, sortierten und ausgebesserten Stücke legt man wiederum an besonderer Stelle — immer versehen mit den Stückzetteln — nieder, bis sie nunmehr der folgenden mechanischen Bearbeitung unterzogen werden.

c) Das Scheren und Sengen.

Beide Arbeiten haben, wie wir bereits wissen, den Zweck, die feinen Härchen von der Oberfläche zu entfernen, damit dieselbe glatter werde und sich besser ebnen lasse.

Das Scheren. Das Entfernen der Härchen geschieht bei dem **Scheren** durch Abschneiden. Damit dies nun möglichst gründlich erreicht werde, zieht man die Gewebe im Winkel über eine abgestumpfte Kante, wodurch sich jene Härchen auf der freien Oberfläche aufrichten. Stellt man nun ferner in solcher Entfernung von jener festen Kante eine scharfe dünne Messerschiene auf, dass gerade noch das Gewebe zwischen beiden bewegt werden kann, so werden sich die Härchen auf letztere legen und können jetzt durch ein bewegliches, jenseits wirkendes Messer abgeschnitten werden. Damit nun das bewegliche Messer rasch aufeinanderfolgende Schnitte ausführen und infolge dessen das Zeug mit nicht zu geringer Geschwindigkeit ununterbrochen vorwärts bewegt werden kann, ordnet man mehrere derselben, befestigt auf einem schnell rotierenden Cylinder, an. Damit nun wiederum eine scherenartige Wirkung gegenüber den über der festen Messerschiene liegenden Härchen eintritt, sind jene Cylindermesser schraubengangförmig und zwar so angeordnet, dass jedes Messer auf der ganzen Länge einen vollen Cylinderumfang beschreibt. Sollen von der anderen Seite des Gewebes ebenfalls die Härchen abgeschnitten werden, so ist dasselbe im umgekehrten Sinne, also jetzt mit der bereits geschorenen Seite wiederum im Winkel über eine Kante neben einem festliegenden Messer vorüberzuführen, damit ein ebenso wie oben erwähnt eingerichteter Schercylinder auch diese bearbeiten kann. Maschinen, welche nur mit einer Schneidevorrichtung versehen sind, nennt man **einfache Schermaschinen** (*Simplex-cropping-machines*). Bei diesen ist ein zweimaliges Durchlaufen des Zeuges erforderlich, zuerst mit der einen und dann mit der anderen Seite nach dem Schneideapparate zu, um beide Gewebeoberflächen bearbeitet zu erhalten. Jetzt werden solche Maschinen nicht mehr angewendet. Ist die Maschine aber so eingerichtet, dass bei einem Durchgange des Zeuges an zwei bald aufeinanderfolgenden Stellen zuerst die eine und dann die andere Gewebeseite beschnitten wird, sind also doppelte Schneideapparate vorhanden, dann nennt man dieselben **Zweifache- oder Doppelschermaschinen** (*Double - cropping - machines*). Diese Maschinen werden jetzt in der Regel angewendet.

Nun hat man auch **dreifache** (*Triplex*) und **vierfache** (*Quadruple*) **Schermaschinen** mit 3 bezieh. 4 Schneideapparaten. Bei den dreifachen Maschinen kann bei einem Zeugdurchgange die eine Seite zweimal hintereinander bearbeitet werden, während die Rückseite nur einmal der Einwirkung eines Messerapparates ausgesetzt ist.

Bei den vierfachen Maschinen ist es möglich, das Zeug bei einem Durchgange auf beiden Seiten zweimal hinter einader zu bearbeiten.

Durch die letzten beiden Maschinen kann der Endzweck bei einem Durchgange zwar gründlicher erreicht werden — trotzdem wendet man diese Maschinen meines Wissens auf dem Kontinente nicht an, sondern begnügt sich mit der Doppelschermaschine, welche ein den bisherigen Anforderungen genügendes Endergebnis liefert.

Wir wollen uns daher mit der genaueren Betrachtung dieser Maschinen begnügen. Unterscheiden sich doch die mehrschneidigen Maschinen von derselben nur durch Wiederholung des Messerapparates und entsprechend andere Zeugführung. Die Unterschiede wiederum, welche Schermaschinen verschiedener Maschinenbauanstalten zeigen, sind nicht wesentlicher Natur. Die Arbeitsorgane aber haben bei allen dieselbe Gestalt.

Das Nähere ergiebt sich aus den folgenden Beispielen.

Doppelschermaschine (*Double-cropping-machine*) von Urquhardt,
Lindsay & Co. in Dundee.

Dieselbe ist auf Tafel XIX in Fig. 1 in einer Endansicht, in Fig. 2 in einem Querschnitt und in Fig. 3 in einer Vorderansicht in $\frac{1}{10}$ natürl. Grösse abgebildet. Die Textfigur 55 endlich zeigt einen etwas anders gestalteten Oberteil einer ebensolchen Maschine derselben Firma in $\frac{1}{16}$ natürl. Grösse.

Das Gewebe, welches dem Scherprozesse unterworfen werden soll, muss vollständig faltenfrei und straff gespannt zwischen den Schneideapparat gelangen. Zu dem Zwecke leitet man dasselbe zwischen eisernen kantigen Führungen hindurch, wie aus Fig. 2 auf Tafel XIX und der Textfigur 55 hervorgeht. In beiden sind 4 solcher Führungen 1, 2, 3, 4, Spannbalken genannt, vorhanden, von denen aber sämtliche nur bei schwereren Geweben gleichzeitig zur Anwendung kommen, bei leichteren werden 3 oder auch nur 2 benutzt.

Nach den Tafelfiguren führt man das Gewebe hierauf noch um eine Holzwalze 5, nach der Textfigur über eine abgerundete eiserne Platte p zu dem Schneideapparat. Verfolgen wir den Weg des Gewebes weiter, so sehen wir, dass derselbe nach abwärts führt über zwei

Gestellkanten $a\,a_1$ an der Platte p hinweg. Von der unteren a_1 ab wird das Gewebe im stumpfen Winkel abgebogen, um die Kanten $b\,b_1$ an dem Gussstück p_1 herum nach den eisernen Lieferungswalzen $w_1\,w_2\,w_3$ geführt, welche dasselbe fortbefördern und auf die Erde niederlegen. Die mittlere dieser Walzen liegt lose auf den Unterwalzen, ist nach der Textfigur 55 wie letztere hohl und noch durch Federdruck aufgepresst; in der Ausführung der Tafelfiguren aber ist die Mittelwalze massiv und

Fig. 55.

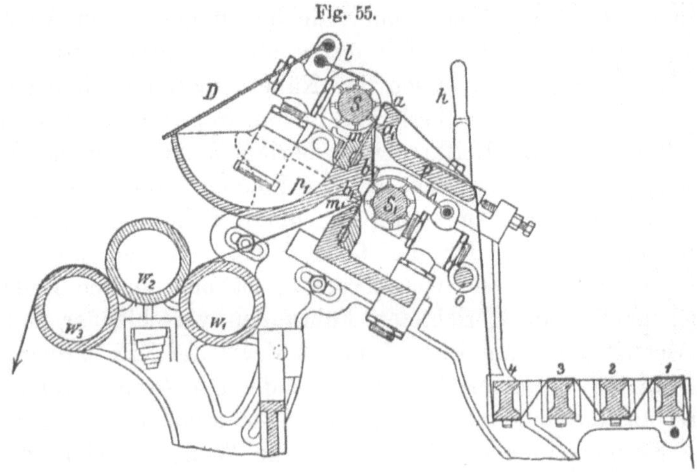

Doppelschermaschine. $^1/_{10}$ natürl. Grösse.

nicht weiter belastet, da ihr Eigengewicht genügt, um das Zeug in erforderlicher Weise aufzupressen. Den Betrieb erhalten die Unterwalzen w_1 und w_3. Um die Zeugdicke von den jedesmaligen unteren Kanten a_1 und b_1 der Platten p und p_1 entfernt sind die festen Messerklingen m und m_1 angeordnet, gegen welche sich die vorstehenden Härchen der Gewebe legen. Jenseits derselben rotieren die Schercylinder S und S_1. Jeder derselben enthält 8 spiralförmig einmal um den Grundcylinder herumgekrümmte Messer, welche bei ihrer schnellen Bewegung fortwährend gegen die immer wieder aufs Neue über die festen Stahlklingen bei der Bewegung des Gewebes hervortretenden Härchen wirken und diese abschneiden. Die abgeschnittenen Fäserchen der oberen Schneidevorrichtung fallen nach der Textfigur 55 in eine muldenartige Vertiefung am Gusskörper p_1; nach Figur 2 unserer Tafel in den durch zwei senkrecht zu einander gerichteten Platten gebildeten Raum. Die Schnitthärchen der unteren Schneidevorrichtung gelangen auf die darunter befindliche Platte und rutschen von dieser nach abwärts auf den Boden. Der obere Sammelraum, der von Zeit zu Zeit gereinigt werden muss, ist durch einen Blechdeckel D abgedeckt. Auf jedes Messer legt sich ferner ein Lederstreifen $l\,l_1$, der einerseits dasselbe schützt, anderseits das Umherschleudern von Fäserchen verhütet, im übrigen aber, da dieselben etwas geölt werden, den rotierenden Messern Fettigkeit zuführen, wodurch die Reibung an dem über der festen Messerkante liegenden Zeuge vermindert und somit ihre zu starke Erwärmung verhütet wird. Wir erkennen besonders aus den Figuren 2 auf Tafel XIX und der Textfigur 55, dass die Entfernung der Kanten a_1 und b_1 in Bezug auf die Messerschienen $m\,m_1$ verändert, d. h. je nach der Gewebedicke eingestellt werden kann. Es geschieht dies durch Verschieben der Platte p einerseits und des Gusskörpers p_1 anderseits. Ferner sind auch die Schercylinder $S\,S_1$ verstellbar, damit sie bei eingetretenen Abnutzungen der Messer gehörig dicht an die festen Messer herangebracht werden können. Die Zeichnungen lassen das Nähere deutlich erkennen.

Um aber das Gewebe überhaupt in den Schneideapparat einführen zu können, müssen die Leitkanten a_1 bezieh. b_1 von den zugehörenden Messern m bezieh. m_1 abgerückt werden können. Um dies durch einen einzigen Griff zu erreichen, wird der obere Schercylinder S auf den Gusskörper p_1 gelagert, der die feste Klinge m und die Führungskanten $b\,b_1$ enthält. Dieser Gusskörper p_1 ist nun in den Endgestellen auf schräg nach oben gerichteten Führungen verschiebbar und ausserhalb der Gestelle, wie aus Figur 1 und 3 der Tafel XIX hervorgeht, mit je einem starken in einen Kreisbügel endenden Arme e versehen. In jene Bügel fassen nun excentrisch auf einer gemeinsamen Welle o angeordnete Kreisscheiben e_1. Dreht man die Welle o, indem der Handgriff h herabgezogen wird, so drehen sich auch die Excenterscheiben e_1 und schieben die Arme e schräg nach oben, wodurch alle die Teile, welche an dem Gusskörper p_1 sitzen, also hier das obere Schermesser, das feste Messer m und die Kanten $b\,b_1$ von den anderen, also den Kanten $a\,a_1$, dem Schercylinder S_1 und dem Messer m_1 abgerückt werden. Die grösste Verschiebung erhalten jene Teile, wenn die Drehung der Welle um 90^0 bewirkt ist, alsdann bleibt der Schlitten an der Platte p_1 von selbst stehen. Jetzt kann das Zeug in beschriebener Weise leicht eingebracht und mit den Abführungswalzen verbunden werden. Bringt man hierauf den Hebel h wieder in seine höchste Lage, so nehmen alle Teile die beschriebene Arbeitseinstellung an, und der Antrieb der Maschine selbst kann jetzt eingerückt werden.

Wenn mehrere Stücke gleicher Beschaffenheit hinter einander geschoren werden sollen, näht man die Enden aneinander. Sobald jene Nähstelle in die Nähe des Schneideapparates kommt, wird derselbe am Hebel h, wie oben beschrieben, auseinandergerückt, bis sie jenseits desselben zum Vorschein kommt, worauf das Zusammenrücken folgt und das Weiterarbeiten seinen Fortgang nimmt.

Sind in dem Zeuge ungewöhnlich dicke Stellen vorhanden, oder haben sich, ohne dass dies bemerkt wurde, Messer oder Kanten verstellt, dann tritt ein Einschneiden in das Zeug selbst ein, und häufig stockt die Weiterbewegung desselben. In diesem Falle muss der Be-

trieb stillgehalten und alsdann das Antriebsrad r_4 der Lieferungswalzen
auf seiner Achse mittels des Hebels h_1 soweit zur Seite geschoben
werden, dass der Zahneingriff mit dem vorhergehenden Rade r_3 aufhört
und jene Walzen frei beweglich werden. Nunmehr können an der
Kurbel K (nur in Figur 3, Tafel XIX angegeben) die Abzugswalzen gedreht werden, bis die Störung beseitigt ist und sich wieder normales
Zeug zwischen den Messern befindet.

Die Ware wird nie direkt auf den Fussboden gelegt — ebenso
bei allen anderen Vollendungsmaschinen —, sondern entweder auf ein
altes reines Zeugstück oder auf eine besondere Bretterunterlage, der
Reinlichkeit wegen.

Damit sich die Messer während der Arbeit gleichmässiger abnutzen,
d. h. damit nicht immer dieselben Stellen mit einander in Berührung
kommen, erhalten die Schercylinder ausser der rotierenden auch noch
eine hin- und hergehende Bewegung in ihrer Längsrichtung, welche
folgendermassen hervorgebracht wird. Auf der einen Maschinenseite
— man vergleiche Figur 1 und 3 auf Tafel XIX — sitzt auf jeder Achse
der Schercylinder eine Nutenscheibe n und n_1, in welche ein doppelarmiger Hebel q mittels eines mit Rollen versehenen Querstückes q_1
fasst. Das andere Ende des Hebels q trägt wiederum eine Rolle, und
letztere fasst in eine schraubengangförmig und rückkehrend genutete
Scheibe n_2, die, mit einem Betriebsrade r_3 verbunden, bei ihrer
rotierenden Bewegung die hin- und hergehende des Hebels q und also
auch der Schercylinder hervorbringt.

Der Antrieb der Maschine erfolgt mittels Los- und Festscheibe
$R_0 R$ auf die im unteren Gestellteile der Maschine gelagerte Hauptwelle W. Von dieser geschieht der Betrieb der Schercylinder S
bezieh. S_1 durch offenen und gekreuzten Riemen von den Scheiben
R_2 und R_1 aus auf s und s_1. Die Hauptwelle trägt auf der anderen
Maschinenseite das Betriebsrad r_1, und von hier aus wird die Bewegung
durch die Zwischenräder $t t_1$ und die Uebersetzungsräder $r_2 r_3$ an das
Antriebsrad r_4 auf der Achse der ersten Lieferungswalze w_1 übertragen.
Die vordere Lieferungswalze w_3 steht auf der entgegengesetzten Maschinenseite durch 2 Stirnräder und ein Zwischenrad mit der ersten in Verbindung, wird also ebenfalls angetrieben, während die zwischenliegende
Oberwalze lediglich durch Reibung mitgenommen wird.

Die Geschwindigkeitsverhältnisse ergeben sich aus Folgendem: Die
Antriebsscheibe auf der Hauptwelle, welche 120 Umdrehungen in der
Minute ausführt, hat 98^c Durchmesser. Riemenscheiben $R_0 R$ haben
$30,5^c$, die Scheiben $R_1 R_2 = 42^c$ Durchmesser, endlich die Schercylinder-
Scheiben $s s_1 = 12,6^c$; der Durchmesser eines neuen Schercylinders
beträgt $11,4^c$. Die Betriebsräder haben folgende Zähnezahlen: $r_1 = 20$;
$r_2 = 100$; $r_3 = 24$; $r_4 = 100$. Diejenigen Räder, welche die beiden Ab-
zugswalzen mit einander verbinden, haben je 36 Zähne, sie sind also

gleich gross. Der Durchmesser der Abzugswalzen ist $17,78^c$, mithin haben beide gleiche Umfangsgeschwindigkeit.

Umdrehungszahl der Maschinenwelle W in 1 Minute:

$$= 120 \cdot \frac{98}{30,5} \; 385,3 \text{ abgerundet } 385,$$

Umdrehungen der Schercylinder in der Minute:

$$385 \cdot \frac{42}{12,6} = 1283,$$

Umfangsgeschwindigkeit, d. i. Arbeitsgeschwindigkeit eines neuen Schercylinders $1283 \cdot 11,4 \cdot 3,1415 = 489,50^m$.

Die Doppellängsbewegungen der Schercylinder in der Minute sind gleich der Zahl der Umdrehungen der Räder (r_2, r_3), also:

$$385 \cdot \frac{20}{100} = 77.$$

Es kommen mithin auf eine einfache Verschiebung $\dfrac{1283}{77 \cdot 2} = 8,33$ Umdrehungen eines Schercylinders.

Umfangsgeschwindigkeit der Abzugswalzen oder Fortlaufgeschwindigkeit des Zeuges in der Minute:

$$385 \cdot \frac{20}{100} \cdot \frac{24}{100} \cdot 17,78 \cdot 3,1415 = 18,48 \cdot 55,856 = 10,32^m.$$

Auf 1^m Zeug kommen $\dfrac{1283}{10,32} = 124,3$ Umdrehungen eines Schercylinders, also auf 1^c Zeug: $1,243$ Umdrehungen desselben.

Das Verhältnis der Zeuggeschwindigkeit zu der Umfangsgeschwindigkeit der Schercylinder, d. h. also das Verhältnis der Fortlaufgeschwindigkeit zu der Arbeitsgeschwindigkeit ist:

$$\frac{10,32}{489,50} = \frac{1}{47,43},$$

d. h. die Arbeitsgeschwindigkeit ist 47,43 Mal grösser als die Fortlaufgeschwindigkeit.

Aufstellungsfläche für die Maschine allein ist: Breite (Tiefe) 142^c, Länge 390^c, bei grösster Arbeitsbreite von 245^c. Für andere Arbeitsbreiten sind die Längen ebenfalls stets um 144^c grösser zu nehmen als diese. Selbstverständlich muss, damit die Maschine arbeiten kann, zu beiden Seiten Platz zum Niederlegen des Zeuges und für die Zugänglichkeit um die ganze Maschine herum gelassen werden. Der Arbeitsbedarf kann je nach den üblichen Arbeitsbreiten zu 3 bis $3^{1}/_{4}$ PS effektiv angenommen werden. Gewicht einer solchen Maschine von Robertson und Orchar bei $96''$ (244^c) Breite ist Brutto: $21,5^{mz}$ und Netto: 20^{mz} Riemensch. $11^{1}/_{2}'' \times 3'$ ($29,2^c \times 7,62^c$) und 280 Umdrehungen.

Sind die Messer der Schermaschine stumpf geworden, so schleift man sie in folgender Weise: Man stellt die Schercylinder möglichst dicht an die festen Messer heran, lässt die ersteren entgegengesetzt wie bei der Arbeit laufen und giebt Schmirgel mit Oel zwischen die Messer. War das feste Messer zu weit abgearbeitet, so wird es herausgenommen und auf dem Schleifsteine erst genügend dünn geschliffen, worauf man es wieder einsetzt und wie oben erwähnt verfährt. Vor der Benutzung müssen dann Schmirgel und Oel sorgfältigst entfernt werden.

Die Gesamt-Ansicht einer etwas anders gebauten

Doppelschermaschine von Thomson Brothers & Co.

in Dundee zeigt die Textfigur 56.

Auch hier erkennen wir im rückwärtsliegenden Teile das Spannbalkengestell, von dem aus die Ware über eine Walze zu dem Messerapparat gelangt. Derselbe ist etwas anders als bei der vorigen Maschine angeordnet. Sichtbar ist der eine Schercylinder S mit der Betriebsscheibe s, von dem anderen ist nur die Betriebsscheibe s_1 sichtbar. Mittels der Hebel $h\,h$ kann der obere Schercylinder mit festem Messer, sowie die Führungskante für den unteren soweit gehoben werden, dass das Zeug gut einzuführen ist. Das Zeug verlässt den Messerapparat und gelangt zwischen die Walzen w_3 und w_1, von denen w_1 mit Filz überzogen ist, umschlingt w_2 und fällt dann abwärts, wie in der Figur angegeben ist. Die Walze w_3 wird durch Gewichte an die Mittelwalze angedrückt. Der Antrieb erfolgt durch die Räder $r_1\,r_2\,r_3$ (verdeckt) und r_4 an die Mittelwalze w_1. Das Rad r_4 kann auch hier mittels des Hebels h_1 zur Seite geschoben und dann der Abzug an dem Handrade H gedreht werden. Walze w_1 steht auf der anderen Maschinenseite durch Rad r_5 und r_6 mit Walze w_2 in Verbindung.

Die Hauptwelle W der Maschine empfängt auch hier durch Los- und Festscheibe $R_0\,R$ ihren Antrieb und überträgt von den Scheiben $R_1\,R_2$ den Betrieb auf die Schercylinderscheiben, und zwar erfolgt derselbe von R_2 auf s_1 mittels gekreuzten Riemens direkt und von R_1 auf s mittels offenen Riemens unter Benutzung der Leitrollen $l_1\,l_2$.

Die Geschwindigkeitsverhältnisse ergeben sich unter folgenden Grundlagen: Hauptwelle 120 Umdrehungen in der Minute. Durchmesser der oberen Antriebsscheibe: $2^3/_4{}'$; der unteren Maschinenscheiben: $R_0\,R = 1'$; $R_1\,R_2 = 17''$; Schercylinderscheiben: $3^3/_4{}''$; Durchmesser der Cylinder selbst: $4^3/_8{}''$. Zähnezahlen der Betriebsräder:

$$r_1 = 20;\ r_2 = 100;\ r_3 = 20;\ r_4 = 100;\ r_5 = 42;\ r_6 = 36.$$

Durchmesser der angetriebenen Abzugswalzen: $w_1 = 7''$; $w_2 = 6''$.

Umdrehungen der Welle $W = 120 \cdot \dfrac{2^3/_4}{1} = 330$ in 1 Minute.

Umdrehungen der Schercylinder in der Minute:

$$330 \cdot \frac{17}{3,75} = 1496.$$

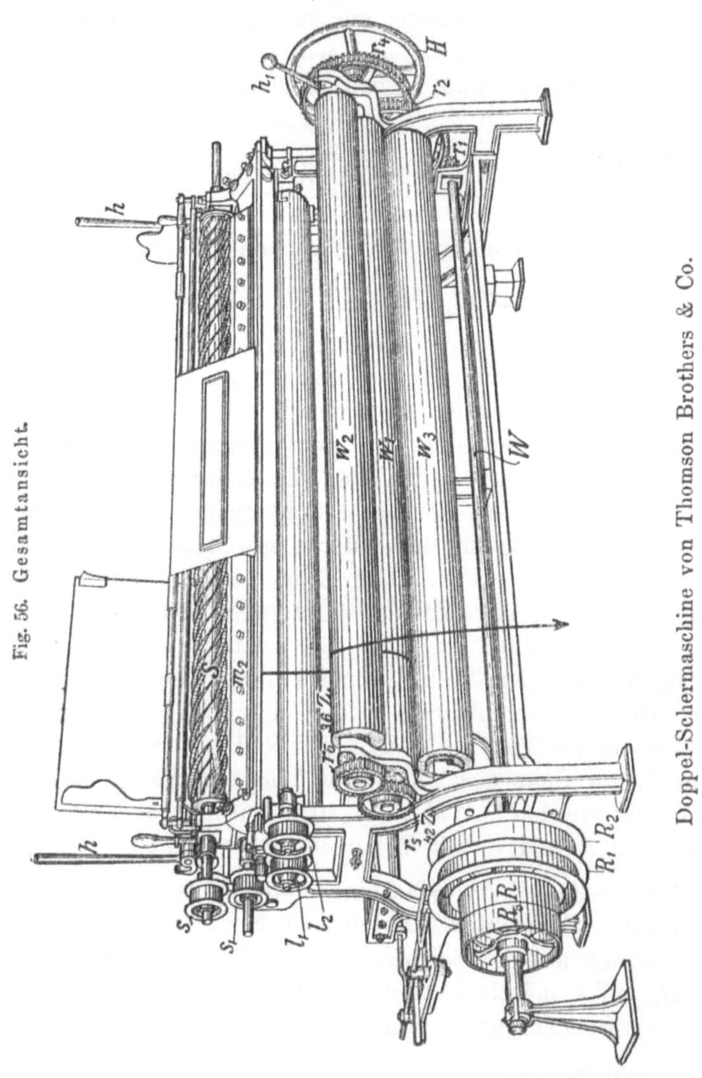

Umfangsgeschwindigkeit derselben, d. i. Arbeitsgeschwindigkeit:
$$1496 \cdot 4^3/_8 \cdot 3,1415 = 20561'' = 1713,4' = (522,24^{\,\mathrm{m}}),$$
Längsbewegungen führen die Cylinder dieser Maschine nicht aus.

Umfangsgeschwindigkeit der Abzugswalze w_1:

$$330 \cdot \frac{20}{100} \cdot \frac{20}{100} \cdot 7 \cdot 3,1415 = 13,2 \cdot 21,99'' = 290,268'' = 24,19' = (7,373^{\,\mathrm{m}}),$$

Umfangsgeschwindigkeit der Abzugswalze w_2:

$$330 \cdot \frac{20}{100} \cdot \frac{20}{100} \cdot \frac{42}{36} \cdot 6 \cdot 3,1415 = 15,4 \cdot 18,849 = 290,275 = 24,191' = (7,373^{\mathrm{m}}).$$

Die Umfangsgeschwindigkeiten sind daher gleich.

Auf 1^{m} Zeug kommen $\dfrac{1496}{7,373} = 202,9$ Umdrehungen eines Scher-cylinders, also auf 1^{c} Zeug 2,029 Umdrehungen desselben.

Das Verhältnis der Fortlaufgeschwindigkeit zu der Arbeitsgeschwindigkeit ist $\dfrac{7,373}{522,24} = \dfrac{1}{70,83}$, d. h. die Arbeitsgeschwindigkeit ist hier 70,83 Mal grösser als die Fortlaufgeschwindigkeit.

Die vorige Maschine würde bei ununterbrochenem Betriebe liefern in 10 Stunden $10,32 \cdot 60 \cdot 10 = 6192^{\mathrm{m}}$.

Die letztere Maschine in derselben Zeit $7,373 \cdot 60 \cdot 10 = 4424^{\mathrm{m}}$. Die wirkliche Tagesleistung (bei 10 Arbeitsstunden) kann angenommen werden zu

$$6192 \times 0,85 \text{ abgerundet } 5263^{\mathrm{m}} \text{ bezieh. zu}$$
$$4424 \times 0,85 \text{ abgerundet } 3760^{\mathrm{m}}.$$

Wenn ein Webstuhl im Durchschnitt in 1 Stunde $10,5^{\mathrm{m}}$ Gewebe etwa liefert, das geschoren werden muss, also in 10 Stunden 105^{m}, so genügt, wenn nur immer ein Stück auf der Schermaschine in Arbeit ist:

1 Maschine erster Konstruktion für $\dfrac{5263}{105} = 50,12$ Stühle abg. 50 Stühle

1 „ zweiter „ „ $\dfrac{3760}{105} = 35,81$ „ „ 36 „

Da aber schmälere Gewebe in zwei Breiten neben einander geschoren werden können, reicht auch eine Maschine für eine grössere Webstuhlzahl aus, und zwar kann man im Durchschnitt auf 90 Webstühle eine Schermaschine $228,5^{\mathrm{c}}$ ($90''$) Arbeitsbreite rechnen. Soll die Ware nur auf einer Seite geschoren werden, so wird durch Herabnahme des Antriebsriemens der untere Schercylinder still gestellt, ohne dass man die gegenseitige Lage der einzelnen Teile weiter ändert. Zur Bedienung der Schermaschine ist eine Person ausreichend.

Das Sengen.

Auch dieser Prozess hat, wie wir gesehen, den Zweck, die Oberfläche von den vorstehenden feinen Härchen zu befreien und zwar durch Abbrennen derselben. In der Gegenwart ist diese Arbeit nur als eine Ergänzung des Scherprozesses anzusehen, d. h. es werden manche Gewebe, wie schwere Doppelleinen und Köpergewebe, von denen eine besonders haarfreie Oberfläche verlangt wird, nachdem sie dem Scheren unterworfen worden sind, noch gesengt. Eine Behandlung der Gewebe lediglich durch den Sengprozess, also eine alleinige Entfernung der Härchen durch Abbrennen wird, bis jetzt wenigstens, in der Praxis der Jutewaren-Appretur nicht vorgenommen.

Hiermit soll aber nicht etwa gesagt sein, dass, wenn sich erst eine recht zweckmässige Form der Sengmaschine für Jutegewebe herausgebildet haben wird, nicht auch dieser Prozess allein Anwendung finden kann.

So viel mir bekannt, führt zur Zeit nur eine Fabrik in Deutschland, die Norddeutsche Jute-Spinnerei und -Weberei in Schiffbeck bei Hamburg, den Sengprozess mit Hülfe einer von dem technischen Direktor Herrn Cargill erbauten, recht gelungenen Sengmaschine aus. Da mir eine spezielle Beschreibung derselben aber aus leicht ersichtlichen Gründen nicht gestattet werden konnte, so muss ich mich auf einige allgemeine Andeutungen über diesen Prozess, der ja in anderen Industrien im ausgebreiteten Masse Anwendung findet, beschränken.

Man kann das Absengen der Härchen dadurch erreichen, dass man die Gewebe entweder auf glühenden Flächen entlang oder an Flammen vorüber mit angemessener Geschwindigkeit bewegt. Im ersteren Falle erhält man die **Glühflächensengerei**, im zweiten die **Flammensengerei**.

Die Glühflächen können nun wieder mannigfache Gestalt annehmen, sowie die Methoden der Erhitzung derselben von einander abweichen. Vielfache Verbreitung hat die Plattensengerei gefunden, also die Benutzung einer nach aussen hin etwas gewölbten dicken gusseisernen, die obere Begrenzung eines Ofens bildenden Platte, welche durch direkte Heizung im glühenden Zustande erhalten wird. Ueber diese führt man das Zeug mit entsprechender Geschwindigkeit hinweg. Die Bewegung desselben erfolgt auf mechanischem Wege mit Hülfe von Abzugswalzen. Das Zeug wird von der Einführseite aus zunächst über eine Vorrichtung oberhalb der glühenden Platte gelegt, welche jenes von derselben abhält, bis die Verbindung mit der Abführvorrichtung erfolgt ist. Alsdann erst geschieht bei gleichzeitig beginnender Langbewegung das Niederlassen des Zeuges auf die Glühplatte. Abstreichleisten sorgen dafür, dass die von den abgebrannten Härchen herrührenden glühenden Funken abgestrichen werden, damit sie nicht etwa zwischen die einzelnen Schichten des abgelegten Zeuges gelangen und dort weiter glimmen.

In der Flammensengerei benutzt man vielfach brennende Gasflammen, die dicht neben einander angeordnet sind und zusammen einen langen Flammenstreifen bilden, an welchem vorüber das Zeug geführt wird. [13]

In allen Fällen bildet aber die Geschwindigkeit, mit der das Zeug

---

[13] Ich verweise wegen der verschiedenen Arten von Sengemaschinen auf: Appretur der Gewebe von Dr. Herrmann Grothe. Berlin 1882. Julius Springer. Seite 102 bis 132.

fortbewegt werden muss, damit einerseits kein Bräunen desselben und anderseits doch eine genügende Wirkung den vorstehenden Härchen gegenüber eintritt, das wesentliche Moment der Sengerei überhaupt. Selbstverständlich hängt diese Geschwindigkeit für eine bestimmte Sengart von dem Fasermateriale ab, aus welchem das Gewebe besteht, sowie von der sonstigen Beschaffenheit und der Art desselben. Es muss deshalb bei allen Sengmaschinen die Geschwindigkeit der Abführung geändert werden können Um wenigstens eine Zahl hier anzuführen, sei erwähnt, dass für trockene schwere Jute-Doppelleinen und Gassengerei eine mittlere Zeuggeschwindigkeit von 40^c in 1 Sek. erforderlich ist.

Das Einsprengen, Nässen, sowie Schlichten.

Das **Einsprengen**, das **Nässen**, welches nach dem Scheren und Sengen mit der Ware vorgenommen wird, um sie für das Kalandern und Mangeln weiter vorzubereiten, bezweckt eine möglichst gleichmässige Benetzung derselben, weil es nur unter Mitwirkung der Nässe möglich ist, die Oberfläche zu glätten und den Naturglanz der Faser in erhöhtem Masse hervorzurufen. Wenn man bedenkt, dass die Kettengarne, wenigstens in den meisten Fällen, bereits vor dem Webeprozess mit Schlichte durchtränkt worden sind, so ist es erklärlich, dass die blosse Anwendung von reinem Wasser zum Einsprengen hinreicht, um eine in manchen Fällen genügend glänzende Zeugoberfläche durch das folgende Drücken und Pressen zu erzeugen. Aber in anderen Fällen wünscht man ein besseres Resultat, weshalb man dann das Einsprengen mit dünnflüssiger Schlichte, der wohl auch andere, den Glanz erhöhende und hygroskopische Substanzen beigemengt sind, ausführen muss. Die Weiterverarbeitung der genetzten Ware darf aber nicht sofort vorgenommen, sondern es muss gewartet werden, bis das Wasser sich vollständig gleichmässig auf derselben verteilt, beziehentlich in dieselbe eingedrungen ist. Obgleich, wie wir wissen, die Jute in hohem Masse die Eigenschaft besitzt, Wasser aufzunehmen, so tritt dieser Fähigkeit doch das beim Spinnprozesse angewendete Oel einigermassen entgegen. Wir wissen ferner, dass Jute in Luft mit geringem relativen Wassergehalte ebenso schnell den Ueberschuss an Wasser wieder abgiebt. Es ist deshalb ein mässiger Zusatz von hygroskopischen Substanzen, um dem zu raschen Austrocknen vorzubeugen, oft notwendig, um ein bestimmtes Endresultat zu erhalten. Die Zeuge müssen ferner aus demselben Grunde und um das Aufsaugen des Wassers zu fördern, dicht zusammengewickelt in Räumen aufbewahrt werden, in denen die Luft keine zu stark austrocknende Wirkung ausüben darf. In Rücksichtnahme hierauf sollte die Appretur nicht in gewöhnlichen mit grossen Oberlichtfenstern versehenen hohen Räumen, sondern in solchen vorgenommen werden, die, etwas niedriger, dem Lichte nur mässigen Eintritt gewähren und in denen es mit Hülfe besonderer Apparate leichter möglich ist, einen hohen relativen Feuchtigkeitsgehalt der Luft künstlich zu erhalten. Etwa einen Tag lang bleiben die angefeuchteten Zeuge zusammen gewickelt liegen, alsdann erst findet zweckmässiger Weise ihre Weiterbearbeitung statt. Die Wasser- beziech. Schlichtemenge, welche man dem Zeuge zuführen muss, hängt von den verschiedensten Nebenumständen ab, in erster Linie also von dem Feuchtigkeitsgehalte der Luft, so dass, wenn derselbe niedrig ist, dieselbe erhöht werden muss, im anderen Falle aber verringert werden kann, sodann aber von der Art des Gewebes und der zu erzielenden Appretur. Sind die Gewebe dicht und schwer und soll eine hohe, oder wie man auch sagt, eine schwere Appretur erzielt werden, so muss die auf dieselbe Gewebefläche zu spritzende Feuchtigkeitsmenge grösser als bei leichten Geweben und leichter Appretur sein. Auch der Umstand, ob nur kalandert oder auch noch gemangelt wird, ist hierauf von Einfluss. Aus diesem Grunde müssen die Maschinen, mit denen das Einsprengen vorgenommen wird, mit Einrichtungen versehen sein, um die auf das Gewebe zu verteilende Feuchtigkeitsmenge innerhalb bestimmter Grenzen ändern zu können. Entweder sprengt man ferner die Gewebe nur auf einer Seite ein und sorgt dann bei dem Zusammenlegen oder auch Rollen dafür, dass die benetzte Seite mit der unbenetzten in Berührung kommt, um eine Uebertragung der Nässe zu erreichen, oder man sprengt auf beiden Seiten ein, was bei schwerer Appretur stets erforderlich ist.

Die gewöhnlich übliche Methode des Einsprengens der Gewebe mit Wasser oder dünnflüssiger Schlichte besteht nun in der Jute-Industrie darin, dass man mit Hülfe einer schnell rotierenden Bürstwalze, die sich fortwährend aufs neue mit Flüssigkeit benetzt, einen feinen Sprühregen erzeugt und diesen von dem Gewebe, das mit entsprechender Geschwindigkeit an demselben vorübergeführt wird, auffangen lässt.

Bei den einfach wirkenden derartigen Maschinen, **Einspreng-** oder **Netzmaschinen** (*Damping-machines*) genannt, befindet sich die Bürstwalze, hergestellt aus einer hölzernen mit langen dicht neben einanderstehenden Borsten versehenen Trommel, in einem hölzernen teilweise mit der aufzuspritzenden Flüssigkeit gefüllten Troge, in welche jene etwas eintaucht. Die Walze ist horizontal in den eisernen Seitenstellen gelagert und wird etwa mit 500 bis 700 Umdrehungen in der Minute bewegt, was bei 80° Bürstenwalzenumfang einer Umfangsgeschwindigkeit von 400 bis 560 m in der Minute entspricht.

Nach oben zu ist die Bürstwalze gewöhnlich zu beiden Seiten mit je einem Brette zum teil bedeckt, die man horizontaler oder senkrechter stellen kann, wodurch ein engerer oder weiterer Spalt zwischen denselben entsteht, durch welchen der Sprühregen nach oben in geringerer oder grösserer Menge austritt.

In der Textfigur 57 ist in einer Gesamtansicht eine derartige

Einfache Einsprengmaschine
von Robertson & Orchar in Dundee

dargestellt worden, an der wir die noch nicht besprochenen Teile einer
solchen weiter erkennen. Der Schlichtetrog ist mit a bezeichnet, die
Riemenscheibe auf der Bürstwalzenachse, durch welche jene den Antrieb
erhält, mit r. Das Zeug wird über die Leiste l unterhalb der Führungswalzen $w_1\,w_2$ horizontal über den erwähnten Spalt hinweggeführt, durch

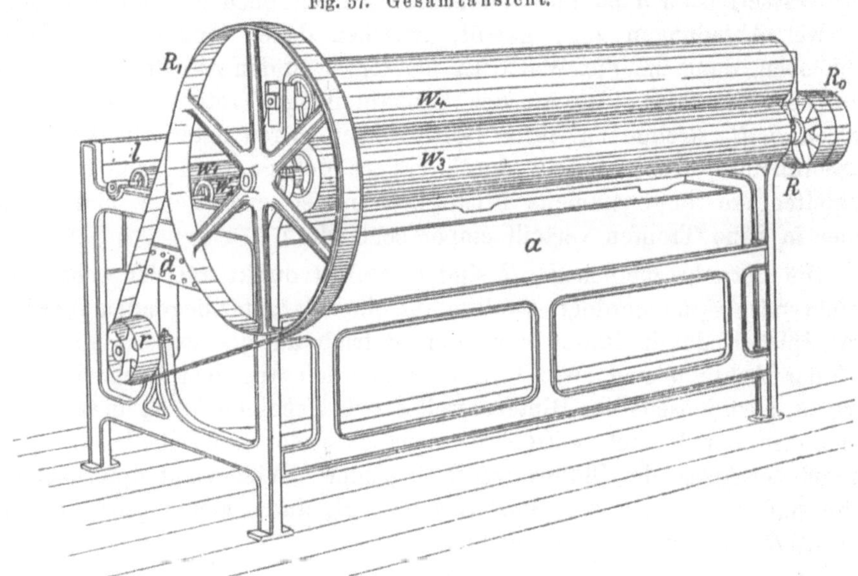
Fig. 57. Gesamtansicht.

Einfache Einsprengmaschine.

welchen der Sprühregen nach oben tritt. Das Zeug gelangt hierauf zu
den Abführwalzen $w_3\,w_4$ und wird von diesen auf den Fussboden niedergelegt.

Die untere Lieferungswalze w_3 trägt die Los- und Festscheibe R_0R
und erhält etwa 120 Umdrehungen in der Minute. Die obere Walze w_4
ist lediglich Druckwalze. Wir sehen noch, dass von der Achse der
Unterwalze w_3 aus durch Riemenscheibe R_1 der Betrieb an die Scheibe r
der Bürstwalze übergeht. Bei einem Durchmesser der Lieferungswalze w_3
von $19{,}2^{\mathrm{c}}$ ist der Umfang $60{,}3^{\mathrm{c}}$ und daher die minutliche Lieferung:

$$\frac{120 \cdot 60{,}3}{100} = 72{,}36^{\mathrm{m}},$$ mithin bei ununterbrochenem Betriebe in 10 Stunden

$72{,}36 \cdot 60 \cdot 10 = 43\,416^{\mathrm{m}}$ oder wegen der Stillstände wirklich etwa:

$$43\,416 \cdot 0{,}85 = 36\,904^{\mathrm{m}} \text{ in einem Tage.}$$

Da 300 Webstühle in 10 Stunden bis $31\,500^{\mathrm{m}}$ Gewebe erzeugen, so genügt eine Netzmaschine auch bei einfacher Belegung für 300 bis 350 Webstühle.

Zur Bedienung sind 2 Mann erforderlich.

Für das Einsprengen des Gewebes auf beiden Seiten baut dieselbe Firma

Doppel-Einsprengmaschinen,

wie die weiteren Textfiguren 58[a] und [b] in der Seitenansicht und teilweisem Schnitt, sowie im Grundriss in $1/_{24}$ natürlicher Grösse zeigen. Der Wasserkasten a ist hier durch schräg nach oben gerichtete Wände in zwei Abteilungen $a_1 a_2$ geteilt, zwischen denen hindurch das Zeug nach oben, dann um die Walze w_2 horizontal zu den Ablieferungswalzen $w_3 w_4$ geführt wird. Die in den Trogabteilungen rotierenden Bürstenwalzen $B_1 B_2$ streifen mit ihren Borsten noch gegen unterhalb derselben angeordnete Walzen $b_1 b_2$, wodurch erstere gebogen und dann bei dem Abgleiten die aufgenommene Flüssigkeit um so energischer und reichlicher in feine Tropfen verteilt empor schleudern.

Die Betriebsscheiben $R_0 R$ sind hier nicht direkt auf der Achse der Abführwalze w_3 angeordnet, sondern auf einer darunter liegenden Welle o, von welcher durch Räder $r_1 r_2$ der Betrieb an die erstere übergeht. Auf der Achse o sind, wie besonders deutlich aus dem Grundriss hervorgeht, noch jenseits des Hintergestelles zwei Scheiben $R_1 R_2$ angeordnet, von denen der Betrieb mittels Riemens entweder auf Scheibe R_3 oder R_4 auf der Achse der Bürstwalze B_1 übergeht. Wieder auf der vorderen Seite sind die Achsen der Bürstwalzen $B_1 B_2$ durch gleich grosse Scheiben $R_5 R_6$ mit einander verbunden.

Die Umfangsgeschwindigkeit der Lieferungswalze w_3 ist auch hier wie bei der vorigen Maschine 72,36 $^\mathrm{m}$. Die Welle o führt nämlich 420 Umdrehungen aus, und da das Verhältnis der Räder $\dfrac{r_1}{r_2} = \dfrac{1}{3,5}$ ist, so folgt für die Drehungen der Lieferungswalze $420 \cdot \dfrac{1}{3,5} = 120$ in der Minute wie vorhin.

Die Scheiben R_1 und R_3 haben $8''$, R_2 und R_4 $10''$ Durchmesser. Daher ist die minutliche Drehungszahl der Bürstwalzen entweder:

$$420 \cdot \frac{10}{8} = 525 \text{ oder } 420 \cdot \frac{8}{10} = 336.$$

Mithin muss, wenn der Riemen von R_1 auf R_4 treibt, weniger Flüssigkeit von den Bürstwalzen weggeschleudert werden, wegen der kleineren Umfangsgeschwindigkeit derselben, als wenn der Betrieb von R_2 auf R_3 erfolgt; bei sonst gleichen Verhältnissen, d. h. bei gleichem Stande der Flüssigkeit in den Trögen und gleicher Lage der Walzen b

Fig. 58 a.

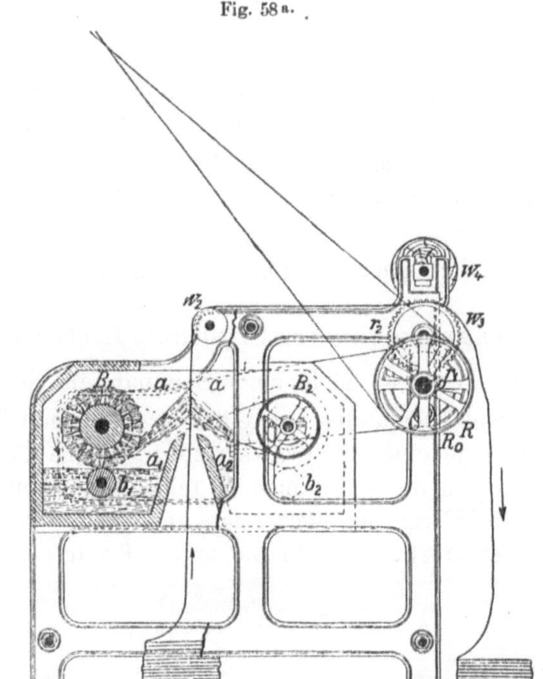

Doppel-Einsprengmaschine. $^1/_{24}$ natürl. Grösse.

Fig. 58 b.

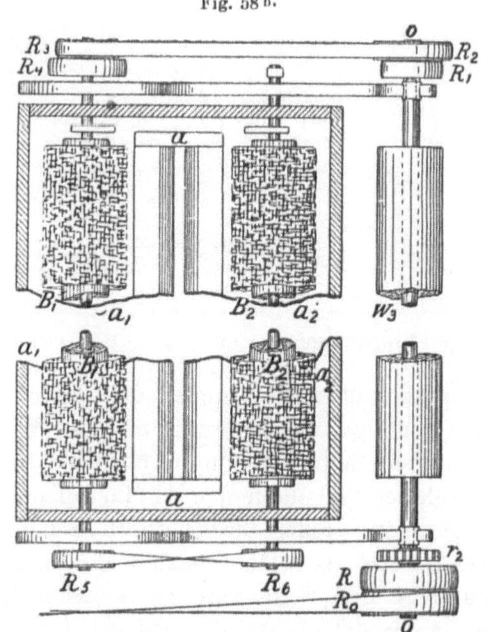

Doppel-Einsprengmaschine. $^1/_{24}$ natürl. Grösse.

gegenüber den Bürstwalzen. Es wird daher hier die ausgeschleuderte Flüssigkeitsmenge zunächst durch die Tauchtiefe der Bürstwalzen, sodann durch Aenderung deren Geschwindigkeit geändert.

Platzbedarf bei 244^c (96″), Walzenbreite: Länge 324^c, Breite 1,5^m, Gewicht: Brutto 15,25^{mz} und Netto 11,18^{mz}. Robertson giebt ferner die Drehungszahl der 12″ × 3″ (30,48^c × 7,62^c) Riemenscheibe zu **240** in der Minute an.

Wir lassen endlich noch die Beschreibung einer

Doppel-Einsprengmaschine von Urquhardt, Lindsay & Co. in Dundee an der Hand der Textfigur 59 in einer Seitenansicht derselben folgen.

Hier sind zwei vollständig von einander getrennte Tröge a_1 a_2 angeordnet, in denen je eine Bürstwalze rotiert, welche die aufgenommene Flüssigkeit nach oben durch je einen mittels zweier Bretter verstellbaren Schlitz, wie in der Figur punktiert angegeben wurde, schleudern. Das Zeug wird mit der einen Seite um die untere Kante des Kastens a_1 und

Fig. 59. (Seitenansicht.)

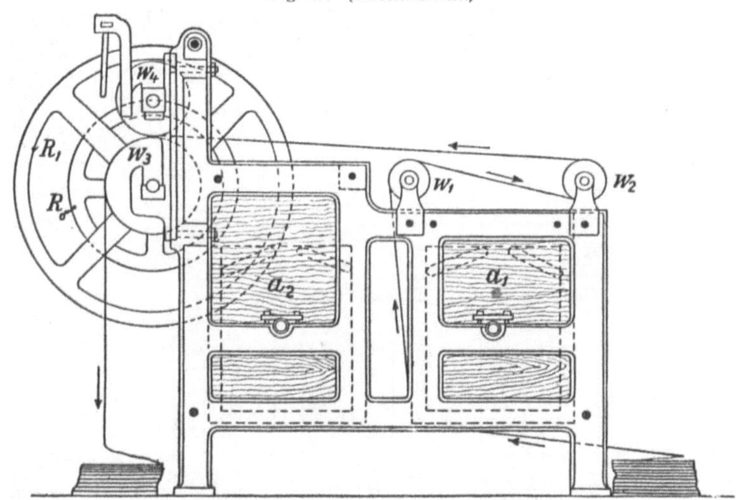

Doppel-Einsprengmaschine. ¹/₂₀ natürl. Grösse.

die Leitwalze w_1 herum über die Spalte des ersten Kastens a_1 hinweggeführt, hierauf, infolge der Führung um die Walze w_2, gewendet und nun mit der anderen Seite nach unten über den Schlitz des zweiten Kastens a_2 hinweggeleitet und dann den Abführwalzen w_3 w_4 übergeben. Der Antrieb erfolgt hier wieder direkt durch Scheiben R_0 R auf die Achse der Lieferungswalze w_3. Der Betrieb der Bürstwalze geschieht auf der rückwärts liegenden Seite von der grossen Riemenscheibe R_1 auf der Achse w_3 nach der Achse der Bürstwalze im Kasten a_1 und alsdann von dieser auf die andere Bürstwalze.

Die Abzugswalze w_3 hat 25,6 ^{c} Durchmesser, also 80,42 ^{c} Umfang, und führt 100—120 Umdrehungen in der Minute aus. Die Lieferung ist also in einer Minute bei 100 Umdrehungen: 80,42 ^{m}. Die Scheibe R_1 hat 76 ^{c} Durchmesser, die auf der hinteren Bürstwalze 15 ^{c}; mithin führen diese: $100 \cdot \dfrac{76}{15} = 506{,}6$ Umdrehungen aus.

In letzterer Zeit haben auch Einsprengmaschinen deutscher Maschinenfabriken, wie z. B. C. G. Hauboldt in Chemnitz, Eingang in die Jute-Webereien gefunden.

Das Prinzip ist bei allen bis jetzt hier zur Anwendung gekommenen Maschinen dasselbe.

Der Platz zum Aufstellen für diese Maschine allein ist: Breite 1,44 bis 1,55 ^{m}. Die Länge richtet sich nach der grössten Breite des Zeuges, das noch durch die Maschine geführt werden kann, und ist um 0,8 ^{m} grösser als diese. Selbstverständlich muss auch hier noch Platz vorhanden sein, um die Zeuge niederlegen zu können, ferner, um überall zu der Maschine gelangen und neben derselben noch Gefässe aufstellen zu können, welche die aufzusprengende Flüssigkeit in Bereitschaft halten und von welchen aus das Einschöpfen in die Tröge der Maschine erfolgt. Wird mit reinem Wasser eingesprengt, so kann die Zuleitung desselben durch verschliessbare Röhren direkt in die Tröge erfolgen. Der Arbeitsverbrauch einer Maschine ist etwa: $^1/_2$ PS effektiv. Dass das Zeug nach dem Einsprengen zusammengeschlagen und auf 24 Stunden weggelegt werden muss, ist bereits erwähnt worden.

Will man aber **Steifleinen**, also **Futterleinen**, erzeugen, dann genügt dieses Einsprengen nicht, sondern es muss ein durchgreifendes **Schlichten** der Zeuge vorgenommen werden, d. h. ein Durchtränken mit konsistenterer Schlichtemasse.

Hierzu benutzt man, da die Herstellung solcher Leinenzeuge seltener vorkommt, eine der früher beschriebenen Garnschlichte- und Bäummaschine (*Dressing-machine*) und zwar stets nur die eine Hälfte derselben. Man füllt den Schlichtetrog mit recht dicker heisser Schlichte, deren Zusammensetzung sich aus den früher mitgeteilten Grundsätzen (man vergleiche: Bereitung der Schlichte Seite 170—175) ergiebt, unter Rücksichtnahme darauf, dass solche Substanzen beigefügt werden, welche in erhöhtem Masse die Eigenschaft besitzen, der Faser Steifheit zu erteilen. Das mit Schlichte auf diese Weise getränkte Zeug wird auf der Schlichtemaschine gewöhnlich nicht vollständig getrocknet, sondern noch etwas feucht auf einen Baum gewickelt, gerade so wie sonst die Kettenfäden. Das geschlichtete und aufgewickelte Zeug wird dann entweder auf dem Kalander oder der Mangel fertig appretiert. Seltener gelangt es direkt von der Schlichtemaschine zur Verwendung, in welchem Falle es natürlich erst auf dieser Maschine vollständig getrocknet sein musste.

Hiermit sind die Vorarbeiten zum Appretieren besprochen.

B. Das eigentliche Appretieren.

Die vorbereiteten Gewebe werden jetzt einem Druck- und Quetschprozesse, häufig unter Mitwirkung von Wärme, ausgesetzt, um, wie schon hervorgehoben, einerseits eine dichte glatte Oberfläche durch Breitdrücken der Fäden und Zusammenpressen der Fasern und um anderseits erhöhten Glanz zu erreichen. Das Glätten und Glänzen der Oberfläche gelingt insbesondere unter Mitwirkung von aufgesprengten Klebe- und Glänzmitteln, weshalb dieselben bei hoher Appretur nicht entbehrt werden können.

Der Druck, welchem in der Jutegewebe-Appretur die Zeuge ausgesetzt werden, wird stets durch aneinander gepresste mit gleicher Umfangsgeschwindigkeit bewegte Walzen erreicht, und zwar wirkt derselbe entweder auf das einfache zwischen dieselben geführte oder auf das auf besondere Bäume (Kaulen) in übereinander liegenden Schichten aufgewickelte Zeug. In dem letzteren Falle bleibt dasselbe längere Zeit zwischen den Walzen und würde alsdann unter Beibehaltung derselben Walzendrehrichtung ein immer festeres Zusammenwickeln der einzelnen Schichten stattfinden, welches, noch ehe die gewünschte Appretur erreicht ist, ein starkes Verschieben der Fäden und schliesslich ein Zerreissen des Gewebes zur Folge haben müsste; daher wechselt in kurzen Zeiträumen gewöhnlich selbstthätig die Drehrichtung, es findet ein Hin- und Herwalzen statt.

Man bezeichnet nun denjenigen Prozess, bei welchem das Zeug in einfacher Dicke zwischen die Druckwalzen gelangt, mit dem Namen: das **Kalandern,** den anderen, bei welchem dasselbe vorher auf Bäume gewickelt und dann zwischen stark belasteten, sich hin- und herdrehenden Walzen gebracht wird, mit: das **Mangeln** oder **Mangen.** Diese beiden Prozesse unterscheiden sich noch durch die Stärke des Druckes, mit welchem die Walzen aufeinander gepresst werden, der bei dem Mangeln stets grösser als bei dem Kalandern ist.

Wir gehen nun zur näheren Besprechung dieser Arbeitsprozesse und der dabei angewendeten Maschinen über.

a) Das Kalandern.

Der Kalander, wie er in der Jute-Appretur Anwendung findet, besteht stets aus mehreren, 3 bis 5 übereinander in kräftigen Seitengestellen gelagerten Walzen. Eine derselben ist eine hohle eiserne Walze, welche in der Regel mittels Dampf geheizt, also erwärmt werden kann, um die Wirkung, das Glänzen, zu erhöhen. Die Lager der untersten Walze sind fest in den Seitengestellen angeordnet, diejenigen der darüber liegenden, als Gleitsteine gestalteten in gehobelten Führungen in senkrechter Richtung verschiebbar. Da nun die Lager der oberen Walze belastet werden — in der Regel durch Hebel und Gewichte oder durch Hebel und Wasserdruck —, so pflanzt sich der Druck auch auf die darunter liegenden fort. Derselbe ist bei einer bestimmten Belastung der Lager der Oberwalze am kleinsten zwischen den obersten, am grössten zwischen den untersten Walzen, weil im letzteren Falle das Eigengewicht der Oberwalzen hinzukommt.

Die Grösse des Druckes, welche man anzuwenden hat, hängt innerhalb der für eine bestimmte Maschine überhaupt zulässigen Grenze ab von dem Endresultat, das man zu erhalten wünscht, d. h. also davon, ob leichte, mittlere, schwere oder sehr schwere Appretur erzeugt werden soll, ferner von der Dicke und Dichte des Zeuges, welches sich zwischen den Walzen befindet, so dass also ein um so kleinerer Druck für einen bestimmten Endzweck erforderlich ist, je geringer jene sind. Endlich hängt die Grösse des Druckes auch noch von dem Walzenmaterial ab. Je unelastischer, starrer dasselbe ist, um so kleiner kann jener sein. Es werden also zwei Eisenwalzen eine kräftigere Wirkung auf ein bestimmtes zwischen sie gebrachtes Fasermaterial ausüben als eine Papier- und Eisenwalze oder zwei Papierwalzen. Anderseits ist aber ein gewisser elastischer Druck, wie er unter der Mitwirkung von Papierwalzen erzielt werden kann, für die grössere Schonung des Fasermaterials und eine gleichmässigere Appretur erforderlich.

Bei den Jute-Kalandern wechseln eiserne Walzen mit Papierwalzen ab. Die eisernen sind als Hartgusswalzen hergestellt, auf das sorgfältigste cylindrisch abgedreht und abgeschliffen bezieh. poliert, da die genaue Cylinderform von der allergrössten Wichtigkeit ist. Die Oberfläche dieser Walzen besitzt eine ausserordentliche Härte und Widerstandsfähigkeit. Die Achsen bezieh. Zapfen derselben sind in der Regel aus Schmiedeeisen.

Bei den Dreiwalzen-Kalandern — den kleinsten, die Anwendung finden — ist die mittlere, bei den Vierwalzen-Kalandern die zweite von unten und bei den Fünfwalzen-Kalandern wieder die mittlere Walze eine hohle eiserne, mittels Dampfes heizbare Walze. Wird die Erzeugung einer schöneren Appretur, ein erhöhter Glanz gewünscht, dann müssen die Zeuge stets der Einwirkung dieser geheizten Walze, nach vorhergegangenem Schlichten und Netzen, ausgesetzt werden. Im Dreiwalzen-Kalander hat die obere und untere Walze eine Papieroberfläche, bei dem Vierwalzen-Kalander ist die untere eine Papierwalze, dann folgt die hohle heizbare eiserne Walze, dann eine Papierwalze und schliesslich wieder eine Eisenwalze. Bei dem Fünfwalzen-Kalander ist die unterste eine Eisenwalze, dann folgt eine Papier-, eine heizbare Eisen-, eine Papier- und schliesslich wieder eine Eisenwalze.

Die erwähnten Papierwalzen und ihre Herstellung bedürfen, ehe wir auf die weiteren Einzelheiten der Kalandermaschinen eingehen, noch einer kurzen Besprechung.

Die Papierwalze besteht aus einzelnen, unter starkem Druck auf einer schmiedeeisernen Achse vereinigten, dünnen Papierscheiben, welche von starken gusseisernen oder besser schmiedeeisernen, auf ersteren sicher befestigten Endscheiben zusammen gehalten werden.

Die schmiedeeisernen Achsen wurden früher wohl vier-, sechs- oder achtkantig oder auch von ovalem Querschnitt genommen, doch hat sich gezeigt, dass diese solchen mit Kreisquerschnitte gegenüber mannigfache Nachteile besitzen, welche besonders bei dem vierkantigen, dem quadratischen Querschnitte hervortreten. Bei der Umdrehung der fertigen Walze unter Belastung erleiden jene Achsen verschieden grosse Durchbiegungen, weil bei senkrechter Stellung der Diagonalen das Widerstandsmoment grösser ist als bei jeder anderen. Es wechselt also der Grad der Durchbiegung von einem kleinsten bis grössten Werte und umgekehrt, bei einer Walzendrehung um 90°.

Ferner spaltet sich, von den Achsenkanten ausgehend, im Innern häufig das Papier, während die Oberfläche noch gut erscheint. Solche Walzen sind dann baldiger vollständiger Zerstörung ausgesetzt. Alle diese Uebelstände fallen weg bei kreisförmigem Achsenquerschnitt.

Zur Herstellung der Walzen wird sowohl Leinen- wie Wollen- und Baumwollenpapier und andere Sorten verwendet. Für die Wahl desselben ist die Verwendung der Walze massgebend. Anderseits hängt wieder von der Papiersorte der Druck ab, unter welchem das Zusammenpressen der einzelnen Scheiben erfolgen muss. Gewisse Sorten behalten auch beim stärksten Drucke noch eine genügende Elastizität, welche bei anderen gänzlich schwindet, weshalb letztere Sorten nicht benutzt werden sollten. Walzen, die zur Erzeugung einer hohen Appretur dienen sollen, müssen ferner einen stärkeren Druck aushalten können, ohne angegriffen zu werden, was wiederum nur dadurch zu erreichen ist, dass bei ihrer Herstellung eine stärkere Pressung angewendet wurde.

Lastet eine Hartgusswalze auf einer Papierwalze, so wird sich die erstere um so mehr in die Oberfläche jener eindrücken bei derselben Belastung, je weicher die letztere gepresst war. Die Berührungsfläche zwischen den Walzen wird daher in diesem Falle grösser, der Flächeneinheitsdruck kleiner und daher das Resultat ein weniger gutes, als wenn unter Wahrung der erforderlichen Elastizität die Papierwalze fester gepresst war.

Es hängt hiernach ein bestimmtes Endresultat, das bei einer gewissen Walzenbelastung erreicht werden soll, mit ab von der zur Herstellung der Papierwalzen verwendeten Papiersorte und deren Zusammenpressung.

Walzen, welche aus sehr hartem Papiere unter starkem Drucke hergestellt sind, fehlt der zu ihrer Konservierung nötige Elastizitätsgrad, sie nutzen sich trotz ihrer Härte rascher ab und geben einen weniger gleichmässigen Appret als elastische Walzen, das Fasermaterial wird mehr angegriffen.

Wenn sich die Papierwalzen beim Gebrauche verhältnismässig rasch abnutzen, insbesondere an der Oberfläche abbröckeln und Risse bekommen, so ist dies entweder ein Zeichen dafür, dass der Pressungsdruck bei ihrer Herstellung zu klein war oder dass die benutzte Papiersorte nichts taugte, z. B. Holzschliff oder erdige Zusätze enthielt. Besonders die mit der geheizten Eisenwalze in Berührung kommenden Walzen unterliegen in diesem Falle dann einem baldigen Verderben.

Da elastisches Papier bei der Herstellung der Walzen, selbst nach der stärksten Zusammenpressung auf die Endscheiben, welche bestimmt sind, die Papierscheiben zusammen zu halten, immer einen starken Druck ausübt, so empfiehlt es sich, jene aus Schmiedeeisen herzustellen und diese auf das sorgfältigste auf der Achse zu befestigen.

Ist nun die richtige Papiersorte gewählt und in Scheiben angemessener Grösse geschnitten, so werden diese gelocht und über die schmiedeeiserne Achse, auf der bereits eine Endscheibe befestigt sein muss, geschoben. Nun folgt ein so starkes Zusammenpressen in einer hydraulischen Presse, dass nach Aufheben des Druckes, was nach 3 bis 4 Tagen geschieht, die Scheiben nur äusserst wenig auseinander gehen. Jetzt wird eine weitere Partie Papierscheiben über die Achse geschoben und aufs neue gepresst und so lange fortgefahren, bis zuletzt nur noch eine Packung von 20^{mm} Dicke erforderlich ist, um die gewünschte Walzenlänge herzustellen. Schliesslich presst man auch noch die andere Endscheibe auf und befestigt diese durch Keile oder Ringe auf der Achse; manchmal wird sie wohl auch auf die Achse geschraubt. Die anzuwendende Pressung wechselt nach der Papiersorte und dem Verwendungszwecke der Walzen und beträgt etwa 15—20 tons auf 1 Quadratzoll oder 2300 bis 3150^{k} auf 1^{qc}.

Nach dem Pressen werden die Walzen auf das sorgfältigste abgedreht mit Hülfe besonderer Stähle, deren Härtegrad von der verwendeten Papiersorte abhängt.

Den Kalanderbau (und ebenso den Bau von Mangeln) betreiben eine Reihe englischer und deutscher Maschinenbauanstalten, wie z. B. die schon genannten schottischen Firmen: Urquhardt, Lindsay & Co.; Robertson & Orchar; Parker and Sons in Dundee; ferner aber C. G. Haubold jun., Chemnitz, deren Maschinen in deutschen und russischen Jute-Webereien vielfach im Gebrauch sind. Maschinen noch anderer Firmen, die ebenfalls gelobt werden, wie die von Matter & Platt; Thomas & Taylor;

Thomson Son & Co., Dundee; Nasmyth, Wilson & Co., Manchester u. a., sowie von C. Hummel, Berlin; Fr. Gebauer, Charlottenburg; F. Voith, Chemnitz; Zittauer Maschinenfabrik u. a. habe ich in der Praxis der deutschen Jute-Industrie kennen zu lernen keine Gelegenheit gehabt.

In betreff der Papierwalzen möge hier noch auf das D. R. Patent No. 27 470, das der Firma C. G. Haubold jun. erteilt wurde, hingewiesen werden, welches sich auf folgendes bezieht.

Wenn Papier-Walzen unter sehr hohem Drucke und wohl auch auf geheizten Cylindern lange Zeit laufen, so erwärmt sich die Walze und zuletzt auch die Achse und die Seitenscheiben, die sich dann ausdehnen. Kommt die Walze nun zur Ruhe, so nimmt mit der Abkühlung auch die Achse mit den Scheiben wieder ihre ursprüngliche Dimension und Stellung ein. Bei der erwähnten Erwärmung wird nun aber auch die in dem Papiere enthaltene Luft erwärmt, verdünnt und zum Teil aus dem Walzeninnern hinausgedrängt. Wenn nun die Walze wieder kalt wird, so entstehen, namentlich in der Nähe der Achse und der Seitenscheiben, im Innern derselben luftverdünnte Räume, in welchen jetzt das an den Zapfen haftende Oel nach und nach gesaugt wird. Hierdurch erklärt sich dann die Thatsache, dass solche Walzen von innen heraus nach längerer Zeit ölig werden, für welche sich eine andere Erklärung nicht finden liess.

Um diesem Uebelstande vorzubeugen, bringt die erwähnte Firma bei ihren Papierwalzen im Innern der Seitenscheiben eine eingedrehte Nute an, mit welcher ein oder mehrere in die Scheibe von der äusseren Peripherie aus radial gehobelte Kanäle in Verbindung stehen, durch die stets Luft in das Innere der Walze eindringen kann, so dass die Entstehung von luftverdünnten Räumen nicht mehr möglich ist und also auch kein Ansaugen des bis an die Scheiben vorgedrungenen Oeles stattfinden kann.

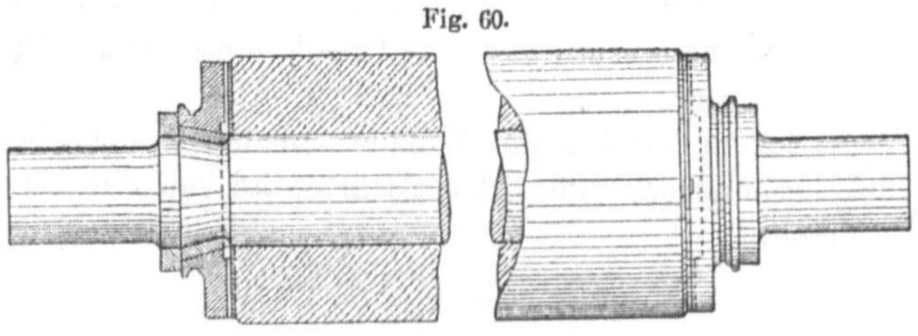

Fig. 60.

Haubolds Papierwalze.

Auf den Endscheiben ist eine die Kanäle und Nuten nach der Papierseite zu abschliessende dünne Eisenscheibe angeordnet, so dass die Verbindung mit dem Innern stets offen gehalten werden kann. Man vergl. die Textfigur 60.

Im Anfange dieses Abschnittes wurde bereits erwähnt, dass die Walzen der hier zur Anwendung gelangenden Kalander sämtlich gleiche Umfangsgeschwindigkeit haben. Es wird nämlich nur eine Walze und zwar stets die heizbare eiserne durch ein Zahnrad angetrieben, alle anderen Walzen erhalten ihre Drehung von jener aus nur durch Reibung.

Es giebt aber auch andere Kalander, bei denen die einzelnen Walzen durch entsprechende Räder mit verschiedener Umfangsgeschwindigkeit bewegt werden, also auf einander gleiten müssen. Solche Kalander werden überall da angewendet, wo ein künstlicher der Faser nicht eigentümlicher starker Glanz auf der Gewebeoberfläche erzeugt werden soll. Man nennt solche Kalander **Gleit-** oder **Glänzkalander** und alsdann die vorher erwähnten **Rollkalander.**

Diese letzteren werden also allein in der Jute-Appretur verwendet und finden daher auch nur an dieser Stelle weitere Besprechung.

Eine Bedingung, welche insbesondere bei grösseren Kalandern notwendig erscheint, besteht darin, dass die Seitengestelle des leichteren Zusammensetzens und Transportes wegen auseinander zu nehmen sein sollten, besonders aber muss es möglich sein, die einzelnen Walzen herauszunehmen, ohne die Ständer vom Fundamente abzuheben. Die Seitengestelle müssen durch starke Querverbindungen auf das sicherste festgehalten sein; — sodann ist Wert darauf zu legen, dass die Führungen für die Lager der Walzen genau gehobelt sind, damit die Walzen senkrecht übereinander lagern.

Das Heizen der hohlen Mittelwalze des Kalanders erfolgt durch Dampf von 2—3 Atmosphären Spannung, also mit einer Temperatur von 120—130° C.

Auf der Einführseite der Kalander befinden sich stets mehrere gehobelte eiserne Spannbalken, zwischen denen hindurch das Zeug geleitet wird mit der für einen bestimmten Zweck angemessenen Spannung. Seitlich geführt wird dabei das einlaufende Zeug durch je eine verstellbare messingene Leiste.

Zur Erzeugung einer leichteren Appretur werden drei oder auch vier Walzenkalander angewendet.

Bei dem ersteren ist also die Mittelwalze eine eiserne hohle und heizbare, die beiden anderen sind Papierwalzen.

Man wendet diese und die vier Walzenkalander an für Köpergewebe, Sackleinen und Jute-Doppelleinen, sowie auch wohl zur erstmaligen Appretur von Juteleinen zur Erzeugung einer leichten Appretur.

Die Einführung des zwischen mehreren Streckbalken gerade gestrichenen und gespannten Zeuges geschieht bei den **Dreiwalzen-Kalandern** zwischen Unter- und Mittelwalze, alsdann umschlingt dasselbe die letztere zur Hälfte und geht zwischen ihr und der Oberwalze hindurch, wieder um letztere herum und gleitet dann zu Boden. Hiernach ist das

Zeug einem zweifachen Drucke ausgesetzt. Bei schwererem Appret und geschlichteten Ketten wird stets die Mittelwalze erwärmt.

Soll eine Ware die leichteste überhaupt mögliche Appretur erhalten, so wird die entgegengesetzte Drehrichtung der Walzen durch Umschaltung des Wechselmechanismus — auf den wir später noch bei den anderen Kalandern zu sprechen kommen werden — eingeleitet, die Ware zwischen der Mittel- und Oberwalze hindurch geführt und die sonstige Walzenbelastung aufgehoben. Ein Durchführen der Ware zwischen Unter- und Mittelwalze bei der anfänglichen Drehrichtung giebt bereits eine etwas weniger leichte Appretur, weil alsdann das Gewicht der beiden oberen Walzen zu der Belastung hinzukommt.

Fig. 61.

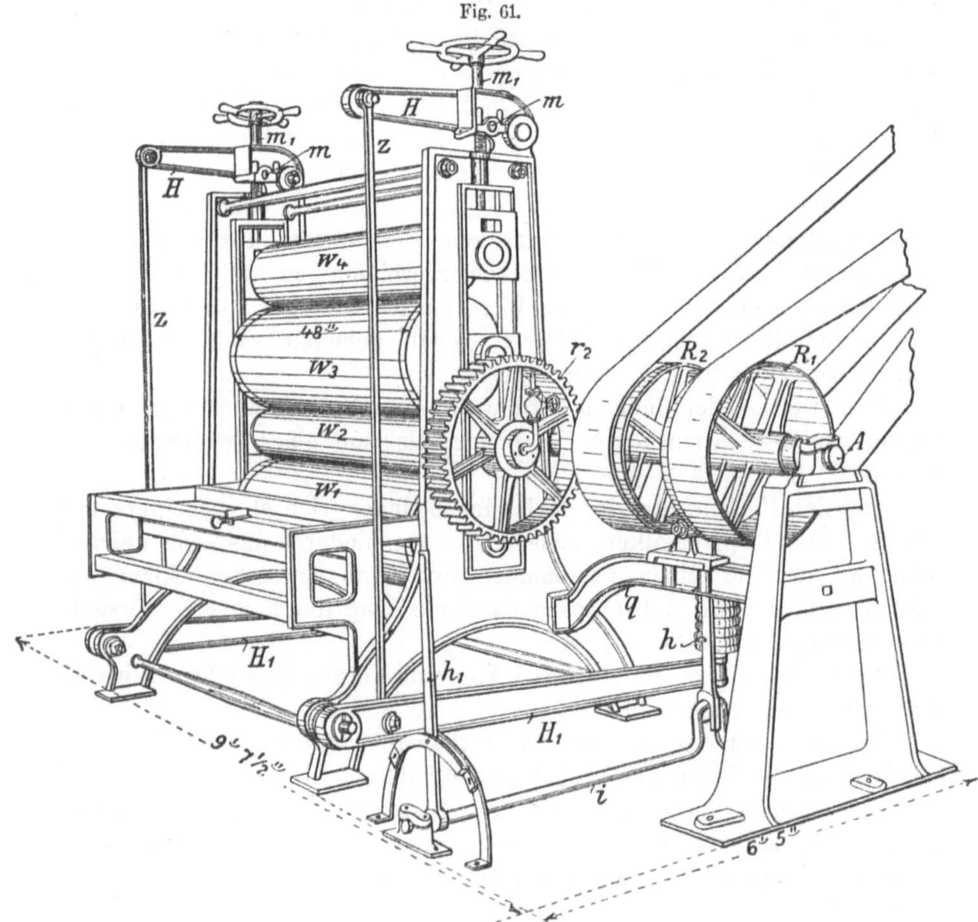

Der Vierwalzen-Kalander.

Der Vierwalzen-Kalander (seiner Verwendung wegen auch *Four-Roller-Sacking-Calender* von den Schotten genannt) ist in einer Gesamtansicht, nachgebildet einer Lithographie von Robertson & Orchar, in der Textfigur 61 dargestellt worden. Die Papierwalzen sind mit w_1 und w_3, die Eisenwalzen mit w_2 und w_4 bezeichnet. Walze w_2 ist heizbar. Vor der Walze w_1 liegen die Spannbalken mit den Führungsleisten. Die Seitengestelle sind durch vier kräftige Querstangen mit einander verschraubt. Die einarmigen Hebel $H H$ nehmen in der Nähe des Dreh-punktes bei $m m$ eine drehbar gelagerte Mutter auf, durch welche je eine Schraubenspindel $m_1 m_1$ bis auf die Gleitsteine der Oberwalze reicht. Hierdurch wird diese einerseits belastet, anderseits kann sie aber auch durch die Speichenräder am oberen Ende der Schraube ein-gestellt werden. Die oberen Hebel $H H$ sind durch Zugstangen $z z$ mit den im unteren Gestellteile gelagerten und durch Gewichte am anderen Ende belasteten Hebeln $H_1 H_1$ verbunden.

Der Antrieb erfolgt (man vergleiche auch die späteren Abbildungen des Fünfwalzen-Kalanders) von der Wellenleitung aus mittels gekreuzten oder offenen Riemens und der Riemenscheiben $R_1 R_2$ in dem einen oder anderen Sinne auf die seitlich gelagerte Vorgelegewelle A. Die er-wähnten Scheiben sitzen lose, aber nicht seitlich verschiebbar auf ihrer Welle, und bilden ihre einander zugekehrten, konisch ausgedrehten Seiten die einen Hälften von Kegelkupplungen. Zwischen beiden Scheiben sitzen die vereinigten zweiten Hälften der Kupplung mit Feder und Nut auf Drehung mit der Welle gekuppelt, aber seitlich verschiebbar. Das Verbindungsstück der beiden Kupplungshälften ist in der Mitte einge-dreht und legt sich in diese Kreisnut der Kopf eines doppelarmigen Hebels h, der seinen Drehpunkt an dem Gestellteile q findet und dessen unteres gabelförmiges Ende die Kröpfung einer am Fussboden gelagerten Achse i umfasst. Wird diese Achse mittels des aufrecht stehenden He-bels h_1 nach links oder rechts gedreht oder in eine mittlere Stellung gebracht, so erfolgt entweder die Verbindung der Scheibe R_1 mit der Vorgelegewelle A oder die der Scheibe R_2, oder beide drehen sich lose. Daher erhält man entweder Rechts- oder Links-Drehung oder Stillstand der Vorgelegewelle. Dieselbe ist nun durch ein in der Fig. 61 nicht sichtbares Stirnrad r_1 mit dem auf der Eisenwalze w_2 sitzenden Rade r_2 im Eingriff, und daher erfolgt die Drehung dieser und der anderen Walzen in dem einen oder anderen Sinne, oder es tritt Be-wegungslosigkeit ein.

Wir haben bereits bei dem Dreiwalzen-Kalander gesehen, dass es je nach der beabsichtigten Einführung des Zeuges erforderlich ist, den Dre-hungssinn der Walzen ändern zu können.

Bei dem Vierwalzen-Kalander kann das Zeug entweder einem ein-, zwei- oder dreimaligen Drucke (mit oder ohne Heizung der Eisenwalze) ausgesetzt und dem entsprechend ein anderes Resultat erzielt werden.

Robertson giebt an für einen Kalander mit $48'' \times 18''$ ($122^c \times 75,72^c$) Papierwalzen Brutto-Gewicht: $45,72^{mz}$ und Netto-Gewicht: 38^{mz}, Riemen-scheiben $24'' \times 7''$ ($60,96 \times 17,78^c$). Umdrehungen in der Minute 84.

Der wichtigste Kalander in der Jute-Appretur ist der

Fünfwalzen - Kalander.
(*Heavy five - roller - Calender.*)

Derselbe ist auf Tafel XX in einer Gesamtansicht, auf Tafel XXI in Fig. 1 und Fig. 2 in einer Seitenansicht und Vorderansicht (beide abgebrochen gezeichnet) in $1/24$ natürlicher Grösse nach einer Ausführung von Robertson & Orchar dargestellt. Tafel XXII zeigt in einer Gesamtansicht einen ebensolchen Kalander der Firma C. G. Haubold jun. in Chemnitz. Gleiche Teile sind überall (auch mit Bezug auf den vorigen Kalander) mit denselben Buchstaben bezeichnet. Die letzte Darstellung ist ohne Buchstaben gelassen.

Von den fünf über einander gelagerten Walzen w_1 bis w_5 sind w_1 w_3 w_5 Eisenwalzen, die mittlere hohle Walze w_3 ist mit Dampf heizbar, die Walzen w_2 w_4 sind Papierwalzen.

In der Gesamtansicht auf Tafel XX ist das Deckenvorgelege T angegeben, von dem aus mittels gekreuzten und offenen Riemens der Betrieb, gerade wie beim vorigen Kalander, auf die Riemenscheiben R_1 R_2 und die Vorgelegewelle A übergeht.

Die Aenderung des Drehungssinnes — man vergleiche auch die Figuren auf Tafel XXI — sowie das Stillhalten des Kalanderantriebes erfolgt ebenso wie beim Vierwalzen-Kalander. In der Figur dieser Tafel ist der Hebel h etwas anders mit der Welle i, nämlich durch Schlitz und Stift, verbunden. Der Ausrückhebel h_1 ist nur in Fig. 1 auf Tafel XXI, sodann aber auf Tafel XXII sichtbar. Die Vorgelegewelle A steht auch hier durch ein Rad r_1 mit Rad r_2 auf der Mittelwalze w_3 in Verbindung.

Die Belastung der Oberwalzen und somit auch die der unteren erfolgt durch Gewichte G, die, aus einzelnen Scheiben bestehend, leicht vermehrt oder vermindert werden können. Es hängen dieselben an einer Kette, die einerseits über die an der Decke angeordnete Rolle x geleitet und anderseits, an einer Scheibe s, dieselbe mehrmals umschlingend, befestigt ist, welche auf der horizontalen an einer Wand oder an Säulen gelagerten Welle a sitzt. Diese Welle trägt wiederum zwei Stirnräder s_1 s_1, welche mit den an einarmigen Belastungshebeln H, H gelenkig verbundenen Zahnstangen z z im Eingriff sind. Der Zahneingriff wird durch Leitrollen erhalten, welche hinter den Zahnstangen sitzen.

Die Einwirkung der Belastungsgewichte ist nun so, dass die Zahnstangen, sowie die Hebelarme niedergezogen werden. Nun ist in der Nähe jedes Hebeldrehpunktes eine drehbar gelagerte Mutter m angeordnet, in welche die Schraubenspindeln m_1 eingeschraubt sind, welche den Druck auf die Gleitsteine der oberen Walzen übertragen. Die Verbindung der Schraubenspindeln m_1 mit dem Gleitsteine ist so, dass beim Heben des Hebels H diese und also auch die Oberwalze mitgehoben wird und ausser Berührung mit der Unterwalze gebracht werden kann. Anderseits müssen aber die Schraubenspindeln gedreht werden können, ohne dass die Verbindung mit den Gleitsteinen aufhört. Es ist dies zunächst wegen des erstmaligen Einstellens der Walzen und Hebel, sodann aber nötig, wenn die Papierwalzen durch Abdrehen — welches nach einiger Zeit erforderlich ist, um wieder eine vollständig glatte Oberfläche zu erhalten — kleiner im Durchmesser geworden und sich die Hebelenden zu sehr gesenkt haben. Das Drehen der Schraubenspindeln erfolgt durch die Speichenräder o_1. Ist die richtige Einstellung erzielt, so müssen jene am Zurückgehen gehindert werden. Das geschieht in mannigfacher Weise, z. B. nach Tafel XXI mit Hülfe der am Ende der Schraubenspindeln sitzenden Sperrräder o_2, in welche Riegel o_3 eingeschoben werden, die wiederum an einer beide Spindeln verbindenden Stande o_4 festgeschraubt werden können.

Beabsichtigt man einer Gewebesorte die stärkste Appretur zu geben, so wird dasselbe durch sämtliche Walzen geführt und schliesslich auf die Oberwalze gewickelt. Mit der Aufwicklung hebt sich die Walze und steigen auch die Zahnstangen $z\,z$ empor, hierbei die Welle a drehend. Wenn nun die Ware vollständig aufgewickelt ist, lässt man den Kalander noch einige Zeit weiter laufen, bis die gewünschte Appretur erreicht ist. Freilich darf dieses Drehen nach einer Richtung wegen der schon früher erwähnten Erscheinung des immer Festerwerdens der einzelnen Windungen nur kurze Zeit dauern; es sei denn, dass man auf schon erwähnte Weise die Bewegungsrichtung umschaltet, wieder etwas rückwärts und dann vorwärts walzt. Soll nun das Abwickeln des Zeuges von der Walze w_5 erfolgen, so muss sie noch etwas höher gehoben werden, damit sie sich frei in ihren Lagern drehen kann. Dies geschieht in folgender Weise. Man vergl. auch Fig. 3, Tafel XXI. Auf der Welle a sitzen, lose auf derselben drehbar, die Scheiben $c_0\,c_1$. Mit der Nabe der letzteren ist ein Zahnrad d verbunden, das mit dem auf Welle b festsitzenden Rade e im Eingriff steht. Von der Welle b aus erfolgt durch Rad f der Betrieb auf Rad g, das auf Welle a festsitzt. Auf Welle b sind ausserdem fest angeordnet: Bremsscheibe B, Klinkrad k nnd Handrad O. Auf dem Klinkrade schleift eine am Gestelle drehbare Klinke k_1.

Die Scheiben $c_0\,c_1$ werden von der Scheibe C auf dem Deckenvorgelege T (Tafel XX) bethätigt. Während des Kalanderns liegt der Riemen unten auf Scheibe c_0, dreht also lediglich diese und übt keinerlei Einfluss aus. Mit zunehmender Aufwicklung heben sich die Zahnstangen, drehen Welle a und durch die Verbindung von g und f auch Welle b, wobei Klinke k_1 über die Zähne des Klinkrades k schleift. Die Gewichte G, deren Einwirkung auf die Walzenbelastung stets erhalten bleibt, werden ferner durch Aufwickeln der Kette auf Scheibe s gehoben. Ist das Kalandern zu Ende und soll jetzt die Oberwalze noch weiter gehoben werden, damit sie frei wird, so schiebt man den Betriebsriemen auf die Scheibe c_1 und jetzt erfolgt durch die beschriebene Räderverbindung das langsame Drehen der Welle a in dem Sinne, dass die Zahnstangen in die Höhe bewegt werden, wobei wieder die Klinke über die Klindradzähne schleift. Damit das Heben nicht zu weit geschehe, ist eine selbstthätige Ausrückvorrichtung mit der einen Zahnstange oder direkt mit dem einen Hebel H verbunden, d. i. ein Gestänge, das am unteren Ende eine keilförmige Platte p (Tafel XX) trägt, welche so eingestellt ist, dass bei vollendeter Hebung die Ausrückstange für den von der Scheibe C kommenden Riemen seitlich verschoben und auf die Losscheibe c_0 überführt. Die erwähnte Klinkvorrichtung verhindert jetzt das Niedersinken der Walze.

Das Zeugende schlingt man nun um die im vorderen Teile des Kalanders gelagerte Holzwalze u und setzt diese, wie aus den Figuren sofort ersichtlich, von dem Deckenvorgelege aus durch die Scheiben $U u_1$ mittels Riemens in Drehung. Das Zeug wickelt sich jetzt von der Walze w_5 ab und auf die Holzwalze u auf. Letztere wird dann mit der Hand aus ihren Lagern und der Verbindung mit der Riemenscheibe genommen und durch eine andere leere Walze ersetzt. Meist ist die Oberwalze, wie aus den Tafelfiguren hervorgeht, noch mit kleineren Zapfen versehen, die in entsprechenden am Gleitsteine angeordneten Lagern beim Anheben derselben — also während des Abwickelns — ruhen. Hierdurch wird der Bewegungswiderstand kleiner, da die Reibung in den grossen Zapfen wegfällt.

Ist die Walze w_5 leer und soll sie niedergelassen werden, so wird vom Speichenrade O die Welle b so gedreht, dass das Auslösen der Klinke möglich ist, unter gleichzeitigem festen Anziehen der Bremsvorrichtung B am Hebel h_2. Vermindert man den Druck auf letzteren, so sinkt die Oberwalze sanft in die Anfangslage zurück.

Der auf Tafel XXI dargestellte Kalander ist noch mit einer besonderen Vorrichtung versehen, welche der Erläuterung bedarf. Will man nämlich die Ware nicht auf Walze w_5, sondern auf Walze w_4 aufwickeln, so erhält man eine ähnliche Wirkung wie bei dem Mangeln, wenn nämlich die Bewegungsrichtung mit der Hand in kurzen Zeiträumen geändert wird, ein Hin- und Herwalzen des aufgewickelten Zeuges zwischen zwei Walzen. Hiervon wird aber sehr selten Gebrauch gemacht. Damit aber in diesem Falle das spätere Abwickeln des Zeuges möglich ist, muss diese Walze w_4 vollständig frei beweglich in ihren Lagern, also ausser Berührung mit der Unter- und Oberwalze gebracht werden können. Zu diesem Zwecke sind zu beiden Seiten die Lager der Oberwalze durch Zugstangen $i\,i$ mit denen der Unterwalze so verbunden, dass eine begrenzte Verschiebung der Walzen ohne gegenseitige Beeinflussung möglich ist. Beim Heben geht zunächst Walze w_5 in die Höhe und erst später auch die folgende, wodurch der erwähnte Zweck erreicht wird.

Das Einführen des Zeuges, nachdem es in geeigneter Weise um die Spannbalken geschlungen worden ist, muss mit ausserordentlicher Vorsicht und Gewandtheit geschehen. Hierzu sind zwei Arbeiter nötig. Der auf der Einführseite stehende schlägt die Kanten des Zeuges zusammen und führt es, an den Seiten haltend, nach Einrückung des Betriebes, mit dem mittleren Teile zwischen die Einzugswalzen. Der Arbeiter auf der anderen Seite schlägt das Zeug, wenn es durch mehrere Walzen gehen soll, sofort nach oben mit Hülfe einer hölzernen Stange, und ebenso verfährt dann wieder der erste Arbeiter, bis das Zeug abgeführt oder auch noch um Walze w_5 herum und auf diese aufgewickelt wird. Man lässt das Zeug im letzteren Falle etwas abwärts laufen, schlägt die umgefalteten Ecken zurück und schwingt dann die bewegliche dünne Leiste L (Tafel XXI, Fig. 1 punktiert angegeben, auf Tafel XX deutlich sichtbar), die so aufgehängt ist, dass sie gerade zwischen die Walzen $w_4\,w_5$ fasst, nach letzteren zu, wodurch das Zeug faltenfrei und in voller Breite zu gleicher Zeit zwischen jene gebracht und alsdann stetig aufgewickelt wird.

Das Leiten des Zeuges von der einen Walze zur nächsten höheren kann auch mit Hülfe einiger leicht an den Umfang derselben gedrückten Holzwalzen selbstthätig erfolgen, so dass nur auf einer Seite Bedienung nötig ist. Eine solche nachträglich angebrachte Einrichtung sah ich in der Bolderaer Sackfabrik des Herrn Hertwig bei Riga.

Sind auf den Papierwalzen mit der Zeit Unebenheiten entstanden, so müssen erstere mit Hülfe von Drehstählen, während sie in ihren Lagern laufen, abgedreht werden. Gleichzeitig ist auch ein Abdrehen der Endscheiben erforderlich. Man kann dieses Abdrehen mit der Hand ausführen, nur muss zum Auflegen der Stähle eine feste Schiene in voller Breite des Kalanders, an den Seitengestellen befestigt, angeordnet werden. Sicherer und genauer erreicht man den Zweck, wenn eine Supportführung angeschraubt und an dieser entlang ein Support, der den Drehstahl trägt, geführt wird.

Geschwindigkeits- und Belastungsverhältnisse bei dem Fünfwalzen-Kalander. Das Deckenvorgelege führt 120 Umdrehungen in der Minute aus.

Die oberen Betriebsscheiben haben dann 24″ im Durchmesser, die unteren $R_1\,R_2$ 41″, so dass die untere Vorgelegewelle A in der Minute

$$120 \cdot \frac{24}{41} = 70{,}3 \text{ Umdrehungen ausführt.}$$ Von der Unterwelle aus erfolgt durch Rad r_1 mit 22 Zähnen der Betrieb an das auf der Mittelwalze w_3 sitzende Rad r_2 mit 86 Zähnen.

Umdrehungszahl der Walze w_3 also: $70{,}3\,\dfrac{22}{86} = 18$ Umdreh. abger.

Der Durchmesser dieser Walze wechselt etwa zwischen 30 und 45^c, und würde daher bei 36^c Durchmesser oder 113,09 abger. 113^c Umfang die minutliche Umfangsgeschwindigkeit sein:

$$113 \times 18 = 2034^c = 20{,}34^m \text{ oder } = 25{,}57 \; Yards.$$

Die Umfangsgeschwindigkeit der anderen Walzen ist natürlich eben so gross.

Die Durchmesser der Walzen wechseln mit der Walzenlänge (Arbeitsbreite) und liegen etwa innerhalb folgender Grenzen:

$$w_1 = 50{,}8 - 57^c,$$
$$w_2 \text{ und } w_4 = 60 - 70^c,$$
$$w_5 = 45 - 53^c.$$

Die Bethätigung der Aufwindevorrichtung erfolgt von einer 10″ Scheibe auf 12″ Scheiben. Die minutlichen Drehungen der Scheiben $c_0\,c_1$ sind also $\dfrac{120 \cdot 10}{12} = 100$; die Zähnezahlen der Räder sind: $d = 15$, $e = 60$, $f = 15$, $g = 60$; mithin führt beim Aufwinden der Oberwalze die Welle a: $100.\ \dfrac{15}{60} \cdot \dfrac{15}{60} = \dfrac{100}{16} = 6{,}25$ Umdrehungen aus.

Walzenbelastung: Die Länge der Hebel H vom Drehpunkte bis zum Angriffspunkte der Zahnstange ist: 3,354^m, die Entfernung des Drehpunktes vom Belastungsmittelpunkt: 28,30^c = 0,2830^m. Die Uebersetzung ist also hier 11,85fach.

Nun ist der Teilkreishalbmesser des Zahnstangentriebes $s_1 = 8{,}25^c$ (3¼″); der Halbmesser der nackten Scheibe s_1, an welchem die Belastungsgewichte wirken, 30,479^c (12″); mithin erhält man jetzt eine weitere Uebersetzung von 3,69. Die gesamte Uebersetzung bis zum Belastungspunkte hin ist also: $11{,}85 \times 3{,}69 = 43{,}726$ fach, d. h. ein am Scheibenumfange wirkendes Gewicht belastet die Lager der Oberwalze zusammen 43,726 mal, jedes einzelne also 21,863 mal stärker.

Die einzelnen Gewichtsstücke wiegen 16^k; mithin entspricht einem Gewichtsstücke eine Walzenbelastung von 699,61^k. Hierzu kommt nun noch für den schwächsten Druck zwischen den Oberwalzen das Eigengewicht der Zahnstangen, der Hebel und der Oberwalze mit Lager und für die folgenden Walzen noch stets das Gewicht der vorgehenden Walze hinzu (abzügl. der Reibungsverluste).

Das Kalandern der Gewebe.

Hat man nur Kalander und keine Mangeln zur Verfügung, so müssen alle Jute-Leinengewebe von 10 oder 10½ Unzen Gewicht an aufwärts zweimal kalandert werden. Bei allen geschlichteten Ketten ist die Ware vorher zu netzen und im Kalander die Mittelwalze zu heizen.

Sehen wir von der Benutzung der Drei- und Vierwalzen-Kalander ab und besprechen lediglich die Anwendung der Fünfwalzen-Kalander, so richtet sich hier das Spannen der Gewebe und das Leiten derselben durch die Walzen nach der Gewebeart, ihrer Dichtigkeit, der Behandlung beim Netzen und dem zu erzielenden Apprete. Es hat das Spannen der Gewebe so zu erfolgen, dass sie ohne Falten zu werfen, aber auch, ohne dass ein Verziehen, ein Welligwerden der Schussfäden eintritt, zu den Walzen gelangen.

Die folgenden Darstellungen sollen nur als Beispiele für bestimmte Fälle dienen und nicht etwa allgemeine Gültigkeit beanspruchen. Alle folgenden Figuren unter 62ᵃ bis ᵉ sind in $1/_{48}$ natürlicher Grösse gehalten.

Leichte Jute-Leinengewebe bis 9 Gang-Dichtigkeit werden einem einmaligen Kalandern unterworfen. Man pflegt sie, wie Fig. 62ᵃ zeigt, um alle 5 Spannbalken der Reihe nach herum zu leiten, hierauf durch

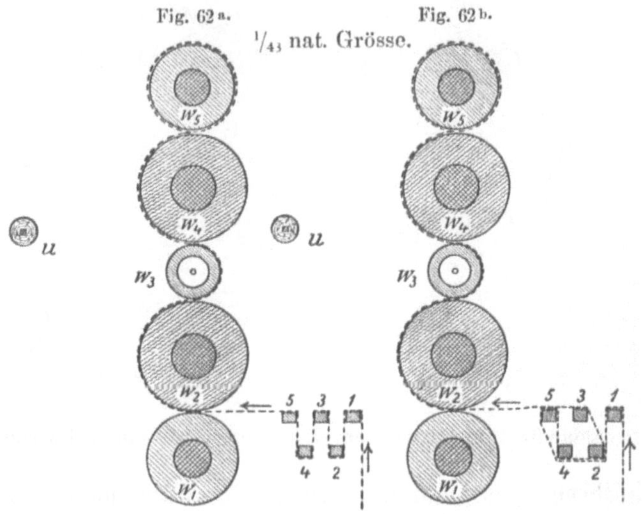

Das Kalandern der leichten Jute-Leinen- und Flachswerg-Jute-Leinen-Gewebe.

sämtliche Walzen zu führen und auf die Oberwalze w_5 aufzuwickeln. Die gleichzeitige Belastung erfolgt durch 11 bis 12 Gewichte. u ist die Holzwalze, auf welche schliesslich das Aufwickeln der fertigen Ware geschieht.

Aehnlich ist die Ausführung des **Kalanderns der Flachswerg-Jute-Leinen,** nur ist bei diesen mit Flachswergkette versehenen Geweben eine kräftigere Anspannung erforderlich. Diese wird, wie Fig. 62ᵇ zeigt, dadurch erzielt, dass das Zeug um Spannbalken 1, dann um 2, 4, 5, hierauf zurück innerhalb der ersten Zeuglagen um 4 und 2 nach 3 und jetzt erst zwischen die ersten Kalanderwalzen geführt wird.

In Schottland hat man bis zu 8 *Porter Hessian-* (8 Gang Juteleinen)

Ware Kalander, bei denen in die Papierwalzen mit Hülfe gezahnter Drehstähle Rillen in solchen Entfernungen neben einander eingedreht sind, dass sich die Kettenfäden bei dem Durchgange der Ware in diese einlegen. Sie entziehen sich hierdurch dem Walzendrucke und bleiben rund. Die Schussfäden allein werden breit gedrückt. Solche Ware zeigt stark hervortretende runde Kettenfäden, sie sieht der Länge nach gerippt aus.

Die Erzeugung der **Appretur für schwerere, dichtere Jute-Leinengewebe** etwa von $9\frac{1}{2}$ bis 10 Gang aufwärts entsteht durch zweimaliges Kalandern. Die erste Appretur wird entweder auf einem kleineren Kalander (3 oder 4 Walzen) oder auch auf dem Fünfwalzen-Kalander gegeben, wie in Fig. 62ᶜ dargestellt ist.

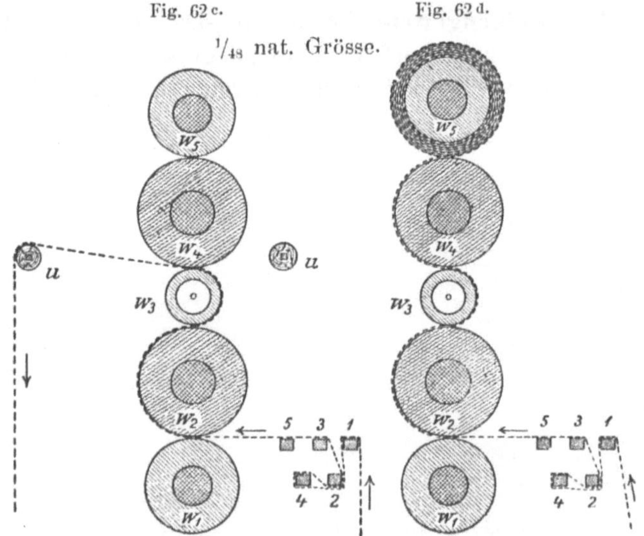

Das Kalandern der schwereren, dichteren Jute-Leinen-Gewebe.

Die Einführung geschieht im vorliegenden Falle um Spannbalken 1, 2 und 4 herum, dann geht das Zeug zurück zwischen der ersten Lage und den Spannbalken 2, um diesen herum nach Balken 3 und von dort über 5 zwischen das unterste Walzenpaar; das Zeug gelangt dann noch zwischen den Walzen w_2 w_3 und w_3 w_4 hindurch und wird hierauf über die Holzwalze u herab zur Erde geleitet. Ohne dass nun die Ware aufs neue eingesprengt wird, gelangt sie zum zweiten Male durch den Kalander in der in Fig. 62ᵈ dargestellten Weise. Die Zuführung ist dabei gerade wie vorhin. Die Ware geht durch sämtliche Walzen und wird auf die Oberwalze w_5 aufgewickelt. In beiden Fällen erfolgt die Belastung mittels 11 bis 12 Gewichten. Anstelle dieses zweiten Kalanders folgt in den mit Mangeln ausgerüsteten Webereien auf das erste Kalandern das Mangeln. Nur Juteleinen wird dieser Behandlung unterworfen.

Alle anderen Gewebe erhalten lediglich eine einmalige mittelschwere oder leichte Appretur und zwar häufig in folgender Weise.

Die Ausführung des **Kalanderns für Jute - Doppelleinen** ist in Fig. 62^e dargestellt.

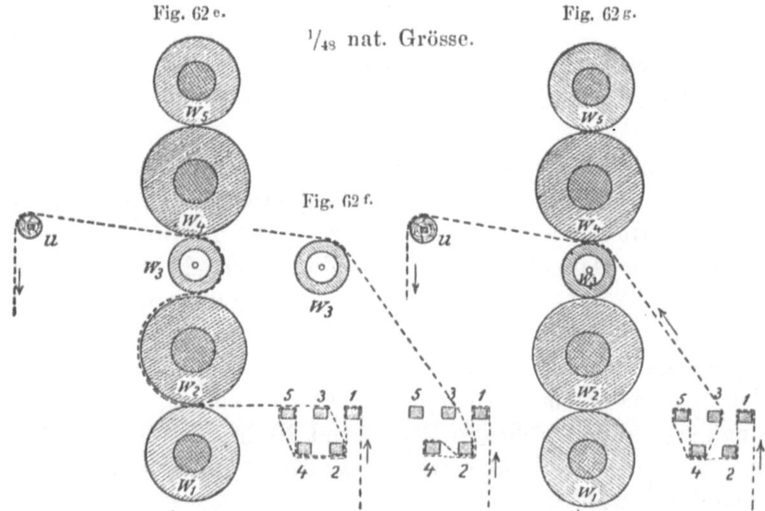

Das Kalandern der Jute-Doppelleinen-, Jutesack- und Doppelsackleinen- und der Jute-Köper-Gewebe.

Das Zeug ist um die Balken 1, 2, 4, 5, dann zurück um 4, 2, 3 nach den ersten Walzenpaaren geleitet; es geht dann noch zwischen den Walzen $w_2\,w_3$ und $w_3\,w_4$ hindurch und wird über Walze u zur Erde geleitet. Die Belastung der Oberwalze erfolgt hier durch 8 bis 9 Gewichte.

Einer wesentlich leichteren Appretur werden die **Jutesack-** und **Jute-Doppelsackleinen** unterworfen, wie aus der Fig. 62^f hervorgeht. Es läuft das Zeug um Balken 1, 2, 4, dann zurück um Balken 2 direkt zwischen die Walzen $w_3\,w_4$ und dann über die Holzwalze u zur Erde. Belastung erfolgt durch 4 bis 5 Gewichte.

Endlich ist noch in Fig. 62^g die Ausführung der einmaligen **Appretur für Jute - Köpergewebe** dargestellt, die sich von der vorigen nur durch die Art der Zuführung unterscheidet. Letztere erfolgt um Balken 1, 2, 4, 5, dann zurück um Balken 4 und 3 herum, worauf das Zeug zwischen die Walzen $w_3\,w_4$ gelangt und über die Holzwalze u zur Erde gleitet. Belastung erfolgt hier durch 6 bis 7 Gewichte.

Diese Andeutungen hierüber mögen genügen. Man findet in der Praxis je nach der Beschaffenheit des Fasermaterials des Gewebes und den Verkaufszwecken mannigfache Abwechselungen in der Zuleitung, Durchleitung und Belastung der Walzen. Es ist endlich zu berücksichtigen, dass bei Durchleitung eines schmäleren Gewebes bei derselben Belastung der Druck auf die Breiteneinheit desselben grösser ist als bei einem breiteren Gewebe oder als bei der Durchleitung von zwei schmäleren Geweben neben einander. Die Beachtung dieses Umstandes ist zur Erzielung eines bestimmten Endresultates durchaus erforderlich.

Es genügt ein Drei- oder Vierwalzen-Kalander und ein Fünfwalzen-Kalander (90 bis 100″ [228,5^{mm} bis 254,0^{mm}] breit) für etwa 100 Webstühle.

Das Gewicht eines Fünfwalzen-Kalanders mit 96″ (244^c) breiten, 27″ (68,5^c) im Durchmesser habenden Papierwalzen von Robertson & Orchar ist: Brutto 236^{mz} und Netto 220^{mz}. Der Antrieb erfolgt durch 9″ (22,86^c) breite Doppelriemen auf Scheiben von 42″ (106,68^c) Durchmesser und 10″ (25,4^c) Breite mit 70 Umdrehungen in der Minute.

C. G. Haubold giebt folgende Werte an:

1 Jute-Kalander mit 5 Walzen wiegt bei 2400^{mm} Walzenbreite und folgenden Walzendurchmessern $w_1 = 570^{mm}$, w_2 und $w_4 = 670^{mm}$, $w_3 = 340^{mm}$ und $w_5 = 525^{mm}$: Brutto 216^{mz} und Netto 202^{mz}.

Ein ebensolcher Kalander wiegt bei 2100^{mm} Walzenbreite: Brutto 204^{mz} und Netto 191^{mz}.

Der Arbeitsbedarf der Fünfwalzen-Kalander kann je nach der Arbeitsbreite zu etwa 8—10 PS angenommen werden.

Die nötige Aufstellungsfläche ergiebt sich aus folgendem: Die Entfernung der Walzenmitten von der Wand oder den Säulen, an denen das Windewerk angebracht werden soll, beträgt etwa 3,5 bis 3,7^m, die Entfernung von der Wand oder den Säulen bis zu den äussersten vorspringenden Teilen beträgt 5 bis 5,2^m. Alsdann ist noch eine Holzbühne mit einer Stufe vorgelegt von 1,5 bis 1,6^m Tiefe (normal zur Wandfläche gemessen). Die totale Entfernung von der Wand oder den Säulen beträgt also 6,5 bis 6,8^m. Die benötigte Länge (also parallel der Wand) richtet sich nach der Walzenbreite. Ist diese b^m, so bedarf noch die Antriebseite 1,8^m, die andere 0,9^m Länge. Ein Kalander von 2,40^m Walzenbreite benötigt also eine Grundfläche von 6,5 bis 6,8^m Tiefe (Breite) und $2,4 + 1,8 + 0,9 = 5,1^m$ Länge.

Neuerungen an den Fünfwalzen-Kalandern.

Die Einstellung der Kalanderwalzen behufs genauen parallelen Uebereinanderliegens verursacht bei Anwendung der gewöhnlichen Lager in manchen Fällen Klemmungen in denselben. Um diese bei Veränderung der Walzenlage in der wagerechten Ebene zu umgehen, sind verschiedene bewegliche Lagerkonstruktionen in Vorschlag gebracht worden, von denen das nach dem D. R.-Patent Leupold No. 36 099 von der Firma C. G. Haubold gebaute Lager hier noch erwähnt werden möge.

In den folgenden Figuren 63[a] und 63[b] ist dieses Lager nach der
Patentschrift in der Seitenansicht und einer Vorderansicht nach Weg-
nahme des Deckels G dargestellt.

Die beiden Lagerschalen $R\,R$ lassen zwischen sich einen zum Nachstellen freien Raum und haben aussen in ihren Mitten halbkugelförmige
Ansätze $K\,K$, welche in den halbkugelförmigen Vertiefungen der Schrauben $M\,M$ gelagert sind und den Lagerschalen nach jeder Richtung freie

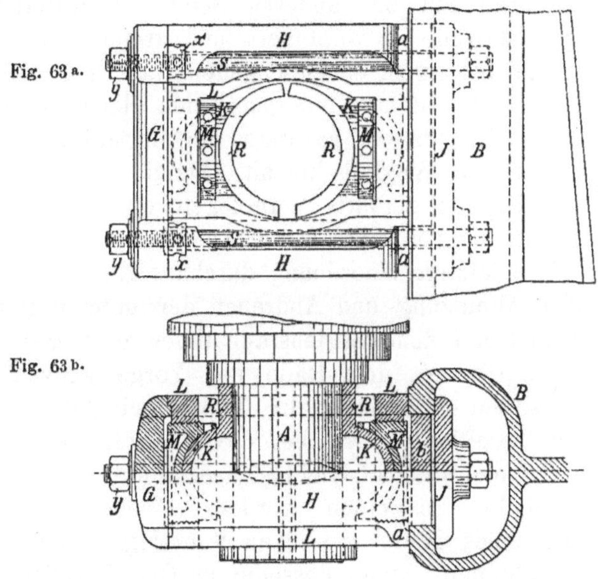

Fig. 63 a.

Fig. 63 b.

Bewegung gestatten. Die Schrauben $M\,M$ sind in das Gehäuse L eingeschraubt, welches einerseits an der Kalanderwand B, anderseits an
dem Deckel G des Lagerkörpers H senkrecht geführt wird und in letzterem nach oben und unten Raum hat, so dass ein Abheben der Walzen
von einander ohne Veränderung der Lagerkörperstellung stattfinden kann.
Der Lagerkörper H liegt mit seinen vier Nasen a an der Gestellwand B,
während seine Platte b in die Geradführung der Wand eingreift. Mittels der Schrauben S wird der Körper an der Gestellwand befestigt,
indem man durch Drehung der Muttern x die Gegenplatte J an die
innere Führung der Gestellwand presst. Die Muttern y dienen zum Befestigen des Lagerdeckels G.

Eine andere Neuerung besteht in Folgendem:

Durch den Antrieb der Mittelwalze w_3 wird diese zunächst durch
das Gewicht des grossen Zahnrades r_2 einseitig belastet; hierzu kommt
aber nun noch der Zahndruck beim Betriebe. Beide Umstände bewirken, dass die Abnutzung der darunter liegenden Lager und Walzen sich
vorzugsweise auf diese Seite erstreckt; auch erhalten die Gewebe in-

folge dessen keinen auf der ganzen Breite vollkommen gleichen Druck. Man baut deshalb jetzt Kalander, bei denen wenigstens die ruhende Belastung durch Aufsetzen einer dem Rade entsprechend schweren Scheibe. am anderen Walzenende ausgeglichen, d. h. gleich gross gemacht ist (man vergl. Tafel XXII).

Der Ingenieur Direktor Bergmann, Jute-Spinnerei und -Weberei Meissen, ist nun noch einen Schritt weiter gegangen. Anstelle der Scheibe hat er an den Kalandern der erwähnten Fabrik ein zweites ebenso grosses Zahnrad auf der anderen Seite der Mittelwalze aufgesetzt, die Vorgelegenwelle A verlängert und treibt nun von dieser auch die zweite Seite mit einem entsprechenden Rade an. Bei genauer Einstellung der Räder erreicht man nun genügende gleichmässige Druckverteilung auf beide Mittellager, so dass die einseitige Lager- und Walzenabnutzung ganz in Wegfall kommt. Damit die quer über die ganze Breite des Kalanders geführte Vorgelegenwelle nicht gefahrbringend werden kann, ist sie von einer festen Blechhülse umgeben.

Es verdient diese letztere Anordnung durchaus Nachahmung.

Mit erfolgender Abnutzung und Abdrehen der unteren Papierwalze kommt die Mittelwalze mit dem Antriebsrade tiefer zu liegen, wodurch der richtige Zahneingriff mit dem Rade der Vorgelegenwelle gestört wird. Es muss alsdann die Unterwalze höher gebettet werden, um diesen Umstand zu beseitigen. Da aber diese letztere Vornahme umständlich und auch nicht leicht richtig auszuführen ist, sollte auf anderem Wege Abhülfe geschaffen werden. Vielleicht liesse sich durch Einschaltung eines Rades zwischen Vorgelege- und Walzenrad dem Uebelstande begegnen, wenn dasselbe in Gestellschlitzen so verstellbar angeordnet wird, dass die veränderte Wellenmittelentfernung durch angemessene Lagenveränderung desselben ausgeglichen werden kann.

Urquhart, Lindsay & Co., Dundee, bauen seit einiger Zeit **Fünfwalzen-Kalander mit Wasserpressung** (*Patent hydraulic five bowled chesting calender*). Die Gesamtanordnung geht aus der Textfigur 64 hervor, welche diesen Kalander in $^{1}/_{48}$ natürlicher Grösse in einer Seitenansicht zeigt. Es erfolgt hier die Belastung der beiden oberen Lager mittels doppelarmiger Hebel H, deren längeres Ende unter Zwischenschaltung je einer starken Blattfeder F mit einem Gestänge g verbunden ist, das mit der Kolbenstange g_1 je eines Wasserdruckcylinders C in Verbindung steht. In jeden der Cylinder C wird mittels eines nicht weiter angegebenen Pumpwerkes Wasser unter bestimmten, durch ein belastetes Sicherheitsventil regulierbaren, Druck gepresst. Ein besonderer Druckbehälter (Accumulator) ist nicht vorhanden. Die Feder F hat die Aufgabe, die Belastung elastisch zu gestalten und kleinere Druckschwankungen auszugleichen. Soll die obere Walze w_5 behufs Abwickelns des aufgewundenen Zeuges gehoben werden, so lässt man das Wasser aus den Cylindern C in den Wasserkasten des Pumpwerkes fliessen, und nun sinkt das Gestänge g nieder und hebt durch sein Gewicht die Oberwalze.

Fig. 64.

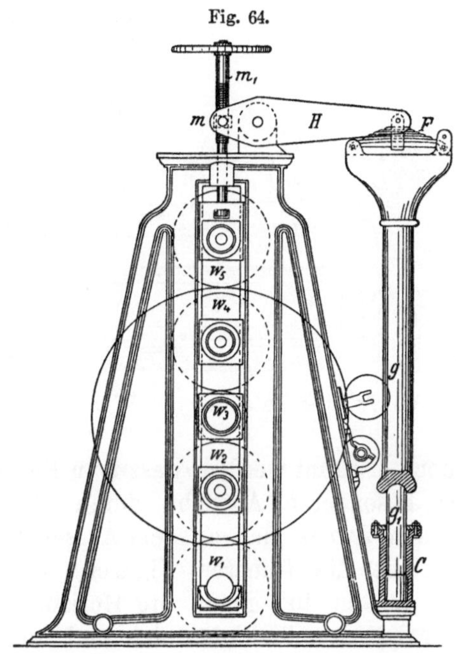

Hydraulischer Fünfwalzen-Kalander. $^1/_{48}$ natürl. Grösse.

Der Vorzug dieser Anordnung ist jedenfalls: ausserordentliche Einfachheit, Raumersparnis und leichte Regulierbarkeit des durch ein Manometer angegebenen Druckes. Derselbe bleibt infolge der Zwischenschaltung der Feder F ein elastischer.

Eine ebenfalls recht zweckmässige noch gedrängtere Gesamtanordnung zeigt der **neueste Fünfwalzen-Kalander mit Wasserpressung** von Robertson & Orchar, von welchem die Textfiguren 65ᵃ und 65ᵇ die Pressvorrichtung in Seiten- und Vorderansicht darstellen. Hiernach sind also zwei doppelarmige Druckhebel H parallel den Walzenachsen angeordnet, die einerseits die Muttern m mit den Druckspindeln m_1 aufnehmen, deren andere einander zugekehrte Enden aber gemeinsam durch zwei mit dem Kolben eines Wasserdruckcylinders C verbundene Zugstangen $z\,z$ emporgehoben werden, wodurch der erforderliche Pressdruck gegen die Walzen — wie leicht ersichtlich — entsteht. Ausser den zwischen den Gestellständern angeordneten Walzen mit der beschriebenen Druckvorrichtung nebst zugehörendem Pumpwerk ist also hier nur noch der bekannte Antrieb mit Wechselmechanismus vorhanden.

Die zuletzt angeführten Kalander mit Wasserpressung benötigen nur eines leichten Fundamentes, das hinreicht, das Eigengewicht derselben zu tragen.

20*

Fig. 65ᵃ. (Seitenansicht.)　　　　　　　　　Fig. 65ᵇ. (Vorderansicht.)

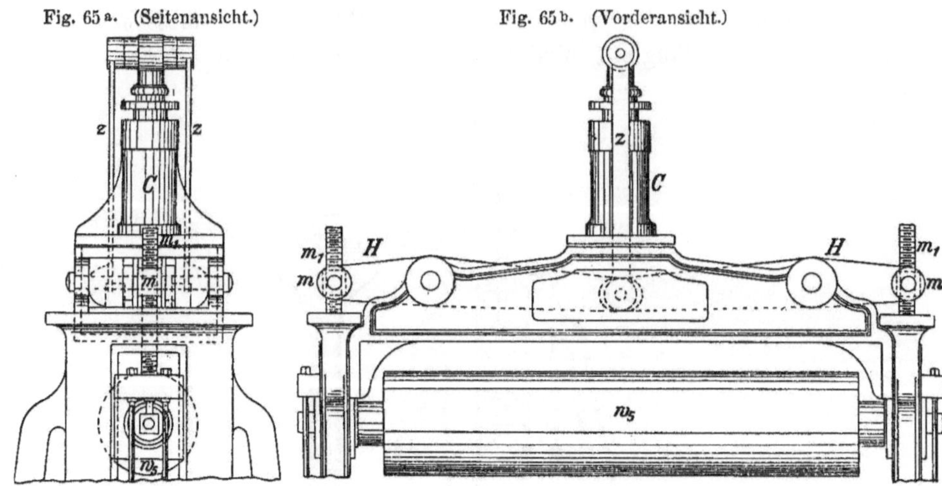

Neuester Fünfwalzen-Kalander mit Wasserpressung.

Endlich möge noch erwähnt werden, dass man Fünfwalzen-Kalander, versehen mit einem besonderen Antriebe durch eine Zwillingsdampfmaschine, baut. Zu dem Zweck sind an dem Aussenende der Vorgelegewelle A (man vergleiche die früheren Figuren) zwei Dampfcylinder unter einem Winkel von je 45^0 gegen die Horizontale so aufgestellt, dass die verlängerten Cylindermittellinien sich im Mittelpunkte der Welle unter einem Winkel von 90^0 schneiden. Hierdurch ist es ermöglicht, dass beide Schubstangen an Zapfen einer Kurbel angreifen können und somit die Maschine aus jeder Stellung ohne Nachhilfe angeht (Finksche Zwillings-Dampfmaschinen-Anordnung). Auf der Vorgelegewelle befindet sich noch anstelle der Riemenscheiben ein Schwungrad, während der übrige Betrieb durch ein Zahnrad an die Mittelwalze wie sonst erfolgt.

b) Das Mangeln.

Bei dem Mangelprozess, der nur für die zweite Appretur von schwereren (dichteren) Jute-Leinengeweben von etwa 10 unzen an aufwärts in einigen Fabriken Anwendung findet, wird, wie wir bereits gesehen haben, die Ware zunächst auf besondere Bäume, Docken — unter Umständen Kaulen genannt — gewickelt und alsdann zwischen zwei stark belastete, sich hin- und herdrehende senkrecht über einander liegende eiserne Walzen gebracht.

Das Zeug mag noch so fest auf die Docken oder Kaulen gewickelt sein, so wird die Bewicklung doch durch die an zwei einander gegenüber liegenden Stellen wirkende Belastung oval gedrückt, es tritt ein fortwährendes Verschieben der einzelnen Gewebeschichten gegen einander ein, wodurch unter Mitwirkung der starken Pressung der eigen-

tümliche Mangel-Appret, der sich durch Glanz und Glätte bei erhaltener
Rundung der Kettenfäden auszeichnet, entsteht. Da sich nämlich bei
dieser Appretur der Druck von Zeug- zu Zeugschicht fortpflanzt und
nicht wie beim Kalandern direkt auf beide Zeugseiten durch starre oder
wenig elastische Walzen erfolgt, so findet ein weiteres Plattdrücken,
insbesondere der festeren Kettenfäden, nicht statt, sie bleiben runder, als
wenn man das Zeug einem zweimaligen Kalandern unterwirft, vorausgesetzt, dass nicht die Kalanderwalzen mit Riefen (man vergl. S. 301
u. 302) versehen sind. Dass man aber auch auf den Kalandern eine
Mangelwirkung, wenn auch des schwächeren Druckes wegen nicht in
so hohem Grade wie bei Benutzung von Mangelmaschinen, ausführen
kann, ist schon erwähnt worden.

Damit die äussersten Schichten des aufgebäumten Zeuges nicht
durch die direkte Einwirkung der Walzen leiden, wird häufig noch ein
sogenanntes Mangeltuch um die fertige Docke (Kaule) gewickelt.

Die Wechselbewegung für die Walzen kann nun so sein, dass sie
entweder mit der Hand oder selbstthätig, im letzteren Falle wiederum
entweder stets nach den gleichen oder in wechselnden Zeitabschnitten
eintritt.

Der Antrieb beider Walzen wiederum kann durch Räder mit verschiedener oder gleicher Umfangsgeschwindigkeit oder so erfolgen, dass
nur die eine Walze bewegt, die andere dann durch Reibung mitgenommen wird. Die erstere Methode kommt nur bei den sogenannten Glänz-
Mangeln vor und findet bei Jutegeweben zur Zeit nicht Anwendung,
dagegen die beiden anderen Antriebe. Aber auch diese sind in ihrer
Wirkung auf das Zeug nicht gleich. Bei dem Antriebe nur einer Walze
ist die Schleifwirkung auf das Zeug, besonders beim Bewegungswechsel
grösser, die erzielte Appretur im allgemeinen schöner. Die Walzen und
das Zeug erhitzen sich aber in diesem Falle stärker und letzteres wird
auch mehr in Anspruch genommen als bei dem Doppelantriebe, weshalb
im allgemeinen nur stärkere Stoffe, wie Juteleinen, jener Behandlung
ohne bemerkbaren Schaden unterworfen werden können.

Die Docken oder Kaulen, auf welche das Zeug gewickelt wird,
sind entweder aus Eisen oder auch aus Holz, ohne dass aber in der
Benutzung des einen oder anderen Materials in Bezug auf das Endresultat ein bemerkbarer Unterschied vorhanden wäre.

Das Aufwickeln erfolgt entweder in der Mangel oder ausserhalb
derselben auf besonderen Bäumvorrichtungen. Die dabei angewendeten
Bäume nennt man im ersteren Falle: „Docken“, im letzteren: „Kaulen“.
Das Zeug muss stets straff gespannt zur Docke oder Kaule geführt und
das Aufwickeln unter der gleichzeitigen Druckwirkung einer Belastungs-
walze vollzogen werden.

Die verschiedenen Mangel-Konstruktionen, welche gegenwärtig in
Gebrauch sind, unterscheiden sich ausser durch die eben angegebenen

Merkmale noch durch die Walzenandruckmethode und durch die verschiedene Art der Zu- und Abführung der Docken bezieh. Kaulen. Erwünscht erscheint im allgemeinen ein elastischer, etwas nachgiebiger Druck, den man durch Hebel und Gewichte oder Hebel und Wasserandruck oder durch Wasserandruck unter Zwischenschaltung von elastischen Drucksammlern (Accumulatoren) u. s. w. hervorzurufen sich bemüht; doch fehlt es auch nicht an Konstruktionen, bei denen hierauf kein Gewicht gelegt, sondern direkte unelastische Wasserdruckbelastung zur Anwendung gelangt.

Einige der hauptsächlichsten Mangel-Konstruktionen sollen nun in den folgenden Betrachtungen vorgeführt werden.

Wohl die erste auf dem Kontinent in Jute-Webereien zur Anwendung gelangte und jetzt in verschiedenen Fabriken benutzte Mangel ist die von Robertson & Orchar in Dundee, bei der lediglich Hebel-Gewichtsbelastung zur Anwendung kommt. Obgleich nun diese Mangel sich gut bewährte, so baut doch dieselbe Firma jetzt eine andere, mit Hebel- und Wasserdruckbelastung versehene, die ebenfalls vielfach benutzt wird.

Wir wollen zunächst besprechen die

Aeltere Walzenmangel mit Hebelgewichtsbelastung
von Robertson & Orchar.

Diese Mangel ist auf Tafel XXIII in Fig. 1 bis 3 in $^1/_{32}$ natürlicher Grösse in einer Seitenansicht, einer Vorderansicht und im Grundriss (geschnitten) dargestellt. Die hauptsächlichsten, verdeckt liegenden Teile wurden punktiert angegeben. Einige unwesentliche Einzelheiten dagegen, wie Ausrückstangen, manche Gestellteile u. s. w. wurden weggelassen.

Die vorliegende Mangel hat zwei Walzen von 700^{mm} Durchmesser — Länge nach Erfordernis — meistens 228 bis 335^{c} (90 bis 132''), von denen die untere W_1 fest gelagert ist und allein durch Zahnräder angetrieben wird, während die obere Walze W_2 senkrecht verschiebbar in den sicher miteinander verbundenen Seitengestellen angeordnet, auf die bei der Bethätigung zwischen beiden Walzen liegende mit Zeug bewickelte Docke D aufgepresst und durch Reibung mitgenommen wird.

Die Belastung oder das Emporheben der Oberwalze erfolgt durch zwei schmiedeeiserne mit deren Lagersteinen verbundene Stangen $M\,M$, auf denen die gusseisernen Querstücke $M_1\,M_1$ ruhen, welche mittels je zweier durch die hohlen Seitengestelle nach unten geführten Zugstangen $z\,z$ mit anderen Querstücken $M_2\,M_2$ verbunden sind, die entweder niedergedrückt oder aufwärts bewegt werden. Die gesamte unter der Mangel befindliche Belastungsvorrichtung ist in einer gemauerten Grube angeordnet, weshalb auch die Unterstützung der Mangel zum Teil durch Träger stattfindet. Nach oben zu ist die Grube durch Bohlen abgedeckt.

Die wechselnde Belastung der unteren Querstücke $M_2 M_2$ erfolgt nun durch einen mittels starker gusseiserner Platten belasteten Wagen G, der zu beiden Seiten von je einem Räderpaar getragen wird, das auf Schienen der an vier Stellen mit Querverbindungen versehenen Hebeln $H_0 H_0$ ruht. — Die Hebel $H_0 H_0$ haben (Fig. 1) bei x ihren festen Drehpunkt und wirken durch Zapfen bei x_1 auf jene Querstücke. Wird das Laufgewicht in der Richtung von x nach x_1, also in Fig. 1 von rechts nach links zu bewegt, so erfolgt die Druckgebung, welche dann am stärksten ist, wenn jenes am Ende der Hebel angelangt ist. Steht das Laufgewicht über dem Drehpunkte x, so übt es auf die Mangelwalze keinen Druck aus; wird es aber noch weiter über jenen Punkt hinaus nach den anderen Hebelenden zu, also nach rechts geführt, so beginnt die Entlastung und schliesslich die Aufhebung der Oberwalze.

Die Fortbewegung des Laufgewichtes auf den Hebelschienen geschieht in folgender Weise. In den Endgestellen des die Gewichtsplatten tragenden Wagens sind zwischen Bunden die Schnecken $s s$ auf Achsen $S S$, welche drehbar an den Hebeln $H_0 H_0$ lagern, angeordnet. Die Schnecken sind mit den Achsen durch Keile und lange Nuten auf Drehung verbunden und fassen in die mit den Belastungshebeln fest verbundenen Zahnstangen $S_1 S_1$, die entsprechend schräg gestellte Zähne haben. Erfolgt nun die Drehung der Achsen $S S$, so drehen sich auch die Schnecken $s s$ in den Gestellen des Gewichtswagens und rollen diesen je nach der Drehrichtung infolge ihres Eingriffes in die Zahnstangenzähne vorwärts oder rückwärts und zwar bei jeder ganzen Umdrehung um eine Ganghöhe oder Zahnteilung, d. i. jedesmal um $38^{\,\mathrm{mm}} = 1\frac{1}{2}''$.

Die Achsen $S S$ erhalten ihre Drehung durch konische Räder von der an den Enden der kurzen Hebelschenkel gelagerten Querwelle o aus (man vergl. insbesondere Fig. 1 und 3); letztere wiederum steht auf der einen Seite durch die konischen Räder 1, 2 mit der Welle o_1 in Verbindung, welche, gelagert am Hebel H_0, anderseits durch das konische Rad 3 mit dem lose um den Zapfen x des einen Hebels H_0 drehbaren Rade 4 in Verbindung steht. Der Eingriff der Räder bleibt daher bei jeder Lage der Hebel $H_0 H_0$ erhalten. An das Rad 4 nun erfolgt der Antrieb in dem einen oder anderen Sinne durch Rad 5, Welle o_2, Rad 6 und 7 von der Achse o_3 eines Wechseltriebes aus.

Dasselbe besteht aus zwei losen Riemenscheiben $r_1 r_2$ (man vergl. Grundriss Fig. 3) auf Achse o_3, die mittels eines offenen und eines gekreuzten Riemens bewegt, abwechselnd fest mit derselben verbunden werden können mit Hülfe der zwischen beiden angeordneten konischen Reibungskupplung r_3, deren Verschiebung nach der einen oder anderen Seite hin durch Handhebel h am Ende der Steuerungsstange h_0 bewirkt wird. Diese Steuerungsstange trägt nämlich den aufrecht stehenden kurzen

Arm h_1, welcher mittels Stiftes in den Schlitz des Doppelarmes h_2 (man vergl. insbes. Fig. 1 und 2) fasst, dessen oberer Teil in Form einer Klaue in die Nut der Reibungskupplung greift. Da von der Zahl der Umdrehungen der Welle o_3 die der Achsen SS und von diesen wiederum die Stellung des Laufgewichtes und die Belastung abhängt, so kann man durch Zählen jener letztere bestimmen bezieh. anzeigen. Von der Achse o_3 aus wird daher durch ein 20er Rad unter Vermittlung eines Zwischenrades t die Bewegung auf ein 80er Rad auf einer Achse o_4 übertragen und von dieser durch Schnecke i auf ein Schneckenrad, das zugleich Zählrad ist. Auf der Vorderseite trägt nun dieses Rad eine Skala, welche die einer bestimmten Stellung gegenüber einem festen Zeiger entsprechende Belastung, ausgedrückt in engl. *tons* (zu $10,16^{mz}$), angiebt. Ausserdem sind auf der Vorderseite jenes Rades zwei in einer Kreisnut verstellbare Rollen angeordnet, welche je nach ihrer Einstellung bei einer bestimmten Drehung desselben, d. h. also dann, wenn eine ganz bestimmte Belastung erreicht ist, einen auf der Steuerungsachse h_0 sitzenden dritten Arm h_3 (in Fig. 1 punktiert angegeben) drehen, wodurch die Kupplung in die mittlere Stellung übergeführt, die Bewegung des Laufgewichtes also selbstthätig aufgehoben wird. Nunmehr befestigt man den Ausrückarm h in der mittleren Stellung, wie in Fig. 1 angegeben wurde, während der Dauer des Mangelprozesses.

Das Entlasten bezieh. Emporheben der oberen Mangelwalze erfolgt durch Umlegen desselben Armes nach der anderen Seite. Das Laufgewicht geht alsdann, wie schon angedeutet, über den Hebeldrehpunkt x hinweg auf die andere Hebelseite und bewirkt das Entlasten und Emporheben der Oberwalze. Die andere Rolle auf dem Zählrade J sorgt jetzt dafür, dass, sobald dies erreicht ist, auch alsdann der Antrieb wieder selbstthätig ausgerückt wird. Die gewöhnliche Gesamtbelastung, unter welcher gemangelt wird, beträgt $70\text{---}80^{tons}$ oder rund $700\text{---}800^{mz} = 70\,000\text{---}80\,000^k$. Die Dauer des Mangelprozesses 10 bis 15 Minuten.

Der Antrieb der unteren Mangelwalze erfolgt gerade so wie bei der **neueren auf Tafel XXIV in einer Gesamtansicht dargestellten Mangel,** weshalb die folgende Auseinandersetzung auch Bezug auf diese hat.

Der Hauptriemen ist doppelt, 305^c ($12''$) breit, und treibt mit 120 bis 190 Umdrehungen in der Minute die Riemenscheibe R auf der Maschinenvorgelegewelle A. Von dieser aus erfolgt durch ein 22er Rad die Bewegung eines 60er Rades, das mit einem ebenfalls 60er Rade in Eingriff steht. Beide Räder sind lose auf ihren Achsen $A_1 A_2$, können aber durch Cylinderkupplungen $K_1 K_2$ abwechselnd mit denselben fest verbunden werden. Auf jeder der zuletzt genannten Achsen sitzt wieder ein 12er Rad, die beide in das auf der Achse der unteren Mangelwalze befestigte 72er Rad eingreifen. Wird jetzt die Kupplung K_1 eingerückt (während dann K_2 ausgerückt bleibt), so erfolgt der Betrieb von der

Achse A auf Achse A_1 und von dieser an die Mangelwalze in dem einen Drehungssinne; wird aber Kupplung K_2 eingerückt, so bleibt K_1 ausgerückt, und es erfolgt die Bewegung von Achse A auf A_1, dann auf A_2 und von dieser erst an die Mangelwalze, wie leicht ersichtlich, im anderen Drehungssinne. Ist keine der Kupplungen eingerückt, so steht der Mangelbetrieb. Während des Mangelns erfolgt das abwechselnde Aus- und Einrücken der Kupplungen selbstthätig durch Drehung einer am Fussboden gelagerten Steuerachse y, die durch zwei kurze Arme, von denen der eine y_1 in der mittleren Stellung senkrecht nach unten, der andere y_2 alsdann senkrecht nach oben zu gerichtet ist (man vergl. insbesondere Fig. 1 und 2), mittels Stifte mit den geschlitzten Enden der doppelarmigen Kupplungstangen y_3, y_4 in Verbindung stehen. Die Steuerachse trägt am vorderen Ende eine aufrecht stehende mit Gewicht versehene Ausrückstange y_5 (Fig. 1 und 3), deren Drehung nach rechts oder links stets das Anziehen der einen oder der anderen Cylinderkupplung, mithin den einen oder anderen Drehungssinn der Mangelwalze zur Folge hat. Dieses Rechts- oder Linksbewegen der Stange y_5 kann mit der Hand oder selbstthätig durch das neben derselben stehende Wechselgetriebe erfolgen. Dieses besteht, wie besonders deutlich aus Fig. 3 und der Gesamtansicht auf Tafel XXIV hervorgeht, aus zwei mit einander verschraubten Bahnen NN, die zusammen eine schraubenförmige rückkehrende auf einem Cylindermantel eingeschnittene Nut bilden, in welche die an einer horizontal verschiebbar gelagerten Schiene L angebrachte Rolle q fasst. Der Antrieb des Nuten-Cylinders erfolgt durch das mit ihm verbundene 154er Rad, welches mit einem 13er Rade auf einer durch die Riemenscheibe r_3 angetriebenen Achse o_5 sitzt. Eine volle Umdrehung des Cylinders NN wird also einen Hin- und Hergang der Schiene L, also auch entsprechende Bewegung des Hebels y_5 zur Folge haben, welcher, über seine mittlere Stellung bewegt, unter Mitwirkung des aufgesetzten Gewichtes das Ausrücken des einen, sowie das Einrücken der anderen Kupplung rasch vollzieht. Dem entsprechend sind die Cylindernuten gestaltet.

Das Mangeln wird mit Hülfe von zwei gusseisernen Docken DD_1 ausgeführt, welche abwechselnd mit frischem Zeuge bewickelt zwischen die Mangelwalzen gebracht werden.

Jede der Docken ruht in Lagern, die zu beiden Seiten auf je einem horizontal mittels Zahnstangen $Z_0 Z_0$ und Getriebe $g_2 g_2$, verschiebbaren Support-Schlitten sitzen. Ist die eine Docke, wie in Fig. 1 angegeben, mit Zeug bewickelt zwischen den Mangelwalzen, so befindet sich die andere entweder links oder rechts von derselben, in der angeführten Figur links. Das Zeug wird dann auf diese, nachdem es durch die unterhalb derselben Fig. 1 (man vergl. auch Tafel XXIV) angegebene Spannbalken B geführt wurde, aufgewickelt, wobei die Docke durch einen besonderen, beliebig aus- und einschaltbaren Antrieb, auf den wir noch zu sprechen kommen, ihre Bewegung erhält. Um ein möglichst festes Aufwickeln zu erreichen, ruht während desselben eine schwere gusseiserne Walze E auf der Docke. (In Fig. 2 sind diese Teile weggelassen worden.) Diese lagert in einarmigen, an den freien Enden gezahnte Bogen tragenden Hebeln $H\,H$, welche durch Zahnräder und eine gemeinsame Achse mit einander in Verbindung stehen. Letztere Achse kann aber wieder durch Schnecke und Schneckenrad gedreht werden, so dass jene Druckwalze zum Aufliegen kommt, während anderseits auf jener Achse eine Scheibe sitzt, an der Gewichte durch Riemen oder Kette wirken, welche die Belastung vermehren. Ist das Aufwickeln beendet, so hebt man die Druckwalze durch den Schneckenrad-Antrieb und löst die Verbindung des Dockenbetriebes aus, wodurch letztere frei beweglich in ihren Lagern und verschiebbar mit dem Support wird. Dieser Moment ist in Fig. 1 und 3 gezeichnet worden. Nach Beendung des Mangelprozesses wird, wie wir bereits gesehen haben, die Oberwalze W_2 gehoben. Alsdann geschieht das Einrücken des Schlittenbetriebes, wodurch die Docken nach rechts bewegt werden, bis die eben aufgewickelte zwischen die Mangelwalzen und die fertig gemangelte in dieselbe Stellung rechts von dieser, welche jene vorher links von ihr eingenommen hat, gelangt ist.

Während nun das Mangeln des Zeuges auf der zweiten Docke vorgenommen wird, erfolgt jetzt das Abwickeln des fertig gemangelten Zeuges von der ersten Docke. Dieselbe befindet sich nun rechts von den Mangelwalzen frei beweglich in ihren Lagern. Etwas oberhalb und seitlich von ihr ist die Holzwalze E_1 gelagert, um welche man das Zeugende schlingt und hierauf deren Bewegungsmechanismus einrückt, wodurch das Abwickeln des Zeuges von der Docke und das Aufwinden auf jene Walze erfolgt. Letztere wird schliesslich aus ihren Lagern gehoben und zur Messmaschine befördert. Jetzt beginnt auf der rechten Seite das Aufwickeln eines neuen Zeugstückes auf die Docke D in derselben Weise, wie dies vorhin links bezieh. der Docke D_1 beschrieben wurde.

Hieraus folgt, dass der Auf- und Abwickelmechanismus ebenso wie die Spannvorrichtung zu beiden Seiten der Mangelwalzen genau dieselben sein müssen, weshalb nur noch erübrigt, den ebenfalls nach beiden Seiten hin gleichen Antrieb der Docken, des Schlittens und der Wickelwalzen zu beschreiben.

Die Fig. 3 auf Tafel XXIII zeigt diesen Antrieb im Grundriss, welcher in der Textfigur 66 in $^1/_{32}$ natürlicher Grösse in einem Aufriss, passend zur Fig. 1 der Tafel XXIII, dargestellt ist.

Auf der dem Hauptantriebe der Mangel entgegengesetzten Seite ist ausserhalb des Seitengestelles eine kurze Achse a angeordnet, welche die Los- und Festscheibe $b_0\,b$ trägt. Die 28er konischen Räder $c\,c_1$

sitzen lose auf derselben Achse und sind stets im Eingriffe mit einem
ebensolchen, auf der vertikalen Achse g befestigten Rade c_2. Die
Räder $c\,c_1$ können mittels einer zwischen beiden verschiebbar angeordneten Zahnkupplung p abwechselnd gekuppelt werden. Auf der Achse a
sind noch die konischen 17er Räder $l\,l_1$ festgekeilt, welche mit 68er $n\,n_1$
auf den Achsen $d\,d_1$ in Eingriff stehen. Letztere Achsen sind, wie besonders
aus dem Grundriss (Fig. 3) hervorgeht, mittels Handräder $H_1\,H_2$ verschiebbar und tragen an den inneren Enden quadratische Klötzer, die in ent-

Fig. 66. (Aufriss.)

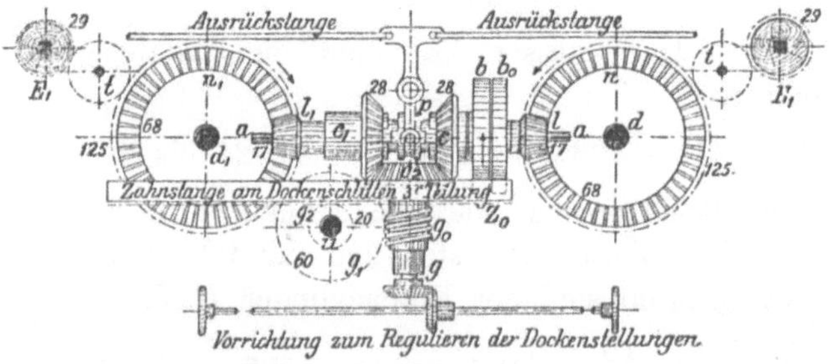

Antrieb der Mangel-Docken. $\frac{1}{32}$ natürl. Grösse.

sprechende Vertiefungen in den Zapfen der Docken $D\,D_1$ eingeschoben
werden können und letztere hierdurch mit dem Antriebe kuppeln. Ist
nun z. B. Achse d_1 mit der Docke D_1 links verbunden (im Grundriss
Tafel XXIII, Fig. 3 ist die Achse zurückgezogen gezeichnet) und wird
bei mittlerer Stellung der Zahnkupplung p, wie gezeichnet, der Antriebs-
riemen von der Losscheibe b_0 auf die Festscheibe b gebracht, so erfolgt
die Bewegung der Achse a und die der Räder l und n bezieh. l_1 und n_1;
die anderen auf ersterer sitzenden konischen Räder c und c_1 bleiben
aber in Ruhe. Somit erfolgt also jetzt die Drehung der Achsen d bezieh. d_1,
von denen, wie gezeichnet, die letztere zur Bewegung der Docke D_1
— später die erstere zur Bewegung der Docke D — benutzt wird. Soll
nach Stillhalten des Betriebes und Auslösen der Achse d_1 von der
Docke D_1 die Rechtsverschiebung der letzteren vorgenommen werden,
so bringt man durch die Kupplung p das Rad c_1 in feste Verbindung
mit der Welle a und rückt wieder den Betrieb ein. Jetzt folgt die
Drehung der Welle g und durch die auf ihr sitzende Schnecke g_0 die
des Schneckenrades g_1 auf der Achse u, welche mittels zweier Stirnräder $g_2\,g_2$ in die Zahnstangen $Z_0\,Z_0$ der beiden Docken-Schlitten fassen
und diese im gewünschten Sinne verschieben. Die Kupplung des
Rades c mit der Achse a ruft die entgegengesetzte Schlitten-Verschiebung,
also nach links zu beim nächsten Dockenwechsel hervor. Ein hier nicht
näher angegebener Mechanismus bewirkt die Ausrückung dieser Bewegung zur richtigen Zeit. Ist dies aber doch etwas zu früh oder zu
spät geschehen, so dient die in Fig. 66 angegebene Räderverbindung

am unteren Ende der Welle g dazu, die Stellung der Docken mit der Hand so zu regeln, dass die Kupplungsklötzer an den Achsen d_1 bezieh. d genau in die Achsenlöcher jener passen und in letztere eingeschoben werden können.

Die Geschwindigkeitsverhältnisse ergeben sich bei 120 bis 190 Umdrehungen in der Minute für die Hauptriemenscheibe R nach den bereits mitgeteilten Zähnezahlen der Räder wie folgt:

Die minutlichen Umdrehungen der unteren Mangelwalze sind:

$$(120 \text{ bis } 190) \cdot \frac{22}{60} \cdot \frac{12}{72} = 7{,}333 \text{ bis } 11{,}611,$$

woraus bei 700 ^{mm} Durchmesser die minutliche Umfangsgeschwindigkeit derselben folgt zu:

$$0{,}7 \cdot 3{,}1415 \cdot (7{,}333 \text{ bis } 11{,}611) = 20{,}524 \text{ bis } 25{,}532\,^{m}.$$

Der Wechselmechanismus für die Mangelwalze wird mit 60 Umdrehungen in der Minute im ersten und mit 90 im zweiten Falle angetrieben.   Daher dreht sich der Nutencylinder $N\,N$:

$$(60 \text{ bezieh. } 90) \cdot \frac{13}{154} = 5{,}065 \text{ bezieh. } 7{,}597 \text{mal in der Minute.}$$

Einfache Bewegungswechsel treten also in der Minute 10,13 bezieh. 15,194 auf, oder es wird nach: $\dfrac{7{,}333}{10{,}13} = 0{,}723$ bezieh. nach $\dfrac{11{,}611}{15{,}194}$ $= 0{,}764$ Umdrehungen der Mangelwalze die Bewegungsrichtung umgekehrt.

Der Antrieb des Gewichtstransportes erfolgt auf die Scheiben $r_1\,r_2$ mit 160 bis 180 minutlichen Umdrehungen.   Da nun bis zu den Transport-Achsen $S\,S$ keine Veränderung dieser Drehungszahlen stattfindet, so wird, wenn man noch 38 ^{mm} Teilung der Zahnstange oder Schnecken-Ganghöhe voraussetzt, der in der Minute zurückgelegte Weg sein:

$$160 \cdot 38 \text{ bis } 180 \cdot 38 = 6{,}08 \text{ bis } 6{,}84\,^{m}.$$

Der grösste Weg des Wagens von dem einen bis zum anderen Hebelende, also der Weg, den derselbe von der stärksten möglichen Belastung der Oberwalze bis zu deren vollendetem Anheben zurückzulegen hat, beträgt 4,2 ^{m}.   Es wird derselbe demnach in 0,69 bis 0,614 oder im Mittel in 0,65 Minuten zurückgelegt.   Es würde demnach für die Entlastung und die neue Belastung etwa 1,30 Minuten Zeit erforderlich sein, jedesmal von dem Beginn der eingerückten Bewegung an. gerechnet.

Nimmt man nun endlich noch an, dass die Mangeldocken- und Wickelwalzenbewegung mit 80 Umdrehungen in der Minute auf die Scheibe b eingeleitet wird, so würde das Aufwickeln der Zeuge mit

$$80 \cdot \frac{17}{68} = 20 \text{ Umdrehungen der Docken stattfinden oder bei } 0{,}38\,^{m}$$

Durchmesser derselben mit $20 \cdot 0{,}38 \cdot 3{,}1415 = 23{,}875$ m Umfangs-geschwindigkeit in der Minute beginnen. Die mittlere Windegeschwindigkeit, etwa entsprechend einem mittleren Durchmesser der bewickelten Docke von $0{,}432$ m, würde $0{,}432 \cdot 3{,}1415 \cdot 20$ oder etwa 27 m betragen, so dass ein Stück von 100 m Länge in $\dfrac{100}{27}$ abger. $3{,}7$ Minuten aufgewickelt werden kann.

Die Abwickelwalzen E_1 drehen sich unter derselben Voraussetzung

$$80 \cdot \frac{17}{68} \cdot \frac{125}{29} = 20 \cdot \frac{125}{29} = 86{,}2 \, \text{mal}.$$

Rechnen wir hier den mittleren Durchmesser der Walzen zu $0{,}25$ m, so folgt eine mittlere Windegeschwindigkeit in der Minute von $0{,}25 \cdot 3{,}1415 \cdot 86{,}2 = 67{,}70$ m. Ein Stück von 100 m ist also in $\dfrac{100}{67{,}70} = 1{,}48$ Minuten von der Docke ab auf jene Walze gewickelt.

Der Vorschub des Docken-Schlitten erfolgt, da nach Einrückung der Klaue p die Schneckenwelle g ebenfalls mit 80 Umdrehungen wie die Welle a bewegt wird bei 3 c Zahnstangenteilung, 60 Zähnen des Schneckenrades und 20 Zähnen des Zahnstangentriebes mit: $80 \cdot \dfrac{1}{60} \cdot 20 \cdot 3 = 80$ c Geschwindigkeit in der Minute. Der Weg der Docke von der Stelle, wo die Aufwicklung stattfand bis zur Walzenmitte beträgt 64 c; daher wird derselbe zurückgelegt in: $\dfrac{64}{80} = 0{,}8$ Minuten.

Ist der Betrieb eben ausgerückt und der Dockentransport eingerückt, so vergehen also $0{,}8$ Minuten, bis der Dockenwechsel stattgefunden. Für das Senken der oberen Mangelwalze und Belastung derselben sind $0{,}65$ Minuten erforderlich. Nun folgt das Mangeln, wenigstens 10 Minuten lang. Inzwischen wird die volle Docke in abger. $1{,}5$ Minuten abgewickelt und dann, wenn kein Aufenthalt wäre, in $3{,}7$ Minuten aufs neue aufgebäumt. In Summa gehören also hierzu $5{,}2$ Minuten. Es bleiben also für die Einleitung der Bewegung und Einziehen des neuen Stückes, sowie Senken und Heben der auf der Docke beim Wickeln lastenden Walze $10 - 5{,}2 = 4{,}8$ Minuten. In dieser Zeit müssen die Arbeiter auch ihren Standort wechseln und von der einen auf die andere Mangelseite eilen. Bei längerem Mangeln bleibt auch entsprechend mehr Zeit zur Verrichtung der Vorbereitungsarbeiten.

Die zur Aufstellung nötige Fläche ist folgende: Breite (normal zu den Walzen) gerechnet bis zu den äussersten Kanten der Gruben: $7{,}12$ m, die Länge, gemessen (parallel den Walzen) über die äussersten vorstehenden zugehörenden Maschinenteile, ist $B + 360$ c, wenn B die Breite der Walzen ohne Zapfen bedeutet. Ist $B = 228{,}6$ c ($90''$)), 244 c ($96''$) oder $B = 279{,}4$ c ($110''$), so ist alsdann die nötige Grundflächenlänge abger. 590 c, 604 c und 640 c.

Das Gewicht einer Mangel bei 244^c (96″) Walzenbreite ist: Brutto 485^{mz} und Netto 445^{mz}. Antrieb-Scheibe 30,5^c (13″) breit und 122^c (48″) im Durchmesser. Der Arbeitsverbrauch beträgt etwa 20 bis 22 PS.

Neuere Walzenmangel von Robertson & Orchar

mit durch Wasserdruck und Hebel hervorgebrachter Walzenbelastung.

Diese Mangel ist, wie wir schon bei der Beschreibung der vorigen erwähnten, auf Tafel XXIV in einer Gesamtansicht dargestellt. Der Unterschied dieser Mangel gegenüber der vorigen liegt in der Art und Weise, wie der Walzendruck bewerkstelligt wird. Robertson legt zunächst wohl mit Recht Gewicht darauf, dass die Belastung eine elastische sei, und benutzt deshalb wiederum Hebel, die aber jetzt parallel den Walzen oberhalb derselben angeordnet sind, in der Mitte zusammentreffen und mit Hülfe eines Kolbens, der seine Bewegung in dem zugehörenden Cylinder durch gepresstes Wasser erhält, nach unten zu bewegt werden. Es soll ferner der obere Teil des Presscylinders ähnlich wie ein Windkessel wirken und die Nachgiebigkeit des Druckes erhöhen.

Das gepresste Wasser erzeugt man, wie in allen ähnlichen Fällen, in bekannter Weise durch ein mit mehreren Cylindern verschiedenen Durchmessers versehenes Pumpwerk. Zuerst sind die Pumpen mit grösserem Kolbendurchmesser in Thätigkeit um die Wasserförderung zu beschleunigen; mit zunehmendem Drucke treten diese durch Anheben der Saugeventile selbstthätig ausser Thätigkeit, und nur diejenigen mit kleineren Kolben vollenden die Druckgebung, so dass die zu leistende Arbeit nahezu konstant bleibt. In der Gesamtansicht ist das zur Mangel gehörende Druckwerk unterhalb des Hauptantriebes aufgestellt gezeichnet. Die Verbindung desselben mit dem Druckcylinder erfolgt durch schmiedeeiserne oder kupferne Röhren. Ein Manometer giebt den erreichten Druck an. Ist der Mangelprozess beendet, so werden durch Aufheben des Cylinderkolbens, was ebenfalls durch Wasserdruck geschieht, also durch Umsteuerung, auch die Hebel und mit diesen die Walze gehoben. Auch diese Mangel ist im übrigen zweiseitig, d. h. es erfolgt die Einführung des Zeuges bald von der einen, bald von der anderen Seite. Die Mangel ist überhaupt, mit alleiniger Ausnahme der Belastung, in allen übrigen Teilen, Antrieb der Walzen und Docken u. s. w. gerade so wie die vorige eingerichtet, weshalb diesbezüglich auf die Beschreibung jener verwiesen werden kann.

Diese neuere im Jahre 1885 der genannten Firma patentierte Mangel hat offenbar gegenüber der vorigen den Vorteil des Wegfallens der Fundamentgrube zur Aufnahme des Hebelwerkes, der Benötigung nur eines leichten Fundaments und der leichteren Uebersichtlichkeit des Hebelwerkes. Es scheint aber anderseits nicht ausgeschlossen, dass der nach unten zu gerichtete Presskolben zur Ursache von Be-

schmutzungen der Zeuge werden kann, weshalb die Anordnung, wie sie
bei den Kalandern derselben Firma beschrieben wurde, wohl vorzuziehen
ist. Ob anderseits die reine Gewichtshebelbelastung in der Form der
vorigen Mangel durch die beschriebene Anordnung vollständig ersetzt
ist, dürfte auch noch nicht unzweifelhaft festgestellt sein.

Der Fundamentplan für eine derartige 132″ (335,27 ͨ) breite Mangel,
welche im Juli 1887 in einer Jute-Weberei Deutschlands Aufstellung
gefunden hat, ist mit eingeschriebenen Massen in engl. Fussen und
Zollen in der Textfigur 67 wiedergegeben. Guten Baugrund voraus-

Fig. 67.
(Grundriss.)

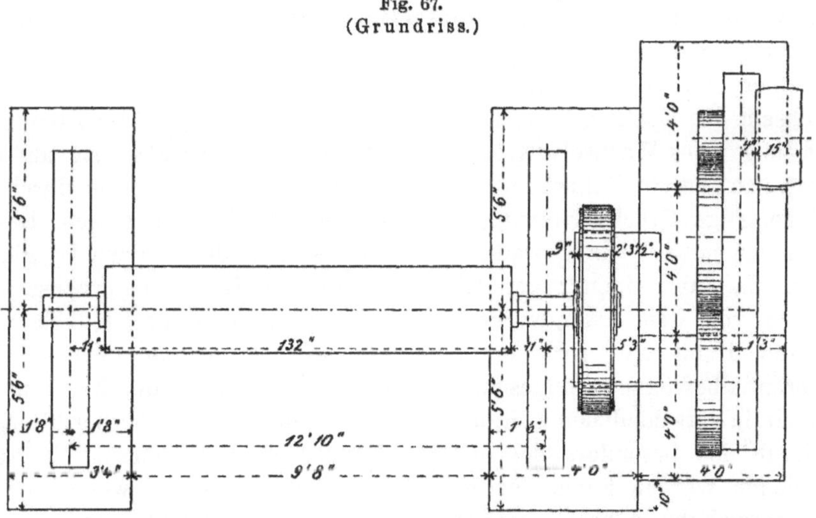

Fundamentplan für eine 132″ (336,27 ͨ) breite hydraulische Mangel.

gesetzt, wird zunächst 12 Zoll breiter und länger, als die Umrisslinien
des Mauerwerks angegeben, 2 Fuss unter dem Fussboden ein 1 Fuss
starkes Steinfundament gelegt und gut ausgeglichen; alsdann kommt
auf dieses das Fundament für die Seitengestelle der Mangel, am besten
hergestellt aus Sandstein- oder Granitplatten und zwar sind erforderlich:

2 Stück jede 5′ 6″ × 3′ 0″ × 1′ ⎫
2   -   -   5′ 6″ × 4′ 0″ × 1′ ⎬ für die Mangel,
3   -   -   4′ 0″ × 4′ 0″ × 1′ ⎭
1   -   -   4′ 0″ × 4′ 0″ × 1′ für die Umsteuerungsvorrichtung,
1   -   -   5′ 6″ × 3′ 0″ × 9″ für die Aufstellung der Pumpe.

Die letzten beiden Steine dürfen erst gelegt werden, nachdem die
Mangel aufgestellt worden.

Die hydraulische Mangel der Firma Nasmyth, Wilson & Co.
in Manchester

hat zwar hauptsächlich in der Flachsleinenappretur in Schottland Eingang gefunden, doch soll sie sich auch für Jute-Leinen bewähren, weshalb sie hier kurz an der Hand des englischen Prospektes, unter Weglassung der demselben beigefügten Gesamtansicht, beschrieben werden möge.

Bei dieser Mangel, welche ebenfalls zwischen zwei übereinander gelagerten Walzen den Mangelprozess des auf eine eiserne Docke gewickelten Zeuges durch Hin- und Herwalzen vollzieht, werden die Lager der Oberwalze direkt durch die Kolben zweier im höchsten Punkte der Seitengestelle aufgestellten Presscylinder, in welche Wasser oder Oel gepumpt wird, durch ein nebenbei aufgestelltes Pumpwerk mit verstellbarem Belastungsventil, um den Druck zu regulieren, nach unten zu gedrückt. Dieselben Presscylinder dienen auch zum Heben der Oberwalze, wenn ein Wechseln der Docke erforderlich ist. Der Antrieb erfolgt unter Zwischenschaltung eines Wechselgetriebes sowohl auf die Unterwalze wie auf die Oberwalze durch Zahnräder zu beiden Seiten, so dass eine durchaus gleichmässige Druckverteilung und Abnutzung der Walzen bezieh. Lager stattfinden muss. Die Umfangsgeschwindigkeit beider Walzen ist gleich gross. In ganz eigenartiger Weise erfolgt der Bewegungswechsel der Walzen von dem Pumpwerke aus automatisch, den man jedoch auch mit der Hand hervorbringen kann. Es wird ferner auf Wunsch eine Differentialbewegung eingeschaltet, welche gestattet, die Bewegungsumkehr in verschiedenen Zeitpunkten des Arbeitsprozesses herbeizuführen, wodurch das besonders bei feineren Zeugen unangenehme „Schnüren" vermieden werden kann, das bei jenen dann vorkommt, wenn die Bewegungsumkehr in bestimmten unveränderlichen Zeitpunkten auftritt und immer an derselben Stelle der Zeugwalzen vor sich geht.

Hervorzuheben ist endlich noch, dass bei dieser Maschine das Abziehen des fertig gemangelten Zeuges, sowie das Aufbäumen desselben auf ein und derselben Seite ausgeführt wird, infolgedessen einerseits eine kleinere Aufstellungsfläche erforderlich, anderseits aber die Unbequemlichkeit des Platzwechselns der Bedienungsmannschaft bei jedem Arbeitsabschnitt vermieden ist. Während auf der einen Docke das Zeug zwischen den Walzen gemangelt wird, kann man dasselbe von der zweiten Docke abwickeln und alsdann ein neues Stück aufbäumen, um dieses sogleich nach Fertigstellung des ersten Stückes dem Mangeln zu unterwerfen. Das Auf- und Abwickeln geschieht in eben derselben Weise wie bei den vorigen Mangeln. Damit das Wechseln der Docken möglichst schnell erfolge, sind dieselben in Kipphebeln gelagert, welche um eine gemeinschaftliche Achse gedreht werden können, so dass nach dem Aufheben der oberen Mangelwalze das Fortziehen der einen Docke, das alsbaldige Eintreten der anderen zwischen die Mangelwalzen zur Folge hat.

Es zeigt nach dieser Beschreibung R. Wilsons Patent-Mangel in mannigfacher Hinsicht einen Fortschritt. Ob dabei das Weglassen jeglichen Hebelandruckes von wesentlichem Belang ist, muss die Praxis entscheiden. Die Anordnung einer elastischen Belastung liesse sich aber selbstverständlich auch bei dieser Mangel anordnen.

Wir kommen jetzt zur Beschreibung einer ganz eigenartigen

Hydraulischen Mangel von Urquhart, Lindsay & Co.,

welche meines Wissens auf dem Kontinent bis jetzt zwar keine Verbreitung gefunden, sich aber im Mutterlande der Jute-Industrie, in Schottland, wie mir von zuverlässiger Seite berichtet wird, durchaus bewährt hat.

Diese Mangel ist in einer etwas älteren Konstruktion auf Tafel XXV in $^1/_{32}$ natürlicher Grösse in Fig. 1 in der Vorderansicht, in Fig. 2 in der Seitenansicht und im Schnitt und in Fig. 3 in einem Grundriss dargestellt. Die Unterwalze ist auch hier nicht verschiebbar in Seitengestellen gelagert. Die Oberwalze erhält ihren Andruck durch zwei hydraulische Cylinder $C_1 C_2$ (Fig. 1 und 2) mit Kolben von 12″ (30,48 ^{c}) Durchmesser. Die Cylinder sind hier auf den feststehenden Kolben beweglich und so angeordnet, dass ein Herabträufeln des Wassers und Beschädigen des Zeuges nicht stattfinden kann. Die Pumpen P liefern die Flüssigkeit nicht direkt in jene Cylinder, sondern zunächst in einen Druckbehälter J (Accumulator). Derselbe besteht aus einem längeren Cylinder mit durch Gewichte belasteten Kolben. Die Gewichte, ovale, gusseiserne Platten, können entweder sämtlich auf den Kolben gelegt oder mittels einer einfachen Vorrichtung an den Führungssäulen so aufgehängt werden, dass sie jenen nicht belasten. Hierdurch wird die gesamte Pressung je nach Bedarf angemessen geregelt.

Jede Gewichtsplatte verändert den Druck um 3 ^{tons} oder rund um 30 ^{mz} = 3000 ^{k}. Erst von diesem Druckbehälter aus werden die Presscylinder gespeist. Man kann mit diesem Kalander eine Gesamtpressung bis zu 85 ^{tons} abger. 850 ^{mz} ausüben. Durch die Zwischenschaltung jenes Druckbehälters ist die Nachgiebigkeit des Druckes für den Fall, dass die Dicke des zwischen den Mangelwalzen befindlichen Zeuges wechselt — es ist ein etwas elastischer Andruck — erreicht. Damit bei einem Nachgeben der Oberwalze das Wasser leichter aus den Cylindern in den Druckbehälter strömen kann, ist die Rohrleitung nach diesem $1^1/_4$″ = 32 ^{mm} im Lichten weit. Das Anheben der Oberwalze nach beendetem Mangelprozesse erfolgt hier durch kleinere unter den Gleitstücken derselben angeordnete hydraulische Kolben von 6″ (15,24 ^{c}) Durchmesser in den

Cylindern $C_3 C_4$. Die Verbindung des Druckbehälters mit der Rohrleitung wird durch Schieber erreicht, die durch Handhebel bewegt werden. Angebrachte Zeichen für den Aus- und Eintritt des Wassers lassen über die eingestellte Verbindung keinen Zweifel.

Der Antrieb geschieht hier in der Regel auf beide Walzen mit gleicher Umfangsgeschwindigkeit, wodurch es erst möglich ist, einen höheren Druck anzuwenden und den Mangelprozess in kürzerer Zeit zu beenden. Es ist jedoch auch eine Vorrichtung vorhanden, welche die Ausschaltung des Betriebes der Oberwalze gestattet, so dass sie dann lediglich durch Reibung mitgenommen wird.

Die Bewegung erfolgt auf die Hauptwelle A_1 durch Riemen oder Seile — in den erwähnten Figuren durch 3 Seile und die Scheibe R von 5' (152,4 ^{c}) Durchmesser. Auf der Achse A_1 sitzen nun die losen konischen Kupplungshälften K_1 bezieh. K_2 mit den an ihnen befestigten Stirnrädern r_1 bezieh. r_2. Der verschiebbare, gegen Drehung mit der Welle verbundene andere Kupplungsteil K_0 bewirkt nun, entweder bewegt mit der Hand oder automatisch von dem Steuerungsapparate G aus, die abwechselnde Verbindung von K_1 bezieh. K_2 mit derselben. Das mit der Kupplung K_1 verbundene Rad r_1 greift in ein aussen verzahntes Stirnrad r_3, das mit K_2 verbundene r_2 in ein innen verzahntes Rad r_4, wodurch die zweite Welle A_2 bald den einen, bald den anderen Drehungssinn erhält. Von dieser Achse erfolgt durch die angegebene Räderverbindung der erwähnte Antrieb der unteren Mangelwalze allein oder auch gleichzeitig der der Oberwalze zu beiden Seiten derselben.

In ganz eigenartiger Weise geschieht nun hier das Aus- und Einschalten der Docken, sowie das Aufbäumen und Abwickeln.

Wir haben bereits gesehen, dass bei den bisher erwähnten Mangeln zwei Docken vorhanden sind. Dieselben wurden nach der einen Methode horizontal verschoben, um die eine von den Mangelwalzen zu entfernen und die andere frisch aufgebäumte einzuschalten, wobei die Arbeiter ihren Stand fortwährend wechseln mussten. Diese Mangeln sind mit zwei Satz Aufbäum- und Abzugsvorrichtungen versehen, und liegen stets auf beiden Seiten gemangelte und ungemangelte Zeuge.

Nach der anderen Methode waren die beiden Docken in Kipphebeln untergebracht, wodurch das Auswechseln derselben auf der einen Seite der Mangel möglich wurde. Die Arbeiter brauchten hierbei ihren Stand nicht zu wechseln und die Mangel konnte dicht an eine Mauer gesetzt werden; doch blieb der Umstand bestehen, dass auf einer Seite der Mangel appretierte Ware neben unappretierter aufgespeichert werden musste.

Bei der vorliegenden Urquhartschen Maschine ist der letztere Uebelstand, der zu Verwechslungen führen kann, beseitigt durch Benutzung von drei Docken. Auf der einen Maschinenseite findet stets das Aufbäumen des Zeuges statt und von dieser auch das Einführen der bewickelten Docke. Auf der anderen Maschinenseite folgt dann allein das Inempfangnehmen und Abwickeln der fertig gemangelten Ware. Somit bleibt auf der einen Seite die ungemangelte, auf der anderen die gemangelte Ware. Der Dockenwechsel kann ausserdem ungewöhnlich rasch vorgenommen werden, was die Leistungsfähigkeit der Mangel erhöht.

Die nähere Einrichtung ist die folgende: Jene erwähnten 3 Docken, $16''$ ($40{,}64^{\,c}$) im Durchmesser, sind etwas radial verschiebbar in zwei Scheiben SS zu beiden Seiten gelagert, welche, durch Querstücke mit einander starr verbunden, excentrisch zu der unteren Walze W_1 gedreht werden können. Jeder Dockenzapfen trägt noch eine Kupplung zur Verbindung mit der Aufbäumwelle. Auf der Vorderseite der Mangel befinden sich die Spannbalken B, durch welche das Zeug nach der ersten Docke D_1 geführt und auf diese aufgewickelt wird. Während des Wickelns ruht die schwere Walze E an der Docke. Die Docke D_2 hefindet sich während dieser Zeit zwischen den Mangelwalzen, und von der dritten Docke D_3 kann das Zeug abgewickelt und auf Walze E_1 aufgewickelt werden.

Nach Beendung des Mangelprozesses und erfolgter Hebung der Oberwalze werden durch einen besonderen Antrieb die Scheiben S um $^1\!/_3$ gedreht, wodurch Docke D_1 zwischen die Mangelwalzen, D_2 in die Stellung zum Abwickeln und D_3 in die zum Aufbäumen gelangt. Der Antrieb der Abzugswalze E_1 erfolgt durch Riemenscheibe L. Das Drehen der Scheiben SS und das Bewegen der zum Aufbäumen bereiten Docke geschieht durch den mit H bezeichneten Mechanismus.

Die **neueste hydraulische Walzenmangel** der genannten Firma ist in der Textfigur 68 in $^1\!/_{70}$ nat. Grösse im Querschnitt dargestellt.

Bei dieser sind beide Cylinderpaare unter der Mangel übereinander gelegt. Die Kolben der beiden oberen Cylinder $C_1 C_2$ sind wiederum fest und stützen sich gegen das Mangelgestell. Die Cylinder sind durch Zugstangen $T T'$ mit dem Querstück x und den Lagern der oberen Mangelwalze verbunden. Das Heben der Oberwalze geschieht durch die kleineren Cylinder $C_3 C_4$, nachdem der Druck in den grösseren Cylindern aufgehoben worden ist. Die kleinen Cylinder sind festgehalten, ihr Kolben bildet eine Fortsetzung der grossen, so dass bei dem Einführen von Druckwasser in erstere letztere in die Höhe gehoben werden und mit ihnen die Walze.

Alle anderen Teile sind im wesentlichen dieselben geblieben. Der Antrieb durch Seile ist aber wieder in Wegfall gekommen und erfolgt durch offenen und gekreuzten Riemen direkt auf die Reibungsscheiben $K_1 K_2$ der vorigen Tafelfiguren.

Es ist nicht zu verkennen, dass die unterirdische Anordnung der hydraulischen Cylinder wohl einige Vorteile gewähren kann, denen aber auch offenbare Nachteile gegenüberstehen. Ob deshalb diese neueste Anordnung als eine Verbesserung aufzufassen ist, bleibt zum mindesten fraglich. Die Mangeln werden jetzt so stark gebaut, dass sie mit einem Gesamtdruck von $100^t = 1000^{mz} = 100\,000^k$ arbeiten können.

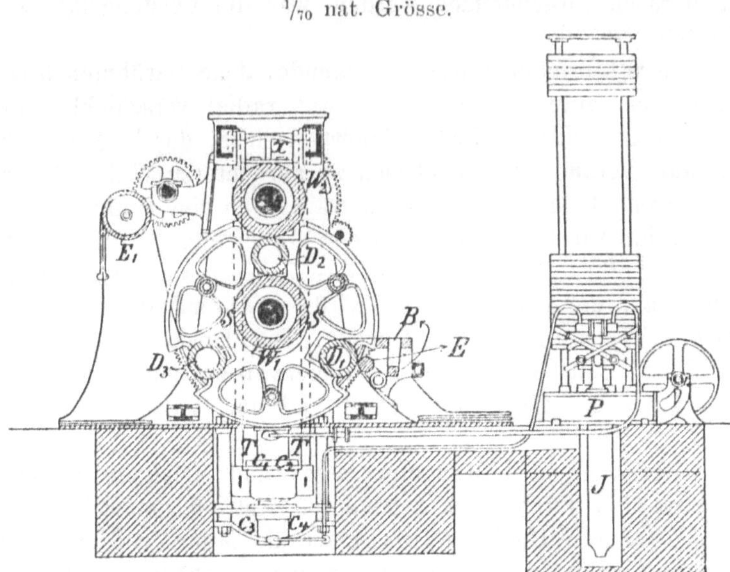

Fig. 68. (Querschnitt.)
$^1/_{70}$ nat. Grösse.

Nun möge noch die neueste Mangel einer deutschen Maschinenbau-Anstalt beschrieben werden, welche in mannigfacher Hinsicht Eigenart zeigt.

Hydraulische Mangel mit Hebelgewichtsbelastung
von C. G. Haubold jr. in Chemnitz.
(Deutsches Reichspatent No. 38713.)

Die Mangel ist auf Tafel XXVI in Fig. 1 in einer Seitenansicht, in Fig. 2 in einem Grundriss und Schnitt dargestellt. Fig. 3 zeigt in schematischer Darstellung die Hauptteile der Mangel. Sämtliche Figuren sind in $^1/_{25}$ natürlicher Grösse gehalten. Im grösseren Massstabe führen endlich die Figuren 4, 5 und 6 die Zu- und Abführung der Zeugbäume, der Kaulen vor. Tafel XXVII zeigt dieselbe Mangel in einer Gesamtansicht.

Die Hauboldsche Mangel gehört zu den zwei Walzenmangeln mit reiner Hebelgewichtsbelastung. Die beigegebene hydraulische Vorrichtung hat lediglich den Zweck, die Bethätigung der ersteren rasch, sowie ein schnelles Entlasten herbeizuführen. Ferner ist bei dieser Mangel keine mit derselben organisch verbundene Zeugbaumwicklung vorhanden. Die hier benutzten Zeugbäume sind hölzerne (bei den schweren auch eiserne) Kaulen, welche auf besonderen Bäumstühlen bewickelt und dann einzeln nach einander auf die Zuführungsschienen $m_1 m_1$ (Fig. 1) der Mangel gebracht werden, auf welchen sie sich aneinander legen und nach Massgabe des Einführungsbedürfnisses herabrollen. Die fertig gemangelten Kaulen endlich führt man auf Ableitungsschienen $m_2 m_2$ über, auf denen sie bis zu deren nach oben gekrümmten Enden herabrollen. Von hier aus kann dann unmittelbar das Abwickeln geschehen. Auf die Einzelheiten der Zu- und Abführung kommen wir alsbald näher zu sprechen.

Bei der vorliegenden Mangel ist nun die Unterwalze W_1, deren Lager auf starken in die Presscylinder $C\,C$ führenden Kolben $K\,K$ ruhen, auf und ab verstellbar. Die Hebelbelastung wirkt auf die Lager der Oberwalze W_2, deren Bewegung nach unten zu begrenzt ist, nach oben jedoch eine Parallelverstellung erlaubt. Beim Einführen des Zeugbaumes zwischen die Walzen befindet sich die Unterwalze in einer tiefen Lage, wie in Fig. 1 gezeichnet und in Fig. 3 der unterste punktierte Kreis angiebt; alsdann erfolgt durch Einlassen von Wasser aus dem zur Pumpe gehörenden Druckbehälter, selten durch direktes Einpumpen in die Cylinder $C\,C$, das Aufheben dieser Walze, welche in die mittlere, in Fig. 3 dargestellte, Stellung gelangt, alsdann gegen den Umfang der Zeugwalze trifft und diese in die Höhe hebt, bis letztere, wie die oberen punktierten Kreise angeben, gegen die Oberwalze stösst und nun diese von den festen Stützpunkten hebt, worauf nunmehr der Hebeldruck zur Wirkung kommt. Jedes Oberwalzenlager steht nämlich mittels einer kräftigen Stütze S_1 mit dem einarmigen Hebel I, der bei x seinen festen Drehpunkt hat, und dieser Hebel wiederum durch Stütze S_2 mit dem oberen Hebel II in Verbindung, dessen fester Drehpunkt bei x_1 liegt. Auf beiden oberen Hebeln $II\,II$ lastet nun ein Laufgewicht G, das mittels zweier endlos über Rollen geführter Ketten und einer anderen nach abwärts über Räder gehenden Kette durch Drehen an dem Handrade H hin- und hergerollt werden kann. Ein fester Zeiger am Rollgewicht giebt an einer Skala des Hebels II die der augenblicklichen Einstellung entsprechende Belastung der Oberwalzen an, während eine Schaltvorrichtung eine unbeabsichtigte Gewichtsverstellung verhindert. Die neue Mangel bedarf deshalb eines Manometers zum Anzeigen des Druckes nicht, doch wird ein solches der Kontrole wegen jeder Mangel beigegeben.

Die Ungleichheiten der Zeugwalze verursachen nun während des Ganges ein Auf- und Abschwanken der Hebel, was, wie schon früher erwähnt, als besonders vorteilhaft für die Erzielung eines guten Mangelappretes (ähnlich dem, wie man ihn durch Stosskalander erzielt) angesehen wird.

Das Spiel der Hebel muss aber ein begrenztes sein und anderseits das Anheben der Unterwalze bei einer bestimmten Lage der Hebel aufhören. Um dies zu erreichen, steht die an einem der Hebel II angeordnete Zugstange y, z. B. mit dem Saugeventil der Druckpumpe derart in Verbindung — man vergleiche die schematische Fig. 3 — dass dessen Aufheben, also das Aussergangsetzen der Pumpe eintritt, sowie ersterer eine bestimmte Höhe erreicht hat. Es ist leicht zu übersehen, dass bei einem etwaigen Zurückgehen der Presskolben die Pumpe sofort in Betrieb kommt, weil die Hebel $II\,II$ und mit ihnen die Ausrückstange y niedergeht und das Saugeventil wieder aufsitzen lässt. Bei Anwendung eines Druckbehälters wird die Verbindnng mit diesem abwechselnd abgesperrt oder hergestellt.

Ist der Mangelprozess beendet, so erfolgt die Entlastung und das Freigeben der Kaule durch Senken der Unterwalze. Das letztere tritt ein durch Ablassen des Wassers aus den Presscylindern in den Wasserkasten. Damit aber das Niedersetzen der Oberwalze mit dem Hebelwerk sanft erfolge, sind die Cylinder $C_1\,C_1$ angeordnet, in denen sich Kolben luftdicht bewegen, die mit den Hebeln II in Verbindung stehen. Beim Aufheben tritt Luft unter die Kolben, beim Niedersinken wird diese zusammengepresst und entweicht durch enger oder weiter stellbare Hahnöffnungen, wodurch jenes mehr oder weniger verlangsamt werden kann.

Das Entlasten und Freigeben der Zeugwalze erfolgt sehr schnell, weil das Niedergehen der Unterwalze sofort bei Oeffnung des Rückgangsventils eintritt. Die nötige Senkung kann man durch plötzlichen Ventilschluss genau regulieren, so dass die Walze nur so weit, als gerade nötig ist, zurückgeht. Es ist daher auch möglich, nach Auswechseln der Kaule das erneute Druckgeben sehr schnell zu bewirken, weil die kleine Förderhöhe von der doppelt wirkenden Presspumpe, welche die Walze in einer Minute um 350^{mm} hebt, bald überwunden wird.

In Bezug hierauf ist insbesondere wohl diese Mangel der zuerst beschriebenen älteren schottischen Hebelgewichtsmangel überlegen. Bei dieser musste, wie wir gesehen haben, bei jedem Dockenwechsel die Verschiebung des Laufgewichtes bis über den Drehpunkt hinaus geschehen, damit das Heben der Oberwalze eintrat. Abgesehen von dem hierzu erforderlichen Arbeitsaufwande, bedingt dies einen nicht unerheblichen Zeitverlust, der bei der Hauboldschen Mangel wegfällt.

Infolge der doppelten Hebelübersetzung ist bei letzterer Mangel ein nur kleines Laufgewicht nötig, und dadurch erst ist es möglich geworden, die Hebel oberhalb derselben anzuordnen und die Grube, welche bei den älteren Hebelmangeln zur Unterbringung derselben nötig ist, ferner den komplizierten Mechanismus zur Bewegung des Laufgewichtes und die stärkere Fundamentierung zu umgehen.

Die Zu- und Abführung der Kaulen, auf die wir jetzt näher zu sprechen kommen, ist eine ausserordentlich einfache und wird durch Hin- und Zurückbewegen eines Hebels bewirkt. In den Figuren 4, 5, 6 sind die erforderlichen Einrichtungen nach einer etwas älteren Ausführung im grösseren Massstabe besonders gezeichnet. Mit 1, 2, 3 sind in jenen Figuren 3 Zeugkaulen bezeichnet, von denen in Fig. 4 Kaule 1 sich zwischen den Walzen befindet, mit ihren Zapfen in senkrecht stehenden Führungen $t\,t$ gelagert, hat sie sich während des Niederganges der Unterwalze bereits auf die Schienen $m_2\,m_2$ gelegt; die übrigen Kaulen ruhen auf den schon erwähnten Führungen $m_1\,m_1$. Die Führungen $t\,t$ sind um ihre Mitten um Zapfen $a\,a$ drehbar, werden aber, in lotrechter Stellung an Knaggen t_0 fest anliegend, von den an den ersteren angreifenden Stangen $e\,e$ in Verbindung mit den Hebeln $d\,d$, der Achse z und des Handhebels b festgehalten. Der letztere, nur auf einer Seite vorhanden, liegt über einer Knagge b_0, wodurch erst diese Einstellung der Führungen $t\,t$ gesichert ist. Wird der Handhebel b frei gemacht und nach innen gedreht, so nehmen die Führungen t eine geneigte Lage an, die darin befindliche Kaule kann, wie Fig. 5 zeigt, heraus- und auf den Schienen $m_2\,m_2$ abwärtsrollen.

Bei der weiteren Drehung der Führungen $t\,t$ stossen sie mit den Nasen $n\,n$ auf Stifte $v\,v$ der um einen Bolzen drehbaren Schutzklinken $s\,s$, drücken letztere nieder, so dass nun die vor den Nasen $p\,p$ derselben Klinken- liegende Kaule 2 auf den geneigten Schienen $m_1\,m_1$ entlang und in die Führungen $t\,t$ einrollen kann. Fig. 6 zeigt diese äusserste Position. Das Herabrollen in den Führungen $t\,t$ wird, wie dieselbe Figur erkennen lässt, durch Anschläge $l\,l$ begrenzt. Liegen mehrere Kaulen auf den Schienen $m_1\,m_1$, so würde beim Abrollen der ersten die zweite und dritte folgen. Damit dies nicht geschieht, sind die Schutzklinken $s\,s$ mit weiteren Nasen $q\,q$ versehen, welche, während die ersteren $p\,p$ unter die Oberkante der Schienen $m_1\,m_1$ treten, über letztere emporsteigen und, wie aus Fig. 6 ersichtlich, die Kaule 3 am Abrollen hindern.

Wird nun der Handhebel b in seine ursprüngliche Lage zurückgedreht und eingeklinkt, so springen infolge der Einwirkung von Federn $f\,f$ die Klinken $s\,s$ in ihre ursprüngliche in Fig. 4 gezeichnete Lage. Die Nasen $q\,q$ treten zurück, und es rollt die Kaule 3 bis zu den wieder emporgetretenen Klinkennasen $p\,p$, während sich jetzt Kaule 2 in den wieder lotrecht festgestellten Führungen $t\,t$ befindet.

Die Docken Ein- und Ausführung ist nun noch weiter vereinfacht worden. An die Stelle der Hebel d und e ist ein gezahnter Bogen gekommen, wie aus Fig. 1 der Tafel XXVI und aus der Gesamtansicht Tafel XXVII hervorgeht, welcher in Räder an den Führungen $t\,t$ fasst. Die übrige Einrichtung ist derart — wir gehen nicht näher hierauf ein — dass der Apparat stets in der Mittelstellung bleibt bei jeder Stellung der Unterwalze. Es wird dadurch erzielt, dass man nicht mehr nötig hat, die letztere so tief wie früher herunter zu lassen, um die Kaulen sanft zum Abrollen zu bringen.

Der Antrieb erfolgt bei dieser Mangel in der Regel auf beide Walzen mit gleicher Umfangsgeschwindigkeit, und dies ist, wie wir ge-

sehen haben, für solche Gewebe von Wichtigkeit, die eine stärkere
Reibung nicht vertragen würden. Die Walzenzapfen sind in diesem
Falle mit dem Getriebbolzen durch Lenkhebel verbunden, um beim
Heben und Senken der Walzen stets gleichen Zahneingriff zu haben.
Wenn erforderlich, wird die Mangel aber auch mit Antrieb für nur eine
Walze, und zwar die Oberwalze, gebaut.

Der auf den Tafeln dargestellte Antrieb erstreckt sich auf beide
Walzen. Es ist auf einer Vorgelegewelle A die 250^{mm} breite, 1^m im
Durchmesser habende Riemenscheibe R lose beweglich angeordnet. Auf
jeder Seite derselben befindet sich eine Kupplung $K_1 K_2$, die man
abwechselnd zur Wirkung bringt. Wird die Kupplung K_1 eingerückt,
so ist die Scheibe fest mit der Welle A verbunden, und es erfolgt durch
ein am Ende derselben sitzendes Vorgelegerad r_1 der Betrieb des Hohl-
rades R_1 und von dessen Achse A_1 aus der Weitertransport der Bewegung an die Walzen, wie aus den Zeichnungen deutlich hervorgeht.
Wird aber die Kupplung K_2 eingeschaltet (unter gleichzeitiger Ausschaltung von K_1 natürlich), so geschieht die Bewegungsübertragung an
das mit dieser verbundene Getriebe r_2 und geht an das ebenfalls auf
Welle A_1 (wie Hohlrad R_1) sitzende Aussenzahnrad R_2 über, wodurch
der entgegengesetzte Drehungssinn erreicht wird.

Die Umsteuerung selbst kann entweder mit der Hand oder selbstthätig erfolgen; im letzteren Falle ist ein besonderer Wechselmechanismus erforderlich, der hier nicht näher dargestellt ist.

Die Umdrehungszahl der Hauptscheibe ist 180 in der Minute. Die
minutlichen Umdrehungen der zur Presspumpe gehörenden Scheibe von
800^{mm} Durchmesser und 120^{mm} Breite betragen 80 in der Minute.

Die übrigen hier nicht näher beschriebenen Teile der Mangel und
Pumpe ergeben sich genügend aus den Figuren.

Die Mangel wird gegenwärtig in drei Grössen ausgeführt, nämlich
für einen Maximaldruck von 35 000^k = 35^t mit 450^{mm} Walzendurchmesser, ferner für einen grössten Druck von 60 000^k = 60^t mit 60^{mm}
Walzendurchmesser und für einen Druck bis zu 100 000^k = 100^t. Die
letztere Mangel benutzt man vorzugsweise in Jute-Webereien. Bei dieser
schwersten Maschine kommen stets eiserne Kaulen zur Anwendung, deren
Transport durch besondere Mechanismen erleichtert wird.

Die Mangeln bedürfen zu ihrer Aufstellung folgender Grundfläche:

Bezeichnungen	Centimeter										
Bei Ware von Breite	105	115	125	135	145	155	165	175	185	195	205
Maschinenbreite	470	480	490	500	510	520	530	540	550	560	570
Maschinenlänge	350	350	350	350	350	350	350	350	350	350	350

Der Arbeitsbedarf wird wohl ebenfalls je nach der Breite und Walzenbelastung zu 18 bis 22 *PS* zu schätzen sein. Ueber die Gewichte sind mir keine Angaben geworden.

Aus eigener Anschauung kenne ich diese Mangel nicht, habe aber, um berichten zu können, wie sie sich in der Praxis bewährt, fünf verschiedene Firmen, welche sie benutzen, um Auskunft hierüber ersucht.

Die vier eingegangenen Antworten lauten ausserordentlich günstig. Man empfiehlt die Mangel auf das wärmste und hebt die solide und elegante Ausführung derselben, ihre grosse Leistungsfähigkeit bei ruhigem Gange, sowie die leichte und gefahrlose Bedienung, deren sie bedarf, zum Teil noch besonders hervor.

Hiermit schliessen wir die Besprechung des Mangelprozesses und der dabei angewandten Maschinen.

Ist das Kalandern bezieh. das Mangeln zu Ende, so folgt

D. Das Fertigmachen der Stückware.

Zuerst wird vorgenommen:

a) Das erneute Messen und Wiegen

der sämtlichen Ware, also derjenigen, welche als Stückware verkauft und derjenigen, die in derselben Fabrik zu Säcken verarbeitet wird. Die erwähnten Arbeiten werden genau wie früher mit der Stuhlware vorgenommen, bedürfen daher hier nur der Erwähnung. Das erneute Wiegen pflegt man wohl manchmal bei der Ablieferung in das Magazin vorzunehmen. Es giebt aber auch Fabriken, die sich mit einmaligem Abwiegen der Ware überhaupt begnügen. Dasselbe wird dann meist erst nach dem Appretieren vorgenommen.

War die Ware beim Kalandern und Mangeln auf eine Holzwalze gewickelt worden, so muss sie von dieser, gleichzeitig mit dem Messen, natürlich abgewickelt werden. Die Messmaschine liefert die Ware gefaltet in übereinander liegenden Schichten ab.

Die Sackware wird nach dem Messen (ev. Wiegen) leicht zusammen geschlagen und lose gebunden, mit dem Qualitätszettel versehen, in den Vorratsraum der Sacknäherei geschafft. Die **Stückware** erhält, wie wir bereits früher (Seite 265) gesehen haben, eine verschiedene Weiterbehandlung.

b) Das Längenfalten oder Duplieren.

Dieser Behandlung werden Zeuge von über 76 ^{c} (30″) Breite in der Regel unterworfen, um nicht zu hohe Packen zu erhalten. Es wird hierbei das Zeug der ganzen Länge nach in der Mitte auf halbe Breite zusammen gefaltet oder, wie man auch sagt, dupliert.

Zur Ausführung dieser Arbeit bedient man sich der

Längenfalt- oder Dupliermaschine (*Crisping-machine*),

welche in den Textfiguren 69[a] in einer Längenansicht, in Fig. 69[b] im Grundriss in $^1/_{48}$ natürlicher Grösse dargestellt ist. Fig. 69[c] und 69[d] zeigen Einzelheiten in derselben Grösse. Nach der vorliegenden Zeichnung sind die Faltmaschinen (Elders Patent) der meisten schottischen Maschinenfabriken eingerichtet.

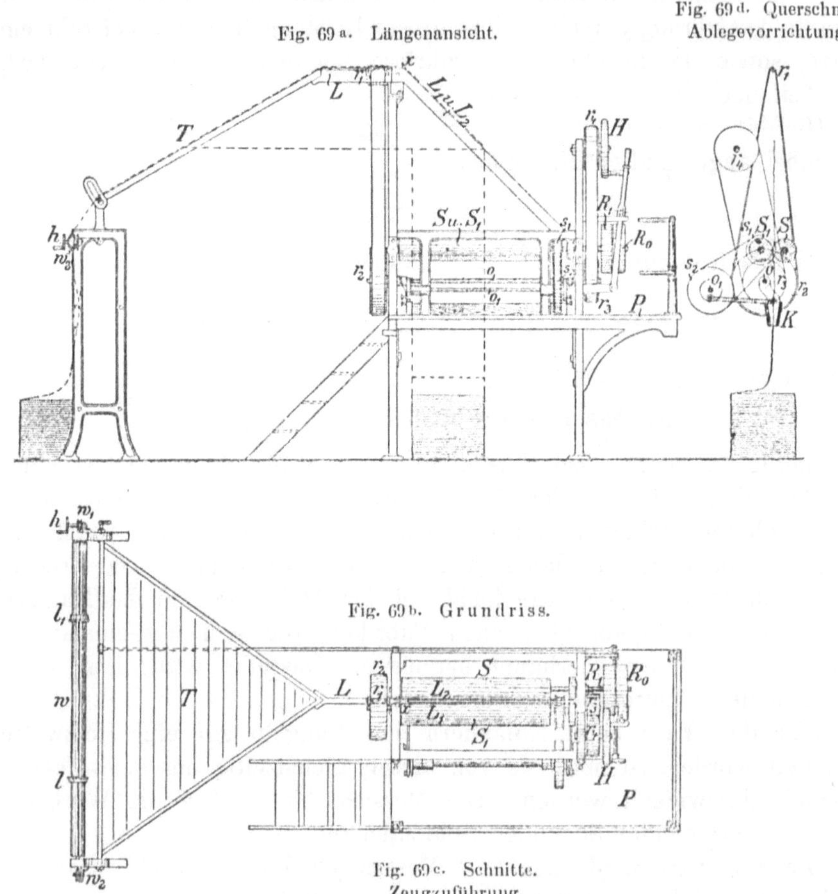

Fig. 69[a]. Längenansicht.

Fig. 69[d]. Querschnitt Ablegevorrichtung.

Fig. 69[b]. Grundriss.

Fig. 69[c]. Schnitte. Zeugzuführung.

Längenfalt- oder Dupliermaschine. $^1/_{48}$ nat. Grösse.

Wir können bei dieser Maschine unterscheiden die Zuführung, das Falten und das Ablegen.

Die Zuführung. Das vor der Maschine niedergelegte zu faltende Zeug wird zunächst zwischen zwei auf einer Walze w (Fig. 69[b]) gleich weit von deren Mitte aus eingestellten Führungsleisten $l_1\, l$

hindurch geleitet. Um das Einstellen der Führungsleisten auf der Walze w von beiden Seiten aus gleichmässig und schnell bewirken zu können (man vergleiche auch die Schnitte der Walze w in Fig. 69 c), sind an zwei einander gegenüber liegenden Stellen derselben Nuten eingehobelt, und in diesen entlang ist eine endlos über die Rollen $w_1 w_2$ geführte Schnur gelegt, deren einer Trum mit dem einen und deren anderer mit dem zweiten der die Walze w kreisförmig umschliessenden Führungsstücke $l_1 l$ verbunden ist. Das Drehen der Rolle w_1 mittels eines kleinen Handrades h hat somit das gewünschte Resultat zur Folge. An die Walze w schliesst sich in Form eines mit der Spitze nach oben zu gerichteten Dreieckes eine schräg gestellte Tischplatte T an, gehalten von einem schmiedeeisernen Rahmen, dessen Neigung durch Verstellen in Kulissen an der Basis etwas geändert werden kann. Die erforderliche Beweglichkeit des Rahmens an der Spitze wird dadurch erreicht, dass sich diese lose in ein Futter der Gestellschiene L einlegt. Diese horizontal angeordnete Schiene dient zur weiteren Führung des Zeuges und trägt noch die Lager für eine kleine Rolle r_1, über welche, ebenso wie um die Rolle r_2, endlos ein Filzband geführt ist. Die Achse der letzteren trägt wieder Scheibe r_3, die mit r_4 durch einen Lederriemen verbunden ist. Scheibe r_4 endlich wird mit der Hand am Handrade H gedreht. Die zuletzt beschriebene Einrichtung gehört mit zur Einführung und dient zur Steuerung des Zeuges, damit das Zusammenfalten stets genau in der Zeugmitte erfolge.

Der Faltapparat besteht nun aus zwei in kleiner Entfernung neben einander vom Punkte x der Schiene L an abwärts geführten gut abgerundeten Leisten $L_1 L_2$. Ist das Zeug zwischen den Führungen $l l_1$ über den Tisch T empor zur Leiste L und auf dieser bis zum Punkte x geführt, so wird es zunächst mit der Hand in der Mitte zusammengeknickt und zwischen den Leisten $L_1 L_2$ hindurch zu den Abführwalzen $S S_1$ geleitet, welche jetzt fortlaufend Zeug nachziehen, wodurch dessen Zusammenfalten nunmehr selbstthätig zwischen jenen Leisten erfolgt. Der während des Faltens auf der Plattform P stehende Arbeiter hat die auf den Schienen sich umbiegenden und abwärts laufenden Zeugkanten darauf hin zu beobachten, dass dies stets in derselben Höhe geschieht, damit die Kanten im gefalteten Zeuge sich decken. Bei Abweichungen in dem einen oder anderen Sinne ist durch das erwähnte Handrad H das über die Rolle r_1 geführte Filzband, über welches das Zeug läuft, nach rechts oder links zu drehen, um die erforderliche Verschiebung des Zeuges zu erhalten.

Die Zeuglegevorrichtung K ist unterhalb der Ablieferungswalzen angeordnet (man vergleiche Fig. 69 d) und besteht aus zwei etwa 17 c von einander entfernten Brettern, die an den Enden gemeinsam gehalten, an der Achse o gelenkig aufgehängt sind. Diese Vorrichtung wird durch Schubstange und Kurbel von der Welle o_1 aus in schwingende Bewegung versetzt. Hierdurch wird das Hin- und Herlegen des gefalteten Zeuges in übereinander liegenden Schichten erreicht.

Der Antrieb der Maschine erfolgt an die Los- und Festscheibe $R_0 R_1$ auf der Achse der Lieferungswalze S und geht von dieser durch gleich grosse Räder auf die daneben angeordnete Walze S_1 über. Von der Achse dieser wiederum geschieht der Antrieb der Kurbelwelle o_1 mittels Riemens durch die Scheiben $s_1 s_2$.

Der Lieferungswalzen-Durchmesser ist $6'' = 15,24^{\mathrm{c}}$, mithin die Zeuggeschwindigkeit bei 150—200 Umdrehungen derselben in der Minute

$$15,24 \cdot 3,1415 \cdot 150 = 47,87^{\mathrm{c}} \cdot 150 = 71,8^{\mathrm{m}} \text{ bis } 47,87 \cdot 200 = 95,74^{\mathrm{m}}.$$

Die zur Aufstellung erforderliche Grundfläche ist $4,25^{\mathrm{m}}$ Länge und $2,75^{\mathrm{m}}$ Breite für Zeug von $91,5$—230^{c} Breite. Der Arbeitsverbrauch 0,25 bis 0,5 *PS*. Das Brutto-Gewicht ist $11,7^{\mathrm{mz}}$, das Netto-Gewicht $8,8^{\mathrm{mz}}$. Durchmesser der Antriebsscheibe $12''$ ($30,5^{\mathrm{c}}$), Riemenbreite $2^1/_2''$ ($6,35^{\mathrm{c}}$).

Haubolds Dupliermaschine ist im Prinzip mit der eben beschriebenen Elderschen zwar übereinstimmend, jedoch fällt infolge einer anderen Anordnung einzelner Teile bei ihr die Plattform weg, so dass die Bedienung wesentlich erleichtert wird. Die von den Lieferungswalzen abgegebenen gefalteten Zeuge werden nämlich wieder empor zu einer höher und seitlich gelagerten Walze, unter welcher eine Legevorrichtung schwingt, geführt und daher ausserhalb der Maschine in Schichten gelagert. Es wird diese Maschine auch mit Messvorrichtung versehen, und brauchen dann Zeuge, welche gefaltet werden, nicht vorher noch über eine besondere Messmaschine geleitet zu werden.

Auch schottische Firmen, wie z. B. Urquhart, Lindsay & Co., liefern jetzt Maschinen letzterer Anordnung.

---

c) Das Breitenfalten- oder Schichtenlegen.

Schmälere Zeuge, oder auch breitere, nachdem sie dupliert worden sind, legt man in gleichmässigen Schichten zusammen oder rollt sie. Auf letzteren Prozess kommen wir noch zu sprechen.

Das Breitenfalten- oder Schichtenlegen, welchem in der Regel Doppelleinen, Sackleinen und Jute-Köper unterworfen wird, führt man auf

Breitenfalt- oder Legemaschinen (*Plaiting-Lapping-or Folding-machines*)

aus, wie sie in ähnlicher Konstruktion auch in anderen Industriezweigen Anwendung finden.

In der Jute-Industrie findet man meistens Maschinen von der in den Textfiguren Fig. 70^{a} im Querschnitt und in Fig. 70^{b} im Grundriss und Schnitt in $^1/_{24}$ nat. Grösse dargestellten Konstruktion.

Der Tisch T, auf welchem das Legen des Zeuges durch zwei hin- und herschwingende Messerschienen erfolgt, ist nach einem Kreisbogen gekrümmt, dessen Mittelpunkt p zugleich der Schwingungsmittelpunkt der letzteren ist. Die einzelnen Bohlen, aus denen der Tisch T besteht, sind auf drei entsprechend gekrümmten eisernen Schienen befestigt, von denen die Endschienen in ihrer Mitte mittels je eines Gelenkes i vom senkrecht stehenden Stangen $s\,s$ getragen werden. Der Tisch ist also um einen durch die Mittelpunkte der beiden Gelenke i gehende Linie drehbar, seine Enden $a\,a'$ können daher auf- und abschwingen. Die den Tisch tragenden Stangen $s\,s$ sind nun in je zwei Führungen $s_1\,s_2$ auf und ab verschiebbar und werden durch mit den Kreisstücken $S_1\,S_1$ (Fig. 70^{b}) auf der Achse o verbundene Ketten an den Querstücken $s_3\,s_3$ gehalten. Auf der Achse o sitzen die Scheiben $S_2\,S_2$ mit den Armen $k\,k$ und den Gewichtsstücken $m\,m$, welche so gewählt sind, dass ein Bestreben entsteht, die Stangen $s\,s$ mit dem Tische T nach oben zu bewegen, bis letzterer sich an die gleich weit von der Mitte abstehenden Nadelleisten $q\,q_1$ leicht anlegt (Fig. 70^{a}).

An der einen Scheibe S_1 greift nun eine Stange x an, die mit dem Hebelarme y_0 in Verbindung steht, auf dessen Drehachse x_1 ausserhalb des Gestelles, der Tritthebel y sitzt. Wird dieser abwärts bewegt, so hat dies einerseits ein Heben der Gewichte m, anderseits aber ein Senken des Tisches T zur Folge, der sich also alsdann von den Nadelleisten $q\,q_1$ entfernt. Wird der Tritthebel soweit niedergetreten, bis der mit ihm verbundene Klinkhebel y_1 (Fig. 70^{a}) unter die Schiene y_2 fasst, so bleibt der Tisch auch beim Nachlassen des Druckes auf Hebel y in der tiefsten Stellung; er ist in derselben bis nach erfolgtem Auslösen des Klinkhebels festgehalten.

Unterhalb des Tisches in der Mittellinie ist nun ferner an dessen äussersten Kanten je eine Rolle $b\,b_1$ angeordnet, über welche die Ketten $n\,n'$ gehen, die einerseits an einer Scheibe S auf der Achse o, anderseits mit den Stangen d und d', geführt durch die Rollen $c\,c'$, in Verbindung stehen. Die Stangen sind horizontal verschiebbar und tragen an den Enden die Daumen $e\,e'$, zwischen denen der mit Rolle f versehene Kurbelarm g auf der Welle h rotiert. Trifft die Rolle f einen der Daumen, so wird dieser zur Seite gedrückt und die betreffende Kette mitgenommen, was ein Niederziehen der entsprechenden Tischkante, während die andere sich an die Nadelleiste legt, unter Ueberwindung des von den Gewichten herrührenden Druckes, zur Folge hat.

Oberhalb des Tisches schwingen nun zwei Legeschienen $r\,r_1$, die an den Enden, ausserhalb der Seitengestelle der Maschine, in Schilden $L\,L$ befestigt sind, welche drehbar von je einem einarmigen Hebel L_1 getragen werden. Jeder dieser Hebel erhält von der Kurbelwelle h aus durch eine abbalancierte Kurbel F mit verstellbarem Kurbelzapfen und

Zugstange F_1 die Hin- und Herbewegung. Mit den Seitenschilden des Legeapparates ist eine Kulisse verbunden, in welche verstellbar je ein Arm L_2 greift, der, die Schwingungen mit ausführend, die Aufgabe hat, jene Schilde während der Schwingungen so zu drehen, zu steuern, dass am Ende jeder einmal die Schiene r zwischen Nadelleiste und Tisch, und das andere Mal die Schiene r_1 zwischen Nadelleiste q_1 und Tisch fasst.

Die Bewegung der Kurbelwelle h erfolgt von der durch Riemenscheibe R (Fig. 70ᵃ) getriebenen Welle o_1 aus durch ein 20ᵉʳ Zahnrad I, das mit einem 120ᵉʳ Rade II auf ersterer im Eingriff steht.

Das Zeug Z, welches gefaltet werden soll, liegt auf der Unterlage B, wird um die Führungsstäbe $b\,b$, über die Tischplatte T_1, um den Stab b_1 zu dem Leger L, um die eine Messerschiene r, wie Fig. 70ᵃ angiebt, herum nach der rückwärts liegenden Nadelleiste q_1 geführt und zwischen dieser und dem sich von unten anlegenden Tische festgeklemmt. Damit das Festhalten der Zeuglagen auf dem Tische sicherer ohne Verrückung erfolge, ist derselbe unterhalb der Nadelleisten auf einer gewissen Strecke mit Filztuch versehen.

Fig. 70ᵃ zeigt die Stellung, in welcher die Messerschiene r ihren äussersten Ausschlag nach links erreicht hat; sie fasst alsdann dicht unter die Nadelleiste q, während der Tisch an jenem Ende in schon beschriebener Weise durch den Einfluss der Rolle f an der Kurbel g unter Vermittlung des Daumens e, der Stange d und der Kette n etwas nach abwärts gezogen ist, so dass noch unterhalb des Messers r ein Spielraum bleibt. Während nun die Hebel $L_1 L_2$ ihre Rückschwingung und mit ihnen die Messer $r\,r_1$ im nächsten Augenblick langsam beginnen und dann schneller fortsetzen, hat sich zugleich die Kurbel g soweit gedreht, dass der Daumen e nach links gehen, die Belastungsgewichte m den Tisch wieder heben und an das Zeug und die Nadelleiste q drücken können. Die Messer schwingen inzwischen weiter und werden durch Hebel L_2 so gedreht, dass bald darauf Messer r_1 zur Berührung mit dem Zeuge kommt, dieses nach rechts mitnimmt und bis unter die Nadelleiste q_1 führt, wodurch die folgende Schicht gelegt ist. Die Kurbel g hat alsdann mittels Rolle f jetzt den Daumen e_1 nach links geschoben und durch die Stange d_1 und Kette n' die rechte Tischkante a' entsprechend gesenkt.

In dieser Weise wird Schicht auf Schicht in stets derselben Ausdehnung auf den Tisch übereinander gelegt, bis das Zeugstück zu Ende ist.

Mit jeder neuen Schicht muss sich der Tisch T natürlich entsprechend senken, infolgedessen durch Nachlassen der Ketten n und n' der Spielraum zwischen den Daumen e und e' vergrössert wird, bis endlich die zwischen ihnen rotierende Kurbel g mit ihrer Rolle an keinen derselben mehr anstösst. Das abwechselnde Niederziehen der Tischkanten a und a' beim Weiterlegen wird daher immer geringer und hört schliesslich ganz auf; es muss dann die Messerschiene, sobald sie unter die Nadelleiste fasst, die bereits gelegten Schichten erst zusammen-

Fig. 70ᵃ. Querschnitt.

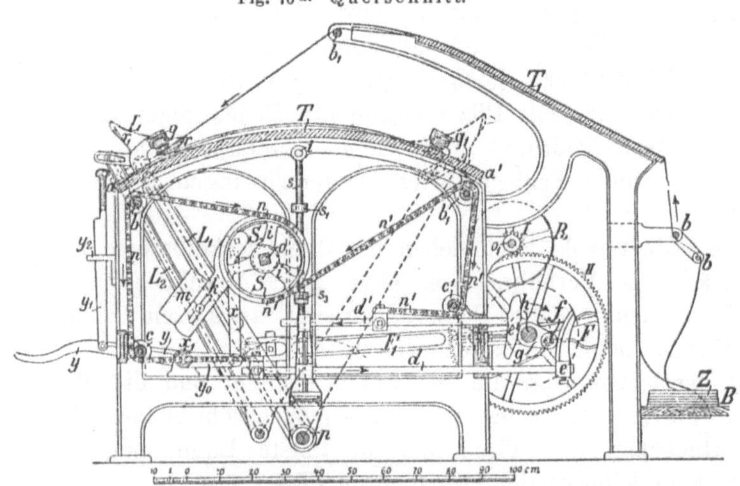

Fig. 70ᵇ. Grundriss.

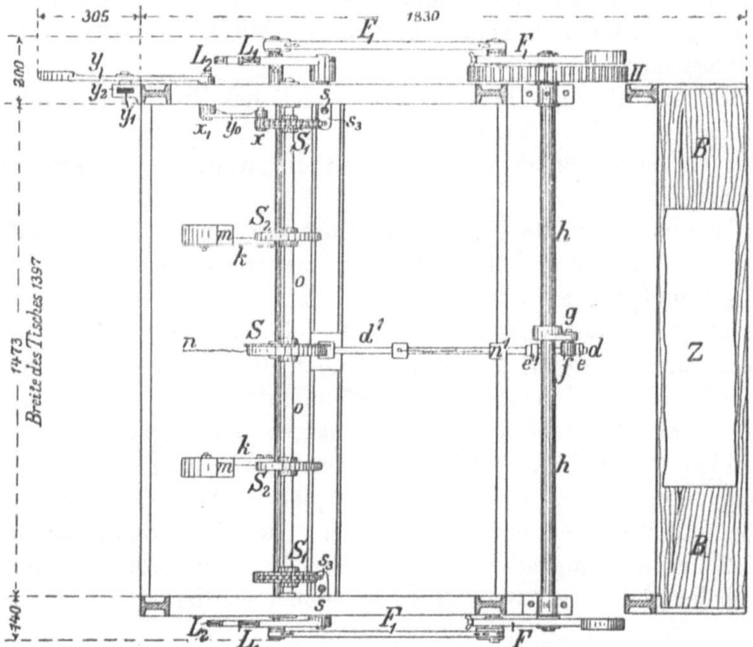

Breitenfalt- oder Legemaschine. $\frac{1}{24}$ nat. Grösse.

drücken, was jedesmal eine geringe Abwärtsbewegung des Tisches her-vorbringt.

Die Legelänge kann man innerhalb bestimmter Grenzen durch Verstellen der Zapfen an den Kurbeln FF, wie aus den Figuren hervorgeht, ändern. Ist dies geschehen, so müssen auch die Hebel $L_2 L_2$ und die Nadelleisten $q\,q_1$ entsprechend eingestellt werden.

Beim Ausrücken der Maschine durch Ueberführen des Antriebsriemens auf die Losscheibe wird auf der Vorderseite der Maschine (in beiden Figuren nicht sichtbar) gleichzeitig eine keilförmige Schiene verschoben und von dieser eine mit Filz überkleidete Feder gegen ein Schwungrad auf der Welle o_1 gedrückt, wodurch man einen sofortigen Stillstand erzielt und ein nicht beabsichtigtes Weiterschwingen des Legeapparates verhindert.

Man ordnet wohl auch neben der Riemenscheibe eine Welle an, die durch Räder im Verhältnis von etwa 2 zu 4 schneller bewegt wird, auf der ein entsprechendes Schwungrad sitzt, an dessem Umfange alsdann die Bremsung beim Stillhalten erfolgt.

Ist der Legeprozess für ein Stück beendet und die Maschine ausgerückt worden, so bringt man in schon beschriebener Weise mittels des Tritthebels y den Tisch in seine tiefste Lage und hält ihn durch die erwähnte Klinkvorrichtnng $y_1\,y_2$ in dieser fest.

Jetzt wird ein gewöhnlicher Arbeitstisch (mit 4 Beinen) vor die Maschine geschoben und das zusammengefaltete Zeug von zwei Arbeitern, die zu beiden Seiten anfassen, vom Maschinentische T herab auf letzteren niedergelegt.

Klinkt man alsdann Hebel y_1 aus, wobei der Tritthebel y mit dem Fusse gehalten wird, so kann der Tisch wieder in seine höchste Lage gebracht, ein neues Stück eingelegt und ein weiterer Legeprozess begonnen werden.

Die beschriebene Maschine wird auch mit einem Zählapparat versehen, der die Zahl der Hübe misst und nach dieser und der Ausschlagweite die Zeuglänge angiebt.

Da aber in Jute-Webereien in der Regel das Messen auf besonderen Maschinen zur Ausführung gelangt, so haben die in denselben benutzten Legemaschinen jenen Messapparat gewöhnlich nicht.

Die Anzahl der minutlichen Umdrehungen der Riemenscheibenwelle beträgt 120—180, woraus sich die Legegeschwindigkeit ohne weiteres nach der mitgeteilten Uebersetzung ergiebt. Die Gewichte dieser Maschine sind mir nicht mitgeteilt worden. Der Platz zum Aufstellen ergiebt sich aus den eingeschriebenen Massen des Grundrisses; der Arbeitsverbrauch kann zu etwa 0,5 PS angenommen werden.

d) Das Rollen oder Wickeln der Zeuge.

Stückware, welche nicht in Schichten gelegt wird, wie meistens Jute-Leinen und Hopfentücher, werden zu runden oder ovalen Packen in übereinander liegenden Wicklungen auf der

Roll- oder Wickelmaschine (*Candroy*)

vereinigt. Diese ist nach einer Ausführung von Robertson & Orchar in der Textfigur 71ᵃ in der Vorderansicht, in Fig. 71ᵇ im Querschnitt in $^1/_{24}$ nat. Grösse dargestellt. Das Wickeln erfolgt auf einer horizontal

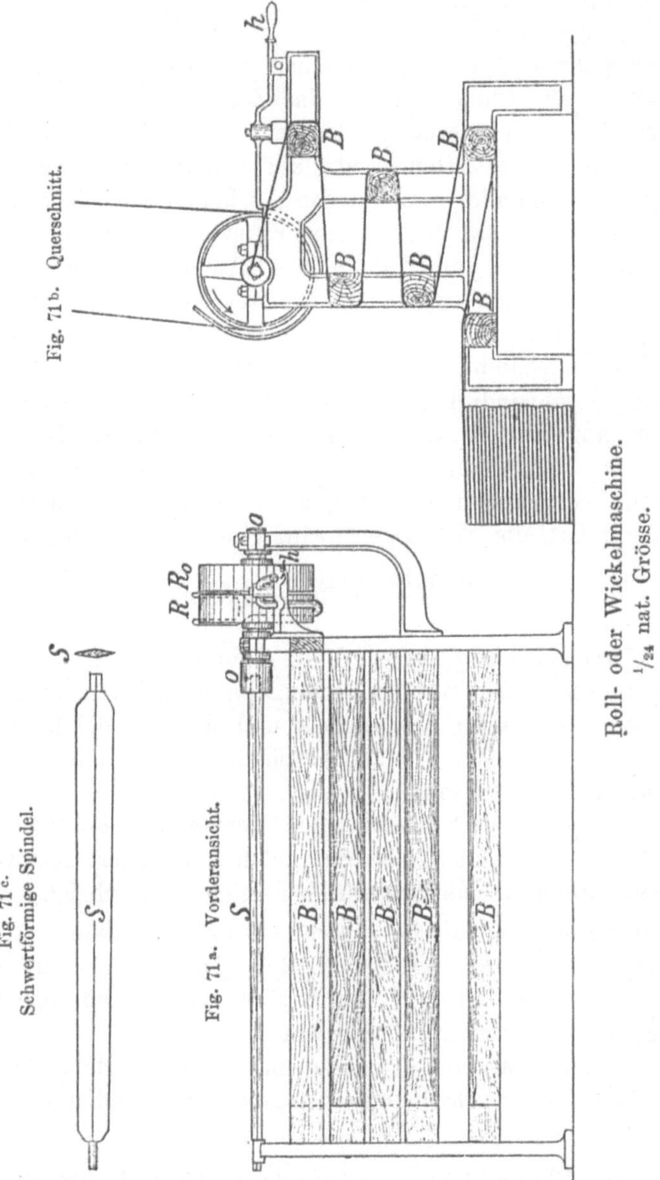

gelagerten, nach einer Seite zu verjüngten, entweder achtkantigen oder schwertförmigen Spindel (Fig. 71ᶜ), je nachdem runde oder ovale Ballen gebildet werden sollen.

Die Spindel S hat an ihrem stärkeren Ende einen viereckigen Zapfen, mit dem sie in eine entsprechende Vertiefung einer kurzen Welle o eingelegt und bei deren Antrieb durch die Fest- und Losscheibe $R\,R_0$ in Drehung versetzt oder stille gehalten werden kann. Das andere Spindelende liegt dabei mittels eines runden Zapfens in einem Gestellhalblager.

Unterhalb der Spindel sind zwischen den Seitengestellen 6 hölzerne Streckbalken B angeordnet, um die das Zeug, z. B. in der in Fig. 71^{b} angegebenen Weise, hindurch geführt und einige Male um die Spindel geschlungen wird. Der Arbeiter sitzt auf einem Schemel auf der Seite rechts (Fig. 71^{b}), nämlich da, wo das Auflaufen auf die Spindel stattfindet und der Ausrückhebel h angeordnet ist. Die Spindel wird in Drehung versetzt durch Ueberführen des Riemens von der Los- auf die Festscheibe, und nun überwacht der Arbeiter das Wickeln in der Weise, dass er das auflaufende Zeug je nach Bedürfnis nach der einen oder anderen Seite zu schiebt, wobei er Lederstücke benutzt, um sich bei der grossen Geschwindigkeit, mit welcher sich insbesonders bei fortschreitender Aufwicklung das Zeug bewegt, nicht die Hände zu verletzen. Bei 90 bis 116 Umdrehungen der Spindel in der Minute, sagen wir bei 100 Umdrehungen im Mittel, ist, wenn der Packen 0,3^{m} Durchmesser erlangt hat, die Wickelgeschwindigkeit in der Sekunde

$$\frac{0,3 \cdot 3,1415 \cdot 100}{60} = 1{,}58^{\mathrm{m}}.$$

Ist der Wickel fertig, so wird die Spindel mit demselben herausgenommen und senkrecht mit der Verjüngung nach unten auf einen Klotz gestossen, so dass ersterer herabrutscht und die Spindel herausgezogen werden kann. Damit dies leichter geschieht, ölt man die Spindel von Zeit zu Zeit etwas leicht ein.

Man hat aber auch Spindeln ohne Verjüngung konstruiert, deren Dicke mit Hülfe von Keilen oder Schrauben vergrössert oder verkleinert werden kann, wodurch das Herausziehen leicht möglich ist.

Die Riemenscheibe dieser Maschinen hat gewöhnlich 16″ Durchmesser und 3$^{1}/_{4}$″ Breite (40,64$^{\mathrm{c}} \times$ 7,62^{c}). Der Platzbedarf bei einer Arbeitsbreite von 60″ (152,4^{c}) ist 2,25^{m} Länge und 0,76^{m} Breite. Brutto-Gewicht 4,1^{mz} und Netto-Gewicht 3,1^{mz}.

Neuere Wickelmaschinen werden mit Stufenantriebsscheiben versehen, um die Windegeschwindigkeit angemessen regulieren zu können.

e) Das Verschnüren und Fertigmachen der Packen.

Ueber diese Arbeit lässt sich wenig mehr sagen, als was bereits Seite 266 erwähnt ist. Das auf der Breitenfaltmaschine gelegte und auf den Hülfstisch gebreitete Zeug wird mit der Hand zu einem runden

Packen zusammen gebogen und durch Schnüre an zwei oder drei Stellen in dieser Form gehalten.

Die gewickelten Zeuge werden entlang dem etwas eingeschlagenen Ende an 3 bis 4 Stellen mit Hülfe der Packnadel mit Zwirn zusammen genäht, so dass ein Aufwickeln unmöglich ist.

Häufig wird nun noch, wenn dies nicht schon früher mit dem Zeuge geschehen, ein Abwiegen jedes Packen vorgenommen, worauf man einen auf Leinwand gezogenen Zettel, enthaltend Angabe der Qualität, Länge, Breite und Gewicht der Ware anheftet oder auch mittels Markiertinte und Stempel aufdruckt. Die Qualität wird häufig mit willkürlich gewählten Buchstaben bezeichnet.

Das Transportieren der Ware in den Appreturraum geschieht mit Hülfe sogenannter Sackwagen, das Ueberführen in das Magazin, sowie das Herausbefördern derselben behufs Verladung je nach der Lage und Verbindung der einzelnen Räume entweder auch mittels solcher oder durch vierrädrige auf Schienen laufende Wägen oder auch wohl mittels Drahtseilbahnen, wenn andere Verbindungen weniger zweckmässig oder unmöglich sind.

Ueber die weitere Behandlung der Packen behufs Versendung derselben vergleiche man Seite 364.

---

5. Herstellung der Säcke.

Wir kommen jetzt zu dem letzten Abschnitt unserer Betrachtungen: „die Herstellung der Säcke." Verschiedene Gründe, insbesondere aber der bereits weit über das beabsichtigte Mass hinaus gewachsene Umfang der Mitteilungen, mögen die verhältnismässige Kürze der folgenden Betrachtungen und das Nichteingehen auf die verschiedenen Arten der Nähmaschinen erklären.

Man hat sich bis jetzt in der Praxis, wenigstens in Deutschland, nicht über Normalsäcke, die einer bestimmten Verwendung zu dienen hätten, einigen können, und so sehen wir die für den deutschen Fabrikanten wenig erfreuliche Thatsache, dass ausserordentlich verschieden dimensionierte Säcke demselben Zwecke dienen. Mehl- und Zuckersäcke werden von den einzelnen Bestellern (Müllereien und Zuckerfabriken oder Händlern) in verschiedenen Massen gewünscht, ebenso wechseln bezüglich der Breite und Länge Getreide- und Hopfensäcke u. a.

So sind z. B. folgende Sackmasse üblich:

Zuckersäcke 26 bei 43″ (66 bei 109,2^c), 26 bei 45″ (66 bei 114,3^c), 30 bei 40″ (76,2 bei 101,6^c); **Salzsäcke** 20 bei 45″ (50,8 bei 114,3^c) oder 22 bei 47″ (55,9 bei 119,4^c); **Kleien- und Mehlsäcke** 22 bei 55″ (55,9 bei 139,7^c); **Wollsäcke** 36 bei 90″ (91,4 bei 228,6^c) oder 36 bei 99″ (91,4 bei 251,5^c); ferner Säcke aus Doppelleinen für **Getreide** 18 bei

43″ (45,7 bei 109,2ᶜ) oder 22 bei 48″ (55,9 bei 121,9ᶜ) oder 22 bei 55″ (55,9 bei 139,7ᶜ); Säcke für **Kleesamen** aus Sackleinen 29 bei 49″ (73,7 bei 124,5); **Cementsäcke** 23 bei 36″ (58,4 bei 91,4) oder 27 bei 45″ (68,6 bei 114.3ᶜ).   Man könnte etwa folgende ungefähre Unterschiede festhalten:

> **Kleinere Säcke** 19¹⁄₂ bei 39″ (49,5 bei 99ᶜ), gewöhnlich aus Jute-Leinen 12¹⁄₂ bis 13¹⁄₂ Unzen, seltener aus Doppelleinen.
>
> **Mittlere Säcke** 25 bei 40″ (63,5 bei 101,5ᶜ) aus Jute-Leinen und Doppelleinen.
>
> **Grosse Säcke** 30 bei 48″ (76 bei 122ᶜ) ⎱ aus allen Gewebesorten mit oder 26 bei 52″ (66 bei 132ᶜ) ⎰ Ausnahme der Netztuche.

In **Oesterreich** werden nach der Preisliste einer grossen Jute-Spinnerei und Weberei wohl hauptsächlich folgende Säcke angefertigt:

Getreide-Säcke.

> Für 1 Metze (61,486 Liter): 18 und 43 Zoll engl. (45,7 bei 109,2ᶜ) aus 11¹⁄₂ Unzen Jute-Leinen und aus 18 oder 20 Unzen Jute-Doppelleinen.
>
> Für 1¹⁄₂ Metzen (92,229 Liter): 22 und 47 Zoll engl. (55,9 bei 119,4ᶜ) aus 12¹⁄₂ Unzen Jute-Leinen und aus 18 oder 20 Unzen Jute-Doppelleinen, auch aus 12 Unzen Jute-Köper gestreift.
>
> Für 2 Metzen (122,972 Liter): 22 und 55 Zoll engl. (55,9 bei 139,7ᶜ) aus 12¹⁄₂ Unzen Jute-Leinen und aus 18 oder 20 Unzen Jute-Doppelleinen.

Mehl-Säcke.

> Für 75ᵏ Inhalt: 22 und 55 Zoll engl. (55,9 bei 139,7ᶜ) aus 12¹⁄₂ und 14 Unzen Jute-Leinen, ferner aus 18 und 20 Unzen Jute-Doppelleinen.
>
> Für 100ᵏ Inhalt: 26 und 52 Zoll engl. (66 bei 132ᶜ) aus 12¹⁄₂ und 14 Unzen Jute-Leinen und 18 und 20 Unzen Jute-Doppelleinen.
>
> Für 123ᵏ Inhalt: 30 und 51 Zoll engl. (76,2 bei 129,5ᶜ) aus 14 Unzen Jute-Leinen und 18 und 20 Unzen Jute-Doppelleinen.

Klee-Säcke.

> 29 und 29 Zoll engl. (73,7 bei 73,7ᶜ) aus 27 Unzen Jute-Sackleinen und 16 Unzen Jute-Köper gestreift.

Kleien-Säcke.

> 22 und 53 Zoll engl. (55,9 bei 134,6) aus 9, 9¹⁄₂ und 10¹⁄₂ Unzen Jute-Leinen.

Wollsäcke.

> 36 und 92 Zoll engl. (91,4 bei 233,7ᶜ) aus 10¹⁄₂ Unzen Jute-Leinen und aus 12 Unzen Jute-Köper gestreift.

Knoppern-Säcke.

> 22 und 55 Zoll engl. (55,9 bei 139,7ᶜ) aus 18 und 20 Unzen Jute-Doppelleinen, ferner aus 24 Unzen Jute-Sackleinen gestreift und aus 16 Unzen Jute-Köper gestreift.

Vallonea-Säcke.

29 und 47 Zoll engl. (73,7 bei 119,4°) aus 18 Unzen Jute-Sackleinen gestreift,

23 und 59 Zoll engl. (58,4 bei 149,9°) aus 16 Unzen Jute - Köper gestreift.

Zuckersäcke.

30 und 40 Zoll engl. (76,2 bei 101,6°) aus 10 Unzen Jute-Leinen und 18 Unzen Jute-Sackleinen,

28 und 43 Zoll engl. (71,1 bei 109,2°) aus 18 und 20 Unzen Jute-Doppelleinen.

Kohlensäcke.

22 und 48 Zoll engl. (55,9 bei 121,9°) aus 18 Unzen Jute-Sackleinen gestreift und aus 18 und 20 Unzen Jute-Doppelleinen,

36 und 48 Zoll engl. (91,4 bei 121,9°) aus 21 Unzen Jute-Sackleinen.

Wie der Preiscourant am Schluss sagt, werden aber auch Säcke beliebiger Dimension und Qualität angefertigt; also auch dort ist eine sehr grosse Mannigfaltigkeit in den Sackdimensionen vorhanden.

Russische Säcke.

Am häufigsten trifft man folgende Säcke:

Bezeichnungen	Dimensionen engl. oder russ. Zolle	Gewicht v. 1000 Stück		Bemerkungen
		in Puden	in Kilogr.	
Hessian-Mehlsäcke . . .	$42 \times 24^1/_2$	30	491,42	—
„ „ . . .	$42 \times 24^1/_2$	35	573,32	—
Hessian-Reissäcke . . .	42×26	36	589,70	—
Hessian-Zuckersäcke . .	42×28	37	606,08	6 Pud Inhalt für Kiew
„ „ . .	55×29	50	819,03	10 „ „ „ Warschau
Tarpawling- „ . .	54×27	$57^1/_4$	937,78	10 „ „ „ „
„ „ . .	52×29	60	982,83	—
Hessian-Getreidesäcke .	42×28	44	720,74	—
Drell- „ .	42×28	55—60	900,63 bis 982,83	—
Tarpawling- „ .	$57^3/_4 \times 29^3/_4$	75	1228,54	Intendantursäcke.

Eine Reihe Säcke, welche hier in Riga in Gebrauch sind, ergaben:

Bezeichnung und Verwendung des Sackes	Gewebeart	Rohmaterial	Gewicht in Grammen eines Sackes	Sack-dimensionen		Zahl der Fäden auf 1″ engl. od. russ.		Nähte
				Länge	Breite	Kette einfach	Schuss	
				engl. oder russ. Zoll				
6 Pud-Getreidesack für Roggen od. Weizen, fasst $4^1/_2$ Pud Hafer	2 schäf-tig	Jute	570 bis 580	40″	30″	13	17	1 Bodensahlleistennaht u. 1 Seiten-Abschnittnaht
5 Pud-Getreidesack, wie oben, gangbarste Sorte	2 schäf-tig	Jute	480 bis 490	40″	24″	13	15,5	wie oben
3½ Pud-Getreidesack, seltener benutzt	2 schäf-tig	Jute od. Flachs-hede	250 bis 260	36″	21″	13	13	wie oben

Russische Säcke.

Bezeichnung und Verwendung des Sackes	Gewebeart	Rohmaterial	Gewicht in Grammen eines Sackes	Sack-dimensionen		Zahl der Fäden auf 1'' engl. od. russ.		Nähte
				Länge	Breite	Kette	Schuss	
				engl. oder russ. Zoll				
3 Pud-Grützesack, wird auch zu leichtem Getreide benutzt	2 schäftig	Jute	270 bis 280	30''	20''	13 einfach	15	1 Bodenabschnittnaht, 1 Sahlleistenseitennaht, Kopfsaum
6 Pud-Getreide-Speichersack zur Lagerung von schwerem Getreide. Auch als 7 Pud-Kleesaatsack benutzt	4-, seltener 3 schäftig gestreift	Flachshede, auch Jute	760 bis 770	49''	27''	30 einfach	16,5	2 Sahlleistenseitennähte, Kopfsaum
6 Pud-Getreide-Speichersack, wie der vorige benutzt.	4 schäftig, beidrechtig	Flachshede, auch Jute	1040 bis 1050	46''	27''	26 einfach	16	wie vorhin
5 Pud-Saatsack	2 schäftig	Flachshede	720 bis 730	42''	28''	14,5 einfach	15,75	2 Sahlleistenseitennähte (Kappnähte), Kopfsaum
5 Pud-Mehlsäcke (nur in dieser Grösse)	2 schäftig	(Saratow) Jute, (Rostow) Flachshede	492	44''	24''	12,8 einfach	16	2 Sahlleistenseitennähte, Kopfsaum
10 Pud-Zuckersäcke (Warschau)	2 schäftig Doppelkette	Jute	938 bis 1000	54'' oder 52''	28'' oder 29''	14,5 Doppelfäden	19	2 Sahlleistenseitennähte (Rollnaht), Kopfsaum
6 Pud-Zuckersäcke (Kiew)	2 schäftig Doppelkette, häufiger einfach	Jute	606 bis 650	42''	26''	12,4 Doppelfäden	17,3	2 Sahlleistenseitennähte (Steppstichnaht), Kopfsaum

Allgemeines über die Herstellung der Säcke.

Die zur Herstellung der Säcke bestimmten Gewebe werden aus den Vorratsräumen, in welchen sie nach der Appretur, wie wir wissen, leicht zusammen geschlagen oder gebunden lagern, in die Sacknäherei zunächst zum Schneiden befördert. Das Nähen der Säcke lässt man vielfach, insofern dies die gewünschte Naht gestattet, ausserhalb der Fabrik von Angehörigen der Arbeiter als Nebenbeschäftigung ausführen. Manche Fabriken stellen auch zu dem Zwecke Nähmaschinen für Handbetrieb zur Verfügung. In den Fabriken erfolgt das Nähen in der Regel auf mechanisch bewegten, kräftig gebauten Nähmaschinen entweder durch Steppnaht auf Greifer-, gewöhnlicher aber auf Schiffchen- (Singer-) Nähmaschinen — oder durch Rollnaht auf einer eigentümlichen mit kreisförmig gebogener starker Nadel arbeitenden Sacknähmaschine von Webster. Die neueste dieser Nähmaschinen arbeitet nunmehr tadellos und fast geräuschlos; ihre Reparaturbedürftigkeit scheint sehr gering zu sein.

Die Steppnaht, bezieh. die Rollnaht, ist keiner besonderen Sackgattung eigentümlich, sondern ihre Anwendung hängt ganz von dem

Wunsche des Bestellers ab. Es kann daher jede Sacksorte entweder nur durch Steppnaht oder durch Rollnaht hergestellt werden. In allen Fällen aber bleibt die Kopfsaumnaht, eine durch weite Stiche erzeugte Steppstichnaht.

Die Vereinigung der Sackböden und Seiten durch Steppnaht erfolgt entweder durch einfache oder doppelte Nähte, Kappnähte. Von den einfachen Nähten, wie Maschinennaht 1, 2 nnd 3 in Fig. 1 bis 3 (auf Tafel XXVIII) giebt Naht 1 die am wenigsten haltbare und dichte, Naht 3 in dieser Hinsicht die relativ beste Naht. Wie die Kanten gelegt und durch eine Naht vereinigt werden, geht aus den Figuren deutlich hervor. Die Stichzahl auf 1^{dc} beträgt 16 bis 18 bei Naht 1; also ist die Stichweite: 6,25 bis $5,55^{mm}$; ferner: 14 bis 15 bei den Nähten 2 und 3; also ist die Stichweite: 7,14 bis $6,66^{mm}$. Die dichtesten Nähte sind die Kappnähte, welche, je nachdem 2 Sahlleistenkanten oder zwei Schnittkanten vereinigt werden sollen, nach Zusammenbörteln des Zeuges, wie Fig. 4^a und 4^b bezieh. Fig. 5 angiebt, als Doppelnähte mit 15 bis 16 Stichen auf 1^{dc}, also in einer Stichweite von 6,66 bis $6,25^{mm}$, etwa 1^c von einander entfernt, ausgeführt werden. Die Kopfsaumnaht bei Schnittkanten führt man in der in Fig. 6 dargestellten Weise aus. Die Stichweite ist hier recht erheblich und beträgt etwa 22 bis 26^{mm}.

Zur Erzeugung der Steppnähte auf Greifer- oder auf Schiffchennähmaschinen benutzt man meist für Boden- und Seitennaht Flachshedegarnzwirn als Oberfaden $N^{leas} = 18$ dreifach und als Unterfaden (für die Schiffchen) Flachsgarn $N^{leas} = 16$ zweifach; zum Säumen verwendet man ebensolches Garn $N^{leas} = 18$ zweifach und 16 zweifach. In manchen Fällen benutzt man auch Jutezwirne $N^{lbs} = 8$ zweifach zum Nähen. Bei der Rollnaht, welche in Fig. 7^a und 7^b in Seiten- und Vorderansicht dargestellt ist, werden die zu vereinigenden Kanten nach innen gebogen aufeinandergelegt und mittels eines an der Kante entlang in Form eines Schraubenganges laufenden und dieselbe durchdringenden Fadens vereinigt. Die Stichweite (Ganghöhe) ist, da 9 bis 10 Stiche auf 1^{dc} gehen, 11 bis 10^{mm}. Selten wendet man für diese Naht Flachshedegarn an; in den meisten Fällen wird Jutegarnzwirn $N^{lbs} = 8$ dreifach benutzt, und zwar laufen 2 solcher Fäden nebeneinander.

In manchen Fällen wird der Zwirn vor seiner Verwendung mit Holzteer getränkt, wie z. B. bei Kartoffel- und Düngersäcken. Bei Säcken für solche Stoffe jedoch wie Mehl oder Getreide, die den Teergeruch annehmen und festhalten, darf das Teeren des Nähgarnes nicht erfolgen.

Je nachdem leichtere oder schwerere Gewebe verarbeitet und je nachdem einfache oder Doppelnähte, Sahlleisten- oder Abschnittsnähte bezieh. Kopfsaumnähte bei der Herstellung des Sackes zur Anwendung kommen sollen, muss zu den lichten Massen desselben für jede Naht ein

Stück von 1 bis 4^c hinzugerechnet und darnach Breite und Länge des nötigen Zeugstückes ermittelt werden.

Nach den Dimensionen des Sackes und der Breite des zu seiner Herstellung benutzten Gewebes richten sich nun die zur Anwendung kommenden Nähte, insofern es sich um Abschnitt-, Sahlleisten- oder Saumnähte handelt.

Wie auf Tafel XXVIII in Fig. 8 angegeben ist, stellt man den Sack durch eine Abschnitt - Bodennaht und eine Sahlleisten - Seitennaht oder, wie Fig. 9 zeigt, durch zwei Sahlleisten - Seitennähte aus den angemessen zugeschnittenen Zeugen her. In beiden Fällen müssen die oberen Sackkanten, da sie Schnittkanten sind, in den meisten Fällen gesäumt werden; es erhalten also die Säcke noch zwei Kopfsaumnähte. Das Säumen der oberen Sackkanten unterbleibt in der Regel, wenn, wie in Fig. 10 und 11 dargestellt ist, zwei Sahlleisten jene bilden. Die Sackbildung erfolgt dann entweder durch zwei Abschnitt - Seitennähte (Fig. 10) oder durch eine Sahlleisten - Bodennaht und eine Abschnitt-Seitennaht. Das Nähere ergiebt sich wie folgt:

1) Wenn die Zeugbreite gleich der doppelten Sackbreite plus Zugabe für eine Sahlleistennaht ist, so sind einfache Sacklängen mit der erforderlichen Zugabe für zwei Saumnähte und eine Abschnittnaht zu schneiden, und man erhält, wie in Fig. 8 dargestellt ist, eine Sahlleisten - Seitennaht und eine Abschnitt - Bodennaht, ferner zwei Kopfsaumnähte — entlang jeder oberen Kante eine.

2) Hat das Zeug eine Breite, welche gleich der einfachen Sackbreite plus Zugabe für zwei Sahlleistennähte ist, so sind doppelte Sacklängen plus Zugaben für zwei Saumnähte abzuschneiden. Der Sack wird dann durch zwei Sahlleisten - Seitennähte gebildet und erhält Kopfsaumnähte, wie Fig. 9 zeigt.

3) Reicht die Zeugbreite zur Bildung der doppelten Sackhöhe aus (was allerdings seltener vorkommen wird), so müssen neben den Zugaben für zwei Abschnittnähte einfache Sackbreiten geschnitten werden. Der Sack erhält dann, wie in Fig. 10 dargestellt ist, zwei Abschnitt-Seitennähte. Die oberen Kanten werden durch Sahlleisten gebildet und brauchen keine Saumnaht.

4) Ist endlich die Breite des Zeuges gleich der einfachen Sackhöhe plus Zugabe für eine Sahlleistennaht, so ist dasselbe in Längen gleich der doppelten Sackbreite plus Zugabe für eine Abschnittnaht zu schneiden. Der Sack erhält, wie Fig. 11 zeigt, eine Sahlleisten-Bodennaht und eine Abschnitt-Seitennaht. Auch hier werden die oberen Kanten durch Sahlleisten gebildet, bedürfen also keiner Saumnaht.

Beispiel. Nimmt man an: es soll ein Sack von 60^c Breite und 100^c Höhe im Lichten hergestellt, für jede Kopfsaumnaht 2^c, für jede Sahlleistennaht 1,5^c und für jede Abschnittnaht 3^c Zugabe gerechnet werden, so müssen die Zeugstücke folgende Dimensionen haben:

Im Fall 1. Zeugbreite: $2 \cdot 60 + 1 \cdot 1,5 = 121,5^c$; Schnittlänge: $100 + 2 \cdot 2 + 1 \cdot 3 = 107^c$.

Erforderliche Zeugfläche also: $121,5 \cdot 107 = 13\,000^{qc} = 1,3^{qm}$.

Im Fall 2. Zeugbreite: $60 + 2 \cdot 1,5 = 63^c$; Schnittlänge: $2 \cdot 100 + 2 \cdot 2 = 204^c$.

Erforderliche Zeugfläche also: $63 \cdot 204 = 12\,852^{qc} = 1,2852^{qm}$.

Im Fall 3. Zeugbreite: $2 \cdot 100 = 200^c$; Schnittlänge: $60 + 2 \cdot 3 = 66^c$.

Erforderliche Zeugfläche also: $200 \cdot 66 = 13\,200^{qc} = 1,32^{qm}$.

Im Fall 4. Zeugbreite: $100 + 1 \cdot 1,5 = 101,5$; Schnittlänge: $2 \cdot 60 + 3 = 123^c$.

Erforderliche Zeugfläche also: $101,5 \cdot 123 = 12\,484^{qc} = 1,2484^{qm}$.

In Bezug auf den letzten Fall aber muss in betreff der Sahlleistennaht, weil sie hier Bodennaht ist, die stets mehr auszuhalten hat als eine Seitennaht, wohl Maschinennaht 2 oder 3 oder Rollnaht oder eine Doppelnaht genommen werden; alsdann ist für diese mindestens 2^c Zeugzugabe zu rechnen, und man würde nunmehr ein 102^c breites Zeug von derselben Schnittlänge wie oben, also 123^c brauchen. Es ist jetzt die erforderliche Zeugfläche: $102 \cdot 123 = 12\,546^{qc} = 1,2546^{qm}$.

Wie die vorstehende Betrachtung zeigt, ist die nötige Zeugfläche in allen vier Fällen verschieden; sie erreicht

im Fall 3 (Fig. 10) den grössten Wert, nämlich . . 1,3200 qm

und im Fall 4 (Fig. 11) den kleinsten Wert, nämlich . . 1,2546 qm

Die Flächen-Differenz ist daher . . . . 0,0654 qm.

Es mag nun hier noch darauf hingewiesen werden, dass diese Thatsache berücksichtigt werden muss, wenn der Sack ein bestimmtes vorgeschriebenes Gewicht haben soll, was in verschiedener Weise — auf die wir hier aber nicht näher eingehen — geschehen kann.

Unter sonst gleichen Umständen verdient ferner in betreff der Festigkeit der nach der zweiten Methode (Fig. 9), alsdann aber der nach der dritten Methode (Fig. 10) hergestellte Sack aus leicht ersichtlichen Gründen den Vorzug vor den anderen Säcken, wie sie Fig. 8 u. 11 zeigen.

Für die Ermittelung des niedersten Selbstkostenpreises eines Sackes für einen bestimmten Fall ist — immer unter der Voraussetzung, dass dieselbe Gewebesorte und Nummer zur Anwendung gelangen soll, wie hier andeutungsweise hervorgehoben werden möge — zunächst der Selbstkostenpreis für 1^m Gewebe in den verschiedenen Breiten, der sich nicht etwa proportional derselben, sondern nach anderen Regeln ändert, sodann aber die erforderliche Nahtlänge und der für dieselbe zu zahlende Arbeitslohn bezieh. der anderweitige auf dieselbe entfallende Kostenanteil massgebend.

Wir wollen nun hier noch einige besondere Sackarten und andere häufiger vorkommende Fabrikate kurz besprechen.

Säcke zum Verpacken von Gerberlohe (man vergl. Fig. 12) aus 22 Unzen Doppelleinen werden 83,5ᶜ breit, 136ᶜ hoch, aus 170ᶜ breiter Ware 151ᶜ lang geschnitten erzeugt und zwar deshalb länger als gewöhnlich, weil der Saum breiter als gewöhnlich hergestellt wird und für jeden 7,5ᶜ Zeug zu rechnen sind. In jedem Saume werden dann 5 Messingringe eingepresst, so dass man den Sack mittels einer durch sämtliche gezogenen Schnur nach oben hin schliessen kann. Die Boden- und Seitennaht wird in der Regel als Rundnaht ausgeführt.

Hopfensäcke aus Hopfentuch (vierbindiges Köpergewebe) — man vergl. Fig. 13 — werden häufig 225—250ᶜ lang, 122ᶜ breit hergestellt. Man verwendet zu denselben 124ᶜ breite Gewebe, die 450 bezieh. 500ᶜ lang geschnitten werden. Es erhalten diese Säcke zwei Sahlleisten-Seitennähte, hergestellt durch Maschinennaht 1 mit 26ᶜ weiten Stichen. Die Schnittkanten an der Sacköffnung werden hier nicht gesäumt.

Bei Säcken aus leichteren Stoffen und in geringer Qualität, welche im gefüllten Zustande das Anfassen mittels eines Haken nicht aushalten würden, werden in den Ecken Jute-Abfälle eingebunden, so dass kleine Ballen entstehen (man vergl. Fig. 14) an denen der Sack gefasst und transportiert werden kann.

Strohsäcke werden gewöhnlich aus 10½ Unzen Jute-Leinengewebe, 114,5ᶜ breit, hergestellt. Der Sack erhält eine Länge von 198ᶜ, weshalb man das 118ᶜ breite Zeug $2 \cdot 198 + 4 = 400^c$ lang abschneiden und durch zwei Sahlleisten Seiten- und eine Schnittkanten-Endnaht zum Sack umbilden muss. An der einen Seite bleibt in der Mitte die Naht auf 56ᶜ Länge weg, wodurch ein Schlitz zum Einlegen des Strohes entsteht, den man wohl auch noch schwach säumt.

Wollsäcke werden als sogenannte Kastensäcke ausgeführt, z. B. 89ᶜ breit, 89ᶜ hoch und 228,5ᶜ lang. Das zur Herstellung benutzte Zeug ist 91,5ᶜ breit. Man schneidet aus diesem ein Stück $89 + 228,5 + 89 + 228,5 + 5 = 640^c$ lang und zwei Stücke je 233,5ᶜ. Das lange Stück wird an beiden Enden gesäumt, jedes kurze nur an einem Ende. Das erstere ist dann noch 635ᶜ, jedes der letzteren 231ᶜ lang.

Das Zusammennähen des Sackes wird durch Rollnaht ausgeführt und beginnt nun entweder nach der in Fig. 15ᵃ oder nach der in Fig. 15ᵇ dargestellten Methode. Nach der ersteren näht man die kleinen Stücke mit den Langseiten des grossen zusammen — in einer Entfernung von 90ᶜ, d. i. Sackhöhe plus Einschlag — von dem einen Ende desselben. Das kurze überstehende Ende des langen Stückes klappt man jetzt in die Höhe und vereinigt es mit dem ebenfalls umgebogenen Seitenstücke an dessen Saumkante. Jetzt schlägt man die anderen noch nicht gesäumten Enden der kurzen Stücke 2,5ᶜ weit ein, biegt das lange

Ende in die Höhe und näht dieses wiederum an den Langseiten mit der schmalen Seite der kurzen Stücke zusammen. Das schliesslich überstehende Ende des langen Stückes bildet den Kastendeckel, der häufig noch an ein oder zwei Seiten mit den Langkanten der kurzen Stücke vernäht wird.

Nach Fig. 15[b] fängt man das Nähen in etwas anderer Weise an, indem man die gesäumten Breitseiten der kurzen Stücke an dem einen Ende der beiden Langseiten des grossen Stückes festnäht. Nun biegt man die angenähten Seitenstücke rechtwinklig in die Höhe und jeden einzelnen dann wieder rechtwinklig nach dem Mittelstücke zu, so dass die vorhin inneren Langseiten der kurzen Stücke mit denen des langen zusammenstossen und nunmehr vernäht werden können. Jetzt schlägt man die bisher ungesäumten Breitseiten der kurzen Stücke $2{,}5^c$ ein und vernäht sie mit den bezüglichen Langseiten des wiederum rechtwinklig umgebogenen grossen Stückes.

In Fig. 16 ist ein **fertiger Wollkastensack** in den Dimensionen, wie sie für extra feine Wollen genommen werden, in einer Gesamtansicht, und zwar steif auseinder gehalten gedacht, gezeichnet worden. Das zur Herstellung benutzte Zeug ist extra feines Doppelleinen im Gewichte von 23 Unzen. Der Sack ist $167{,}5^c$ lang, 113^c breit und $54{,}5^c$ hoch. Man benutzt ein mindestens 115^c breites Zeug und schneidet nun die Länge $a\,b$, $b\,c$, $c\,d$ und $d\,e$ von diesem ab nebst der erforderlichen Zugabe von 5^c, erhält also 1 Stück von $167{,}5 + 54{,}5 + 167{,}5 + 54{,}5 + 5 = 449^c$ Länge. Die beiden Seitenstücke werden $167{,}5 + 4{,}5 = 172^c$ lang genommen. Das Zusammennähen erfolgt nun, wie schon beschrieben. Schliesslich wird mindestens die Kante x mit y vernäht. An jedem Ende näht man endlich noch mit der Hand zwei Henkel (Strippen) zum bequemen Anfassen des Sackes an.

Man pflegt aber auch die Wollsäcke so herzustellen, dass blos eine der kleineren Endflächen zum Vollstopfen derselben, nur an einer Seite angenäht, offen bleibt.

Presstücher für Zuckerfabriken u. s. w. aus 12 Unzen Jute-Köpergeweben werden aus Zeugen von der gewünschten Breite hergestellt. Die Breite und Länge der Presstücher wechseln sehr; doch kommen häufig 107^c breite und 230^c lange Tücher vor. Die Schnittkanten werden entweder — man vergl. Fig. 17[a] — mit weiten Vorderstichen mit der Hand gesäumt, dann hat man für jeden Saum noch 1^c an Länge zuzugeben, oder die Tücher werden, wie an der unteren Kante angegeben, überwendlich bestochen. Diese Naht ist in Fig. 17[c] in natürlicher Grösse angegeben. Das Fadenstück x auf der vorderen Gewebeseite geht nach hinten, kommt als Fadenstück y zur Kante zurück, biegt an dieser entlang rechtwinklig um, vor x vorübergehend, geht zum nächsten Fadenstück x_1 und wird dabei von y_1 überkreuzt u. s. w. Die Tücher müssen noch mit Löchern versehen sein, deren Lage und Grösse sich nach den Dimensionen der Pressen, bei denen sie verwendet werden, richtet. Diese Löcher stanzt man 4^{mm} kleiner, als verlangt wird, und säumt sie entweder oder besticht sie nur, in ähnlicher Weise, wie an der unteren Presstuchkante bezieh. dieser gezeigt wurde.

Schweinetücher (*Pig-rubber*) zum Verpacken geschlachteter Schweine. Diese bestehen, wie in Fig. 18 angegeben wurde, aus einem Mittelstücke 122 × 122^c mit zwei angenähten Lappen von je 61^c Seite. Die Schnittkanten werden besäumt und dann an dem Saume entlang, wie angegeben, mit gesäumten Löchern versehen zum Einziehen einer Schnur. Das 7$^1/_2$ Unzen Jute-Leinengewebe, aus denen man diesen Artikel herstellt, ist 122^c breit. Der mittlere Teil wird 127^c lang geschnitten. Für beide Seitenteile zusammen schneidet man noch e i n 66^c langes Stück ab, das in der Mitte parallel den Sahlleisten in zwei Hälften geteilt wird, so dass jedes Seitenstück im ungenähten Zustande 61^c breit und 66^c lang ist. Die Breite verringert sich etwas durch eine Saumnaht, die Länge wird nach dem Säumen und Annähen 61^c.

Das Schneiden der Zeuge.

Eine vielfach beliebte Sackschneidevorrichtung ist der Sackschneidetisch von Robertson & Orchar, der in den Textfiguren 72$^{a\ bis\ e}$ in einigen Ansichten und Einzelheiten zur Darstellung gelangt. Fig. 73^a und 73^b zeigen zwei verschiedene Stoffrollengestelle zur Zuführung einer grösseren Zahl Stofflagen. Sämtliche Figuren sind in $^1/_{32}$, nur Fig. 72^f und 72^g in $^1/_{16}$ natürlicher Grösse ausgeführt.

Die Ware wird auf besonderen Maschinen, zunächst auf Holzwalzen, gewickelt, welche in nach Fig. 72^a oder 72^b hergestellte Ständer eingelegt und in diesen gebremst werden. Die Zeuge wickelt man gemeinsam ab und führt sie zu der Tischwalze r (Fig. 72^b) und unterhalb derselben entlang der Tischplatte, bis jenseits der in der Mitte des Tisches T angeordneten Schneidevorrichtung die abzuschneidende Länge vorhanden ist, gemessen an einer Skala am Tische oder gemessen mit Hülfe einer Latte. Während dieser Zeit befindet sich die Lade L, deren Drehpunkt bei o liegt (Fig. 72^a) infolge des Einflusses vom Gewicht G in ihrer höchsten Lage, und zwar ohne eingelegtes Messer. Unterhalb der Lade sind auf der Tischplatte die in Fig. 72^c im Grundriss dargestellten eisernen Schneidebalken angeordnet, welche zwischen sich einen schmalen Spalt lassen, in dem entlang später das Messer geführt wird. Die Lade L, welche mittels des Fusstrittes F auf die über den Schneidebalken des Tisches liegenden Zeuglagen beim Schneiden aufgepresst wird, hat die aus dem Grundriss Fig. 72^d und dem Querschnitt Fig. 72^e hervorgehende Gestalt. Sie besteht also aus einer ausgehöhlten Holzleiste mit durchgehendem Schlitz s. Sie ist an den Seiten und nach oben zu mit Eisenplatten bekleidet, die genau über dem Boden-Schlitze einen Spalt lassen, welcher sich an dem vom Drehpunkte o entfernt liegenden Ende zu einer grösseren Oeffnung i erweitert. In diese wird das am unteren Ende des mit Rollen $e\,e$ versehenen Hebelarmes A (Fig. 72ᵃ und Fig. 72ᶠ und ᵍ — letztere Figuren sind in doppelt so grossem Massstabe —) in der aus den Figuren sich ergebenden Weise befestigte Messer eingeführt. Die Rollen laufen, wenn der Messerarm A in der

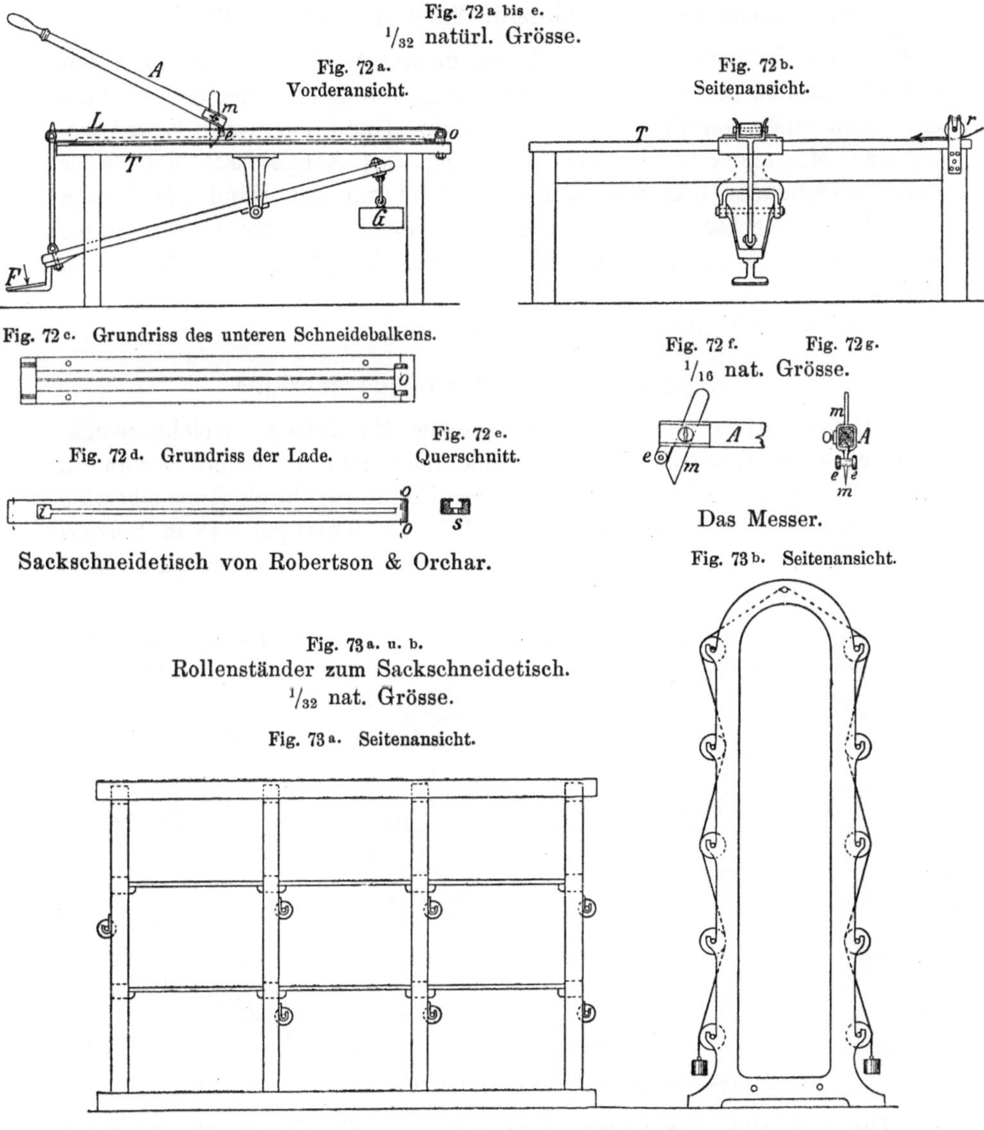

Fig. 72 a bis e.
¹/₃₂ natürl. Grösse.

Fig. 72 a.
Vorderansicht.

Fig. 72 b.
Seitenansicht.

Fig. 72 c. Grundriss des unteren Schneidebalkens.

Fig. 72 d. Grundriss der Lade.

Fig. 72 e.
Querschnitt.

Fig. 72 f.　　Fig. 72 g.
¹/₁₆ nat. Grösse.

Das Messer.

Sackschneidetisch von Robertson & Orchar.

Fig. 73 a. u. b.
Rollenständer zum Sackschneidetisch.
¹/₃₂ nat. Grösse.

Fig. 73 a. Seitenansicht.

Fig. 73 b. Seitenansicht.

Breitenrichtung des Tisches unter der in Fig. 72ᵃ gezeichneten Neigung bewegt wird, auf dem Boden der Höhlung der Ladenleiste, während das Messer, durch den Spalt derselben zwischen die Schneidebalken der Tischplatte fassend, alsdann die Zeuglagen durchschneidet.

Diese immerhin sehr primitive Einrichtung, welche in der Praxis
vielfach den stolzen Namen Sackschneidemaschine führt, ist offenbar
insbesondere in betreff der Zeugzuführung und Abmessung sehr ver-
besserungsfähig und wird deshalb besser durch andere wesentlich be-
quemere, leistungsfähigere und weniger Platz in Anspruch nehmende
Vorrichtungen und Maschinen ersetzt.

Die sogenannte Sackschneide-Maschine, Blyths Patent,

welche von Urquhardt, Lindsay & Co. gebaut wird, hat insofern Aehn-
lichkeit mit der beschriebenen Vorrichtung, als das Schneiden ebenfalls
mit Hülfe eines gerade geführten, mit der Hand quer zum Zeuge gezogenen Messers erfolgt. Die Zuführung des Zeuges geschieht aber
durch aufeinander liegende Walzen, welche mit der Hand durch eine
Kurbel und Wechselräder angetrieben werden. Letztere kann man so
wählen, dass es möglich ist, jede beliebige Zeuglänge zum Schnitt zu
bringen.

Weitere Verbreitung hat aber jetzt

G. Hoyers Patent-Sackschneide-Maschine

gefunden (G. Hoyer & Co., Schönebeck bei Magdeburg), welche zweckentsprechende Konstruktion mit Einfachheit und Billigkeit verbindet.
Diese Maschine, welche sowohl mit der Hand wie durch Riemenbetrieb
in Thätigkeit gesetzt werden kann, ist in der Textfigur 74ᵃ in Vorderansicht und teilweisem Schnitt, sowie in Fig. 74ᵇ in einem Querschnitt
in $^1/_{25}$ nat. Grösse dargestellt.

Fig. 74ᵃ. Vorderansicht.   Fig. 74ᵇ. Querschnitt.

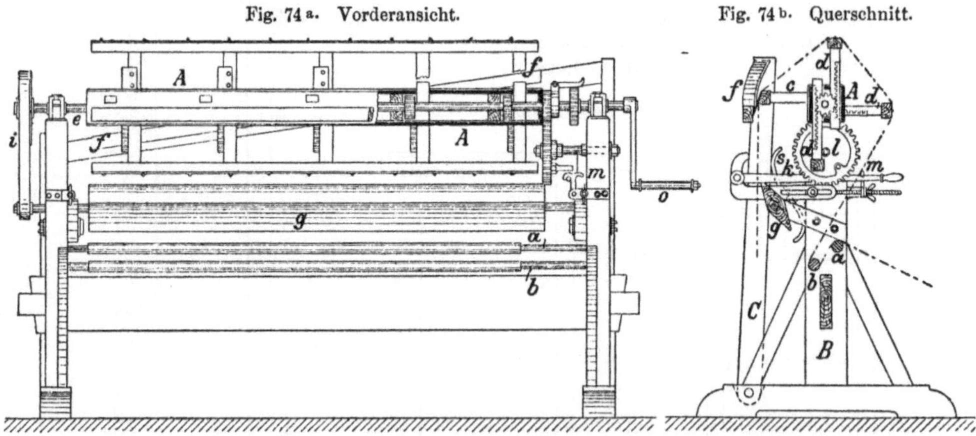

G. Hoyers Patent-Sackschneide-Maschine. $^1/_{25}$ nat. Grösse.

Die Zuführung des Gewebes erfolgt über die Spannstäbe $a\,b$ nach
dem Messerschenkel c an der Trommel A. Letztere besteht aus vier
Schenkeln, deren einer c, an welchem das bewegliche Messer sitzt, nicht
verstellbar ist, während die anderen $d\,d\,d$ mit der Achse e derartig ver-

bunden sind, dass man den Abstand der Schienen von ihr nach Bedarf, also je nach der gewünschten zu schneidenden Zeuglänge, regulieren kann. Die Schienen *c d d d* sind mit Nadeln versehen, welche das Gewebe festhalten, so dass die in Umdrehung versetzte Trommel *A* den Stoff von selbst fortlaufend nachzieht und misst. Das an der festen Schiene *c* sitzende Messer streicht bei der Trommeldrehung an dem feststehenden, in einer flachen Spirale gekrümmten Messer *f* vorbei und bewirkt infolgedessen das Abschneiden des zwischen beiden Messern herabhängenden Gewebes. Eine Flügelwelle — der Abwerfer *g* — bezweckt den Stoffabschnitt von den Stiften der Trommel abzuziehen, damit er nicht etwa nochmals von derselben mitgenommen werde.

Sollen Abschnitte erzielt werden, welche länger sind als der grösste Umfang der Messtrommel, so stellt man denselben auf die Hälfte der gewünschten Zeuglänge und löst den Hebel *m* von seiner Klammer. Die Federn *s* drücken dann das spiralförmig gebogene feste Messer *f* so weit von der Trommel ab, dass bei der ersten Umdrehung derselben kein Schnitt erfolgen kann. Ein Stift in dem grösseren der von 1 zu 2 übersetzenden Räder drückt den Hebelarm *K* bei der zweiten Umdrehung rechtzeitig hinunter und zieht infolgedessen Messer *f* an die Trommel heran, so dass jetzt das Trommelmesser den Stoff schneidet. Der Stoffabschnitt hat also nunmehr den doppelten Trommelumfang.

Durch Einsetzen eines entsprechend grösseren Rades können grössere Längen gleich dem drei- und vierfachen Trommelumfange erzielt werden, wie sie z. B. für Hopfen- und Wollsäcke, Planen u. s. w. erforderlich sind.

Die Maschine wird mit einem Zählapparat versehen, welcher die Anzahl der Abschnitte, also die geschnittenen Sacklängen, angiebt.

Obgleich die Maschine sowohl für Hand- wie Dampfbetrieb eingerichtet geliefert wird, ist doch der erstere als der vorteilhaftere zu empfehlen, da die erforderliche Betriebsenergie sehr gering ist und ein geübter Arbeiter ohne nennenswerte Anstrengung mindestens 40 (aber auch bis 60) Abschnitte in der Minute liefern kann. Rechnet man auf 8 Stunden tägliche ununterbrochene Arbeitszeit, so würden bei 40 minutlichen Abschnitten täglich etwa 29 200 Abschnitte erzeugt oder bei 1,5^m durchschnittliche Schnittlänge 28 800^m Zeug geschnitten werden.

G. Hoyer giebt inbetreff der Behandlung der Messer im Gebrauche folgende Anweisung:

„Die beiden schneidenden Messer sind aus bestem Werkzeugstahl gefertigt und bilden zusammen die Schenkel einer Schere, als welche sie zu behandeln sind. Das gerade liegende rotierende Messer ist doppelt gehärtet, das schräg liegende feststehende ist weniger hart, so dass sich beide beim Gebrauche in einander einarbeiten und gegenseitig scharf halten; es ist deshalb ein Schleifen derselben bei richtiger Behandlung jahrelang nicht nötig. Dagegen ist es notwendig, dass man den sich namentlich im Anfange auf dem schräg liegenden Messer bildenden Grad öfters mit einer kleinen feinen Schlichtfeile abstreicht, wobei aber weder die Schärfe noch die breite Seite derselben angegriffen werden dürfen. Ferner müssen sie nach diesem Gradabstreichen und dann noch einige Male des Tages mit einem Oelläppchen abgewischt werden, um zu grosse gegenseitige Reibung aneinander zu verhindern.

Vor allem aber ist zu beachten, dass die Messer nicht strenger und härter aneinander vorbei streifen, als zum Abschneiden unbedingt nötig ist.

Die Erfahrung hat gelehrt, dass die Arbeiter in dem Falle, dass die Messer auf einer Stelle nicht gut abschneiden, gleich mit dem schärferen Anspannen des schräg liegenden bei der Hand sind. Dies ist aber nicht allein unnütz, sondern für die Messer geradezu wie bei jeder gewöhnlichen Schere schädlich, denn die Schneiden derselben werden dadurch viel zu sehr abgenutzt und überhaupt verdorben. In solchen Fällen ist meist nur nötig, mit der Feile und dem Oelläppchen, wie oben angegeben, die Schneiden scharf zu halten. Ein Anspannen des schräg liegenden Messers ist nur dann nötig, wenn sie sich gegenseitig bei der Umdrehung gar nicht oder zu wenig berühren. Die Hauptsache bleibt, die Messer mittelst der kleinen Feile scharf zu erhalten."

Der Platzbedarf der Maschine ist 230^c Länge und 85^c Breite. Das Netto-Gewicht derselben beträgt in Latten verpackt 225^k Brutto und 205^k Netto.

Eine andere schottische, wesentlich kompliziertere und teuerere und doch nicht entsprechend leistungsfähigere (aber interessante)

Sackschneide-Maschine, Patent Mitchell & Graham,

gebaut von Urquhardt, Lindsay & Co., ist in der Textfigur 75 in einer Gesamtansicht dargestellt. Die arbeitenden Teile derselben sind ferner in Fig. 76^a in $^1/_{24}$ natürlicher Grösse im Querschnitte wieder gegeben. Die weiteren Figuren 76$^{b\ bis\ e}$ sind Einzelheiten zu derselben Maschine in demselben Massstabe.

Es hat diese vorliegende Maschine erst einige Wandlungen durchgemacht, ehe sie die gegenwärtige Form erreichte. Das zu schneidende Zeug wird zunächst zwischen den Stäben 1, 2, 3 (Fig. 76^a), von denen 1 mit verstellbaren Führungen für verschieden breite Zeuge versehen ist, hindurch, dann um Leitwalze 4 nach der häufig mit Filz bekleideten Messwalze W_1 geführt und gelangt, angepresst von der gewöhnlich ebenfalls mit Filz bekleideten Walze W_2, zwischen beiden hindurch über die Platte p an dem festliegenden Messer m vorüber nach unten. Die Walze W_2, welche mit derselben Umfangsgeschwindigkeit wie Walze W_1 angetrieben wird, kann durch gegen die Endlager wirkende Schrauben angepresst werden. Die vor dem festen Messer liegende

Messerwelle o trägt an entsprechend geformter Platte das schraubengangförmig gewundene, während des Schneideprozesses fortwährend rotierende Messer m_1. Radial zur Welle ist noch die kürzere Schläger- oder Räumerplatte s auf jener Welle angeordnet, welche die volle Arbeitsbreite hat. Oberhalb der Messerwelle ist an zwei Armen hh, deren Drehpunkte bei $o_1 o_1$ liegen, eine Holzplatte L angeordnet, deren untere, nach dem festen Messer m zu gerichtete Kante mit Filz bekleidet ist.

Die Rollen ii an den Hebeln hh, welche jene Platte L tragen, werden stets durch Federn ff gegen die Excenter EE auf beiden Seiten der Messerwelle gedrückt, es muss daher jene eine von der Gestalt der letzteren abhängige hin- und herschwingende Bewegung ausführen.

Fig. 75.

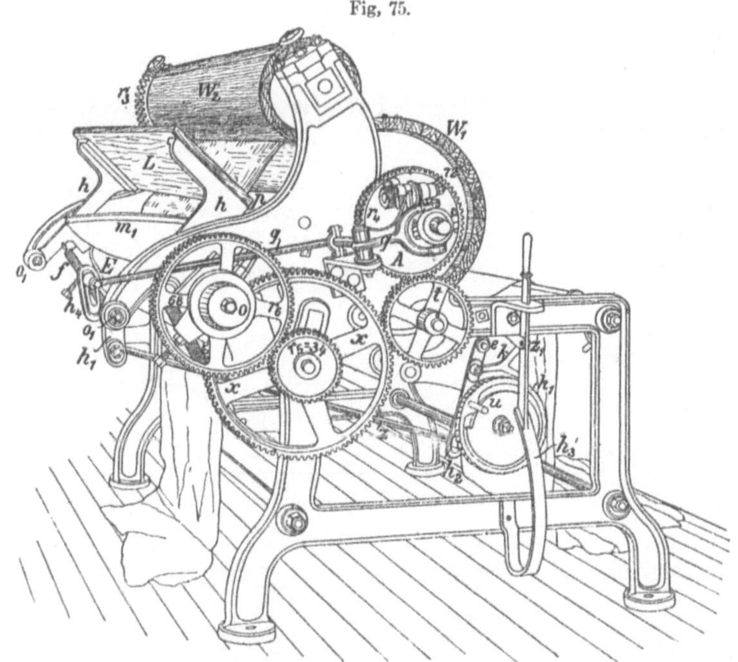

Sackschneidemaschine Patent Mitchel & Graham.

Die Zuführung des zu schneidenden Zeuges über die Messerkante weg nach unten erfolgt ohne Unterbrechung. Ist nun die gewünschte Zeuglänge jenseits derselben und soll der Schnitt beginnen, so legt sich in demselben Augenblick, wie in Fig. 76ª gezeichnet worden ist, die Platte L, gezogen von den Federn ff, fest auf das Messer m, hält also das Zeug stramm und verhindert dessen weitere Lieferung. Oberhalb staut sich inzwischen das Zeug auf. Zum Schnitt ist entsprechend der Krümmung des Messers m_1 $^1/_4$ Umdrehung der Messerwelle o erforderlich. Während dieser Zeit muss die Platte L also fest aufliegen. Ist der Schnitt beendet, so schwingt jene Platte zurück, das inzwischen angesammelte Zeug fällt herab und wird jetzt noch von dem Schläger s glatt gestrichen. Die Zeuglieferung setzt sich fort, bis wieder das Senken von L und ein neuer Schnitt erfolgt, u. s. w.

Die Excenter $E\,E$, welche die entsprechende Bewegung der Platte L

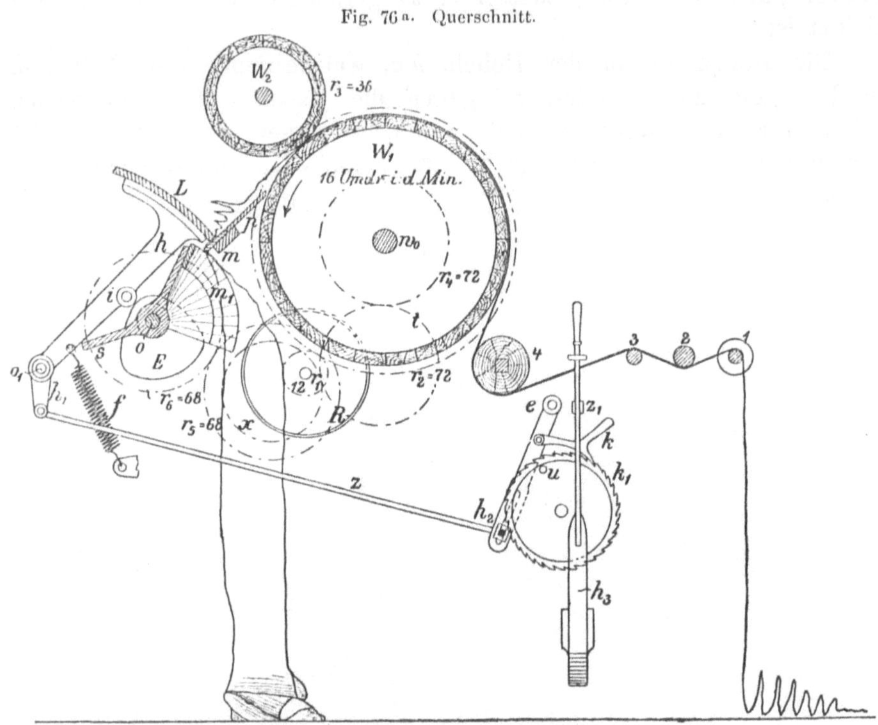

Fig. 76 a. Querschnitt.

Arbeitsorgane von Mitchel & Grahams Sackschneidemaschine. $^1/_{24}$ nat. Grösse.

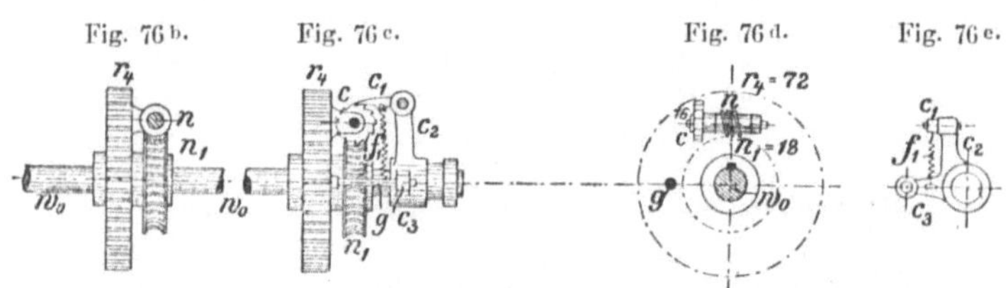

Fig. 76 b.   Fig. 76 c.   Fig. 76 d.   Fig. 76 e.

Einzelheiten zu Mitchel & Grahams Sackschneidemaschine. $^1/_{24}$ nat. Grösse.

hervorrufen, sind durch zwei zur Umdrehungsachse konzentrisch, aber in verschiedenen Abständen von ihr liegende, durch steile Kurven mit einander verbundene Bögen begrenzt. Befinden sich die am weitesten abstehenden Bögen unter den Rollen $i\,i$, so ist die Platte L im grössten Ausschlage, am weitesten von dem Messer m entfernt, und sie liegt fest auf diesem, so lange sich die näher liegenden Excenter-Bögen unter ihnen befinden.

Das Heben und Senken der Platte L geschieht etwa während einer Wellendrehung von je 80°; dieselbe behält alsdann ihre Ruhelagen während je einer Wellendrehung von 100° bei, aus welchem Gesetz sich ohne weiteres die Form des Excenters sowie seine Einstellung ergiebt.

Der Antrieb erfolgt auf der in Fig. 75 nicht sichtbaren hinteren Seite der Maschine, wie in Fig. 76ᵃ angegeben ist, durch ein mit der Festscheibe R verbundenes Zahnrad $r_1 = 12$ Zähne, an das auf der Achse der Walze W_1 sitzende Zahnrad $r_2 = 72$ Zähne, von welchem aus der Betrieb an Rad $r_3 = 36$ Zähne auf der Achse der Oberwalze W_2 übergeht. Die Durchmesser der Walzen sind so gewählt, dass ihre Umfangsgeschwindigkeiten gleich sind. Auf der vorderen Seite erfolgt dann, wie deutlich aus Fig. 75 hervorgeht und wie in Fig. 76ᵃ punktiert angegeben ist, von der Achse der Haupttrommel aus durch Rad $r_4 = 72$ Zähne, das Zwischenrad t, Wechselrad x und Uebersetzungsrad r_5 mit 34 oder 68 Zähnen, der Betrieb an das Rad r_6 mit 68 Zähnen auf der Messerwelle o, auf welcher auch, wie erwähnt, die Excenter E für die Bewegung der Platte L sitzen.

Die Zahl der Umdrehungen der Messerwelle hängt also für eine bestimmte Drehungszahl der Riemenscheiben, also auch für eine bestimmte Umfangsgeschwindigkeit der Messwalze W_1 von der Zähnezahl des Wechselrades x ab. Je grösser dieselbe ist, um so weniger Umdrehungen, also auch um so weniger Schnitte wird jene ausführen, um so grösser wird die jedesmalige Schnittlänge werden und umgekehrt.

Die Maschine ist nun entweder mit einer Zählvorrichtung versehen, welche die Anzahl der ausgeführten Schnitte angiebt, oder mit einer Einrichtung, welche nach Ausführung einer bestimmten Schnittzahl die Maschine ausser Thätigkeit setzt. Die letztere Einrichtung ist die folgende:

Mit dem einen Hebel h ist der Arm h_1 verbunden, welcher durch die Zugstange z mit dem geschlitzten Hebel h_2 in Verbindung steht, dessen Drehpunkt am Gestell bei e liegt. Mit dem Hebel h_2 verbunden ist die Klinke k, welche nach jedem Schnitt, also jeder Schwingung der Hebelverbindung, das Sperrrad k_1 um ein oder mehrere Zähne, je nach der Einstellung der Zugstange im Schlitze des Hebels h_2, dreht und alsdann wieder in die äusserste Stellung zurückgeht. An dem Sperrrade k_1 sitzt ein Stift u, der bei einer ganzen Umdrehung desselben an den federnden und beim Betriebe eingeklinkten Ausrückhebel h_3 stösst und diesen auslöst. Derselbe schnellt nach vorn und bringt durch eine nach der anderen Seite führende Zugstange z_1 den Betriebsriemen sofort auf die Losscheibe.

Das Uebersetzungsverhältnis von der Messwalze zur Messerwelle ist unter Berücksichtigung ihres Umfangs von 72″ so gewählt, dass die

Zähnezahl der Wechselräder x mit der Schnittlänge in englischen Zollen bis zu einer Länge von $120''$ übereinstimmt. Es ist nämlich alsdann $r_5 = 68$ (Fig. 76ᵃ) und daher die Uebersetzung von der Messwalze zur Messerwelle $= \dfrac{72}{x} \cdot \dfrac{68}{68} = \dfrac{72}{x}$, also bei dem Walzenumfang von $72''$ die Schnittlänge $= \dfrac{72}{\frac{72}{x}} = x$ Zoll.

Bei grösseren Längen wird das Uebersetzungsrad $r_5 = 34$ Zähne genommen (Fig. 75ᵃ); dann wird jene Uebersetzung $= \dfrac{72}{x} \cdot \dfrac{34}{68} = \dfrac{72}{2 \cdot x}$ und daher die Schnittlänge $= \dfrac{72}{\frac{72}{2 \cdot x}} = 2 \cdot x$ Zoll, also gleich der doppelten Zähnezahl des Wechselrades.

Im ersten Falle wird durch das Einsetzen eines 65ᵉʳ Wechselrades eine Schnittlänge von $65''$, im zweiten Falle eine solche von $2 \cdot 65 = 130''$ erzielt. Wegen vorkommender Rutschungen und Dehnungen des Gewebes, die nach dem Schneiden wieder zurückgehen, ist nun der Messwalzenumfang $^1/_{16}''$ grösser als $72''$ ausgeführt. Dann erst ergeben sich die erwähnten Längen.

Um aber auch Längen, welche zwischen je zwei ganzen Zollen liegen und zwar $^1/_4$, $^1/_2$ und $^3/_4''$ schneiden zu können, ist an dem Rade r_4 auf der Messwalze noch die in Fig. 75 mit A bezeichnete Einrichtung vorhanden, welche in den Textfiguren 76ᶜ ᵇⁱˢ ᵉ in verschiedenen Ansichten und Schnitten in $^1/_{24}$ natürlicher Grösse noch besonders dargestellt ist.

Der Zeugtransport über die feste Messerkante findet, wie wir gesehen haben, durch die Messwalze statt, deren absolute Geschwindigkeit bei einer bestimmten Maschine unveränderlich ist. Es muss daher, wenn auch die relative Geschwindigkeit gegenüber der Messerwelle, wodurch sich die Schnittlänge in ganzen Zollen bestimmt, durch ein Wechselrad festgestellt ist, die erwähnte Vorrichtung auf die Drehungsgeschwindigkeit der Messerwelle verzögernd einwirken, damit die Messtrommel, ehe der Schnitt beginnt, noch $^1/_4$ oder $^1/_2$ oder $^3/_4''$ Zeug über die feste Messerkante hinweg liefern kann.

Dies bewirkt der erwähnte Mechanismus.

Das Rad r_4 auf der Achse der Messtrommel W_1 ist nämlich nicht direkt durch Keil und Nut mit derselben verbunden, sondern unter Zwischenschaltung einer Schnecke n, die, an jenem gelagert, in ein auf der Messtrommelachse festsitzendes Schneckenrad n_1 mit 18 Zähnen fasst. Die Bewegungsübertragung an das Triebrad r_4, von dem dann die Geschwindigkeit der Messerwelle bei bestimmter Einstellung abhängt, erfolgt daher durch den von jenem Schneckenrade auf die Schnecke ausgeübten Druck. Eine relative Bewegung dieser Teile gegen einander findet dabei nicht statt, sondern es wirken dieselben zunächst wie eine feste Kupplung, und erhält die Messerwalze die dem vorhandenen Räderübersetzungsverhältnis entsprechende Drehungszahl.

Eine Verminderung derselben wird aber offenbar dann eintreten, wenn man durch Drehen der Schnecke n, wobei diese sich jetzt fest an die Zähne des Schneckenrades n_1 legt, das Triebrad r_4 dem eigentlichen Drehungssinn entgegen, also etwas rückwärts dreht. Dies geschieht folgendermassen:

Auf der Achse der Schnecke n sitzt ein Klinkrad c mit 16 Zähnen, in das eine Klinke c_1 greift, welche an dem mittels Nabe lose die Welle w_0 umgebenden Arme c_2 ihren Drehpunkt hat. Ein zweiter mit jenem verbundener Arm c_3 umfasst wieder einen am Rade r_4 befestigten Stift g. Den Eingriff zwischen Klinke und Klinkrad erhält die am Arme c_3 befestigte Feder f_1. Der beschriebene Schrauben- und Klinkenmechanismus rotiert mit der gemeinschaftlichen Achse w_0, ohne dass eine weitere gegenseitige Einwirkung der einzelnen Teile eintritt. Verschiebt man aber während der Drehung den Doppelarm $c_2\,c_3$ nach dem Rade r_4 zu auf der Achse, also auch die Klinke c_1, so erfolgt eine Drehung des Klinkrades c und infolge des Eingriffs der Schnecke n in das Schneckenrad n_1 die Rückdrehung des Rades r_4, also die entsprechende verzögerte Bewegung der Messerwelle.

Das bei jedem Zeugschnitt, wenn Teile eines Zolles nötig sind, erforderliche Hin- und Herschieben des Klinkarmes geschieht durch einen, aus Fig. 75 ersichtlichen, mittels Bügel und Stifte in eine Nabenkreisnut desselben fassenden Winkelhebel q, der wiederum seine Drehung durch den am, wie bekannt, hin- und herschwingenden Arme h sitzenden Schlitzhebel h_4 empfängt.

Die Uebersetzung ist so gewählt, dass bei jedesmaliger Drehung des Klinkrades c um 1 Zahn eine um $1/4''$, bei 2 Zähnen um $1/2''$, bei 3 Zähnen um $3/4''$ grössere Zeuglieferung eintritt.

Durch entsprechendes Einstellen des Winkelhebels q im Schlitzhebel h_4 erzielt man die zu dieser Klinkraddrehung erforderlichen Ausschläge der Klinke.

Da Klinkrad $c = 16$ Zähne und Schneckenrad $n_1 = 18$ Zähne hat, die Schnecke selbst aber eingängig ist, so wird bei 1 bezieh. 2 oder 3 Zähne Schaltung eine Rückdrehung des Rades r_4 von $\dfrac{1}{16 \cdot 18} = \dfrac{1}{288}$ bezieh. $\dfrac{2}{16 \cdot 18} = \dfrac{1}{144}$ oder $\dfrac{3}{16 \cdot 18} = \dfrac{1}{96}$ stattfinden. Die Mehrlieferung der Messwalze beträgt daher $\dfrac{72}{288} = \dfrac{1}{4}''$ bezieh. $\dfrac{72}{144} = \dfrac{1}{2}''$ oder $\dfrac{72}{96} = \dfrac{3}{4}''$ wie angegeben.

Die Riemenscheibe führt bei dieser Maschine meist 96 Umdrehungen in der Minute aus, daher die Messwalze $96 \cdot \frac{12}{72} = 16$. Bei 72″ Umfang liefert diese Maschine also in der Minute: $1152″ = 96′ = 29,26^m$ oder in einer Stunde ununterbrochenen Ganges (der aber nie möglich ist wegen des Wechsels der Stücke) $5760′ = 1755,6^m$.

Rechnet man die täglich zum Schneiden wirklich verwendete ununterbrochene Thätigkeit etwa zu 8 Stunden, so würde in dieser Zeit von der Maschine eine Länge von $46\,080′ = 14\,045^m$ geliefert werden. Beträgt nun endlich noch die Schnittlänge im Mittel $1,5^m$ (59″), so würden dann rund 9300 Sacklängen im Tage geschnitten werden.

So sinnreich diese Maschine auch konstruiert ist, so ist sie doch fast ganz durch die früher erwähnten Vorrichtungen, insbesondere aber durch die viel leistungsfähigere und billigere mit der Hand zu treibende Hoyersche Maschine auf dem Kontinente verdrängt worden.

Es beansprucht der zuletzt beschriebene Sackschneider bei 62″ (157,5^c) Messwalzenlänge einen Platz von 8′ 6″ (2,54^m) Länge und 5′ 5″ (1,626^m) Breite. Der Arbeitsverbrauch beträgt 0,5 *PS*. Gewichte habe ich nicht ermitteln können.

Das Schneiden von mehreren Zeuglagen zu gleicher Zeit scheint sich trotz mir bekannter Versuche nicht bewährt zu haben.

Die auf das Schneiden der Säcke folgenden Arbeiten wollen wir zusammenfassen unter:

Vollendungsarbeiten der Sackfabrikation.

Nach dem Schneiden wird das Nähen der Säcke vorgenommen und zwar zuerst das Säumen, worauf das Zusammennähen der Seiten oder des Bodens nach den verschiedenen bereits erwähnten Methoden geschieht.

Der Nähzwirn muss bei Steppstich-Nähmaschinen für den oberen Faden auf Holzspulen, für den unteren entweder auf die Metallspule bei Greifer-Nähmaschinen gewickelt oder in Kopform übergeführt werden für die Schiffchen bei Schiffchen-Nähmaschinen. Diese Arbeiten lässt man in Fabriken stets von einer Person auf einer kleinen besonderen Spulmaschine vornehmen. Die Nähzwirn-Kops erzeugt dieselbe Person mit Hülfe einer liegenden Kopspindel. Die Kops selbst sind gewöhnlich 40^{mm} lang und 12^{mm} stark. Ist die Person nicht mit Spulen beschäftigt, so hat sie noch andere Arbeiten auszuführen.

Eine besondere **Vorbereitung** verlangt der **Nähzwirn** für die **Webster-Nähmaschinen** für **Rollnaht**.

Der Zwirn, in der Regel Jutezwirn, wie wir bereits wissen, wird für Säcke, bei denen der Geruch nichts schadet, zunächst **geteert** und zwar mittels Holzteer. Man schöpft den käuflichen Holzteer in den

Teertrog, erhitzt den Inhalt, aber nicht bis zum Kochen, fügt noch Petroleum und altes von den Wellenleitungen abgetropftes und gesammeltes Maschinenöl hinzu. Das **Teeren** geschieht entweder mit dem Zwirn in Strähnform durch Eintauchen mit der Hand und nachheriges Auswinden mit Hülfe einer Auswindemaschine oder auf besonderen Maschinen. Das Teeren mit der Hand ist eine äusserst unangenehme Arbeit und sollte selbst in kleinen Sackfabriken nicht ausgeführt werden; es finden sich auch nicht leicht Leute, die sich zu dieser schmierigen Arbeit hergeben.

Reinlich und nicht im mindesten unangenehm für den Arbeiter ist das **Teeren auf Maschinen** (*Yarn taring-machine*). Eine dem Zwecke gut entsprechende Teermaschine ist die vom Direktor Cargill Schiffbeck angegebene, welche in den folgenden Textfiguren 77[a bis e] in $^1/_{32}$ natürlicher Grösse dargestellt ist. Fig. 77[a] ist eine Seiten-, 77[b] eine Vorderansicht derselben. Fig. 77[c] zeigt den halben Spulenrahmen im Aufriss, Fig. 77[d] den ganzen im Grundriss.

Die Zwirnspulen B von den Zwirnmaschinen sind, wie sich hiernach ergiebt, im Spulengestell G auf horizontalen Stiften drehbar gelagert. Die einzelnen Zwirnfäden gelangen durch je ein Loch des Spulenbrettes L zwischen die über einander liegenden Holzwalzen $w_1 w_2$, von denen w_1 im Troge T in die Teerflüssigkeit eintaucht, diese bei ihrer Drehung mit empornimmt und an die Fäden abgiebt, während die Oberwalze w_2 einerseits die Flüssigkeit in die Fäden drückt, anderseits die überflüssige Masse ausquetscht, welche zurück in den Trog fliesst. Die Fäden werden dann bündelweise an vertieften Haken der Bäumwalze befestigt und dann auf diese in übereinander liegenden Schichten aufgewunden. Das seitliche Herabgleiten der Endfäden wird durch zwei verstellbare Flanschen auf der Bäumwalze verhütet. Das Drehen der Unterwalze erfolgt mit der Hand durch die Kurbel K und die Räder $r_1 r_2$. Das Dampfrohr zum Erwärmen des Teers ist mit D bezeichnet.

Ist die Bäumwalze voll gewickelt, so werden die Fäden vor derselben abgeschnitten, dann die auf dem Baume befindlichen Enden sämtlich zu einem Strange zusammen genommen und durch die vor derselben in der Mitte der Maschine angeordnete Ringöse O gezogen, worauf das Abwickeln und das Niederlegen der geteerten Fäden in einem fortlaufenden Strange mit der Hand folgt.

Das abgewickelte Garn kommt direkt in die Näherei und wird dort in doppelten Längen, welche zur Erzeugung der gesamten Naht eines Sackes erforderlich sind, zerschnitten mit Hülfe folgender in Fig. 78[a] und 78[b] in Aufriss und Grundriss dargestellten

Zwirnschneidevorrichtung.

Auf einem Tische T sind zwei Dorne a und b angeordnet, von denen der letztere verschiebbar und in solcher Entfernung von dem ersteren eingestellt ist, wie es die Fadenlänge erfordert. Der Dorn a ist der Länge nach geschlitzt. Nachdem mehrere Schichten Zwirnfäden um beide Dorne geschlungen, schneidet man mit einem Messer m die Lagen sämtlich auf einmal durch und erhält dann die gewünschten doppelten Zwirnlängen.

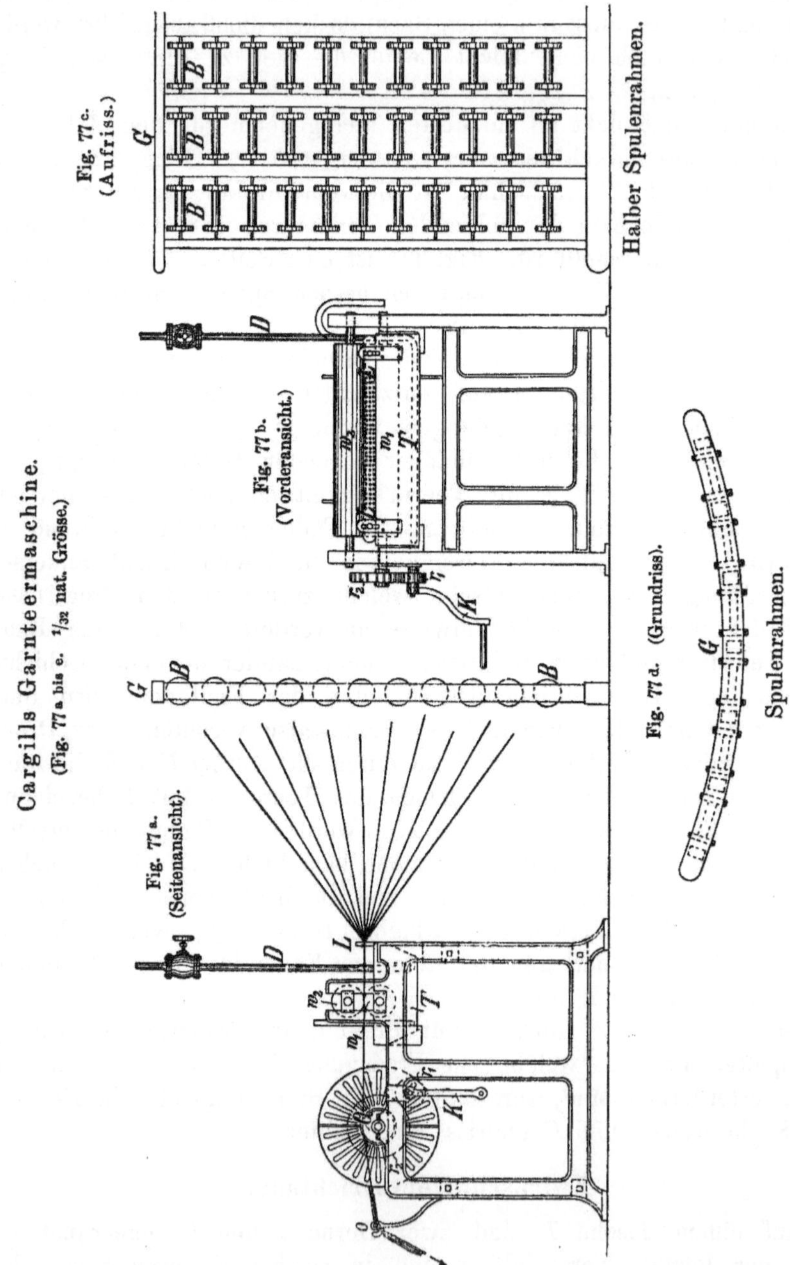

Der geschnittene Zwirn wandert in bestimmter Fadenzahl zu den Rollnaht-Nähmaschinen und wird dort in einfachen Längen auf $2{,}75^m$ langen an der Decke an Schnüren hängenden Brettern untergebracht. Von diesen zieht die Arbeiterin Faden um Faden nach Bedarf herab und legt ihn entsprechend in die Nähmaschine.

Die geschnittenen Sackzeuge werden in bestimmter Zahl über einander geschichtet neben jeder Nähmaschine auf kleinen Tischen, $88^c \times 112^c$ Tischplatte und 95^c hoch, niedergelegt. Neben den Nähmaschinen steht dann noch ein Holzbock, 95^c hoch und 78^c lang, über welchen die genähten Säcke gelegt werden. Das Mädchen sitzt beim Nähen auf einem Schemel, der 70^c hoch ist und ein Sitzbrett von $33^c \times 38^c$ Fläche hat.

Die **Aufstellung der Rollnaht-Nähmaschinen** zeigt die Grundriss-Figur 79 in $^1/_{72}$ natürl. Grösse. Die Nähmaschine selbst erfordert einen Platz von $1{,}22^m \times 0{,}61^m$. Die Stellung der zugehörenden Vorrichtungen ergiebt sich aus der Figur. In derselben ist N die Nähmaschine, T der angepasste Tisch zum Auflegen der gesäumten Säcke, p eine Holz-

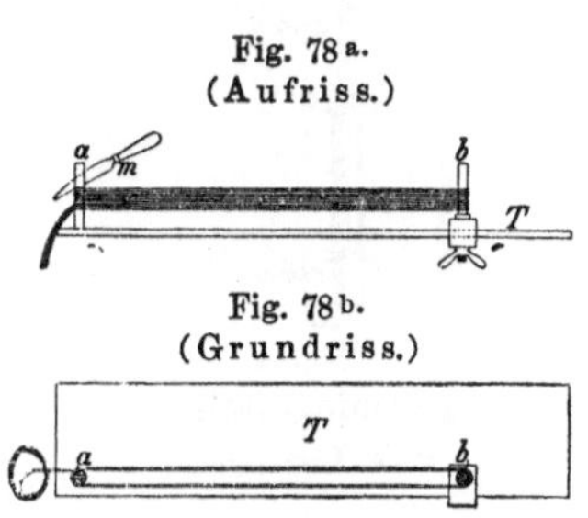

Fig. 78 ᵃ.
(Aufriss.)

Fig. 78 ᵇ.
(Grundriss.)

Zwirnschneidevorrichtung.

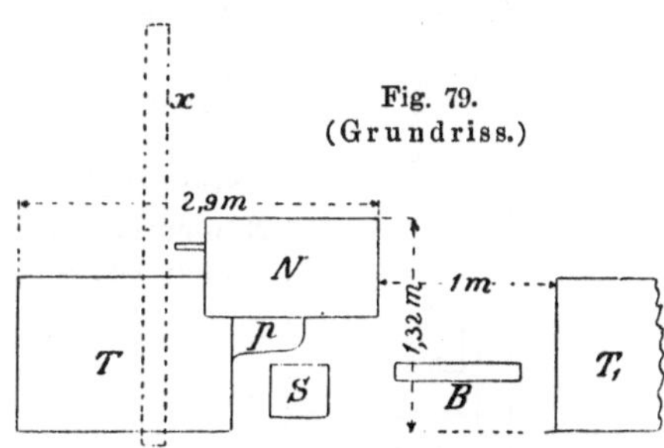

Fig. 79.
(Grundriss.)

Aufstellung der Rollnaht-Nähmaschinen.
($^1/_{72}$ nat. Grösse.)

platte, welche den Nähmaschinentisch mit dem Sacktisch T verbindet, S der Sessel für die Näherin und B der Bock zum Ueberlegen der fertig genähten Säcke, x das an der Decke hängende Brett für die Zwirnfäden, T_1 der Sacktisch der nächsten Nähmaschine.

Auf einer Grundfläche von $8{,}53^m$ Länge und $6{,}1^m$ Breite können 9 Webster-Maschinen aufgestellt werden. Der Antrieb dieser Maschinen erfolgt von einer oberhalb derselben laufenden leichten Wellenleitung aus. Zum Niederlegen, zum Stapeln der Säcke braucht man ebensoviel Platz wie die Maschinenaufstellung beansprucht.

Wesentlich anders ist die **Aufstellung der Steppstich-Nähmaschinen** (Singer). Man ordnet dieselben — wie Fig. 80ᵃ im Aufriss und Fig. 80ᵇ im Grundriss in $^1/_{72}$ natürlicher Grösse zeigt — auf einer $0{,}914^m$ hohen kastenförmigen gemeinsamen Bank B, die nach rückwärts abgeschrägt ist und vorn, an der Stelle, wo die Arbeiterin sitzt, kreisförmige Ausschnitte hat. Die Entfernung je zweier Nähmaschinen $N\,N_1$ von einander beträgt von Mitte zu Mitte 1,68ᵐ, der freie Raum zwischen je zwei Maschinen 0,914ᵐ. Die Wellenleitung wird hier am bequemsten auf dem Fussboden in dem Kasten angeordnet, so dass die Riemchen gar nicht stören.

Zu je 5 Maschinen gehört noch ein nebenbei stehender grösserer Legetisch für die Sackabschnitte von 1,83ᵐ Länge und 1ᵐ Breite.

In den Sacknähereien wird vielfach an den Säulen oder der Wand entlang eine Bühne aufgebaut, getragen von Konsolen, auf der die Handnähmaschinen oder auch die Steppstich-Nähmaschinen überhaupt untergebracht werden. Der Raum unterhalb derselben dient dann zum Aufstapeln der Vorräte und halbfertigen Ware.

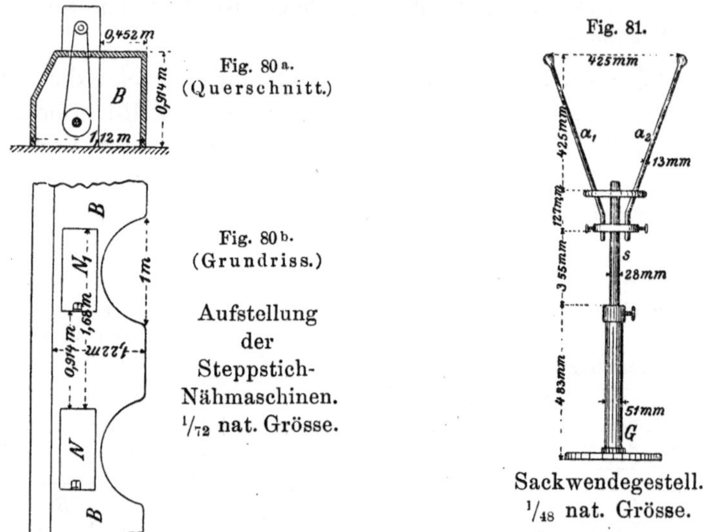

Sackwendegestell.
1/48 nat. Grösse.

Das Wenden der Säcke. Die meisten Säcke, welche nicht mit Rollnaht genäht wurden, wendet man um, so dass die Nähte nach innen kommen. Man benutzt hierzu ein **Sackwendegestell,** das, ganz in Eisen ausgeführt, etwa die in Fig. 81 in 1/48 natürlicher Grösse dargestellte Form hat. In einem kräftigen Fussgestell G kann eine eiserne Stange s höher oder tiefer befestigt werden, die zwei sich auf 425ᵐᵐ auseinander spreizende, an den Enden mit kugelartigen Verdickungen versehene Arme $a_1 a_2$ trägt.

Der zu wendende Sack wird an den Seitennähten umgekantet, über die Arme gestülpt und dann herabgezogen, wodurch das Wenden erfolgt.

In vielen Fällen wird endlich ein Zeichnen der Säcke, ein Bedrucken derselben mit Firmennamen u. s. w. verlangt. Hierzu benutzt man die Sack-Druckmaschinen. Eine solche

Sack-Druckmaschine (*Sack-Printing-machine*)

von Batchelor & Kay in Dundee ist in der Textfigur 82 in einem Längenschnitt in 1/20 natürlicher Grösse dargestellt.

Von den beiden über einander gelagerten Walzen w_1 w_2 ist w_2 die
Druckwalze, auf derem Umfange die in Zinkguss hergestellten Druckplatten zwischen Leisten befestigt werden. Die Druckerschwärze ist in
dem Troge t untergebracht, gegen welche sich die Walze z_1 legt. Die
überschiessende, von dieser Walze bei ihrer Drehung mit empor genommene Schwärze wird durch die Leiste l abgestrichen. Die Verteilungs-
walze z_2 nimmt nun die Schwärze auf und übergiebt sie bei jeder Umdrehung der Druckwalze an die Druckplatten. Schwärze, welche von
den Walzen z_1 z_2 etwa abtropft, wird von der Schale s aufgefangen.
Damit nun das Bedrucken jedes Sackes stets genau an derselben Stelle

Fig. 82. (Längenschnitt.)

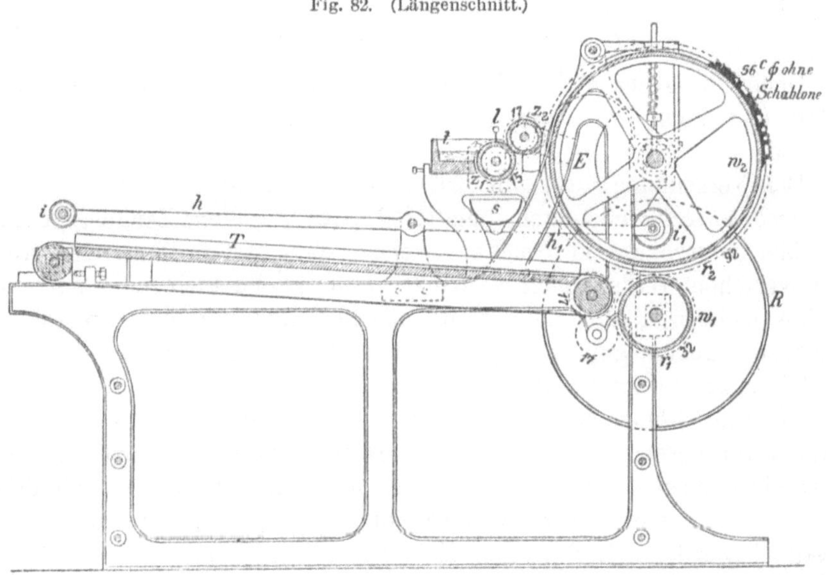

Sack-Druckmaschine. $^1/_{20}$ natürl. Grösse.

erfolge, ist folgende Zuführung vorhanden. Oberhalb des Zuführungs-
tisches T, über den hinweg sich ein endloses, über Walzen geleitetes
Zeug bewegt, sind zwei auf einer Achse verschiebbare Rollen an den
Enden der zu beiden Seiten vorhandenen Hebel h angeordnet, welche
abwechselnd auf das Tuch gedrückt oder in die Höhe gehoben werden.
Dies geschieht durch Vermittlung des Armes h_1 mit der Rolle i_1 von
dem Excenter E.

Das Auflegen des Sackes erfolgt, während die Rollen i i nicht in
Berührung mit dem Tuche stehen, jedoch wird derselbe so lange mit
der Hand festgehalten, bis jene sich auflegen und nunmehr der Transport zur Druckwalze vor sich geht.

Der Antrieb geschieht auf der Hinterseite an die Scheibe R auf
der Achse der Walze w_1 mit 60 Umdrehungen in der Minute. Auf der
Vorderseite erfolgt die Bewegungsübertragung an die Oberwalze durch

die Räder r_1 und r_2 mit 32 bezieh. 92 Zähnen. Es führt also die Druckwalze $60 \cdot \dfrac{32}{92} = 20{,}8$ Umdrehungen in der Minute aus, und ebenso viel Säcke können in dieser Zeit, also 1248 Stück in einer Stunde, bedruckt werden. In Wirklichkeit erreicht man in einer Stunde eine Produktion von 1000 bis 1200 Stück Säcke. Auf der Vorderseite befindet sich noch das Excenter E und der Antrieb für das Zuführtuch und die Schwärzwalzen.

Es braucht diese Maschine eine Bodenfläche von 215^c Länge und 100^c Breite. Der Arbeitsbedarf wird nicht mehr als $^1/_4$ PS sein.

Verpackungsarbeiten.

Ueber diese nur einige Worte, da sie nichts besonders Eigenartiges bieten und kaum von anderen bekannten Verpackungsmethoden abweichen.

Die Versendung der, wie früher im Abschnitt D, Seite 329 u. ff. beschrieben, fertig gestellten, gefalteten oder gerollten Zeuge geschieht entweder unverpackt in Stücken, welche dann mit fortlaufenden Nummern versehen werden, oder verpackt, d. h. in Packleinen gehüllt und in den meisten Fällen mit Hülfe starker hydraulischer Pressen zu grösseren Packen gepresst, welche mit Jute- oder Hanfstricken oder Bandeisen zusammen gehalten werden.

Die Einrichtung der hydraulischen Pressen darf hier wohl als bekannt vorausgesetzt werden, so dass es nicht nötig erscheint, auf jene näher einzugehen. Erwähnt sei jedoch, dass meistens nur eincylindrige Pressen mit gusseisernem Stempel von 14″ (35,56^c) Durchmesser angewendet werden. Die grösste Entfernung der Druckplatten von einander beträgt 7′ 6″ (228,6^c), ihre kleinste 2′ (61^c); daher ist die grösste Hebungshöhe 5′ 6″ (167,6^c). Die lichten Entfernungen der schmiedeeisernen Säulen von einander sind 4′ 9″ (144,8^c) und 2′ 1″ (63,5^c), ihr Durchmesser ist 5″ (12,7^c). Die beiden Pressplatten können ausserhalb der Säulen auf beiden Langseiten durch 4 bis 5 schmiedeeiserne 6″ (15,2^c) hohe und $1^1/_2$″ (3,8^c) starke Schienen, an denen entlang das Aufbauen der Ballen erfolgt, mit einander verbunden werden. Jene hängen an Ketten, welche über an der Decke befestigte Rollen führen und sind abbalanciert; sie gleiten in entsprechenden Schlitzen der oberen Pressplatte und fassen beim Niederlassen in ebensolche der unteren. Durch Keile können sie in letzterer und durch excentrisch gelagerte Scheiben, welche durch Handrad, Schnecke und Schneckenrad gedreht werden, in der oberen eingestellt werden.

Die zugehörige Presspumpe ist mit drei senkrecht aufgestellten Cylindern versehen. Der Kolben des einen hat $5^1/_2$″ (139,70^{mm}) und der der anderen $1^3/_4$″ (44,45^{mm}) im Durchmesser. Der Antrieb erfolgt durch Riemenscheiben auf eine horizontal gelagerte mit Schwungrad versehene Welle und von dieser durch zwei Räder (1 : 8 bis 1 : 10) an die oberhalb jener angeordnete Kurbelwelle, von der aus die Pumpenkolben ihre Bewegung erhalten. Die Einrichtung kann ferner noch so sein, dass die Pumpen bei Erreichung eines bestimmten Druckes ihre Thätigkeit durch Heben der Saugeventile selbstthätig einstellen. Jedem Pumpwerk wird ein Manometer beigegeben. Druckbehälter werden hier gewöhnlich nicht angewendet.

Neben der Presse ist ferner ein Kran aufgestellt, meist an einer Säule befestigt, um die gepressten Ballen zu heben.

Die Pressvorrichtung bildet häufig eine Abteilung der Sacknäherei. Diese mit jener zusammen bedarf noch für etwa je 60 Nähmaschinen 10 Legetische, 3^m lang und 76^c breit und hoch.

Die Versendung der Säcke geschieht bei kleineren Quantitäten in Packen, welche dadurch hergestellt werden, dass man bis 49 Stück in den 50sten steckt und letzteren dann zubindet. Bei hydraulischer Verpackung bildet man zuerst kleinere Packete von 25 bis 30 Säcken und vereinigt dann diese zu Ballen bis 5000^k Gewicht, welche mit Jute-Packleinen umgeben, wie oben erwähnt, zusammen gehalten werden.

Die Rundnahtsäcke verpackt man häufig mit Hülfe der hydraulischen Presse in folgender Weise. Nachdem die bewegliche Pressplatte auf Fussbodenhöhe oder tiefer eingestellt worden, wird das Packleinen über jene gebreitet und auf diesem das Einlegen der einmal gefalteten oder auch ungefalteten Säcke entlang der auf der Rückseite herabgelassenen Leitschienen partieweise vorgenommen. Die Lage der Säcke muss so sein, dass die ungenähten Kanten mit den genähten regelmässig abwechseln und so die verschiedenen Dicken sich ausgleichen, damit gerade Ballen gepresst werden. Nach einigen Schichten haben sich aber in der Mitte, wo nur die Zeugdicken (ohne Nähte) über einander liegen, Mulden gebildet, in welche man jetzt einige zusammengeschlagene Säcke einlegt, worauf mit dem Einschichten fortgefahren wird, bis sich die erforderliche Zahl unter der Presse befindet. Entweder lässt man jetzt auch die vorderen Leitschienen der Presse herab, oder es unterbleibt dies auch ebenso häufig. Das Pressen beginnt nach beendetem Umlegen des Packleinens. An den Stellen (gewöhnlich 3), wo das Zusammenhalten der Ballen erfolgen soll, werden durch die Nuten der unteren Pressplatte mit Hülfe eines Drahthakens die Packstricke durchgezogen, oder es wird bei Benutzung von Bandeisen dieses direkt hindurch gesteckt und um den Ballen geschlungen. Sowie der erforderliche Druck, etwa 1000 bis 3000^k, vorhanden, ist das Pressen beendet, es erfolgt das Verknüpfen der Stricke bezieh. das Vernieten oder Zusammenhaken der Bandeisenenden.

Dass das Anheben und Niederlassen der Ballen vielfach mit Hülfe

eines Kranes ausgeführt wird, ist schon erwähnt. Der Weitertransport
derselben geschieht auf Plattformwägen.

Hiermit möge auch dieser Abschnitt beendet sein.

Abfälle der Weberei und Sackfabrikation.

Im Teil I wurden auf Seite 332 und den folgenden in dem
Kapitel: „Die Abfälle und ihre Verwertung" auch unter III die Abfälle vorgeführt, welche von der Art der Maschine und der Einwirkung
derselben auf das Rohmaterial (bezieh. Halbfabrikat) abhängen. Es
wurden auch bereits an jener Stelle die in der Weberei entstehenden
Abfälle erwähnt, auf die wir jetzt nochmals eingehen wollen. Dieselben
gehören hauptsächlich zu den Fabrikationsabfällen.

a) **Flugabfall** besteht aus ganz kurzen flaumhaarähnlichen feinen
Fäserchen. Derselbe entsteht in geringerer Menge bei den Weberei-
Vorbereitungsmaschinen, in der Hauptmenge bei den Webstühlen durch
die Einwirkung der Blätter und Schäfte, sodann auch bei den Schermaschinen durch die Thätigkeit der Schermesser, deren Aufgabe es ja
ist, die kurzen über das Gewebe vorstehenden Härchen abzuschneiden.

b) **Faden- und Zeugabfall.** Derselbe bildet die grösste Menge des
Abfalls überhaupt. Er stammt von allen Weberei-Vorbereitungsmaschinen,
entsteht sodann beim Webstuhle durch nicht ganz aufgearbeite Kops und
durch die sich beim An- und Abweben ergebenden Kettenfadenenden
u. s. w. Insoweit nun die letzteren nicht direkt wieder in der Weberei
als Knüpfgarn zum Verbinden gebrochener Fäden benutzt werden, können
sie auch zum Anspinnen in der Feinspinnerei, auch als Fitzegarn in der
Weiferei zum Teil wenigstens verwendet werden.

Beim Weben, sowie bei den Vollendungsarbeiten der Weberei entstehen nun auch durch Unaufmerksamkeit fehlerhafte Zeuge, die wir
aber nicht zu den eigentlichen Abfällen rechnen können, weil deren Vorkommen einerseits bei gehöriger Aufmerksamkeit vermieden werden
kann und weil sie anderseits auch ihren Wert als fertige Ware nur in
beschränktem Masse einbüssen. Nur jene Zeugausschnitte, die selten
erforderlich werden, um schadhafte, nicht ausbesserungsfähige Stellen zu
entfernen, müssen als Zeugabfall angesehen werden; aber auch diese
können bei achtsamer Ueberwachung der Arbeiten vermieden werden.

Insoweit die angeführte Benutzung der Fadenabfälle nicht ausreicht,
denselben zu beseitigen, muss dessen anderweitige Verwertung bezieh.
Verarbeitung mit den übrigen Abfällen vorgenommen werden, wie dies
in dem bereits angeführten Kapitel des Teil I näher besprochen wurde.

Was nun die **Gewichtsmenge des gesamten Abfalls der Weberei**
anbetrifft, den man erhält, wenn das Gewicht der eingelieferten ungeschlichteten Ketten- und Schussgarne (ohne Berücksichtigung der

Hülfsrohmaterialien) mit dem Gewichte der fertig appretierten verpackten oder der Sacknäherei abgelieferten Webewaren vergleicht, so darf derselbe in einigermassen gut geleiteten Webereien, bezogen auf das Gewebegewicht, höchstens 4% betragen. Berücksichtigt man nun die anderweitige Verwertung des Abfalls, so bleibt ein Wertverlust an Garn von höchstens $2^1/_2$ bis 3% übrig.

Um also 100^k Gewebe fertig herzustellen, braucht man 104^k Ketten- und Schussgarne zusammen. Unter Berücksichtigung aber der anderweitigen Verwertung (Umsetzung in Geldwerte) der wiedergewonnenen Abfälle hätte man bei der Selbstkostenberechnung von 100^k fertiger Ware nur einen Garnverbrauch von 102,5 bis 103^k in Rechnung zu ziehen.

Bei der **Sackfabrikation** entstehen neben geringfügigen Abfällen an Nähzwirnen hauptsächlich beim Schneiden der Zeuge Abfälle und Rester. Das Gewicht der der Sacknäherei gelieferten Gewebe und Nähzwirne ist etwa auch um 4% grösser als das der fertigen Säcke. Werden die Schnittrester sorgfältig als Verpackungsmaterial oder zur Herstellung kleiner Säcke oder zu billigeren Ausschusssäcken, an denen kleine Flickstellen zulässig sind, verwertet, so ergiebt sich schliesslich nur ein Wertverlust von etwa 2%.

Die angeführten Zahlen werden in gut verwalteten Fabriken nicht überschritten, wohl aber kommt dies in jüngeren Etablissements, deren Personal noch nicht genügend eingearbeitet ist oder das nicht scharf kontroliert wird, vor.

Es sollte auch mehr, als gewöhnlich üblich, schon bei der Anlage der Fabrikationsräume auf reichliche Luftbefeuchtung Rücksicht genommen werden, um sich vor grösseren Gewichtsverlusten zu schützen. Das in dieser Richtung zu Beachtende habe ich bei Besprechung der physikalischen Eigenschaften der Jute gesagt und komme hierauf auch noch im Teil III zu sprechen.

Ich will nun aber den II. Teil meiner direkt der Praxis entnommenen, meist auf eigenen Erfahrungen basierenden Darstellungen nicht schliessen, ohne noch darauf hinzuweisen, wie durch sorgsamste technische Kontrolen und Buchführungen die Aufsicht unterstützt, immer wieder aufs neue angeregt und in weiterer Folge hierdurch erst der beste, unter gegebenen Verhältnissen überhaupt mögliche wirtschaftliche Erfolg erzielt werden kann.

Auf folgender Seite sind nun auch hier die Verhältniszahlen zwischen metrischen, englischen und russischen Massen und Gewichten zusammengestellt, wegen deren wir auch noch auf Teil I, S. 19 bis 22 verweisen.

Die schliesslich anhängende Tabelle über Dimensionen, Gewichte, Geschwindigkeiten und den Arbeitsbedarf der Juteweberei - Maschinen bedarf einer weiteren Erläuterung nicht.

Metrische, Englische und Russische Masse und Gewichte
in ihren gegenseitigen Beziehungen.
(Englische Fusse und Zolle sind gleich den Russischen.)

a) Masse.

1 Kilometer = 0,53938 engl. Seemeilen (Knots) = 0,93738 russ. Werst.

1 Meter = 1,093633 Yards engl. = 3,280899 Fuss = 39,370788 Zoll.

1 Seemeile engl. (Knot) = 6082,66 Fuss = 1,85396 Kilometer = 1,73790 Werst russisch.

1 Yard engl. = 3 Fuss = 36 Zoll = 0,9143835 Meter. — 1 Fuss = 12 Zoll = 0,3047945 Meter. — 1 Zoll = 2,539954 Centimeter.

1 Werst = 0,57541 Seemeilen engl. = 1,06678 Kilometer. — 1 Saschehn (Faden) russ. = 7 Fuss = 3 Arschin russ. = 48 Werschock russ. = 84 Zoll = 2,13356 Meter. — 1 Arschin russ. = 28 Zoll = 71,11871 Centimeter. — 1 Werschock russ. = $1^3/_4$ Zoll = 4,44492 Centimeter.

1 Hektare = 10 000 Quadratmeter = 2,4711 Acker (acre) engl. = 0,91533 Dessätine russ.

1 Acker (acre) engl. = 160 Quadratruten = 0,370413 Dessätine russ. = 0,40467 Hektare.

1 Dessätine russ. = 2400 Quadrat Saschehn russ. = 2,69968 Acker engl. = 1,0925 Hektare.

1 Hektoliter = 100 Liter = 0,1 Kubikmeter = 22,0097 Gallonen engl. = 0,20325 Botschka (Fass) russ.

1 Gallon = 277,2738 Kubikzoll = 4,54345 Liter = 0,369416 Wedro russ.

1 Botschka russ. = 40 Wedro russ. = 400 Kruscky (Stoof) russ. = 108,287 Gallonen engl. = 492 Liter.

1 Wedro = 750,568 Kubikzoll = 12,299 Liter.

b) Gewichte.

1 Meter-Tonne = 10 Meter-Zentner = 1000 Kilogramm = 2204,58 Pfd. engl. = 2441,93 Pfd. russ. = 61,29825 Pud russ.

1 Kilogr. = 2,20458 Pfd. engl. = 2,44193 Pfd. russ. = 78,142 Lot ($^1/_{32}$ Pfd.) russ. — 1 Gramm = 0,035273 Unzen engl. = 0,0781 Lot russ.

1 Tonne engl. = 20 Zentner = 80 Stein (quarter) = 2240 Pfd. engl. = 2479,85 Pfd. russ. = 61,99625 Pud russ. = 1016,06512 Kilogr. = 10,1606512 Meter-Zentner. — 1 Zentner engl. = 112 Pfd. engl. = 123,9925 Pfd. russ. = 0,508 Meter-Zentner. — 1 Pfd. engl. = 16 Unzen engl. = 1,107076 Pfd. russ. = 453,6005 Gramm. — 1 Unze engl. = 0,06919 Pfd. russ. = 28,35003 Gramm.

1 Berkowez (Schiffpfund) russ. = 20 Lies Pfd. russ. = 10 Pud russ. = 400 Pfd. russ. = 361,312 Pfd. engl = 163,812 Kilogr. — 1 Pud russ. = 40 Pfd. russ. = 36,1312 Pfd. engl. = 16,3812 Kilogr. = 1 Pfd. russ. = 32 Lot russ. = 0,90328 Pfd. engl. = 0,40953 Kilogr. — 1 Lot russ. = 0,4514 Unzen engl. = 12,798 Gramm.

Tabelle

über

die Dimensionen, Gewichte, Geschwindigkeiten und den Arbeitsbedarf

der

einzelnen Jute-Weberei-Maschinen.
(Man vergl. auch Teil I, Seite 348 bis 375.)

Bezeichnung der Weberei-Maschinen und Einrichtungen	Aeusserste Dimensionen (Grundfläche)		Ungefähres Gewicht in Meter-Zentnern	
	Länge	Breite	Brutto	Netto
Bleicherei- und Färberei - Gefässe, Kocher u. s. w.	—	—	—	—
Kop-Windemaschinen mit liegenden Spindeln	Siehe Bemerkungen	2,031 m 6' 8"	Bei stehenden Spindeln, 4¹/₂" Teilung und zus. 72 Spindeln	
do. mit stehenden Spindeln und bei Strangwinderei		1,778 m 5' 1"	33,5	27,5
do. mit stehenden Spindeln und bei lediglich Spulenwinderei		1,321 m 4' 4"	Bei 64 Spindeln, 7¹/₂" Teilung	
Gangbarste Spindelteilung, angegeben Seite 135			43,18	38,61
Kettenspulmaschinen. Liegende Spindeln im Ganzen 100 Spulen, verteilt in zwei Reihen auf jeder Seite	7,724 m 26'	1,828 m 6'	—	—
Stehende Spindeln im ganzen 72 Spulen	8,89 m 29' 2"	1,828 m 6'	31,5	26
Kettenbäummaschinen Kettenschermaschinen Garnbäummaschinen	Geschwindigkeiten wie bei			
Schlichtemaschinen Eine Maschine von 132 c (52") Cylinderlänge mit 6 kupfernen Trockencylindern, 91,44 c Durchm., geschlossenen Gestellen	8,23 m 27' 4"	2,44 m 8'	102	81
Vorrichtung zum Einziehen der Kette in die Geschirre	1,75 m	1,5 m	—	—
Webstühle, verschieden nach der Verwendung und Blattbreite.	Auf Seite 252 angegeben		Auf Seite 252 angegeben	
Zeugmessmaschinen	um 61 c = 2' grösser als die Walzenlänge	2,8—3,05 m 9¹/₂—10'	Bei 244 c = 96" Walzenbreite 13"	11,4
Doppelschermaschine bei 245 c grösster Arbeitsbreite von Robertson & Orchar	390 c. Im allgem. 144 c grösser als die Arbeitsbr.	142 c	21,5	20
Doppeleinsprengmaschine von Robertson & Orchar bei 244 c (96") Walzenbreite	324 c oder um 80 c grösser als die Walzenlänge	1,5 m	15,25	11,18
Kalander, Vierwalzen-Kalander von Robertson & Orchar bei 122 c (48") langen Walzen	Parallel den Walzen 293,4 c 9' 7¹/₂"	Normal zu den Walzen 195,6 c 6' 5"	45,72	38
Fünfwalzen - Kalander von Robertson & Orchar, 244 c (96") Walzenlänge	Parallel den Walzen 5,1 m	Normal zu den Walzen 6,5 bis 6,8 m	236	220
Ein ebensolcher Kalander von C. G. Haubold jr., bei 2,4 m Walzenlänge			216	202
und bei 2,1 m Walzenlänge			204	191

| Riemenscheiben-Dimensionen | | Zahl der gewöhnl. Umdrehungen derselben in d. Minute | Mittlerer Arbeitsbedarf in PS zu 75 Sek. Mtr. Kg. der Arbeitsmaschine allein E_e | Bemerkungen. |
Durch-messer	Breite			
—	—	—	—	Man vergl. Seite 114 u. 115, ferner Seite 175 und Tafel X.
33 c 13″	7,62 c 3″	300	Eine Seite 2	Länge. Bei liegenden Spindeln: Anzahl der Spindeln einer Seite, mal Teilung plus 1,10 m oder 3′ 7½″. — Bei stehenden Spindeln: Anzahl der Spindeln einer Seite, mal Teilung, plus eine Teilung, plus 0,61 bis 0,84 m oder 2′ bis 2′ 9″. (Seite 133 und 134).
„	„	„	1,75	
30,5 c 12″	7,62 c 3″	200	Eine Seite 1,75 1,75	Vergl. Seite 143. (Spulen 7″ × 4½″).
den Schlichtemaschinen				Selten mehr verwendet. Man sehe Seite 156 bis 162 und Tafel VII, VIII u. IX.
35,56 c 14″	7,62 c 3″	220	3	Sehr verschieden in der Anordnung und demgemäss verschieden im Platzbedarf u. s. w. Man vergl. S. 194 bis 196.
—	—	—	—	Siehe Fig. 29 auf S. 200.
45 c	7 c	Auf Seite 252 angegeben	1 Webstuhl bei 149 c Blattbr. 0,4 Teil I, Seite 364	Man vergleiche Seite 251 bis 253.
30,5 c 12″	7,62 c 3″	180 bis 200	0,25 bis 0,33	Seite 269.
29,2 c 11½″	7,62 c 3″	280	3 bis 3,25	Seite 276.
30,5 c 12″	7,62 c 3″	200 bis 240	0,5	Seite 286.
61 c 24″	17,78 c 7″	84	6	Seite 294 u. 295.
106,7 c 42″	25,4 c 10″	70 bis 80	8 bis 10	Seite 304.

Bezeichnung der Weberei-Maschinen und Einrichtungen	Aeusserste Dimensionen (Grundfläche)		Ungefähres Gewicht in Meter-Zentnern	
	Länge	Breite	Brutto	Netto
Mangeln, Robertson & Orcharsche ältere Mangel mit Hebelgewichtsbelastung bei 244 c = 96″ Walzenlänge	Parallel den Walzen 6,04 m	Normal zu den Walzen 7,12 m	485	445
Robertson & Orcharsche neuere hydraulische Mangel mit Hebelbelastung, 335,3 c (132″) Walzenlänge	6,4 m	3,9 m	—	—
Urquhart & Lindsaysche hydraulische Mangel, ältere Konstruktion, bei 240 c Walzenlänge, eingerechnet Pumpwerk	7,52 m	6 m	—	—
Haubolds hydraulische Mangel mit Hebelbelastung, Warenbreite 175 c	3,5 m	5,4 m	—	—
Längenfalt- oder Dupliermaschine, bestimmt zu Zeugen bis 230 c Breite	4,25 m	2,75 m	11,7	8,8
Breitenfalt- oder Legemaschine	2,14 m	1,81 m	—	—
Wickel- oder Rollmaschine bei 152,4 c (60″) Arbeitsbreite	2,25 m	0,76 m	4,1	3,1
Sackschneidetisch von Robertson & Orchar	Wegen des Platzbedarfes			
G. Hoyers Sackschneidemaschine für Zeuge bis 140 c Breite	2,30 m	0,85 m	2,25	2,05
Mitchell & Grahams Sackschneidemaschine bei 157,5 c (62″) Messwalzenlänge	2,54 m	1,626 m	—	—
Cargills Zwirn-Teermaschine	2,5 m	1,54 m	—	—
Sackdruckmaschine	2,15 m	1 m	—	—

Riemenscheiben-Dimensionen		Zahl der gewöhnl. Um-drehungen derselben in d. Minute	Mittlerer Arbeitsbedarf in PS zu 75 Sek. Mtr. Kg. der Arbeits-maschine allein E_e	Bemerkungen.
Durch-messer	Breite			
122c 48″	30c 13″	120 bis 190	20 bis 22	Seite 317 u. 318 und Tafel XXIII.
122c 48″	30c 13″	180 bis 200	20 bis 25	Seite 319.
3 Seil-scheiben 1,6m Durchm.	—	150	20 bis 25	Seite 321 und Tafel XXV.
1m 28,5c		180	18 bis 22	Wegen des Platzbedarfes vergl. S. 328, ferner Tafel XXVI.
Presspumpenscheiben				
80c	12c	80		
30,5c 12″	6,35c 2¹/₂″	150 bis 200	0,25 bis 0,5	Seite 332.
27c	6,35c	120 bis 180	0,5	Seite 333 u. 336.
40,64c 16″	7,62c 3¹/₄″	90 bis 116	0,2	Seite 338.
vergl. man Seite 349.				
Kurbel		40 bis 60	Handbetrieb	Seite 350.
30,5c 12″	7,62c 3¹/₄″	96	0,5	Seite 358.
Kurbel		—	Handbetrieb	Seite 360.
60c	7,62c	60	0,25	Seite 364.

Additional information of this book

(Die Jute und Ihre Verarbeitung Aug Grund Wissenschaftlicher Untersuchungen Un Praktischer Erfahrungen; 978-3-642-90244-4) is provided:

http://Extras.Springer.com